中国工程院重大咨询项目

海洋强国建设重点工程
发展战略

主　编　潘云鹤　唐启升

海洋出版社

2017 年·北京

内 容 简 介

本书是中国工程院"海洋强国建设重点工程发展战略研究"重大咨询项目的主要研究成果,共分两部分。第一部分是项目总结报告。第二部分是6个课题研究报告,包括"海洋观测与信息技术发展战略研究"、"绿色船舶和深海空间站工程与技术发展战略研究"、"海洋能源工程发展战略研究"、"极地海洋生物资源现代化开发工程发展战略研究"、"我国重要河口与三角洲环境与生态保护工程发展战略研究"、"21世纪海上丝绸之路发展战略研究"和1个"南极磷虾渔业船舶与装备现代化发展战略研究"专题报告。

本书对海洋强国建设以及海洋工程与科技相关的各级政府部门具有重要参考价值;同时可供相关科技界、教育界、企业界以及社会公众等了解海洋工程与科技知识作参考。

图书在版编目(CIP)数据

海洋强国建设重点工程发展战略/潘云鹤,唐启升主编. —北京:海洋出版社,2017. 11

ISBN 978-7-5027-9954-0

Ⅰ.①海… Ⅱ.①潘… ②唐… Ⅲ.①海洋工程–发展战略–研究报告–中国 Ⅳ.①P75

中国版本图书馆 CIP 数据核字(2017)第 252601 号

责任编辑:方 菁
责任印制:赵麟苏

海洋出版社 出版发行

http://www.oceanpress.com.cn

北京市海淀区大慧寺路 8 号 邮编:100081
北京画中画印刷有限公司印刷 新华书店北京发行所经销
2017 年 11 月第 1 版 2017 年 11 月第 1 次印刷
开本:787mm×1092mm 1/16 印张:50
字数:800 千字 定价:280.00 元
发行部:62132549 邮购部:68038093 总编室:62114335

海洋版图书印、装错误可随时退换

编辑委员会

海洋强国建设重点工程发展战略
项目组主要成员

顾　问　宋　健　全国政协原副主席，中国工程院原院长、院士
　　　　徐匡迪　全国政协副主席，中国工程院原院长、院士
　　　　周　济　中国工程院院长、院士
组　长　潘云鹤　中国工程院原常务副院长、院士
副组长　唐启升　中国科协原副主席、中国工程院院士
　　　　　　　　（常务副组长、综合组副组长、极地海洋生物
　　　　　　　资源现代化开发工程发展战略研究课题组及南
　　　　　　　极磷虾渔业船舶与装备现代化发展战略研究专
　　　　　　　题组组长）
　　　　金翔龙　国家海洋局第二海洋研究所（海洋观测与信息
　　　　　　　技术发展战略研究课题组组长），中国工程院
　　　　　　　院士
　　　　吴有生　中国船舶重工集团公司第七〇二研究所（绿色
　　　　　　　船舶和深海空间站工程与技术发展战略研究课
　　　　　　　题组组长），中国工程院院士
　　　　周守为　中国海洋石油总公司（海洋能源工程发展战略
　　　　　　　研究课题组组长），中国工程院院士
　　　　孟　伟　中国环境科学研究院（我国重要河口与三角洲
　　　　　　　生态环境与生态保护工程课题组组长），中国
　　　　　　　工程院院士
　　　　管华诗　中国海洋大学（21世纪海上丝绸之路发展战略

研究课题组组长），中国工程院院士

白玉良　中国工程院原秘书长

成　员　沈国舫　中国工程院原副院长，院士

丁　健　中国科学院上海药物研究所，中国工程院院士

丁德文　国家海洋局第一海洋研究所，中国工程院院士

马伟明　海军工程大学，中国工程院院士

王文兴　中国环境科学研究院，中国工程院院士

卢耀如　中国地质科学院，中国工程院院士

石玉林　中国科学院地理科学与资源研究所，中国工程院院士

冯士筰　中国海洋大学，中国科学院院士

刘鸿亮　中国环境科学研究院，中国工程院院士

林浩然　中山大学，中国工程院院士

麦康森　中国海洋大学，中国工程院院士

李德仁　武汉大学，中国工程院院士

李廷栋　中国地质科学院，中国工程院院士

金东寒　中国船舶重工集团公司第七一一研究所，中国工程院院士

罗平亚　西南石油学院，中国工程院院士

杨胜利　中国科学院上海生物工程研究中心，中国工程院院士

赵法箴　中国水产科学研究院黄海水产研究所，中国工程院院士

雷霁霖　中国水产科学研究院黄海水产研究所，中国工程院院士

张福绥　中国科学院海洋研究所，中国工程院院士

封锡盛　中国科学院沈阳自动化研究所，中国工程院

院士

宫先仪　中国船舶重工集团公司第七一五研究所，中国工程院院士

钟　掘　中南大学，中国工程院院士

闻雪友　中国船舶重工集团公司第七〇三研究所，中国工程院院士

徐　洵　国家海洋局第三海洋研究所，中国工程院院士

高从堦　国家海洋局杭州水处理技术研究开发中心，中国工程院院士

顾心怿　胜利石油管理局钻井工艺研究院，中国工程院院士

侯保荣　中国科学院海洋研究所，中国工程院院士

袁业立　国家海洋局第一海洋研究所，中国工程院院士

曾恒一　中国海洋石油总公司，中国工程院院士

谢世楞　中交第一航务工程勘察设计院，中国工程院院士

潘德炉　国家海洋局第二海洋研究所，中国工程院院士

朱英富　中国船舶重工集团公司第七〇一研究所（南极磷虾渔业船舶与装备现代化发展战略研究专题组组长），中国工程院院士

项目办公室

主　任　阮宝君　中国工程院二局，副局长

成　员　张文韬　中国工程院　农业学部办公室，副主任

　　　　张　松　中国工程院　办公厅院长办公室，副主任

　　　　王　庆　中国工程院　农业学部办公室，主任科员

　　　　郑召霞　中国工程院　二局科学道德处，主任科员

综合研究课题组

组　长	潘云鹤	中国工程院原常务副院长、院士
副组长	唐启升	中国科协原副主席、中国工程院院士
成　员	刘世禄	中国水产科学研究院黄海水产研究所，研究员
	张元兴	华东理工大学，教授
	杨宁生	中国水产科学研究院，研究员
	陶春辉	国家海洋局第二海洋研究所，研究员
	朱心科	国家海洋局第二海洋研究所，副研究员
	张信学	中国船舶重工集团公司第七一四研究所，副所长，研究员
	王传荣	中国船舶重工集团公司第七一四研究所，研究员
	李清平	中国海洋石油总公司研究总院，研究员
	赵宪勇	中国水产科学研究院黄海水产研究所，副所长，研究员
	雷　坤	中国环境科学研究院，研究员
	李大海	青岛海洋科学与技术国家实验室，副部长

前　言

党的"十八大"提出了"建设海洋强国"宏伟战略目标，国家从开发海洋资源、发展海洋产业、建设海洋文明和维护海洋权益等多个方面对海洋工程与科技发展有了更加迫切的需求，进一步发展海洋工程与科技，成为建设海洋强国的重要支撑和保障。

为此，2014 年 3 月，在圆满完成中国工程院"中国海洋工程与科技发展战略研究"（海洋工程 I 期）重大咨询研究项目的基础上，又启动了中国工程院"海洋强国建设重点工程发展战略研究"重大咨询项目（海洋工程 II 期）。项目的顾问仍由宋健院士、徐匡迪院士和周济院士担任，项目组长由中国工程院常务副院长潘云鹤院士担任，副组长继续由唐启升（常务）、金翔龙、吴有生、周守为、孟伟、管华诗院士担任。

两年多来，经过 300 多位院士、专家教授、企业工程技术人员和政府管理者的积极努力，项目按计划完成了"海洋观测与信息技术发展战略研究"、"绿色船舶和深海空间站工程与技术发展战略研究"、"海洋能源工程发展战略研究"、"极地海洋生物资源现代化开发工程发展战略研究"、"我国重要河口与三角洲环境与生态保护工程发展战略研究"、"21 世纪海上丝绸之路发展战略研究" 6 个课题和 1 个"南极磷虾渔业船舶与装备现代化发展战略研究"专题的战略研究。本次研究与前一期的"海洋工程项目"不同之处在于重点聚焦于对建设海洋强国有重要影响的重点海洋工程与科技上，所遴选的 6 个重点工程针对海洋强国战略，均有明确研究目标。由于有了前一期的研究工作基础，本项目总体研究更具有战略性、前瞻性和可操作性。

本项研究报告综合分析了我国海洋工程与科技发展现状、可持续发展所面临的挑战，充分研究国际上各种成功模式的经验与不足，形成了一些对我国重点海洋工程与科技可持续发展形势的基本判断。提出：建设海洋强国，首先要建成海洋工程科技强国。应着眼于国家未来长期目标，制定国家海洋工程科技发展规划，落实重点发展任务，提升我国海洋工程科技整体水平。并提出相关建议，主要包括：加强工程科技的基本能力建设与发展；加强海洋战略资源的勘探开发技术创新；加强海洋工程装备关键元器件及系统配套关键技术研发，设立海洋传感器等关键元器件研发专项；开展深水油气勘探技术、装备及保障技术研究，开发海洋新能源；加快极地海洋生物资源开发技术研究，建立安全、节能、高效的深远海渔船与装备工程技术体系；优化河口三角洲地区经济发展模式，建立国家生态环境监测网络，加强跨区域监测系统建设；建立专项基金实施"海上丝绸之路文明复兴计划"，加快北极航线开发利用准备，以及设立印度洋海洋科技合作专项等。

在本项目的研究过程中，继续贯彻以往边研究边服务、注重咨询研究与区域发展相结合的工作思路，坚持服务决策、适度超前的工作原则，采用实地考察、现场调研、问卷调查、专题研讨等相结合的研究方法，先后召开了50多次工作会、调研会。先后在福建省厦门市举行了大型"中国海洋工程与科技发展研讨暨福建省海洋发展战略咨询会"；在辽宁省大连市举行了"中国海洋工程与科技发展研讨暨辽宁省海洋发展战略咨询会"；在江苏省无锡市举行了中国工程院"第216场中国工程科技论坛"等重大活动。在项目实施过程中，项目组院士、专家先后向国务院提交了"关于加大加快南极磷虾资源规模化开发步伐，保障我极地海洋资源战略权益的建议"，"关于加紧发展海洋传感器，夯实海洋强国关键基础设施建设的建议"，"关于设立深海空间重大专项的建议"等多份"院士建议"，得到了国家和有关部委的高度重视与支持。

本项目于2016年4月通过结题验收，验收专家认为：项目组圆满完成了任务书规定的各项任务，成果受到了国务院领导的重视并做出重要批示，项目组采取的研究方式，得到了地方政府的普遍重视与欢迎，取得了非常好的效果。

本书的出版，无疑是众多院士和数百名专家教授，企业工程技术人员和政府管理者历时两年多辛勤劳动和共同努力的结果。在此，向他们表示衷心的感谢。另外，还要特别向本项目的顾问——宋健、徐匡迪老院长和周济院长的大力支持与热心指导，以及在重大"院士建议"的定位上发挥的关键作用表示衷心的感谢。

希望本书的出版，对进一步推动海洋强国建设，着力推动海洋工程科技向创新引领型转变，努力突破制约海洋经济发展、海洋生态保护、海洋权益维护、海上丝绸之路建设等领域的科技瓶颈，以及在该过程中急需发展的重点任务和关键共性技术等方面提供决策参考。同时也希望对关注和支持海洋工程与科技相关的各级政府部门、各界人士等提供参考。

由于海洋涉及的专业领域和范围很多，加之项目研究所限，不当或疏漏之处在所难免，敬请读者批评指正。

编者

2017 年 8 月

目　录

第一部分　项目总结报告

第二部分　课题研究报告

第一部分
项目总结报告

"海洋强国建设重点工程发展战略"
项目总结报告

一、海洋工程项目二期立项背景 ▶

2011 年 7 月，中国工程院在反复酝酿和准备的基础上，启动了"中国海洋工程与科技发展战略研究"重大咨询项目（简称"海洋工程项目Ⅰ期"）。项目设立综合研究组以及海洋探测与装备工程、海洋运载工程、海洋能源工程、海洋生物资源工程、海洋环境与生态工程和海陆关联工程 6 个发展战略研究组。第九届全国政协副主席宋健院士、第十届全国政协副主席徐匡迪院士、中国工程院院长周济院士担任项目顾问，中国工程院常务副院长潘云鹤院士担任项目组长，45 位院士、300 多位多学科多部门的一线专家教授、企业工程技术人员和政府管理者参与研讨。经过两年多的紧张工作，如期完成项目和课题各项研究任务，取得多项具有重要影响的重大成果。

2014 年 3 月，中国工程院在前一期"中国海洋工程与科技发展战略研究"的基础上，又设立了"海洋强国建设重点工程发展战略"研究重大项目（简称"海洋工程项目Ⅱ期"）。

该项目顾问仍由宋健院士、徐匡迪院士和周济院士担任。项目组长由中国工程院原常务副院长潘云鹤院士担任，常务副组长为原中国科协副主席唐启升院士，副组长由金翔龙、吴有生、周守为、孟伟、管华诗院士及中国工程院原秘书长白玉良担任。

本项目约有 40 位院士、300 多位多学科多部门专家教授、企业工程技术人员和政府管理者参与了研究。

该项目共分"海洋观测与信息系统发展战略研究"（金翔龙院士主持）、"绿色船舶和深海空间站工程与技术发展战略研究"（吴有生院士主持）、

"海洋能源工程发展战略研究"（周守为院士主持）、"极地海洋生物资源现代化开发工程发展战略研究"（唐启升院士主持）、"我国重要河口与三角洲环境与生态保护工程发展战略研究"（孟伟院士主持）、"21世纪海上丝绸之路发展战略研究"（管华诗院士主持）6个课题和1个"南极磷虾渔业船舶与装备现代化发展战略研究"专题（唐启升、朱英富院士主持）。

本次研究与海洋工程项目Ⅰ期不同的是，重点聚焦于对建设海洋强国有重要影响的重点海洋工程与科技上，所遴选的6个重点工程针对海洋强国战略，均有与提高海洋资源开发能力、发展海洋经济、保护海洋生态环境和维护国家海洋权益等建设海洋强国有关的明确研究目标。由于有前一期的研究工作基础，本项目总体研究将更具有战略性、前瞻性和可操作性。

二、项目任务完成情况 ▶

（一）开展咨询服务情况

在本次项目的研究过程中，继续贯彻以往边研究边服务、注重咨询研究与区域发展相结合的工作思路，坚持服务决策和适度超前的工作原则，采用实地考察、现场调研、调查问卷、专题研讨等相结合的研究方法，先后召开了50多次工作会、调研会，并在福建厦门举行了"中国海洋工程与科技发展研讨暨福建省海洋发展战略咨询会"，在辽宁大连举行了"中国海洋工程与科技发展研讨暨辽宁省海洋发展战略咨询会"，在江苏无锡举行了"第216场中国工程科技论坛"等重大活动，均取得了非常好的效果。

2014年7月31日至8月2日，在大连市召开了"中国海洋工程与科技发展研究（Ⅱ期）重大咨询项目工作会议"。会议由项目组长潘云鹤院士和常务副组长唐启升院士主持。朱英富、曾恒一、朱蓓薇等院士，中国工程院二局副局长阮宝君，农业部渔业渔政管理局副局长崔利锋，辽宁省国资委副主任徐吉生，辽宁省渔业集团公司、中国水产总公司、上海开创远洋渔业有限公司以及课题组负责人、主要执笔人等60余人参加了会议。期间，与会院士和部分专家应邀参加了大连市政府组织的"大连海洋兴市发展战略研究咨询会"。国家海洋环境监测中心、大连理工大学、大连海事大学、大连海洋大学、辽宁师范大学、大连工业大学等单位的院士、专家，市委、市政府及有关部门、区市县领导，相关企业、行业协会负责人等 30 余人参加了会议。会议由大连市委常委、统战部部长董长海主持，市港口与口岸局局长高连、市海洋与渔业局局长刘锡财、市旅游局党委书记高大彬、长海县人民政府副县长张俊之、辽宁渔业集团总公司副书记孙传仲、大连獐子岛渔业集团总裁助理曹秉才等就大连相关产业发展概况以及发展规划思路进行了汇报介绍。项目专家组唐启升、朱英富、曾恒一、朱蓓薇等院士以及张元兴、雷坤、李大海等专家先后向大连市建言献策，潘云鹤院士提出相关建议并作了总结发言。大连市政府副市长刘岩对此表示衷心感谢并讲话。

2014 年 12 月 16—18 日，在福建省福州市召开了"中国工程院海洋工程项目 II 期工作汇报暨福建省海洋发展战略咨询会"。福建省科学技术协会、福建省海洋与渔业厅等协助承办。中国工程院原常务副院长、项目组长潘云鹤院士，项目常务副组长唐启升院士、全国政协港澳台侨委员会副主任陈明义，曾恒一、周守为、麦康森等院士，中国工程院二局副局长阮宝君，福建省科学技术协会党组书记、副主席梁晋阳，副主席游建胜，福建省发展和改革委员会副主任余军，福建省海洋与渔业厅副厅长林月玲，福建省科技厅、福建省经信委，福建省国土资源厅、福建省环保厅、福建省水利厅、福建省商务厅、福建省旅游局、福建省食品药品监督管理局等有关部门及职能处室负责人，以及项目课题组负责人、主要执笔人等 70 余人参加了会议。根据福建省的安排，12 月 16—17 日上午，项目组的院士、专家分成福建海洋防灾减灾建设、福建海上丝绸之路建设、福建海洋经济建设 3 个调研组分赴福建沿海相关部门进行了调研、座谈。12 月 17 日下午，项目组的院士、专家参加了福建省组织的福建省海洋发展战略咨询会，并提出了许多建议，受到了当地政府以及有关部门的高度重视。

2015 年 10 月 13—14 日，在江苏省无锡市组织召开了"中国工程院第216 场中国工程科技论坛——海洋强国建设重点工程发展战略"。此次论坛由中国工程院主办，无锡市政府支持，中国工程院农业学部和中国船舶重工集团公司第七〇二研究所、中国水产科学研究院黄海水产研究所共同承办。有 17 位中国工程院、中国科学院院士，240 余名涉海领域专家、学者参加了此次论坛。论坛由中国工程院原常务副院长潘云鹤院士主持。中国工程院副院长刘旭院士和无锡市人民政府曹佳中副市长分别先后致辞。期间，唐启升院士主持了论坛主旨报告并作了题为"海洋工程项目 Ⅱ 期研究进展"的报告，同济大学汪品先院士和中国船舶重工集团公司第七〇二研究所吴有生院士分别作了"国际背景下我国深海科学的走向"和"深海装备发展方向"的主旨报告。论坛还下设了海洋观测与信息技术、绿色船舶和深海装备技术、海洋能源技术、极地海洋生物资源开发、我国重要河口与三角洲生态环境保护工程、21 世纪海上丝绸之路建设 6 个分会场，有 60 名院士、专家在会上作了报告。会议取得了圆满成功。

（二）完成《研究报告》情况

（1）项目组已经完成了《海洋观测与信息系统发展战略研究》、《绿色船舶和深海空间站工程与技术发展战略研究》、《海洋能源工程发展战略研究》、《极地海洋生物资源现代化开发工程发展战略研究》、《我国重要河口与三角洲环境与生态保护工程发展战略研究》、《21 世纪海上丝绸之路发展战略研究》6 个课题研究报告和 1 个《南极磷虾渔业船舶与装备现代化发展战略研究》专题报告，总字数约 50 万字。

各研究报告综合分析了我国海洋工程与科技发展现状、可持续发展所面临的挑战，充分研究国际上各种成功模式的经验与不足，形成了对我国重点海洋工程与科技可持续发展形势的基本判断与发展战略建议。

（2）完成了 Ⅰ 期成果出版工作。在海洋出版社出版了《中国海洋工程与科技发展战略研究》系列丛书，包括《综合研究卷》、《海洋探测与装备卷》、《海洋运载卷》、《海洋能源卷》、《海洋生物资源卷》、《海洋环境与生态卷》和《海陆关联卷》7 本专著 300 多万字。

（3）组织编写出版了 2016 年第 2 期《中国工程科学》建设海洋强国战略专辑。该专辑以海洋工程项目（Ⅰ 期）和海洋工程项目（Ⅱ 期）研究的成果为主。

（4）编辑完成了 60 多万字的《中国工程院第 216 场中国工程科技论坛文集》，并由北京高等教育出版社正式出版。

（5）编辑出版了 7 期海洋工程项目 Ⅱ 期《工作简报》，报送中国工程院院领导、中国工程院机关各部门、项目专家组成员、各课题组等参阅。

（三）形成"院士建议"情况

在项目实施过程中，项目组院士、专家先后向国务院及有关部委提交了多份院士建议等，得到了国家有关部委的高度重视与支持。

（1）2014年2月，徐匡迪、周济、潘云鹤、唐启升、旭日干、沈国舫、邬贺铨、王礼恒、管华诗、吴有生、周守为、丁健、孟伟、麦康森、杨坚、刘身利、赵兴武、赵宪勇等院士、专家，提交了"关于加大加快南极磷虾资源规模化开发步伐，保障我极地海洋资源战略权益的建议"。李克强总理等7位国务院领导批阅该"建议"并落实报告。

（2）2014年11月，唐启升、旭日干、刘旭、沈国舫、管华诗等院士、专家，提交了"关于推进盐碱水渔业发展，保障国家食物安全、促进生态文明建设的建议"。

（3）2015年4月，宋健、潘云鹤、唐启升、王礼恒、吴有生、管华诗、陶春辉等院士、专家，提交了"关于加紧发展海洋传感器，夯实海洋强国关键基础设施建设的建议"。

（4）2015年，由多名院士提出的"关于设立深海空间重大专项的建议"获得国家立项。

三、项目主要研究成果

在海洋工程与科技第一期综合研究的基础上，第二期研究在海洋探测、海洋装备、海洋能源、海洋生物、海洋环境、海陆统筹6个领域分别选择了海洋观测与信息技术、绿色船舶技术、海洋能源工程、极地海洋生物资源开发工程、重要河口与三角洲生态环境保护、21世纪海上丝绸之路6个关键问题进行了深入的调研和分析，形成了对于关键问题的基本认识，并提出了相应的发展战略。

（一）研究形成的基本认识

1. 总体发展现状

1）海洋资源探查水平大幅度提高，资源掌控和开发能力不断加强

在海洋观测和信息技术方面，近年来海洋地球物理观测技术、物理海洋观测技术、海洋生态化学观测技术、海洋信息与服务等都有了快速发展。

海洋传感器朝着小型化、低功耗和多参数化发展，常规观测技术趋于稳定，观测精度不断提高。数据采集与传输向技术系统标准化、数据管理一体化、数据应用专业化和运行方式体系化发展。

在极地生物资源探查和开发方面，我国近年来异军突起，迈入了大国行列。我国的南极磷虾捕捞业始于 2009 年末，2014 年南极磷虾捕捞总产量达到 5.4 万吨。我国南极磷虾保健食品与医药制品、磷虾粉加工、磷虾养殖饲料、磷虾食品开发以及磷虾加工利用安全与质量控制技术研究蓬勃发展，南极磷虾产业正在成为发展迅猛的战略性新兴产业。与之相适应，我国极地渔业专业化装备从无到有，渔业资源声学评估和极地遥感探测技术逐步形成系统，已基本具备开展南极渔业资源开发的技术条件。在极地生物基因资源利用方面，我国多次开展极地科考，极地微生物菌株保藏初具规模，微生物培养技术、多样性非培养技术日益成熟，微生物基因组学与宏基因组学研究日益深入，新基因、新功能不断挖掘，适冷微生物酶学研究技术国际领先，发现多种微生物次级代谢产物。南极鱼类低温适应机制和基因组进化研究取得突破。

在海洋油气资源方面，我国海洋石油工业实现了从无到有、从合作经营到自主开发、从上游到下游，从浅水到深水、从国内走向世界、从单一油气资源的开发到综合型能源开发利用的转变。我国海洋石油用 30 年的时间实现了国外石油公司 50 年的跨越发展，年产量也从 1982 年成立之初年产 9 万吨迅速增加到 2010 年的年产 5 185 万吨（海上大庆）。近海油气勘探开发技术体系不断完善，形成了渤海海域以油为主，南海北部、东海海域油气并举的海上油气田开发格局，实现年产 5 000 万吨油当量的产能规模，计划到 2020 年达到 7 000 万吨。

2）海洋工程装备技术明显进步，正在形成系统

近年，我国在船舶全寿命周期内的绿色技术取得了长足的进步，特别是在绿色船型开发建造、配套设备绿色化、无公害拆船等方面成果显著。我国在符合国际新公约、新规范、新标准的新船型研发上取得重大进展，尤其在超大型油船、大型散货船、大型集装箱船等远洋商船领域自主研发了一批技术经济指标居世界先进水平的节能环保船型。通过发展玻璃钢渔船以及对旧式渔船进行动力系统改进、余热回收利用等措施，我国绿色渔

船有了显著进展，渔船绿色化技术进步迅速。

深水工程重大装备和深水油气勘探开发技术发展迅速。我国实现了 300 米水深以浅的海上油气田自主勘探开发，具备了以"海洋石油 981"为代表的 3 000 米水深作业能力、五型多类深水工程重大专业装备，自主勘探开发工程建造、运行维护的技术能力，并带动形成了配套的产业化基地，初步建立了上下游一体化、10 大技术系列。

3）近海和河口生态环境引起空前重视，环境管理走向理性

我国河口三角洲经济发展以长江三角洲和珠江三角洲为典型代表。"长三角"、"珠三角"的崛起，显示了一种高密度、高强度、高能耗的经济增长模式。随着两地区工业化的不断加快，经济发展与生态环境之间的矛盾越来越突出，区域环境质量恶化，直接影响了社会经济的可持续发展。目前我国总体上已经进入环境风险高发频发期和环境保护还账期，环境污染造成的健康影响力从 20 年前的显现期，到现在处于上升期，环境健康成为一个大的社会问题。由于环境对健康的影响，公众环境权益观空前高涨，产生对环境质量的高诉求，近海和河口环境问题引起了公众和政府空前的重视。随着对沿海地区经济发展与环境保护之间关系的理性思考，全社会普遍接受环境保护直接影响美丽中国建设进程的理念，把环境管理与生态建设放在优先地位。

4）海上丝绸之路国际合作出现新局面，与沿线国家经贸关系不断深化

我国与"21 世纪海上丝绸之路"沿线各国贸易总额占中国外贸总额的 40%以上。中国出口以劳动密集型和资金密集型产品为主，进口以能源资源为主。中国与沿线国家和国家组织间签署了一系列投资贸易协定，与沿线国家建立了多个双边和多边自由贸易区。我国对沿线国家的直接投资额超过 100 亿美元，过去 10 年平均年增速超过 40%。在全球 50 个国家建设了 118 个经贸合作区，处在 21 世纪海上丝绸之路的沿线国家有 42 个，占经贸合作区总数的 36%。我国加大了与沿线国家的合作力度，以参股、承建等多种形式，参与了港口、铁路、管道、电力设施等一系列重要工程建设。我国与沿线国家的科技文化合作主要集中在东盟，对南亚、非洲和阿拉伯国家的合作也在不断推进。

2. 存在的主要问题

1）缺乏统一的战略规划和有效的资源整合

我国对于海洋工程和科技的重视程度是空前的，但是在发展战略上，尚缺乏清晰的统一规划，与世界海洋强国差距明显。例如，日、韩、欧盟等造船强国对于绿色船舶技术的研发都有国家层面或行业层面的统筹规划，确立了研发时间进度安排，技术投入实际应用后也标定了明确的减排指标，同时在扶持政策、研发资金方面都有一定支持。由于我国在技术研发方面缺乏统筹安排，经常出现资源浪费、重复建设、内耗严重的情况，制约了我国绿色船舶技术发展。我国极地微生物菌株资源和基因资源已有一定规模的积累，但是尚未依据我国国情与极地考察规模和能力，形成我国特色的极地生物基因资源管理模式，专业保藏机构比较分散，缺乏统一协调机制，不利于菌株资源的深入挖掘与效益发挥。我国北极渔业资源开发利用已经起步，但是国家没有制定相应的总体发展战略。全国海洋信息资源尚未实现统一整合，制约了海洋信息共享服务能力，已有的海洋信息服务技术手段不能满足当前快速发展的海洋信息服务需求。海上丝绸之路建设也缺乏清晰的顶层设计，空间布局不合理，经济贸易合作的重点主要集中在东南亚地区，与南亚、西亚、非洲等地的经贸合作尚未充分展开，经济布局与安全布局脱节的现象较为突出，对大洋腹地的重视不足。

2）海洋工程科技理念没有根本性突破，缺乏颠覆性思维

我国海洋工程和科技经过多年发展，已有了巨大的进步，但总体水平与世界先进水平相比，仍存在较大差距。最主要的差距在于模仿跟踪国外成熟技术和发展中技术是我国海洋工程科技发展中技术思想的主要来源，理念创新不够，缺乏颠覆性思维。水下观测技术长期以来跟踪国外的技术思想，核心创新能力不够，关键设备依赖进口。我国对于绿色船舶技术研发，设计思路难以脱离现有框架，没有开拓性研究，缺乏突破性思维，技术跟随者的地位仍未摆脱，与日、韩等先进国家推出的未来环保概念船设计思想差距较大。

3）海洋工程科技基础性研究薄弱，平台和配套技术发展滞后

船舶绿色技术可以通过对配套设备的技术革新来实现，如材料优化、提高推进系统效率、减少压载水等方式，这些技术在保持船体强度、航行

速度、载货灵活性的同时，形成节能高效的整体化设计，满足针对绿色船舶设计提出的新问题。但是，我国配套业发展滞后，基础性数据缺乏，基础性研究薄弱，导致研究规模小、创新能力弱，技术无法与实际应用结合。水下观测技术研发与转化基础配套不足，海上试验场、标准规范体系等缺乏，无形中抬高了相关领域先进技术研发与应用的门槛。南极磷虾资源及其产品开发研究基础薄弱，磷虾捕捞渔具渔法尚不成熟，多种作业方式兼容性差，缺乏专业化捕捞设备，保健食品与医药制品开发刚刚起步，磷虾粉加工工艺与装备技术储备不够，生产工艺及安全性指标制约我国南极磷虾食品的开发。

4）海洋经济发展对于海洋生态的挑战依然严峻

随着我国河口三角洲地区工业化的不断加快，经济发展与生态环境之间的矛盾越来越突出，区域环境质量恶化，直接影响了社会经济的可持续发展。我国河口三角洲面临入海污染负荷增大、河流水沙输入减少和全球气候变化的压力，与此同时，我国河口三角洲的生态环境问题日渐突出，如河口富营养化问题、河口盐水入侵与土壤盐渍化、部分河口重金属污染累积性风险加大、农药、药物及个人护理品、环境激素类污染风险加大等。

3. 取得的重要成果

在研究过程中，着重提出了建设海洋强国，首先要建成海洋工程科技强国。应着眼于国家未来长期目标，制定国家海洋工程科技发展规划，落实重点发展任务，提升我国海洋工程科技整体水平。

研究提出：①要加强工程科技的基本能力建设与发展。通过多部门的协调联动，多层次的军民融合，多渠道的资源投入，多功能的平台建设，全面提升海洋工程科技的创新能力，海洋关键装备的制造能力，海洋生态环境的管控能力，海洋战略资源的开发能力以及海洋正当权益的维护能力。②要加强海洋战略资源的勘探开发技术创新。包括加强海洋油气资源、渔业资源、矿石资源、基因资源、信息资源、空间资源等海洋传感器技术，海洋水下接驳与组网技术，海洋信息服务系统，以及海洋通用技术、共性技术和海洋信息技术等。③要加强海洋工程装备关键元器件的系统配套。包括绿色船舶设计、建造、运营、拆解技术，深海工程装备以及配套设备关键技术，设立海洋传感器等关键元器件研发专项等。④重点开展海上油田整体加密调整技术、海上稠油热采技术研究，加快致密气开发技术和装备、深水油气勘探技术及装备、深远海应急救援后勤补给保障技术等，重点开展海洋波浪能、潮流能的技术产业化，探索温差能、盐差能等的利用模式和示范以及建立渤海国家级油气能源基地等。⑤要加快极地海洋生物资源开发，建立安全、节能、高效的深远海渔船与装备工程技术体系。包括南极磷虾产业规模化开发工程技术与装备，极地渔业开发与装备现代化，极地生物基因资源开发利用技术与装备等。⑥优化河口三角洲地区经济发展模式，由先污染后治理转变为清洁生产，实施陆海衔接的污染控制，严守环境质量底线，建立国家生态环境监测网络，加强跨区域监测系统建设，建设河口三角洲生态系统修复、生态灾害防治与应急、生物资源养护等方面的生态环境保护工程。⑦通过"21世纪海上丝绸之路"建设，以海洋为载体，加强沿海各国的经济、贸易、文化方面的联系，建立命运共同体、责任共同体。重点加强与沿线各国的产业合作，构建和谐开放的经济合作带，建立专项基金实施"海上丝绸之路文明复兴计划"，加快进行北极航线开发利用的准备以及设立印度洋海洋科技合作专项等。

(二) 各领域提出的发展战略和建议

1. "海洋观测与信息技术"课题领域

1) 发展思路

海洋观测与信息技术以服务于捍卫国家海洋安全、开发海洋资源、建设海洋生态文明、推动海洋科学进步为主线，坚持以国家需求和科学前沿目标带动技术，大力发展具有自主知识产权的海洋观测技术与装备，构建全球海洋观测系统和网络，提高基础海洋环境要素的观测能力和海洋灾害的预警预报能力，获取长期、高分辨率的水下原位数据，提供高质量的海洋观测及环境预警预报产品服务，为向更深更远的海洋进军打下基础，拓展我国的战略生存发展空间。

2) 发展目标

力争通过20年的努力，突破全海深的声、光、电、磁、生态、化学、物理海洋和军事海洋等海洋水下观测传感器核心技术，观测使用传感器的国产化率达80%以上；建成近海灾害预警系统、二岛链以内重点监视区域目标信息处理系统；在全国范围形成若干个国家级的海洋水下观测技术研发平台与产业化基地；建立健全一批海洋水下观测技术研发规程、检测标准、人才激励机制、企业准入法规等相关的政策或法规；建立专业化、市场化的服务型人才队伍，满足国内市场需求，实现国际市场的突破。通过分阶段、分步骤的实施，使我国海洋水下观测技术水平总体达到国际先进水平，部分核心技术达到领先水平，为构建自主的水下观测体系提供技术支撑。

3）重点任务

● 海洋传感器技术

加强海洋水下探测传感器技术研发，重点突破地球物理、生态化学、物理海洋和军事海洋等通用传感器的核心技术，适用于各类水下观测平台。

● 海洋水下接驳与组网技术

开展观测网铺设及维护技术研发与工程应用，大力发展海洋水下观测组网通用技术，组建服务型海洋水下接驳与组网技术的研发、检测、试验与应用的平台、基地和创新技术团队。

● 海洋信息服务系统

建立完备的水下信息传输、处理、分析、应用体系，能够将水下观测信息近实时地融合到现有的业务系统，使得现有系统的信息更加全面，准确，基本满足捍卫国家海洋安全、维护海洋权益、海洋防灾减灾和科学研究需求。

● 共性技术

主要包括海洋通用技术和海洋信息技术。大力开展适用于水下观测网相关仪器和装备的材料、能源、通信、导航定位、安全保障等相关支撑技术及配套制造工艺，重点发展水下观测网建设的基础材料和基础部件、水下观测系统的能源供给和能源管理技术与装备、长期定点布放的深海剖面观测浮标和海床基观测仪器舱、水下移动观测平台的导航定位技术、水下数据通信和 Web 有线/无线网络技术、多功能水下观测机器人、深海底作业远程遥控工程作业机器人等。大力发展实时传输与控制、分布式并行处理、信息提取、多源数据融合、智能化辅助决策等海洋信息技术。

4）重大专项建议：——海洋传感器技术专项

开展国家海洋传感器发展的顶层设计和发展规划，制定出从关键技术到产业化的发展路线图，指出不同阶段的发展方向和重点，将海洋传感器发展列入"十三五"规划，把对海洋传感器的发展作为建设海洋强国的支撑体系提升至国家战略层面。重点支持国外对我国禁运而我国又有迫切需求的传感器关键技术，鼓励采用新思想、探索新原理、研制新材料、开发新工艺、实现新突破，力争在两个五年规划内打破国内亟须海洋传感器的国外技术垄断；制定长期稳定的海洋传感器产业倾斜政策，扶持、培育、孵化一批中小型高技术企业，重点支持研究基础好、应用需求大、具备业务化应用潜力，经过努力有望替代进口、实现产业化的传感器技术；鼓励通过资本运作做大做强，站稳国内市场，开拓国际市场。

2. "绿色船舶技术"课题领域

1）发展思路

以满足我国经济和社会发展重大需求和国际市场对船舶绿色环保要求为总体目标，抓住新一轮科技革命孕育兴起的发展契机，立足当前，着眼未来，加快绿色船舶技术创新，着力突破绿色船舶设计、建造、营运、拆解以及配套设备关键技术，提升国际市场竞争力，推动我国船舶工业转型升级，助力造船强国和海洋强国战略目标实现。开展配套产业的整体规划，围绕自主设计、自主配套、自主建造和自主服务需要，以突破关键技术、核心产品的国产化和系统集成为主线，整合产业链优势资源，提升产品的研发能力、配套能力和技术体系的智能化水平，促进产业的协同发展。紧密围绕船舶动力系统发展的具体要求，以提升我国船用低速柴油机产业整体国际竞争力为目标，以产业结构调整和优化升级为主线，以新机型和智能机型研发及配套为重点，坚持技术引进与自主研发相结合的发展模式，为我国船用柴油机产业做大做强提供有力支撑。

2）发展目标

至 2025 年，绿色船舶整体技术水平达到世界先进水平，其中绿色船舶设计、建造、营运技术达到国际先进水平，绿色拆船技术达到国际领先水平。绿色船舶自主创新能力显著增强，总装及配套企业基本建立绿色化、智能化的制造模式，初步实现基于信息化的研发、设计、制造、管理、服务的一体化并行协同；形成若干具有国际领先水平的品牌船型、标准船型及系列船型，技术引领能力大幅提升；突破配套设备绿色化、智能化关键技术，重点产品质量和技术水平跻身世界先进水平行列；形成完善的船用柴油机设计、建造、设备供应、技术服务产业体系和标准规范体系，拥有五家以上国际知名制造企业，高技术船舶和绿色船舶动力系统自主配套率达到80%。

3）重点任务

• 绿色船舶设计技术

设计全过程数字化，数字化设计工具研发的重点由过去服务于详细设计和生产设计，逐步向概念设计和初步设计转移，实现产品从市场需求开始直至产品报废的全生命周期各个环节数字化。全面应用基于人–机工程的虚拟设计，帮助设计人员在详细设计阶段，测试和验证各种设备使之便于操作和维修，各种工作空间满足要求。深化并行协同设计技术，加强面向制造的设计技术的应用，优化与制造相关的设计流程，在设计过程中就考虑制造因素，加强系统集成和业务过程协同，打通设计所和船厂之间的数据传递，消除信息孤岛，逐步实现设计制造一体化，降低研制成本和缩短周期。构建综合集成设计平台，全面考虑CAD、CAE、CAM以及维修等信息系统的需求，在基于共同产品数据模型的基础上，实现产品全寿命期不同阶段信息系统集成。

• 绿色船舶建造技术

采用先进制造工艺与装备，包括绿色加工技术（无冷却液干式切削、数控等离子水下切割工艺及装备、激光切割工艺及装备、分段无余量制造技术）、绿色焊接技术（节能焊接电源、高效焊接工艺及装备、高效环保焊接材料）、绿色涂装技术（绿色涂装工艺、环保节能涂装设备）等。建立船舶绿色管理技术系统，包括精益生产技术、成本管理技术、采用清洁燃气、改造管理体制、实施绿色采购、强化安全生产管理等。大力发展智能制造技术，以智能制造装备为基础，通过加快物联网、大数据、云计算等技术在船舶领域的深化应用，针对切割、焊接、部件制作、分段建造、物流等生产制造环节以及相应管理环节，发展智能制造技术，降低运营成本、提高生产效率、提升产品质量、降低资源能源消耗。

• 绿色船舶运营技术

船型优化节能减排技术，包括低阻船体主尺度与线型设计技术、船体

15

上层建筑空气阻力优化技术、船舶航行纵倾优化技术、降低空船重量的结构优化设计技术、少/无压载水船舶开发、船底空气润滑减阻技术等。动力系统节能减排技术，包括低油耗发动机技术、双燃料发动机技术、气体发动机技术、风能/太阳能助推技术、燃料电池应用技术、核能推进技术、氮氧化物/硫氧化物减排技术、高效螺旋桨优化设计技术等。配套设备节能减排技术，包括高效发电机、低功耗/安静型叶片泵与容积泵、高效低噪风机/空调与冷冻系统、余热余能回收利用装置、新型节能与清洁舱室设备、高效无污染压载水处理系统、新型高性能降阻涂料、船用垃圾与废水清洁处理等系统和设备研制技术。减振降噪与舒适性技术，包括设备隔振技术、高性能船用声学材料研发、建造声学工艺与舾装管理技术、声振主动控制技术、舱室舒适性设计技术、结构声学设计技术、螺旋桨噪声控制技术等。船舶智能航行技术，包括天气预警技术、航线优化技术、主机监控优化技术、电力管理技术、远程维护技术和船舶岸电技术等。

- 绿色船舶拆解技术

大力发展"完全坞内拆解法"、"干、浮式绿色拆解法"等先进拆解技术，废水、废油等有害物质无害化处理技术等，在拆解工艺、综合利用、废物无害化处理等诸多方面，依靠科技进步，不断提高资源利用率和环境友好率。

3. "海洋能源工程"课题领域

1）发展思路

以国家海洋大开发战略为引领，以国家能源需求为目标，大力发展海洋能源工程核心技术和重大装备，加大近海油气田区域开发，稳步推进中深水勘探开发进程，探索天然气水合物、海洋能等新能源的开发利用，保障国家的能源安全和海洋权益，为走向世界深水大洋做好技术储备。

2）发展目标

实现由 300~3 000 米、由南海北部向南海中南部、由国内向海外的实质跨越，2020 年部分深水工程技术和装备跻身世界先进行列，2030 年部分深水工程技术和装备达到世界领先水平；建设渤海综合型能源供给基地、南海气田群、油田群示范工程和绿色能源示范基地，助力南海大庆和海外大庆（各 5 000 万吨油气当量）。

3）重点任务

围绕海洋能源开发与迫切需求，从国家层面围绕海洋能源工程重点领域开展重大装备与示范工程一体化科技攻关策略，实现产、学、研、用一体化科技创新思路和科技成果转化机制，带动海洋能源工程上、下游产业链的发展。

● 发展海洋能源关键技术

包括近海油气高效开发技术，重点开展海上油田整体加密调整技术、多枝导适度出砂技术、海上油田化学驱油技术、海上稠油热采技术研究，加快致密气开发技术和装备的研发力度；深水油气勘探技术，重点开展深水被动大陆边缘油气成藏理论、深水高精度地震采集技术和装备、处理解释技术、深水大型隐蔽油气藏识别技术、深水少井/无井储层及油气预测技术等核心技术攻关；深水油气开发工程技术，重点开展深水环境荷载和风险评估、深水钻完井及高温高压工程技术、深水平台及系泊技术、水下生产设施国产化、深水流动安全保障技术、深水海底管道和立管、深水施工安装及施工等技术研究；海上应急救援技术，重点开展深远海应急救援总体技术方案、井喷失控水下井口封堵技术及装备系统、深远海应急救援后勤补给保障技术等应急救援技术和装备研究；海洋能开发利用技术探索，重点开展海洋波浪能、潮流能的技术产业化、探索温差能、盐差能等的利用模式和示范。

● 建设海洋能源重大工程

包括①渤海国家级油气能源基地：针对渤海丰富的稠油资源储量，勘探开发相对成熟，可将其建成国家重要能源基地，在 2015 年实现 3 500 万吨油气当量年产规模，并且在 2020—2030 年力争稳产 4 000 万吨油气当量年产规模；②东海国家天然气稳定供应基地：东海油气开发区天然气资源丰富，勘探开发程度低，潜力较大，且气田开发不同于油田开发，需要构建产销一体的供气管网以及稳定的下游销售，因此东海油气区的开发战略应着眼整体布局、上下游双向调节，同时还要紧密结合国家战略需求可将其建成国家天然气稳定供应基地；③南海北部深水油气开发示范区：以荔湾 3-1 气田群、陵水气田群/流花油田群为依托建成南海北部气田群和油田群，建立深水工程技术、装备示范基地，为南海中南部深水开发提供保障；

④深水工程作业船队和应急救援装备、作业体系：以海洋石油勘探、开发、工程、应急救援需求为主线，建立地球物理勘探、工程地质勘察、海上钻井和工程实施装备体系，为深水油气田自主开发提供基础和保障；⑤南海波浪能与温差能联合开发示范基地：调研我国南海温差能和波浪能资源分布的情况和海洋环境，选择离岸距离小于 2 千米、水深大于 800 米的海域作为开发场址，根据实地环境的特点和应用需求，进行南海波浪能和温差能开发技术研究和测试示范。

4. "极地海洋生物资源开发工程" 课题领域

1）发展思路

以实现南极磷虾规模化商业开发为目标，采取政府引导规划、科研支撑、市场运作的模式，通过国家有力的财政支持，鼓励和扶持有条件的远洋渔业公司积极进军南极磷虾产业，采取引进、消化、吸收、再创新的技术发展路线，加快提升获取大宗极地生物资源的能力，加快培育领军企业，培育形成新的产业链。围绕极地渔业可持续开发利用的基本要求，通过政府引导、产业跟进，首先推动已经开放的南极渔业准入，同时通过科学探索调查、积极参与国际合作研究等方式，探索新渔场和新渔业。贯彻掌控极地生物基因资源、形成知识产权、开发特色产品的三位一体的发展思路，建立资源独特、相对集中、形成规模、来源多样的极地生物菌种资源库及其信息技术平台，开发具有极地生物基因资源特色、拥有自主知识产权和良好应用前景的功能基因、活性产物及其功能产品。

2）发展目标

跻身南极磷虾渔业强国，打造南极磷虾新兴产业，获得优质的蛋白资源保障我国食物安全，争取和维护我国南极海洋开发战略权益。针对我国海洋渔业产业向深远海发展的迫切需求，围绕极地等深远海渔业装备与工程的重大科学技术问题，加速远洋渔业装备自主创新能力建设，整体提升远洋渔业装备与工程领域的研究水平。通过研发专业化远洋渔船及高效捕捞与船载加工装备，实现深远海大型专业化渔船及系统装备的国产化，为极地渔业产业实现专业化高效生产提供装备支持，以提高我国高效利用极地等深远海渔业资源的能力，促进海洋渔业向深远海拓展，提升我国远洋渔业的国际竞争力。通过大力发展极地生物基因资源利用工程与科技，提高我国极地生物基因资源储备及其利用水平，形成规模化极地生物资源利用产业，提升国际影响力。

3）重点任务

- 南极磷虾产业规模化开发工程

实现我国南极磷虾捕捞业现代化工程的综合升级改造，引领南极磷虾捕捞业现代化工程发展方向，保障我国极地海洋生物资源开发工程发展战略目标的实现，确立我国南极磷虾资源开发利用的国家权益。突破优质南极磷虾粉的规模化生产技术与装备的开发这一关键环节，实现南极磷虾油的规模化、产业化运行，进一步开发南极磷虾功能脂质、功能蛋白等系列高值化保健食品与医药制品，提升产业整体效益。建设优质高效安全环保型南极磷虾饲料产业，开发多元化的饲料产品系列，保障我国畜牧水产养殖业的可持续发展。加大我国南极磷虾产业系列标准的制定工作，保障我国南极磷虾产业的稳定可持续发展。

- 极地生物基因资源开发利用

实施极地生物基因资源的可持续利用战略，推进极地生物基因资源利用工程与科技发展。从战略角度提升现有的保藏中心向国家极地生物基因资源中心的转变，扩大微生物资源的多样性，改进培养技术，加强保藏菌种的功能评价与资源潜力挖掘。构建极地生物基因资源物种、基因和产物三个层次的多样性和新颖性研究体系，建立极地生物基因资源研究与利用的创新研究与技术平台，提高极地生物基因资源的储备和保藏能力与信息化水平，大力发展基于极地物种、基因和产物资源的生物制品、生物医药、生物材料技术，形成规模化极地生物资源利用产业，为国家极地战略利益和外交政策服务。同时，加强极地生态系统研究，提高极地生态系统管理能力和水平，保护极地自然环境与生物多样性。

- 极地渔业开发与装备现代化

围绕建立安全、节能、高效的深远海渔船与装备工程技术体系，通过技术创新与系统集成，利用现代工业自动化控制、船舶数字化设计与建造、海洋高效生态捕捞技术，突破制约我国海洋捕捞向深远海发展的关键技术与核心装备，实现极地等深远海渔业资源高效开发与综合利用，推进海洋强国战略的有效实施。

4）重大专项建议

南极磷虾资源规模化开发与产业发展

通过全链条一体化部署，围绕制约我国南极磷虾资源开发利用的主要"瓶颈"问题开展研究，提升我国对磷虾资源的认识水平及其资源开发的装备技术水平和核心竞争力，推动磷虾产业链的快速形成与规模化发展，为确立我国南极磷虾资源开发利用大国地位和强国地位提供有效技术支撑。围绕制约我国南极磷虾资源规模化开发的主要"瓶颈"问题，进行全链条一体化设计，重点安排产前磷虾资源产出过程与机理研究、渔场探测与渔业生产保障服务技术研究和专业磷虾船的设计建造关键技术研发，产中捕捞与加工技术装备研发，产后产品与质量安全体系研发等任务。

5．"重要河口与三角洲生态环境保护"课题领域

1）发展思路

坚持以生态文明建设为指导，以河口环境承载能力为基础，以环境"质量不降级、生态反退化"为基本要求，建立以环境质量为核心的治理体系，开展陆海统筹的环境保护，重点进行流域污染减排、生态风险防控、河口生态保护，推动流域环境和河口环境保护协同、河口污染防治与生态保护协同、多污染物控制协同，创新体制机制，构建以入海河流干支流为经脉、以山水林田湖为有机整体，近海水质优良、生态流量充足、生物种类多样的生态安全格局，促进河口生态环境保护与沿海及流域经济社会发展的协调统一，打造山顶到海洋的绿色生态廊道，为全面建成小康社会提供环境保障基础。同时坚持陆海统筹，系统治理，保护优先，遏制降级，分类管理，质量控制，问题导向，科学决策的原则开展我国的河口三角洲区域的环境保护和生态修复工作。

2）发展目标

优化河口三角洲地区经济发展模式，由先污染后治理转变为清洁生产；实施陆海衔接的污染控制，严守环境质量底线；从侧重传统污染物控制向新型污染物风险防范拓展；加强入海河流环境综合整治工程的开展和河口海岸带生态环境空间管控，构建近岸海域生态安全空间格局；正确引导海岸带开发利用活动，加强陆海生态过渡带建设，合理利用岸线资源；统筹和控制陆海风险，加强沿江沿海工业企业环境风险防范，严格危险化学品

的风险防控，重视海上溢油及危险化学品泄漏环境风险防范；构建陆海统筹的生态环境监测网络，建立国家生态环境监测网络，加强跨区域监测系统建设，完善监测网络运行管理机制，实现信息网络互联互通。与此同时，建立陆海统筹的环境保护、资源环境承载能力监测预警、陆海关联的生态补偿等机制，以及陆海统筹数据共享综合诊断决策支持知识库和适合于中国海洋环境特点的基准标准体系。在此基础上，建设河口三角洲生态系统修复、生态灾害防治与应急、生物资源养护等方面的生态环境保护工程。

3）重点任务

● 长江口三角洲突出解决入海泥沙量剧减、滩涂与湿地资源丧失、布局性环境风险突出等区域环境问题。以可持续发展为指导，坚持问题导向、底线约束和陆海统筹为主要手段进行源头管控，达到陆海统筹的流域营养物控制、水沙优化调控、河口生态保护与修复的目的。有针对性地对其实施流域水资源优化配置、长江泥沙资源优化配置、河口区湿地保护与修复等重点工程。同时落实生态环境保护的政策，如建立城市沉降防治保护机制，注重保护河口区湿地生态环境，建立健全水污染应急预警防控机制等。

● 珠江口三角洲突出解决水环境污染严重、水生生物资源严重衰退、滩涂开发工程和珠江流域大规模的河道疏浚带来的生态环境问题。统筹兼顾，整体协调，制定与实施珠江河口生态环境保护规划，开展珠江河口水生生物监测和水生态基础研究工作，建立珠江河口生态调查和生物监测信息网络；实施"绿色珠江"长期系统工程，重点实施九大绿色重点工程，建立完善有利于绿色珠江建设的六大机制，打造三类流域水生态文明建设典范，加快推进"维护河流健康，建设绿色珠江"的进程。

● 黄河三角洲突出解决土壤盐碱化、河口淤积和海岸蚀退、水污染严重等环境问题。黄河口生态环境保护以生态文明理念为引领，以资源环境承载能力为基础，陆海统筹，达到水清、农田无盐碱化和减缓黄河三角洲淤积的战略目标，划定红线，加强污染治理，切实保障生态流量，优化入海水沙输运格局，改良盐碱地和土壤质地。

6. "21世纪海上丝绸之路建设"课题领域

1）发展思路

通过"21世纪海上丝绸之路"建设，以海洋为载体，以畅通和完善跨国综合交通通道为基础，以沿线国家中心城市为发展节点，以区域内商品、服务、资本、人员自由流动为发展动力，以区域内各国政府协调制度安排为发展手段，以一系列双边、多边合作机制为载体的综合性政策平台，建立亚欧非全方位、多层次、复合型的互联互通网络，加强沿海各国的经济、贸易、文化方面的联系，建立命运共同体、责任共同体。"21 世纪海上丝绸之路"主要包括两个方向：重点方向是从中国沿海港口过南海到印度洋，延伸至欧洲；从中国沿海港口过南海到南太平洋。

2）发展目标

在加强经贸合作方面，加强海关、检验检疫、认证认可、标准计量等方面的合作和政策交流，降低关税和非关税壁垒，提高贸易便利化水平。推动沿线各国之间产业分工，促进沿线各国共同形成新的产业分工体系。在提升经济治理能力方面，提升新兴市场国家在国际金融组织中的治理能力，维护广大发展中国家的权益，大力支持新兴国家在国际经济治理中的作用，提高广大发展中国家在多边经济治理中的影响力，为基础设施投资提供新的融资渠道。在加强战略支点建设方面，在关键水道附近区域形成一定规模的经济聚集、人员聚集和有效经营的港口，具备较强的生存能力、保障能力和服务能力。在加快开发利用北极航线方面，积极参与北极航线沿线国家的双边合作，发挥好各类国际组织平台的作用，做好相关科学技术、产业开发、人才准备和机制建设，加快北极航线开发利用进程。

3）重点任务

• 加强与沿线各国的产业合作

加强与沿线相关国家和地区交通建设规划、技术标准体系的对接，改善口岸基础设施条件，促进国际通关、换装、多式联运有机衔接。进一步突出比较优势产业合作，推动比较优势互补的产品贸易、产品差异化的产业内贸易以及产业投资。深化海洋经济合作；加快推进沿线国家能源一体化进程，保障油气海上通道安全。

• 构建和谐开放的经济合作带

促进我国与沿线国家产品和要素自由流动，深入推进双边、多边自贸区建设，在协商降低关税的基础上，重点加快非关税壁垒的取消、技术标准的对接，逐步形成立足周边、面向全球的高标准自贸区网络。优化贸易结构，在提升货物贸易档次的同时，大力发展服务贸易。共同建立区域性的金融风险防范机制。建立货币与汇率协调机制，扩大沿线国家人民币的跨境使用。积极推进亚洲基础设施投资银行的建设。

- 实施"海上丝绸之路文明复兴计划"

以我国为主建立专项基金，对沿线战略支点地区教育、科技和文化发展与保护提供资金支持。重点支持的范围可包括：基础教育设施建设与管理，职业教育，农业、水产、林业、水利、疾病防治基础研究的支持，文化（包括文物古迹和非物质文化）保护，人员交流。

- 推动地方层次和行业层次建立友好合作关系

推进地方政府间的交流合作，借鉴国内对口援建的经验，建立海上丝绸之路友好城市。以艺术、文化交流为主题，发起"海上丝绸之路博览会"。鼓励企业在投资所在地开展教育、文化和慈善活动。鼓励群众团体、行会商会发挥纽带作用，建立全方位的友好合作关系。

- 做好北极航线开发利用的准备

通过北极理事会加强与北极国家的政策交流，做好相关国际法问题的研究。加强与挪威、冰岛、俄罗斯等国在港口、海洋科学研究、船舶建造、能源开发、气候变化研究等方面的合作。提升极地船舶的制造技术，开展极地航行船员的专门培训，加强航道信息、航行资料的积累。针对北极航行风险设立基金保障机制。

4）重大专项建议：——印度洋海洋科技合作专项

以加强在北印度洋的存在和影响为目标，有针对性地开展科技合作，以有限的投入发挥最大化的作用。与印度尼西亚、泰国、马来西亚等国合作，以印度洋地震海啸为主题开展研究，建设地震海啸监测预警系统，沿明打威群岛一线，逐步建成水下、水面、空天一体的立体观测系统。与孟加拉、缅甸、印度等国合作，对孟加拉湾飓风开展科学研究，以提高飓风预警预报准确性为主要目标，建设海上-空中观测预报系统。与马尔代夫、塞舌尔等国合作，以应对全球气候变化为主题，对热带珊瑚岛礁环境保护、人工岛建设、可再生能源利用、海水淡化等方面的科技问题进行研究。通过定向科技支持提高沿线国家抵御自然灾害、改善生态环境的能力，密切与沿线国家的联系。

7. 专题："南极磷虾渔业船舶与装备现代化"

本专题以实现我国南极磷虾远洋渔业发展的战略目标为宗旨，梳理国内外南极磷虾捕捞加工船和极地渔业资源综合调查船的发展现状和趋势，分析我国与国际先进技术之间的差距，找出制约我国发展的主要问题，制定我国在南极磷虾捕捞加工船和极地渔业资源综合调查船方面的发展战略和发展路线。

本专题从捕捞方式和能力、加工技术和产品种类、主要尺度范围、续航力和航速、极地冰区的选择和特殊要求、甲板机械的防冻除冰以及动力推进系统等方面进行技术论证分析，结合目前正在进行的"龙发"号南极磷虾捕捞加工船专业化改造的实际经验，最终形成了一艘 9 000 吨级的南极磷虾专业捕捞加工船和一艘 5 000 吨级的极地渔业资源综合调查船总体设计的初步概念图像。

南极磷虾专业捕捞加工船是在南极海域进行拖网捕捞作业和虾品加工并冷冻的专业捕捞加工渔船，主要在南极 48 区海域捕捞南极磷虾。本船总长约 120 米，船宽约 20 米，约 9 000 总吨，采用双机单可调桨带 PTO 轴带发电机方式的动力推进系统，自由航速约 13.5 节，拖网航速 2.5~3 节，续航力约 13 000 海里，满足极地航区的要求，具有在冰区海域航行的能力。本船采用连续性捕捞方式进行作业，由吸虾泵将网囊内捕获的南极磷虾引入加工生产线，专门用于生产冻虾及虾粉等磷虾产品，原料虾的加工能力达到 500 吨/天。

极地渔业资源综合调查船总长约 90 米，约 5 000 总吨，续航力 15 000 海里，自持力 90 天，满足极地航区的要求，具有全球航行能力。通过优化船型设计，采用国际先进的电力推进系统，可 0~16 节的无级变速，并具有 DP1 级标准的动力定位功能。采用先进的减振降噪措施，具有良好的"声寂静性"，满足现代海洋探测和声学探测要求。极地渔业资源综合调查船装备了国际先进的作业渔具、定点和走航式海洋环境参数探测系统、声学探测系统，可进行空中、海面、水体和海底的综合探测。

四、结语

在实施国家海洋发展战略、建设海洋强国中，海洋工程科技将发挥极其重要的作用。着眼于国家未来长期目标，制定国家海洋工程科技发展规划，落实重点发展任务，提升我国海洋工程科技整体水平，是"十三五"期间的一项重要工作。根据本项目的研究，我们建议：

（一）加强工程科技的基本能力建设

通过多部门的协调联动，多层次的军民融合，多渠道的资源投入，多功能的平台建设，全面提升海洋工程科技的创新能力，海洋关键装备的制造能力，海洋生态环境的管控能力，海洋战略资源的开发能力，海洋正当权益的维护能力。在"十三五"期间，国家应当加强海洋科技发展计划的系统性和整体性，保证足够的投入，在科学认知、技术突破、产业推进、平台建设等各个层面上全面部署，持续推进。同时，重视国家海洋"软实力"的建设，加强与海上丝绸之路沿线国家的科技、文化、教育、经济等各方面合作，拓展我国海洋战略的辐射空间。

（二）加强海洋战略资源的勘探开发

随着全球资源紧缺的加剧和海洋资源开发能力的提升，海洋战略资源的管控和争夺必然愈益激烈。海洋油气资源、渔业资源、矿石资源、基因资源、信息资源、空间资源都是争夺的对象。目前，我国应当加强深海油气和水合天然气资源的勘探和开发，建立极地渔业（主要是南极磷虾）开发产业链，深入挖掘海洋特有基因资源以形成知识产权，重视大洋海底矿石资源开发的早期投入。

（三）加强海洋工程装备关键元器件的系统配套

近年来，我国海洋工程装备的水平已经进入世界强国行列，可是在关键元器件的配套上与国外的差距很大，严重制约了工程装备竞争力的提升。例如作为感知海洋的"五官"，海洋传感器处于认知海洋和经略海洋的最前端，但是我国的海洋传感器市场基本被国外产品所垄断和控制，大约90%的海洋传感器为国外进口产品，一旦国外对我国实行全面的封锁和禁运，后果则不堪设想。因此，国家对于海洋传感器等关键元器件，应当制定政策和措施，设立发展专项，加大材料、工艺等共性和基础问题的研发投入，并给予长期稳定的支持。

五、结题验收情况

2016 年 4 月 7 日，根据中国工程院重大咨询项目"中国海洋工程与科技发展战略研究（Ⅱ期）——促进海洋强国建设重点工程发展战略研究"的总体计划，项目组在杭州市召开了结题验收会议。

项目组长、中国工程院原常务副院长潘云鹤主持，中国工程院副院长刘旭到会并作了重要讲话。中国工程院一局、二局有关领导，项目组长唐启升和各课题的院士、专家代表和项目办公室工作人员等共 40 余人参加了会议。

会议邀请了国家气象局秦大河院士、国家海洋局第二海洋研究所李家彪院士、浙江大学杨树锋院士、哈尔滨工程大学杨德森院士、中国地震局地球物理研究所陈运泰院士、中国造船工程学会陈映秋总工程师等 9 名院士、专家作为本项目的验收专家委员会。

验收委员会认为，项目组圆满完成了任务书规定的各项任务，一致同意通过验收。

编写组主要成员：

唐启升　中国水产科学研究院黄海水产研究所，中国工程院院士

刘世禄　中国水产科学研究院黄海水产研究所，研究员

张元兴　华东理工大学，教授

第二部分
课题研究报告

课题一　海洋观测与信息技术发展战略研究

课题组主要成员

组　长	金翔龙	国家海洋局第二海洋研究所，中国工程院院士
副组长	石绥祥	国家海洋信息中心，研究员
	练树民	中国科学院南海海洋研究所，研究员
	陶春辉	国家海洋局第二海洋研究所，研究员
成　员	方爱毅	61195 部队，大校
	潘建明	国家海洋局第二海洋研究所，研究员
	王　芳	国家海洋局海洋战略研究所，研究员
	方银霞	国家海洋局第二海洋研究所，研究员
	俞建成	中国科学院沈阳自动化研究所，研究员
	梁楚进	国家海洋局第二海洋研究所，研究员
	许建平	国家海洋局第二海洋研究所，研究员
	吴自银	国家海洋局第二海洋研究所，研究员
	李占斌	国家海洋信息中心，研究员
	殷建平	中国科学院南海海洋研究所，副研究员
	周建平	国家海洋局第二海洋研究所，副研究员
	齐　赛	61195 部队，副研究员
	朱心科	国家海洋局第二海洋研究所，副研究员
	王　祎	国家海洋技术中心，助理研究员
	郑旻辉	国家海洋局第二海洋研究所，助理研究员
	蔡　巍	国家海洋局第二海洋研究所，助理研究员

华彦宁　国家海洋信息中心，工程师

赵建如　国家海洋局第二海洋研究所，助理研究员

周红伟　国家海洋局第二海洋研究所，实习研究员

陈　质　中国科学院沈阳自动化研究所，博士研究生

第一章　我国海洋观测与信息技术发展战略需求

随着陆地资源的日益减少或枯竭，海洋在国家安全、经济和资源供给等方面的战略地位日益凸显，2016 年我国海洋生产总值比重已达国内生产总值的 10% 左右。与此同时，人类所面临的地球起源、生命起源、全球变化、可持续发展、资源与环境效应等重大科学问题也均与海洋密切相关。因此，观测海洋，透视海洋，准确把握海洋的脉搏，认识海水的特性，寻找与勘察海洋与海底资源，制定和实施海洋水下观测体系发展战略，在推动海洋经济开发、促进海洋科技发展和提升海洋安全保障等方面都有着强烈的国家需求。

一、海洋资源开发需求

海洋蕴藏着丰富的矿产、油气、生物、能源等资源以及广泛的空间，是人类社会可持续发展的宝贵财富。海洋的 3/4 是深海盆地，深海中大量的极端环境微生物是地球上最大的基因资源库；深海结核、硫化物、天然气水合物、稀土矿产储量是陆地上储量的数十倍。但相对于陆地资源，海洋资源的发现与获取却很困难。随着陆地资源的日益稀缺，海洋资源的开发利用已事关国家的长远战略安全，成为世界主要海洋国家的竞争热点，其核心是海洋科技的竞争。

海洋油气资源、矿产资源和生物资源的开发都需要海洋水下观测技术的有力支撑。例如新一代海上油气钻井平台的作业水深超过 3 000 米，这极大地促进了深水和超深水油气资源的开发；深海观测与取样技术的发展，使得海底生物基因资源的开发日益成为各国争夺的焦点等。我国拥有约 300 万平方千米的领海和专属经济区，油气资源沉积盆地约 70 万平方千米，石油资源量估计为 240 亿吨左右；天然气资源量估计为 14 万亿立方米，截至

2011 年年底，我国已在南海圈定 25 个"可燃冰"成矿区块，控制资源量达 41 亿吨油当量；我国在太平洋获得的 7.5 万平方千米的多金属结核资源专属采矿区，可满足年产 300 万吨、开采周期 20 年的资源需求。由于海底资源利用难度大、成本高，目前尚未进行大规模的商业性开发，很多资源还处于勘探阶段，因此提升我国的水下观测能力将对后续的勘探开发起到基础保障作用。

二、社会发展与环境保护的需求 ▶

在全球化的背景下，趋海而居是世界滨海国家社会发展的重要趋势，沿海地区普遍表现为城市密集、人口和经济活动频繁。我国沿海地区就聚集了全国 60% 以上的经济总量和 40% 以上的人口，因而随着人为活动压力的增大，海洋环境的承载能力也日益受迫。《中国海洋环境质量公报》指出，2010 年近岸局部海域水质劣于第四类海水水质标准，面积约 4.8 万平方千米，主要超标物质是无机氮、活性磷酸盐和石油类，主要污染区域分布在黄海北部近岸、辽东湾、渤海湾、莱州湾、长江口、杭州湾、珠江口和部分大中城市近岸海域。此外，对开展的 18 个海洋生态监控区的河口、海湾、滩涂湿地、红树林、珊瑚礁和海草床生态系统开展的监测显示，处于健康、亚健康和不健康状态的海洋生态监控区分别占 14%、76% 和 10%。这种状态严重制约了我国沿海社会经济的可持续发展。保护海洋环境，实现可持续发展，实现"效费比"最大化，与自然和谐发展是人类追求的最高境界。海洋水下观测能力的提升将有助于我们更好地深入认识海洋，更主动地把握海洋环境的变化，更有效地判断人类活动对海洋环境质量的影响，更准确地进行海洋灾害预警与评估，更科学地利用和保护海洋生态环境。

三、海洋权益与国防安全的需求 ▶

海洋战略地位的不断提升，使得世界临海国家掀起了一场新的"海洋圈地"运动，各国在加强 200 海里专属经济区和大陆架划界与管理的同时，将目光投向了专属经济区以外的外大陆架，纷纷提出外大陆架权益主张，全球约 36% 的公海变成沿海各国的专属经济区。在黄海、东海、南海方向，周边国家与我国均存在不同程度的领海争端，钓鱼岛与南沙主权维护，台海方向发生重大"台独"事变等海上军事冲突的可能性高度存在。国外的渔船、调查船、水下自主航行器和水下潜艇等在我国管辖的海域肆意非法活动，对我国海域进行了捕捞、寻宝、探测、取样和抵近侦察等情况时有发生，部分国家盗采南沙海域石油现象十分猖獗；与此同时，我国在领海、近海乃至整个南海等海域存在范围广阔的深海感知盲区，基本处于海面以下"不设防"的严峻状态。因此，我国的海洋权益维护的形势复杂、任务艰巨，除依靠陆基力量，空、海机动兵力和海上执法队伍以外，亟须增强对我周边近海水下空间的"透视"能力，需要发展针对性的水下观测技术进行监视预警，保障国家安全。

另外，随着国力的增强，我国的国家利益已趋全球化，海上航运活动和海外经济活动频密，应急事件时有发生；海军也正处于逐步从近海迈向全球的历史时期，大洋训练与远洋航行活动日益活跃，但对陌生海域的战场环境的认知能力极为落后，对手对海洋环境的单向透明是对我海军生存的巨大威胁；海盗、海上恐怖势力的泛滥，临近国或大国对战略水道的主导权控制等不安定问题有越演越烈的趋势，海上军民船舶的通行安全难以保障。解决这些问题都需要水下探测技术的发展作为强力支撑，用以精确、快速和智能化地全方位获取海洋环境、水面/水下目标的数据与信息，为海洋安全防护、海洋维权执法、通航保障、提供重要的海洋信息保障。

四、海洋科学认知的需求 ▶

海洋是目前人类对自身生活星球的最大认知短板，其中一个主要的因素是海洋观测技术发展的制约。从直观的潮汐观测，船载发现洋流和水团，卫星发现中尺度现象，深潜器发现海底扩张和黑暗生命圈，回声仪描绘海底地形，观测技术的进步在一步步推动认知前行。进入 21 世纪以来，随着技术的进步与提升，海洋观测手段也渐趋丰富，海洋科学的研究已经逐渐从现象描述向过程与机理研究发展，科学家开始去更深、更远的海洋探索未知的生物、资源与秘密。这些都需要我们能够获取大量的、精确的、长时间序列的水下海洋观测环境数据，能够很好地从海底采集样品并进行原位分析与研究，能够更迅捷地感知到海底的变化及其带来的影响。

虽然我国是一个拥有约 300 万平方千米海域的海洋大国，但由于海洋科技领域远远落后于美国、德国、加拿大、日本等海洋科技大国，远不能称为海洋强国。只有提升观测海洋的能力，打破我国长期对欧美国家海洋技术的依赖，才能更好地促进我国海洋科学的综合发展，解决多学科、多尺度、多维、大深度的科学问题。为我国黄海、东海和南海的近海科学，以及深远海科学、南北极科学、洋中脊、边缘海、海沟、海底深部科学、深渊科学等科学问题提供高精度、可靠的观测数据。

第二章　我国海洋观测与信息技术发展现状

一、海洋地球物理观测技术　▶

(一) 多波束

　　国内最早的多波束测深系统研制开始于 20 世纪 80 年代中期，由中国科学院声学研究所和天津海洋测绘研究所联合研制的多波束测深系统，这也是我国最早的多波束测深系统尝试，但由于当时技术条件的限制未能投入实际应用。"八五"期间，从国防战略战术和海洋经济长期发展的需要考虑，国家把多波束条带测深仪的研制工作列入国家重点攻关科研项目，由哈尔滨工程大学水声研究所承担，研制了 HCS-017 型条带测深仪。1997 年 10 月该测深仪在东海于"东调 223"号军舰上完成试验。到 90 年代初，国家有关部门从国防安全和海洋开发的战略需要出发，委托哈尔滨工程大学主持，海军天津海洋测绘研究所和原中船总 721 厂参加，联合研制了用于中海型的多波束测深系统，该系统属于用于大陆架和陆坡区测量的中等水深多波束测深系统。

　　在"十一五"期间的"863"计划、国家自然科学基金等项目的支持下，2006 年，哈尔滨工程大学成功研制了我国首台便携式高分辨浅水多波束测深系统，测量结果满足 IHO 国际标准要求。目前哈尔滨工程大学已拥有不同技术指标和特点的 HT-300S-W 高分辨多波束测深仪、HT-300S-P 便携式多波束测深仪、HT-180D-SW 超宽覆盖多波束测深仪 3 个型号。2013 年，国内首套"系列化浅水多波束测深系统"参展中国海洋学会年会暨国际海洋技术与工程设备展览会，受到国内用户的认可和国外参展商的关注。

2007 年，科技部"十一五"国家"863"计划"深水多波束测深系统研制"项目立项，由中国科学院声学研究所、中国船舶重工集团公司第七一五研究所、国家海洋局第二海洋研究所等单位通过 6 年多工作，项目于 2014 年 4 月通过验收。项目研制成功了具有自主知识产权的全海深多波束测深系统样机，系统安装在中国科学院南海海洋研究所的"实验 3"船上，投入实际应用。系统主要技术指标为探测水深 20~11 000 米，波束数 289个，波束宽度 1°×2°，最大覆盖宽度 6 倍水深，具备发射三维姿态稳定和接收横摇稳定功能。利用该系统获得了 6 000 米深海域底地形图，经过内符合试验验证系统精度在 65°覆盖以内能达到约 0.96% 水深的精度（95% 置信度）。项目突破了发射波束姿态稳定实现、大角度扫描平面阵设计与加工、多通道发射接收电子系统一致性保证、声呐阵内嵌式安装及降噪等关键技术，形成了测深声呐技术的研发团队，所取得成果对发展我国的海洋声学技术起到积极的推动作用（图 2-1-1 和图 2-1-2）。

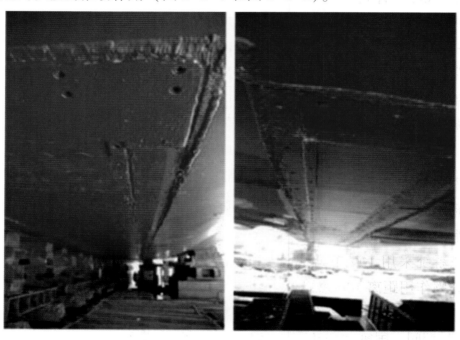

图 2-1-1 安装完成后的发射阵（左）和接收阵（右）

（二）浅地层剖面仪

20 世纪 70 年代中国科学院和地矿系统开始研制浅层剖面仪，"八五"

图 2-1-2　全海深多波束测深系统主机

期间交通部把研制穿透率强的中地层剖面仪列入国家攻关项目，"十五"期间国家"863"计划立项研制一种深拖式超宽频海底剖面仪。目前由我国研制成功的浅层剖面仪有：HQP-1 型、HDP-1 型、CK-1 型、QPY-1 型、GPY-1 型、DDC-1 型、PGS 型、PCSBP 型等，其中，PCSBP 型是中国科学院声学研究所研制的达到国际先进水平的脉冲压缩式浅地层剖面仪。目前由我国研制成功的浅地层剖面仪大都为近海使用，而全海深的浅地层剖面仪还是以进口为主。

（三）侧扫声呐

国内侧扫声呐系统的研制开始于 20 世纪 80 年代中期，华南工学院林振镛等研制 SGP 型高分辨率侧扫声呐系统，工作频率为 190 千赫和 160 千赫，作用距离最大为 400 米。1996 年中国科学院研制成功 CS-Ⅰ型侧扫声呐系统，该系统采用 100 千赫和 500 千赫双频分时工作，低频作用距离 500 米，高频作用距离 100 米，较好地解决了侧扫声呐分辨率和作用距离间的矛盾，作用距离指标超过同类双频侧扫声呐指标，进入世界先进产品行列。"十五"期间，国家"863"海洋资源开发技术主题启动了"高分辨率测深测扫声呐"和"浅水高分辨率测深测扫声呐系统研制"研发课题，2006 年深水 HRBSSS 声呐系统在南海 3 800 米水深试验成功，该系统工作频率 150 千赫，发射波形为线性调频，覆盖宽度测深 2×300 米，侧扫 2×400 米，重直航迹分辨率 5 厘米，最大工作水深 6 000 米，可检测多目标。2007 年浅水

SBSSS 系统在海上井场区进行调查应用，与 Kliein2000 型侧扫声呐系统进行了同区比测，结果基本一致，该系统与深水系统的声学性能指标基本相同，只是工作水深为 300 米。二套系统的测深精度均达到了 IHO 标准。

合成孔径成像声呐，实现了水下地形地貌和水下目标高分辨率成像，各项技术指标与国外相当。此外，相控阵三维声学摄像声呐顺利完成湖上试验，能够对一维、二维和三维静态目标清晰成像，并能够对湖底地形进行三维重建和动态拼接。

（四）重力仪

国内海洋重力仪的研制始于 20 世纪 60 年代初期。1965 年中国科学院测量与地球物理研究所研制成 HSZ-2 型海洋重力仪；1975 年北京地质仪器厂研制成功 ZY-1 型振弦式海洋重力仪；1977 年武汉地震大队（中国科学院测量与地球物理研究所等）研制成功 ZYZY 型海洋重力仪；1984 年国家地震局武汉地震研究所研制成功 DZY-2 型海洋重力仪，并于次年安装于南极考察船"向阳红 10 号"上，取得了 3 万海里的记录，技术鉴定性能良好。1985 年，中国科学院测量与地球物理研究所研制成功的 CHZ 型海洋重力仪是国内技术思想较为先进的轴对称型海洋重力仪，与德国 KSS-30 型海洋重力仪水平相当，1986 年随"实验 2 号"船在台湾海峡西部地区考察，首次获得我国台湾海峡的重力资料。1991 年 4 月，利用加拿大进口的 CG-3 型全自动重力仪集成研制了用于浅海的海底高精度重力测量系统，经过 3 年以上 4 000 平方千米、20 000 个物理点位的生产性考察，证明系统稳定可靠，在工作水深小于 50 米，平面定位精度小于 10 米，高程精度小于 0.4 米，布格异常总精度优于 $\pm 0.2 \times 10^{-5}$ 米/秒^2，水下自动调平限度 $\pm 15°$，从而解决了过去在浅海、湖泊地区无法进行高精度重力勘探的难题。20 世纪 90 年代以后由于多种原因，国内相关研究基本停止。近几年来，国内正在兴起对无源导航技术的研究，重力仪的研究也被众多学者提到重要的位置。

（五）磁力仪

国内以北京地质仪器厂为主，先后研制了 CHHK-1 型核子旋进式航空海洋磁力仪、CHHK-2 航空和船舶两用核子旋进式磁力仪及 CTZY-1 型海洋质子磁力梯度仪。CHHK-2 型核子旋进式磁力仪测量地磁场强度绝对值，也用于地磁日变化观测，测量范围 35 000～65 000 纳特（nT）、最高灵敏度 0.1 纳特、船速 10 节。CTZY－1 型质子磁力梯度仪的测量原理与 CHHK－2 型相同，但它有两个探头（主探头和从探头），不仅可以测量地磁场强度绝对值，而且可以测量主从两个探头之间的地磁场梯度值（纳特/米）。通过对梯度值的数值积分，能得到不受日变和磁爆等影响的地磁场的相对变化值（ΔT），因而不需要设立地磁场日变观测站，有利于远海磁力测量和地质解释，磁力梯度值有助于更好地分辨磁场异常和地质构造界面。

　　"十一五"期间，"863"计划"近海底磁力仪关键技术研究"探索课题立项，开启三分量近底磁力仪的研制工作。"十二五"的"863"计划"海底观测试验网"重大项目设立了基于观测网的深海底磁总场和三分量磁力仪研制任务。

（六）地震仪

　　地震技术根据穿透深度、垂直分辨率与子波频率，可把地震划分为天然地震、传统地震、高分辨率地震和甚高分辨率地震。按地震调查的作业方式可以分为拖曳地震（包括海面拖曳和近底拖曳）和海底地震。

　　由于国外对我国海洋拖曳地震调查设备并没有完全禁运，仅是对大深度和小道距实行禁运，国内使用的传统地震勘探技术基本为进口设备，仅有天津远海声学有限公司、中海油田服务股份有限公司等单位提供国外拖曳阵的维护与小道距电缆的生产。2012 年 6 月 19 日，"十一五"期间国家"863"重点项目"深水高精度地震勘探技术"通过国家验收。经过多年努力攻关，研发出一整套包括装备、处理、解释和配套软件系统的海上高精度地震技术体系。高精度地震拖缆采集装备是目前国际上最先进的海上地震勘探装备。课题研究形成的海上地震勘探采集装备——"海亮"地震采集系统，填补了国内空白，其整体性能达到了国际先进水平。该系统已于 2008 年起投入工程勘察生产使用，并先后于 2008 年、2010 年和 2012 年在南海和渤海实施现场试验，进行了二维、三维地震资料采集，获得了良好数据并直接应用于生产。"十二五"期间，"863"计划启动"深水高精度地震成套技术"和"深水海底地震勘探技术"为重大项目。

　　"十五"期间"863"计划"近海工程高分辨率多道浅地层探测技术"课题开始了高分辨率浅地层多道地震勘探技术的研究工作。"十一五"期间，"深水高分辨浅地层探测技术"课题的研究工作，由浅水向深水发展。课题开展了高能固体的复合开关重复脉冲电源等研究工作，研发了120道高分辨率数字地震采集仪、采集缆和10 000 J等离子体震源，适合50~3 000米水深，穿透可达400米，分辨率1米左右。

"九五"期间，中国科学院地质与地球物理研究所开始海底地震仪的研究，"十五"期间，"863"计划启动"海洋岩石三维地震成像技术"课题，研制成功宽频带大动态三分量数字记录海底地震仪，工作频带2~100赫兹、动态范围120分贝、工作深度3 000米。2009年，中国地震局地震预测研究所和北京港震机电技术有限公司联合研制的宽频带海底地震仪在南海试验成功，工作频带40秒~40赫兹，灵敏度1 000伏特/（米·秒$^{-1}$）。"十一五"期间，广州海洋地质调查局与中国科学院地质与地球物理研究所联合研制高频海底地震仪（HF-OBS），频带在0~200赫兹之间，2009年在南海北部陆坡应用试验成功。

二、物理海洋观测技术 ▶

物理海洋观测技术用于观测海洋中的声、光、温度、密度、动力等现象。包括温盐深剖面仪（CTD）、拖曳式CTD剖面仪、海流观测仪和自沉浮式剖面探测浮标等。

（一）温盐深剖面仪

温盐深剖面仪简称为CTD剖面仪，定点测量海水物理性质（温度、盐度和压力）的同时还能完成定深采水的工作，在物理海洋调查中有着广泛应用。目前，根据CTD生产厂家的不同，CTD剖面仪的温度传感器，普遍采用热敏电阻或者铂电阻；电导率传感器主要为电极式或者感应式；压力传感器一般采用应变式或者硅阻传感器，高精度的压力传感器则采用由温度补偿功能的石英压力传感器。

我国自20世纪70年代起发展CTD技术，"九五"期间在国家"863"计划的支持下国家海洋技术中心研制成功了最大工作深度达到6 000米的SZC15-3型CTD，该技术采用温盐传感器，温度传感器精度是±0.003℃，电导率传感器精度是±0.003毫秒/厘米，压力传感器的精度为±0.015%FS，采用无旋转控制采水，信号和电源采用单芯电缆传输，该仪器已于 2005 年 10 月完成海试（图 2-1-3）。

图 2-1-3 国产 SZC15-3 型 CTD

拖曳式 CTD 剖面仪是在走航阶段测量海水电导率和温度随深度变化的剖面仪器，别于传统的站位 CTD 剖面调查，可以快速大面连续地进行测量从而得到大量资料。拖曳式 CTD 剖面仪主要用于海洋环境监测、内波观测和海底异常探查等。

1980 年，我国研制的第一台拖曳式 CTD 原理样机在国家海洋局东海分局 "实验" 号科学调查船上试验成功，经过 30 多年的发展，我国的拖曳式 CTD 剖面仪有了较大的发展，"大洋一号" 用于寻找热液异常的热液异常拖体即为一个多功能化的深海拖曳式 CTD 剖面系统，在拖体上安装一台 SeaBird 高精度 CTD，并在缆上挂 4~5 个温度探头，从而达到探查海底温度剖面的目的。

(二) 海流观测仪

海流是海洋中的重要动力因素,早期对海流的观测主要通过漂流浮子和船轨迹推算来实现。从 20 世纪初开始,机械旋桨式海流计开始应用于海流观测,该类仪器主要有 Ekman 式海流计、印刷型海流计、照相型海流计、磁录型海流计、直读型海流计和遥测海流计等。在初期对海流的探索中机械旋桨式海流计发挥了重要的作用,但随着海流观测技术的发展,机械旋桨式海流计由于观测范围窄、精度低等因素而逐渐被淘汰。

我国从 20 世纪 80 年代开始进行海流计的研制,1985 年天津气象海洋仪器厂研制的 SLC3-2 型电传海流计是我国首台自行研制的电磁型海流计,国家海洋局第三海洋研究所在 1986 年研制了我国首台声学海流计 SLYI-1 型,国家海洋局技术研究所在 80 年代后期研制了 200 千赫走航式多普勒海流计,以上海流计的研制均填补了国内空白。但总体而言,国产海流计与国外海流计还存在着较大的差距,我国先进海流计的研制水平还停留在 20 世纪 90 年代。

(三) 自沉式剖面探测浮标

自沉浮式剖面探测浮标是一种海洋观测平台,首先应用在国际 Argo 计划,故又称之为 Argo 浮标。该类仪器专用于海洋次表层温、盐、深剖面测量,通过内置油囊定时上浮通过卫星传送数据,一般投放后可以工作两年以上。

我国自沉浮式剖面浮标研究工作开始于"九五"计划末期,"十五"期间"863"海洋监测技术主题正式立项研制此类浮标,2002 年 10 年装载 SB-41CP 型 CTD 的国产自沉浮剖面浮标(COPEX)样机研制成功。目前国内最先进的自沉浮式剖面浮标为国家海洋技术中心研制的 ARGO Float 浮标(图 2-1-4),其技术指标参见表 2-1-1。

  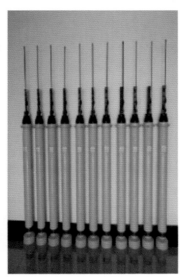 

深海ARGO浮标　　浅海ARGO浮标　　　　　浮标小批量生产和浮标在位工作

图 2-1-4　国产 ARGO Float 浮标

表 2-1-1　ARGO Float 浮标技术指标

工作寿命	≥2 年或≥70 个工作循环		
定位与数据传输	Aegos 卫星或北斗卫星		
工作深度	0~2 000 米（Aegos）、0~500 米（北斗）		
测量参数		测量范围（Range）	测量准确度
	温度	0~35℃	±0.005℃
	电导率	0~65 mS/cm±	0.005 mS/cm
	压力	0~25 MPa	0~6 MPa

三、海洋生态化学观测技术　▶

国内对于海洋生化传感器的研制起步较晚，在"863"计划等项目的支持下，国内各科研单位进行了多项传感器的研制工作，但由于制作工艺、配套标定方法等限制，一直未能获得较大的进展，基本都停留在样机阶段，鲜有实现产业化。

海洋生物种类繁多，从微生物、浮游生物、底栖生物到游泳生物，相应有不同的观测仪器。目前主流的研究手段还是以取样回到实验室进行测量为主，水下观测以视像与原位培养为主。

（一）营养盐分析仪

国内对于海水营养盐现场/原位测定技术的研究起步较晚，目前主要开展了吸光光度法水下营养盐分析仪、海水多通道营养盐现场分析系统等研究工作。在"863"等国家科技项目的支持下，学者们对锌镉还原分光光度法这一实验室传统方法的水下应用技术进行了研究，并制作了相应的设备，但仍然存在着一些技术问题尚待解决，因而限制了其进一步推广应用。在紫外光谱法测定硝酸盐的方法方面，由国家环境保护总局于 2002 年编制的《水和废水监测分析方法》（第四版）指出，硝酸盐氮可采用紫外分光光度法测定。先后有多位学者进行了该方法的实验步骤优化研究，并使用该方法进行了生活饮用水、环境水、河口水等水样的实验室分析测试。对于紫外光谱法的设备研究还停留在实验室应用阶段，浙江大学研制了基于该原理的样机，并进行验证测试。

（二）溶解氧传感器

目前国内水质检测的常规方法流程是现场取样后将水体样本拿到实验室进行检测分析，中间流程复杂，检测周期长，从而无法及时获得水质情况。因此国内的一些研究机构和科研单位已经开始尝试研制多种小型化的溶解氧检测仪，大部分仪器都基于电化学方法实现，但是其检测速度和检测精度相比国外同类别仪器还有一定的差距。国内基于荧光猝灭原理的溶解氧分析仪也有一些研究尝试，而且某些技术参数已经达到国际平均水平，但是将研究仪器商业化的较少。

（三）二氧化碳分析仪

国内学者对光纤化学二氧化碳检测方法进行了研究，但其中大多仍停留在理论研究和实验室试验阶段，尚未开发出相关成熟的产品。卢敏等将膜分离技术与流动注射分析相结合，提出了海水二氧化碳的流通式光度测定方法。选择甲酚红为酸碱指示剂，分光光度仪为光学检测器，指示剂和海水通过不同管道进入扩散器反应。实验设备搭建复杂，样品需求大，操作繁琐，且精度和稳定性等指标都无法满足应用要求。鲁中明等提出了一种基于长光程液芯波导管的光纤化学传感器。选择钨灯和光谱仪为光学检测部件，存在系统功耗大、使用寿命短等问题，难以实现长期水下自动工作。

（四）叶绿素传感器

相比于国外，国内海洋叶绿素浓度测量方面的研究起步比较晚。1984年，国家海洋局第一海洋研究所研制了国内第一台水下荧光计，并在1990年首次研制成功了海水叶绿素 a 在线测量仪。该仪器能在海洋中实时、快速测定浮游植物活体叶绿素浓度，进而计算浮游植物的时空分布以及一定时期内叶绿素浓度的变化规律，并且可以与空中或船上的卫星遥感测量系统同步。1996年，中国科学院海洋研究所研制了一种需要用水泵从船底汲取海水进入荧光光度计样品室，从而测定海水中叶绿素 a 浓度的实时自动测量系统。1998年，青岛海洋大学研制了一套海洋激光雷达叶绿素检测系统用于海洋表层叶绿素浓度的快速检测

我国自行研发的荧光检测仪用于叶绿素 a 检测与其他发达国家相比差距较大，主要存在的问题有以下3点：①现有大多数叶绿素检测仪系统设计复杂，功能不够完善，不能满足海洋复杂环境自容式原位检测的要求；②采用氙灯和干涉光栅，体积和功率较大、使用寿命短、易损坏，并且系统整体功耗大，难以实现长期水下自动原位工作；③叶绿素检测仪的检测性能不够优异，检测精度、检测范围、线性度等关键指标与国外的先进产品相比，至少差距1~2个数量级，在实际应用中，无法准确测量海水中的叶绿素浓度。

四、数字海洋　▶

我国早在1999年就提出了数字海洋的建设构想。2003年国务院批准并实施"我国近海海洋综合调查与评价"专项（908专项）。该专项共设3个项目，其中之一就是"中国近海数字海洋信息基础框架构建"（908-03项目）。经多方的共同努力，历经5年左右时间，建成了我国数字海洋信息基础框架，取得了一批重要成果，其中部分成果得到很好的应用。

（1）编制完成了13项标准规范，并全部下发给沿海省、市、自治区和

数字海洋各级节点建设单位，为海洋信息共享打下了基础。

（2）研发了多源海洋环境数据融合、海洋数据挖掘、基于 XML 的海洋信息交换、海洋信息可视化等多项关键技术，登记软件著作权 49 项，奠定了数字海洋技术基础。

（3）建成了覆盖全国沿海省、市、自治区海洋厅（局）和国家海洋局系统各单位的 2M 带宽专用网络。

（4）整合处理了"908 专项"资料和历史海洋资料，构建了到目前为止，我国海洋领域内容最全面、要素最丰富、数据最权威的海洋数据仓库，奠定了数字海洋信息基础。

（5）首次构建了数字海洋原型系统，实现了信息的可视化表达、综合查询和空间分析，并已在 24 个节点部署应用。

（6）发布了数字海洋公众版和移动服务平台，已经成为弘扬海洋文化，提高社会公众海洋意识的重要窗口。

（7）基于数据总线和服务总线，开发了数字海洋集成框架系统和一批特色应用系统，在海洋管理工作中发挥了积极的作用。

第三章　世界海洋观测与信息技术发展现状

一、海洋地球物理观测技术

（一）多波束

多波束测深技术萌芽于 20 世纪 50—60 年代，70—80 年代迅猛发展，90 年代进入商业应用。由于其巨大的科学、商业和军事价值，西方发达国家十分重视该技术的开发。研制生产厂家除美国 SEABEAM 公司外，还有德国 ATLAS 公司、挪威 SIMRAD 公司以及法国 THOMSON 公司。这些公司是世界知名水声探、测设备制造厂家，其发展之路都是从单波束系统到多波束系统，在深水系统开发成功的基础上再发展中、浅水系统形成完整的系列。进入 21 世纪，在巨大的商机引导下，一些中等或新成长起来的声学设备制造厂家也加入到了这一行列，如德国 ELAC 公司和丹麦 RESON 公司。这些厂家走的是另一条发展之路：在研制成功商业投入成本相对较低的中、浅水多波束测深系统的基础上，再发展深水多波束测深系统。

（二）浅地层剖面探测

浅地层剖面探测技术起源于 20 世纪 60 年代初期，80 年代，美国 Data-sonics 公司与罗得岛州州立大学的海军研究所及美国地质调查局联合开发了一种称为"Chirp"的压缩子波，并被广泛地应用于海底浅地层勘探中。国际上浅层剖面仪有美国产 PTR-106B 型、Bathy 2000P 型和 X-S tar 型、日本产 SP-2 型和 SP-3 型、挪威产 TOPAS PS 018 型和美国 SyQwest 公司产 BATHY-2010 型等。

（三）侧扫声呐

侧扫声呐从 20 世纪 50 年代起，经历了几十年的研究和开发，由最初的单波束模拟信号侧扫声呐发展为多波束数字信号侧扫声呐和合成孔径侧扫声呐，其分辨率、量程和探测深度都有很大的提高。80 年代后期，许多公司成立并研制出自己的产品。目前世界上侧扫声呐的生产厂家主要有美国的 Benthos、KLEIN 和 EdgeTech 公司，以及英国的 C-MAX 公司等。

（四）重力仪

世界第一台海洋重力仪诞生于 20 世纪 30 年代，经过 80 年的发展历史，国际上的海洋重力仪已非常成熟。目前在海洋界重力仪占主导地位的是美国 LaCoste & Romberg LLC 公司的拉科斯特 S 型海空重力仪和德国 BGGS 公司的 KSS31M 海洋重力仪。另外，还有俄罗斯圣彼得堡设计生产的 Chekan-AM 海洋重力仪和美国贝尔航空公司生产的 BGM-3 型海洋重力仪。

（五）磁力仪

磁力仪早在 20 世纪 50 年代，在苏联、美国等一些发达国家就已经在海洋磁力测量上得到应用。1698—1700 年，爱德蒙·哈雷完成了最早的海洋地磁测量。20 世纪初，国外开始进行大规模的海洋磁测工作。1905—1929 年期间，美国卡内基研究所先后用卡内基号无磁性船和专门装备起来的船只，在太平洋、大西洋和印度洋等海域进行了地磁场的测量，取得了大量的宝贵资料，包括磁偏角、磁倾角和水平强度等。20 世纪 50 年代，拖曳式质子旋进磁力仪开始用于海上地磁总强度的测量（电缆长度不小于 3 倍船身长）。1957 年以后，苏联利用无磁性船——"曙光"号，完成了印度洋、太平洋和大西洋的航行，获得了大量丰富的地磁资料（包括磁偏角、水平强度、垂直强度和总强度）。20 世纪 70 年代末，质子旋进式磁力仪开始被安置在海底进行地磁场的直接测量。目前国外主要有：美国的 Geometrics 公司，法国的 Geomag SARL 公司以及加拿大的 Marine Magnetics 公司、GEM System 公司等磁力仪生产厂家。这些公司各具特色，分别主要侧重于研发和生产其中的一种或两种类型的磁力仪设备（图 2-1-5）。

（六）电磁仪

海洋可控源电磁法的研究始于 20 世纪 70 年代（Cox et al.，1971），但用于海底油气及天然气水合物勘探还是近几年的发展。从 1920 年前后 Schlumberger 进行海上直流电阻率测量起，海洋电磁法走过了艰难的发展过

图 2-1-5　Geometrics 公司拖曳式海洋水平磁力梯度仪

程。直到 20 世纪 80 年代中期以后，较大规模的国际合作（EMSLAB、EM-RIDGE、BEMPEX 等）才使海洋电磁法在理论、方法、仪器、资料处理与解释方面逐渐走向成熟。开展的方法主要有海底大地电磁（MT）、自然电位（SP）、激发极化（IP）、磁电阻率（MMR）、直流电阻率（DC）、可控源电磁法（CSEM）等，研究也相对集中在勘查深海地质结构、矿产、海洋环境下仪器设备和海洋学等方面。

二、物理海洋观测技术

（一）温盐深剖面仪

在 CTD 研发中，美国无论在质量上还是数量上都具有绝对优势，现广泛应用于世界物理海洋调查的 CTD 主要来自于美国的 SeaBird、FSI、IO 和 YSI 等近 10 家厂商，特别是 SeaBird 公司生产的 SBE-911 plus 温盐深综合测量系统，是各国大型海洋科考中不可或缺的物理海洋调查设备。日本在近些年也积极开展 CTD 仪器的研究，其 CTD 的特点为体积小、重量轻和功耗低，其代表产品 ALEC CTD 以其超小型结构设计获得了一定的市场份额。欧洲的一些发达国家如德国、意大利和挪威等也一直进行 CTD 的研发，如挪威的 AANDERAA 公司生产的单点海流计上配有 CTD 探头，但精度较低主要用于校正声速；意大利 IDRONAUT 公司通过新研制的大口径 7 电极电导率传感器，意图挑战 SeaBird 公司的带潜水泵的三电极电导率传感器，经海上测试表明两者的功能趋于一致（图 2-1-6）；德国 Sea & Sun 公司生产的 CTD 以其小型化和定制化也在物理海洋调查中有所应用；加拿大的 RBR 公司生产的 CTD 在国内也有大量用户在使用（图 2-1-7）。

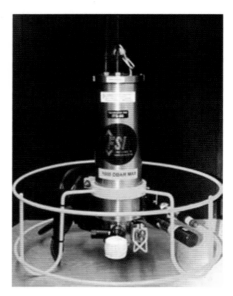

图 2-1-6　SeaBird-911 plus CTD 系统　　Falmouth Scientific, Inc. ICTD

　　CTD 的小型低功耗化和多功能化是将来的发展趋势，小型低功耗化的 CTD 将用于海洋监测，目前在科研要求允许下低采样率的 CTD 最长的工作周期可达到 2 年以上。ARGO 计划的目标要求达到 5 年，我国也在进行小型低功耗 CTD 的研制开发。多功能化的 CTD 将是未来综合海洋调查的要求，将来的 CTD 将可搭载各类化学传感器、生物传感器和光学传感器，CTD 和海流计的组合也是 CTD 研发的热点。

　　从 20 世纪 60 年代以来，世界上的一些发达国家先后研制了各类拖曳

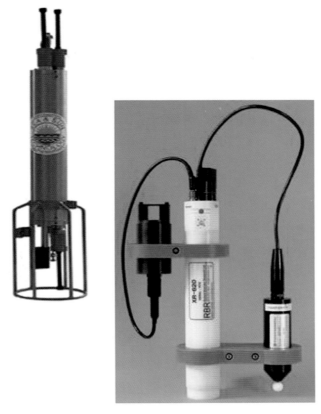

图 2-1-7　德国 Sea & Sun 公司温盐深仪/温盐深剖面仪和加拿大 RBR 公司温盐深仪

CTD 剖面仪。加拿大贝德福海洋研究所的 BatFish 是较早（20 世纪 70 年代）研发的一种拖曳式 CTD，采用单芯电缆拖曳并且进行数据传输。目前该研究所开发的小型拖曳式 CTD 为外挂式的 MiniBatFish，将 CTD 外挂在拖体上直接于海水接触，具有体积小（70 厘米×75 厘米×13 厘米）、重量轻（7 千克）和功耗低（6.5 瓦）等特点。另外，加拿大 BROOKE 公司的 Moving Vessel Profiler、美国 YSI 公司的 V-FIN 以及英国 SeaSoars 公司的 U-TOW 也均为流行的拖曳 CTD 剖面仪（图 2-1-8）。

随着海洋观测的发展，未来拖曳式 CTD 剖面仪也将朝着多功能化，高分辨率和精确定位性等方面发展，可以预见的是，以下 3 个方面将是拖曳式 CTD 剖面仪的研制难点：首先是拖曳式 CTD 剖面仪的外形设计和海水中的运动方式。拖曳式 CTD 剖面仪绝不是简单地将 CTD 移放到拖体上，而需要在工程动力学、结构力学和流体力学等多学科支持下对整个剖面仪的外形

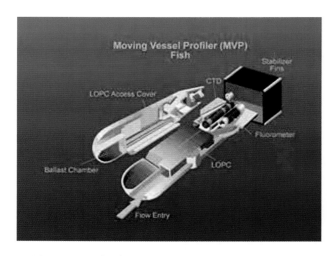

图 2-1-8   加拿大 BROOKE 公司的 Moving Vessel Profiler 和美国 YSI 公司的 V-FIN

和其运动方式进行合理的数值模拟和实际试验；其次是其温度、电导率、压力等传感器的性能提升，由于剖面仪是在高速运动的环境下进行数据采集，其传感器的响应时间和海水流体黏滞力对传感器的作用力将成为需要考虑的问题；最后是拖曳式 CTD 传感器的自身定位问题也是值得注意的研究难点。

（二）海流观测仪

1948 年美国伍兹霍尔海洋研究所利用海水流过磁场时产生的感应电动势研制了第一台电磁海流计，随后苏联和日本也先后研制了类似的电磁海流计。电磁海流计具有在走航时大面积测量海流、响应时间快等优点，但由于其与地球垂直磁强度有关，因此要求船只航行轨迹为"S"形且无法在近岸和赤道使用。

20 世纪 80 年代，声学海流计的产生大大增加了海流的观测能力。该仪器利用海水中的声学多普勒效应进行流速测量，具有感应时间快，测量精度高且可一次性测量多个深度的流速，因此广泛地被应用于现代物理海洋科考中。根据其换能器的位置可将声学海流计分为定点海流计和走航海流计。定点海流计主要有挪威 AANDERAA 公司生产的 RCM11 系列海流计、挪威 Nortek 公司生产的 RDCP600 型海流计（图 2-1-9），美国 Sontek 公司的海流计和美国 RDI 公司的 ADCP（图 2-1-10）；走航式海流计主要

有美国 Sontek 公司的 river 系列海流计、美国 RDI 公司的走航式 ADCP 等
（图 2-1-11）。

图 2-1-9　挪威 AANDERAA 公司 RCM11 系列海流计
和挪威 Nortek 公司 RDCP600 型海流计

在最近 20 年的海洋观测中，我们不但对较大尺度的海流进行观测，还
需要知道微结构的海水湍流变化特征，这就使得海洋湍流剖面仪应运而生。
国外最新的湍流剖面仪有德国 Sun & Sea 公司的湍流剖面仪 MSS90 和 ISW 公
司的海水剪切探针 PNS03 和 PNS06。国内湍流剖面仪研制目前停留在仿制

图 2-1-10　美国 Sontek 公司的海流计和美国 RDI 公司的 ADCP

图 2-1-11　美国 Sontek 公司的 river 系列海流计和美国 RDI 公司的走航式 ADCP

国外仪器阶段。随着我们对海水微结构变化的深入了解，相信在将来的物理海洋调查中湍流剖面仪将成为重要的组成部分（图 2-1-12）。

　　未来海流观测仪器必定朝着高精度和低能耗方向发展，国外现在正在研制的利用光学多普勒效应的光学海流计和利用海流对电阻丝的降温作用的电阻海流计已经进入了实验室试验阶段，虽然离实际应用还有一定的距离，但相信海流观测仪器在新技术的带动下必然有长足的进步。

（三）自沉式剖面探测浮标

　　自沉浮式剖面探测浮标是 20 世纪 90 年代发展起来的高科技产品，创始于美国斯普瑞克海洋研究所研制的 SOLO 浮标，之后美国 Webb 公司研制了

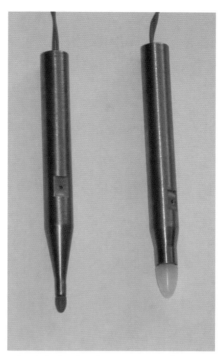

图 2-1-12　德国 Sun & Sea 公司湍流剖面仪 MSS90　德国 ISW 公司
海水剪切探针 PNS03（左）和 PNS06（右）

图 2-1-13　美国 Webb 公司 APEX 浮标（左）和法、加共同
研制的 PROVOR（海王星）剖面浮标（右）

APEX 浮标、法国 Ifremer 研究所研制了 Marvor 型剖面浮标并与加拿大 Meto-cean 公司合作开发了 PROVOR（海王星）剖面浮标（图 2-1-13），后两种类型的浮标已经被世界各国海洋学家接受并应用，部分浮标技术指标参见表 2-1-2。

表 2-1-2　APEX 型和 PROVOR 型剖面浮标的主要技术指标

技术要素	APEX 型	PROVOR 型
使用寿命	最多 5 年	最多 5 年
循环周期	10 天	10 天
漂流深度	$1\,500\times10^4$ Pa	$1\,500\times10^4$ Pa
剖面深度	$2\,025\times10^4$ Pa	$2\,000\times10^4$ Pa
温度测量范围	$-3\sim+32℃$	$-3\sim+32℃$
温度测量精度	$\pm0.005℃$	$\pm0.005℃$
温度分辨率	$0.001℃$	$0.001℃$
盐度测量范围	25~45 PSU	25~45 PSU
盐度测量精度	±0.005 PSU	±0.005 PSU
盐度分辨率	0.001 PSU	0.001 PSU
压力测量范围	$0\sim250\times10^5$ Pa	$0\sim250\times10^5$ Pa
压力测量精度	$\pm1\times10^4$ Pa	$\pm1\times10^4$ Pa
压力分辨率	0.1×10^4 Pa	0.1×10^4 Pa

自沉浮式剖面浮标具有低成本、易投放、工作寿命长、不受天气和人为影响和无人值守等多方面优点，今后必将会越来越多地被各国科学家使用。未来的自沉浮式剖面浮标应向多功能化和高精度化发展，Argo 全球海洋观测网将会成为人们认识海洋的重要手段。

三、海洋生态化学观测技术

（一）营养盐分析仪

海水营养盐是海洋浮游植物生长繁殖所必需的成分，也是海洋初级生产力和食物链的基础。海水营养盐是海洋化学研究中最重要的参数，通常包括硝酸盐、亚硝酸盐、铵盐、磷酸盐、硅酸盐 5 项参数。传统的测定方法将海水取样后带到船载或者岸基实验室进行测定，通常使用化学试剂反应后采用显色法进行检测分析。

随着科研工作的不断深入，对于海水营养盐的数据需求逐渐侧重于现场/原位测定、实时/准实时获得、长时间自动连续测定等方面需求。基于科研工作对于海洋原位监测仪器日益增长的需求，科学家们先后提出了多种测定方法并制造了相应的分析设备。目前使用较多的海水营养盐原位监测设备主要基于流动注射分光光度法和紫外光谱法两种原理。

1. 流动注射分光光度法营养盐分析仪

该类营养盐分析仪采用与传统实验室方法一致的测定原理，且一般都能够同时测定多项参数。经过多年的研究和验证，国际上先后出现了数种基于镉柱还原分光光度法的商品化原位硝酸盐测量仪器，目前在较大范围内使用的有美国 SubChem APNA 营养盐自动剖面分析仪、意大利 WIZ 便携式原位营养盐监测仪、WET Labs Cycle-PO$_4$ 原位溶解性磷酸盐分析仪等产品。

2. 美国 SubChem APNA 营养盐自动剖面分析仪

Autonomous Profiling Nutrient AnalyzerTM（APNA）-营养盐自动剖面分析仪是一套水下自动分析多种化学成分的剖面系统，是专门用于快速、实时测量湖泊、河流、江口和沿海水域的无机营养盐和其他化学物质。化学物质现场分析系统 SubChem APNA，采用了优化的新型连续流动分析技术和规范的光谱分光光度和/或荧光测量方法（如果配置铵盐分析通道将采用荧光测定方法），快速响应、连续和现场测定痕量级浓度的溶解性营养盐（如硝酸盐、亚硝酸盐、磷酸盐、硅酸盐、二价铁和氨氮）。APNA 既可单独布放，也可与集成了其他传感器（如 CTD）的各种海洋观测平台一起布放，在垂直/水平剖面上或时间序列测量各种化学物质的浓度（图 2-1-14）。

3. 意大利 WIZ probe 便携式原位营养盐分析仪

WIZ probe 是意大利希斯迪公司研发生产的一款原位浸没式流动注射水质分析仪，可以实现单个或多个项目的自动分析，提供高精度数据用于地表水、海水等原位水体营养盐的检测。仪器使用了微循环流动分析专利技

图 2-1-14　SubChem APNA 营养盐自动剖面分析仪

术，采用经典的湿化学分析法，在一个微量液压环路中注入去离子水，然后依次注入水样、试剂并混合反应，反应结束完成分析后，液压环路自动用去离子水冲洗，然后进入下一个测量分析（图 2-1-15）。

WIZ probe 应用范围广泛，可测量各种水样，如海水、地表水、地下水和污水等，分析仪项目包括总磷、总氮、氨氮、硝酸盐氮、亚硝酸盐氮、正磷酸、硅酸盐、氰化物、六价铬、二价铁、硫化物和尿素等。

4. WET Labs Cycle-PO$_4$ 原位溶解性磷酸盐分析仪

Cycle-PO$_4$ 原位溶解性磷酸盐分析仪是由美国 WET Labs 公司研发生产的一款现场测量溶解性磷酸盐的分析仪器。Cycle-PO$_4$ 专门设计用于对生物量丰富的水体进行溶解性磷酸盐的长期在线监测。Cycle-PO$_4$ 测量方法主要依据美国 EPA 标准方法，将 WET Labs 精准的微流控技术与最先进的光学部件完美结合，为科学家们在现场监测营养盐的项目中提供了高精度和高准确度的数据结果（图 2-1-16）。

图 2-1-15　WIZ probe 便携式原位营养盐分析仪

图 2-1-16　WET Labs Cycle-PO$_4$ 原位溶解性磷酸盐分析仪

由于 Cycle-PO$_4$ 分析仪配有使用方便的原位试剂盒与试剂，可实现磷酸盐的原位自动监测；非常适合应用于无人值守区域的长期在线监测。该仪器的试剂盒通过颜色区分试剂种类，每个试剂盒安装采用位置编码，非常便于用户在现场作业期间进行更换。此外，Cycle-PO$_4$ 配有 NIST 标准物质，可用于原位自动进行峰值校准，使用户能够对仪器测定的数据质量进行评估，对仪器采集的数据质量放心。校准频率用户可根据使用情况自行设定。

该仪器采用与实验室分析方法完全相同的测定原理，并且采用与常规方法完全一致的化学试剂。与其他多通道的营养盐分析仪不同，该仪器仅测定磷酸盐一项参数，从而大大简化了仪器管路，进而提高了仪器的长期稳定性。

虽然水下微流泵、分光光度计等相关检测技术日趋成熟，仪器性能不断改善，但是镉柱还原分光光度法原理本身存在着湿法测定的种种局限，目前该类仪器普遍受管路中易产生气泡、试剂难以长期保存等因素的制约，难以保证在无人值守长期连续运行时的数据质量。

5. 加拿大 Satlantic ISUS 水下硝酸盐测量仪

紫外分光光度法测定硝酸盐主要利用硝酸盐在紫外波段有特征吸收的原理，由于无需使用化学试剂，可以避免传统化学方法的缺陷，受到了科学家和工程师们的关注。MBARI 海洋研究所的 K. S. Johnson 等在前人研究的基础上进行了优化设计，研制出了利用海水在 200~400 纳米的紫外吸收光谱自动检出硝酸盐含量的设备，并且由加拿大 Satlantic 公司进行生产销售（ISUS）（图 2-1-17）。

图 2-1-17　Satlantic ISUS 水下硝酸盐测量仪

ISUS 水下硝酸盐测量仪（紫外光谱法）由美国 Monterey Bay Aquarium Research Institute（MBARI）海洋研究所发明，由加拿大 Satlantic 公司独家生产。ISUS 采用先进的紫外吸收光谱分析技术，探头式设计，将仪器没入水中，可以迅速得到实时的、高精度的硝酸盐浓度数据。全世界累计销售 200 余套。ISUS 被用于地球所有的水体：从深海海底到海表面、远洋到近海、从湖泊到河流、河口，ISUS 适应任何海水和淡水环境。ISUS 的稳定性、反应速度快、高精度、坚固耐用和长期连续工作的能力，得到科学家们的喜爱。该测量仪既适合剖面测量，又适合长期定点观测。

（二）溶解氧传感器

溶解氧是水生生物维持生存的基本条件，天然水体中溶解氧的含量是评价水体水质和自净能力的重要指标。原位传感器测量技术是当前海水溶解氧测定的主要发展方向。根据原理不同，可将溶解氧传感器分为电流法、电导法、电位法、膜电极法等电化学法，以及基于荧光淬灭原理的光学溶解氧传感器。

1. 荧光猝灭法光学溶解氧传感器

挪威 Aanderaa 溶解氧传感器

Aanderaa 溶解氧传感器的研制是基于荧光猝灭的原理，根据荧光猝灭效应来测溶解氧的方法，荧光猝灭效应引起荧光强度的衰减和荧光寿命的缩短，通过测定荧光强度的大小或荧光寿命的长短来测定溶解氧含量（图 2-1-18）。目前该传感器已经有浅海的 3835 型号和适用于 6 000 米深海的 4330 型号。Aanderaa 溶解氧传感器是目前最先进的荧光淬灭法溶解氧传感器之一，其体积小、精度高，被广泛应用于 Argo 浮标剖面监测、深海原位培养观测实验、海洋生态群落净生产力、海洋底层界面通量测量、走航溶解氧连续观测等领域。

美国 Seabird SBE 63 光学溶解氧传感器

SBE 63 是 Seabird 公司新研制的一款独立标定、高精度的光学溶解氧传感器（图 2-1-19）。可在临界低氧和海洋化学氧气计量研究中进行应用。传感器基于荧光猝灭法原理，对材料和结构设计的谨慎选择，结合了优秀的电路设计和标定方法，使传感器在性能上获得大幅度提升。每一个都在

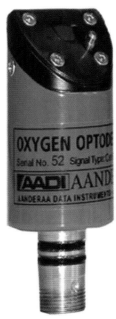

图 2-1-18 Aanderaa 4330 溶解氧传感器

带温控的水槽中单独标定。SBE 63 光学溶解氧传感器采用了检测通道设计，有助于防生物附着和较少传感器在光中的暴露，延长传感器使用寿命。

图 2-1-19 Seabird SBE 63 光学溶解氧传感器

2. 电极法溶解氧传感器

美国 Seabird SBE 43 溶解氧传感器

SBE 43 溶解氧传感器采用了全新设计的 Clark 极谱法膜结构,在物理材料、几何结构、电化学原理、电子接口和标定方法方面具有优良的设计。SBE 43 溶解氧传感器在恰当的位置测量温度,使得整个传感器的温度平衡时间仅需几秒钟,大幅度减小了测量数据受温度变化的影响程度。采用钛合金壳体的 SBE 43 溶解氧传感器可以承受 7 000 米水深压力(图 2-1-20)。

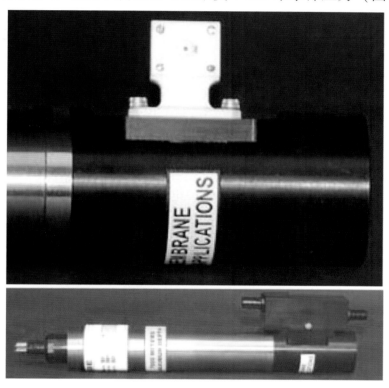

图 2-1-20 Seabird SBE 43 溶解氧传感器

(三) 二氧化碳传感器

全球气候变化是当前最热门的科学研究内容之一。人为排放的二氧化碳被认为是影响全球气候变化的主要因素之一,海洋是人为碳排放的巨大储存库。因此通过研究海-气二氧化碳通量来研究海洋的碳源汇成为目前科学界的重要研究内容。与早前通过碳酸盐体系热力学计算获得海水二氧化碳分压相比较，通过直接测定获取的海水二氧化碳分压具有更高的数据准确性。目前用于获取海水二氧化碳分压的方式有两种：走航二氧化碳连续观测和定点原位二氧化碳传感器长期观测。后者由于能够获取长期连续变化数据，便于进行某点长期变化趋势分析，被广泛应用于季节变化规律研究、海水酸化研究等领域。目前可用的海水原位二氧化碳传感器基本都使用了半透膜技术，即通过渗透平衡使得检测通道中的二氧化碳含量与被测海水达到一致。根据采用检测器原理不同可将传感器分为 NDIR 非色散红外检测法和分光光度法两种。

1. NDIR 非色散红外检测法

美国 Battelle 二氧化碳浮标系统

Battelle 二氧化碳浮标观测系统最大的优点是能够提供长时间序列观测数据（图 2-1-21）。Battelle CO_2 分析系统能够同时测定海水 pCO_2 和大气 pCO_2，获得了广泛应用。该系统采用与走航二氧化碳系统类似的原理，基于水–气平衡器和非色散红外（NDIR）CO_2 分析仪，可通过铱星通信系统实时将数据传回岸上数据库，一次维护可以 3 小时测样间隔连续工作 1 年。该设备由以下几个子系统组成（表 2-1-3）。

表 2-1-3　Battell 二氧化碳浮标系统参数

子系统	功能
平衡器/气塞	提取海水中散步的气体，及防治海水进入气流中
气体模块	存储经世界气象组织标准认证的标准气体
电池模块	供电
电子模块	用 LiCor820 非色散红外线探测器测量并记录大气和水中的二氧化碳；控制二氧化碳分压监测仪的所有功能
集成工具包	连接二氧化碳分压检测仪的主要部件并将系统接地
通信模块	提供卫星通信

德国 Contros Hydro C 水下二氧化碳传感器

Contros Hydro C 水下二氧化碳传感器广泛应用于海–气交换、海水酸化、湖沼研究、气候研究、农业/渔业、海水监测、碳获取和储存（CCS）等各个应用领域。该传感器采用了高渗透性膜技和非色散红外分光检测的专利

图 2-1-21　Battelle 二氧化碳浮标系统

技术，具有低检测阈和高精度的特点，可设置不同的自动调零间隔，并且集成了海鸟公司的水泵以获得更快的响应速度，可以安装在浮标和潜标上进行长期定点测量，也可以进行剖面测量或者安装在 ROV、AUV 上，是目前世界上唯一一款可以用于深水（4 000 米以上）测量二氧化碳的传感器（图 2-1-22）。

加拿大 Pro-OceanusCO$_2$-Pro 水下二氧化碳测量仪

Pro-OceanusCO$_2$-Pro 水下二氧化碳测量仪可测量水下或同时测量水下和空气中 CO$_2$ 浓度，精度能够达到 1×10^{-6}；可进行走航测量、锚系潜标和实验室测量；具备革命性的波浪形快速测量界面，采用快速膜渗透平衡测量技术，内置红外 CO$_2$ 探测器（IR Detector），不需要化学试剂，使用方便；测量范围：$0 \sim 600 \times 10^{-6}$；CO$_2$ 分辨率 0.01×10^{-6}；CO$_2$ 精度 $\pm \sim 1 \times 10^{-6}$；外壳耐压深度最大可达 1 000 米；具备自动零点校准（automatic zero point cali-

图 2-1-22　Contros Hydro C 水下二氧化碳传感器

bration-AZPC）功能，可以长时间无人值守运行至少 1 年；不需要使用昂贵的校准气体；不受生物附着影响，长期稳定性好，维护费用低（图 2-1-23）。

2. 分光光度法

SAMI-CO$_2$ 是一套海水二氧化碳分压（pCO$_2$）传感器，除了普通的表面浮标布放外，还可用于监测水下二氧化碳分压（最深达 500 米），无人值守工作时间可长达 1 年（图 2-1-24）。SAMI-CO$_2$ 通过平衡 pH 指示剂（BTB-酚蓝）和海水，分析二氧化碳分压。海水中的 CO$_2$ 透过硅胶平衡膜后，将改变指示剂溶液的颜色。仪器抽取平衡的指示剂溶液，流通光学池的同时，将在两个特定波长分别测量指示剂的氢化和非氢化生成物的光吸收。在选定的关心范围内，对仪器的响应进行标定，进而获得标准曲线。最终，根据仪器的响应值及标定曲线计算 pCO$_2$。SAMI2 要求定期运行空白溶液（去离子水），修正光电系统的漂移。

图 2-1-23　Pro-Oceanus CO$_2$-Pro 水下二氧化碳测量仪

图 2-1-24　SAMI-CO$_2$ 传感器

（四）叶绿素传感器

叶绿素是浮游植物细胞中的主要色素，海水中叶绿素含量能直接揭示该海域浮游植物数量和初级生产力水平，因此叶绿素历来是海洋科学研究的重要参数。作为赤潮发生过程的重要指示参数，海水叶绿素的重要性更加凸显，进而对叶绿素的测量方法提出了更高要求。目前海水叶绿素浓度测定的标准方法主要有分光光度法和荧光分析法。这些方法都采用实验室萃取法，测定准确度高，但无法做到连续性和实时性，不能用于在线监测，制约了海洋监测调查的数据获取效率。

随着发光二极管、光电传感器、光纤等仪器技术的进步，叶绿素传感器技术日益成熟。目前国际上有多种商用叶绿素传感器可供选择，如美国YSI、WETLabs、Seapoint等公司的产品。这些传感器都采用活体荧光法，其原理是浮游植物中的叶绿素在紫外光照射下可发射出红色荧光，因此测定荧光值即可进行叶绿素定量分析。使用原位传感器可以轻而易举地获得大量叶绿素实时数据，具备了大幅度提升海洋调查监测效率的技术条件。

1. 美国 Seapoint SCF 叶绿素传感器

Seapoint SCF 叶绿素传感器是一款高性能的叶绿素测量装置。它具有体积小、能耗低、灵敏度高、量程宽等特点，同时拥有深达 6 000 米的承压级别，这使得它在各种条件下对叶绿素测量都具有很高的灵活度（图 2-1-25）。SCF 叶绿素传感器利用蓝色 LED 灯和一个蓝色激发滤片来激发叶绿素 a，叶绿素 a 分子激发出的荧光经由一个红色发射滤片过滤后，被硅光电二极管所检测，低位信号再经同步解调电路处理，生成与叶绿素 a 浓度成比例的输出电压。SCF 叶绿素传感器也可配备水泵进行操作。SCF 叶绿素传感器的感应区域可直接开放于水体，也可对感应部位加盖封闭帽，使水在泵压下均匀流过封闭帽内部（感应区）。4 个量程档通过两条控制线进行设定，控制线可以是硬接线或通过微处理器控制，能针对具体应用提供一个合适的量程和分辨率。

2. 美国 WETLabs ECO-FL 叶绿素传感器

ECO-FL 系列叶绿素浓度计是一款新型的测定环境因子的光学仪器（ECO），采用光学法在现场直接测量叶绿素浓度（图 2-1-26）。可选浊度、

图 2-1-25　Seapoint SCF 叶绿素传感器

CDOM 和蓝藻等测量功能。在环境监测、地下水监测、海洋研究、废水处理等领域广泛应用。产品优点：ECO-FL 可选内置电池，内置数据采集功能 ECO-FL 可选防生物挡板，用于长期监测 ECO-FL 可选模拟输出，直接搭载在 SEA-BIRD 等 CTD 上。

图 2-1-26　WETLabs ECO-FL 叶绿素传感器

3. 美国 YSI 600CHL 叶绿素监测仪

YSI 600CHL 叶绿素监测仪是在 YSI 600OMS 光学监测系统平台上，以 YSI 6025 型叶绿素传感器为核心的叶绿素监测系统，用于河流、湖泊、池塘、海洋、养殖业、饮用水源、藻类和浮游植物状况的研究、调查和监测。该监测仪还可同时测量温度、电导和深度或透气式深度。YSI 6025 叶绿素传感器采用活体测定方法，即利用了叶绿素荧光响应的特征，在特定的波长光照下释放出荧光，荧光强度正比于叶绿素浓度的特征对叶绿素进行测量（图 2-1-27）。

图 2-1-27　YSI 600CHL 叶绿素监测仪

YSI 600CHL 叶绿素监测仪解决了传统方法中的测试程序耗时、需要有经验的分析人员方能确保良好的数据及长期的一致性、不能用于连续监测等缺点。不仅如此，由于测量在水体中直接进行，无需把细胞搅破，故能真实反应细胞中叶绿素在现场条件中鲜活的表现，从而真实、及时判断当前的水体状况，如有害藻华、赤潮。

当前叶绿素传感器在实际应用中还存在一些问题，主要是传感器数据与实验室萃取法数值之间存在偏差。活体荧光测量的影响因素主要有两个方面：①影响传感器硬件性能进而干扰传感器荧光值测定，包括浊度、温度和盐度等；②影响荧光值与叶绿素的关系，使得实验室标定时建立的工作曲线出现偏差，主要为浮游植物生理状态。在叶绿素传感器众多影响因素中，海洋浮游植物荧光强度变化是最不可或缺的。而且与浊度等影响因素不同，浮游植物活体荧光的影响很难通过校正手段来消减。由于目前在浮游植物生理状态对活体荧光测量的影响机理研究方面十分欠缺，传感器活体荧光数据所呈现的生态意义还没有发挥应有的作用。

（五）pH 传感器

海水 pH 是海洋化学常规检测参数之一。随着全球气候变化研究的深入，海洋酸化逐渐成为新的研究热点。在长期连续监测以及珊瑚礁等特殊生态环境的研究中，传统的实验室 pH 测定方法显然已无法满足科研的需求。目前可应用于海洋原位监测的 pH 传感器主要有以下几种。

1. 电极法 pH 传感器

德国 AMT pH 传感器

一般 pH 电极只能承受 1 500 米水深的压力。AMT 研制的 pH 传感器首次实现了水深 6 000 米耐压。该传感器使用一种新的复合电极，由整合在一起的参比电极和高效 pH 玻璃电极组成。为了减小受深海压力变化的影响，进而增加测定的准确度，该传感器设计了双通道的渗透膜（图 2-1-28）。

美国 Seabird SBE 18 pH 传感器

SBE 18 pH 传感器采用压力平衡的玻璃电极与银/氯化银参比电极，工作水深 1 200 米，传感器及接口电路都模块化，便于安装、维护和标定。SBE 18 pH 传感器为模拟量输出，能够方便地集成在其他设备上（图 2-1-29）。

图 2-1-28　AMT pH 传感器　　　图 2-1-29　Seabird SBE 18 pH 传感器

2. 分光法 pH 传感器

美国 SAMI-pH 传感器

SAMI-pH 是一套海水 pH 传感器，与 SAMI-CO_2 有着基本一致的硬件结构以及非常相似的工作原理。不同于 SAMI-CO_2 使用渗透膜使得海水中的 CO_2 进入检测管道，SAMI-pH 直接将待测海水抽入检测管路，同时在管路中加入 pH 指示试剂，充分反应后将混合物抽入检测池在两个特定波长分别测量指示剂的氢化和非氢化生成物的光吸收。该仪器工作水深与 SAMI-CO_2 一致，均为 500 米（图 2-1-30）。

3. 离子敏感型场效应晶体管技术

加拿大 Satlantic SeaFET 酸碱度 pH 仪

海洋酸碱度 pH 仪 SeaFET 是世界最新的领先产品，用于高精度的测量海水的酸碱度 pH 值（图 2-1-31）。SeaFET 内置 2 G 内存和电池包，采样

图 2-1-30 SAMI-pH 传感器

率 0.3 赫兹，范围 2~12 pH，精度 0.01，最大耐压 70 米。因为 SeaFET 采用离子敏感型场效应晶体管技术（Ion sensitive field effect transistor，简称 IS-FET），与传统的玻璃泡电极法 pH 传感器相比，稳定性和精度更好，不易漂移，而且坚固耐用，响应速度更快，适应环境更广，正在逐渐取代传统的玻璃电极 pH 传感器。能够独立自容式长期监测或剖面测量，也可以与其他传感器集成在一起工作，比如海底监测站、水质浮标、拖体、锚系潜标、船载走航监测系统等。

SeaFET 的技术原理为离子敏感型场效应晶体管技术，此项技术已经广泛运用于工业制造，临床医学和环境保护等 pH 值监测工作。SeaFET 可以提供稳定和高精度的测量结果，与传统的玻璃电极 pH 值传感器相比，SeaFET 有以下几个明显的优势：①稳定性更高，不易漂移，目前至少 1 个月不用重新校准（玻璃电极法容易漂移，需经常校准）。②更坚固耐用（玻璃电极法有易碎的玻璃泡电极）。③响应速度更快（玻璃电极法本身速度慢，且存在电极老化导致的响应速度下降的问题）。

图 2-1-31　Satlantic SeaFET 酸碱度 pH 仪

（六）海底原位探针探测技术

通过原位传感器在样品采集点对样品进行自动、连续分析的技术。这些传感器通常以系留浮标、系留潜标、ROV、AUV 和 HOV 等为承载体，在样品采集点对样品进行自动、连续分析的技术，其分析出的数据信号通过无线或有线系统进行实时传输，从而摒弃了早期传统的通过 CTD 采水器将海水采集到实验室，对水体进行 Mn、Fe、H_2S、H_2 和 CH_4 等化学元素的测定方法。其中，原位水体化学传感器作为海底热液喷口探测的常规手段之一，可以监测热液区域的空间和瞬间连续变化的信息，真实反映热液活动演化的动态体系，同时还具有个体轻便、操作简单和高灵敏度等优点。

目前应用于热液活动研究的传感器包括温度传感器、电化学传感器和电导率仪。其中电化学传感器类型较多，测量项目主要是温度、pH、H_2S、H_2、FeS 及氧化还原电位（Eh）等，其探测头一般是 Nernst 型离子选择电极（ion selective electrode，ISE），即：工作电极与参比电极之间的电位差直接反映待测组分的浓度。Luther 等（1996）采用镀金甘汞固态伏安电极在热液活动区对 H_2S 和 FeS 进行了定量测量。丁抗等（1996；2001）采用固态探头，用金、银硫化物电极（Ag_2S）首次在安得维尔地区水深 2 200 米，370℃热液环境下探测了热液流体中溶解态 H_2 和 H_2S 的浓度。除固态 H_2 探头外，由 John Frantz（CIG）提出的基于半穿透性贵金属膜（$Au_{50}Pd_{50}$）的传感器研制有了较大突破。叶瑛等（2004）将 Ir/IrOx 电极和改进型 Ag/AgCl 参比电极配对，组成了全固态 pH 传感器，在 0~100℃温度范围内，其工作性能稳定。该传感器易于被微型化，做成探针式结构，便于集成，可用于高温高压环境的 pH 在线检测。pH、H_2S 和氧化还原电位（Eh）电化学传感器目前被大洋航次热液异常调查作为常规仪器之一。其探测头一般是 Nernst 型离子选择电极（ion selective electrode，ISE），即通过工作电极与参比电极之间的电位差直接反映待测组分的浓度。在将来的化学传感器发展中，从长期观测的角度来讲，也需要类型广泛的传感器，如 CO_2、甲烷、卤素（Cl^-、Br^-、I^-等）离子、铁、锰金属离子和硅酸盐离子传感器。当然这就对高温、高压环境下测试的材料和技术提出了更高的要求。除此之外，长时间序列的流体流速需要有记录来配合分析化学参数的分布规律。

（七）深海视像监视系统

深海视像监视系统（照片、视频）被用于原位实时记录深海生物形态、分布和行为。鉴于原有生物采样技术手段的限制（采样成功率低、采样面积小、代表性差、样品保真性差），深海视像是认识深海生态系统极其重要的手段。相机被放置在 ROV、拖体、HUV 等平台用以对海底进行实时现场观测。目前产品主要来自国外公司，如：Kongsberg、The Deep Sea Power & Light、Deep Sea System International 等欧美公司和研究机构。这些设备在工作水深、成像质量等方面具有明显优势（图 2-1-32）。

深海视像技术发展和革新的主要目的包括提高分辨率、提高电池续航能力和对图像进行三维重建。

国内目前在机器视觉相机和图像三维重建与应用的研制与应用是最活跃的地区之一。国家海洋局第二海洋研究所和上海大学正在联合研制具有生物参数测量功能的 3D 相机，用于生物特征参数的定量提取（图 2-1-33）。

图 2-1-32　Deep Sea Power & Light 深水相机和 Kongsberg 深水相机

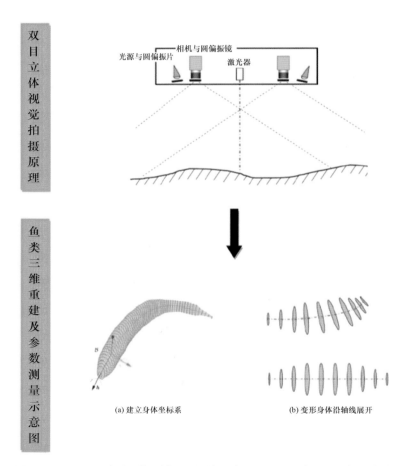

图 2-1-33　国家海洋局第二海洋研究所和上海大学联合研制的
具有生物参数测量功能的 3D 相机原理

四、水下接驳与组网技术

（一）水下对接技术

水下对接技术是研究海洋空间站和深海海底长期观测系统的基础。自20 世纪 90 年代起，国外诸多研究机构开展了 AUV 水下对接技术的研究工作，美国、日本、俄罗斯、法国、英国等传统海洋强国结合各自 AUV 的特点和对接目标，研制了不同类型的水下对接装置和设备。

美国伍兹霍尔海洋研究所（WHOI）和麻省理工学院（MIT）联合研制的 Odyssey IIB AUV 水下对接系统，如图 2-1-34（a）所示，该水下对接系统是美国自主海洋采样网络的重要组成部分。该 AUV 上的对接机构由两部分组成，其中 V 形剪用来捕捉与对接基站相连的对接杆，弹簧触发机构则用来锁定对接杆，这种对接方式可使 AUV 在距离对接目标 1 米之外就能捕获到对接杆，对接成功后，AUV 可在基站补充能源并与基站进行数据交换。该 AUV 水下对接装置在水中能够实现与对接目标的全方位对接，受海洋环境的干扰相对较小，对接可靠性较高。

美国伍兹霍尔海洋研究所（WHOI）针对 REMUS 小型水下观测型 AUV 研制了一种基于圆锥导向罩和对接管为对接目标的对接装置，如图 2-1-34（b）所示，对接目标由两部分组成，即采用圆锥导向罩和对接管的结构，在圆锥导向罩的上方布置有声学设备，用于对接过程中对接目标和 AUV 的互动搜索，提高了 AUV 成功对接的概率；AUV 进站完成对接后，可在站内进行能源补充和数据交换，免受海洋环境的干扰。与此水下对接装置类似，美国蒙特利湾海洋研究所 Monterey Bay Aquarium Research Institute（MBARI）研制了一种可在水下 4 000 米对外径为 54 厘米的 AUV 进行对接的装置，如图 2-1-34（c）所示。该对接系统对于美国开展的 MARS 和 MOOS 系统提供了很好的技术支撑，利用该对接装置实现了对 Bluefin AUV 的引导、定位和水下自动对接，并完成能源的补给和数据上传及新使命的重新规划。

美国海军作战与安全中心（NOSC）的 Free-Swimmer（图 2-1-34 d）可以通过声学设备的引导进行定位，利用自带的两个机械手，在两根导向缆的辅助下实现与海底基座的对接，从而通过基座的光纤电缆将搜索的信息数据传输给水面基地，同时接受新的指令，自动执行下一任务，保障 AUV 在水下的长期、连续探测和作业；此外，美国的远期扫雷系统（LMRS）也引入了 AUV 和潜艇的水下对接技术，可以通过声学引导，实现 AUV 在水下的干式回收，如图 2-1-34（e）所示。

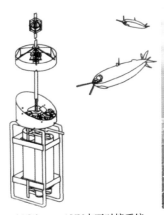

(a)Odyssey AUV水下对接系统

(b)REMUS AUV水下对接装置

(c)MBARI 研制的AUV水下对接装置

(d)Free-Swimmer AUV

(e)AUV和潜艇的水下对接

图 2-1-34　美国研制的水下对接系统及装置

日本川崎重工针对 Marine-bird AUV 研制了一套以水中平台为对接目标

的落座式对接装置（图 2-1-35）。该装置利用水声引导，使 AUV 从远方调整姿态，对准水中平台缓慢下降，通过 AUV 腹下的两个捕捉臂捕捉对接平台上的 V 字形定位装置，然后进行艏向和侧向调整并着落在对接平台上，再通过 AUV 和对接平台上的锁定机构实现 AUV 的最终定位，确保对接的可靠性和成功率，而后可实现对 AUV 的能源补给和信息交互。

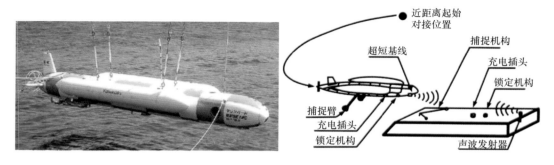

图 2-1-35　日本 Marine-bird AUV 及其水下对接示意图

俄罗斯远东海洋技术与问题研究所 Institute for Marine Technology Problems FEB RAS 针对近水面和近海底的 AUV 水下对接技术进行了研究。针对近海底的 AUV 水下对接，提出了一种基于视觉搜索和定位的研究方法，并利用研制的 TSL AUV，通过实验验证了对接的可靠性（图 2-1-36）。

法国 Cybernetix IFREMER 研制的 Swimmer ALIVE 为一个 AUV 和 ROV 的混合系统，利用长基线、短基线高频图像声呐实现对 AUV 的远距离引导，通过 CCD 视觉摄像机实现高精度的定位，完成 AUV 和 ROV 的水下对接，使 AUV 获得 ROV 的脐带电缆，实现能源补给和信息传输（图 2-1-37）。

此外，基于潜艇的援潜救生水下对接通过对接装置将潜器或对接平台与特制潜器对接后连接成一个整体，其目的是为了实现彼此之间的物资、人员等的传递。在该类型的水下对接领域，美国、俄罗斯、日本、英国、瑞典、澳大利亚、意大利等国家的对接技术相对成熟。美国的"神秘者"号深潜救生艇 DSRV，日本的"千早"号深潜救生艇，瑞典的 SRV 和英国的 LR5、LR7 等通过固定的对接裙口完成水下对接，澳大利亚的 REMORA 和意大利的 SRV300 则采用转动裙口对接装置实现与潜水器的对接作业（图 2-1-38）。

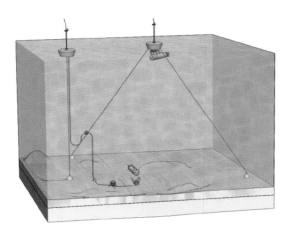

(a)AUV近水面和近海底对接示意图

(b)TSL AUV视觉引导下实现水下对接

图 2-1-36　俄罗斯 TSL AUV 水下对接

（二）水下组网技术

海底观测网是海洋研究、开发的一种重要分析预测手段，在 21 世纪初国际上许多科研团体和国家对海底观测网进行了大量的研究和探讨。尽管当前的海底观测网名义上用于海洋研究和开发，但潜在的在反潜、监听与辅助阻止外来设备进入等海洋安全方面可发挥的作用更为显著。

当前国际上比较著名的海底观测网有日本的 DONET（Dense Ocean-floor Network for Earthquakes and Tsunamis）、欧洲的 ESONET（European Seafloor Observatory Network）、意大利为首的 EMSO（European Multidisciplinary Seafloor Observatory）、加拿大和美国共同开发的 NEPTUNE（North-East Pacific Undersea Networked Experiments）以及中国台湾地区着手实施的海底观测网计划 MACHO（Marine Cable Hosted Observatory）。

据资料显示，国际上海底观测网的设计使用寿命是 20 年左右，所以 20 年使用期限内如何来保障海底观测网的正常工作是各个海底观测网科研单

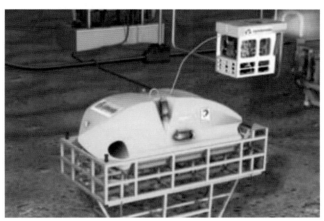

图 2-1-37　法国 Swimmer 混合式水下机器人及其对接系统

位研究的一个重点（图 2-1-39）。但是，由于工作环境处于深海，系统布放和维护难度大、成本高，所以要实现完全在海底进行观测网的维护与维修工作，还有很长的路要走。

根据日本 DONET 观测网、美国和加拿大合作研发的 NEPTUNE 等海底观测网的铺设工作方面来推测，目前国际上可以实现的海底观测网的维护和维修工作大体包括以下几点：①水下接驳盒的接插件维护和更换；②海底故障段电缆检测、电气隔离、打捞、铺设；③利用电气和化学原理对水下接驳盒进行除垢；④对部分铺设在海底的传感器进行维护和更换。

基于成本和技术问题，有些维护和维修作业不适合在海底进行，包括：①水下接驳盒短路或因内部原因无法工作，该情况下需要更换接驳盒；②海底故障段电缆维修；③复杂传感器的维护。

鉴于当前海底观测网维护工作及类型有限，诸多技术还需在观测网的

(a)美国深潜救生艇DSRV

(b)日本"千早"号深潜救生艇

(c)瑞典SRV救生艇

(d)英国LR5深潜救生艇

(e)澳大利亚的REMORA救生艇

(f)意大利的SRV300救生艇

图 2-1-38　基于对接裙口的水下对接系统

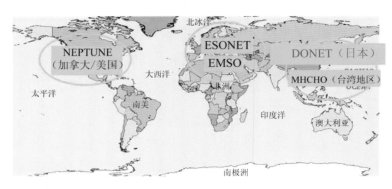

图 2-1-39　国际海底观测网计划

后续使用中不断提炼，下面拟从结合国外一些研发单位在海底观测网的铺设、维修时用到的平台、工具，对海底观测网铺设及维护平台和作业工具技术进行归纳和展望。

1. 日本 DONET 海底观测网海底作业工具

把 DONET 观测网项目应用到实际的关键是作业型遥控潜水器的海底电缆铺设和海底工程作业能力。该 ROV 是改装过的"海豚"号 ROV（图 2-1-40），它可以铺设 10 千米的延伸缆线，并可以在海底的任意两点铺设电缆。DONET 建设的 20 套海底观测平台，它们相互之间在海底相隔 15～20 千米。为了开展 DONET 海底天文台的建设，ROV 需要装载辅助制动器以协助机械手和推进器的工作，并对有效载荷进行浮力补偿。

图 2-1-40　改进后的"海豚"号 ROV

电缆铺设系统

电缆铺设系统是延长电缆铺设工程的一个 ROV 防滑设计，电缆铺设系统由控制张力的延长线管理系统和电缆绕线管升降机中组成。控制张力的延长线管理系统如图 2-1-41 所示，延长电缆管理系统自动控制电缆派息速度，滑动滚轮的机械结构可以管理最大 300 牛电缆派息张力。

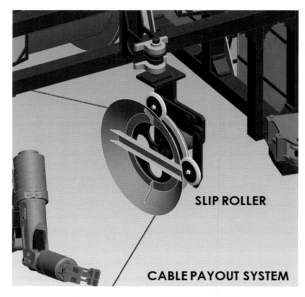

图 2-1-41　延长线管理系统

电缆绕线管升降机

　　电缆绕线管升降机是一种可以在水中和空气中装备和释放绕线管的装置（图 2-1-42），绕线管上缠绕有 10 千米延长电缆。电缆绕线管升降机靠 ROV 提供液压动力，该设备可以产生 1 吨左右的拉力，在空中能够解除绕线管上 650 千克的延长电缆。

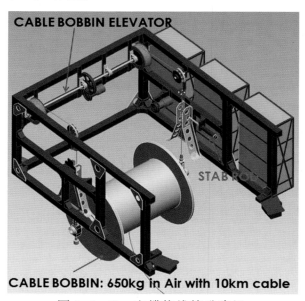

图 2-1-42　电缆绕线管升降机

DONET 对海底传感器安装和维护操作

海底观测网有很多精密的传感器，下面介绍一种在 DONET 网建设中的地面运动传感器的放置作业手段和工具。地面运动传感器是海底观测站的一部分，该传感器被预装在一个圆柱壳内，该圆柱筒要安插进海底沉积物层（图 2-1-43）。在安插之前，需要重力取样器在海底进行取样，并通过 ROV 上的机械手提前移除安插处的沉积物。

图 2-1-43 地面运动传感器的安装示意图

观测设备升降机和一个液压系统（DOROTHY）是用来安装地面运动传感器（图 2-1-44）的两套工具。在图 2-1-44 上标注的设备通过螺栓固定附加在电缆铺设系统上。DOROTY 用来制造埋葬孔，在孔里放置地面运动传感器。升降机有助于确保传感器系统的正确安装和缩短用于掩埋地面运动传感器的操作时间，鉴于地面运动感器的外包装和精密的内部部件，通过 ROV 的机械手很难完成该传感器的精确安装。出现故障维修时取出传感器是一个相反的过程，该传感器的维修工作要取出海面后进行。

2. NEPTUNE 海底观测网水下接驳盒接插件安装与维护

美国 Teledyne ODI 公司是目前国际上最知名的从事生产深海光、电湿插拔接插件的单位，目前世界范围内海底观测网水下接驳盒设备用的接插头

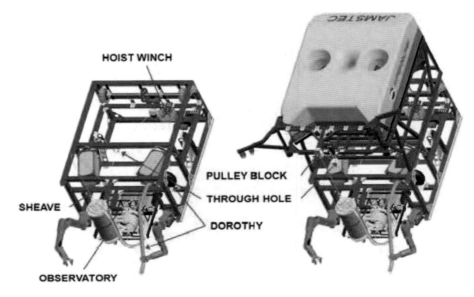

图 2-1-44　升降机和 DOROTHY

大部分来自这个公司。NEPTUNE 海底观测网所用的水下接插件即来自该公司。从 NEPTUNE 官方网站可以查到水下接插件的安装与维护作业所用工具是 ROV 以及其搭载的机械手，其作业场景如图 2-1-45 所示。

3. 对水下接驳盒进行倒极除垢

NEPTUNE 采用的输电方式是单极直流输电，单极直流输电系统可以采用正极性或负极性输电。若采用正电压并利用海水作为负极，水下接驳盒即是阳极，存在快速腐蚀的问题，即便可以在其上加装牺牲阳极，也存在更换牺牲阳极困难的问题，每次更换牺牲阳极时不得不将接驳盒提出水面。而接驳盒已通过水下光电缆构成网络，将任意一个接驳盒提出水面都存在困难。因此，牺牲阳极要具有导电性能好、耐海水腐蚀、消耗率低、寿命长等特点。经过理论分析和试验，观测网牺牲阳极多采用石墨电极作为阳极，镀铂钛电极作为阴极。去除镀铂钛阴极的结垢、恢复电极活性是海底观测网单级直流输电中重要的一环。利用倒极的方法可以有效地实现去除阴极上的结垢，倒极就是改变两级极性，使原来的阳极变成阴极，原来的阴极变成阳极。倒极前将阳极和阴极分别与直流电源的正极与负极相连。倒极时交换阳极与阴极同电源正极与负极的连接，瞬间加大电流至原来的 3~4 倍。倒极后恢复电源连接。图 2-1-46 为倒极除垢前后接驳盒某部件表

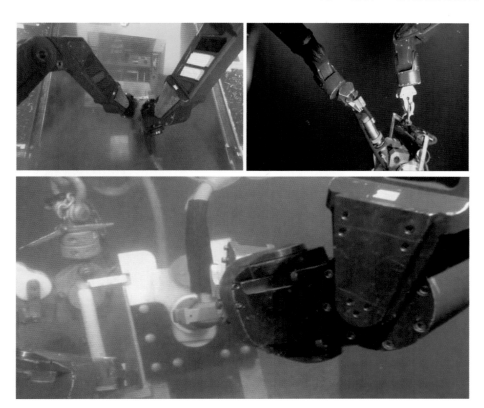

图 2-1-45　NEPTUNE 水下接插件安装与维护作业

面对比，而倒极作业可通过 ROV 操作完成。

4. 海底观测网光电复合缆维护

　　NEPTUNE 海底观测网采用单级高压直流输电，光电复合缆埋设于海底。光电复合缆出现故障的几率极低，但是一旦出现故障，故障定位困难，如果不及时对故障进行处理，将造成整个海底观测系统瘫痪，针对海底观测网光电复合缆可能出现的故障，海缆分支节点（BU）实现了海底观测网多个海底接驳盒的并行连接，使光电复合缆按区域分为多个部分，BU 对海底观测网光电复合缆维护主要包括以下两部分：①在海底观测系统启动过程中，BU 闭合主电缆和分支电缆开关，实现观测系统电源供电线路的输电。②在故障隔离模式，BU 打开故障主电缆或故障分支电缆开关，实现对故障电缆的隔离。

图 2-1-46　倒极除垢前后接驳盒某部件表面对比

五、海洋信息服务系统

（一）海洋数据立体获取体系

　　长期以来，美国一直致力于发展海洋立体观测技术，加强海洋立体监测和空间信息源建设，组织实施海洋科学观测计划，主要包括美国综合海洋观测系统（IOOS），美国海洋观测计划（OOI），同时积极参与国际海洋调查计划，如全球海洋观测系统（GOOS）、全球海洋观测网计划（ARGO）、全球海洋站综合观测系统（IGOSS）、全球海平面观测系统（GLOSS）、世界海洋环流试验（WOCE）等。

　　美国综合海洋观测系统（IOOS），是美国国家海洋与大气管理局（NO-AA）建立的一项观测计划，用以解决近海与远洋预报和警报的精度和及时性问题，提高近岸和公共卫生风险预警，保障海洋作业安全，提高在海洋和沿海情况观测、监测、预报方面的能力。IOOS 共包括 11 个子观测系统，是美国现有规模最大的海洋观测系统，分布在美国周边海域，主要由包括锚系浮标、漂流浮标、气象观测塔和观测站、海底锚系仪器、自容式独立仪器、船舶巡航调查、卫星成像、遥控和自动控制潜器等在内的具有数据存储和传输能力的数据采集平台组成。

美国海洋观测计划（OOI），由美国国家科学基金会与海洋规划协会联合于2010年着手构建的庞大的海底观测网络，其目标是打造全新的全球海洋视图。OOI将建立水下传感网络，在近海、公海和海底等位置观测诸如气候变异、海洋环流、海洋酸化等复杂的海洋过程。OOI中开发了先进的海洋科研与传感器工具，遥控操纵的潜水机器人能够比潜水艇进入到更深更远的海洋，水下取样器能够以每分钟一次的频率进行采样，通过通信电缆实现数据传输，海面上浮标采集的数据则通过高速链路上行发送到卫星。OOI监测站点的范围覆盖了近海和公海的所有关键位置，从根本上改变了海洋数据采集的速度和规模。

（二）海洋数据处理与管理

美国在海洋数据处理领域，不断向综合性和自动化方向发展，不仅硬件技术业已成熟，相配套的以软件为支撑的数据处理能力和自动化传输、管理能力亦大幅度提高。在海洋数据管理方面，美国强化国家级海洋数据中心建设，数据中心的数据种类和数据量、软硬件规模、规范化管理程度等方面都达到了较高的水平。如，美国的国家海洋数据中心（NODC）通过多年的海洋调查与观测，积累了丰富的海量基础数据，所包含的资料门类齐全，数据总量庞大，数据覆盖空间范围广泛，从浅海至深海、从近海到远海，从美国近岸到全球大洋，覆盖时间序列超过100年，并一直持续更新。同时，NODC具备结构完善、功能强大的海量数据库管理体系，为海洋资源管理与开发利用提供了坚实的基础。

美国国家海洋数据中心，配备了完善的软硬件基础环境设备，采用新一代数据中心的理念进行建设与运营，更加注重绿色环保，节能减排。采用整合与虚拟化技术，对数据中心计算、存储、网络和应用资源进行虚拟化分区和隔离，提高实时维护管理能力和基础设施的安全性。另外，将自动化和智能化引入数据中心的管理中，提高自动化管理水平。通过以上新理念和技术方法的运用，实现了海洋数据资源的高效管理和共享。

（三）海洋信息共享服务

在数据共享政策方面，美国已形成多层面、多类型的与科学数据共享有关的法律和法规体系，既制定了针对信息共享的联邦立法，如《信息自由法》，又有针对科学数据生产者的管理规则，如《联邦政府资助的科研项目数据采集和递交的办法和程序》，还有与具体科学研究项目紧密相连的科学数据共享的政策法规，如《全球变化研究数据管理政策》、《全球变化研究法案》等。

从海洋信息共享的技术角度来看，近几年随着网络技术、XML、GML、网格计算、云计算等新技术的不断涌现和成熟应用，不仅有效地促进和实现了海洋数据和信息的交换与共享，而且实现了软硬件资源、服务资源的共享。海洋信息共享的方式和内容也越来越丰富，如通过综合海洋观测系统（IOOS）获取的数据同时进入美国国家海洋与大气管理局（NOAA）、美国国家航天航空局（NASA）等机构的数据库，不同需求的用户能够使用同一套完整的数据，公众用户则可以通过官方网站或者其他科研机构提供的链接来获取风场、波浪、海流、温度、盐度、水色等海洋数据，保证了畅通的数据流转和较高的共享效率。

（四）海洋信息产品开发与引用系统建设

在海洋信息产品开发与服务方面，主要采取按需定制开发模式，面向不同用户，定制开发和主动服务相结合。对于海洋科研用户，提供不同等级的海洋信息产品，包括原始观测数据产品、统计分析产品、决策性信息产品、定制信息产品等。对于社会公众用户，其产品开发和服务方式更为灵活和人性化。由政府出资，海洋公益性服务部门负责开发社会公众感兴趣的海洋科普、海洋生活服务、海洋环境预报、海洋旅游信息等信息产品，并以公开网站、移动信息服务等形式向社会提供无偿、主动式的海洋信息服务。

数字海洋应用系统建设方面，其目标和任务非常明确，①针对具体海洋管理或科研部门用户提供满足其特定业务需求的应用系统。如美国的 Sea Grant 计划，针对海岸带管理、防灾减灾、海洋渔业、海洋油气 4 个具体领域，开发相应的方法、模型和应用系统，提供数据汇集、综合分析等功能，实现海洋资源和海洋现象的数字化再现与仿真，取得显著的应用效果。②为社会公众提供方便、实用的海洋信息公共服务平台。在保证系统开发的针对性和实用性基础上，延伸开发具有超前海洋应用前景的系统功能，对于社会公众的应用，则强调普及性、使用的便携性和公众的参与性，使用户不仅是信息服务的受益者，同时也成为信息的提供者。其中代表性的应用为谷歌海洋（Google Ocean），谷歌海洋是一款面向公众用户的海洋应用软件系统。谷歌公司与NODC、美国国家地理、世界自然保护联盟等机构合作，获取了全球范围的海洋环境、地理、人文、历史等各类丰富的海洋信息，结合卫星图片和海洋探测地图，利用谷歌地球系统构建了谷歌海洋数字化信息服务系统。通过该系统，用户可以体验海洋和海底的美景，可以看到真实的海洋生物，可以追寻历史重大海洋事件的足迹。系统提供良好的信息交互接口，普通用户可以上传信息，提高了交互能力和用户的参与度。

（五）典型水下观测网信息处理系统

1. 加拿大 NEPTUNE 系统

当前已建成并开始运营的业务化海底观测系统以加拿大海王星（NEPTUNE）系统最为典型。海王星系统于 2009 年夏完成布放，光电缆总长 800 千米，连接 6 个节点、14 个接驳盒、数百台海洋观测仪器，使用标准的电信设备。NEPTUNE Canada 从开始运行以来，数百个水下传感器在实时或近乎实时地向陆地实验室传输观测数据和图像，管理大约 60 TB/年的数据是一项非常大的挑战。为此，NEPTUNE-Canada 专门设立了"数据管理和保存系统"（Data Management and Archinve System，DMAS）作为 NEPTUNE Canada 项目的数据管理及保存系统，实现数据的传输和存储、服务，以及水下观测仪器的控制，平均每天有 900 个原始观测数据文件从海底传回，经过压缩后大约有 50 GB 的数据保存并进行安全备份。通过 DMAS 系统，将数据分发到各专业建模分析部门，对可能发生在胡安·德富卡板块上的地震活动、海啸、海底滑坡、海底火山活动、海底热液活动等进行分析处理，服务于板块构造运动、海底下的流体、气候变化及其反应、生态系统的演变（图 2-1-47）。

2. 美国 MARS 系统

美国蒙特利加速研究系统（MARS）于 2002 年启动，2007 年 4 月完成长达 52 千米的海底骨干网铺设，目前仍在运行。该系统是海底观测系统的

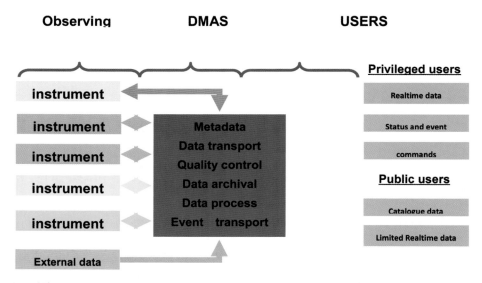

图 2-1-47　NEPTUNE-DMAS Data Management and Archiving System

研制和应用基地，为深海新设备提供试验平台，还为美国海洋观测计划（OOI）的执行奠定了技术基础。OOI 计划于 2007 年启动，计划建设横跨西半球的包括仪器、光电缆、锚系装置在内的集成观测网络，布设位置见图 2-1-48。系统拥有 1 个岸站，7 个主要节点，使用星形配置，初期的主干网带宽为 10 Gb/s，采用标准电信光电缆，从俄勒冈海岸向西延伸至最深约 3 000 米处（距海岸近 400 千米），光电缆总长近 800 千米。OOI 的数据管理系统（DMAC）（图 2-1-49）主要实现如下几个方面的功能。

（1）数据传输：负责将传感器子系统的生产数据通过标准网络传输协议实时传输到数据中心。

（2）质量控制：负责将实时采集的数据进行实时质量控制，保证数据达到文件级的质量。

（3）元数据管理：提供简单，清晰的指引和可扩展的元数据标准，确保数据和元数据之间的联系，保持着极大的可靠性。

（4）数据存档：提供长期归档和管理数据集；存档符合国家归档标准和用户要求。

（5）产品制作：产品包括数据同化产品如实时测量、速报和预报模型、地图、书面预报和数值表等。DMAC 还提供统一的、互动的、具备地理和时间参考浏览能力的数据访问，适合用于快速评估数据。

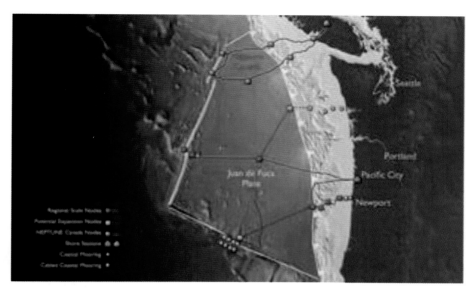

图 2-1-48　美国 OOI 计划区域观测站布设

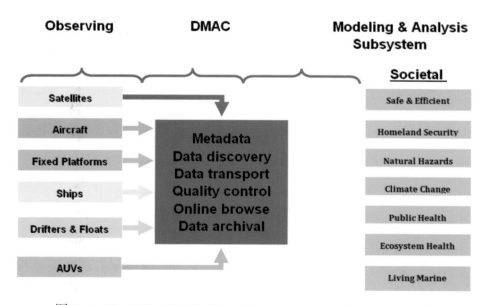

图 2-1-49　OOI-DMAC（Data Management and Communication）

3. 欧洲 EMSO 系统

欧洲海底综合观测网（EMSO）是环境科学研究基础设施，计划在欧洲沿海的 12 个选定站点，进行深海海底观测系统的建设。光电缆总长超过 4 000 千米，并与浮标和近岸观测系统衔接，形成完善的海洋观测体系。系统布局见图 2-1-50，主要目标是对与岩石圈、生物圈、水圈之间的交互作用以及自然灾害相关的环境过程进行长期和实时观测。EMSO 的数据管理系统包括若干个子系统：传输/通信，数据处理，存档，分发。其中数据处理主要包括了以下两方面。

（1）数据解码和质量检查。实时数据自动解码，格式化，在加载到数据管理系统之前纠正物理参数。质量控制程序确保来自不同观测站的数据之间的连贯性和兼容性，以确保最低的质量水平。

（2）数据产品。欠采样数据插值、环境风险和危害报警/警报、传感器状态信息、环境生态长期统计和趋势等。

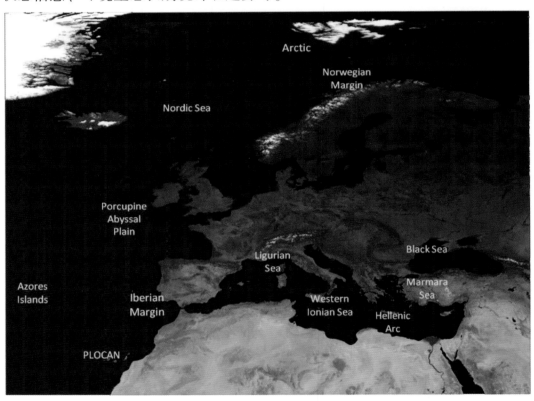

图 2-1-50　欧洲 EMSO 分布

4. 日本 DONET 系统

日本的海底地震海啸密集网络（DONET）计划以水下板块活动监测、海洋地震及海啸监测为主。第一阶段（现改称 DONET1）始于 2006 年，

2011 年建成。在纪伊半岛近海铺设了 300 千米的光电缆，在日本南海海槽进行海底观测，系统布设位置见图 2-1-51。

DONET 的信息处理系统主要是地震速报系统。该系统在震源附近测量地震波（P 波，初期微震）以推断震源、规模及震级等。在地震引起的强烈震动（S 波，主震）开始之前发出速报，发送给电视、收音机、手机、防灾行政无线及专用接收终端等。

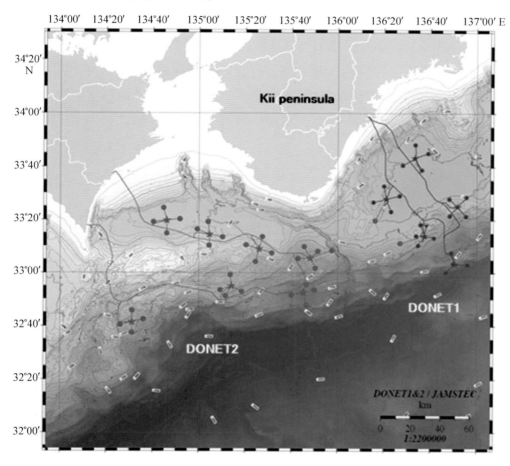

图 2-1-51　DONET 布设位置

（六）典型水下信息服务应用系统

1. 美国海军水下网络中心战体系

美国海军于 20 世纪 60 年代开始建设固定式海洋水声监视系统

（SOSUS），到 80 年代后期，美国开始研制和部署采用光纤传输和局域网技术的分布式固定监视系统，主要包括固定式分布系统（FDS）和先进可部署系统（ADS），同时，为弥补固定式阵列的不足，美国海军先后发展了舰载拖曳阵监视系统（SURTASS）和多功能拖曳阵列（MFTA），装备在水面舰船上，弥补固定式探测阵列无法移动的缺陷。上述固定式和拖曳式装备共同构成了综合水下监视系统（IUSS）。

为将 IUSS 系统与作战部队连接，美国海军基于"网络中心战"思想又建设了 Web 中心反潜战网络（WeCAN），目的是通过可靠的传输链路，将传感器网络、信息网络与作战网络进行集成，使每一个水下传感器、每一艘舰艇、每一架飞机都能成为体系中的一个节点；通过 WeCAN 将 IUSS 的节点数据在各作战单元间分发，实现对水下作战信息的广泛获取、自由联通、高度集成融合、交互共享和应用，为浅海复杂环境下对安静型潜艇实施作战提供有力的信息支持，以夺取近海水下作战信息优势。

2. 美军互操作作战图族（FIOP）

在信息化战争中，战场态势图已经成为各类指控系统的核心。从 1997 年美军提出共用作战图（COP）以来，经过 20 多年的发展，美军逐步建立和完善了互操作作战图族（FIOP），包括用于国家和战区层面的共用作战态势图 COP（简称为共用作战图）、战术层面 CTP（简称共用战术图）和火力打击层面的 SIP 单一合成态势图（简称单一合成图），其层次构成如图 2-1-52 所示。FIOP 在基于组网和知识共享环境基础上，将整个作战空间（包括陆、海、空、天、电）的侦察、环境、火力、后勤、机动等融合成一个整体。

FIOP 的主要特点是：

• 多级多层态势体系：由火力打击、战术/战役、战略三级态势图体系，在每个级别内，态势图又按作战空间进行分类。

• 共用作战图的数据具有多样性：数据来源多样性、数据格式多样性、数据专业多样性。

• 角色多重性：用户多样性、角色多重性。

• 系统分布性：态势生成分布性、数据表达对象分布性、数据来源分布性、服务对象分布性。

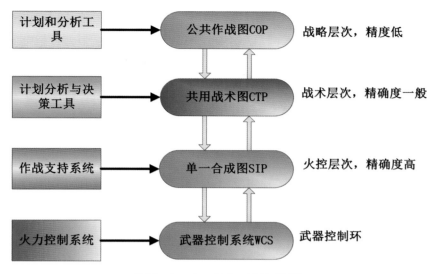

图 2-1-52　FIOP 层次关系

3. 美国海岸警卫队海岸监视系统

系统的主要概念是在美国政府内部的各个部门和机构间共享海域态势信息。基于"拼图思想"，系统目标之一是探测海域内的一切，将尽可能多的信息填满整个屏幕，然后逐个删除威胁度不够高的目标，把有限的力量集中到少数目标上。系统通过集成海军情报部门、海岸警卫队、海关、边境保护局、港口运营商的传感器，创建了特定海洋环境的简洁、动态、大规模的视图，创造了态势融合中心能力，为海上执法提供强力的信息支撑。在系统集成的关键技术上，该系统采用了国家信息交换模型（NIEM the National Information Exchange Model），将信息共享单位的业务数据模型进行统一化和标准化描述，借此交换信息，一切可相互操作。

第四章 发展趋势与面临的问题

一、发展趋势

（一）海洋观测技术发展趋势

1. 海洋传感器朝着小型化、低功耗和多参数化发展

海洋生态化学传感器的发展一般经历了实验室台式大型检测设备、船载便携式检测设备、水下检测设备的发展过程。在这一过程中，对设备的要求逐渐从满足功能向提高性能方向转变，使得传感器向小型化、低功耗等方向发展，从而适合在浮标、锚系、座底平台甚至 Argo 浮标等不同平台工作。同时，随着海洋生态化学传感器体积减小、能耗降低，现在越来越多的传感器被集成在同一个数据采集系统中，以"多参数水质分析仪"的形式出现。比如美国海鸟仪器公司生产的 19 型 CTD 除了温度、压力、电导率传感器以外，还可以集成他们自家生产的 pH 值、ORP 和 DO 传感器以及其他厂家生产的浊度、叶绿素等传感器。其他厂家如 RBR、YSI 等也都推出了类似的多参数水质分析仪。

2. 常规观测技术趋于稳定，观测精度不断提高

经过近几十年的快速发展，目前已经形成了一系列常规的海洋水下观测技术，观测体系日渐完善，海洋地球物理、物理海洋、海洋化学、海洋生态等观测技术结合潜水器等水下观测平台获取了丰富的海洋观测资料。随着海洋长期观测和精细观测需求的提升，海底观测网等新的长期在线观测技术在世界范围内掀起了新的热潮，各种海洋观测设备的精度不断提高。

（二）海洋信息系统发展趋势

1. 数据采集传输标准化

目前国外相关项目已经形成了标准化集成协议并投入应用，如 IEEE 1451、SWE、PUCK 等近年来已经取得较大进展的标准协议，并开发了可以兼容现有观测设备的观测设备注册和管理系统，来实现各类观测数据与元数据的正常传输与接收。

在海洋观测信息共享交换标准方面，国外相关项目已经制定数据交换模型并应用，如美国海岸警卫队的海岸监视系统采用了国家信息交换模型（NIEM the National Information Exchange Model），将海岸监视信息使用单位（海军情报部门、海岸警卫队、海关、边境保护局）的业务数据模型进行统一化和标准化描述，借此交换信息，一切可实现信息系统级的互操作。

2. 数据管理一体化

目前国外水下信息服务系统在设计上普遍采用集中式的数据中心，如 DMAS 和 DMAC。这种数据中心便于对数据接收与分发，数据处理与质控，数据库管理维护，数据存档与服务等进行统一管理，有利于提高系统的规范化程度。如在美国 OOI 计划，将数据传输、质量控制、元数据管理、数据存档和产品制作集成到 DMAC 中，不仅保持了系统的高可靠性，同时极大地提高了系统的实时响应速度，满足了信息快速服务的要求。

3. 数据应用专业化

目前国外的水下信息服务系统普遍对用户和信息进行分类分级，对信息粒度、时效进行分级。不同类别的数据分别由不同的专业中心负责数据建模与分析工作，不同的数据产品则针对不同的用户进行分发。数据应用的专业化趋势使数据对于实际需求具有越来越高的针对性。

4. 运行方式体系化

从目前已经实际业务化应用的水下信息服务系统来看，相比研究系统或实验平台，已经逐渐不再将水下监视作为单独的信息系统，而将其视为整个监视系统乃至指挥系统的一个分支系统，将水下监视信息与其他传感器信息进行融合分析应用，并与信息单元分享信息。这一点在美国海军的水下监视系统中显示得尤为明显。

二、面临的问题 ▶

（一）海洋观测技术面临的问题

1. 水下观测技术核心创新能力不够

2014年8月18日，习近平主持召开中央财经领导小组第七次会议强调加快实施创新驱动发展战略，推动以科技创新为核心的全面创新。2013年1月15日国务院发布的《"十二五"国家自主创新能力建设规划》中就明确指出：我国创新能力建设缺乏系统前瞻布局，与世界先进水平相比还有较大差距；创新资源配置重复分散、使用效率不高、共享不足；企业创新动力和活力不足，技术创新的主体作用没有得到充分发挥；投入不足与结构不合理并存，持续投入机制尚未形成；知识产权保护等创新环境有待完善等。党十八大将科技创新放在国家发展的核心位置，充分说明了自主创新的重要性。针对于海洋水下观测技术而言，存在几个方面的问题：①市场化程度低，更多依赖于政府政策性的支持，相关政策法规不健全；②我国海洋水下观测技术方面起步晚，难以与国外相关企业竞争，企业参与度不高；③相关的材料、工艺、电子等不能满足海洋环境要求等；④长期以来依赖于进口设备，海洋技术创新意识不强。以上问题的存在，导致海洋水下观测的核心技术自主创新能力相对于陆地与航天等显示更为突出。

2. 水下观测技术研发与转化基础配套不足

海洋观测技术是一个国家综合实力的体现，是国家海洋战略和国家安全战略的重要基础。我国从近30年规划，虽然都将海洋观测技术作为一项重要方向，尤其是"十一五"以来，启动了不少海洋技术重大专项，但却出现投入多、产出少的问题。这固然与前期投入过少，基础薄弱有一定的关系，但同相关的基础配套投入不足也有不可分割的关系。主要体现有以下几点：①国家层面的顶层设计不完善，统筹规划不足，重复建设和恶性竞争广泛存在；②通用型技术研发与后续成果转化投入不足；③公共的研发、检测与试验平台建设缺乏；④政策配套与规范建立滞后，创新机制不完备。

3. 海洋传感器辅助支撑技术研究缺乏政策支持

在"863"计划、海洋公益项目等支持下，目前国内科研院所开展了若干生化传感器的研制工作，并且已经形成了大批基于不同原理、采用不同技术的实验室样机。但是与国外一流的商品化传感器相比，其实际使用性能和长期工作性能差距明显，制约了其在海洋调查和研究工作中的推广应用。

究其原因，主要有两方面：一方面是目前相关政策仅偏重于原理和技术创新，只要完成原理样机和实验室样机就足以完成项目指标，因此项目完成后没有动力再推动产品化工作；另一方面由于缺乏传感器实验室校准标定技术，在形成传感器样机以后无法准确评判其工作性能，由于缺乏客观数据支持导致进一步改进工作无从着手，客观上给传感器产品化带来了很大难度。

海洋仪器通常都需要经历恶劣的工作环境，尤其是海洋生化传感器往往需要在海上长期工作，因此传感器日常保养、现场使用以及后期维护等过程中采用正确方法具有重要意义。事实也已经证明在实验室通过传感器清洗、检测、维护、标定等工作，能够使得海上长期使用后损耗严重的传感器恢复优良性能。与国外相比，我国科研设备存在着非常严重的资源浪费现象，仪器使用率较低，仪器非正常损耗较为严重，目前极少有科研人员愿意从事设备维护方面的工作，导致仪器因缺乏正确的维护保养而大大降低使用寿命。

目前我国海洋生化传感器在软硬件研制方面已经取得了较大的进展，在取得一批原理样机的同时也积累了一批电子、软件方面的技术人才。目前实际承担传感器研制工作的科研人员主要为工科类，而使用者大多为一线海洋科技工作者。传统的工科类技术人员拥有较高水平的软硬件研发能力，但是缺乏对海洋复杂环境的了解；传统的海洋生化学者具有良好的海洋生态基础知识，但是对传感器工作原理知之甚少。目前的政策过于偏向以软硬件为代表的海洋技术研发和以海洋内部规律为代表的海洋基础研究，对于获取高质量海洋数据至关重要的仪器应用环节，缺乏足够的重视。这一现状导致传感器研制与实际应用之间存在严重脱节，而目前在两者之间的传感器校准、标定、应用等支撑技术研究工作由于缺乏良好的政策支持而无人关注。

（二）海洋信息与服务系统面临的问题

尽管我国数字海洋建设已经取得了显著进展，但随着新形势、新需求、新技术的不断出现与发展，对数字海洋建设也提出了更高要求，存在的一些不足也逐渐凸显，主要表现在以下几个方面。

1. 数字海洋基础框架在空间覆盖范围和数据精度方面尚显不足，与建成大比例尺信息基础平台的目标尚有差距。

通过"908"专项的实施，初步搭建了数字海洋信息基础平台，但数据覆盖的空间范围仍主要局限在我国近岸和近海地区，数据空间分辨率仍较低，实时性更新能力仍不足，尤其是缺少长时间序列的、中大比例尺的海洋基础数据资料，距离建成大比例尺的、动态更新的基础信息平台仍有很大差距，还远不能满足为海洋经济发展、海洋权益维护、海洋国防建设等提供全面服务的需求。

2. 尚未实现全国海洋信息资源的统一整合，在一定程度上制约了海洋信息共享服务能力。

目前，我国的海洋数据资源不仅分布在海洋局系统和各沿海省、市、自治区内，各涉海部门、科研院所、高校、军队、大型涉海企业也掌握和积累了大量的海洋信息资料。由于管理机制不畅、标准规范不同、网络之间不通等方面的局限，导致这些资料之间不能进行有效的共享，致使部分资料的闲散或重复购置，也阻碍了海洋信息资源的进一步开发和应用。通过开展数字海洋服务工程建设，不仅能将各涉海部门、科研院所、高校、军队、大型涉海企业之间的海洋信息资料进行有效整合，而且能实现信息的互联互通，从而显著提高我国海洋信息的共享服务能力。

3. 已有的海洋信息服务技术手段不能完全满足当前快速发展的海洋信息服务需求，新理念、新技术有待于得到实际应用。

随着海洋事业的快速发展，对于海洋信息的应用服务需求由传统的提供数据资料服务向提供综合决策信息服务转变，由传统的计算机信息系统应用向基于网络的、移动式智能终端服务转变，由传统的数据库查询检索服务向基于云计算的海量智能搜索服务发展，由传统的三维可视化信息展示服务向基于四维实景虚拟体验技术转变，这些快速发展的海洋信息应用服务需求也对数字海洋建设提出了更新、更高的要求。目前数字海洋信息基础框架所提供的信息服务形式已不能满足飞速发展的应用需求，急需在信息服务新技术手段和服务方式方面进行大胆的研究和尝试。

4. 海洋信息的综合分析应用服务能力需要进一步提高和扩展。

尽管面向各业务领域已经研发了大量的专题信息产品，开展了大量的专题应用系统建设，但各专题应用系统之间的信息交换、协同服务能力较弱，制约着海洋信息的应用服务水平。在辅助决策方面，缺乏深层次的、综合信息和决策知识的智能化提炼。在产品服务方面，仍缺少专题性、定制性产品的快速加工与服务能力。

第五章 战略定位、目标与重点

一、战略定位

在"创新驱动、支撑发展、产业带动"的方针指导下，以服务于捍卫国家海洋安全、海洋资源开发、海洋生态文明建设、海洋科学进步为主线，坚持以国家需求和科学目标带动技术，大力发展具有自主知识产权的水下观测传感器技术，健全水下观测体系基础支撑体系，建设海洋观测数据服务与决策系统，构建海洋信息大数据系统，提升海洋观测与信息保障能力，为向更深、更远的海洋进军打下基础，拓展战略生存发展空间。

（一）满足捍卫国家海洋安全

我国与周边海上邻国间的海洋划界矛盾突出，海洋划界存在诸多争议，南海黄岩岛和东海钓鱼岛事件，将岛屿争端推向了新的高度。北极海冰融化加速，海底资源与航运价值凸显；南极条约期限将至，世界各国纷纷提出领土要求。国际航行的主要海峡处于传统海洋大国的控制，海上通道安全是我国海上补给的软肋。受多重岛链封锁，我国舰艇出入受到监控，危及国家海洋安全。构建全球海洋观测系统，对关键海域进行调查和研究，提高海洋环境保障能力，维护国家海洋安全与权益迫在眉睫。

（二）满足推动社会与经济发展

发展海洋经济，提高海上生产活动的效率、效益和安全，开发海洋资源，拓展海洋战略发展空间，迫切需要加强基础海洋环境要素的观测能力、加大对海洋资源的观测和勘测力度、提供高质量的海洋观测及环境预警报产品服务，这些需求的满足，依赖海洋观测系统。

（三）满足海洋生态文明建设

海洋灾害已成为对我国沿海和海洋经济、社会可持续发展的主要制约或影响因素。同时，沿海工业的发展加上陆源污染物的输入，造成近岸污染严重。构建海洋观测与信息系统，提高海洋灾害的预报预警能力，实时了解海洋生态环境现状及变化趋势，及时展开防治与治理，维护经济社会可持续发展。

（四）满足促进海洋科学进步

海洋科学是一门基于观测与发现推动的科学，海洋观测技术的发展是推动海洋科学发展的原动力。大量资料积累展现在我们面前的是一个岩石圈-水圈-生物圈等多个圈层，它们之间存在复杂物质和能量传输、交换、循环结构的海洋，而各圈层又存在各自的动力系统。构建海洋观测网络，获取长期、高分辨率的水下原位数据，促进海洋科学研究。

二、战略目标 ▶

突破全海深的声、光、电、磁、生态、化学、物理海洋和军事海洋等海洋水下观测传感器核心技术，观测使用传感器的国产化率达 80% 以上；建成近海灾害预警系统、二岛链以内重点监视区域目标信息处理系统；在全国范围形成若干个国家级的海洋水下观测技术研发平台与产业化基地；建立健全一批海洋水下观测技术研发规程、检测标准、人才激励机制、企业准入法规等相关的政策或法规；并且有一批专业化、市场化的服务型人才队伍，满足国内市场需求，实现国际市场的突破。通过分阶段、分步骤的实施，力争通过 20 年左右的时间，使我国海洋水下观测技术水平总体达到国际先进水平，部分核心技术达到领先水平，为构建自主的水下观测体系提供技术支撑。

三、战略任务与重点 ▶

（一）海洋传感器技术

加强海洋水下探测传感器技术研发，重点突破地球物理、生态化学、物理海洋和军事海洋等通用传感器的核心技术，适用于各类水下观测平台。

（二）海洋水下接驳与组网技术

开展观测网铺设及维护技术工程研发与工程应用，大力发展海洋水下观测组网通用技术，组建服务型海洋水下接驳与组网技术的研发、检测、试验与应用的平台、基地和创新技术团队。

（三）海洋信息服务系统

建立完备的水下信息传输、处理、分析、应用体系，并能够将水下观测信息近实时地融合到现有的业务系统，使得现有系统的信息更加全面、准确，基本满足捍卫国家海洋安全、维护海洋权益、海洋防灾减灾和科学研究需求。

四、共性技术 ▶

（一）海洋通用技术

开展适用于水下观测网相关仪器和装备的材料、能源、通信、导航定位、安全保障等相关支撑技术及配套制造工艺的发展。重点发展水下观测网建设的基础材料和基础部件，包括耐高压、高可靠、长寿命、湿插拔光/电缆水密接插件，耐高压、轻质、可加工浮力材料，抗生物污损和防腐涂料、材料、结构；发展水下观测系统的能源供给和能源管理技术与装备，包括可再生能源、常规能源、长效高密度电池；发展长期定点布放的深海剖面观测浮标和海床基观测仪器舱；发展水下移动观测平台的导航定位技术；发展水下数据通信和 Web 有线/无线网络技术。

（二）海洋信息技术

1. 实时传输与控制技术

在数据传输方面。水下观测存在类型多样化、采集频次高、数据量大、时效性强等特点，既要保证数据的实时传输，也要保证在既定带宽的情况下，重点业务数据得到优先传输，如控制指令、目标相关数据的优先传输保障，因此需要研究基于内容的传输控制技术。

2. 分布式并行处理技术

在分布式并行处理技术方面，数据的解码和分析处理是数据消费行为，而数据的采集传输是数据的生产行为，在高频次、大数据量的数据生产环境下，需要研究分布式并行处理技术来保障数据消费能够追赶上数据生产的进度，避免产生数据消化不了的现象。

3. 信息提取技术

信息服务本质上等价于信息的提取与展示。信息量越大、服务需求越复杂，对信息提取的要求就越高。一方面需要研究高速信息提取的方法，提高信息服务的时效性；另一方面需要研究模糊信息提取技术，自动发现关联信息，满足更高级的服务需求。

4. 多源数据融合技术

海洋学科分类众多，不同学科的侧重不同，但同时反映了同一海洋区域内的信息。因此不同于某个专项的信息系统，需要研究不同学科和不同类别间的数据融合技术。

5. 智能化辅助决策技术

水下信息服务系统的最终目的是信息服务，而不仅仅是数据服务。更重要的是为人的决策提供更加抽象、更加精炼的信息支持。因此需要开展智能化辅助决策技术的研究，包括但不限于数据挖掘、信息智能处理、语义分析和方法库构建等。

第六章　保障措施

一、经费保障 ▶

（一）加大投入，重点支持海洋观测网建设与海洋探测技术发展

构建海洋观测网，开展海洋监测与探测。一方面推动海洋科学的进步；另一方面为政府实施海洋管理、海洋减灾防灾等提供决策支持。开展深海探测技术，探采国际海底战略资源，拓展国家发展战略空间，属于公益性、基础性的海洋科技研究与能力建设，国家应该加大投入，保证顺利实施。

（二）成立国家层面海洋开发与风险投资基金，鼓励海洋仪器设备研发

海洋仪器与装备研发通常面临着周期长、耗资大、需求量小等特殊性，在市场尚未成熟之前，考虑到投资风险，企业参与的积极性不高。建议成立国家层面的海洋开发与风险投资基金，基金来源可采取政府拨款、国内外募捐、企业赞助等多种形式。基金主要用于资助海洋仪器与装备研究成果转化，创办海洋高科技企业。

二、条件保障 ▶

（一）建立海上仪器装备国家公共试验平台

建立国家公共试验平台，实行企业化、业务化运作，提供能够长期、连续、实时、多学科、同步、综合观测要求的试验平台和设施。建设资源共享、要素完整、军民兼用的海上试验场，为我国海洋仪器及海洋模型的研发与检验提供服务；建造能够支撑多种类型、大型海洋装备的综合试验船，为国内从事海洋观测装备产业研究的科研机构、中小企业提供海洋试验条件。

（二）建立海洋仪器设备共享管理平台

统筹开发、利用现有国内海洋探测装备，对以往采购的国有资产利用率低的，开展有偿租赁服务，使海洋探测工程装备的租赁业务常态化、企业化。对国家资助研发的海洋仪器装备，要实现共享，真正用于海洋科学研究。一方面解决目前设备利用率低下，甚至很多设备买来没有开封就项目结题、长期放置导致失效的问题；另一方面解决某些用户有真正需求而没有能力购买大型海洋仪器装备的问题。

（三）成立国家级海洋装备工程研究与推广应用中心

选择具有较强研发实力的企业和研究开发机构，统筹布局，有重点、分阶段建设一批国家重点实验室、国家工程中心、企业技术中心，积极推进产、学、研结合，强化深海高技术产业化基地建设，推进深海高技术的产业化进程。

三、机制保障

（一）制定海洋探测技术与装备工程系统发展的国家规划

制定相关标准与规范，积极推动海洋高技术装备研制的标准化与规范化，强化规范化的海上试验与观测研究。积极推进产、学、研结合，强化海洋高技术产业化基地建设，推动海洋技术产业联盟建设，发挥企业在成果转化过程中的主体作用。制定长期稳定的激励政策，扶持我国海洋高技术和装备制造业的发展，尤其对深海固体矿产勘探开发等高风险性的产业活动给予税收政策的倾斜和支持，鼓励企业走向深水和海外，推动我国海洋高技术产业的发展与壮大。

（二）扶持深海高技术中小企业，健全海洋装备产业链条

我国当前海洋装备主要集中在装备集成创新层面，核心部件几乎完全依赖进口，产业链的上游完全被国外公司控制。全面总结掌握国内海洋领域企业的布局和产业链情况，总体布局，扶持、培育、孵化相关企业，引导、筹备一些企业填补相关的空白，实现"定点打击"，解决目前海洋探测工程领域很多产业链薄弱、脱节的现象。在海洋基础传感器、海洋动力和

生态仪器、海洋声学产品、海洋观测集成系统产品、水下运动观测平台、通用辅助材料及核心部件等方面各培育 3~5 家企业，健全海洋装备产业链条，培育海洋战略新兴产业。

四、人才保障

(一) 加强海洋领域基础研究队伍建设

目前我国海洋科技人员的数量和整体水平远不能适应海洋事业发展的要求。尽管如此，还面临着人才流失严重、现有人才利用率低下的问题。诸多情况表明，我国海洋科研队伍文化技术结构不合理，已成为实施 21 世纪中国海洋战略的重大障碍。因此，加速培养海洋跨世纪人才，实施海洋人才战略就成了一个十分紧迫的战略任务。

(二) 完善海洋领域人才梯队建设

在海洋科技人才的教育中，应注重高中低档教育合理分配，形成科研与生产人员比例合理的人才培养体系。同时，针对当前高级技能人才匮乏的现状，应该综合利用国家教育资源积极恢复中等专业技术教育和职业教育，培养技术熟练的技能劳动者，弥补由于高等教育扩张导致的中等专业技术教育断代，专业技能人才断代的现象。

(三) 健全海洋领域人才机制建设

在国家层面，应建立有利于海洋人才工程战略的硬环境，制定有利于人才脱颖而出的政策。其次，完善人才流动机制，实现人才资源的合理配置，破除人才部门所有、单位所有的观念，打破人才流动中的不同所有制和不同身份的界限，促进人才合理流动。对于人才引进方面，多渠道引进国外智力资源，重点引进一批能够带动一个产业、一个学科发展的高层次留学人员，同时对于国内人才与引进人才也应该同等对待。

第七章　重大工程与科技专项建议

一、大力发展海洋传感器技术，促进海洋强国关键基础设施建设　▶

（一）需求分析

1. 海洋传感器作为关心海洋、认识海洋、经略海洋过程中的共性关键技术，是建设强国基础支撑体系的重要组成部分

海洋传感器由敏感元件和转换元件组成，利用物理、化学、生物等方法，以各种观测方式来测量海洋的各种参量或物体在海洋环境下的变化参量的器件或者装置，广泛应用于海洋固体资源、油气、环境、军事、渔业、气象、遥感、船舶、灾害监测和科学等，处于认知海洋的最底端和经略海洋的最顶端。从高空卫星遥感、岸站雷达、科考船装备、水面浮标、水下潜标到水下无人自主潜器，乃至海底观测网，无不是集各种传感器于一体，直接影响着对海洋认知的结果。尤其是在军事海洋领域，美国在关键海域铺有声呐传感器阵，用于对水面和水下舰艇的监听、识别、分类、跟踪，俨然是一道水下屏障。因此，海洋传感器对于促进海洋资源开发、海洋环境保护、海洋防灾减灾，保障国家海洋信息安全乃至国家安全等方面都具有重要基础支撑作用。

当前，我国从大型海洋科考船的技术装备到水下自主无人观测平台所用传感器，保守估计 90% 左右为国外进口产品，部分传感器还受到禁运。一旦国外对我国实行全面的封锁和禁运，后果则不堪设想。因此，大力发展自主海洋传感器，实现相关技术装备的国产化，对于建设一个海洋安全局面良好、海洋经济发达、海洋生态文明和海洋科技先进的综合性海洋强国具有重要的战略意义和现实意义。

2. 国际上海洋传感器产业化已形成，市场被美欧公司所垄断

海洋传感器具有产值低、市场小、市场国际化强等特点。欧美国家早在 20 世纪 80 年代就开始重视传感器技术，并列入国家发展计划。美国1985 年就将传感器列入 20 项军事关键技术，2011 年出版的《2030 年海洋研究和社会需求关键基础设施》指出，为了确保美国在 2030 年能够受益于海洋研究所取得的创新成果，美国应当支持海洋基础设施开发的持续创新，重点是开发利用原位传感器。美国国家海洋委员会 2012 年发布的美国国家海洋政策实施计划同样强调了海洋传感器的重要地位，将"海洋观测计划"作为测试和开发创新海洋传感器与通信标准的长期平台。欧盟在"尤里卡"计划中，苏联在其《军事航天》计划中，均将传感器列为重点发展技术，并将传感器的科研成果和制造工艺技术以及装备等，列入了国家核心技术加以管理。

在政府相关计划的推动下，欧美国家在海洋传感器方面实现了从理论突破、技术创新、到最终推出产品，并迅速占领国际市场。以美国海鸟电子公司为例，根据当前海洋观测装备的发展现状与趋势，推出了分别适用于船载、浮标、潜标和移动载体（AUV、ROV、拖曳和 Glider）的 CTD 产品，占据了世界 CTD 传感器的大部分市场。当前，以移动观测、海底观测网为代表的非传统海洋观测方式的投入应用促生了新型的海洋传感器发展，微型化、低功耗、长时序、智能化是未来发展趋势。

3. 国内海洋传感器已具备发展基础，但产业化进展迟缓

在国家相关科研计划的支持下，我国海洋传感器取得了长足发展，现已全面铺开，涵盖了物理、化学、生物、地质和地球物理等海洋学的各个学科领域。经过多年的发展，突破了一批国际前沿关键技术，海洋传感器自主研发能力得到显著提高，缩小了与国际同类产品的差距，部分传感器技术，如 ADCP、CTD、X 波段测波雷达、地波雷达等动力参数传感器技术接近国际水平，在国内具有一定的竞争力；海水叶绿素、溶解氧、浊度、营养盐、重金属等生态参数传感器技术也正逐渐成熟起来，向产品化过渡。

我国海洋传感器总体研发能力、技术水平以及制造工艺水平仍然较低，与国际水平差距较大。目前，我国海洋传感器自主研发原始创新较少，研发工作以跟踪、模仿国外技术为主，部分虽然进行了集成创新，但关键器件仍然依赖国外进口，研发的绝大部分传感器处于原理样机和工程样机阶段，没有推出产品，实现产业化。原因主要有：缺乏海洋传感器长期规划，无专项资助体系，没有形成从浅水到深水、性能从低到高、型号从单一到系列的滚动发展；基础配套体系不完备，不利于开展海上试验与测试，抬高了相关领域先进技术海洋应用的门槛；传感器技术研发和海洋科学研究脱节，技术人员对需求不清楚，科研人员找不到理想的产品，导致推出的产品精度、稳定性等性能社会认可度低，用户不想用、不敢用；市场角色错位，以新理论与新技术研究为使命的科研机构却承担了海洋传感器产品化的主要任务，而作为市场主体的企业由于单一传感器市场小、产值低，少有介入研发过程，投资意愿不强烈。

（二）主要任务

1. 开展顶层设计，研究制定国家海洋传感器发展长远规划

开展国家海洋传感器发展的顶层设计和发展规划，制定出从关键技术到产业化的发展路线图，指出不同阶段的发展方向和重点，将海洋传感器发展列入"十三五"规划，把对海洋传感器的发展作为建设海洋强国的支撑体系提升至国家战略层面。建设公共海上试验平台和基地，制定行业标准；创新科研人员考核机制，鼓励科技成果转化；吸纳社会资本进入海洋仪器制造领域，鼓励企业创新。

2. 设立海洋传感器国家重大专项，鼓励原始创新

遵循"需求为先、重点突破"的原则，设立国家重大专项，重点支持国外对我国禁运而我国又有迫切需求的传感器关键技术，鼓励采用新思想、探索新原理、研制新材料、开发新工艺、实现新突破；鼓励研究机构、企业和用户联合申请，推动科学、技术与产品的良性互动发展，力争在两个五年规划内打破国内亟须海洋传感器的国外技术垄断。

3. 制定产业激励政策，推进产业化进程

制定长期稳定的海洋传感器产业倾斜政策，扶持、培育、孵化一批中小型高技术企业，重点支持研究基础好、应用需求大、具备业务化应用潜力，经过努力有望替代进口、实现产业化的传感器技术；鼓励通过资本运

作做大做强，站稳国内市场，开拓国际市场。

二、搭建海洋观测数据服务系统，构建海洋大数据服务体系平台 ▶

（一）需求分析

1. 目标情报保障

水下观测体系信息处理系统应用信息综合处理分析手段，探测潜艇、舰船、自主航行器、蛙人等不同大小的目标，为重要港口基地、航道的防御提供目标情报保障。

2. 海上战场环境保障

水下观测体系信息处理系统可以长期、连续、实时接收处理温度、盐度、深度、海流、海浪和潮汐等水文数据及海洋环境噪声和声速剖面数据，为作战声呐性能发挥和潜艇安全航行提供环境保障，提高探潜、反潜、水声侦察等能力，还可以通过长期数据积累进行统计分析，与现有其他观测手段获取资料相结合，应用于声场环境预报和海洋水文环境预报，并为海洋战场环境准备提供相应的预报产品。

3. 海洋灾害预警

水下观测体系信息处理系统可长期接收处理地震波、海啸波观测数据，应用于地震海啸预警，为沿海赢得应急疏散时间。

4. 海洋科学研究

水下观测信息处理系统可以长期接收、处理海底观测数据，经过质控后向社会提供大量实时精细化观测数据，满足业务化海洋学对观测数据的需求。

（二）主要任务

1. 岸站节点建设

负责采集、存储和管理水下观测网各类观测监视数据，并向数据与通信中心实时上传观测监视数据。岸站建设的重点在于要根据水下观测网的规模设计好通信和数据管理能力，确保数据能够实时上传，控制指令能够实时下达。

2. 数据与通信中心建设

负责实时接收岸站上传的数据，同时将数据实时分发到对应的专业信息处理系统，并对数据进行质控、存储、归档，建立数据管理与科研服务平台，面向科研用户提供历史数据服务。数据与通信中心建设的重点在于要根据水下观测网的规模设计好通信与数据处理业务承载能力，确保数据通信和处理的吞吐量、时效性能够跟上数据生产的数量和时效。

3. 专业信息处理系统建设

包括水下声学目标分析系统、海洋环境背景场数据库系统和海底地震数据分析系统。专业信息处理系统对数据进行实时预处理、分析和分发应用。按照整合兼容的指导思想，各专业信息处理系统应当依托国家现有的业务机构建设，充分兼容原有的业务系统及技术规范，因此建设重点在于两方面，首先是专业信息处理技术本身；其次是与原有信息系统及彼此间的信息共享融合技术，确保分析结果的准确性、共享实时性和可解读性。

主要参考文献

国家海洋局. 中国海洋环境质量公报［EB/OL］. http://www.soa.gov.cn/zwgk/hygb/

金翔龙,陶春辉,朱心科,等. 2014. 中国海洋工程与科技发展战略研究——海洋探测与装备卷. 北京:海洋出版社.

金翔龙,陶春辉,朱心科,等. 2016. 我国海洋水下观测体系发展战略研究. 北京:中国工程院.

朱心科. 2011. 水下滑翔机海洋采样方法研究. 北京:中国科学院研究生院.

编写组主要成员：

  金翔龙 国家海洋局第二海洋研究所,中国工程院院士

  朱心科 国家海洋局第二海洋研究所,副研究员

  周建平 国家海洋局第二海洋研究所,副研究员

  殷建平 中国科学院南海海洋研究所,副研究员

  蔡　巍 国家海洋局第二海洋研究所,助理研究员

李占斌　国家海洋信息中心,研究员

华彦宁　国家海洋信息中心,工程师

郑旻辉　国家海洋局第二海洋研究所,助理研究员

陈　质　中国科学院沈阳自动化研究所,博士研究生

周红伟　国家海洋局第二海洋研究所,实习研究员

课题二　绿色船舶和深海空间站工程与技术发展战略研究

课题组主要成员

组　长　吴有生　中国船舶重工集团公司第七〇二研究所，中国工程院院士

成　员　翁震平　中国船舶重工集团公司第七〇二研究所，所长、研究员

张信学　中国船舶重工集团公司第七一四研究所，副所长、研究员

汤　敏　武汉船用机械有限责任公司，副总经理

朱　恺　中国船级社，副总裁

李小平　中国船舶工业集团公司第七〇八研究所，副所长、研究员

赵　峰　中国船舶重工集团公司第七〇二研究所，副总工程师

范建新　中国船舶重工集团公司第七一一研究所，副总工程师

李清平　中国海洋石油总公司研究总院，首席研究员

司马灿　中国船舶重工集团公司第七〇二研究所，研究员

聂丽娟　中国船舶工业行业协会，研究员

严　俊　武昌船舶重工集团有限公司，研究员

陶春辉　国家海洋局第二海洋研究所，研究员

陈建明　国家海洋局第三海洋研究所，研究员

邱晓峰　武汉船用机械有限责任公司，研究员

胡发国　武汉船用机械有限责任公司，研究员

尚保国　中国船舶工业集团公司第七〇八研究所，研究员

李胜忠　中国船舶重工集团公司第七〇二研究所，研究员

李志远　中国船级社，处长

葛　彤　上海交通大学，教授

李升江　中国船舶重工集团公司第七一四研究所，高级工程师

王传荣　中国船舶重工集团公司第七一四研究所，高级工程师

陈　练　中国船舶重工集团公司第七一四研究所，高级工程师

杨立华　中国船舶重工集团公司第七〇二研究所，高级工程师

张爱峰　中国船舶重工集团公司第七〇二研究所，高级工程师

曾晓光　中国船舶重工集团公司第七一四研究所，工程师

苏　强　中国船舶重工集团公司第七一四研究所，工程师

赵俊杰　中国船舶重工集团公司第七一四研究所，工程师

陈　琛　武汉船用机械有限责任公司，工程师

杨清轩　中国船舶重工集团公司第七一四研究所，工程师

赵晓宇　中国船舶重工集团公司第七○二研究所，工程师

余　越　中国船舶重工集团公司第七○二研究所，工程师

引　言

　　"绿色船舶和深海空间站工程与技术发展战略研究"是在中国工程院咨询项目"海洋运载装备工程与科技研究"基础开展的延伸研究，鉴于当前世界海洋运载装备工程与科技的发展热点，以及我国建设造船强国和海洋强国对海洋运载装备工程与科技的战略需求重点，研究重点围绕绿色船舶和深海空间站两方面工程与技术发展战略开展，研究内容主要包括绿色船舶和深海空间站工程与技术发展现状和趋势、我国发展现状与存在的不足、发展思路、发展目标、重点任务等内容。由于深海空间站工程与技术发展战略研究有关内容较为敏感，不便公开发布，本文内容以绿色船舶工程与技术发展战略研究为主。

第一章 绿色船舶内涵及评价体系

(一) 绿色船舶的概念

近年来，船舶所带来的能耗问题和环境污染问题越来越成为人们关注的焦点。同时，国际海事组织针对船舶节能减排的新公约、新规范也不断出台，促使船舶工业界及其上下游产业不得不考虑如何更好地实现船舶绿色化发展。

绿色化的目的在于保护人类赖以生存的环境，促进经济可持续发展。而绿色船舶是指在船舶的全寿命周期内 (设计—建造—营运—拆解)，采用先进技术，在满足功能和使用性能上的要求的基础上，实现节省资源和能源消耗，并减小或消除造成的环境污染。

绿色船舶应当具备 3 个基本要素：环境协调性、技术先进性和经济合理性。其中环境协调性是绿色船舶最重要的特性，只有在满足技术先进性和经济合理性的基础上，确保船舶完全满足环境协调性，才能成为真正意义上的绿色船舶。

(二) 绿色船舶评价指标体系

根据对绿色船舶生命周期各个阶段特点的分析，并考虑到绿色船舶 3 个基本要素的相互影响，构建绿色船舶评价指标体系 (图 2-2-1)。

根据图 2-2-1 所示的绿色船舶评价指标体系，在环境协调性的三项属性下还应建立绿色船舶的具体指标参数，每项属性均从船舶建造阶段、船舶营运阶段、船舶废弃阶段 3 个层次展开。环境协调性的具体评价指标参数见附表 1。

建立绿色船舶环境协调性的环境属性指标主要考虑了船舶对环境的影响因素，如大气、水环境、固体废弃物、噪声污染等方面；资源属性指标主要考虑了船舶全寿命周期内对资源的消耗，以及资源的循环利用情况；

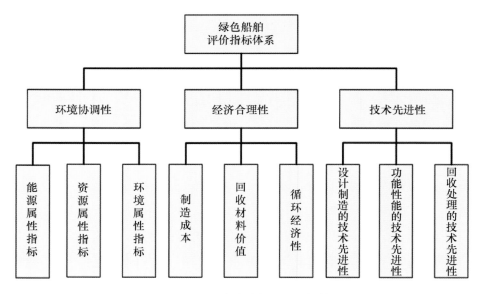

图 2-2-1　绿色船舶评价指标体系

能源属性指标主要从可再生能源的利用情况、能源消耗种类、能源消耗量和能源循环利用情况加以分析。

　　环境协调性的指标体系是定量评价船舶绿色度的基础，对于其 3 个主要指标——环境属性指标、资源属性指标和能源属性指标，各参数应当具有代表性、合理性和可得性，才能保证评价的客观性和准确性。另外，评价指标体系也不是一成不变的。由于国际公约法规的日趋严格，评价准则也应随着国际公约的变化而调整，因此评价指标体系应是一个动态准则。

（三）不同寿命阶段的绿色技术

1. 绿色船舶设计技术

　　绿色船舶设计技术主要指在船舶设计阶段采用先进的设计方法，降低设计过程中的物耗和能耗。

2. 绿色船舶建造技术

　　船厂在进行船板切割、分段建造、总装、设备安装、舾装、涂装的过程中采用低能耗、低垃圾产生、低材料损耗的各种技术来完成建造任务。

3. 绿色船舶营运技术

　　船舶的绿色化营运（包括维修）是绿色船舶全寿命周期的中后期阶段，

而降低油耗和有毒有害气体排放是这一阶段的重点。

4. 绿色船舶废弃拆解技术

　　绿色回收主要指使用如"完全坞内拆解法"等先进的拆船技术，在保护环境的前提下，通过对废弃船舶产品、设备零部件，以及材料再生利用而获得最大回收效益。

第二章　绿色船舶技术发展热点

（一）船舶总体绿色技术

1. 船型优化

船型优化包括优化船舶主尺度、优化船体线型、优化船首和船尾形状等，通过这些措施降低船体阻力，提升水动力性能，从而达到提高能效的目的。以大宇造船的一艘 30 万载重吨 VLCC 为例，通过优化主尺度参数和船体线型，分别节省了 3% 和 2% 的油耗。船首和船尾形状优化方面，过去设计者更多的是关注船尾形状的优化，但现在越来越关注对首柱的优化，海事界已开发出多种优秀的船首。例如：挪威乌斯坦公司开发的 X 船首，可有效减少船体振动、噪声、砰击和纵摇，提高燃油效率，改善航行安全性；日本 IHIMU 开发的鲸背球首，可大大降低肥大型船舶的兴波阻力。

重新设计螺旋桨也是优化船型的一个方面。根据具体船型，选择适合的螺旋桨配置，如大宇造船的一艘 12 000 TEU 集装箱船，分别采用单桨和双桨的配置，尽管后者比前者阻力增加了 4%，但能效提高了 13%，总体而言可节省 9% 的能耗。另外采用新型螺旋桨，如叶尖倾斜螺旋桨、反转螺旋桨等，也可提升推进效率。

2. 降低空船重量

通常降低空船重量的方法有两种：一是优化主船体结构，通过减少肋骨和纵骨间距，在厚度不同处，分别使用不同厚度的钢板等做法可优化主船体结构，降低空船重量；二是使用轻质复合材料，轻质复合材料在航空工业上已得到广泛应用，在船舶上目前多用于军船的次级结构以及游艇、渔船等小型船舶，复合材料由多层金属薄板叠加或多层聚合体碾压复合而成，其中金属板可以是铝或钢板，聚合体核心由碳或玻璃纤维进行加强，具备抗冲击、耐用、容易加工、重量轻、耐疲劳、耐腐蚀等优点。

瑞典 KockumsAB 公司曾以一艘长 128 米、航速 42 节的渡船作为目标船型，对碳纤维增强塑料、钢材、铝分别作为建造材料在重量、成本、拆解上进行过全面的比较，得出如下结论：①使用复合材料替代钢材最大的优点是可以明显减少结构重量，采用碳纤维增强塑料和铝均可减轻重量，与钢材相比，整船重量可减轻 50% 左右。②从纯建造的观点来看，钢材是建造大型船舶最经济的材料，但如果将后期的营运和维护考虑在内，进行全寿命周期的成本比较，则钢材的成本最高，复合材料成本最低。③目前的状况下，回收困难是复合材料难以推广的障碍之一。④由于复合材料的易燃性，很长时间以来在 SOLAS 的规定中复合材料不能被用于上层建筑、结构性舱壁、甲板和甲板室。但实际上之前在军船上，以及适用于 HSC 规则的小艇上复合材料已经有超过 30 年的使用历史。2002 年，SOLAS 规定只要具备与钢材相同的阻燃性，其他材料也可用于船舶建造。这项规定开启了轻质复合材料在军船、小艇以外的船舶上应用的可能性，因此现阶段在"轻质材料在船舶上应用"的项目中，防火安全性是中心议题。⑤综合而言，高速船上使用复合材料优势明显，可以极大地减少燃油耗量，但在大型低速船上，完全使用复合材料的优势并不明显，通常的做法是钢材和复合材料混合使用。

3. 无压载水船舶

无压载水型船舶，是一类无需压载水或者在极端海况下仅需少量压载水，能够保证所需的各项性能，安全航行的新型船舶。继陆地向海洋排污、过度捕捞海洋生物资源以及大规模改造和破坏海洋生物栖息地之后，压载水已经成为了当前世界海洋四大污染之一。据统计，现今世界每年货运涉及压载水总量达到 110 亿吨，其中包含了 7 000 余种的外来生物物种。这些外来的生物物种，给当地造成了巨大的损失。据了解，许多沿海国家近海区域的生态平衡都已遭到破坏。20 世纪 80 年代，美国五大湖地区发现了斑马贝，它繁殖迅速，阻塞管路，给当地造成数十亿美元的经济损失；90 年代，栉水母进入黑海，吞噬当地生物，给养殖业造成严重影响；至 1997 年，172 余种海洋生物进入澳大利亚，大部分由压载水引入，仅一种生物就造成 8 000 万美元的损失。

现今的压载水处理方法种类繁多，主要分为以下几类：机械方法、物理方法、化学方法以及 3 种方法的混合。其中机械处理方法主要是过滤和分离等方式；物理方法主要是加热、电离、臭氧处理、脱氧、紫外线照射等方式；化学方法主要是利用杀虫剂和抗生素等进行处理。

尽管压载水处理方法种类繁多，都很难达到满意的效果，大多数方法均造价昂贵，实施困难，无法完全消除压载水带来的危害。因此，在全球加紧研制推出压载水处理设备的同时，美国、荷兰和日本的研究机构独辟蹊径，率先研发无压载水舱船舶，以期从根本解决压载水污染问题。目前，无压载水型船舶的研究主要有 3 种思路：V 形船身、贯通流系统和单一结构船身。这 3 种方法都是通过对船身自身进行改进和革新，从而避免压载水的使用，不设置或者很少设置压载舱，并保证船舶的正常运行和使用。

（二）船舶动力绿色技术

1. 低转速长冲程设计技术

降低主机转速可以提高船舶推进螺旋桨的效率，实现船舶运行时的节能减排。船舶动力在设计中不断降低主动力的转速，以适应船舶总体设计和运行的需要，为了保证发动机输出功率不减少，而采用长冲程、超长冲程以及减少运动件重量的船舶柴油动力总体设计方案已经成为较为普遍的技术途径，实际运行效果已经证明能减少能耗和各种有害物的排放。

2. 降低 MCR 点油耗技术

船舶能效设计指数（EEDI）是以 MCR 点的油耗作为重要的能耗和二氧化碳排放计算依据。通过采用提高 MCR 点燃油喷射压力、增压空气压力、燃油和空气的混合效率以及高效燃烧技术，能进一步减低柴油动力的燃油消耗，实现节能减排的目标。这项技术的应用依赖于柴油动力相关燃油喷射系统、增压系统、缸内过程等核心零部件的设计和制造技术在现有基础上的进一步发展。

3. 部分负荷优化技术

由于船舶发动机在实际运行中时常处于部分负荷和低负荷状态，优化这种状态下的燃油喷射规律和增压压力之间的配合，是船舶动力节能减排的重要技术途径之一。采用高压共轨、米勒循环、可调气阀正时、相继增压、可调涡轮面积等技术以及这些技术的组合应用能改善部分负荷和低负荷运行状态，提高船舶实际运行效能，实现节能减排的目标。

4. 废气再循环技术（EGR）

能大幅度降低 NO_X 和 PM 排放，但达到 Tier III 尚有距离，需配合使用高增压、可调进气正时等才能满足法规要求。由于废气参与缸内燃烧，会使柴油机运行油耗增加，同时废气在进气过程中进入气缸，增加了缸内运动件的摩擦磨损，并对润滑油产生不利影响，减低了柴油机的可靠性和使用寿命。这项技术对可靠性和使用寿命的影响还需要从技术和实际使用上进行验证和评估。

5. 废气催化还原技术（SCR）

能大幅度降低 NO_X 排放，并达到 Tier III 法规要求，但整个装置体积大，需要船舶动力机舱有足够的安装空间，运行中需要携带并加入含有氨气的化学原料，需要增加防氨气泄漏装置，氨气消耗还增加了运行成本，现有法规难以监测该装置在航行途中的实际使用状况。

6. 气体燃料技术

能大幅度减少 NO_X、SO_X 和 PM 排放，能达到 Tier III 及将要生效的更严厉的 SO_X 和 PM 法规。气体燃料特别是 LNG 属于公认的低排放节能型燃料，它的可获得性和经济性也是其他替代燃料无法比拟的。但目前船舶 LNG 燃料补充等基础措施不完善，运行中还需要增加安全保护等措施，突加特性还不能适应部分船型的使用要求。

7. 尾气颗粒净化器和 SO_X 洗涤技术

能有效减少 PM、SO_X 及其吸附的有害物质，能达到将要生效的更严厉的 SO_X 和 PM 法规。但整个装置体积大，需要船舶动力机舱有一定的安装空间，同时还会增加排气阻力，减少柴油机有效功率输出，增加一部分燃油消耗，现有法规难以监测该装置在航行途中的实际使用状况。

8. 增压空气/缸内喷水和乳化油技术

技术成熟，通过降低循环温度和充分燃烧，能减少 NO_X 和 PM 排放，但达到法规要求尚有距离，会减少柴油机有效功率输出，稳定性也不足，而最大不足在于，喷入缸内的水和乳化介质难以全部随排气排出，残留部分对燃烧室组件产生腐蚀等副作用，严重影响可靠性和零部件的寿命，尚需进一步开展研究，减少副作用。

9. 混合/电力推进系统

技术基本成熟，在民用船舶动力中以柴电联合为主，有发展柴电燃联合的趋势，可以提高动力运行总效率，降低燃油消耗，减少各种有害物质的排放，但满足各种排放法规还需要其他技术措施的配合，大规模应用需解决初始投资高、体积重量大的问题，目前主要用于特种船舶，如豪华游船、工程作业船等。

10. 数字化增压技术

废气涡轮增压所能提供的增压压力和流量受制于柴油机排气中的能量，目前还不能实现完全意义上的随发动机工作需要提供精确控制的压力和流量。而数字化增压技术可以实现增压压力和流量与燃油喷射量和喷射压力的最佳组合，使燃油和空气配比适应全部工况的需求。

11. 进气预处理技术

传统概念上的柴油机节能减排技术主要集中在发动机内部和尾气后处理，而进气空气中已经含有经缸内燃烧将形成的有害化学元素，如氮气，通过进气前处理，可以净化掉空气中的不利元素，在提高燃烧效率的同时，减少有害物的生成和排放。这项技术的突破不仅可以大幅度实现发动机的节能减排，还将有助于柴油动力的强化指标的提升。

12. 太阳能和风能应用技术

太阳能和风能在船舶中的应用也将是适应节能减排的重要手段。根据船舶受阳和迎风面积大的特点，各种陆地上的太阳能利用技术、风帆技术将可移植到中、大型船舶中，减少含碳燃料的使用。国外已对大型商船采用风帆和太阳能板的相关技术开展预先研究，并已在概念船上示范应用。需要指出的是，这将占用船舶大量的作业场所和甲板面积，即使充分利用可用场所和甲板面积，也仅能节省燃料约5%，难以从根本上解决船舶的节能减排问题。

13. 燃料电池技术

技术成熟，国内外在特种船舶上有广泛应用。从技术上看，可以直接在各种民用船舶动力中应用，但主要是受燃料大规模工业化制备、获取、储存、供应的成本和安全性影响，如氢燃料等，另外设备初始投资和运行成本高企，在目前的技术状态下难以大规模推广应用。一旦燃料技术和制备成本有重大突破，将实现船舶动力零排放的目标。

14. 核能利用技术

核能在船舶动力中应用已经没有重大的技术障碍，目前主要受制于核辐射、核安全等非船舶动力本身的技术和政策问题。从全球石化能源日益减少和节能减排的角度来看，核能属于船舶未来最有前途和希望的能源之一。因此，开展核能在船舶动力中应用的相关基础研究、预先研究和早期研究应该成为重要的技术内容。

（三）船舶营运绿色技术

1. 船舶能效优化系统

船舶能效控制是船舶绿色营运技术的一个重要参考方面。船舶能效优化系统是基于风险分析、数据采集、云计算、大数据分析、远距离数据传输等信息处理技术的综合船舶监控系统，也是船舶安全管理系统（SMS）的一个组成部分，目前大量应用于各型远洋商船。

EEDI 是衡量船舶设计和建造能效水平的一个指标，即根据船舶在设计最大载货的状态下，以一定航速航行所需推进动力结合相关辅助功率燃油消耗所计算出的二氧化碳排放量。EEDI 越大，说明船舶能耗越高。在 IMO 通过的 EEDI 文本中，对每艘船舶配备船舶能效优化系统有明确的规定：EEDI 要求的所有 400 总吨及以上的国际航行船舶必须持有满足公约规定的"船舶能效管理计划（SEEMP）"，而船舶能效优化系统将成为实现 SEEMP 的一个重要工具。

提升船舶能效是各国船东减少燃料消耗，控制运输成本的有效途径，而对主机、发电机组、辅助锅炉进行实时数据监控，保证船载设备正常运行，客观上可以把温室气体（GHG）CO_2 的排放量稳定在 EEDI 规定的基线内，同时大量减少 NO_X、SO_X 等有害气体排放；另外，通过"岸–船"一体化集成信息系统，对船只航线、航速、洋流、天气条件、航行水域海况等运营参数实施不间断监控，修正船只航线、减少航行阻力，降低主机负荷，有效削减船只排放的污染气体。船舶能效优化系统结构见图 2-2-2。

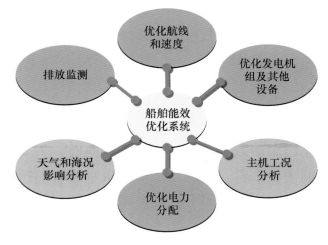

图 2-2-2　船舶能效优化结构示意图

2. 岸电技术

全球船舶每年消耗的燃油有 5% 是在港口消耗的，港口一般都位于人口密集的地区，船舶污染排放会造成本地环境和健康问题。岸电计划是通过岸电替代船上发电，可以减少由于排放硫氧化物、氮氧化物和颗粒物质而造成的健康和环境的不良影响。另外，通过利用岸上清洁发电站，可以减少二氧化碳的排放量。图 2-2-3 给出了船舶岸电连接概念布局的建议。

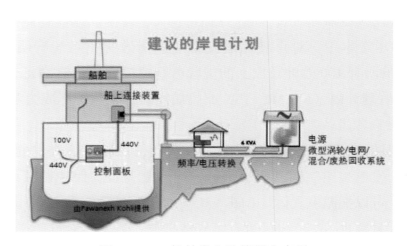

图 2-2-3　船舶岸电连接概念布局

第三章　主要国家绿色船舶技术发展现状

（一）日本绿色船舶技术发展现状

　　在与中、韩两国造船企业竞争中，日本造船业始终立足于技术，以优势技术实现差别化竞争。目前，以节能环保为代表的绿色船舶技术正在成为日本造船界共同的研发重点。

1. 船舶动力技术

　　2008 年，在日本财团的资助下，日本船舶技术研究协会从提高燃料的多样性、燃料低硫化的进展、限制温室气体 GHG 排放等角度出发，在日本开展了天然气制油（GTL）在船舶上应用面临挑战的调查研究。天然气制油即天然气燃料转化为液体燃料，因其是一种接近柴油的液体燃料，被认为适合推广成为船用柴油机的燃料。GTL 作燃料能大幅降低 SO_X、PM 等大气污染物排放，还能提高船用柴油机燃烧效率并减少 NO_X 的排放。该调查研究内容涉及船用柴油机使用 GTL 燃料或者是 GTL 和重油的混合燃料时可能面临的技术挑战及适合进行此项测试的航线等方面，为 GTL 在船舶上的应用奠定了基础。

　　日本主要造船企业在绿色船舶动力技术领域开展了大量工作。三井造船株式会社与三洋电气公司、三菱重工联手开发采用太阳能发电技术和锂离子电池的混合电源系统，建造了一艘混合动力汽车运输船。三菱重工在 2008 年年末建造了世界上第一艘搭载太阳能电池面板的 6 200 车位汽车滚装船"御夫座领袖（Auriga Leader）"号。

　　此外，日本高校也积极参与到绿色船舶动力技术研发中。2011 年，以日本东京大学牵头，与日本海事协会、日本邮船和商船三井共同成立研发小组，开展新概念风力推进船舶的研发，研制采用碳复合材料制造的大型、灵活帆自动航行系统。

2. 船舶减阻技术

三菱重工与日本邮船共同研发了"空气润滑系统"。该系统将安装鼓风机，通过从船底输出空气产生气泡，从而有效地降低海水对船底摩擦的阻力。

大岛造船株式会社从 2008 年就开始进行节能环保新船型的研发，已经基本完成能够降低 30% 温室气体排放的新型巴拿马型散货船研发。除巴拿马型散货船外，大岛造船还在大灵便型散货船、煤炭运输船等领域研发节能环保新型船舶。

日本中型造船企业在开发环保船型方面也不示弱。旭洋船厂将开始建造具有可以大大减少风的阻力的创新型船首——SSS 型船首（SSS bow）的 2 000 车位汽车运输船。该船采用了与传统汽车运输船常用的空气动力学效率低的正方形船首截然不同的半球型船首，能减少 50% 的风阻力。从理论上讲，新型船首汽车运输船在北太平洋海洋和大气状况下，以 75% 的持续功率航行，每年可以节省 800 吨燃油并减少 2 500 吨二氧化碳排放。

3. 复合环保技术

三井造船株式会社提出了新概念汽车船，将综合运用船舶动力及减阻技术，实现船舶二氧化碳减排 50%。其主要采用技术包括安装太阳能板、可充电电池、优化推进系统、优化船体型线、使用超低摩擦阻力涂料、最佳航程支持系统等。

日本邮船就全新环保概念集装箱船进行了探索性设计，并将该船命名为"超级环保船 2030"。该船也综合运用了船舶动力及减阻技术，最终能减少约 70% 的二氧化碳排放量。该船主要采用技术包括通过使用铝合金、合金和夹层板结构，采用经新技术和鲨鱼皮等仿生材料技术处理的船舶表面，利用太阳能、风能以及燃料电池提供动力。

4. 其他节能减排技术

万国造船积极进行削减温室气体排放的相关技术研发。与日本其他大型船企不同的是，万国造船的研发重点是在软件方面，主要是借鉴汽车导航系统经验，开发船舶海上航行导航系统。

常石造船株式会社也已将环保技术的研发作为其发展的一项重要战略

目标，已经先后开发出了"降低风压居住区"、"船用吸收式冷冻机"和
"MT-FAST"等多种环保产品。

（二）韩国绿色船舶技术发展现状

2010年3月，韩国知识经济部宣布，将制定造船产业中长期发展战略
规划。大致目标是在2015年之前推出减排低碳燃料、与IT技术相结合、由
电力推动的新一代"绿色智能型船舶"（Green-Smart Ship）。战略规划的主
要任务是要实现韩国造船产业革命式的飞跃，使船舶摆脱依赖柴油机提供
动力和依赖石化燃料的传统概念，采用替代燃料如燃料电池等，同时将IT
技术融入船舶建造、航行和运营管理过程中，实现造船产业绿色智能转型。
初步计划是，通过"官研"联合的方式，由政府与有关研究机构进行具体
研究，对可行性、要解决的关键技术难题、实施阶段和步骤等经过研究取
得共识并做出结论，其后吸收主要造船企业参加，通过"官研产"联合，
从生产的角度对规划方案提出意见。

2011年2月，韩国知识经济部发表声明称，今后10年内，韩国政府将
为开发环保"绿色"船舶投入3 000亿韩元（约合2.66亿美元）。3 000亿
韩元中的2/3将由政府提供，其余的由私营机构提供。

主要企业方面，STX在全球加强尾气排放限制和油价持续上涨的大背景
下，从2008年开始就组建专门机构推进绿色之梦研发项目，开发船舶节能
成套技术。2009年秋，STX就已经完成该项目，并将成果应用于生态船舶
（ECO-Ship）。ECO-Ship主要采用了全新概念螺旋桨（推进效率高，且震
动和噪声相对较小）、高环保性能燃料、整流板、风力和太阳能发电设备、
余热发电装置等绿色技术和绿色理念，能大幅度减少船舶运营过程中二氧
化碳排放量，最多节省50%的燃料费用。

三星重工于2010年1月28日宣布将开发环境友好船舶，实现温室气体
减排30%，满足2015年及以后建造船舶的需求。该项目涉及内容主要包括
减少油耗的最优船型技术、提高能源效率技术（余热回收装置和低温燃料
燃烧系统）、液化天然气/氢电池技术、超导推进电动机技术以及二氧化碳
收集技术等。另外，三星重工与瓦锡兰合作开发具有高效能双燃料推进主
机的下一代船舶，适应和超越未来的环境要求。此外，三星重工还开发出
以天然气作燃料的客船，实现二氧化硫排放减少90%以上，二氧化碳排放

降低 20% 以上，同时运营成本也降低 38% 左右。

大宇造船与德国船用柴油机生产商 MAN Diesel 合作研发适用于 MAN 公司 ME-GI 型低速柴油机的低温高压天然气供应系统。ME-GI 发动机是一种气体喷射式双燃料低速柴油机，能以任何比例的燃油和天然气作燃料。使用该发动机作主机，便于船东控制燃料成本，同时也能降低二氧化碳排放量。

现代重工完成了环保型发动机的研发，该发动机能减少 15% 的碳排放。同时，现代重工在压载水处理系统和电力推进等方面也在开展研究，推进环保船型的开发。

（三）欧洲绿色船舶技术发展现状

尽管欧洲三大造船指标已经全面下滑，但凭借其强大的技术优势，欧洲仍处在世界船舶工业的领先地位。究其原因，主要有以下两点：一是实施技术发展战略，鼓励创新；二是工业界联合开发，巩固船舶设计建造关键技术和配套产品领先地位。

在欧盟委员会的推动下，欧洲先后出台了一系列船舶技术研发政策，并开展了大量研发项目，如"LeaderShip2015"、"欧盟第六研发框架计划"（FP6）、"欧盟第七研发框架计划"（FP7）、欧洲突破船舶和造船技术研究项目（BESST）等。受益于这些政策和项目，欧洲船舶工业在船舶配套设备如船舶动力设备、船舶控制设备等关键设备技术领域始终保持着世界先进水平和主导地位。在全球倡导低碳经济的大背景下，欧洲各国大力开展船舶绿色、环保技术研发，以期进一步巩固其优势地位。

"LeaderShip2015"欧盟造船业计划 2003 年 11 月由欧盟委员会推出，其最主要的目标就是要巩固并进一步强化欧盟造船业在若干高价值船舶领域的地位，确保欧盟造船企业在产品和制造领域的领先地位，进一步改善欧盟造船业的产业结构。该战略指出的 8 个领域中，第 4 个领域就是促进安全和环保船舶的开发，内容包括：①现有的和未来的欧盟标准和规范应该得到切实执行，并将其"输出"到世界范围内；②倡导建立一个更加透明、统一、有效和独立的船舶检验体系；③巩固和增强欧洲修船能力是确保高水平交通安全和环境保护的重要手段；④建立一个能够为欧盟委员会和欧洲海事安全机构（EMSA）提供技术支持的专家委员会。

2013 年 2 月，欧盟在多方合作的基础上，提出《LeaderShip 2020》发展政策。政策首次提出"欧洲海事科技产业"的概念。产业包括涉及各类船舶和相关海事结构物的设计、建造、维护，以及修理企业、船舶配套企业、从事服务及供应链系统的其他海事机构，还涉及提供支撑的教育研发机构。LeaderShip 2020 的技术领域如表 2-2-1 所示。

表 2-2-1　LeaderShip 2020 技术领域

新型材料	新型燃料	信息技术	船体/流体/结构	能源管理
新型材料和系统	船用电池燃料	智能系统集成		下一代动力和推进概念
海上风电场的新设计和新材料	多燃料供给系统	E-maritime	提高推进效率	Eco-ship systems
极地船体和平台	生物燃料电池	船岸系统集成	新型船体	低能耗概念
矿产资源开采系统	藻类生物燃料电池	现场控制和自动化系统	先进海洋风电场结构	特种低成本、开放式海洋平台
高可靠性轻量化海工装备结构	LNG 适用性	自主航行船舶	自适应海工锚泊系统	全寿命周期经济性
新型载荷评估方法	LNG 基础设施	智能传感器系统	先进铺管、布缆系统	零排放船舶概念
浅水安全结构		水下浅器导航，动力定位和通信	降噪传播	超低排放技术（CO_2、SO_X、NO_X、PMs）
船体生物污染		冰区环境预测和航线规划	水下噪声检测	能源管理系统
基于新材料的自适应结构		船舶决策支持系统	流体冲击检测	复合余热回收系统
				先进全电/混合电力推进系统

Hercules 是 2004 年欧洲投资约 8 000 万欧元开展的科研项目，并将其纳入到欧盟长期科研计划 FP7 中，其计划目标如表 2-2-2 所示。在 2015 年 Hercules 计划已经进行到了第三阶段 C 时期的试验阶段。

表 2-2-2　Hercules 计划目标（与 2003 年最先进指标相比）　　　　　%

指　标	2010 年	2020 年
燃油消耗以及 CO_2 排放	−3	−5
NO_X 排放	−30	−60
其他排放（PM，HC）	−20	−40
发动机可靠性	+20	+40
新产品研发周期	−15	−25
全寿命周期费用	−10	−20

　　"NSR Sail"项目是针对使用可再生能源在船舶上应用开展的研究项目。项目组中的专家来自欧洲各国，如德国、丹麦、瑞典、英国、比利时、法国、荷兰等，他们将合作进行一系列研究，主要包括船型优化、帆装、动力设备布置等方面，以实现风动力和发动机推进的最理想配置。其他任务还有船型经济性研究和如何寻求政府支持等。

　　截至 2013 年年底，"NSR Sail"项目已产出了一些成果，如 GDNP（Gerard Dijkstra's Office）的船舶工程师就开发了一型名为"Ecoliner"的概念船型（图 2-2-4）。该型船为一艘长 138 米，宽 18 米的散货船，主要动力来源为一套革命性的 DynaRig 风帆系统。该新型风帆系统由 Dykstra 公司开发，包含 4 根独立的可旋转 180°的桅杆，每根桅杆上配有 5 张安装于曲桁上的横帆。该型船的理论最大航速可达 18 节，不过实际上还是要取决于装载的货物、风速、风向等因素。此船型设计的正常航速为 12 节，当风动力不能满足该航速时，一台电动机将开始运作以补充动力，且该电动机单独运作时也能满足 12 节的航速要求。通过模拟计算，在同样的航线、装载以及航速的情况下，"Ecoliner"号不仅油耗和排放均显著减少，运营成本同样有所降低，而且在较低航速时尤为明显。

图 2-2-4　"Ecoliner"风帆动力船

第四章　我国绿色船舶技术发展现状及主要问题

（一）我国绿色船舶技术发展现状

我国在船舶全寿命周期内的绿色技术都取得了长足的进步，特别是在绿色船型建造、配套设备的绿色化、特殊减排技术、无公害拆船和船舶材料循环利用等方面成果显著。

1. 环保型远洋商船开发成效显著

近年来，我国在符合国际新公约、新规范、新标准的新船型研发上取得重大进展，尤其在超大型油船、大型散货船、大型集装箱船等远洋商船领域自主研发了一批技术经济指标居世界先进水平的节能环保船型，得到了国内外客户的一致认可。2014 年，我国新接订单、造船完工、手持订单三大指标分别占世界的 46.5%、39.9% 和 47.2%，连续 5 年保持世界第一。

国内以大连船舶重工集团有限公司、上海外高桥造船有限公司、中国船舶及海洋工程设计研究院等单位为主，经独立研发设计，将船型优化、节能设备、智能主机等措施成功应用到主流船型上，很好地做到了节能减排、绿色环保、经济低碳的绿色理念要求。

近年来，大连船舶重工集团有限公司先后开发了 6 代 8 型 VLCC 船型，尤其是开发的新型低油耗、防泥沙型 VLCC，其航速、油耗等综合性能指标处于国内领先、国际一流水平。正在研发的第七代"超级节能环保 VLCC"，与现有同类船型相比单船平均日油耗降低 40% 以上，节能环保水平更是大幅度提高。大连船舶重工集团有限公司开发的 11 万吨阿芙拉型成品油船，其新船能效设计指数（EEDI）低于丹麦基线值 6.16%，更低于中国提出的基线值 9.64%，具有很强的超前性。2015 年 2 月 5 日，大连船舶重工集团为 9250TEU 集装箱 3 号船命名并成功交付给法国达飞集团，该系列 9250TEU

集装箱船，其设计和建造质量达到国际一流水平，配备了新型压载水处理装置、快速油回收系统等，提前满足 2025 年国际海事组织的排放标准，并采用经济航速设计和高效舵、新型主机等多种节能措施，是绿色环保型远洋集装箱船。

上海外高桥造船有限公司在 17.5 万吨 SWS-BC175K 散货船的基础上，根据世界造船发展潮流和国际船舶新规范，先后开发了 17.7 万吨、17.6 万吨、20.6 万吨和 20.8 万吨，直至第六代 18 万吨级好望角型散货船，稳固了世界好望角型散货船开发、设计和建造中心的地位。其中，第六代 18 万吨散货船经线型、推进装置、附体节能装置等优化设计和配置后，综合油耗降低 20%，运能提高 30%，是一艘名副其实的绿色环保、经济低碳、超大型散货船。

中国船舶及海洋工程设计研究院以开发"安全、节能、环保"的绿色船舶为目标，以三大主力船型的船型标准化、系列化为研究重点，其为加拿大塞斯潘集团公司研发设计的 10 000 TEU 集装箱船秉承"4E"设计理念全新研发，具有自主知识产权，与目前世界上已经运营或正在建造的万箱级船型比较，载箱总箱位增加 10%，油耗降低 20%，排放指标降低 20%，主要经营状态下无压载水，营运效率提高了 30% 以上。

2. 内河船舶绿色化发展取得突破

长期以来，我国内河船船龄大，船型杂乱，机型复杂。水泥质、木质和挂桨机船等旧船机型油耗高，环境污染大，操作性能差，安全性差，营运效率低，严重制约了中国内河航运竞争力和效益的提高。同时，部分船型尚未安装油污水、生活污水和垃圾专门回收和储存装置，对水环境造成较大污染。随着国家深入贯彻落实科学发展观，积极转变经济发展方式，加快结构调整，我国内河船型标准化进程也不断加快。内河船型标准化使噪声和水体污染明显降低，节能减排效果明显，有效推动了我国船舶运输效率及经济效益的提升。

近年来，我国借鉴内河运输发达国家推广船型标准化的成功经验，相继实施了京杭运河船型标准化示范工程、川江及三峡库区船型标准化工程及珠江干线船型标准化工作。船型标准化的实施使船舶造成的水体污染和噪声污染明显降低，有效优化了内河船的船舶结构和航运环境，内河运输正逐渐向"低碳"运输方式转变，经济效益也普遍提升。

以柴油–LNG混合双燃料发动机为动力系统，配合定螺距桨和可调螺距桨实现良好的调速性能，降低了碳氢化合物、氮氧化合物的排放量，提高了燃料燃烧效率，具有很大的环保和经济优势。2009年8月，"LNG在运输船舶上应用"项目以3 000吨级"苏宿货1260"号船为试验船，经成功改造后，该船动力系统由单一的柴油发动机动力变为先进的柴油–LNG混合动力，成为中国内河柴油–LNG混合动力第一船。2010年8月8日，空载和满载试航结果表明：柴油的平均替代率达到60%~70%，在混燃模式下，硫氧化合物实现了百分之百减排，氮氧化合物减排85%~90%，二氧化碳也可以减排15%~20%，同时噪声、烟尘和废油水的排放也大为降低。2010年8月，武汉轮渡302号拖轮在经过柴油与天然气混合动力改造后试航成功，该船的柴油与天然气能耗比为3∶7，船舶改用动力燃料后比一般燃油节能25%。2011年3月，作为"长江绿色物流创新工程"项目的重要内容之一，长航凤凰"长讯三号"2 500吨散货船通过技术改造，完成了试航，成为我国内河第一艘大型液化天然气/柴油双燃料散货船。经测算，该船不仅节约了20%的航运成本，而且降低了20%的二氧化碳排放。

3. 渔业船舶绿色化技术进步迅速

近年来，我国通过发展玻璃钢渔船以及对旧式渔船进行动力系统改进、余热回收利用等措施，我国绿色渔船有了显著进展，渔船绿色化技术进步迅速。

渔船玻璃钢化改造是发展绿色捕捞业的重要内容和普遍趋势。玻璃钢的优点已经在世界范围内得到认可，玻璃钢导热系数只有钢质的1%，具有良好的隔热性，经与其他材质渔船相比，节冰可达20%~40%，还质轻省油，可节油10%~15%，且具有维修费用低、使用寿命长、维修方便等特点，虽然一次性投资高于钢质船15%~25%，但其综合性价比要远高于钢质渔船。近几年，随着我国海洋战略重要性的提升及低碳渔业工作的深入开展，农业部起草了《我国玻璃钢渔船发展规划》（草案），并在引进和消化发达国家和地区经验的基础上，修订、颁布实施了《玻璃纤维增强塑料渔船建造规范》（2008）、《渔业船舶法定检验规则》（2002），并举办了多期玻璃钢渔船建造技术培训班，培养了一批专业技术人员；2010年农业部

"公益性行业科研专项"渔业节能关键技术研究与重大装备开发，投入科研总经费 2 286 万元，其中作为重要组成部分的玻璃钢渔船的研究也获得了一定的科研经费支持；在辽宁、山东两个省扶持建造一批玻璃钢渔船进行试点，取得了良好的推广示范作用，为我国玻璃钢渔船的再次发展提供了相应的技术支撑。

LNG 被越来越多地用在渔船动力推进上。LNG 与柴油相比具有环保、经济、动力性好等综合优势。2011 年 9 月 22 日，我国首艘 LNG-柴油混燃渔船"津汉渔 04203 号"成功试航，该船的动力装置以 LNG 为主动力、柴油为辅助动力。试航结果显示：在使用 LNG-柴油双燃料的情况下，柴油替代率大于 70%，整体燃料费用降低 25%，CO 排放量降低了 90%，CO_2 排放量降低了 20%，NO_X 和废油水的排放量以及噪声也有不同程度的降低，而且船舶发动机功率提高了 10%。试验结果表明：节能环保燃料 LNG "登上"渔船，点亮了现代渔业之路。2012 年，全国首批 LNG-柴油双燃料渔船改造项目在天津北塘渔港正式启动；2013 年，江苏省以 38 米标准化渔船为母型船，成功建造出 2 艘 LNG-柴油双燃料动力示范渔船，成为我国首批新造油气混合动力渔船。

从敷冰保鲜到压缩式制冷再到正在研究的压缩式子循环与喷射式子循环耦合形成压缩复合制冷系统，我国渔船制冷设备逐步步入节能经济型和绿色环保型。敷冰保鲜主要用在我国近海捕鱼的中小渔船上，存在消耗水源量大、油耗增加、作业不够便捷、保鲜时效差等缺点。压缩式制冷是目前国内渔船保鲜中应用最广的一门技术，基于经济性适用于 100 吨位以上的渔船，靠电驱动实现制冷循环，需要消耗大量的燃料和具备较高的维护水平。压缩复合制冷系统是对渔船发动机尾气余热加以回收利用，驱动喷射式制冷循环作为高温级，与机械压缩式制冷循环进行复叠，进行渔船制冷，是一种创新的制冷方法，减少了燃料消耗量。

4. 拆船技术具备较高的环保水平

我国政府高度重视拆船业的安全与环境保护管理，积极推行绿色拆船，自 20 世纪 80 年代以来先后颁布了《防止拆船污染环境管理条例》、《拆船业安全生产与环境保护工作暂行规定》、《绿色拆船通用规范》等条例规范，从法律层面上明确了拆船厂设立的基本条件，强化了拆船监管内容，规范了拆船作业活动。同时，政府也利用经济手段，引导拆船企业加大在安全环保上的投入，控制和减少污染。

在我国，环保、海事、劳动等政府部门对拆船企业的安全环保和劳工保护都有一整套严格的管理规章制度，并定期对拆船企业的安全与防污染状况进行检查。此外，中国拆船协会作为拆船行业社团组织，承担拆船行业的组织、协调、行业管理和服务工作，协助政府部门管理和监督拆船企业在拆船过程中带来的安全生产和环境污染问题。

国内拆船企业也日益重视 ISO9001 质量管理体系、ISO14001 环保质量体系和 OHS18001 职业安全卫生管理体系认证的建设。随着 3 个体系认证建设工作的不懈推进，拆解行为日益规范，有效促进了我国船舶拆解工艺、技术的进步和创新，实现了船舶绿色拆解。国内如大连船舶重工集团船务工程公司、长江拆船厂、新会双水拆船钢铁有限公司、伟业拆船等大型拆船企业早已放弃冲滩拆船的技术工艺，转而采用"完全坞内拆解法"、"干、浮式绿色拆解法"等更加环保的绿色拆船方法，最大程度地降低了拆船过程中可能产生的污染问题。特别是大连船舶重工集团船务工程公司采用的"完全坞内拆解法"，其分段拆解工艺灵活，这样可以大大降低了坞内周期，提高拆解效率，避免了浮式拆解造成的成本浪费。大连船舶重工集团船务工程公司也是世界首个应用干船坞实施拆船作业的企业，这种拆解工艺创造了产业链上下游企业合作为客户提供全寿命周期服务的范例，也创造了循环经济的新模式。

（二）我国绿色船舶技术发展面临的主要问题

1. 技术研发缺乏统一的战略规划

日韩、欧美等造船强国对于绿色船舶技术的研发都有国家层面或行业层面的统筹规划，确立了研发时间进度安排，而对于技术投入实际应用后也标定了明确的减排指标，同时在扶持政策、研发资金方面都有一定支持，特别是日本，尽管造船工业不断衰落，但其对技术的研发一刻也不曾放松。而且日本、韩国、欧洲都是制定国际造船新标准的积极推动者，不排除这些国家带有保持技术优势的动机。目前国外造船强国关于船舶绿色环保技术已有广泛的研究，并基于其研究成果制定新的标准规范。由于我国在技术研发方面缺乏统筹安排，经常出现资源浪费、重复建设、内耗严重的情况，严重地制约了我国绿色船舶技术的发展。

2. 船舶设计理念没有根本性突破

对比日韩等先进国家推出的未来环保概念船设计，其关于船舶的外形、结构性能、推进方式、动力匹配等方面都是对现有船舶的巨大突破，未来船舶必然超出传统的范畴。目前我国对于绿色船舶技术研发，一方面是基于自身发展的需要；另一方面也是迫于国际新规范公约的压力，设计思路基本难以脱离现有框架。而在现有船舶技术基础上进行优化设计，尽可能满足国际规范要求，是一条捷径，但也是无奈之举。没有开拓性的研究，缺乏突破性的思维，中国船舶工业技术跟随者的地位难以摆脱。

3. 船用配套技术基础性研究薄弱

船用节能技术可以通过对配套设备的技术革新来实现：如材料优化、提高推进系统效率、减少压载水等方式，这些技术在保持船体强度、航行速度、船舶载货灵活性的同时，形成节能高效的整体化设计，满足针对绿色船舶设计提出的新问题。当前，国际上船舶节能减排的配套技术纷纷涌现，如气体减阻、组合推进、复合材料等正在成为世界船用节能技术的主流趋势，而我国对船用节能减排的关键配套技术尚未展开全面的研究，特别是基础性设备数据有待积累，同时缺乏研发高效节能、减振降噪、洁净减排、新材料等领域的科研实力，导致研究规模小，创新能力薄弱，技术无法与实际应用相结合。

4. 业界主动应对国际新规范的能力不强

近年来，随着国际新规则新规范的不断出台，我国船舶工业也加强了应对力度，如在共同规范、涂层性能新标准实施过程中，通过联合行业力量，针对重点难点组织技术攻关，取得了很好的效果。但是总体来说，由于在相关基础领域的研发上缺乏积累，数据积累不完善，我国船舶工业面对国际新规则、新规范的变化基本还处在被动接受的地位，在国际规则、规范的制定过程中缺少话语权，主动参与国际海事界事务的意识不强，与我国世界造船大国地位极不匹配。

5. 工业综合水平影响船舶绿色技术发展

　　船舶绿色技术不是仅仅船舶工业的关注热点，而且反映了我国工业综合水平，其中船舶能效设计指数（EEDI）就是一个典型的例子。为了满足 EEDI 要求，不仅需要造船界进行相应的技术研发，而且要求航运、冶金、机械、材料、化工、计算机和卫星通信行业的各种技术融合，但是我国针对船舶能效设计指数的设计技术研究刚刚起步，各行业间没有形成合力，影响了技术发展。另据联合国开发计划署报告，目前中国约有 70% 的减排核心技术需要进口，导致满足国际海事规范条件的绿色船舶建造成本巨大。

第五章　我国船舶绿色技术发展战略

（一）发展思路

以满足我国经济和社会发展重大需求和国际市场对船舶绿色环保要求为总体目标，结合新一轮科技革命孕育兴起的发展契机，立足当前，着眼未来，加快绿色船舶技术创新，着力突破绿色船舶设计、建造、营运、拆解以及配套设备关键技术，提升国际市场的竞争力，推动我国船舶工业转型升级，助力造船强国和海洋强国战略目标实现。

（二）发展目标

至 2025 年，绿色船舶整体技术水平世界先进，其中绿色船舶设计、建造、营运技术达到国际先进水平，绿色拆船技术达到国际领先水平。绿色船舶自主创新能力显著增强，总装及配套企业基本建立绿色化、智能化的制造模式，初步实现基于信息化的研发、设计、制造、管理、服务的一体化并行协同；形成若干具有国际领先水平的品牌船型、标准船型及系列船型，技术引领能力大幅度提升；突破配套设备绿色化、智能化关键技术，重点产品质量和技术水平跻身世界先进水平行列。

（三）发展重点

1. 绿色船舶设计技术

（1）设计全过程数字化，数字化设计工具研发的重点由过去服务于详细设计和生产设计阶段，逐步向概念设计和初步设计阶段转移，实现产品从市场需求开始直至产品报废的全生命周期各个环节数字化。

（2）全面应用基于人-机工程的虚拟设计，帮助设计人员在详细设计阶段，测试和验证各种设备是否便于操作和维修，各种工作空间是否满足要求，在建造前就可最大程度地避免可能出现的布置、操作空间以及维修空间等问题，减少返工。

（3）深化并行协同设计技术，加强面向制造的设计技术 DFP（Design for production）的应用，优化与制造相关的设计流程，在设计过程中就考虑制造因素，加强系统集成和业务过程协同，打通设计所和船厂之间的数据传递，消除信息孤岛，逐步实现设计制造一体化，降低研制成本和缩短周期。

（4）构建综合集成设计平台，全面考虑 CAD、CAE、CAM 以及维修等信息系统的需求，在基于共同产品数据模型的基础上，实现产品全寿命期不同阶段信息系统集成。

2. 绿色船舶建造技术

（1）采用先进制造工艺与装备，包括绿色加工技术（无冷却液干式切削、数控等离子水下切割工艺及装备、激光切割工艺及装备、分段无余量建造技术等）、绿色焊接技术（节能焊接电源、高效焊接工艺及装备、高效环保焊接材料等）、绿色涂装技术（绿色涂装工艺、环保节能涂装设备）等技术。

（2）建立船舶绿色管理技术系统，包括精益生产技术（通过消除造船过程中的无效时间，来达到减少资源浪费、缩短造船周期、降低造船成本的目的）、成本管理技术（提高钢材利用率、控制分段储备量、提高场地利用率等）、采用清洁燃气（以性能更好、安全无毒的新型燃气逐步替代传统的乙炔等）、改造管理体制（中间产品专业化协作、扁平化管理等）、实施绿色采购、强化安全生产管理等技术内容。

（3）大力发展智能制造技术，以智能制造装备为基础，通过加快物联网、大数据、云计算等技术在船舶领域的深化应用，针对切割、焊接、部件制作、分段建造、物流等生产制造环节以及相应管理环节，发展智能制造技术，降低运营成本，提高生产效率，提升产品质量，降低资源能源消耗。

开展船舶配套产品的智能制造应用技术研究，建立高效、高质量的集成设计、制造和配套体系，打造高服役性能的高技术船舶和海洋工程装备配套产品；围绕产品寿命周期的安全可靠运行保障和远程监控管理的需要，开发和建立船舶核心配套领域的数字化运营保障体系，形成全球化的自主服务能力，支撑企业由制造型企业向服务型企业的转变。

3. 绿色船舶营运技术

（1）船型优化节能减排技术，包括低阻船体主尺度与线型设计技术、船体上层建筑空气阻力优化技术、船体航行纵倾优化技术、降低空船重量结构优化设计技术、少/无压载水船舶开发、船底空气润滑减阻技术等。

（2）动力系统节能减排技术，包括低油耗发动机技术、双燃料发动机技术、气体发动机技术、风能/太阳能助推技术、燃料电池应用技术、核能推进技术、氮氧化物/硫氧化物减排技术、高效螺旋桨优化设计技术、螺旋桨/舵一体化设计技术、螺旋桨/船艉优化匹配设计技术等。

（3）配套设备节能减排技术，包括新型高效节能发电机组、低功耗/安静型叶片泵与容积泵、高效低噪风机/空调与冷冻系统、余热余能回收利用装置、新型节能与清洁舱室设备、高效无污染压载水处理系统、新型高性能降阻涂料、船用垃圾与废水清洁处理等系统和设备研制技术。

（4）减振降噪与舒适性技术，包括设备隔振技术、高性能船用声学材料、建造声学工艺与舾装管理、声振主动控制技术、舱室舒适性设计技术、结构声学设计技术、螺旋桨噪声控制技术等。

（5）船舶智能航行技术，包括天气预警技术、航线优化技术、主机监控优化技术、电力管理技术、远程维护技术、船舶岸电技术等。

4. 绿色船舶拆解技术

大力发展"完全坞内拆解法"、"干、浮式绿色拆解法"等先进拆解技术，废水、废油等有害物质无害化处理技术等，在拆解工艺、综合利用、废物无害化处理等诸多方面不断加大投入，最大限度地减少和避免拆船生产中对周边环境可能造成的污染，建设低排放、无污染的绿色拆船业。

（四）绿色船舶技术发展建议

1. 建立开放式合作的协同研发体系

对于绿色船舶技术的研发，除了需要船舶工业体系各专业的合作外，还会涉及材料、能源等多个学科领域，必须建立开放式合作的协同研发机制，最大限度地发挥行业内外科研资源的综合优势。建议成立以企业为主体的"产、学、研、用"相结合的研发模式，鼓励造船界和航运界的联合，同时科研院所，高等院校的积极参与，形成面向行业内外、多学科交叉融合、"产、学、研、用"相结合的开放式协同创研发体系。

2. 加大资金支持力度

绿色船舶技术研发事关船舶和航运行业未来的发展前景，应形成以国家投入为导向，以企业投入为主体的良性投入机制。国家应建立绿色船舶开发专项资金，通过资金投入引导绿色船舶技术研发的方向和重点，鼓励基础共性研究。对于投入相关研发资金的企业，政府可以在融资、财税等方面给予适度优惠。

3. 主动参与国际新标准、新规范的制定

在当前低碳经济发展的大前提下，欧、美、日等国家推高国际标准、制定更严格的公约规范固然有其自身利益的考虑，但也是大势所趋，不可逆转。目前我国急需改变当前所处的被动地位，要变被动为主动，短期内要对国内船舶工业的技术基础条件作一个全面的评估，并密切跟踪国际新标准、新规范的发展动向，同时，积极参与国际海事界新标准、新规范的制定过程，并在其中充分表达中国业界的观点和态度，最大限度地维护我国的整体利益。从长远看，应当通过加强基础共性技术的研究和相关数据的积累，在此基础上主动提出有利于我国的提案，引领国际船舶科技的发展方向，实现我国利益的最大化。

4. 加强研发成果的推广应用

对于产品的研发，市场是鉴定研发成果的最好平台，基础研究的成果最终也要在产品上加以体现。绿色船舶技术的研发，最根本在于应用，要有实际效果。因此，对于绿色船舶技术研发，特别是国家投入的研发项目，必须将科技研发与市场需求结合起来，将成果转化与产业化结合起来，从而形成一条完整的绿色船舶科技产业链。

5. 鼓励国内外的合作交流

船舶产业是一个国际性的产业，尽管欧洲造船业已经式微，日本造船业也过了发展顶峰，但是船舶科技的发展方向依然由欧、日主导，特别是绿色技术，更是由少数几个国家掌握。因此，应充分利用欧、日等先进国家的技术优势，鼓励通过技术引进、技术并购、合作开发等形式加强与国内外企业、科研机构的合作交流，提升我国绿色高科技环保船舶技术水平。另外，对于海外优秀船舶科技人才，应制定有竞争力的引进政策，鼓励企业引进海外高层次科技人才，快速提高我国绿色船舶技术的研发水平。

附件一：配套

一、船舶配套业概述

（一）船舶配套业的内涵

船舶配套业是指生产和制造除船体以外的所有船用设备及装置的工业，它与船舶制造业、船舶修理业共同组成完整意义的船舶工业。船舶配套业是船舶工业的基础和重要组成部分，与船舶制造业唇齿相依，对船舶工业的发展起着举足轻重的作用。

（二）船舶配套设备分类

船舶配套设备是指船舶从建造、使用直至报废过程中所需要的一系列产品，它构成了整个船舶工业的基础。同时，船舶配套设备是影响船舶性能、质量、价格的重要因素，其价值在全船价值中占据较高比例。船舶配套设备技术水平的高低，产品质量的优劣，直接关系到一国船舶工业综合竞争力。

船舶配套设备种类繁多，涉及机械、动力、电子、化工、通信、自动化等90多个产业部门，300多个专业技术领域。以一艘2万吨左右的散货船为例，其船舶配套产品就大约有9 000件以上。

典型船舶[①]配套设备按照设备功能，通常分为6大类，分别是动力系统及装置、甲板机械、舱室机械、通信导航设备、电气及自动化设备、舾装件（图2-2-5）。

---

① 泛指用于远洋运输的散货船、油船和集装箱船。

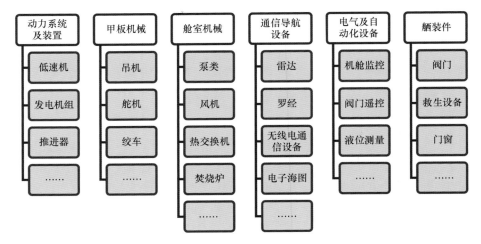

图 2-2-5　船舶配套设备按功能分类

二、主要配套国家及地区发展情况

（一）欧洲

1. 总体情况

欧洲船舶配套业在全球处于领先地位，占据着高端市场。全球各地船舶制造设备供应单上的主要设备大多数是为人熟知的欧洲品牌，而船舶配套业已成为维持整个欧洲船舶工业的支柱。在世界船舶配套业每年的总销售额中，约50%被欧洲厂商占据。

欧洲船舶配套厂商凭借其设计和技术优势，以及完善的售后服务体系，对于配套设备中价值比率大的系统都不同程度地占据着顶端市场，比如柴油机、发电机组、螺旋桨、船用锅炉、货物装卸设备、操舵系统、通信导航、舱室系统、节能环保技术、安全及救生系统。其中在推进动力系统方面，欧洲更是处于垄断性地位。

欧洲主要的船舶配套产品生产国有德国、英国、挪威、荷兰、法国、丹麦、芬兰、瑞典和瑞士等，这些国家船舶配套厂商生产的产品在世界各地的船东和船厂中享有良好的声誉。

2. 发展特点

1）充分利用自身优势，引领行业发展

欧洲造船业虽然已经告别辉煌，但在船舶配套设备领域，欧洲仍然处在行业顶端，占据优势地位。这主要体现在以下两个方面：①欧洲配套业拥有较强的工业基础和世界领先的研发能力，产品技术性能和质量优势明显，牢牢占据着高端船舶配套市场；②欧洲在IMO、ISO、海事界等领域拥有主导权，通过标准及地区政策的制修订，来影响世界船舶配套业的发展，进而维护欧洲配套业优势，比如：欧洲正在实施的船用设备入级标准互认工作，这将对欧洲船用设备研发和推广产生重要意义。

2）配套产品制造环节向亚洲转移

现在绝大多数的欧洲船舶配套厂商致力于高附加值的新产品技术研发和售前售后服务，而把能耗高、污染大、附加值低的生产制造环节通过许可证生产等方式转移给亚洲。比如生产船用发动机和推进动力系统的MAN和Wartsila公司，凭借其拥有的强大发动机研发和设计能力，向中国、韩国、日本、俄罗斯、越南等国家的造机企业发放大量生产许可证。

3）扩展业务并专注于综合服务

欧洲船舶配套厂商除了继续保持在高技术产品领域的优势外，还特别重视产品的售前和售后服务。目前，欧洲著名配套企业在全世界各主要造船国家以及重要港口等均设有分支机构，并拥有大批高素质的分销商和代理商。此外，越来越多的企业通过为用户提供系统解决方案，来增加产品及服务的附加值，这些企业正从设备供应商逐步发展为方案解决商。

3. 重大政策及计划

2004年，在欧盟推动下，船用超低排放燃烧高效率柴油机研发项目（Hercules）正式启动。截至2008年，第一阶段Hercules-A项目的研发工作已成功结束，研究经费总计3 300万欧元（其中1 500万欧元由欧盟提供资助）。与2003年船用柴油机最先进的技术相比，Hercules-α项目实现燃料消耗降低1.4%，NO_x减排50%（与IMO2000年制定的排放标准相比），SO_x减排90%，颗粒物质（PM）减排40%，碳氢化合物（HC）减排20%，可靠性达到8 000小时以上。在Hercules-A项目基础上，世界两大船用柴油机

巨头 MAN 和 Wartsila 共同牵头开展 Hercules-B 项目，其研究方向也代表着环保型船用柴油机的研发趋势。该项目目标主要为：提高船用柴油推进效率 60% 以上，降低船用柴油消耗（SFC）10%，烟尘减排 50%，NO_X 减排 70%，达到 IMO 规定最高排放限值。项目自 2008 年起实施，计划研究周期 36 个月，至 2011 年年底已顺利完成。2012 年 4 月，MAN 和 Wartsila 共同宣布计划进入下一阶段——Hercules-C。第三阶段计划运行时间为 2012—2014 年，预计实现 3 个目标：实质性减少燃油消耗的同时优化能源生产和使用；在机器使用寿命周期内保持引擎的高性能；通过使用之前联合研究开发的多种技术来实现零排放量。

自 2003 年挪威船级社启动 FellowSHIP 项目，全面试验船上燃料电池以来，挪威船级社一直致力于船舶和海洋平台用燃料电池的研究及商业化推广。如果项目取得成功，将极大地降低二氧化碳排放量，提高能效，实现有害物质的零排放。该项目在 2009 年 9 月取得阶段性进展，在一艘平台供应船"海盗夫人"号上成功安装 320 千瓦的燃料电池，做出了一次世界级创新。德国、冰岛等欧盟国家也对第二代动力之一的燃料电池研究十分积极。

欧洲公布造船业新战略——LeaderShip 2020。为了进一步提升欧洲造船、海洋、船配产业的技术竞争力，促进欧盟船舶工业的持续发展，2013 年 2 月，欧盟委员会（EC）及欧盟国家的造船海洋产业机构联合发布了 LeaderShip 2020 战略，上一版是 2000 年发布的 LeaderShip 2015。LeaderShip 2020 战略包括提高欧盟国家船舶配套产品市场份额、加强新技术创新、增加欧洲投资银行（EIB）金融扶持项目等内容，最终实现提高本区造船、海洋、船配产业综合竞争力的目标。值得一提的是，LeaderShip 2020 不仅仅针对欧洲船舶工业的发展，还鼓励进军海上风力发电等新兴市场，实现产业多样化。LeaderShip 2020 战略是在欧洲船舶与海事设备协会（SEA Europe）主导下进行的，该组织由欧洲造船协会（CESA）和欧洲船用设备协会（EMEC）合并成立。

此外，欧洲各国还致力于研究利用风能、太阳能、液化天然气等清洁能源为船舶提供动力的技术。德国开发出世界第一艘风动力货船"白鲸天帆（Beluga Sky Sails）"号和第一艘风动力渔船"玛特杰迪多拉（Maartje

Theadora）"号。德国还研制出以太阳能为动力的"星球阳光"号双体船。挪威船级社也设计了一艘能利用液化天然气（LNG）作为船舶燃料的新概念集装箱船。

（二）日本

1. 总体情况

日本一直致力于发展船舶配套产业，并且凭借其先进的机械加工能力和电子技术优势，在高端配套设备领域形成了较强的国际竞争力。日本船舶配套业国产化率很高，约能满足国内造船业 95% 的需求，而产值占世界船舶配套业总产值的 1/3 以上。但是进入 21 世纪以后，由于日本造船业持续低迷，使得船舶配套业发展势头暂缓，配套厂商也没有及时在全球范围内进行商业扩张，导致日本船舶配套业的国际市场份额一度下滑。

日本船舶配套业主要通过引进欧美国家的先进技术，加以消化、吸收，并且在此基础上创新；同时按专业将配套企业进行整合，形成集中生产优势，抢占市场有利地位；行业内还强调企业间协调合作，促进配套企业快速发展。

日本船舶配套业的规模位于世界首位，而且其产品种类齐全、体系完备，主要产品包括：船用涡轮机、船用锅炉、船用中低速柴油机、舷外马达、船用内燃机、船用辅机、甲板机械和系泊设备、电子电气设备、船用舾装件、航海仪器、轴系和螺旋桨、操舵设备、零部件及附件等。这些产品几乎全部能满足本国造船业的需要，其中还有占总产值约 1/3 的产品出口。

2. 发展特点

（1）坚持技术引进再创新。日本船舶配套业 80%～90% 的技术由欧洲引进，在消化和吸收的基础上，不断通过技术改进和自主创新，使本国的配套设备产品具备和欧洲抗衡的实力。

（2）整合优势资源增强竞争力。日本的船舶配套企业之间分工明确，按照专业发展技术和生产能力，并且在这一过程中日本的各种行业组织发挥了巨大的沟通与组织协调能力，避免了行业内企业进行恶性竞争和内部损耗，使日本船舶配套企业的国际竞争力大大增强。

（3）多元化发展提升企业生存能力。日本 80% 的船舶配套企业为多种经营，兼有陆用产品的生产。在船用设备市场需求没有很大提升的状况下，多元化发展可以提高企业的生存能力，并扩大市场空间。

（4）学习欧洲向综合服务商转变。日本大型船舶配套企业充分借鉴欧洲厂商的经验，建立和完善全球服务体系，并且不断扩大产品服务范围，建立产品营销链条，争取为用户提供全套解决方案，提高设备销售率。

3. 重大政策及计划

由于国际海事界对航运业的环保节能要求越来越高，日本船舶配套业也更加专注于环境友好的先进配套技术，以期在日后的市场竞争中占得先机。

在 2013 年 6 月三菱重工发布的技术参考中，提出了为应对国际海事组织在 2015 年和 2016 年生效的 NO_x 和 SO_x 排放控制公约而设计的船载污染气体净化设备，主要包括排放气体脱硫设备、排放气体脱氮设备和废气再循环设备。三菱重工还设计出完全由液化天然气驱动的客滚船和超大型油船。

2014 年 2 月 4 日，由日本船用设备协会出资，EMP 公司开发的"EnergySail"系统顺利通过实验室测试。"EnergySail"项目旨在建立一套利用海上风能和太阳能，可以灵活组合应用模块的先进船载能源供应系统。通过测试，各技术指标均达到设计要求，而且日本船用设备协会还计划进行航行试验，为以后的商用开发奠定良好的基础。

（三）韩国

1. 总体情况

韩国船舶配套业起步相对较晚，但在短时间内建立起完整的船舶配套工业体系。在 20 世纪 70 年代中期，韩国建造船舶所用的配套设备几乎全部依赖于进口，从 80 年代起韩国政府将船舶配套业列为船舶产业发展的重要内容给予大力支持，积极推动船用主辅机等设备国产化，仅仅用了十几年的时间，就建立起了一个较为完整的船舶配套工业体系；90 年代后期以来，韩国船舶配套业与船舶制造业保持同步快速发展。

2. 发展特点

（1）政府参与主导。主要包括以下措施：成立"国产化推进协议会"以推进国产化工作，在政府参与下成立"韩国造船机质材工业协同组合"配合政府和企业进行配套设备研究、开发、生产、销售等工作；于1980年成立了配套企业行业协会，对船舶配套企业实行统一管理；于1981年编制了跨越5个"五年计划"的《造船材料设备国产化促进方案》，有计划、有目标地推进造船设备国产化；限制船舶配套产品的进口，对于国内能够生产、满足要求的船用设备，原则上不允许进口，政府于1995年规定了81种船舶配套产品不准进口，到2000年增加到102种；为减少对进口部件的依赖，工商能源部鼓励每年至少要有两个船用部件在本国开发政府出面协调大型船厂之间关系，在政府的干预下，韩国船厂如现代、大宇、三星和韩进等改变互不购买对方船舶配套产品的做法，优先在国内采购；商工部造船科对船舶配套厂直接实行干预，如在柴油机方面确定生产范围，规定6 000马力以上大型机由现代重工现代柴油机公司一家生产，6 000马力以下中型机由双龙重工生产。

（2）配套企业与船厂合作密切。造船厂与配套企业签署长期合作协议，从技术、信息、资金等方面入手，以投资入股、联合研发、出资设立船舶配套新产品研发基金等方式促进配套企业发展。

（3）加强与国外著名公司合作。通过引进技术、合资经营、合作生产等方式，使得配套业的技术水平迅速追上世界先进水平。

3. 重大政策及计划

1）建设世界首个绿色船舶设备鉴定中心

韩国已于2014年2月建立了世界首个绿色船舶设备鉴定中心，这将有助于韩国船级社在全球发挥绿色船舶技术方面的领导作用，并建立全球船舶机械试验和认证的基准。

2）加大研发投入，积极抢占压载水处理市场

韩国建成的船舶压载水处理系统陆地试验设施，可以帮助韩国压载水处理系统研制企业减少远赴美国认证的资金和时间成本，以迅速应对市场变化，抢得市场先机。同时，2013年4月30日，韩国海洋与渔业部和压载

水处理系统制造商 Techcross 签署技术研发协议，共同研发下一代压载水处理系统（BWTS），为未来技术标准做准备。

3）成立海工装备配套阀门国产化协会

韩国针对海工装备配套国产化率不足 20% 的状况，于 2012 年出台了海工装备配套设备实现国产化的"路线图"，计划目标是海工装备配套设备国产化率到 2020 年提高到 50%~60%。2013 年，韩国又成立了海工装备配套阀门国产化协会，建立平台着力研制本土的海工装备配套阀门。韩国近期成立的海工装备配套阀门国产化协会由几家大型造船企业与 40 多家船舶与海工装备配套企业组成，韩国产业工业园和釜山市等出资支持。该协会已组建研发团队，计划在国外设立合作公司、吸引国外技术和投资，并在国内建立生产基地。

三、 配套技术发展现状及趋势

（一）发展现状

1. 甲板机械系统装备

甲板机械是船舶的重要组成部分，是保证船舶正常航行、锚泊靠泊、装卸货物的装置和设备。甲板机械包括大甲板机械，如起重机、锚绞机、系泊绞车、舵机、开舱装置、舷梯机等设备；小甲板机械：如导缆器、带缆桩、导缆滚轮等。

1）起重机

船用起重机俗称"克令吊"。船上起重设备很长时期使用吊杆装置，但在 20 世纪 40 年代已开始在一些船上采用起重机，"二战"后才逐步推广使用，到 20 世纪 60 年代初期，随着船舶停港时间和加快装卸速度，从而出现了结构紧凑、操作简便可靠和起重能力大的起重机，致使起重机在船上得到广泛采用。

2）锚绞机和系泊绞车

锚绞机和系泊绞车是船舶配套设备的主要设备之一，主要用于船舶的起锚、抛锚、停泊、离靠码头、系带浮筒等，它的安全稳定运行，对船舶的安全营运有着十分重要的作用。

3）舵机

舵机是通过控制船尾舵叶进而控制船前进方向的设备。现代舵机主要有全电动舵机和电动液压舵机两种。全电舵机受功率的限制主要应用在小型渔船和游船上，而在大型舰船上均采用电动液压舵机（又称"液压舵机"）。液压舵机一般采用电动机带动油泵，用油液作为传递能量的介质，利用油液的不可压缩性及流量、压力和流向的可控性来实现转舵，舵机通过油泵把机械能转化为油液的压力能，然后通过转舵机构把压力能又转化为机械能，来实现舵的左、右转向。

船用起重机作为甲板机械的重要组成部分，其发展与造船业及船舶配套业的发展息息相关。欧洲甲板机械生产历史悠久，在世界各地的船东与船厂中享有广泛而良好的声誉。各国重视科研，产品技术先进，质量稳定可靠，目前世界上著名的船用起重机生产厂家绝大部分集中在欧洲，如芬兰麦基嘉集团、德国利勃海尔集团、挪威 TTS 集团等。除此之外，日本三菱重工、IHI 公司生产的船用起重机也占有较大的市场份额。芬兰麦基嘉集团是一家专业的甲板机械、海洋石油设备生产企业，其船用起重机技术主要源自瑞典赫格隆公司。图 2-2-6 为麦基嘉公司 2008 年为某船配套的 GL 型 45 吨/25 米船用起重机起升回路原理图。除起升回路外，系统的变幅、回路也采用闭式回路，工作原理基本相同。其中，起升回路工作原理如下：在船用起重机的驾驶室内，通过操纵手柄可以控制重物的起升或下放。当手柄处于中位时，双向变量泵 1 启动，由于阀 3.1 使液压马达的 A、B 油口直接相连，起升绞车不动。当控制手柄处于左位（低速模式）时，通过电气关联，电磁换向阀 11 右位接通，刹车控制油作用于阀 3.1 上，使液压马达的 A、B 油口断开。同时，电磁换向阀 10 左位接通，刹车控制油进入起升绞车的刹车油缸 5，将刹车打开。电磁换向阀 11 先于阀 10 动作，以确保刹车打开时，马达的 A、B 油口处于断开状态。当控制手柄处于右位（高速模式）时，电磁换向阀 10、11 均左位接通，控制油使液压马达切换为最小排量状态，因此最大起重量约为 40% 的额定载荷。液压马达的转速高，起升速度大，作业效率高。当起吊载荷大于 40% 的额定载荷时，压力继电器 4 动作，使电磁换向阀 11 从左位切换为右位，液压马达也相应地切换为最大排量状态，以提高马达的输出扭矩，保证作业安全。通过操纵手柄可以改变双向变量泵 1 输入的控制信号，使泵的排量和输出流量与控制信号成比例，从而控制重物的起升和下放速度。

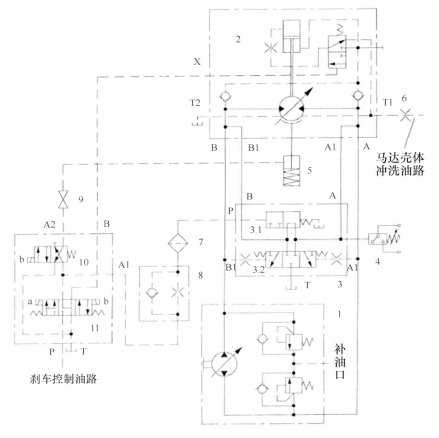

图 2-2-6　麦基嘉 GL 型 45 吨/25 米船用起重机起升回路原理

1—变量泵；2—双排量液压马达；3—冲洗阀；4—压力继电器；5—刹车油缸；6—阻尼片；7—滤油器；8—单向节流阀；9—球阀；10、11—电磁换向阀

挪威 TTS 集团是一家专业的船用起重机、滚装设备和码头设备生产企业。图 2-2-7 为 TTS 集团 2009 年为国内某船配套的 KL 型 30 吨/24 米船用起重机液压系统起升回路原理图。从图中可以看出，与麦基嘉 45 吨/25 米工作原理类似，起升回路通过双向变量泵 1 的变量来改变起升液压马达 2 的转速和方向，溢流、节流损失小，系统效率高。变量泵高、低压侧溢流阀的设定值分别为 40 兆帕和 11 兆帕，在工作过程中可以有效地保护系统不受压力冲击的损坏。变量泵的正力切断值设定为 32 兆帕，当系统压力达到设

定值时，通过力切断阀的作用，将泵的输出流量降到可能的最小值，以保护系统，避免溢流发热。液压马达 2——双排量液压马达，当负载较小时，工作在小排量状态，提高作业效率；当负载较大时，自动切换为大排量状态，保障作业安全。由于补油泵站采用立式安装的形式，补油泵浸没在油液中，不便于调节，因此通过单向节流阀 8 及泵的遥控口 X 实现远程控制。补油泵的初始压差设定为 2.8 兆帕，溢流阀的开启设定为 3.5 兆帕，系统功率损失小，发热少。

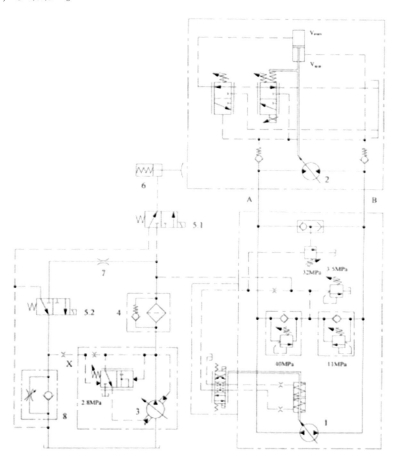

图 2-2-7　TTS KL 型 30 吨/24 米船用起重机液压系统起升回路原理图

1—变量泵；2—双排量液压马达；3—补油泵；4—滤油器；5—电磁铁换向阀；6—刹车油缸；7—节流阀；8—单向节流阀

此外，德国利勃海尔集团为某船配套的 25 吨/22 米船用起重机采用闭式液压系统。日本三菱重工为某船配套的 10 吨/22.4 米和 30 吨/22 米船用起重机均采用闭式液压系统。可见，近年来世界上著名厂家开发的船用起重机以闭式液压系统为主。在闭式液压系统中，当起升绞车下放重物时，液压马达工作在泵工况，变量泵工作在马达工况，拖动电动机加速旋转。当超过其同步转速时，电动机的输出转矩与转动方向相反，向电网回馈电能。再生的电能只有与电网电压同相、同频率且有效值相等，才能理想地并网，否则不能充分利用。在有些电动式起重机中，通过变频器逆变技术，将重物下放时再生的电能先整流为直流电，利用蓄电池或超级电容回收，再逆变为交流电回送电网，但控制复杂，成本较高。

另外，由于船用起重机工作环境的特殊性，其性能受船舶横倾、纵倾及海浪波动影响较大。目前，国外许多公司正在竞相开发具有波浪补偿功能的船用起重机，并已经有一些专利和成熟产品问世成为船用起重机发展的新方向。

2. 舱室机械系统装备

一般来讲，船用舱室机械设备是指在船舶舱室内配合主机运行的机电设备、船舶环保设备以及为乘员生活提供服务保障的机械设备或系统。其主要包括泵类、锅炉、空压机、风机、空调与冷藏设备、液货装卸系统、海水淡化装置（造水机）、分离设备、污水处理装置、焚烧炉及船舶防腐装置等。由于舱室机械设备纷繁多样，本文重点分析价值量较大且装船率较低的关键舱室机械设备，包括泵类、锅炉和液货装卸系统三大类。

1）船用泵

船舶上环境条件复杂、系统密集，空间紧凑，导致船用泵在性能参数确定、材料选择、结构布置、密封形式诸多方面均有独特之处。现代船舶自动化控制日趋智能，目前许多军船用泵实现了自动化控制。自动化控制是一项投入少、见效快、附加值高的工作，但同时也是一项高科技、高集成、多学科配合的技术。如某舰用潜水型消防排水泵组由串并联水泵、潜水电机、电气控制箱、气动装置、高压气源箱、进出口挠性接管、隔振器、气动蝶阀等组成。电气控制箱是泵组的电气集中控制、显示的部件，由接触器、PLC 处理器、显示仪表、按钮、指示灯等组成，只需按动一个按钮就可全自动操作泵组，并可使设备进行自动故障检测、预防性维修报警、故障报警等。气动装置利用舰上系统中的压缩空气将电气信号转换为机械动作的部件，由电磁阀（含安装板）、滤器、油雾器、压力控制器、高压气瓶、稳压气瓶、减压器、压力传感器等组成。

压载水泵是船用泵当中比较重要的部分和技术要求比较高的一种泵类。压载水舱对于货船稳性、安全性和经济性有着重要影响。压载水泵大多为离心式水泵。目前水泵面临的最大技术问题是海水对泵造成的腐蚀、轴承的磨损和密封泄露，这些原因占水泵故障的 50%~80%。现阶段可达到的解决方案包括：提高辅助密封的尺寸和安装精度，合理选择摩擦的材料和配用，重视泵组件的装配质量和连接刚性及合理控制泵的运行工况等。

2）液货装卸系统

液货装卸系统中技术含量较高的部分为货油泵。在这方面，北欧国家和日本具有比较强的开发和生产实力。近年来对货油泵的要求和技术也越来越高。例如大型化，随着油船的大型化和码头停靠时间的限制，货油泵产品也越做越大，上万立方米每小时流量的货油泵也已经不再是理论。另外，为了提高货油泵的运行效率，通常都采用可以调节转速的原动机。原动机转速的调节应由执行机构依据自动控制系统的指令实施，而自动控制系统的指令源于货油泵运行状态和运行环境。当出现故障和异常时，泵的自动化控制系统需要行使其职能。另外，LNG 船是现代船舶技术含量较高的一种运输船，其液货装卸系统也不同于常规油船，而拥有更高的要求。LNG 船液货泵一般使用深井泵和浸没式泵，管道必须使用绝热管，并使用高容量压缩机在卸货时将蒸发气排至回气管，到岸上再液化。用惰性气体源远距离控制各种阀门操作，液位控制输液流量以及关闭所有设备。

货油泵作为船用泵和液货装卸系统的主要部分，由于 VLCC 的逐渐增多，容积增大，货油泵的流量也越做越大，国际上比较知名的泵公司的货油泵流量都可做到 5 000~6 000 米³/时。例如挪威尤里卡（EUREKA）公司，该公司 CB 型离心货油泵有立式和卧式两种型式，其流量范围为 500~15 000 米³/时，扬程可达 200 米水柱。转速根据需要可在 600~1 800 转/分之间变化。日本 SHINKO 的 KV 型货油泵最大流量也可达到 6 000 米³/时，150 米水柱扬程是最高转速可达 2 000 转/分。此外，挪威 FRAMO 公司、日本三菱重工等公司也拥有自主品牌的大流量货油泵产品。

3）船用锅炉系统

现在船用锅炉系统中，控制系统是最重要的组成部分之一。20 世纪 60 年代前后，人们对于自动化意识薄弱，电子技术发展不成熟，都是按照人口经验决定送风给水，引风给煤。70 年代后期人们研制出一些自动化船用锅炉自动化仪表，使热效率有所提高，事故率有所下降，但是可靠性低，精度不高。目前由于现代控制理论的发展以及各方面的应用，解决了传统控制理论难以解决的问题，给过程控制带来了崭新的应用前景，并取得了前所未有的效果，成为目前正在迅速发展的一个领域。各种各样的智能控制系统不断开发和利用，目前常用的有：多级递阶智能控制、专家控制系统与专家控制器、仿人智能控制器、自学控制系统等。除此之外，还有综合了几种控制形式的混合式智能控制器等多种形式。目前世界上比较有名的自动化系统公司或船舶供应商，如 SAM、Kongsberg、三菱重工、罗·罗等，均拥有船舶舱室监控和控制系统，极大地提高了舱室的安全性和经济性。

3. 电气及自动化系统装备

如今船舶电气自动化已经发展为集机舱自动化、航行自动化、机械自动化、装载自动化等于一体的多功能综合系统。该系统通常由两个工作母站、若干分控制系统及若干工作分站组成。

通常 1 个工作母站设在机舱控制室，另 1 个设在驾驶室。两个工作母站完全独立，可同时或单独操作，并互为备用。分控制系统根据船舶的种类和自动化程度而定，如主机遥控、机舱监控报警系统、电站管理、泵控制、液位遥测、阀门遥控、冷藏集装箱监控和自动导航等。

电气自动化系统的工作母站和分控制系统均采用高速数据传输技术组成综合网络，在网络上根据需要连接一定数量的工作分站，以达到对船舶重要部位的设备进行监测、控制和操纵等功能。同时，工作分站可以通过通信卫星直接与国际互联网连接，实现岸与船、船与船之间的对话，进行各种信息交流、咨询、设备维护、故障诊断、资料查阅、备件查询、船舶管理等业务活动，从而最大程度提高船舶航行的安全性、可靠性和经济性。

根据中船重工经济研究中心对 2012 年我国船舶配套设备装船率的分析，在电气自动化领域中我国自主研发的变电设备和仪器仪表装船率较高，分别达到 91.09% 和 82.34%，但是两部分价值量总和仅占全船总价值量的 0.4%；而技术附加值高的关键系统如主机遥控、机舱监控报警系统国内产品装船率为 0%，全套设备依赖进口。价值量占比最大的阀门遥控设备装船率只有 5.83%。应急配电板虽然价值量不大，只占全船总价值量的 0.03%，但是也全部依靠进口。

从船舶电气自动化功能角度分析，主机遥控决定了船舶动力的控制模式，而机舱监控报警系统是保障全船正常运转的基础设备，阀门遥控是船舶电气自动化系统中装船率价值量最大的产品。根据船舶电气及自动化系统的组成结构，以及这 3 种主要设备发展情况，对目前系统集成层面所应用的技术现状做出分析。

1）信号采集与处理技术

任何监控系统运行过程都需要经历前端信号采集，后续信号处理这一过程，而目前船上实现信号采集以及处理的技术主要有单片机、基本 PLC 系统、PC 机和基于以太网的 PLC 系统。

其中，单片机作为底层电路单元，如果要实现监控功能则需要海量的软硬件编程工作，而且通过各国船级社认证的工作周期十分漫长，所以在实际应用中不多；基本 PLC 系统全部由模拟开关量构成，导致监测量报警阈值调整很麻烦，所以多用于价格低廉、电气设备不多的小型船舶；PC 机处理方式是由智能转换器将监测量转换成数字信号，再通过现场总线上报 PC 机进行处理，但是现在船上使用最多的还是热电阻、继电器等常规传感器，无法支撑大范围的数字信号传输。PC 机处理方式虽然代表了未来电气自动化控制的发展方向，但是传感器技术限制了其广泛应用；基于以太网的 PLC 系统采用标准 PLC 模块完成对电流量、电压量、热电偶量、继电器量等被监测量的采集，之后由 CPU 模块完成信号处理。基于以太网的 PLC 系统适用于目前实船情况。

2）控制软件设计

数据采集、信号处理、网络布局等技术应用是电气及自动化系统的硬件组成部分，而控制系统构架、人-机交互界面、数据库建设都是硬件层之上的软件组成部分。

控制软件多采用结构化程序设计思想：通过划分功能模块，设定各个模块间的数据流向，保持良好的可读性、可移植性、可扩展性。其中，模块可基本划分为监控组态模块、数据采集模块、数据库操作模块、报警模块、数据通信接口模块、数据库访问接口、数据库查询操作模块、故障诊断模块。

船上的监控系统通过数据库访问接口从数据采集模块采样数据，之后监控组态模块对数据进行分析、处理，处理后的数据储存在数据库中。当监控组态模块发现有采样数据包含报警信息时，立即调用报警模块提供声光报警（可附加延伸报警模块），同时通过数据通信接口将报警信息记录到报警数据库中，供日后查询、分析。故障诊断模块通过船载以太网允许多用户同时访问报警数据库，便于系统维护。

4. 通信导航系统装备

船舶通信导航系统包括导航测量设备、航行管理设备、操作设备、通信设备和综合船桥系统等，主要应用在驾驶室，与船舶航行安全密切相关。

不同于其他的船舶配套设备，船舶通信导航系统体积普遍较小，但是内部集成了超大规模集成电路、高性能处理芯片、微型模/数控制器等数字单元，技术含量和前期研发成本很高（表2-2-3）。

表2-2-3　船舶通信导航系统的主要设备和功能

序号	名称	主要功能
1	GMDSS（全球海上遇险与安全系统）	GMDSS 是船岸间通信新系统，由卫星通信和地面无线电通信两大系统组成，主要应用在船只遇险时，向更大范围、更迅速、更可靠地发出求救信息，下面的 INMARSAT 系统是唯一被 IMO 认可的 GMDSS 卫星通信服务系统
2	INMARSAT（国际移动卫星组织，原国际海事卫星组织）	INMARSAT Fleet F77/F55/F33、INMARSAT MINI-C/M，利用覆盖全球的 9 颗同步卫星，向海上船只提供遇险和安全通信服务功能
3	NAVTEX（海上安全信息播发系统）	系统为海上航行安全播发航行警告、气象预报和其他紧急信息的专用广播系统
4	船用 GPS 接收设备	由 24 颗人造卫星和地面站组成的全球无线导航和定位系统，任何时间都可观测到 4 颗以上的卫星，并能保持良好定位解析精度
5	地面频率通信系统	系统包括：数字选择呼叫终端设备（DSC）、窄带直印字电报终端、甚高频（VHF）设备

序号	名称	主要功能
6	导航雷达/ARPA（自动雷达标绘仪）	探测船只载体周围各类船只，给船员提供直观清晰的目标距离与方位数据
7	船用磁罗经/电罗经	为船只航行提供指向及定位，通常与陀螺罗经一起工作保证船舶安全航行
8	电子海图显示与信息系统（ECDIS）	集成式显示本船位置、所处静态环境、周围动态目标，为航行安全提供辅助决策支撑
9	计程仪	计程仪用于测量航程、航速，与罗经同为航迹推算工具
10	船载航行数据记录仪（VDR）	用于记录船只航行状态数据（如船舶位置、动态、物理状态、命令和操作等）的专用设备，并具有数据安全和可恢复性
11	船舶自动识别系统（AIS）	由岸基设备和船载设备共同组成，AIS 多配套 GPS 将船舶状态数据通过其高频向附近水域船只和岸台广播

除了表 2-2-3 所列出的船舶通信导航系统主要设备外，很多船只上还配备有自动操舵仪、姿态仪、DF 无线电测向仪、气象传真仪、测深仪等设备。概括总结通信导航系统装备技术发展现状，主要包括以下几个方面。

1）电子海图显示信息系统（ECDIS）

目前发展比较成熟的电子海图显示信息系统是将各种导航传感器（如计程仪、罗经、航行记录仪等）、数字海图（ECS）、其他航行数据（如气象传真仪、测深仪等）结合在一起显示的自动导航图形显示终端，特别是实现了与导航雷达（多配备 ARPA 自动标绘仪）的数据交换，使雷达捕获的目标船动态叠加显示在海图上。

电子海图显示信息系统现在多与自动识别系统（AIS）、船舶交通管理数据传输（VTS）、港口引航、航标管理等结合使用。

叠加了 AIS 信息的电子海图，使船舶能将本船导航信息和周围船只信息显示在电子海图屏幕上，提高了航行水域内所有船舶的视见度和动向明显性，解决了恶劣天气或雷达信号覆盖不到区域中船舶航行监控问题；VTS 控制中心通过数字通信网络把交通管制之内的各航行船舶动态位置通报给所有相关船舶，同时这一信息被显示在 VTS 控制中心的电子海图显示信息系统上，而进入 VTS 作用范围后，每艘船的 ECDIS 也能够自动显示所接收到的其他船舶位置信息。

2）全球海上遇险与安全系统（GMDSS）

全球海上遇险与安全系统（GMDSS）可分为四大分系统：全球海事卫星系统（INMARSAT）、地面通信系统、定位寻位系统、海上安全信息播发系统。而每一分系统都包括若干种通信设备，如卫星通信 B/C/M/D/P/E/F 站、地面 MF/HF 组合电台、紧急无线电示位标（EPIRB）、航行警告接收机（NAVTEX）等。

目前 GMDSS 主要应用的技术有：数字选择呼叫技术（DSC）、窄带直印字电报技术（NBDP）、INMARSAT 卫星通信技术、增强群呼技术（EGC）等，并且 GMDSS 系统多采用自动值守接收遇险报警，替代以前的报务人员职守接收。在 GMDSS 中，莫尔斯（MORSE）信号不再使用。

3）导航雷达

目前船用导航雷达主要有 S（2 190 亿～3 110 亿赫）与 X（9 130 亿～9 150 亿赫）两个频段。S 频段射频信号在雨雾中衰减小，海杂波平均后向散射散射系数低，恶劣气候与高海况下性能较好；X 频段天线尺寸小，角度分辨率高。通常中型以上船舶同时装备两套雷达，而其他船舶只装备 X 频段雷达。

船用导航雷达体制是实波束成像，而多数产品采用点脉冲信号形式、磁控管发射机、杆式天线和模拟信号处理。

具备 ARPA（自动标绘）功能的雷达，可以通过存储多帧数据，采用边扫描跟踪技术，实现自动计算模拟、绘图、判断，给操作人员提供信息丰富的航行水域势态。

船用导航雷达显示终端实现了与其他系统之间的信息融合，如 AIS、ECDIS、GPS 等，增加了雷达在复杂环境中检测目标的能力，减少了虚警与漏警，提高了目标跟踪能力与避碰能力。同时，导航雷达显示终端配备了强劲图形图像处理引擎，显示屏分辨率高、响应时间快、功耗低，并大量应用触摸技术。

（二）发展趋势

1. 甲板机械系统装备

甲板机械产业近十多年来发展迅速，产品加速更新换代、性能不断提高，先进制造技术广泛应用。目前，甲板机械发展总的趋势是向大型化、自动化、高速化、多元化和高效、环保、安全方向发展。具体来看，主要有以下几方面。

1）电动甲板机械或将成为研发方向

经过长期的发展，液压传动在甲板机械上得到了广泛的应用，但是与电力驱动相比，还存在着一些缺点：在与零件或机件的结合处，液压油的渗漏难以避免，会影响运动的平稳性，降低传动效率，造成能量损失；在液压机械整个工作寿命中需要经常更换液压油，其维护成本远高于电力驱动机械。据 Deltamarin 在 2012 年进行的调查显示，和传统液压驱动相比，电力驱动甲板起重机的维修成本在 15 年的使用周期中降低 22%，而液压驱动起重机在入役 8~10 年后维修成本会大幅上升。

电力驱动甲板机械则有着部件更少，设备冗余水平更高，运行可靠性更好，全寿命周期内维修成本更低等优势。基于这种降低产品生命周期的能源消耗，提供环境友好型解决方案的考虑，芬兰 Cargotec 已经致力于电动舷梯、电动起重机、电动绞车、电动舱口盖驱动器等的研发。尽管，当前电力驱动甲板机械仍有一些技术难点尚未突破，也存在着诸如对操作人员要求较高、采购成本高等问题。但是，随着船舶电力驱动机械技术的进步，在节能减排要求的推动下，电力驱动技术将在甲板机械上得到广泛的推广应用。

2）变频驱动技术在甲板机械上的应用将进一步推广

随着电液驱动甲板机械产品的增多，变频驱动技术在甲板机械上的应用日益成熟。众多甲板机械制造商已经开发出一系列带有变频驱动技术的产品。荷兰船用起重机生产商 Huisman 推出了完全采用变频电气驱动的海上桅杆式起重机，德国 Hatlapa 的锚机和绞缆机采用了变频交流电机驱动，可以实现无级变速。船舶舵机上也出现了基于变频技术的液压调速系统，通过变频器调节电机的转速，从而改变泵的输出流量，使溢流损失降至最低，有效节约了能源，无需使用方向、流量、压力控制阀也能达到控制效果，可以避免传统液压系统中节流损耗和溢流损失，大大提高了系统中异步电动机的工作效率，提高系统可靠性并减小设备损耗，其优势是其他液压调速方式所无法比拟的。由于变频技术在降低能耗上的优越性，未来甲板机械无论电液驱动还是全电力，都将配套变频驱动技术。

需要指出的是，由于变频器性能和液压系统结构所固有的特性，使得系统存在以下 3 个问题：①低速稳定性差；②电机转动惯量和变频器的过载能力有限造成了加、减速过程减慢，系统的响应速度变慢；③系统启动或换向时的平稳性变差。如何克服变频液压系统的缺陷，对系统的控制提出了挑战。

3) 噪声和振动控制技术将成为研发热点

近年来，造船界对船舶噪声控制的关注日益提高。由柴油机、螺旋桨、齿轮箱、电站、甲板液压装置等引起的噪声，是影响船舶舒适度和船舶电子仪器仪表可靠性的主要因素，ABS（美国船级社）和 DNV（挪威船级社）等各大船级社已制定了相关规范和标准，对限值船舶噪声提出了要求。2012 年，国际海事组织再次对现有的船舶噪声防护规则 A.468（XII）进行了修改，商船部分区域的噪声上限降低了 5 分贝，2014 年 7 月 1 日以后建造的新船必须满足该规范要求。随着船舶噪声防护规则的推行和要求的不断提高，将对船舶技术产生重大影响。作为船舶工作噪声的重要来源之一，甲板机械技术也将面临噪声控制技术的挑战。

现在的船舶甲板机械装置仍然以液压驱动为主，其液压泵、电动机、液压阀件、液压缸、液压管路系统等部件都不可避免地会产生各种噪声，其中以流体噪声最为严重。目前，主流的舵机、锚机、绞缆机、船用起重机设备制造商，如 Rolls-Royce、PUSNES 等均在产品的设计阶段就考虑到减振降噪的要求，力图使其甲板机械产品能够更好地满足未来实行的新规范要求。因此，如何进一步降低噪声，将成为甲板机械技术研发的重点。

4) 新材料的应用进一步提高产品性能

加强各种新材料的应用，使甲板机械朝着轻型化、高性能的方向发展。新型高强度材料在进一步降低甲板机械重量的同时提高部件的刚度和硬度，让其能够承受更大的工作压力，提供更强的动力。以船用起重机为例，采用高强度钢等材料可以使整体结构无配重，从而使得起重机的自重较轻，减少了尾部摆动空间，节省了更多的甲板空间及起重机与负载之间的空隙。新材料制成的钢索也将进一步提升起重机的提升能力。另外，对船用甲板机械表面进行特殊物化处理（镀铬-镍处理等）也可减少部件磨损，降低操作和维修成本。

5）海水液压传动技术将有可能替代现有介质

海水液压传动技术是以过滤后的海水作为传动介质的一种新型绿色液压传动技术。随着人们对生态环境保护、安全生产以及节约能源的意识不断增强，海水液压传动技术也日益受到人们的关注和重视。海水液压传动技术不仅具有油液压传动方式的很多优点，如传动装置可以实现大范围无级调速、工作平稳、控制方便及易于实现自动化等，还具有无污染、工作介质对温度反应不明显、成本低、传递损失小及响应快等优点。

美国、日本、德国、芬兰等发达国家投入了巨大的人力、物力和财力进行海水液压元件和系统的研究与开发，研制出了品种规格丰富的海水液压泵以及各种类型序列的水压阀件。目前，海水液压传动技术在海洋钻井平台及石油机械、水下作业以及机械手、潜水器的浮力调节等领域已有广泛应用。德国 Hauhinco 公司开发生产的 5 柱塞径向柱塞定量海水液压泵输出流量为 20~700 升/分，工作压力可达 32 兆帕，已用于海底管道敷设及维护系统等海洋开发机械设备；日本 Komstsu 株式会社研制的柱塞式海水液压泵额定工作压力为 21 兆帕，额定流量为 30 升/分，用于水下作业机械手；日本三菱重工研发的海水液压泵额定工作压力为 21 兆帕，流量可达 100 升/分，用于海水液压伺服系统等都可以用作海水液压锚机的动力源；德国 Hauhinco 公司、日本三菱重工等研发生产额定工作压力为 21 兆帕、额定流量可高达 100 升/分的海水液压换向阀都能满足系统的要求。

2. 舱室机械系统装备

船用泵的技术发展趋势主要有以下几方面。

（1）对现有船用泵的经济性进行再研究，在力所能及的情况下采用各种节能措施以提高其经济性。

（2）在提高船用泵自身效率的同时，进行船用泵系统经济性论证，以提高船用泵系统的运行效率。

（3）在新产品的设计工作中增加可靠性和可维护性设计以及其评估标准研究的新内容，发展故障预报技术。

（4）提高船用泵运行的自动化调速和控制程度，采用较先进的调速装置和手段，并且采用计算机集中监控的新技术。

（5）研制、应用和推广新型的工程材料，尽可能用非金属或工程塑料来代替金属材料，用黑色金属代替有色金属。

（6）研制新型泵，提高泵的性能指标，延长泵的使用寿命，采用各种有效措施降低泵的运行振动和噪声。

（7）简化泵的结构，方便泵的安装和维修，减少维修保养工作量，减少专用工具，降低对操作和维护保养人员的高技术要求。

（8）提高泵内零件的标准化、系列化和通用化程度，把系列产品中专用件的数量降低至最低水准以减少船舶上备件的数量和库存量。

（9）完善泵的结构设计，使其能在更换个别零件的情况下改善其结构功能并能保持其性能参数，或者保持其外形结构而改变其运行性能。

（10）健全泵的测试手段，提高泵的试验精度，采用符合有关标准规定且能加速试验过程，缩短试验时间的试验装置和检测方法。

船用锅炉的技术发展趋势主要有以下几个方面。

（1）高可靠性。船舶航行时，锅炉发生故障将直接影响船舶的安全航行。因此，在船舶上，只能使用经过考验、结构可靠、操纵、维修简便和耐久的锅炉。在任何条件下，如在大风浪中，船舶在横倾45°、纵倾15°～20°时，锅炉都应可靠地运行。

（2）紧凑型、轻量化设计。锅炉在给定的条件下，应有最小的重量和外形尺寸，最大的蒸汽产量。在船型一定的情况下，减小锅炉的重量和外形尺寸，就可增加燃油、水和生活物资的储存量，从而可提高船舶的续航力。

（3）良好的机动性。即快速地从冷态过渡到工作压力的状态，能迅速地增加或减少蒸汽负荷，在这种工作过程中，锅炉的结构、元件应无损伤。

液货装卸系统的技术发展趋势主要有以下几个方面。

（1）效率提高。由于运输船舶的大型化和港口停靠时间的限制，对液货装卸系统的效率越来越高。例如货油泵的大型化，工作流量的提高和动力涡轮机功率的提升。

（2）液货装卸系统的智能化。为了更好地发挥液货船的运载能力，同时不发生溢油事故，计算机集成系统更偏向于智能化和网络化。这不仅能让船舶自动化控制技术向高层次迈进一步，同时大大提高了船舶的安全保障。

3. 电气及自动化系统装备

信息技术革命以来超大规模集成电路、单片机、高敏感度传感器、计算机网络、自动控制理论、信息系统构架、数据挖掘和数据分析、软件工程等技术的大量应用使得船舶电气及自动化系统向着监控系统综合化、信息网络化传输的方向发展。

1) 监控系统综合化

监控系统综合化是指一类电气设备的监控功能集成到某个或某些控制终端，操作人员通过人-机交互界面下达设备控制指令。实现监控系统综合化有两个先决条件：各分系统电气设备基于标准接口协议实现模块化组态；控制终端搭载符合人-机交互原理的软件程序。目前，由于船只营运需求的不同还存在着单机单控的电气设备监控系统，但是监控系统综合化是必然的发展趋势，因为采用综合监控模式，可以有效简化系统结构，减轻值守人员工作强度，便于故障快速定位。同时，采用监控系统综合化还可以构成双重或多重冗余系统结构，这会提高全船电气设备运行的可靠性。

表 2-2-4　综合化监控系统的应用案例

系统名称	集成子系统	实现功能
综合自动化监控	主机遥控、机舱监控报警、辅机监控、压载水管理、航行自动化、装载自动化、损管控制等	减少船员工作量，保证复杂系统安全运行，缩短紧急情况反应时间
综合通信系统	船内控制站通信、全船广播、机舱呼叫通信、无线电收发、闭路监控、数字终端网络、娱乐系统等	由分散、独立分布的通信单元融合成功能齐全、集中操作的控制中枢
综合后期支持系统（基于数据库和网络技术的信息管理系统）	设备维修保养计划、维修文件及标准、财务管理、供货及零部件管理、设备可靠性数据分析、日常后勤管理等	保证设备定时维护保养，提高可靠性，以及资源和人力的统筹协调

2) 信息网络化传输

信息网络化传输是指利用现场总线作为各个子系统间的内部控制网络与数据收集网络，而之上的控制层则采用局域网技术，形成全分布式网络监控系统，实现子系统和控制层的双向数据交换。

现场总线是一种连接现场设备与控制层的数字通信网络。现场总线一般采用双层网，第一层为数据采集传送网，第二层为控制网。为保证系统的可靠性，第二层控制网多附带冗余系统。如果考虑到风险分散的原则，按设备功能不同现场总线网络又可划分为若干子网：如推进系统网、管路网、电站监控网等独立单元。通过第二层控制网，形成一个注重可靠性的分布式系统。在数据采集上各个子网密切结合，但是组织结构上更倾向于并联连接：单一子网受损时不影响全网工作，同时搭配控制冗余和不间断电源（UPS），整个现场总线网络生存力很强。

信息网络化传输是船舶电子及自动化系统发展的趋势之一，其优势在于采用数字化信息采集技术能替代大量繁琐的人工操作，提高工作效率，把船员从环境恶劣的工作场所解放出来。

4. 通信导航系统装备

随着工业技术向信息化和网络化方向发展，船舶通信导航系统也在进行技术革新。其中综合船桥系统（IBS）智能化应用的趋势十分明显，而独立于国际海事卫星通信系统的新型移动网络也可能成为船舶通信的另一种模式。

1）综合船桥系统（IBS）智能化

船舶导航设备以及相关航行数据感知设备种类繁多、布置分散、探测结果不直观，传统上导航员需要熟练掌握设备仪器的操作技巧，并且通过大量练习才能完成对船舶位置的精确定位。而综合船舶系统将船上的各种导航功能有机组合在一起，利用现代控制理论和信息处理技术实现船舶导航自动化、人-机交互集中化。特别的，广义上的综合船桥系统不仅包含了导航系统所有功能模块，还涵盖了动力监控、电力管理等机舱机动化子系统。

目前装船的综合船桥系统大多不具备自主修正航线的功能，即IBS并没消除导航的经验性：ECDIS（或其他数据终端）所显示的信息仍需要有经验的领航员来解释，而领航员根据自己对可视化图像的判断，结合已有经验进行判断，保证在有其他船舶和航行危险物存在的情况下，船只仍可以安全航行。

但是智能化综合船桥系统应用信息处理技术、远程数据传输技术等，配合岸基数据分析，可以实现船只航行辅助决策，在适当时候能给船舶航行控制提供最佳方案，如最优航线规划、危险物避让方案、恶劣天气提前规避等。未来如果把物联网技术融入到智能综合船桥中，甚至会出现本船为其他船只提供设备控制功能。

2）海上新型移动卫星通信系统

目前，海上通信主要依靠中频（MF）/高频（HF）/甚高频（VHF）3种频段的无线电通信，以及国际海事卫星（INMARSAT）为主的卫星通信系统。这两者都存在各自的问题：海上无线电通信虽然使用了先进的选择性呼叫终端、窄带直印字电报技术、个人计算机终端等多种信号调制方式，但是其使用上受到距离远近、人工操作失误、无线电寂静区域等多种因素影响，并不能保证全天候的可靠性；国际海事卫星系统能够提供可靠的通信服务，但其费用昂贵，大多数情况下仅仅在紧急求救的时候才会用到，极大地限制了使用频率和时间。

目前有技术把无线电通信和卫星系统结合起来构成海上通信系统，即架设船载小型基站，并将其与远程网关（多岸基部署）连接后，在通过普通通信卫星网络将无线电信号转换成窄带 IP 信号进行传播。这种租用普通通信卫星信道和转发器，不用专门发射通信卫星，克服了国际海事卫星系统庞大、前期投入多而造成通信费用昂贵的缺点。

另外，船载小型基站部署灵活，其系统网络也比国际海事通信卫星系统简单。技术上，利用船载小型基站实现移动卫星通信系统还可以实现数据传输上、下行速率不对称管理：用户访问网络的速度可以控制的比较小，而下行下载文件资料的速率可以相对高一些。

四、我国船舶配套技术的发展现状及主要问题

（一）我国船舶配套技术的发展现状

经过长时间的技术引进和自主创新，当前我国可以生产制造动力系统及装置、甲板机械、舱室机械、通信导航装置、电气及自动化设备、舾装设备六大类，基本涵盖了全部船舶的主要设备。随着我国船舶工业的高速

发展，主要配套设备的生产能力也在大幅提升。

在甲板机械领域，武汉船用机械有限责任公司和南京中船绿洲机器有限公司通过早期技术引进和消化吸收成为国内实力最强的两家甲板机械制造企业，代表了国内甲板机械研发及制造的最高水平，部分产品达到同类进口产品水平。

在舱室机械领域，由于舱室机械属于通用工业产品，行业进入门槛较低，在前几年船市繁荣期涌现出大量民营企业，主要生产低端产品。在高端产品领域，我国缺乏有实力的专业化舱室机械生产企业，当前只能满足很少一部分远洋船市场需求，因此每年需要大量进口欧洲、日本的产品。此外，不少国外巨头为了进一步扩大中国市场份额，纷纷设立本地化的独资或合资工厂，如 AlfaLaval、York、Daikin 等企业。

在电气及自动化领域，我国在产业规模、研发能力、产品水平等方面都有了一定程度的进步，并在内河、近海等船舶上有较多应用。但目前整个产业尚处在初步发展阶段，整体竞争力较弱，在主流（典型船舶）市场占有率微乎其微。面对国外知名企业的强力竞争，国内企业应在产业化及商业化运作、产品可靠性、售后服务、品牌知名度等方面多下功夫。

在通信导航领域，我国远洋船通信导航设备市场基本被国外产品垄断，大量依赖进口。由于船舶通信导航市场技术壁垒较高，当前我国船用通信导航产业尚未形成规模，缺乏有国际知名度的领军企业和自主品牌。近几年，一些国内企业及科研机构开始发力，依靠自主研发进军船舶电子高端产品领域，现已经研制出自动操舵仪、计程仪、电子海图显示与信息系统、雷达、罗经、航行数据记录仪、自动识别系统等产品，其中部分已通过中国船级社的认证，并陆续有了一些实船应用。总体来说，这些产品基本能够满足国外船东和船厂的要求，但在远洋船舶领域，由于船东对产品的装船业绩、可靠性、认证、售后服务等方面有较高的要求，国产通信导航设备很难获得船东的认可。

（二）我国船舶配套技术发展面临的主要问题

1. 自主研发能力较弱，缺乏核心技术

在船舶辅机领域，目前主要研发力量集中在欧美地区，其掌握大量尖端产品的核心技术，并形成技术壁垒。而我国企业进行辅机领域研发的时间较晚，进行自主设计的企业较少，核心技术与元器件缺失，产业链和技术体系不够完善，导致自主研发能力不足。此外，部分实现了本土化产品，大多还是引进国外技术和品牌，核心技术对外依存度较高，核心部件研发能力的不足导致我国船舶辅机自主化发展受制于人。

以通信导航为代表的电气自动化核心产品基本依赖进口和仿制，只有极少数国产化设备中实现了国产化应用，在代表未来的 E 航海、无人船舶和智能船舶等领域进展落后。

2. 产品竞争力差

近年来，我国配套企业也自主开发出了部分辅机配套产品，如舵机、油水分离器、海水淡化装置等产品，但受制于品牌影响力、售后服务网络、产品质量等因素，难以装上远洋船舶，导致企业即使花费大量投资形成产品，也难以进行产业化生产。此外，我国船舶辅机制造企业生产效率低下，随着人工、原材料等成本不断上升，产品生产成本不断增加，使得依靠低价进行国际竞争的策略越显被动，产品竞争力难以提升。

国产电气及自动化设备无论在尺寸、重量、接口标准化程度，还是在设备性能方面都与国外同类产品存在明显差距，自主品牌市场份额较低，如同功率等级的推进电机，国内研制的产品体积比国外大，导致设备竞争力显著下降。此外，国内企业缺乏整体打包供应能力，难以利用总包优势带动国内配套企业的发展。

3. 产业集中度低和结构不合理

企业规模小、数量多，产业集成度不高，规模效应不明显是我国船用柴油机行业存在的问题。以低速机为例，目前，中国共有 11 家船用低速机制造企业，产能不过 1 300 万马力，但反观韩国，仅 3 家低速机企业，但产能却达到了 3 000 马力。而且，我国企业中产能最大的中国船舶工业集团公司占国内的产能仅在 33% 左右，低于韩国和日本第一企业 50% 的占比。此外，中国船舶重工集团公司占 17%，其他低速机制造企业的比例均不超过 5%。

在船舶辅机领域，我国支柱企业不多，产业聚集度不高。目前国内最大企业为武汉船用机械有限责任公司，但其船舶配套产业的年产值约为十几亿元，大部分企业年产值为几亿元或者更低，产业聚集度非常低。此外，部分地区产业结构趋同，重复建设现象严重，导致低端产品产能严重过剩。如甲板机械中的锚绞机，由于技术含量不高，大量民营企业在近几年时间纷纷上马新的产能，导致低端产能严重过剩，企业间价格战现象严重，导致企业经营困难。

4. 高端装备经验、人力和技术方面储备不足

丰富的经验、人力和技术方面足够的储备一直是船舶配套产业领域最为重要的因素，而中国船舶配套企业尽管拥有巨大的成本优势，但相关建造经验、人才和技术的缺失十分明显。现阶段我国船舶与海洋工程装备配套业不仅未能为船舶与海洋工程高端装备迅速发展提供强大的支撑，反而成为我国海洋工程配套产业整体水平提高的"瓶颈"。

五、我国船舶配套技术发展战略

（一）发展思路

开展配套产业的整体规划，突出重点和关键，围绕自主设计、自主配套、自主建造和自主服务的需要，以突破关键技术、核心产品的国产化和系统集成为主线，整合产业链优势资源，提升产品的研发能力、配套能力和技术体系的智能化水平，促进产业的协同发展；通过数字化、智能化技术，提升产品的质量和效率水平，打造高服役性能的船舶与海洋工程配套产品，夯实行业做强的产业基础；实施国际化战略，打造国际一流的创新团队、研发平台和服务体系，有效引导和推动核心企业由制造业向服务业转变。

（二）发展目标

按照《中国制造2025》对海洋工程与高技术船舶在2025年实现船舶工业制造强国的要求，围绕高技术船舶和海洋工程装备技术规范和行业发展需要，以实现自主设计建造、打造自主品牌为目标，通过智能制造技术和绿色环保技术应用，实现船舶配套核心领域技术升级和产业能力的提升，完善产品服务体系，提升产业竞争力；开展极地、深远海、绿色环保等高

端新型装备的关键设备自主研发和突破，实现船舶和海洋工程高端新型装备自主配套；大力开展海洋装备的前沿技术研发，形成一批引领全球配套领域发展的核心技术与产品，建立数字化的运营保障技术体系，促进船舶配套企业由制造型企业向服务型企业转变。

（三）发展重点

1. 高性能船舶推进技术

针对高性能船舶推进技术需求，开展电力推进系统、喷水推进系统、全回转舵桨系统、半浸桨、对转桨、伸缩式舵桨、一体化推进器、扭曲舵、推进设备匹配、混合动力推进、动力定位、永磁推进电机等先进推进技术研究。

2. 甲板机械系统集成技术

针对船舶以及平台产品的开发设计需要，开展甲板机械核心元器件、甲板拖带系统、电动克令吊等技术研究。

3. 电站系统技术

针对船舶以及平台产品的实际需求，开展高效电机、变速恒频柴油发电机组、平台燃气轮机电站、原油发电机组、电站控制、电源转换等电站系统技术研究。

4. 导航通信技术

针对船舶和海工平台的实际需求，开展一体化定位、导航、授时、海上船舶无线通信网络、连续波固态雷达等关键设备及技术研究。

5. LNG船专用设备技术

针对LNG船开展超低温特种电机技术、高压高效紧凑型汽化器、大功率高压活塞式压缩机等技术研究。

6. 极地船舶关键配套设备技术

针对极地运输船舶航行及作业需求，开展低温高破冰等级极地船舶动力及推进系统、甲板机械、导航通信等关键配套设备技术研究。

7. 船舶/平台设备故障诊断专家系统技术

针对船舶、油气开采平台运行过程中配套设备故障诊断的需求，开展动力、辅机、吊机等各种关键配套设备的远程、在线故障诊断专家系统技术研究。

（四）发展建议

1. 构建关键技术与产品的标准化技术体系

对标准化国际一流技术，充分利用数字化和智能制造技术，开展船舶配套产品的标准化技术研究，完善产品的三大规范技术体系，形成产业自主设计和持续提升的技术基础，支撑配套产业的做大做强。

2. 加强关键技术与产品的创新能力建设

围绕船舶配套设备研发和产业化发展，搭建关键技术与产品的研发平台，整合行业的优势技术资源和产业链资源，打造技术一流的研发团队和技术领军人才，开发一批引领全球配套领域发展的核心技术与产品，打造具有国际竞争力的自主品牌产品；建立若干核心装备和系统的实验验证平台，建立产品零件、部件、子系统和系统的试验标准规范体系，夯实船舶和海洋工程核心技术与产品的自主配套能力，保障配套产品的高可靠性要求。

3. 开展核心配套领域的智能制造体系建设

开展船舶配套产品的智能制造应用技术研究，建立高效、高质量的集成设计、制造和配套体系，打造高服役性能的高技术船舶和海洋工程装备配套产品；围绕产品寿命周期的安全可靠运行保障和远程监控管理的需要，开发和建立船舶核心配套领域的数字化运营保障体系，形成全球化的自主服务能力，支撑企业由制造型企业向服务性企业转变。

4. 发展核心配套系统的工程总包体系建设

围绕高技术船舶和海洋工程装备配套的甲板机械、舱室机械、动力系统等核心领域，建立工程总包体系（EPCI-Engineering（design），Procurement，Construction and Installation），以专业化为基础，整合和带动产业优势资源，为用户创造工程价值，推进传统的甲板机械等核心配套领域的质量及绿色环保技术应用。

附件二：动力

一、船舶柴油机概述

柴油机热效率高、经济性好、启动容易，适用于各类船舶，被广泛用于船舶推进动力、船用发电机组等。目前，在民用船舶领域，柴油机已成为其主要动力，在新建造的船舶中，柴油机几乎完全取代了蒸汽动力；在军用舰船领域，柴油机在大部分航母、驱逐舰、护卫舰、两栖舰、潜艇、军辅船、小艇等舰艇上都有应用，主要用于主动力、日常发电和应急发电等用途。

按转速分，船用柴油机可分为低速机、中速机和高速机（表2-2-5）；按用途分，船用柴油机可分为主机和辅机。从产业竞争情况看，欧美企业基本垄断了中、低速机市场，并向中、韩、日等国大量授权许可证进行生产；高速机生产企业数量庞大，竞争者众多，高端市场（一般对应大功率高速机）也由欧美企业主导。本文主要分析船用中低速机情况。

表 2-2-5　船用柴油机分类

类别	额定转速 N/（转/分）	应用
低速机	$N<300$	远洋船舶主机
中速机	$300 \leqslant N \leqslant 1\,000$	远洋船主、辅机；军船辅机；中、小型船主机（大功率）
高速机	$N>1\,000$	远洋船舶应急发电机组；中、小型船主机和辅机；军船主、辅机

二、中低速柴油机产业发展情况

（一）低速机

1. MAN 和 Wartsila 垄断世界船用低速机品牌

1）MAN 处于绝对霸主地位

由于需要巨额投资来维持低速柴油机的研发、生产和全球售后服务等活动，小品牌区域性的低速柴油机品牌很难在激烈的全球市场竞争中生存下来。目前，世界船用低速柴油机市场基本被 MAN、Wartsila 和 Mitsubishi 三大品牌垄断，其中 MAN 占据全球 80% 以上市场份额，处于绝对霸主地位。

2）Wartsila 呈现强劲发展势头

但是近年来，Wartsila 通过不断的技术研发和业务拓展，形成从船舶设计到动力系统整体解决方案的技术服务能力。通过这种技术服务模式，Wartsila 有效提高其产品的市场占有率。目前，Wartsila 正在开展双燃料船用低速机技术研发，凭借其在双燃料船用中速机领域的成功，Wartsila 的双燃料低速机产品值得期待。

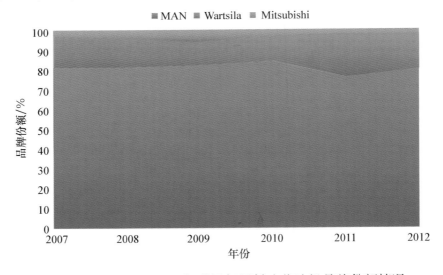

图 2-2-8　2007—2012 年世界船用低速柴油机品牌份额情况

3）专利授权巩固市场，技术研发引领方向

近年来，随着船用设备趋向本地化生产，MAN 和 Wartsila 逐步退出了船用低速柴油机的制造。但是，两大专利商通过不断扩大专利授权范围，巩固其世界船用低速机的垄断地位。目前，MAN 和 Wartsila 分别授权 22 家和 19 家船用低速柴油机生产企业。

同时，他们凭借柴油机设计技术上的垄断和持续的研发创新，牢牢把握世界船用低速柴油技术方向。2002 年，MAN 和 Wartsila 就提出了开发具有超低排放的高效船用发动机计划（Higher-Efficiency Engine with Ultra-Low Emissions for Ships，HERCULES），该计划得到欧盟支撑。目前，该计划已经进入第三阶段。从参研单位、投入经费、研制周期来看，该项目基本是集全欧洲之力开展研究，这也表明了欧盟当局以及两大专利商希望保持技术领先优势和产业垄断地位的决心。

2. 亚洲成为制造中心，韩、日、中三足鼎立

1）亚洲已成为世界船用低速机制造中心

随着世界造船中心向亚洲转移，世界船用低速柴油机制造中心也在转向亚洲。目前，世界船用低速柴油机的制造主要集中在韩国、日本、中国 3 个造船大国。从 2011 年统计的船用低速柴油机完工量情况看，中、日、韩的产量占到全球的 94%（以功率计）。此外，从船用柴油机订单调查结果显示，远东地区的船用低速机订单占到全球订单的 93%（以台数计）。

2）韩国制造强势发展，瞄准世界船机市场

凭借总装制造加专业化配套的生产模式，韩国船用低速柴油机产业规模迅速提升，现代重工、斗山重工、STX 3 家企业总产能超过 3 000 万马力[*]，基本能满足世界造船需求。根据 3 家公司披露的信息测算，2008—2011 年，韩国船用低速机年均产量超过 2 200 万马力。根据克拉克松统计的韩国造船完工量数据测算，2008—2011 年韩国造船业对船用低速机的年均需求约为 1 100 万马力。显然，韩国船用低速机产量远远高出国内需求，平均每年有近 1 000 万马力的低速机用于出口。

---

[*] 马力为非法定计量单位，1 马力 = 735.5 瓦。

3）日本企业技术领先，国际市场不温不火

与韩国相比，虽然日本造机企业的技术力量和水平仍然明显领先，但是由于造船业下滑，导致其本国造机产业的发展进入"瓶颈"期。虽然，日本很好地守住了其国内市场，但是在国际市场上的表现不温不火。根据日本国土交通省统计数据，2007—2011 年日本船用低速机产量相对较为稳定，虽然总马力数由 900 万马力降至 700 万马力，但总台数基本维持在 400 台左右，年均产量 810 万马力。根据克拉克松统计数据测算，2007—2011 年日本船用低速机年均需求约为 720 万马力。可见，日本船用低速机产量主要以满足国内需求为主，国际市场订单较少。2012 年，日本船用低速机完工量大约是 440 台、753 万马力；年底手持订单大约是 452 台、843 万马力。三井造船仍位居第一，柴油机产量为 418.5 万马力，比上年（416 万马力）略有增长。

4）中国产能迅速扩张，竞争力仍待加强

船市高峰期，中国本土船用低速柴油机供不应求，导致大量国有和民营资本进入船用低速柴油机制造领域，柴油机生产企业大量涌现，柴油机产能由不足 500 万马力增至目前的 1 300 万马力。尽管企业数量和生产能力显著提升，但是由于企业整体水平不高、核心二轮配套能力不足，导致中国企业在与韩、日企业的竞争中处于劣势，近一半的主机从国外进口，产能过剩严重。根据《2013 年典型船舶配套设备本土化情况调查报告》数据，2013 年我国完工典型船舶主机的本土化装船率约为 50%，这也说明进口主机占到国内主机市场的一半左右。

（二）中速机

从世界范围看，瓦锡兰（Wartsila）、曼恩（MAN）和卡特皮勒（Caterpillar）产品系列完善，广泛应用于海洋工程、工程船、特种船、豪华游船等高端市场，且市场份额较高。3 个公司技术实力雄厚，占推进用中速机市场份额合计达 80%，且均有 10 兆瓦以上的中速机自主研发能力和产品，处于中速机产业的第一梯队。

洋马（YANMAR）、大发（DAIHATSU）、新潟（NIIGATA）、现代重工（HHI）、罗罗（Rolls-Royce）和通用电气（GE）在船用中速柴油机领域也拥有自主品牌产品，在细分市场具有较好的业绩，属于第二梯队。

此外，中、韩部分企业主要采用许可证方式生产，在生产、服务等环节严重依赖专利方，产品主要应用于近海和内河等中小型船舶上，属于第三梯队。

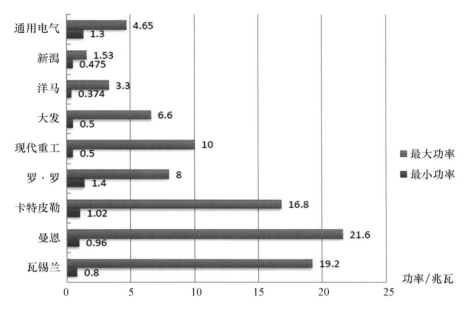

图 2-2-9　世界主要船用中速机供应商柴油机产品功率范围

三、中低速柴油机技术发展现状及趋势

（一）发展现状

1. 低速机技术发展现状

船用低速机为二冲程柴油机，主要应用在大型远洋商船。目前，世界船用低速机市场被 Wartsila、MAN 和 Mitsubishi 三大品牌垄断，其产品覆盖了从 2~100 兆瓦的功率范围，表 2-2-6 列举了部分三大品牌的船用大、小缸径低速柴油机的技术参数。MAN 推出了 14K108ME-C 型柴油机功率约为 100 兆瓦，是世界最大的船用低速柴油机。1994 年，Wartsila 公司推出了为大型高速集装箱船开发的 RTA96C 型发动机。之后，在该型机的基础上，结合最新的高压共轨燃油喷射技术和电子控制技术，在 2003 年推出了智能型 RT-flex96C 低速柴油机。目前，这两款机型是 Wartsila 公司所推出的缸径最大、功率最大的低速机。

表 2-2-6　典型大功率低速柴油机参数

公司	型号	单缸功率/千瓦	缸径/毫米	冲程/毫米	平均有效压力/帕	转速/（转·分$^{-1}$）
Wartsila	RT-flex96C	5 720	960	2 500	18.6	92~102
	RT-flex35	870	350	1 550	21.0	142~167
MAN	K98ME-C	6 020	980	2 400	19.2	94~104
	S30ME-B9	640	300	1 328	21.0	166~195
Mitsubishi	UEC85LSII	3 860	850	3 150	17.1	57~76
	UEC33LSII	566	330	1 050	17.6	157~215

　　目前，以电子控制系统为核心，取消了传统机械-凸轮结构的智能低速机已经逐渐普及。智能机可以在不同工况下，对柴油机喷油量、喷油脉宽、喷油提前角和喷射压力等参数进行实时的柔性控制，使空燃比、燃烧压力和喷油雾化等运行参数达到最佳，大幅提高发动机的效率和降低排放。图2-2-10 给出了 ME 与 MC 机型的燃油消耗率对比情况，可以发现，在部分负荷工况下，智能机型 ME 的油耗率要明显低于传统机械-凸轮轴机型。

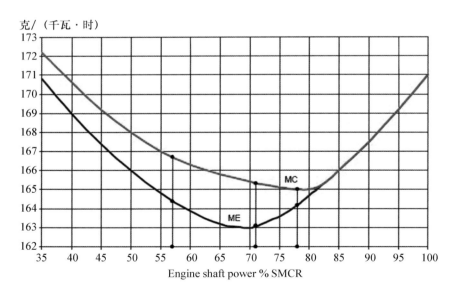

图 2-2-10　12K98ME 与 12K98MC 机型燃油消耗率对比（工况：94 转/分）

为了进一步提高发动机的效率和降低排放，发动机的喷油压力、最大爆发压力和平均有效压力不断提高。目前，RT-flex 和 ME 机型的燃油喷射压力可达 100~150 兆帕，缸内最大爆发压力可达 1 500 万帕，MCR 工况点的平均有效压力在 200 万帕左右。

近两年，MAN 和 Wartsila 又分别在各自原有机型的基础上推出了新机型——G 系列和 X 系列，由于均采用超长冲程设计，发动机转速进一步降低。同时，为了适应严格的排放法规，两种新电控机型在燃油消耗率和排放方面有了较明显的进步（表 2-2-7）。

表 2-2-7　MAN 的 G 系列和 Wartsila 的 X 系列发动机主要参数

公　司	型号	单缸功率/千瓦	缸径/毫米	冲程/毫米	平均有效压力/帕	转速/（转·分⁻¹）
MAN	G95ME-C9	6 870	950	3 460	21.0	70~80
	G80ME-C9	4 450	800	3 720	21.0	58~72
	G70ME-C9	3 640	700	3 256	21.0	66~83
	G60ME-C9	2 680	600	2 790	21.0	77~97
	G50ME-B9	1 720	500	2 500	21.0	85~100
	G45ME-B9	1 390	450	2 250	21.0	94~111
	G40ME-B9	1 100	400	2 000	21.0	106~125
Wartsila	X92	5 850	920	3 468	20.0	70~80
	X82	4 750	820	3 375	21.0	65~84
	X72	3 610	720	3 086	20.5	69~89
	X62	2 660	620	2 658	20.5	80~103
	X40	1 135	400	1 770	21.0	124~146
	X35	870	350	1 550	21.0	142~167

2. 中速机技术发展现状

船用大功率中速机绝大部分是 4 冲程内燃机，主要应用在内河船、特种船、海工船、渡轮等领域；此外，大型远洋商船也多采用中速机作为辅机。目前，中速机缸径范围在 160~640 毫米，平均有效压力为 240 万~300 万帕，最高燃烧压力 16~21 兆帕，最高喷油压力 160~180 兆帕，燃油消耗率

170~180 克/（千瓦·时），单缸功率最高可达 2 150 千瓦。近几年，为了达到 IMO Tier Ⅲ 的排放标准，船用中速机越来越多地采用高压共轨、高性能增压（多级、可变喷嘴）、选择性催化还原（SCR）等技术。

与低速机相比，气体燃料技术在中速机中的应用十分广泛，技术也相对成熟。作为中速机技术的领先者，Wartsila 公司已经推出了达到 IMO Tier Ⅱ 排放标准的双燃料中速柴油机，包括 20DF、34DF 和 50DF 3 种机型。截至 2012 年 11 月底，其产品在陆用和船用领域的累计运行时间超过 700 万小时，累计向船用和陆用客户交付了 2 000 台气体燃料发动机。MAN 公司也推出了 51/60DF 双燃料中速发动机。与 MAN 和 Wartsila 相比，Rolls-Royce 公司则倾向纯气体机技术。2009 年，Rolls-Royce 推出了火花塞点火的稀薄燃烧天然气发动机，其天然气发动机与液体燃料相比排放更加环保，极大地降低 NO_X、CO_2、SO_X 和颗粒排放；同时，与现有双燃料发动机相比，其燃料消耗率可降低 8%。截至 2012 年 6 月，Rolls-Royce 已有 22 台气体机装船运行，17 台气体机待装船。Rolls-Royce 生产的纯气体中速机为 C26∶33 和 B35∶40 两大系列，功率覆盖 1.46~7 兆瓦。

由于天然气燃料在降低运营成本和减排方面的优越性，韩国市场 2010 年以后新建 LNG 船普遍使用双燃料发动机。除了 LNG 船市场外，在其他船型领域的应用也在增多（如内河船、豪华游船、渡船），尤其是在排放控制区运营的船舶。

据统计，2012 年，Wartsila、MAN 和 Caterpillar 品牌的中速机占据 75% 的全球市场份额，图 2-2-11 至图 2-2-13 给出了三大品牌中速机的产品型号及功率范围。

（二）发展趋势

1. 减排降耗装置成为重点研发方向

除了对发动机内部系统进行不断优化，提高燃烧效率，降低油耗，提升发动机的整体性能。为了满足更加严格的 IMO Tier Ⅲ 排放要求，各大企业纷纷开展相关工作，进行技术储备，以求在未来的市场竞争中占得先机。

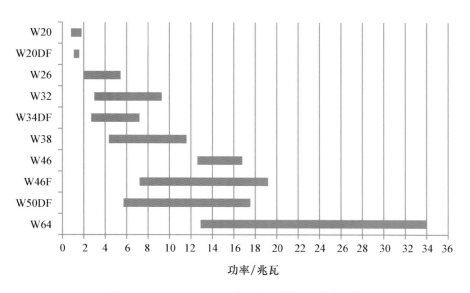

图 2-2-11　Wartsila 中速机型号及功率范围

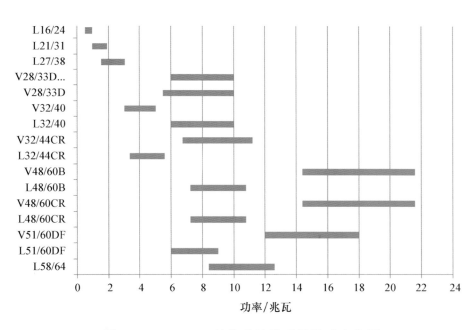

图 2-2-12　MAN 品牌柴油机型号及功率范围

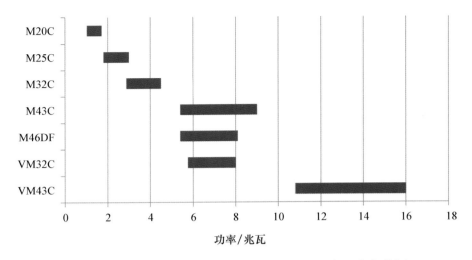

图 2-2-13　Caterpillar Mak 系列中速机型号及功率范围

表 2-2-8　NO$_X$ 减排技术路线

项目	IMO 0 2000 前	IMO Ⅰ 2000	IMO Ⅱ 2011	IMO Ⅲ 2016	IMO Ⅲ 2016
NO$_X$ 限制/［克/（千瓦·时）］	>16	13	10	2	2
压比	13	15	17	16	12
米勒循环	无	小	中	高	中
第二特征	无	无	无	EGR/SCR	气体
涡轮级数	1	1	1	2	1
可变气门	无	无	有	有	有
喷射系统	机械	机械	机械/共轨	共轨	机械/共轨

目前，废气再循环（EGR）、选择性催化还原（SCR）、余热回收（WHR）、清洗除硫（Scrubber）、微粒捕集（DPF）、二级增压等节能减排技术在船用低速柴油机上应用已经没有太大的技术难度。随着更为严格的排放要求的实施，尾气后处理装置也将迎来更大的市场空间。MAN、Wartsila、三菱重工、现代重工等国外先进主机企业均具备船用低速机和后处理装置集成供货服务，或者是尾气后处理装置加改装服务，以提高产品的市场竞争力。

表 2-2-9   MAN 公司 IMO Tier Ⅲ技术措施（四冲程柴油机）

技术方案	原机排放水平	机内措施	机外措施	排放水平	燃油	
					排放控制区	非排放控制区
方案 1	IMO Tier Ⅱ	高压共轨+单级增压	SCR	IMO Tier Ⅲ	MGO	HFO
方案 2	IMO Tier Ⅱ	高压共轨+两级可变增压	SCR	IMO Tier Ⅲ	MGO	HFO
方案 3	IMO Tier Ⅱ	高压共轨+两级可变增压+多次喷射+EGR	—	IMO Tier Ⅲ	MGO	HFO

需要指出的是，对于究竟采用何种技术满足 IMO Tier Ⅲ的排放标准，业界尚无定论。但可以肯定的是，成本成为影响不同技术推广的最主要因素，船东应结合船舶的使用特点（船舶类型、工作区域、燃料价格等），综合考虑一次性投入成本和后期运营成本，来决定采用何种方案。

2. 双燃料或气体燃料技术成为重点研发方向

相对于传统船用燃料，天然气在价格和排放方面有显著优势（图 2-2-14）。随着环保和经济性需求的不断提高，双燃料技术正在向船用发动机领域拓展。

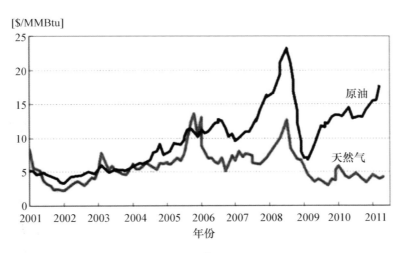

图 2-2-14   原油和天然气价格走势

目前，双燃料中高速机的相关技术已较为成熟，并在实际使用中取得了较好的效果，为了迎合天然气燃料的推广和应用，三巨头纷纷加快了双燃料低速机的研发和市场化步伐（表 2-2-10）。

表 2-2-10　三大专利商双燃料低速机主要参数

公　司	柴油机型号	单缸功率/千瓦	缸径/毫米	冲程/毫米	平均有效压力/帕	转速/（转·分$^{-1}$）
MAN	S80ME-C9-GI	4 510	800	3 450	20.0	72~78
	S80ME-C8-GI	4 500	800	3 200	20.0	72~84
	S70ME-C8-GI	3 270	700	2 800	20.0	77~91
Wartsila	RT-flex50-D	1 745	500	2 050	21.0	—
Mitsubishi	UEC-LSGi	—	600	—	—	—

　　MAN 在双燃料低速机的发展上相对较快，并已推出相应机型。现代重工和三井造船纷纷表示，他们将进行以 ME-GI 原理为基础的现有生产机型向 ME-GI 机型的临时转换。2012 年 11 月 9 日，经过一系列成功测试后，现代重工正式发布了第一台 8S70ME-GI 双燃料低速发动机，此举也证实了基于 ME 机型建造 ME-GI 机型的可行性；三井造船则宣布，将在 2013 年二季度转换一台 6S70ME-GI 发动机。

　　更具重大意义的是，2012 年 12 月，MAN 宣布将为 TOTE 航运公司的两艘 3100TEU 集装箱船提供 2 台 8L70ME-GI 双燃料低速机。该合同的签署，正式开启了低速机的双燃料时代（图 2-2-15）。

主机类型	双燃料低速机
主机型号	MAN 8L70ME-C8.2-GI
主机 MCR	25.2 兆瓦/（104 转/分）
主机 NCR	21.4 兆瓦/（98.5 转/分）
辅机	3 台双燃料中速机

图 2-2-15　TOTE 3100TEU 集装箱船

　　另一巨头 Wartsila 也在有条不紊地推进低速双燃料机的研制工作，首台双燃料低速试验机于 2011 年第一季度，在 Wartsila 的意大利研发工厂安装就位；2011 年 7 月 19 日，进行了首次天然气运行，目前的实验数据表明，其排放可以满足 Tier Ⅲ 标准。

三菱重工也在 2012 年推出了其双燃料低速机计划，具体目标是在 2014 年 3 月底前在单缸机上完成初步试验。然后进行双燃料运行能力的验证试验，最终于 2015 年向市场推出缸径为 600 毫米，功率覆盖范围为 11～18 兆瓦的双燃料低速机。

四、我国船用柴油机技术发展现状及主要问题

(一) 技术发展现状

通过早期的基础投入和技术引进，我国基本建立了较完善的船舶动力产业体系，可制造各类低、中、高速船用柴油机，能够满足内河船、近海船和绝大部分远洋船的装船需求。此外，经过多年的引进、消化和吸收，现已研制生产了一批具有自主知识产权的柴油机产品，我国当前正从"专利引进"向"自主研发、自主品牌"的目标快速前进。

2015 年 12 月，我国推出了首款自主品牌船用低速机 6EX340EF。6EX340EF 小缸径船用低速柴油机采用了国际先进的电控及燃油共轨系统，关键指标赶超了同等规格小缸径低速柴油机国际先进技术水平，具备可靠性高、大修期长、维修便捷等优良服务品质，满足了小型集装箱船、5 万吨以下散货船和油船等内贸船型的动力需求。

上海船用柴油机研究所于 2008 年正式启动了国内首台具有自主知识产权的 6CS21/32 船用中速柴油机研制项目，历经 3 年最终完成了产品的研发、设计、制造、验证，通过了中国船级社认证。该产品具有显著技术优势和特点，技术指标先进，全负荷下具有良好的经济性，燃油消耗率优于现有国际先进产品；排放满足国际海事组织 Tier Ⅱ 要求，并低于限制值 15% 以上，同时 6CS21/32 具有满足下一阶段国际海事组织 Tier Ⅲ 要求的潜力。此外，该机型设计基于国内材料和制造工艺水平，首台机零部件国产化率达到 60% 以上，批产后国产化率将能达到 90% 以上。

广州柴油机厂目前正积极推进 G26、16VG32、230SG、230DF、CS21/32 中速机的研制和产业化，同时，开展大功率中速柴油机高压共轨技术的

研究和开发工作，研究满足国际海事组织 Tier Ⅲ 的船用柴油机 NO_X 排放的机内控制技术和后处理技术。

（二）存在的问题

1. 产业集中度低，高端产品制造能力不足

目前，我国拥有的船用低速机企业总产能超过 1 300 万马力，但是国内单个企业规模不大，沪东重机和大连船柴产能均只有 200 万马力，分别占总产能的 15%，产业集中度远低于日、韩水平。日本拥有船用低速机企业 5 家，其中三井造船产能超过 500 万马力，占到其国内产能一半左右。韩国拥有船用低速机企业 3 家，其中现代重工和斗山产能分别是 1 500 万马力和 1 200 万马力。

虽然国内船用低速机生产能力大幅提升，但是产品多集中在一些常规机型，对于性能和质量要求较高的大型集装船箱船低速机，诸如 80 机、90 机等大功率低速柴油机，国内企业批量生产能力不足。根据 2011 年我国典型船舶配套设备装船率调研结果，国内 4 250 TEU 以上的大型集装箱船主机基本都是进口。

2. 二轮配套能力不足，制约产业竞争力提升

近年来，我国船用低速柴油机企业在与韩国企业的市场竞争屡屡受挫，大批订单拱手让人。其中，一个重要原因是韩国企业的报价通常比国内企业低 10% 以上。造成这一现象的根本原因在于，我国船用低速柴油机二轮配套能力不足，缺乏一批专业化、规模化二轮配套供应商，导致国内主机企业在采购成本控制、配套成本分担、配套产品质量上得不到保证，制约我国船用低速机产业竞争力提升。如曲轴虽然实现国产化批量生产，但是存在产品谱系不全，产能不足的问题，部分曲轴还要依赖日、韩进口；ME机电喷液压缸单元、液压动力供给单元及蓄压器，RT-flex 机喷油器、燃油泵、供油单元以及共轨单元等仍需大量进口；活塞环、薄壁瓦、链条、排气阀杆、增压器、防爆阀、油雾探测装置、电子调速器等部套件国内生产空白，基本依赖进口。据了解，国内骨干柴油机企业就有 30% 喷油器、燃油的配件需要进口；部分新兴民营主机厂从韩国进口的配套产品甚至高达主机价值的 80% 需要进口。

3. 自主创新能力不足，技术压力不断加大

长期以来，国内企业依赖许可证生产，侧重制造工艺的研究与应用，对基础技术研究投入不够，导致研发基础较为薄弱，自主创新能力不足。无论是在关键配套设备研发上，还是在整机技术研发上，国内企业与日、韩都存在差距。由于自主研发能力落后，我国主机企业对专利技术体系贡献较少，行业话语权不强，在国际竞争中处于不利地位，发展陷入恶性循环，与日、韩差距不断加大。当今，低碳低排放已成为船用柴油机技术发展的重要方向，如双燃料发动机技术成为研发热点，废气再循环（EGR）、余热回收（WHR）和选择性催化还原（SCR）等尾气后处理技术上也将得到广泛应用。日、韩企业在相关技术研发上就走在我国前面，如现代重工已开发出 SCR 系统，并于 2012 年 7 月接获一份订单，为美国 3 钻井船安装 18 套 SCR 系统；同时，现代重工还在进行 ERG 系统研发等。而我国企业在相关领域研究较少，未来发展面临的技术压力也将不断加大。

五、我国船用柴油机技术发展战略

（一）发展思路

紧密围绕我国船舶工业由"大"变"强"的目标，结合我国船舶配套产业发展的总体思路，以及船舶动力系统发展的具体要求，顺应船用柴油机技术发展趋势，以提升我国船用低速柴油机产业整体国际竞争力为目标，以市场需求为导向，以产业结构调整和优化升级为主线，以新机型和智能机型研发及配套为重点，坚持技术引进与自主研发相结合的发展模式，走"专业化"之路，着力优化产品结构、提升产业层次，确保优势做强、劣势做优、空白突破，为我国船用柴油机产业做大做强提供有力支撑。

（二）发展目标

大力发展船舶传统动力系统升级技术，新型动力系统研制和集成技术，2025 年，形成完善的船用柴油机设计、建造、设备供应、技术服务产业体系和标准规范体系，拥有五家以上国际知名制造企业，部分领域设计制造技术国际领先，高技术船舶和绿色船舶动力系统自主配套率达到 80%。

（三）发展重点

1. 船用柴油机清洁燃料技术

　　利用天然气、石油气、甲醇、乙醇等清洁燃料，开展清洁燃料在船舶柴油机中的可靠和高效燃烧技术研究，大幅度降低船舶柴油机有害物排放，以满足国内外法规对船舶柴油机排放氮氧化物（NO_X），硫氧化物（SO_X）和二氧化碳（CO_2）等日益严格的要求。清洁燃料与传统柴油燃料相比，化学成分、热值、燃烧特性、放热规律等物理和化学特性有着非常大的差异，现有柴油机设计需要进行针对性改造，才能可靠和高效燃烧清洁燃料，重点需要对船舶柴油机使用清洁燃料时的燃烧室结构、供清洁燃料规律、过量空气系数选择、增压压力确定等以及相互之间优化组合、工作过程智能控制、监测安保和动力特性进行研究。

2. 船用柴油机预混合燃烧技术

　　传统柴油机沿用了燃油加快蒸发和混合，提高燃烧速率，核心是扩散燃烧，整个燃烧温度高，在不断提高燃烧效率的同时，氮氧化物也不断增加。而预混合燃烧技术是在着火之前，将全部柴油喷入气缸内，形成相对均匀而稀薄的预混合气，压缩比设置到保证最低压燃的需要值，保证着火相位在压缩上止点附近，其燃烧过程快速低温，燃烧均匀和充分，燃烧热效率较高，低温限制燃烧过程氮氧化物生成。重点需要对低压压缩冲程中实现全部柴油燃料与缸内空气的充分和均匀混合、最低压燃压缩比结构和随负荷变化控制开展研究。

3. 船用柴油机减摩技术

　　船舶柴油机活塞-缸套、轴承-轴颈、齿轮副以及配气机构等运动副中，接触表面的拓扑形状与材料匹配方法对运动副接触表面的应力、润滑及摩擦磨损具有重要影响，进而影响振动噪声、接触副的摩擦强度、零部件运行寿命和摩擦能耗等，开展船舶柴油机高承载接触副减摩减振技术研究，对整机经济性、NVH和可靠性的提高具有重要意义。以大功率船舶柴油机高承载接触副减摩减振为目标，开展接触副表面形貌和材料工艺匹配的统一技术研究，研究高承载接触副表面材料匹配及处理技术，研究高承载接触副型面拓扑设计方法，通过研究掌握接触表面材料工艺和形貌特征协同设计方法，降低接触面摩擦和振动。

4. 船用柴油机高效能量回收利用技术

目前船机余热能利用限于加热燃料、给水及舱体，其余热利用效果甚微。发展将余热能转化为可直接利用的机械能或电能的余热回收技术，对于提升船用柴油机热效率意义重大。国外已逐步开展基于动力涡轮、朗肯循环等技术的船机余热利用研究工作，并取得了明显收益；国内研究处于初期阶段，与国外差距明显。因此，我国应加快能量回收利用技术的基础研究和在船机应用上的关键技术研发。涉及主要技术包括：加装动力涡轮的排气余压能回收技术、后接蒸汽或有机朗肯循环的余热能回收技术、燃料催化重整制氢技术以及将余热能回收同发动机循环耦合的新型缸内循环技术。

5. 船用柔性涡轮增压技术

根据发动机运行工况与节能减排目标，可实现匹配点精准、平稳、快速转换的涡轮增压系统及部件调节技术与流动控制方法，主要涵盖增压系统调节与部件流动控制两个方面。目前国内外船用增压主要基于固定几何或粗犷调节的增压技术，难以适应未来船用动力增压需求，而船用柔性增压相关技术仍处于研究探索起步阶段。具体技术方向包括：可实现增压器与发动机运行工况解耦的电气化增压系统；可实现全工况匹配的多增压模式集成增压系统；可实现快速、平稳切换的复杂多级增压系统控制技术；可实现运行范围宽广变化的变几何涡轮与压气机主动流动控制方法。

6. 船用柴油机低温燃烧与高效循环技术

随着船用柴油机排放法规的日益严格，如何有效降低船用柴油机的 NO_X 排放，已成为船舶柴油机研究的热点问题。目前，船舶柴油机 NO_X 排放控制所采用大 EGR、SCR 等技术存在柴油机油耗升高或成本大幅增加的问题，很难同时实现减排和节能。开展大功率船舶柴油机中低负荷工况基于高 EGR 率的低温燃烧组织技术、高增压与米勒高效循环技术等方面研究，掌握满足 Tier III 排放标准柴油机设计方法，实现船舶柴油机 NO_X 排放下降 80% 以上达到 Tier III 排放标准，油耗基本不增。为高功率密度、低污染排放柴油机产品开发提供技术支持，实现产品和技术水平的跨越式发展。

7. 船用柴油机低振动、隔振和消声技术

近年来，国际新公约、法规对船上振动与噪声防护要求不断提升，将机舱噪声限值从 110 分贝（A）降低到 105 分贝（A），如此一来，将对我国船舶及其配套的设计制造企业产生重要影响。轮机机舱是船舶最主要的振动噪声源，为适应新规范要求，降低船舶舱室（住舱和机舱）噪声，从振动噪声源头（轮机机舱）入手，针对船舶发动机推进装置，利用发动机装置的低振动噪声设计方法和控制措施，突破振动和噪声的控制方法，建立发动机低振动设计、隔振与消声技术能力，为船用柴油机推进装置奠定技术基础，提升船舶的规范适应性和市场竞争力，促进我国船舶动力技术发展、产业升级和转型。

8. 船用柴油机多燃料适应性技术

为满足法规对氮氧化物（NO_X）、硫氧化物（SO_X）和二氧化碳（CO_2）的要求，同时考虑到综合成本的优势，使用天然气（LNG）等清洁燃料的船用低速发动机将得到越来越广泛的应用，甲醇和液化石油气（LPG）作为燃料也会有一定的需求。预计到 2019 年，全球 LNG 动力低速机需求将达到 580 万马力，占全球低速机需求总量的 18%。因此，需加快开展低速发动机多燃料适应性技术研究，包括燃料供应技术、燃料燃烧组织技术、控制技术和监控安保技术等，在未来的技术和市场竞争中，占领优势地位。

（四）发展建议

1. 加大科技创新资金投入

建立多渠道投入机制，支持船用动力系统和设备的研发与创新，拓展投资谱系。进一步加快船用柴油机领域智能制造、数字化车间（工厂）、智能工厂等科研创新项目的实施，设立专项资金经费开展持续性支持。加快船用柴油机及其有关重件等重大装备国产化研制计划，制定战略发展规划，设立专项经费支持，突破关键技术瓶颈，增加国内自主供给能力。加大对船舶动力系统和设备首台套国产化设备应用支持力度，对成熟产品减少同类设备进口，促进产业优化升级。

2. 加大行业金融政策支持

进一步加大政策性融资支持力度，落实融资渠道，降低融资成本，帮

助企业解决燃眉之急。规范财政补贴制度，推动补贴重点由投资、生产环节转为研发创新、节能环保与消费环节，推广后补助和后评价制度。完善国有资本收益金分享机制，更多用于支持国有制造业企业技术创新和转型升级，调整结构和布局。

3. 推动二轮配套企业能力和水平进步

通过支持重点企业、重点产品布点发展，构建起船用低速柴油机二轮配套体系；支持重点二轮配套企业完成重点零部件国产化任务；建立以骨干企业为核心的产业链；支持船用低速柴油机主要二轮配套产品集约和集聚发展；国家通过设立"船舶动力关重件技术创新工程"等重大科研专项，加大研发资金投入，在政府引导下，利用行业优势企业和专业机构研发力量，有计划地、长期地支持核心部件国产化研制和创自主品牌，突破关键技术，替代进口。

4. 推动提高产业集中度

通过政策引导，市场运作，以优化结构为主线，促进产能总量与市场需求、环境资源相协调，产业集中度和产能利用率达到合理水平。按照"优势互补，合作共赢"的原则，支持开展专业化重组和资源整合，提升核心竞争力和整体优势。

5. 支持参与国际规则的制定

加强与国际组织、主要造船国家的合作与交流，积极参与国际规则与造船规范标准的制修订；鼓励企业、科研院所与国外相关机构开展联合设计和技术交流；对有能力竞争参与研究制定国际新公约新规范新标准的企业加大政策和资金支持。

附表 绿色船舶评价指标体系中的环境协调性

名称	属性	阶段	指标内容
环境协调性	环境属性指标	船舶建造	大气排放物：焊接粉尘、喷砂粉尘、漆雾粉尘、有机废气（二甲苯等） 水排放物：生产废水（舾装含油废水、一般性生产废水、酸碱废水）、生活污水 固体废弃物：工业固体废弃物（废焊材、废钢材、废油漆漆渣、废油渣）、生活垃圾 噪声污染：生产施工噪声
		船舶营运	大气排放物：氮氧化物（NO_x）、硫氧化物（SO_x）、二氧化碳 水排放物：生活污水、机舱含油水、压载水 固体废弃物：船舶垃圾 噪声污染：设备运行振动 防污底系统：对海洋生物的侵害
		船舶废弃	大气排放物：气割废气、氟利昂、施工粉尘 水排放物：设备的含油废水、压载水、洗舱水、机舱含油污水 固体废弃物：电石渣、废机油、废油渣、油泥、石棉、剥落的油漆和涂装碎片、重金属（废旧电池、汞、锰、镉）、废电缆、聚氯乙烯、铜管、旧仪表、木材 噪声污染：拆船时的噪声
	资源属性指标	船舶建造	船体钢材重量、材料利用率、材料循环利用率、废材料回收率、有害涂料比例、消除臭氧净化器使用比例、保温制冷材料有害比例
		船舶运营	环保设备利用率、高效设备利用率
		船舶废弃	船舶可拆解率、零部件重用比例、废旧材料回收、环保设备使用率
	能源属性指标	船舶建造	可再生能源利用、高效能源利用
		船舶运营	可再生能源利用、主机小时能源消耗、能源循环利用
		船舶废弃	可再生能源利用、高效能源利用

主要参考文献

大船船务:拆船"新军"心向绿色[EB/OL].[2014-03-03].http://china.shipe.cn/Info/435209/Index.shtml.

何育静.2008.我国船舶配套业国际竞争力分析[J].造船技术,(6):1-4.

蒋贵全,李彦庆.2009.技术创新与船舶工业竞争力[J].舰船科学技术,31(3):17-20.

李碧英.2008.绿色船舶及其评价指标体系研究[J].中国造船,49(183):27-29.

李彦庆,韩光,张英香,等.2003.我国船舶工业竞争力及策略研究[J].舰船科学技术,25(4):61-63,66.

李源.2013.绿色船舶未来方向[J].中国船检,(12):70-74.

唐磊.2011.我国海洋船舶产业安全评价及预警机制研究[D].青岛:中国海洋大学.

赵桥生,张铮铮.无压载水舱船舶的研究进展[J].舰船科学技术,2009,31(7):17-19.

中国船舶工业年鉴编辑委员会.2002—2012.中国船舶工业年鉴[M].中国船舶工业行业协会.

中国船舶工业行业协会.2007.船舶工业产业安全状况调查报告[R].中国船舶工业行业协会.

中国船舶工业行业协会.2009.我国船舶产业竞争力评价.我国重点产业竞争力评价及战略性产业清单——船舶产业篇.

DET NORSKE VERITAS. 2012. Research & Innovation Report[R]. Germany DNV.

DNV展望2020年的绿色船舶前沿技术[EB/OL].[2014-07-30].http://www.chinaship.cn/marinetech/2014/0730/250.html.

National Research Council. 2011. Critical Infrastructure for Ocean Research and Societal Needs in 2030[M]. Washington D C：The National Academy Press.

Ronald O'Rourke. 2012. Coast Guard Deepwater Acquisition Programs：Background, Oversight Issues, and Options for Congress[R]. U. S. Congressional Research Service.

编写组主要成员：

吴有生　中国船舶重工集团公司第七○二研究所,中国工程院院士

张信学　中国船舶重工集团公司第七一四研究所,副所长、研究员

赵　峰　中国船舶重工集团公司第七○二研究所,副总工程师

汤　敏　武汉船用机械有限责任公司，副总经理

范建新　中国船舶重工集团公司第七一一研究所，副总工程师

张爱峰　中国船舶重工集团公司第七〇二研究所，高级工程师

王传荣　中国船舶重工集团公司第七一四研究所，高级工程师

曾晓光　中国船舶重工集团公司第七一四研究所，工程师

苏　强　中国船舶重工集团公司第七一四研究所，工程师

胡发国　武汉船用机械有限责任公司，研究员

杨立华　中国船舶重工集团公司第七〇二研究所，高级工程师

陈　琛　武汉船用机械有限责任公司，工程师

课题三　我国海洋能源工程发展战略

课题组主要成员

组　长	周守为	中国海洋石油总公司，中国工程院院士
副组长	曾恒一	中国海洋石油总公司，中国工程院院士
	陈　伟	中国海洋石油总公司、教授级高工
	邓运华	中国海洋石油总公司，中国工程院院士
	罗平亚	西南石油大学、中国工程院院士
成　员	李新仲	中海油研究总院，教授级高工
	李清平	中海油研究总院，教授级高工
	张厚和	中海油研究总院，教授级高工
	谢　彬	中海油研究总院，教授级高工
	朱海山	中海油研究总院，教授级高工
	范　模	中海油研究总院，教授级高工
	周建良	中海油研究总院，教授级高工
	张　理	中海油研究总院，教授级高工
	黄　鑫	中国海洋石油总公司，高工
	付　强	中国海洋石油总公司，高工
	程　兵	中海油研究总院，高工
	朱小松	中海油研究总院，高工
	詹盛云	中海油研究总院，高工
	喻西崇	中海油研究总院，高工
	张恩勇	中海油研究总院，高工

谢文会　　中海油研究总院，高工

姚海元　　中海油研究总院，高工

许亮斌　　中海油研究总院，高工

第一章　我国海洋能源工程发展战略需求

占地球表面积约 70.8% 的海洋是人类赖以生存的资源宝库，这一资源丰富、开发潜力巨大的空间，将成为人类未来重要的能源基地。

对海洋特别是深海的探测和太空探测一样，具有很强的吸引力和挑战性。积极发展海洋高新技术，占领海洋能源勘探开发技术的制高点，开发海洋空间及资源，从海洋获得更大的利益是世界各国的重点发展战略，也是我国必须面对的历史使命。

一、国家安全和能源安全　　▶

（一）我国油气供需矛盾突出，对外依存度不断攀升

我国经济的持续快速增长，使能源供需矛盾日益突出，国内石油产量已难以满足国民经济发展的需求。我国油、气可采资源量仅占全世界的 3.6% 和 2.7%，而我国的油气消耗量占到世界第二位。进入 21 世纪以来，世界经济进入新的发展周期，各国对石油天然气资源的需求持续上升。面对巨大的能源需求，世界范围内的油气产能建设和油气生产却相对不足，特别是我国在当前经济快速发展的情况下，石油供应不足已成为突出问题，国内石油产量已难以满足国民经济发展的需求。

中国自 1996 年成为原油净进口国以来，国内经济的迅速增长带动原油需求的持续增加。根据《2013 年国内外油气行业发展报告》，2013 年我国原油表观消费量升至 4.87 亿吨，石油和天然气的对外依存度分别达到 58.1% 和 31.6%，天然气对外依存度首次突破 30%。2014 年我国原油净进口量达到 3.1 亿吨，而当年全国石油产量为 2.1 亿吨，进口量远超产量，对外依存度高达 60%。在国内产量增长乏力的背景下，原油需求缺口的扩大导致对外依存不断攀高。同时国内油气生产还表现出后备资源储量不足的

矛盾。据中国工程院《中国可持续发展油气资源战略研究报告》，到 2020 年我国石油需求将达 4.3 亿~4.5 亿吨，对外依存度将进一步不断攀升。石油供应安全被提高到非常重要的高度，已经成为国家三大经济安全问题之一。

据预测，全球资源需求的高峰将出现在 2020 年，在此前将发生第三次能源危机。我国资源需求的高峰也将出现在 2020—2030 年。根据《国家中长期科学和技术发展规划纲要（2006—2020 年）》提出的要求，未来 10 年的能源战略目标是满足持续快速增长的能源需求和能源的清洁高效利用。我国海洋自然条件优越，资源丰富。充分发展利用海洋资源，向海洋拓展生存与发展空间，缓解国民经济发展中的资源瓶颈制约，对海洋科技的发展提出了新的任务。维护国家海洋权益，加快海洋经济增长方式转变，保障海洋资源可持续利用，保护海洋生态环境，防灾减灾，实现沿海地区经济建设与生态环境保护协调发展，迫切需要海洋科技的支撑、服务和引领。所以切实把握国际海洋科技迅速发展的态势和我国建设创新型国家的重要机遇，大力发展海洋科学技术，实现海洋能源早日开发利用，保障我国石油供应，实现能源与环境的和谐发展已经成为保障国家能源安全的重要战略。

（二）近海已经成为我国石油产量主要增长点

根据新一轮全国油气资源评价结果，我国近海石油地质资源量为 107.4 亿吨，天然气地质资源量为 8.1 万亿立方米。经过近 50 年的勘探开发，我国近海石油已经具备了坚实的物质基础、技术保障和管理体系。截至 2012 年年底，中国近海已探明石油储量 36.7 亿吨，三级石油储量 67.6 亿吨；已探明天然气储量 6 527 亿立方米，三级天然气储量 16 709 亿立方米。经历了早期的自营勘探开发和 20 世纪 80 年代开始的对外合作以及合作与自营并举的大发展，我国海洋石油工业取得了显著成绩，"十一五"期间我国石油的增量主要来自于海上。截至 2012 年年底，已投入开发的油气田 88 个（油田 80 个，气田 8 个），动用石油地质储量 26.1 亿吨，动用天然气地质储量 4 450.2 亿立方米，累积产油 5.3 亿吨，累积产气 1 365.8 亿立方米，建成海上大庆。

同时陆地油田经过长期勘探开发，大部分已进入勘探开发后期，受勘探资源枯竭以及油田开发规律的影响，陆地油田产量增长难度较大，不仅如此，大庆油田、胜利油田等陆地典型老油田的产量已进入递减阶段。图 2-3-1 给出了 1971—2013 年全国石油产量构成柱状图，全国石油产量整体上呈稳步增长的趋势，自 1990 年以来，全国石油增长总量的 60% 来自中海油。我国近海油气资源丰富，勘探开发程度远低于陆地，尚处于蓬勃发展期，近海油气田将是我国油气产量的主要增长点。

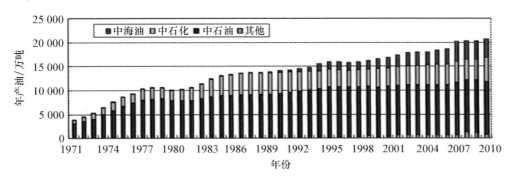

图 2-3-1 全国石油产量构成柱状

当前中海油年产油当量规模在 5 000 万吨，根据中海油发展规划，到 2030 年国内海上将建成 1 亿吨油气当量年产规模，到 2030 年将增加 1 倍的产能，届时近海油气产量在我国石油产量构成中的比重将更加突出，近海油气对我国国民经济的支撑作用将更加凸显。

（三）深水是我国海洋能源开发利用的重点领域

渤海、南海和东海我国的疆域内拥有丰富的油气资源和海洋资源。由于有的海域主权争议等原因，我国目前对其开发总体上处于初级阶段，而周边部分国家的大肆开采由来已久，严重侵害了我国海洋权益。另外，随着我国经济的不断发展，对能源需求不断增长，油气对外依存度不断增大，已影响到国家战略安全。因此，制定我国近海油气资源开发战略，对于捍卫我国国家领土主权、保障我国能源安全具有重要意义。

我国是海洋大国，传统海域辖区总面积近 300 万平方千米。以 300 米水深为界，浅水区面积约 146 万平方千米、深水区面积约 154 万平方千米。其中，南海、东海、黄海与周边国家主权争议区面积达 187 万平方千米，态势不容乐观。

深水是世界海洋能源开发主战场和科技创新的前沿，也是我国海洋能源发展的主要方向。南海海域总面积 350 万平方千米，我国传统疆界内石油地质储量为 164.39 亿吨、天然气地质资源量为 14.029 万亿立方米，油当量资源量约占中国总资源量的 23%，油气资源潜力巨大；其中 300 米以深深水区盆地面积 58.18 万平方千米，石油地质储量为 83.04 亿吨、天然气地质资源量为 7.493 万亿立方米。目前我国在南海的油气勘探主要集中在北部 4 个盆地，面积约 36.4 万平方千米。

自 1968 年起，特别是从 20 世纪 70 年代以来，一些周边国家针对南海开始提出主权要求，纷纷抛出各自声称的边界，而且其声称的疆界范围部分重合，争议区面积达 141.9 万平方千米，占南海我国传统疆界面积的 71%；无争议区面积仅 59.0 万平方千米，占我国传统疆界面积的 29%。

周边国家竞相蚕食国我传统海区，不断采取实际行动侵占我国南沙岛礁，据不完全统计，我国南沙海域共有 180 余个岛、礁、滩及暗沙，我国仅控制 8 个，包括台湾所管辖的太平岛。而越南侵占 32 个，马来西亚侵占 9 个，菲律宾侵占 10 个，文莱宣称拥有南沙群岛中南通礁之主权，但未驻军。印度尼西亚未宣称拥有任何南沙群岛的岛礁，但印度尼西亚最大油田位于纳土纳群岛 200 海里经济专属区的东北部，与南沙群岛的 200 海里经济专属区有重叠之处；他们加紧寻求侵占的法理依据和政治支持，抛出各种否定中国主权的解决方案，并企图使美、日等地区外大国卷入以遏制中国的行动，妄想使南沙问题国际化，企图迫使我放弃主权和合法权益。更有甚者，它们纷纷引进外资大肆掠夺南海油气资源。周边国家在南海大规模油气勘探始于 20 世纪 50 年代中期，特别是 70 年代以来，越南、印度尼西亚、马来西亚、文莱、菲律宾等国采用产量分成合同模式吸引外国石油公司投资，勘探开发活动遍及整个南沙海域陆架区，并延伸至我国传统疆界线以内。据不完全统计，截至 2008 年年底，周边国家在南沙海域累计完成探井 1 390 口、开发井 2007 口；已发现油气田 283 个，累计获得石油地质储量 55.84 亿吨、天然气地质储量 5.866 万亿立方米；累计生产石油 8.68 亿立方米、天然气 0.533 亿立方米，油当量合计 14.11 亿立方米；现有平台 557 座，骨干管线 497 条，长度 15 264 千米。以 2005 年产量为例，当年生产石油 2 900 万立方米、天然气 473 亿立方米，油当量合计 7 630 万立方米。近年来，南海深水油气资源日益受到重视,周边国家已钻深水探井 111 口,发现深水油气田 19 个,获得石油地质储量 10.3 亿吨、天然气地质储量 0.23 万亿立方米;目前已有 4 个深水油气田投入开发。可见,周边国家在南海已开展了大量的油气勘探开发活动,并已经形成现实的生产能力,对我国传统疆界内的油气资源盗采严重。

同时南海战略位置十分重要,既是太平洋和印度洋海运的要冲,又是优良的渔场,并蕴藏着丰富的油气资源,在我国交通、国防和资源开发上都具有十分重要的地位。

在东海(图 2-3-2),日本正在上演一出公然侵占我国钓鱼岛的闹剧。对东海问题,在外交许可情况下,可先在日方声称的所谓"中间线"以西地区,先外后内勘探,部署海上开发平台,宣示主权,在日方声称的所谓"中间线"以东地区,做好充分准备,抢抓机遇,快速实施海上作业,开拓新局面,在开发油气资源的同时,捍卫我国的海上主权。针对南海问题,以近海油气开发为支撑,加快提升我国深水油气开发技术,将近海油气开发的技术、经济、外交、政治等经验,充分应用到南海深水资源开发中去,在获取资源的同时,实现维护南海主权的重任。

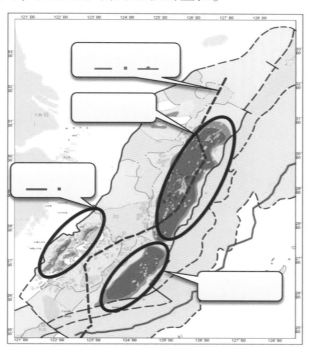

图 2-3-2 东海盆地油气分布

（四）开发利用海洋能这一可再生资源是实现海洋绿色环保可持续发展的有效途径

海洋能是可再生能源，具有很多优越性，如清洁、环保、取之不尽、用之不竭以及不占用宝贵的陆地空间。海洋能发电在海洋油气、海洋矿产资源开发、孤立海岛开发等领域具有显著优势。全球海洋能总量约有 9.0×10^5 太瓦·时/年，远大于 2004 年的全球发电量 1.74×10^4 太瓦·时/年。如何合理地开发利用海洋能资源，保护海洋环境，将成为人类求生存、求发展的基本策略。其中海洋温差能储量巨大，占地球表面积 70.8% 的海洋是地球上最大的太阳能存储装置，体积为 6 000 万立方千米的热带海洋的海水每天吸收的能量相当于 2.45×10^{11} 桶原油的热量。按照现有技术水平，可以转化为电力的海洋温差能大约为 10 000 太瓦·时/年，在多种海洋能资源中，其资源储量仅次于波浪能，位于第二。此外，海洋温差能还具有随时间变化相对稳定的特性。因此，利用海洋温差能发电有望为一些地区提供大规模的、稳定的电力。

800 米以下的海水温度一般恒定在 4℃ 左右，因此海洋温差能的资源分布主要取决于海水的表层温度，而海洋表层海水温度主要随着纬度的变化而变化，低纬度地区水温高，高纬度地区水温低，赤道附近太阳直射多，海域表层温度可达 25~28℃，与深层海水间的最大温差可达 24℃，是海洋温差能资源蕴藏最为丰富的地区。

从中国海南省南面经东沙群岛南段至台湾省东岸以北的区域，海水表层温度常年在 24℃ 左右，但由于水深一般在 200~500 米，海水表深层温差在 10℃ 左右，不具备可开发的温差能资源；而南面的海域水深陡然达到 1 000 米 以上，海水表面温度常年在 26℃ 左右，海水表深层温差约为 20℃，具有非常优越的可开发海洋温差能资源，可以作为近期温差能开发主要的目标地区。例如：在距离我国海南岛东南部沿海地区（主要包括三亚市、陵水市和万宁市）100 千米以内的海域，以及距离我国台湾岛东海岸的陆地城市（由南至北分别是屏东县、台东县、花莲县、宜兰县）25 千米以内的海域，都存在水深超过 1 000 米的区域。这些地区非常适合建设温差能发电站。我国西沙、中沙和南沙群岛所在海域同样具备温差能开发的条件。西沙群岛附近水深 1 500~2 000 米，海水表深层温差 22℃；中沙群岛附近水深

4 000 米，表深层海水温差 22℃；位于我国南海最南端的南沙群岛附近水深在 2 000～3 000 米，表层水温接近 30℃，表深层海水温差 26℃。西沙群岛有较多常住人口，需要淡水和电力的供应，且距离大陆位置相对较近，适宜在近期开发温差能资源；而中沙、南沙以及南海其他地区可以作为温差能开发的远期规划目标。

二、维护国家海洋权益是保障国家安全的重要战略　▶

我国是海洋大国，传统海域辖区总面积近 300 万平方千米。以 300 米水深为界，浅水区面积约 146 万平方千米、深水区面积约 154 万平方千米。其中，南海、东海、黄海与周边国家争议区面积达 187 万平方千米，态势不容乐观。

渤海、南海和东海我国的疆域拥有丰富的油气资源和海洋资源。我国目前对其开发总体上处于初级阶段，而周边部分国家的大肆开采由来已久，严重侵害了我国海洋权益。另外，随着我国经济社会的不断发展，对能源需求不断增长，油气对外依存度不断增大，已影响到国家战略安全。因此，制定我国近海油气资源开发战略，对于捍卫我国国家领土主权、保障我国能源安全具有重要意义。

遵照党的十八大提出的"海洋大开发"的重大决策，必须拓展我国经济发展的战略空间，"大力发展深海技术，努力提高深海资源勘探和开发技术能力，维护我国在国际海底的权益"。

海域划界是主权之争，主权的背后是资源问题。海洋是世界各国在未来争相瓜分的现实地理空间，在瓜分海洋这人类最后一块共同领域的争斗中，"下五洋捉鳖"具有不亚于"上九天揽月"的重要战略意义。维护国家海洋权益是保障国家安全的重要战略。

在海洋油气发展蓝图中，2020 年油气总产量达到 7 000 万吨，2030 年，油气总产量达到 1 亿吨。坚持"以近养远"、"以近促远"的发展方针，科学高效地推动近海油气增储上产，可为海洋油气勘探开发"向远、向深、向外"发展夯实经济基础、提供战略支撑。

尽快开展利用深水能源是海洋经济发展的重中之重，对有效缓解我国能源供需矛盾具有重要的现实意义和战略意义。

三、海洋能源开发迫切需要创新技术驱动 ▶

(一) 近海边际油气田和稠油油田需要高效、低成本创新技术

当前我国近海油气田主要产量来自渤海，渤海油田现有在生产油气田42个，于2010年成功上产3 000万吨，成为国家重要的能源基地。渤海已初步完成了南、北两个区域管网建设，北部以绥中36-1原油终端为支撑，保证了辽东湾区域1 000万吨原油的储存和外输需求；建成了连接葫芦岛、营口仙人岛两个天然气终端的骨干管网，为稳定地域供气提供了保障。南部建成连接渤西和龙口天然气终端的骨干管网，实现了天然气的平衡供给，解决了油田伴生气的排放问题。正在建设的以东营终端为依托的渤南区域输油管网，将确保该区域1 500万吨规模的原油储存与外输。区域管网的形成为渤海油田一体化开发建设提供了坚实保障。

至2009年年底，中国海上已发现原油地质储量约49万立方米，其中稠油约34万立方米，占69%（图2-3-3）。2010年，中国海上稠油产量约占全球海上稠油产量的44.1%。

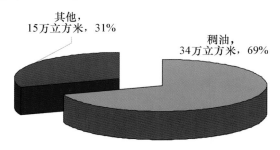

其他，
15万立方米，31%

稠油，
34万立方米，69%

图2-3-3　中国海上油田已发现储量

我国近海油气开发中面临稠油采收率等挑战，稠油油田储量大，产量高，采收率低，提高采收率潜力巨大。截至2012年年底，已发现稠油油田25个，纳入规划石油地质储量24.3亿立方米，占总动用储量的67%。2012年稠油产量接近2 000万吨，占2012年原油产量的51%，采出程度12%，采收率24%，与陆地稠油油田相比，提高采收率空间巨大。因此需将地下资源与地面工程设施进行合理配置，建立滚动开发、依托开发、联合开发的体制，逐步形成完善的整体开发格局。从独立供电、供气、供水过渡为

区域油网、气网、水网、电网、信息网、陆海互联网，通过资源共享，降低油田开发门槛，加快新油田建设步伐，充分释放油藏潜力。

建立完善的海上稠油油田高效开发模式是全面提升海上稠油开发水平的战略保障：回顾渤海海域历年特别是"十一五"期间的油气产量构成，在生产油田油气产量控制在8%左右，新油田产量比重较大，其中2010年在生产油气田产量为1 437万吨，仅占当年渤海海域总油气产量的48%。因此渤海海域油田的持续高产稳产面临两个方面的挑战：一是在生产油田逐步进入中高含水期，陆相沉积油田必须通过加密调整实现"控水稳油"；二是新油田储量规模小、产量贡献大，海域产量受自然递减因素影响大，必须通过在生产油田的加密调整、聚合物驱进一步提高稠油油田采收率。

目前主力的稠油油田均已进入中高含水期阶段，根据国内陆地油田开发经验，陆相沉积油藏非均质性强，地质认识难度大，因此必须尊重地质认识客观规律，分批次布井，避免地质认识风险；同时充分暴露开发过程中存在的问题，从而有针对性地实施调整，充分挖潜剩余油。统计表明，陆地油田大多在含水率为70%～80%时进行一次加密调整，2006年以绥中36-1油田Ⅰ期为代表的海上稠油油田含水率达到65%，由于海上油田开发生产受到平台寿命的限制，有必要尽早实施加密调整，在提高采油速度的同时，尽可能提高水驱开发采收率；同时攻克海上油田聚合驱技术难关，为海上稠油油田开辟出一条高效开发之路，建立完善的海上稠油油田高效开发模式，为全面提升海上稠油开发水平、效果和效益提供战略保障。

我国近海探明的原油储量中，有13亿吨属于边际油田；同时海上油田已经成为国内原油增长的主力军之一，其中海上稠油产量增加最为明显，2010年稠油产量约2 400万立方米，占我国海上原油产量的一半以上（图2-3-4）。

目前海上稠油油田采收率为18%～22%，意味着在平台寿命期内绝大部分储量仍然留在地下，提高采收率潜力很大。海上稠油采收率每增加1%，就相当于发现了一个亿吨级地质储量大油田。

通过新技术的研究和应用，将海上稠油油田采收率提高5%～10%，相当于发现一个10亿吨级大油田，增加的可采储量相当于我国1～2年的石油产量。因此，海上油田提高原油采收率潜力巨大，高效、大幅度地提高海

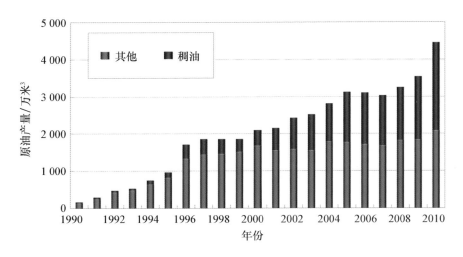

图 2-3-4　海上历年原油产量构成

上稠油采收率对于缓解国家石油供需矛盾具有重大的战略意义。

目前主力的稠油油田均已进入中高含水期阶段，根据国内陆地油田开发经验，我国海洋资源开发特别是油气开发主要集中在陆上和近海，因此在加大现有资源开发力度的同时，开辟新的海洋资源勘探开发领域尤其是深海海域是当前面临的主要任务。

(二) 深水油气田勘探开发迫切需要创新技术和装备

我国深水区域油气勘探面临着崎岖海底、隐蔽油气藏等难题，勘查难度、风险进一步增加，勘查形势不容乐观。现迫切需要高精度的地震采集、处理等油气勘探的新技术，促进勘探工作良性循环，进一步提高勘探经济效益、降低勘探风险；同时，目前深水油气田开发工程技术和装备主要为国外公司所垄断，而我国深水工程重大装备和深水油气田勘探开发技术研究才刚刚起步，远远落后于发达国家，成为制约我国深水油气勘探开发的技术瓶颈。所以，开展南海深水区域勘探和生产作业受到技术、装备和人才的严重制约。我国面临的主要问题包括：深水油气勘探和开发技术能力和手段的缺乏、海洋深水钻井装备和工程设施的缺乏、深水油气工程设施的设计和建设能力的缺乏。

经过 30 年的发展，我国已经形成了近海水深 300 米以内海上油气田开发技术体系，并于 2011 年和 2012 年逐步建成具备 3 000 米水深作业能力的

12 缆深水物探船、"海洋石油 981"深水钻井平台、"海洋石油 708"深水勘查船等重大深水作业装备。但我国海上油气田勘探开发工程实践主要集中在 300 米水深以浅,我国深水工程装备水平与国外差距还很大(表 2-3-1)。以"海洋石油 981"半潜式钻井平台为例,设计能力达 3 000 米水深,在钻 LW6-1-1 井之前(LW6-1-1 井的作业水深 1 500 米,设计钻深为 2 371 米,使用我国第一座深水半潜式钻井平台"海洋石油 981"钻井),我国自营井的海洋钻井作业的最大水深为 540 米,与国际先进水平(3 052 米)有较大差距。在钻 LW6-1-1 井之前,我国南海海域作业水深超过 1 000 米的深水井作业者均为国外公司,且均为租用国外深水钻井平台/钻井船。原计划 2008—2020 年中海油合作深水钻井数量在 8 口左右,自营钻井数量逐渐增加,由 2010 年起由原来的每年 3 口增加至每年 7 口,此期间共需钻井 150 口。在南海和海外已经钻成 32 口深水井。如此大的钻井工作量只依靠"海洋石油 981"显然不足,因此有必要增加深水钻井装备。深水工程技术差距更为巨大,国外已经开发海上油气田最大水深 2 934 米,我国目前自营油气田记录为 333 米,合作开发油气田记录为 1 500 米。因此,走向深水机遇与挑战同在。

表 2-3-1 国内外海洋油气开发能力比较

米

名　称	国外水深	国内水深
深水完钻井	3 174	2 451
深水油气田开发	2 743	1 500
深水工程装备	3 000	3 000

南海深水环境条件恶劣、深水陆坡区工程地质风险多发、深水海底崎岖、易凝、高含 CO_2 等复杂油气藏特性等使深水地震采集处理、深水工程结构和生产设施、深水远距离油气集输、水下远程控制等面临一系列挑战。经过十多年的科技攻关,我国深水设施建造方面有了初步积累,但核心技术和高端装备主要依赖进口。因此,尽快突破深水勘探开发核心技术瓶颈,是实现我国深水油气田自主开发的根本所在。

(三)海洋能开发利用迫切需要突破获能技术、提高能量转换效率

我国是海洋资源大国,大陆岸线长 1.8 万千米,整个海域面积约 300 万

平方千米，面积 500 平方米以上的海岛 6 900 余个。根据国家海洋局"908"专项研究成果[1]，我国近岸海洋能资源量约 6.97 亿千瓦，技术可开发量为 7 621 万千瓦。

我国潮汐能发电技术相对成熟，其中江夏潮汐试验电站总装机容量为 3 900 千瓦，是世界上第四大潮汐电站，并已实现并网发电和商业化运行；潮流能和波浪能尚处于示范阶段，装置的可靠性、稳定性、安全性还不够，发电成本高；温差能和盐差能尚在实验室原理研究阶段，相关应用工程技术研究尚待启动。总而言之，由于海洋环境恶劣，海洋能应用装置成本高、技术难度大，技术和成本制约造成我国海洋能资源开发利用率还很低，产品化和商业化的程度不高，制约了海洋能的经济开发和大规模应用。长远看，海洋能是大自然赋予人类的天然能源，加快海洋能的开发利用步伐对实现我国能源可持续发展和绿色环保发展具有重要的战略意义。

第二章　我国海洋能源工程与科技发展现状和挑战

我国海油气资源丰富，经过 30 多年的发展，已在渤海、东海以及南海建成四大油气生产基地，形成年产 5 000 万吨油当量的产能规模，但随着近海油气开发的不断深入，低品位油气资源如何有效开发、激烈的供气市场如何应对，以及用海问题如何协调等一系列挑战也摆在我们面前，有待解决；同时我国南海深水区面积 153 万平方千米，占南海总面积的约 75%，发育 16 个盆地，油气地质资源量 246 亿吨油当量，已成功钻探陵水 17-2 等一批大型深水油气田，是我国油气增储上产的重要战略接替区。目前总体探明和开发程度极低，因此加快深水油气勘探开发步伐，提高油气自给能力需要实现深水技术的跨越发展，这是实现我国能源可持续发展的重要测量业；再者，我国海洋能的开发利用已有 30 多年的历史，需要突破核心技术加快这一绿色能源的开发利用步伐。

一、我国海洋能源勘探现状　▶

（一）近海油气开发现状

截至 2013 年年底，我国近海累计发现三级石油地质储量 71.4 亿立方米，三级天然气地质储量 17 534 亿立方米，运营在生产油气田 90 个，年产油气超过 5 000 万吨油气当量，按照运营计划，到 2020 年我国近海将形成 7 000 万吨油当量的产能规模。

1. 我国近海油气资源丰富，已建成四大油气生产区

截至 2013 年年底，我国在渤海湾盆地、东海盆地、珠江口盆地、北部湾盆地、莺歌海盆地、琼东南盆地等近海海域共发现含油气构造 343 个，累计发现三级石油地质储量 71.4 亿立方米，三级天然气地质储量

17 534 亿立方米，其中，渤海湾盆地、珠江口盆地、北部湾盆地以石油资源为主，东海盆地、琼东南盆地、莺歌海盆地以天然气资源为主。基于已发现油气资源的分布情况，建成四大海上油气生产基地：渤海油气开发区、南海西部油气开发区、南海东部油气开发区、东海油气开发区。渤海油气开发区主要以渤海盆地勘探开发为主，目前已建成 3 000 万吨油气当量年产规模；南海西部油气开发区主要以北部湾盆地、莺歌海盆地、琼东南盆地以及珠江口盆地西部的勘探开发为主，目前已建成 1 000 万吨油气当量年产规模；南海东部油气开发区主要以珠江口盆地东部勘探开发为主，目前已建成 1 000 万吨油气当量年产规模；东海油气开发区主要以东海盆地勘探开发为主，目前建成 100 万吨油气当量年产规模，但随着新的勘探发现，预计未来增长潜力很大。

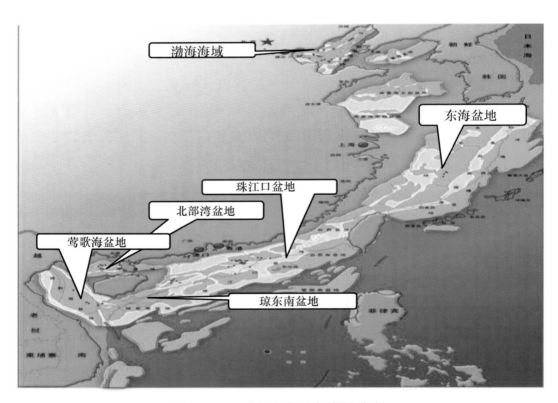

图 2-3-5　中国近海油气资源分布

2. 我国近海已形成 5 000 万吨油气当量年产规模

我国近海油气田开发经历了两个主要阶段：一是 1996 年之前，这一阶段海上油田开发处于起步阶段，以开发海相砂岩油藏为主，1995 年 ×× 公司年产油气当量首次突破 1 000 万立方米大关，1996 年油气当量接近 2 000 万立方米，其中仅南海海相砂岩油田产量就超过 1 000 万立方米，并自此一直稳定在 1 000 万立方米以上；二是 1996 年之后，这一阶段渤海的陆相砂岩油田开发产量迅猛增长，特别是稠油油藏。2004 年国内近海油气当量突破 3 000 万立方米，2008 年突破 4 000 万立方米，2010 年油气当量突破 5 000 万吨，宣告"海上大庆"的建成，形成了渤海以油为主，南海、东海油气并举的开发格局。这期间陆相砂岩油田产量于 2005 年上产千万吨，之后快速增长，2010 年实现年产 3 000 万吨（图 2-3-6）。

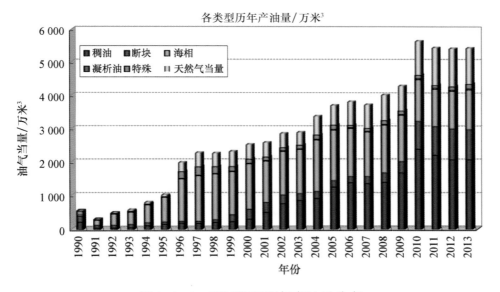

图 2-3-6　我国近海历年产油量分布

截至 2013 年年底，国内近海在生产油气田共 90 个（图 2-3-7），其中：油田 82 个，动用石油地质储量 33.2 亿立方米；气田 8 个，动用天然气地质储量 4 595 亿立方米。自 2010 年开始，国内近海油气当量一直稳定在 5 000 万吨以上。

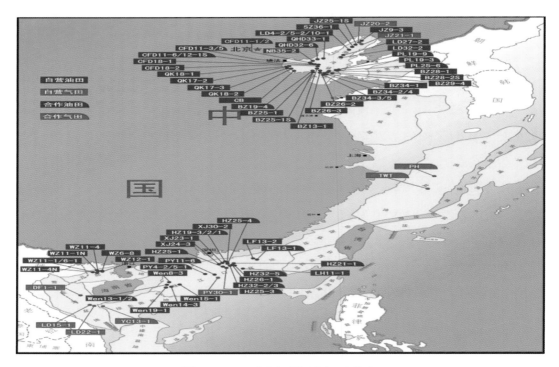

图 2-3-7　我国近海油气田分布

3. 2020 年将形成 7 000 万吨油气当量年产规模

按照发展规划，我国海域油气当量将在 2015 年突破 6 000 万吨，之后保持稳定增长，在 2020 年实现 7 000 万吨油气当量规模。根据油气田开发规律，在生产油气田在产量达到高峰后将进入递减阶段，到 2020 年在生产油气田年产油当量预计为 2 810 万吨（图 2-3-8），占当年规划产量 7 000 万吨的 40%，其余产量则主要来自目前的开发评价油田（2 594 万吨，占 37%），在建设油田（1 380 万吨，占 20%），以及勘探评价油田（217 万吨，占 3%）。

（二）我国南海深水油气资源勘探形势

深水油气资源开发起步较晚，深水油气勘探开发位于南海深水区。目前，勘探工作量主要集中于南海北部深水区，而南海中南部深水区油气勘探和研究程度还很低。可以预见，为应对我国油气勘探面临的新形势和新挑战，南海深水区将逐步成为未来油气勘探开发的主战场。

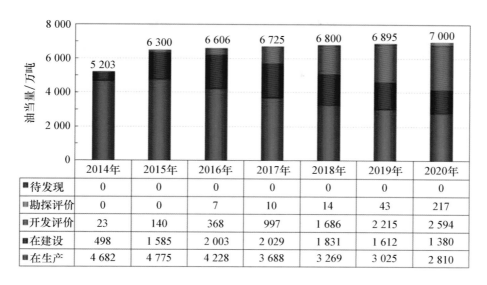

	2014年	2015年	2016年	2017年	2018年	2019年	2020年
■待发现	0	0	0	0	0	0	0
■勘探评价	0	0	7	10	14	43	217
■开发评价	23	140	368	997	1 686	2 215	2 594
■在建设	498	1 585	2 003	2 029	1 831	1 612	1 380
■在生产	4 682	4 775	4 228	3 688	3 269	3 025	2 810

图 2-3-8 我国近海历年产油量分布

1. 南海北部深水区油气勘探形势

南海北部深水区主要发育珠江口、琼东南盆地,这里油气资源丰富,具有良好的油气勘探前景。珠江口盆地深水勘探主要集中于白云凹陷。琼东南盆地深水勘探以乐东—陵水、北礁、松南—宝岛、长昌等凹陷为主。

2006 年 6 月,珠江口盆地 LW3-1-1 井获得里程碑突破,发现了荔湾3-1 深水大气田,揭开了南海深水勘探的大幕。近年来南海北部深水区油气勘探力度不断加大,工作量大幅度增加,不断获得勘探突破。2010 年,琼东南盆地深水区获油气发现,陵水 22-1 含气构造发现宣告琼东南盆地获得深水勘探突破。2011 年,在珠江口盆地白云凹陷深水区合作勘探发现流花29-1 气田。2012 年,"海洋石油 981"深水钻井船开始投入作业,成功钻探了 3 口自营深水探井并在白云凹陷发现了流花 29-2 气田,推动了我国深水油气勘探步伐的加快,标志着自营深水勘探成功迈出第一步!2014 年,"海洋石油 981"在琼东南盆地深水区钻探发现陵水 17-2 大中型气田,深水自营勘探首获重大发现,具有里程碑意义。

截至 2013 年年底,我国在南海北部深水区累计采集二维地震 166 718千米、三维地震 39 777 平方千米,完成探井 74 口;获深水油气发现 19个,其中已开发油田 1 个、已开发气田 3 个、认定商业油田 1 个、认定商业气田 2 个、评价后含油构造 3 个、评价后含气构造 3 个、在评价含气构造 5 个、已废弃油田 1 个，累计探明地质储量分别为：石油 19 174.36 万吨、天然气 805.78 亿立方米，累计三级地质储量分别为：石油 23 928.85 万吨、天然气 1 399.99 亿立方米。

2. 南海中南部深水区油气勘探开发形势

南海中南部深水区发育众多沉积盆地，蕴藏着丰富的油气资源，勘探前景广阔。

1）周边国家油气勘探开发现状

周边国家在南海中南部的油气勘探开发大致经历了 3 个阶段：第一阶段为 19 世纪中叶至 20 世纪 50 年代中期，主要在陆地或沿岸地带开展油气勘探，发现的主要油田如马来西亚的 Miri（1910 年）、文莱的 Seria（1929 年）和 Jerudong（1940 年）等；第二阶段为 20 世纪 50 年代中期至 60 年代中期，引进了海洋地震调查技术，一般使用模拟地震方法，同时开始了海上油气钻探，并发现了几个油田，如文莱 SW Ampa（1963 年）、马来西亚 Temana（1962 年）；第三阶段是 20 世纪 60 年代中期，特别是 70 年代以来，在海上合同区块内，采用数字地震勘探方法，获得了更为精确的资料，钻探成功率大大提高，相继发现了大批有商业价值的油气田，油气储量、产量迅速增长。

在南海中南部深水区，截至 2011 年年底，周边国家钻井累计 183 口（探井 128 口、开发井 55 口），其中马来西亚、菲律宾、文莱依次分别占 74%、15% 和 9%。累计发现油气田 27 个，其中马来西亚占 24 个。累计地质储量分别为石油 9.12 亿吨、天然气 3 921.45 亿立方米，其中马来西亚累计地质储量分别为石油 7.66 亿吨、天然气 3 681.2 亿立方米，分别占 84% 和 94%。

在我国断续线内深水区，周边国家南钻井累计 142 口（探井 92 口、开发井 50 口），其中马来西亚占 84%。累计发现油气田 18 个，其中马来西亚占 17 个。累计地质储量分别为石油 7.07 亿吨、天然气 3 041.66 亿立方米，其中马来西亚累计地质储量分别为石油 6.58 亿吨、天然气 2 803.1 亿立方米，分别占 84% 和 94%。

2）我国油气勘探现状

我国在南海中南部油气勘探工作量很少，截至 2013 年年底累计采集二维地震 138 662 千米、三维地震 2 530 平方千米。2014 年，在中建南盆地钻探井 2 口。

我国南海中南部系统性油气资源综合调查始于 1987 年 "南沙海域油气勘查专项"，历时 16 年，至 2002 年累计实施地质调查 16 航次，对 10 个盆地实施普查和概查，共完成多道地震测线 86 715 千米。

作为我国海域油气勘探开发的主体，中海油从 20 世纪 80 年代开始，始终积极地开展南沙海域油气勘探和研究工作，持续跟踪周边国家油气勘探动态。"八五" 期间，参与了南沙群岛及其邻近海区综合科学考察研究工作，并针对周缘毗邻的东南亚地区含油气盆地勘探开发情况和油气分布规律进行了多次专题调研性研究。1992 年，签订了 "万安北 21" 石油合同。"九五" 期间，完成国家重大科技专项 "南沙群岛及其邻近海区综合科学考察" 之 "南沙海区油气资源与构造演化综合研究" 课题中的 "南沙海区沉积盆地分布、形成与演化研究" 专题。"十五" 期间，承担了国家下达的有关南沙任务多项，其中 2003 年完成了国家 "十五" 科研院所社会公益研究专项 "南沙群岛及其邻近海区综合调查" 之 "南沙海区油气资源研究" 课题中的 "南沙西部海区盆地分析及其油气资源勘探基地初步规划研究" 专题。2005 年，签署《在南中国海协议区三方联合海洋地震工作协议》，2005 年和 2007 年联合采集二维地震测线累计 27 034 千米，并持续开展协议区研究工作。"十一五" 期间，承担了国家科技重大专项 "海洋深水区油气勘探关键技术研究" 项目，完成了 "南沙海域油气地质研究与综合评价技术" 课题（2008ZX05025-005）。"十二五" 期间，承担国家科技重大专项 "海洋深水区油气勘探关键技术研究（二期）" 项目，正在开展 "南沙海域主要盆地油气资源潜力与勘探方向" 课题研究（2011ZX05025-005）。2012 年，推出 9 个对外招标区块。2013 年，在南海中南部采集区域二维地震测线 7 049.925 千米、重磁 6 933.725 千米。上述工作对于推动我国在南海中南部油气勘探具有重要意义。

3. 我国海外深水油气资源勘探开发形势

我国海外深水油气勘探重点涉及两大区域：一是大西洋两岸，主要为西非和巴西；二是北美墨西哥湾（图2-3-9）。其中，西非海域深水区重点盆地为加蓬、下刚果、刚果扇、尼日尔三角洲等盆地；巴西海域深水区重点盆地为坎波斯、桑托斯、佩洛塔斯、塞阿拉、普第瓜尔、福斯杜—亚马逊等盆地；墨西哥湾重点区域是深水区盆地。

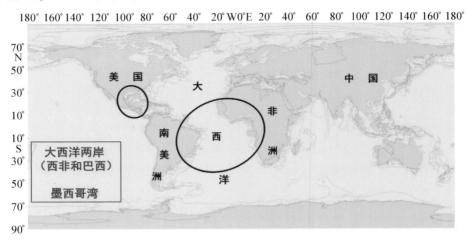

图2-3-9　我国海外深水油气勘探重点区域示意图

（三）南海深水油气资源分布特点

南海发育众多沉积盆地，其中我国九段线内主要盆地有18个，面积84.62万平方千米（图2-3-10）。根据2005年新一轮全国油气资源评价结果以及2008年、2010年、2014年全国油气资源动态评价成果，我国南海九段线内主要盆地地质资源量分别为石油188.93亿吨、天然气33.75万亿立方米（表2-3-2）。石油地质资源量主要集中于珠江口、北部湾、万安、曾母、中建南、文莱沙巴盆地，六大盆地资源量均在10亿吨以上，累计155.31亿吨，占82%；天然气地质资源量主要分布于珠江口、琼东南、莺歌海、万安、曾母、北康、南薇西、中建南、礼乐、文莱—沙巴盆地，十大盆地资源量均在万亿方以上，累计32.65万亿立方米，占97%。

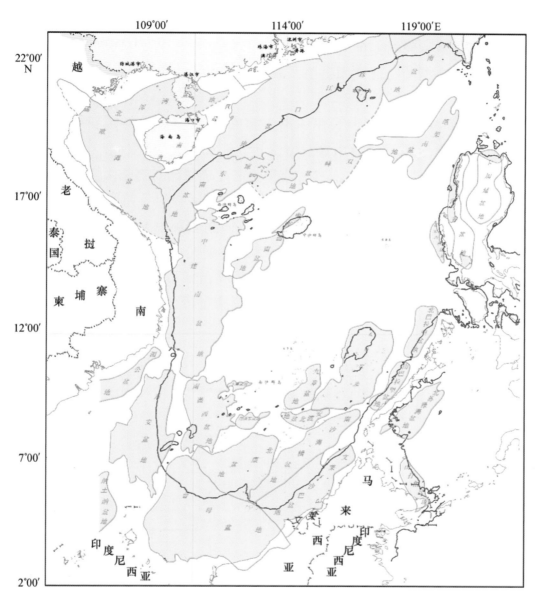

图 2-3-10　南海沉积盆地分布

表 2-3-2　南海主要盆地油气地质资源量（九段线内）

海区	盆地	地理环境（水深）	评价面积/千米²	石油地质资源量/亿吨				天然气地质资源量/亿米³			
				95%	50%	5%	期望值	95%	50%	5%	期望值
南海北部	珠江口	浅水	115 525	11.47	17.65	24.49	17.56	1 840	3 162	4 640	3 192
		深水	85 063	0.32	5.50	13.33	5.71	6 936	15 786	27 670	16 419
		小计	200 588	11.79	23.15	37.82	23.27	8 776	18 948	32 310	19 611
	琼东南	浅水	21 772	0.78	1.66	2.64	1.69	2 434	3 749	6 962	4 251
		深水	61 221					4 616	11 163	26 861	13 888
		小计	82 993	0.78	1.66	2.64	1.69	7 050	14 912	33 823	18 139
	北部湾	浅水	34 348	11.29	13.50	18.12	13.95	938	1 249	1 904	1 323
	莺歌海	浅水	46 056					4 495	12 161	22 800	13 068
	合计	浅水	217 701	23.54	32.81	45.25	33.20	9 707	20 321	36 306	21 834
		深水	146 284	0.32	5.50	13.33	5.71	11 552	26 949	54 531	30 307
		合计	363 985	23.87	38.31	58.58	38.91	21 259	47 270	90 838	52 141
南海中南部	万安	浅水	36 612	3.88	12.28	38.56	16.77	4 455	14 455	46 499	18 300
		深水	18 331	1.94	6.15	19.30	6.35	2 231	7 237	23 281	9 163
		小计	54 943	5.82	18.43	57.86	23.12	6 686	21 692	69 780	27 463
	曾母	浅水	92 242	12.36	22.41	40.86	23.96	75 087	127 750	217 387	134 589
		深水	21 505	2.88	5.23	9.53	5.59	17 505	29 783	50 680	31 377
		小计	113 747	15.25	27.64	50.38	29.55	92 592	157 533	268 067	165 966
	北康	深水	59 227	2.53	8.86	15.19	8.86	9 903	14 855	19 807	14 855
	南薇西	深水	48 038	2.50	8.76	15.01	8.76	8 921	13 382	17 843	13 382
	中建南	深水	52 539	22.47	33.72	44.94	33.72	14 759	22 150	29 518	22 146
	礼乐	深水	40 443	4.80	6.17	7.33	6.13	11 228	16 584	22 262	16 644
	永暑	深水	2 287	0.08	0.29	0.49	0.29	147	294	441	294
	南薇东	深水	5 762	0.25	0.88	1.51	0.88	449	897	1 346	897
	安渡北	深水	10 183	0.20	0.70	1.19	0.70	354	708	1 062	708
	九章	深水	14 651	0.23	0.81	1.39	0.81	412	825	1 237	825
	南沙海槽	深水	47 058	0.92	3.21	5.50	3.21	1 635	3 271	4 906	3 271
	文莱—沙巴	浅水	16 774	14.41	20.38	29.65	21.14	5 636	9 630	16 717	10 187
		深水	8 376	7.20	10.18	14.81	10.56	2 814	4 809	8 348	5 087
		小计	25 150	21.60	30.56	44.46	31.70	8 450	14 439	25 065	15 274

续表

海区	盆地	地理环境（水深）	评价面积/千米²	石油地质资源量/亿吨				天然气地质资源量/亿米³			
				95%	50%	5%	期望值	95%	50%	5%	期望值
南海中南部	北巴拉望	深水	4 859	0.42	1.10	2.72	1.37	468	1 652	5 848	2 178
	南巴拉望	浅水	987	0.09	0.22	0.55	0.28	95	337	1 193	444
		深水	2 280	0.20	0.52	1.28	0.64	220	779	2 756	1 026
		小计	3 267	0.28	0.74	1.84	0.92	315	1 116	3 949	1 470
	合计	浅水	146 615	30.74	55.30	109.62	62.16	85 273	152 172	281 796	163 520
		深水	335 539	46.62	86.56	140.19	87.86	71 046	117 226	189 335	121 853
		合计	482 154	77.36	141.86	249.81	150.02	156 319	269 398	471 131	285 373
总计		浅水	364 316	54.28	88.11	154.87	95.36	94 980	172 493	318 102	185 354
		深水	481 823	46.94	92.06	153.52	93.57	82 598	144 175	243 866	152 160
		总计	846 139	101.23	180.18	308.39	188.93	177 578	316 668	561 969	337 514

我国南海九段线内深水区分布 16 个盆地，盆地深水区面积 48.18 万平方千米，地质资源量分别为石油 93.57 亿吨、天然气 15.22 万亿立方米，分别占南海油气资源总量的 50%、45%（图 2-3-10 和表 2-3-2）。深水区石油地质资源量主要分布于珠江口、万安、曾母、北康、南薇西、中建南、礼乐、文莱—沙巴盆地，八大盆地资源量均在 5 亿吨以上，累计 85.67 亿吨，占九段线内石油地质资源量的 92%；天然气地质资源量主要集中于珠江口、琼东南、曾母、北康、南薇西、中建南、礼乐盆地，七大盆地资源量均在万亿立方米以上，累计 12.87 万亿立方米，占九段线内天然气地质资源量的 85%。

从油气资源总体分布来看，南海深水区具有发育盆地多、油气资源富集、以气为主等特点。因此，南海深水区勘探领域广阔，潜力巨大，有望成为我国油气资源勘探开发的重要战略接替区，也是海上重要的油气增储上产区。

1. 南海北部深水区油气资源分布

南海北部深水区主要发育珠江口、琼东南盆地，盆地深水区面积 14.63 万平方千米，地质资源量分别为石油 5.71 亿吨、天然气 3.03 万亿立方米，分别占南海北部油、气资源总量的 15% 和 58%。由此可见，南海北部深水区以天然气资源为主，其中珠江口盆地 1.64 万亿立方米、琼东南盆地 1.39 万亿立方米天然气。

珠江口盆地深水区油气资源主要富集于白云凹陷，近年来的深水勘探工作及天然气发现也主要位于白云凹陷。琼东南盆地深水区勘探以乐东—陵水、北礁、松南—宝岛、长昌等凹陷为主，近年来发现的陵水 17-2 气田、陵水 22-1 含气构造均位于乐东—陵水凹陷。油气资源评价结果与勘探实践表明，南海北部深水区具有较大的勘探潜力。

2. 南海中南部深水区油气资源分布

在我国九段线内，南海中南部深水区主要发育万安、曾母、北康、南薇西、中建南、礼乐、永暑、南薇东、安渡北、九章、南沙海槽、文莱—沙巴、北巴拉望、南巴拉望等 14 个盆地，盆地深水区面积 33.55 万平方千米，深水区地质资源量分别为石油 87.86 亿吨、天然气 12.19 万亿立方米，分别占九段线内南海中南部油、气资源总量的 59% 和 43%。深水区石油地质资源量主要富集于中建南、文莱—沙巴盆地，其次是北康、南薇西、万安、礼乐、曾母盆地，七大盆地累计 79.96 亿吨，占深水区的 91%；天然气地质资源量主要富集于曾母、中建南盆地，其次是礼乐、北康、南薇西、万安盆地，六大盆地累计 10.76 万亿立方米，占深水区的 88%。由此可见，南海中南部深水区油气资源丰富，以气为主，中建南、曾母、礼乐、万安、北康、南薇西等盆地勘探潜力巨大、前景广阔。

（四）我国海洋能资源概况

我国是海洋资源大国，大陆岸线长 1.8 万千米，我国管辖的海域面积约 300 万平方千米，面积 500 平方米以上的海岛超过 6 900 个。如表 2-3-3 所示，根据国家海洋局"908"专项研究成果[1]，我国近岸海洋能资源量约 6.97 亿千瓦，技术可开发量为 7 621 万千瓦。

表 2-3-3　我国近海海洋可再生能源资源统计　　　万千瓦

序号	能源	潜在量理论装机容量	技术可开发量装机容量
1	潮汐能	19 286	2 283
2	潮流能	833	166
3	波浪能	1 600	1 471
4	温差能	36 713	2 570
5	盐差能	11 309	1 131
合计		69 741	7 621

我国潮汐能可开发资源量约 2 283 万千瓦，其中最丰富的地区集中于福建和浙江沿海，技术可开发装机容量为 2 067 万千瓦，占全国技术可开发量的 90.5%。浙江省丰富区总装机容量 500 千瓦以上的站址 16 个，装机容量为 781.18 万千瓦，福建省丰富区总装机容量 500 千瓦以上的站址 56 个，装机容量为 1 129.43 万千瓦。潮差最大的地区主要位于浙江的钱塘江口、乐清湾，福建的三都澳、罗源湾等地，平均差为 4~5 米，最大潮差为 7~8.5 米。

我国潮流能资源丰富，资源潜在量约为 833 万千瓦，技术可开发装机容量约为 166 万千瓦。其中储量最为丰富的是浙江省，有 37 个水道，技术可开发装机容量约为 103.35 万千瓦，占全国总量的 62.4%；其次是山东省，技术可开发装机容量约为 23.25 万千瓦，约占全国总量的 13.8%。我国技术可开发装机容量大于 4 万千瓦的水道有西堠门水道、龟山航门、螺头水道和琼州海峡东口，其中最大的是西堠门水道，技术可开发装机容量约为 5.62 万千瓦。

我国近海区域波浪能理论蕴藏量超过 1 599.52 万千瓦，技术可开发的资源量约为 1 471 万千瓦，主要分布在广东省（455.72 万千瓦）和海南省（420.49 万千瓦），占全国总量的 55.6%。其次是福建省和浙江省，占全国总量的 30.1%。

我国温差能资源主要分布在南海海域，千米海水温差可达 22℃，属资源丰富区，理论装机容量为 3.67 亿千瓦，占我国海洋能总量的 50% 以上，技术可开发装机容量为 2 570 万千瓦，是最具开发前景的海洋能资源。东沙群岛附近海域由于暖水层厚度增加，温差能蕴藏量最大，是首选的开发场址。

二、我国海洋能源开发工程技术发展现状 ▶

"十五"以来，在国家科技"863"计划、"973"计划和国家科技重大专项的持续支持下，我国深水工程重大装备实现了从无到有的重要转变，深水油气勘探开发技术能力有了极大的提升，深水油气田开发工程实现了从 330 米到 1 500 米的重点跨越，深水探井钻井实现了 2 451 米的跨越。

（1）初步建立了南海边缘海深水油气成藏理论，研制了富低频枪震组合和犁式斜缆宽频采集技术，形成深水复杂地质条件下储层与烃类检测技术，获得荔湾气田和陵水气田等深水重大发现，资源量达 36 亿吨油当量。但单个油气藏规模不大，需深入完善大型油气田成藏理论、加快高精度地震采集技术产业化。

（2）初步建立了以"海洋石油 981"半潜式钻井平台、"海洋石油 720"深水物探船、"海洋石油 708"深水勘察船、"海洋石油 201"深水起重铺管为代表的五类多型 3 000 米深水工程作业船队，并服务于深水油气勘探开发。"海洋石油 981"等深水半潜式钻井平台已成功实施 32 口井钻探作业，最大钻深达到 2 451 米；2014 年我国第一个深水气田水深 1 480 米的荔湾 3-1 气田顺利投产，同年我国首次自主实施陵水气田群 4 口井的诱喷测试。

（3）初步建立了与世界接轨的深水工程实验系统，通过自主研发和平行设计，初步突破了 1 500 米水深钻完井、深水平台、水下设施、流动保障和海管等基本设计技术，为我国深水和海外深水油气田前期研究提供了技术支持。

但总体而言，我国海上油气田开发工程实践主要集中在 300 米水深以浅，深水油气勘探开发刚刚起步，尚未形成系统的深水油气勘探开发工程技术体系，核心技术和高端装备依赖进口已成为制约我国进军深水的主要"技术瓶颈"。

（一）近海稠油开发技术

经过几十年的发展，我国已建立了达到世界先进水平的近海大型稠油油田开发技术体系。绥中 36-1 油田是我国近海海域迄今所发现并开发最大的自营油田，该油田于 1993 年正式投入开发。为了成功开发该海上大型稠油油田，建成世界最长稠油水混输管线（70 千米），所形成并应用的系列开发技术包括注海水强采技术、海底稠油长距离混输管线技术、优快钻完井技术、多枝导流、适度出砂技术、电潜螺杆泵技术。

我国近海主要产油区之一的渤海油田开展了海上聚合物驱技术攻关，在抗盐驱油剂、自动化撬装设备、在线熟化室内模拟等方面取得了突破进展，并开展了我国近海油田首次聚驱现场试验，实现了 3 个首次突破：①疏水缔合聚合物首次用于海上油田并初步成功；②首次实施海上稠油聚合物驱油单井先导试验，增油降水效果显著；③首次研制成功一体化自动控制移动式撬装注聚装置，排量大，长期运行稳定。

目前，在海上油田化学驱油技术方面，已初步形成了包括海上稠油多功能高效驱油体系、海上油田化学驱效果改善技术、海上稠油化学驱油藏综合评价技术、海上油田化学驱油藏数值模拟技术、化学驱高效配注系统及工艺技术和海上稠油化学驱采出液处理技术在内的海上稠油化学驱油技术体系，并在海上油田成功开展矿场试验。截至 2014 年，累计增油 161 万立方米。取得的显著成果表现在：在海上稠油油藏开发地震、化学驱油、多枝导流适度出砂和丛式井整体井网加密及综合调整等关键技术方面都取得明显突破，并初步开展了现场的试验和示范油田实际应用。

所取得的重大进展和突破具体如下。

（1）初步建立海上稠油油田开发地震、海上油田丛式井网整体加密及综合调整技术、多枝导流适度出砂、化学驱油和热采 5 套技术体系。

（2）研发出适合海上稠油的改进型缔合聚合物，基于渤海绥中 36-1 油藏条件研发的聚合物驱油剂溶解时间小于 40 分钟；聚合物浓度 1 750 毫克/升时，溶液黏度大于 50 毫帕·秒，且剪切黏度保留率大于 50%；90 天除氧老化后聚合物黏度保留率大于 80%；实现聚合物溶液分层注入井段 2~3 层。

（3）在多枝导流适度出砂技术提高产能机理、出砂物理模拟实验、控砂理论及设计、多枝导流配套钻井技术、适度出砂配套完井技术、大排量螺杆泵携砂采油技术、含砂油井处理工艺、多枝导流适度出砂技术集成及现场应用等方面取得了一系列成果，初步完成了多枝导流适度出砂技术体系的构建。2008 年至 2011 年上半年间，渤海稠油油田共钻 5 口多枝导流适度出砂井和 113 口适度出砂井，累积增产 34.7 万立方米，取得良好经济效益。

（4）完成大排量电潜螺杆泵样机 6 口井现场试验，完成轻型可搬迁钻机基本设计并提交样机，完成大斜度定向井注采工艺矿场试验。

（5）研制出 1 套聚合物快速溶解装置样机，试制了 2 台模块钻机，研制出定向井防碰地面监测与预警系统装置并开展 21 口监测井预警监测。

（6）通过海上稠油高效开发新技术在示范油田试验与应用，已实现增油 245.8 万立方米。

渤海稠油油田共钻 5 口多枝导流适度出砂井和 113 口适度出砂井，累积增产 34.7 万立方米，取得了良好的经济效益。

海上油田丛式井网整体加密及综合调整技术：形成了海上复杂河流相稠油油藏高含水期剩余油定量描述技术，如海上大井距多层合采稠油油藏剩余油定量描述技术图 2-3-11、海上稠油油田综合调整油藏工程关键技术，包括海上大井距多层合采油藏整体加密调整优化技术（图 2-3-12）、海上油田开发生产系统整体实时优化决策技术（图 2-3-13），海上大斜度定向井分段注水技术（图 2-3-14）以及海上油田丛式井网整体加密调整钻采配套技术等。目前，绥中 36-1 油田已实施方案设计调整井 20 口，其中油井 16 口：定向井 7 口，水平井 9 口。注水井 4 口。秦皇岛 32-6 油田已实施方案设计调整井 10 口，其中定向井 2 口，水平井 8 口。

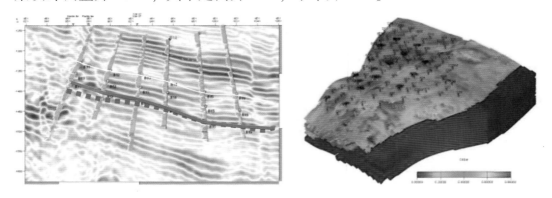

图 2-3-11　海上大井距多层合采稠油油藏剩余油定量描述技术

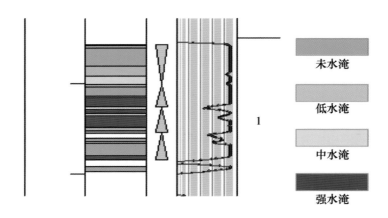

图 2-3-12　海上大井距多层合采油藏整体加密调整优化技术

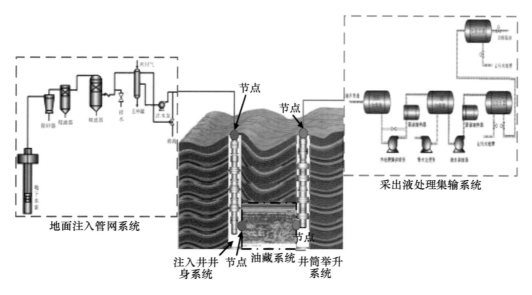

图 2-3-13　海上油田开发生产系统整体实时优化决策技术

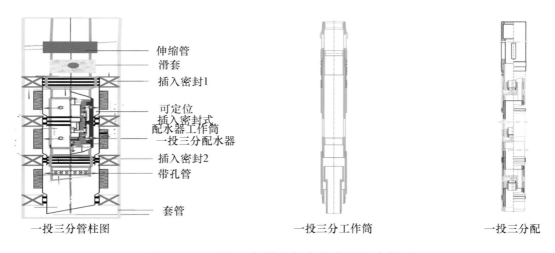

图 2-3-14　海上大斜度定向井分段注水技术

多枝导流适度出砂技术：建立"多枝导流适度出砂井井筒模拟实验装置"（图 2-3-15）、完成长寿命高耐磨专用金刚石轴承、高扭矩长寿命钛合金传动轴、万向轴的设计，生产出与高扭矩马达配套的专用 PDC 钻头样机（图 2-3-16）、初步编制了海上油套管完整性评价软件，正在开展井下定向动力钻具工具面动态控制系统研制（图 2-3-17）。

图 2-3-15　防砂管防砂效果及抗堵能力评价装置

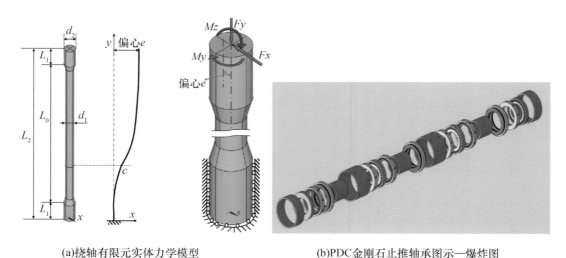

(a)挠轴有限元实体力学模型　　　　　(b)PDC金刚石止推轴承图示—爆炸图

图 2-3-16　高扭矩马达技术

　　海上稠油化学驱油技术：建立了海上油田提高采收率方法潜力预测模、初步定型了稳定的长效抗剪切聚合物、微支化缔合聚合物和两亲聚合物，

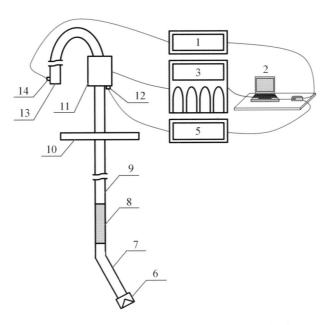

图 2-3-17 导向马达动态工具面控制技术

研制出了近井地带剪切模拟实验装置和强制拉伸水渗速溶装置（图 2-3-18 和图 2-3-19）、建立海上油田化学驱油藏监测技术、获得海上化学驱油田改善技术、初步获得聚合物驱采出液处理技术（图 2-3-20）。

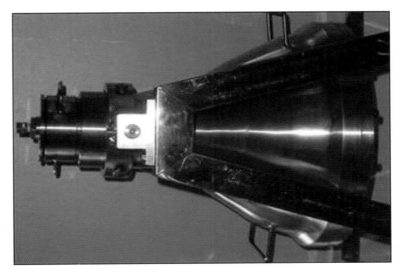

图 2-3-18 近井地带剪切模拟实验装置

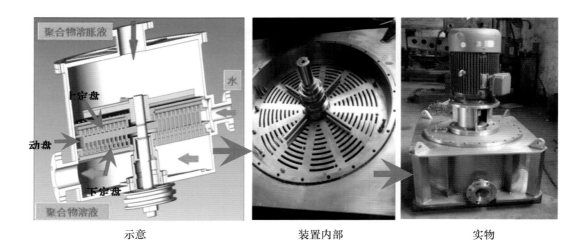

聚合物溶胀液

水

上定盘

动盘

下定盘

聚合物溶液

示意　　　　　　　　装置内部　　　　　　　　实物

图 2-3-19　聚合物强制拉伸水渗速溶装置

图 2-3-20　多功能含聚污水处理装置

海上稠油热采技术：完成新型小型化螺旋式炉管小型化蒸汽发生技术（图 2-3-21）、高温封隔器、高温安全阀试制（图 2-3-22）、建立了多介质组合热采相似理论、并在南堡 35-2 油田进行了热采试验，至 2012 年共实施多元热流体吞吐 10 余井次，取得了较好的应用效果。

图 2-3-21   小型化蒸汽发生系统

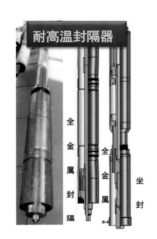 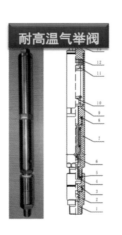 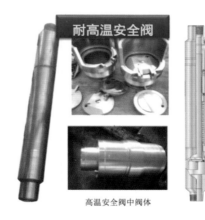

图 2-3-22   热采工具

（二）深水油气勘探技术发展现状

随着我国南海深水油气勘探工作的不断推进，先后发现了荔湾 3-1、流花 29-1、流花 29-2、陵水 17-2 等气田，也积累了一定的深水油气勘探技术。但深水勘探面临复杂海底地貌和地质构造、少井/无井以及复杂的岩石物理特征等，严重影响了地震资料的成像品质和储层及含油气性预测，加之深水区钻探费用极其昂贵,因而目前深水勘探仍然处于起步阶段。

1. 勘探地质评价技术

(1)深水区潜在富烃凹陷评价技术:在深水区潜在富烃凹陷优选评价过程中形成了以优质烃源岩识别与预测技术、成藏主控因素分析技术、领域性目标精细评价技术为主体的潜在富烃凹陷评价技术组合,优选出南海北部深水区乐东—陵水、宝岛、长昌等凹陷为潜在富烃凹陷,其中乐东—陵水凹陷已被钻探证实为富烃凹陷。

(2)深水区海陆过渡相煤系源岩评价技术:南海北部深水区主成盆期主要为海陆过渡相,勘探实践中建立了深水区海陆过渡相煤系源岩评价技术,明确了海陆过渡相煤系源岩为主力烃源岩,落实了海陆过渡相煤系源岩分布特征,针对海域深水区含煤盆地煤系生烃特征,提出4种含煤地层及煤层组识别方法,构成了海域深水区煤系煤层识别判识的核心技术,形成了深部盆地煤系煤层关键识别方法。

(3)深水区重力流砂岩沉积储层识别技术:针对珠江口盆地白云—荔湾深水区,构建了全地层层序地层格架,揭示了深水区重力流砂岩沉积机理和分布特征,提出了深水重力流砂岩沉积模式,研究认为陆架坡折带控制的陆架边缘三角洲和陆坡深水重力流砂岩是最有利的储层和勘探目标,珠海组和珠江组沉积时期的两个陆架坡折带控制了白云—荔湾深水区的有利成藏带,在此基础上形成了白云深水区重力流砂岩沉积储层识别技术组合。

(4)深水扇和峡谷水道浊积岩控藏分析技术:南海北部新近纪发育珠江深水扇与红河深水扇两大远源碎屑沉积体系,陆架坡折控制珠江深水扇优质储层发育,红河深水扇控制中央峡谷水道优质储层发育,气源岩主要为下伏早渐新世海陆过渡型高熟煤系地层—海相泥岩,大型底辟带和断裂是气源断层,深海巨厚泥岩是优质盖层,气藏为构造—岩性复合型且成群成带分布,在此基础上形成了深水扇和峡谷水道浊积岩控藏分析技术。

2. 地球物理勘探技术

(1)深水地震采集技术:创新形成了深水高分辨率气枪阵列立体组合、富低频枪阵组合等深水地震资料采集重要关键技术,为深水地震采集奠定了重要基础。

（2）深水地震资料处理技术：包括基于反演预测的高保真深水自由表面多次波压制、各向异性介质速度分析及高阶动校正、多次聚焦共反射面元叠加、波动方程保幅叠前深度偏移等多项深水地震资料处理重要关键技术，在实际应用中获得了较好的成像效果。

（3）深水地震资料解释技术：包括深水区地震区域连片解释技术、深水三维可视化解释技术等，在区域整体评价、构造精细解释、储层解释等中获得较好的效果。

（4）深水储层及油气预测技术：形成了泊松阻抗有效储层预测、多属性动态融合储层描述、深水地震相控非线性随机反演等多项重要关键技术，在实际应用中获得了较好的储层及油气预测结果。

（5）深水地震岩石物理实验技术：在地震物理模拟技术方面，开展了"南海深水区复杂地质结构地震采集基础理论研究"技术攻关，形成了面向目标的数值模拟、物理模拟联合采集观测系统分析技术，在南海深水区地震采集设计中进行了有效应用，为深水采集、复杂构造及复杂地质条件下的地震采集提供技术保障。

在岩石物理分析技术方面，开发了包括测井横波速度预测技术 VsPred、地震响应模拟技术 SeisResp、岩石物理数据库 RockDB、岩石物理数据分析 RockStat 4 套功能模块的软件包，形成了深水盆地岩石物理与地震响应特征分析技术体系和高效稳定的岩石物理数据软件系统，形成的岩石物理新技术为油气田勘探和开发提供技术保障。

（三）深水工程技术发展现状

依托国家"863"计划"深水油气田勘探开发技术"重大项目、国家科技重大专项"深水油气田开发工程技术"以及南海深水示范工程等重大科技项目，我国已初步建立了深水工程技术所需要的试验模拟系统、突破深水工程关键技术，包括深水钻完井技术、深水平台、深水水下生产设备、深水流动安全保障、深水海底管道和立管核心技术，探索了应急救援技术，研制了一批深水油气田开发工程所需装备、设备样机和产品，研制了用于深水油气田开发工程的监测和检测系统（图2-3-23），部分研究成果已成功应用于我国乃至海外的深水油气田开发工程项目中，取得了显著的经济效益。目前，正在结合我国南海海域深水油气田开发的具体特点继续开展深水油气田工程六大关键技术研发。

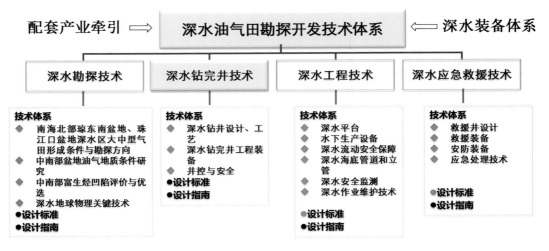

图 2-3-23　深水油气田勘探开发技术体系

1. 深水钻完井技术

中国海洋石油总公司在海洋石油的勘探开发中积累了丰富的钻完井作业经验，并形成了五大海上钻井的特色技术：优快钻完井技术、丛式井钻井技术、分支井钻井技术、水平井与大位移井钻井技术和高温高压井钻井技术。中国海洋石油总公司从 2000 年就开始跟踪国外深水钻井技术，开展了"深水勘探钻井技术"和"深水钻井隔水管"技术研究，并建立了模拟低温条件的实验室，开展了深水钻井液和深水固井技术方面的科研工作。国内有关石油大学和科研机构在海洋钻井工艺、海洋钻井设备、钻井井控模拟和井下测控技术等方面开展了相关研究，并建立了钻井井控模拟实验室、井控与油气工程安全技术实验室和井下测控技术研究室。国内各大油田均建有钻井工艺、钻井工程技术、钻井设备方面的实验室，可以进行全尺寸模拟井试验、钻井液试验、井下工具试验等，但这些研究设施大都局限于浅海领域的研究，难以满足深水钻井采油的需要。

（1）中国海洋石油总公司联合国内著名科研院所开展联合攻关，形成了一套包括深水钻完井工艺技术、深水钻完井设备应用技术、深水钻完井监测技术以及深水钻完井实验平台技术在内的深水钻完井技术体系，完成了包括井涌监测系统样机、随钻地层压力测试地面模拟实验装置（图 2-3-24）、海底泥浆举升钻井（Subsea Mudlift Drilling，简称 SMD）系统样机（图 2-3-25）、智能完井—井下流量测量样机、智能完井—井下流量控制样机等 5 套工具/样机研制。

图 2-3-24 随钻地层压力测量室内模拟试验装置实物

图 2-3-25 SMD 试验装置

（2）初步突破 1 500 米深水钻完井工程设计、设备关键技术，初步具备 1 500 米水深概念设计和基本设计能力，部分关键设备实现了国产化，具备深水油气田钻完井关键技术研发和工程设计技术支持能力，为荔湾 3-1、陵水 17-2 项目实施和运行提供了技术支持。实现了深水油气田开发钻井工程部分关键设备国产化，研究成果已向其他深水油气田开发工程推广应用。依托南海及海外深水自营勘探开发项目，突破深水探井设计关键技术：包括钻井设计、隔水管及井口系统、表层钻井、钻井液和水泥浆、深水测试工艺等共计五大系列、60 余项关键技术点，初步构建适于南海深水探井钻井技术体系，形成深水专题研究和钻井设计能力；研究成果紧密结合现场需求并全部应用于现场，搭建了产、学、研、用一体化平台，培养了一批深水钻完井设计和技术研究队伍；主要研究成果包括：深水开发工程钻机设备选型设计和应用技术、深水钻井隔水管及水下井口系统设计及安全评价关键技术；深水钻井泥浆体系和水泥浆体系；深水测试工艺设计分析方法和风险控制技术；深水钻井设计及作业实用技术集成等。

2. 深水平台工程技术

（1）中海油牵头并联合上海交通大学、中国科学院等国内在海洋工程领域著名的科研院所进行联合攻关，建成了一个世界最大、最深，模拟水深达 4 000 米的深水试验水池，为我国深水工程技术的研究提供了重要的试验基地。

（2）建立了具有自主知识产权的深水油气田开发工程浮式平台基本设计分析技术体系；完成了张力腿平台（TLP）、深吃水立柱式平台（SPAR）、浮式天然气液化生产装置（FLNG）、浮式钻井生产储油装置（FDPSO）等浮式生产装置的基本设计（图 2-3-26）；自主开发了新型深吃水半潜式干式采油平台（DTP）；开发了浮式平台建造管理及安装分析软件。相关成果应用流花 16-2、陵水 22-1 和丽水 36-1 等项目。

新型平台——DTP平台

FLNG

FDPSO

图 2-3-26　新型平台结构型式

（3）自主研制了用于深水平台现场监测装置并实施。对南海海域内台风、内波、海流等对深水平台的影响研究，提供了宝贵的现场数据（图2-3-27）。国内已经投产的浮式生产设施主要包括 LH11-1 的 FPS 半潜式平台（水深300 米，图2-3-28）。

图 2-3-27　应用于 LH1-1FPS 浮式平台的现场监测系统

图 2-3-28　LH11-1 的 FPS 半潜式平台

（4）我国开展了大型浮式液化天然气船 FLNG（Floating Liquid Natural

Gas）、浮式液化石油气船 FLPG（Floating Liquid Petroleum Gas）和浮式钻井生产储油卸油轮 FDPSO（Floating Drilling Production Storage and Offloading）的概念设计。通过"十一五"和"十二五"的攻关，建成了 FLNG 液化试验基地，初步突破了 FLNG 装置的关键技术，依托营口 LNG 液化工厂建成了国内首套具有自主知识产权的 FLNG 液化中试装置（图 2-3-29 和图 2-3-30），结合"宁波 22-1 气田 FLNG 以及陵水 22-1 深水气田 FLNG"前期项目中，完成了系列化 FLNG（60 万吨/100 万吨/190 万吨/360 万吨）项目前期方案设计（图 2-3-31 和图 2-3-32）。

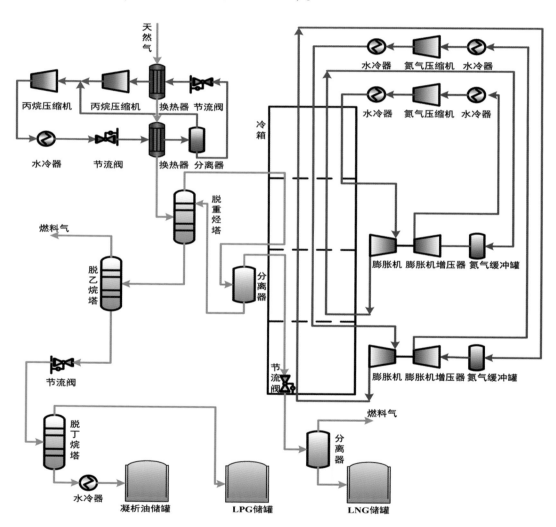

图 2-3-29　丙烷预冷双氮膨胀 FLNG 液化新工艺

图 2-3-30　FLNG 液化中试装置（规模：2 万米³/天）

图 2-3-31　宁波 22-1 FLNG 方案

3. 水下生产系统工程技术

伴随我国南海深水油气开发的推进，借助包括国家科技重大专项在内的多个科研项目支持开展了水下生产系统设计及关键技术的研发，水下关键设备国产化进程不断推进。

（1）水下钻井装备国产化研制：主要包括水下井口、采油树、隔水管、BOP 及配套作业工具和测试装备。

（2）水下生产设备国产化研制：包括水下阀门、水下管汇、水下连接

图 2-3-32　陵水 22-1 FLNG 方案

器、水下控制系统和水下脐带缆等。

（3）水下井口、采用控制脐带缆、水下阀门与执行机构、水下连接器、水下管汇、水下控制系统关键技术研究与设计工作不断得到深化，完成了部分样机研制与试验，形成了一批具有自主知识产权的科研成果。

（4）实现水下采油树的自主维修。

（5）具备 1 500 米水深的深水油气田水下设施工程概念设计和基本设计能力。

图 2-3-33 给出了水下生产系统的设计指南、行业标准及基本设计。

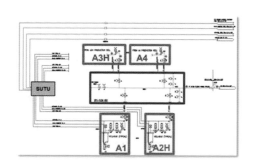

设计指南
水下脐带缆设计指南
水下管汇设计指南
水下分配系统设计指南
水下控制系统设计指南
水下采油树设计指南

行业标准
水下生产系统可靠性及技术风险管理推荐做法
水下高完整性压力保护系统（HIPPS）推荐做法

设计指南和行业标准列表　　　　　水下生产系统基本设计

图 2-3-33　水下生产系统设计技术

4. 深水流动安全保障和控制技术

通过国家科技重大专项、国家"863"计划等科研生产课题，深水流动安全保障实验系统、工程设计和工程设施的自主研制取得了自主知识产权的显著成果，具备1500米水深的深水流动安全概念设计和基本能力，初步建立了深水流动安全室内实验研究系统，并形成了1500米深水流动安全设计技术体系，初步建立海上深水油气田流动安全管理系统，并示范应用。

（1）建立了达到世界先进水平的室内水合物、蜡沉积试验系统、高压35兆帕、400米长的多相管流和混输立管试验系统（图2-3-34）；为深水低温高压多相流体固相沉积、段塞等深水研究奠定了基础。

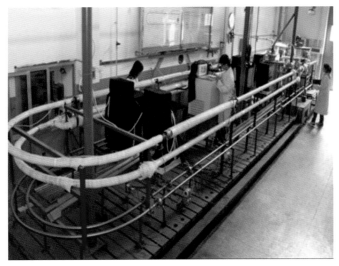

图 2-3-34 深水流动安全室内模拟系统

（2）设计手段：自主研制了水合物、蜡、段塞和PVT 4个深水气田流动安全工程设计软件，形成了深水气田流动安全工程设计技术体系，具备完全独立设计研发能力，为我国第一个深水气田采用全水下79千米回接提供技术支持。

（3）自主研制了系列流动监测技术和装备，如段塞监测、控制技术和装备、泄漏监测、堵塞监测、海上气田流动管理系统，包括水下虚拟计量、水合物沉积、液体预测，堵塞、泄露报警等，目前海上智能段塞节流控制系统（图 2-3-35）、管式流型分离与旋流分离技术（图 2-3-36）、天然气减阻输送技术、虚拟计量技术等已经应用于海上油气田现场，并具备完全独立设计研发能力，可以服务于国内及海外深水油气田开发需求。

图 2-3-35　成功应用于文昌油田 FPSO 的智能节流段塞控制系统

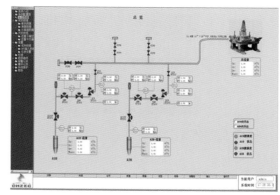

水下虚拟计量系统运行界面

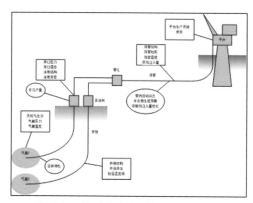

深水气田流动安全监测与管理系统原理

图 2-3-36　深水流动安全保障和控制技术

（4）开展了流动安全关键国产化研制：包括水下增压泵、水下分离器、智能设备等关键装备的研制、内减阻输送产业化基地，并探索堵塞等治理技术。

5. 深水海底管道和立管工程技术

通过国家科技重大专项、国家"863"计划等科研生产课题，我国的深水海底管道和立管工程技术取得了突破性进展。目前我国具备自主开发深水大型油气田海底管道和立管工程设计、建造、安装、涂敷、预制能力，具备深水海底管道和立管关键性能实验室试验能力，掌握深水立管动力响应实时监测和海底管道检测主要技术，为我国深水油气田的开发和安全运行提供技术支撑和必要的技术储备。

（1）试验技术：国内首次成功研制了可模拟 4 300 米水深高压环境的深水海底管道屈曲试验技术研究的专用试验装置（图 2-3-37）。首次成功研制具有国际领先的可模拟均匀和剪切来流的立管涡激振动响应试验装置（图 2-3-38），国内首次成功研制既能实现刚性立管加载，也能实现柔性立管加载的卧式深水立管疲劳试验装置（图 2-3-39）。

图 2-3-37　深水海底管道屈曲试验装置

（2）在海底管道和立管设计技术方面，"对 4 种典型的立管型式、TTR、SCR、柔性立管和混合式立管都开展了研究，初步具备了 TTR 和 SCR 立管基本设计能力（图 2-3-40）。

（3）在海底管道和立管制造技术方面，成功研制了适用于 300 米水深

图 2-3-38　首次成功研制具有国际领先的立管涡激振动响应试验装置

图 2-3-39　自主研制立管疲劳特性试验装置

动态保温软管和湿式保温材料，并进行了工程应用，打破了国外对我国动态软管和湿式保温材料供应的垄断。

（4）在海底管道和立管铺设安装方面，深水起重铺管船"海洋石油201"投入使用并成功将荔湾 3-1 海底管道铺设到 1 500 米深水，大大提高了我国海底管道安装铺设的能力。

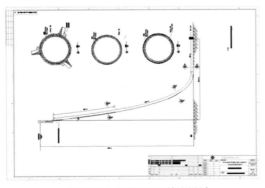

钢悬链线立管(SCR)基本设计

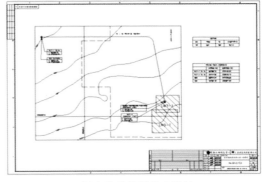

深水海底管道基本设计

图 2-3-40　深水海底管道和立管设计

（四）我国海洋能源工程装备发展现状

在深水油气资源勘探开发的装备方面，我国目前拥有 17 座 FPSO、1 座半潜式平台 FPS、世界上最先进的第六代钻井平台"海洋石油 981"（最大作业水深达 3 000 米、钻井深度达 10 000 米）、世界上最先进的"海洋石油 201"（作业水深 3 000 米）、亚洲最大十二缆物探船"海洋石油 720"、全球首艘集钻井、水上工程、勘探功能于一体的 3 000 米深水工程勘察船"海洋石油 708"、国际先进水平的"海洋石油 681"三用工作船（作业水深 3 000 米）等，使中国跻身世界 3 000 米深水开发俱乐部。充分证明了我国在深水油气资源勘探开发的装备方面已经具备开发南海深水油气资源的能力。但毕竟我国在深水油气资源勘探开发的装备技术方面是采用引进、消化和吸收的基础上完成的，与国外一流公司的设计、制造水平还存在差距，并且缺乏具有自主知识产权的船型设计，尚不具备完全自主设计能力，在专用设备和配套设备的设计制造上处于早期发展阶段，高端成熟产品少、国际市场竞争能力弱。因此，在"十二五"和"十三五"期间，还应该针对南海油气资源开发的实际情况，打造一流的深水油气资源勘探开发的装备优势，突破设计、建造核心关键技术，形成重大装备及其配套作业技术，实现重大装备的国产化（表 2-3-4）。

表 2-3-4　国内深水海洋工程重大装备列表

类型	名称	
深水工程勘探装备（4 艘）	物探装备（3 艘）	海洋石油 719（8 缆）
		海洋石油 720（12 缆）
		海洋石油 721（12 缆）
	工程勘察装备	海洋石油 708（3 000 米）
半潜式钻井装备（7 艘）	海洋石油 981（3 000 米）	
	南海 9 号（1 500 米）	
	兴旺号（1 500 米）	
	南海 8 号（1 200 米）	
	COSL Pioneer（先锋号：750 米）	
	COSL Promoter（进取号：750 米）	
	COSL Innovator（创新号：750 米）	
深水作业施工装备（10 艘）	铺管起重船	海洋石油 201
	三用工作船	海洋石油 681
		海洋石油 682
		海洋石油 683
		海洋石油 641
		海洋石油 642
	半潜式自航工程船	海洋石油 278
	多功能工程船	海洋石油 286
		海洋石油 289
		海洋石油 291（挖沟船）
生产装备（19 座）	半潜式平台	1 座流花 11-1 FPS
	FPSO	18 艘
应急救援装备	遥控水下机器人（ROV）	8 台 ROV
	载人潜水器（HOV）	蛟龙号

1. 深水勘探装备的现状分析

1）深水物探船

早在 20 世纪七八十年代，我国就从日本引进了当时最为先进的物探船"滨海 511"和"滨海 512"。目前，国际上具备自行开发、设计大型深水物探船的只有 ROOLS-ROYCE、VIKSANDVIK、SKIPSTEKNISK 等少数几家设计公司，由于大型物探船专业机械设备及甲板布置的特殊性、作业拖带工况的复杂性以及对水下噪声控制的特殊要求，使大型物探船的设计、建造与常规船舶相比有较大难度。国外设计公司开发的最新船型也大多被大型物探公司所买断，造成购买国外设计的选择余地很小，同时国外设计、建造此类船舶的价格也大大高于常规船舶。

目前，国内从事海上地震勘探作业的主要有中海油田服务股份有限公司物探事业部所属的 14 艘物探船和广州海洋地质调查局所属的 4 艘物探船，主要进行常规海上二维、三维地震数据采集。这些物探船配备的拖缆地震采集系统主要购买自法国 Sercel 公司和美国 I/O 公司，其中以 Sercel 公司的产品居多。

中海油田服务股份有限公司物探事业部拥有二维地震船（"NH502"）、三维地震船 6 艘（"BH511"、"BH512"、"东方明珠"、"海洋石油 718"、"海洋石油 719"、"海洋石油 720"（图 2-3-41））以及两支海底电缆队。"NH502"、"BH517"、"BH511"（三缆）、"BH512"（四缆）、"东方明珠"（四缆）、"海洋石油 718"（六缆）、"海洋石油 719"（八缆）、"海洋石油 720"（十二缆）都装备了目前最先进的海洋拖缆地震采集系统（SEAL）。海底电缆队配备的是比较先进的 SeaRay 300 四分量海底电缆采集系统。

图 2-3-41　三维地震船"海洋石油 720"

中海油田服务股份有限公司物探事业部能完成以下海洋地震采集作业：常规二维地震作业、二维长缆地震作业、二维高分辨率地震作业、二维上下源、上下缆地震作业、常规三维地震作业、三维高分辨率地震作业、三维准高密度地震作业、三维双船作业、海底电缆采集作业。

"海洋石油720"是我国乃至东南亚物探作业船舶最先进的一条。"海洋石油720"船于2011年4月22日交船，5月21日正式投产，迄今为止，"海洋石油720"船十二缆船创造了物探历史日产量新高160.825千米航程，日采集有资料面积96.495平方千米的好成绩，1607.79平方千米采集量的亚洲物探船单月产量最高纪录，开创了我国物探史上的新篇章。

2014年8月，由中海油所属中海油田服务股份有限公司投资建造的深水十二缆物探船"海洋石油721"在上海顺利交付（图2-3-42）。"海洋石油721"是继"海洋石油720"之后，中海油服投资建造的第二艘高性能深水十二缆物探船。该船具备拖带12条8000米长采集电缆进行地震勘探作业的能力，各项性能指标均达到国际先进水平。该船还增加了一艘电缆维修艇，提高了对水下设备的维修能力。

图2-3-42 十二缆物探船"海洋石油721"

2）勘探作业装备

从20世纪90年代起，国际地震勘探仪器装备厂商经过激烈的竞争、兼并、联合，基本上形成了以法国Sercel公司和美国ION公司占据世界主要市场的新格局。目前，我国尚未形成自己的海上地震勘探及工程勘探的装备技术体系，绝大部分的海上物探装备仍然依靠进口。进口地震勘探采集装备方面的主要劣势有以下几方面。

（1）国外地震勘探仪器厂商对我国进口仪器设备进行技术限制，小于12.5米道距的拖缆地震采集系统禁止向中国出口，妨碍了国内海上高分辨地震勘探的发展，不利于深度精细开发和海上隐蔽油气藏的发现。

（2）海上地震采集设备以及勘探软硬件系统全部依赖进口，进口价格高，备件采办周期长，占生产成本比例较大。

（3）国外地震勘探仪器厂商对我国高精度勘探仪器装备领域技术封锁，不利于真正掌握海上高分辨勘探能力。

（4）总体研究力量和设备生产能力薄弱，未形成自主知识产权的海上地震勘探装备体系。

目前中国海洋正在加快研制具有自主知识产权的海上高精度地震勘探成套化技术及装备。海上物探装备主要包括"地震采集系统、导航系统、拖缆控制系统、震源系统"等。海上高精度地震勘探仪器装备国产化将提升我国海洋油气藏开发的能力，特别是对复杂地层和隐蔽油气藏的勘探开发能力，全面提升海上油气资源地震勘探技术水平，更有效地解决海上油气开发生产中精细构造解释、储层描述和油气检测的精度问题，提供深水勘探战略强有力的技术支撑。

2. 深水工程勘察船

深水工程勘察船的主要用途为地球物理模拟勘察、地震勘察、海底工程地质取样和ROV操作。目前世界范围内深水勘察作业主要集中在墨西哥湾、北海、西非和南美等海域。工程勘察作业水深已超过3 000米。

2011年12月16日，全球首艘集钻井、水上工程、勘探功能于一体的3 000米深水工程勘察船"海洋石油708"交船（图2-3-43）。作为我国深水重大科技攻关项目的综合配套项目之一，"海洋石油708"的完工交付填补了我国在海洋工程深海勘探装备领域的国内空白，"海洋石油708"船体总长105米，型宽23.4米，型深9.6米，排水量约11 600吨，可在无限航区航行，设计吃水下最大航速14.5海里；抗风力不低于12级，可保证在9级海况下安全航行，在全球同类型船舶中综合作业能力最强。

图 2-3-43　工程勘察船"海洋石油 708"

　　"海洋石油 708"可与 3 000 米深水钻井平台"海洋石油 981"、深水起重铺管船"海洋石油 201"等大型深水装备形成配套能力，进一步增强我国在深水资源开发领域的装备优势和竞争实力。这标志着我国海洋工程勘察作业能力从水深 500 米提升到了 3 000 米。

　　"海洋石油 708"可与 3 000 米深水钻井平台"海洋石油 981"、深水起重铺管船"海洋石油 201"等大型深水装备形成配套能力，进一步增强我国在深水资源开发领域的装备优势和竞争实力。

3. 深水钻井装备

　　我国目前有 13 座半潜式钻井平台，包括国内建造的"勘探三号"（工作水深仅为 200 米）、"COSL Pioneer"、"COSL Innovator"、"COSL Promoter"、"COSL Prospector"、"海洋石油 981"；从国外进口 7 艘："南海 2 号"、"南海 5 号"、"南海 6 号"、"南海 7 号"、"南海 8 号"、"南海 9 号"和"勘探四号"。其中："勘探三号"、"南海 2 号"、"南海 5 号"、"南海 6 号"、"南海 7 号"作业水深小于 500 米，其余均为深水半潜式钻井平台。其中我国建造的第六代超深水半潜式钻井平台"海洋石油 981"，作业水深达 3 000 米。

1）"海洋石油 981"

2011 年 5 月，3 000 米深水半潜式钻井平台"海洋石油 981"建成并正式起航。"海洋石油 981"的建成标示着我国该型装备的建造能力跨入了世界先进行列（图 2-3-44）。目前我国已经具备设计、建造、调试和运营深水半潜式钻井平台的能力。

图 2-3-44　"海洋石油 981"深水半潜式钻井平台

"海洋石油 981"的各项技术指标均达到国际上最先进的第六代钻井平台标准。"海洋石油 981"平台长 114 米，宽 90 米，高度为 137 米，该平台拥有多项自主创新设计，平台稳性和强度按照南海恶劣海况设计，能抵御 200 年一遇的台风；选用大马力推进器及 DP3 动力定位系统，在 1 500 米水深内可使用锚泊定位，甲板最大可变载荷达 9 000 吨，平台综合性能指标居世界领先水平。

"海洋石油 981"的 6 个世界首次：

（1）首次采用南海 200 年一遇的环境参数作为设计条件，大大提高了平台抵御环境灾害的能力；

（2）首次采用 3 000 米水深范围 DP3 动力定位、1 500 米水深范围锚泊定位的组合定位系统，这是优化的节能模式；

（3）首次突破半潜式平台可变载荷 9 000 吨，为世界半潜式平台之最，大大提高了远海作业能力；

（4）中国国内首次成功研发世界顶级超高强度 R5 级锚链，引领国际规范的制定，同时为项目节约大量的费用，也为中国国内供货商走向世界提供了条件；

（5）首次在船体的关键部位系统地安装了传感器监测系统，为研究半潜式平台的运动性能、关键结构应力分布、锚泊张力范围等建立了系统的海上科研平台，为中国在半潜式平台应用于深海的开发提供了更宝贵和更科学的设计依据；

（6）首次采用了最先进的本质安全型水下防喷器系统，在紧急情况下可自动关闭井口，能有效防止类似墨西哥湾事故的发生。[9]

"海洋石油 981" 的 10 项中国国内首次：

（1）国内由中海油首次拥有第六代深水半潜式钻井平台船型基本设计的知识产权，通过基础数据研究、系统集成研究、概念研究、联合设计及详细设计，使国内形成了深水半潜式平台自主设计的能力；

（2）国内首次应用 6 套闸板及双面耐压闸板的防喷器（BOP、防喷器声呐遥控和失效自动关闭控制系统，以及 3 000 米水深隔水管及轻型浮力块系统，大大提高了深水水下作业安全性；

（3）国内首次建造了国际一流的深水装备模型试验基地，为在国内进行深水平台自主设计、自主研发提供了试验条件；

（4）国内首次完成世界顶级的深水半潜式钻井平台的建造，三维建模、超高强度钢焊接工艺、建造精度控制和轻型材料等高端技术的应用，使国内海洋工程的建造能力一步跨进世界最先进行列；

（5）国内首次成功研发液压铰链式高压水密门装置并应用在实船上，解决了传统水密门不能用于空间受限、抗压和耐火等级高、布置分散和集中遥控的难题，使国内水密门的结构设计和控制技术处于世界先进水平；

（6）国内首次应用一个半井架、BOP 和采油树存放甲板两侧、隔水立管垂直存放及钻井自动化等先进技术，大大提高了深水钻井效率；

（7）国内首次应用了远海距离数字视频监控应急指挥系统，为应急响应和决策提供更直观的视觉依据，提高了平台的安全管理水平；

（8）国内首次完成了深水半潜式钻井平台双船级入级检验，并通过该项目使中国船级社完善了深水半潜式平台入级检验技术规范体系；

（9）国内首次建立了全景仿真模拟系统，为今后平台的维护，应急预案制定、人员培训等提供了最好的直观情景与手段；

（10）国内首次建立了一套完整的深水半潜式钻井平台作业管理、安全管理、设备维护体系，为在南海进行高效安全钻井作业提供了保障。

2）"南海9号"

"南海9号"是中海油田服务股份有限公司拥有的深水半潜式钻井平台（图2-3-45），长期作业于挪威北海和西非海域。"南海9号"在中国投入使用后，成为国内海域作业平台中作业能力仅次于"海洋石油981"的第四代深水半潜式钻井平台。

图 2-3-45 "南海9号"钻井平台

"南海9号"平台型长99米，型宽88米，总高116米，主甲板面积大于一个标准足球场。平台最大作业水深1 524米，最大钻井深度7 620米，最大可变甲板载荷4 065吨，额定居住人员160人，采用锚链加锚缆组合式锚泊定位系统，入籍中国船级社和挪威船级社双船级。

3）"兴旺号"

中海油田服务股份有限公司"兴旺号"型长104.5米，型宽70.5米，型高37.55米，最大工作水深1 500米，最大钻井深度7 600米，额定居住人员130人，可变甲板载荷为5 000吨，配备了世界最先进的钻井系统和DP3动力定位系统，配置了6台5 500千瓦柴油发电机和6台3 800千瓦定距可变速推进器，设计环境温度为零下20℃，入级挪威船级社（DNV）和中国船级社（CCS）双船级，满足全球最严格的挪威石油管理局（PSA）和挪威石油工业技术法规（NORSOK）要求。该平台配有10 000多个控制和报警点，自动化程度高，在驾驶室和机控室可以实现远程监控（图2-3-46）。

图2-3-46 "兴旺号"钻井平台

4）"南海8号"

"南海8号"是中海油田服务股份有限公司拥有的深水半潜式钻井平台，2012年9月由中海油田服务股份有限公司购置（图2-3-47）。最大作业水深1 402米（目前配置隔水管能力800米水深），最大钻井深度为7 620米，最大可变载荷4 972吨，定位方式为锚泊定位。入美国船级社和中国船级社双船籍，目前主要用于南海海域深水500~800米勘探、开发等作业。

5）"COSL PIONEER"（先锋号）

"COSL PIONEER"（先锋号）由中海油田服务股份有限公司的全资子公司COSL Drilling Europe AS（CDE）投资建造，是中国海洋石油工程建造业最先实现交付的首座深水半潜式钻井平台，不仅具备在挪威北海海域作业的能力，同时也适用于全球其他海域。"COSL PIONEER"全长104.5米、型宽65米、型深36.85米，设计吃水9.5~17.75米，作业水深70~750米，生存状态最大风速51.5米/秒，最大垂直钻井深度7 500米，最大可变甲板载荷4 000吨，额定居住人员120人，集钻修井、居住等功能于一身。平台

图 2-3-47　"南海 8 号"钻井平台

采用 DP3 动力定位和锚泊定位双定位系统及无人值班的机舱设计，在驾驶室及操作室集中遥控操作（图 2-3-48）。

图 2-3-48　"COSL PIONEER"（先锋号）钻井平台

6)"COSL PROMOTER"(进取号)

COSL PROMOTER 是中集来福士为中海油服承建的第三座深水半潜式钻井平台。该平台入级 DNV,全长 104.5 米、型宽 65 米、型深 36.85 米、作业水深 750 米、钻井深度 7 500 米,拥有 DP3 动力定位系统,设计寿命为 20 年(图 2-3-49)。

图 2-3-49 COSL PIONEER"(进取号)钻井平台

7)"COSL INNOVATOR"(创新号)

COSL INNOVATOR 型长 104.5 米、型宽 65 米、型深 36.85 米,设计吃水 9.5~17.75 米,作业水深 70~750 米,最大航速 10.2 节,生存状态最大风速 51.5 米/秒,最大垂直钻井深度 7 500 米,最大可变甲板载荷 4 000 吨,额定居住人员 120 人,集钻修井、居住等功能于一身(图 2-3-50)。

继"海洋石油 981"深水半潜式平台建成后,中海油还将建成 1 500 米作业水深半潜式钻井平台,该平台最大作业水深 1 500 米,将于 2015 年下半年交付,采用 DP3 动力定位和锚泊定位双定位系统以及无人值班的机舱设计,具备在北极寒冷地区作业的能力。

通过"海洋石油 981"半潜式钻井平台的设计建造,国内已掌握了深水半潜式钻井平台设计和建造技术,但是钻井系统、动力定位系统等关键设备技术还未完全掌握。国外在深水钻井平台及生产平台钻井系统设计、配套、设备制造技术方面已经比较成熟,NOV 和 MH 两家公司占据了深水钻

图 2-3-50 "COSL INNOVATOR"（创新号）钻井平台

井系统成套设备的绝大部分市场，深水钻机的大部分关键技术、专利均由这两家公司掌握，形成了从技术到产品、服务的垄断

4. 深水作业施工作业装备

深水作业施工作业装备是深水油气田建设重要的工程作业船舶，包括深水铺管起重船（"海洋石油 201"）、三用工作船（"海洋石油 681"、"海洋石油 682"、"海洋石油 683"、"海洋石油 641"、"海洋石油 642"）、半潜式自航工程船（"海洋石油 278"）、多功能工程船（"海洋石油 286"、"海洋石油 289"、"海洋石油 291"）等 4 种类型。

1）深水铺管起重船

深水铺管起重船是深水油气田建设重要的工程作业船舶，国外的深水铺管船在向大型化、专业化发展，特别是国外一些发达国家，铺管能力已经达到 3 000 米。我国铺管作业船与国际发达国家相比仍存在不小的差距。

2011 年 5 月，中海油投资建设的 3 000 米级深水铺管起重船"海洋石油 201"在江苏南通熔盛重工正式建成（图 2-3-51）。

"海洋石油 201"是世界上第一艘同时具备 3 000 米级（6 英寸管，S 形铺设）深水铺管能力、4 000 吨级重型起重能力和 DP-3 级动力定位能力的深水铺管起重船。

"海洋石油 201"船体主尺度为 204 米×39.2 米×14 米，吃水 7～10.8

图 2-3-51　　"海洋石油 201" 深水铺管船

米，作业管径 6~60 英寸，航速 12 节，最大作业水深可达 3 000 米，铺管速度 5 千米/天，海上最大起重能力达 4 000 吨，能在除北极外的全球无限航区作业，入中国船级社和美国船级社双船级。

"海洋石油 201" 总体技术水平和作业能力在国际同类工程船舶中处于领先地位，是亚洲首艘具备 3 000 米级深水作业能力的海洋工程船舶，是中国自主进行详细设计和建造的第一艘具有自航能力、满足 DP-3 动力定位要求的深水铺管起重船。全船设计耗时两年，采用了包括全电力推进、DP-3 动力定位、4 000 吨重型海洋工程起重机、自动铺管作业线等一系列国际最先进的技术和装备，填补了国内在深水铺管船设计领域的空白。

"海洋石油 201" 的建成并投入运行，为南海深水油气田开发过程中海底管道的铺设提供了重要保障，为南海海域深水油气田建设提供了重要的装备支持。

2）深水三用工作船

深水三用工作船是一艘为深海石油和天然气勘探开采平台、工程建筑设施等提供多种作业和服务的多功能工作船，主要从事深水石油平台的抛起锚、拖航、供应服务和守护值班、水下工程设备安装支持等工程作业和服务。

海洋石油资源开发活动的不断增加使得为海洋石油工程提供多种服务的海洋工程辅助船获得了较大的发展机会，其中海洋工程辅助船一直受到国际海洋石油界的关注，同时，海洋工程设计公司也在致力于海洋工程辅助船的开发研究，如 Rolls-Royce 设计公司、VIK-SANDVIK 设计公司、UL-STEIN 设计公司和 Havyard 设计公司等。多功能复合船型、电力推进船型、动力定位船型已成为当今国际上研发的主力船型。

国内在 20 世纪 60 年代到 70 年代末期，海洋工程辅助船的功率配备在 2 920~5 840 千瓦（4 000~8 000 马力），系柱拉力在 40~100 吨，拖缆机工作负荷在 100~150 吨。在 80 年代初期到 90 年代，三用工作船的主力船型功率配备在 7 300~8 760 千瓦（10 000~12 000 马力），系柱拉力在 125~150 吨，拖缆机工作负荷在小于 350 吨。

2011 年 5 月 23 日，中海油服股份有限公司投资建造的国内第一艘大马力深水三用工作船"海洋石油 681"在武汉下水（图 2-3-52）。

图 2-3-52　"海洋石油 681"深水三用工作船

"海洋石油 681"是专为"海洋石油 981"深水作业量身打造、具有国际先进水平的海洋石油深水工程船舶。该船具备 1 500 米水深起抛锚作业及 3 000 米水深供应和作业支持能力，最大系柱拖力 3 000 千牛顿，抗风能力达到 12 级。"海洋石油 681"采用柴、电混合推进，节能环保；具有高自动化内部集成控制系统，在恶劣海况下安全高效的甲板机械作业系统；全视野驾驶楼满足挪威船级社（DNV）规范，船舶舒适度达到船级社对噪音和振动的最新要求；污水处理排放达到目前国际最高要求；配备水下机器人（ROV）库房，可应对未来水下复杂的深水作业。

3）半潜式自航工程船

2012 年 3 月 15 日，目前世界上首艘带有动力定位 2 级能力的 5 万吨半潜式自航工程船"海洋石油 278"在深圳交船（图 2-3-53）。

图 2-3-53 "海洋石油 278"半潜式自航工程船

"海洋石油 278"由海洋石油工程股份有限公司（以下称"海油工程公司"）全额投资，招商局重工（深圳）有限公司承建，中国船舶工业集团第708 研究所担任设计方。该船船体总长 221.6 米，型宽 42.0 米，型深 13.3 米，半潜吃水 26.8 米，含压载水的装载量为 50 424 吨，总载重量 53 500 吨。

"海洋石油 278"甲板面积 7 500 平方米，可用于大型组块的浮托法安装、装卸，运输钻井平台以及其他大型钢结构物；其每小时 14 节的自航行速度，比常规拖带运输模式提速 2 倍。"海洋石油 278"可作为浮船坞，承担特种工程船舶坞修；可以运输目前国际上最先进的第六代钻井平台"海洋石油 981"；还能兼做深水工程支持船，其先进强大的动力定位系统和自航能力，能与深水铺管船"海洋石油 201"同步航行，提供海管等大型工程物料供应，服务于无限航区。

4）深水多功能工程船

目前国内深水多功能工程船包括"海洋石油 286""海洋石油 289"和"海洋石油 291"3 艘。

"海洋石油 286"

"海洋石油 286"最大作业水深 3 000 米，定位准确，业内有"定海神针"美誉，抗风能力不低于 12 级，深海作业时遇到风大浪急的恶劣海况依然能保持很强的稳定性，位移误差不超过 0.5 米，复杂海况下即使是杯子里的水也不会洒出来（图 2-3-54）。

图 2-3-54　"海洋石油 286"

"海洋石油 289"

该船于 2013 年 6 月在挪威建造完成，船长 120.8 米，型宽 22 米，型深 9.0 米，8 922 总吨，2 677 净吨，主要用于海洋石油深水水下设施安装、深水柔性管线铺设和锚系处理等工作（图 2-3-55）。

图 2-3-55　"海洋石油 289"

"海洋石油 291"

"海洋石油 291" 属于深水挖沟多功能工程船，是从国外引进的第一艘大型锚系安装作业支持船舶，投资总额约 14.17 亿元人民币。这是中海油从国外引进的第一艘大型锚系安装作业支持船舶，该船由深圳海油工程水下技术有限公司（下称"海油工程深圳公司"）负责管理使用。"海洋石油 291" 船总长 109.8 米，型宽 24 米，吃水深度 7.8 米，系柱拖力 361 吨，250 吨 AHC 主吊，配备两台 3 000 米级工作型 ROV，可支持大型犁式挖沟机挖沟作业（图 2-3-56）。能够满足东海和南海深水海管挖沟、系泊安装的工程要求，快速形成深水开发作业船队配套能力，扭转长期靠外租此类船舶的被动局面，填补国内高效犁式挖沟船的空白。

图 2-3-56　　"海洋石油 291"

5. 浮式生产平台

浮式生产平台是深水油气开发的主要设施之一，其主要类型有张力腿平台（TLP）、深吃水立柱式平台（SPAR）、半潜式生产平台（SEMI-FPS）和浮式生产储油装置（FPSO），相对于张力腿平台和深吃水立柱式平台而言，半潜式平台是一种传统型的、应用比较普遍深水平台。目前，深水半潜式钻井平台已经成为深海钻井的主要装置，同样半潜式生产平台在深水油气田的生产中也得到广泛应用。根据其发展趋势，半潜式平台将成为今后最主要的深海油气田开发和生产装备。浮式生产储油装置（FPSO）是另一种广泛使用的深、浅海油气田开发设施，FPSO 用于海上油田的开发始于20 世纪 70 年代，它主要由船体（用于储存原油）、上部生产设施（用于处理水下井口产出的原油）和单点/或多点系泊系统组成，通过穿梭油轮（或其他方式）定期把处理后的原油运送到岸上。FPSO 系泊系统大致分为内转塔、外转塔、悬臂式和多点系泊 4 种形式，前 3 种均属单点系泊形式，单点系泊装置下的 FPSO 可绕系泊点作水平面内的 360°旋转，使其在风标效应的作用下处于最小受力状态。目前 FPSO 主要用于北海、巴西、东南亚/南海、地中海、澳大利亚和非洲西海岸等海域。

我国已经投产的浮式生产设施主要包括 LH11-1 的 FPS 半潜式平台（图 2-3-57）（水深 300 米）和 18 座 FPSO。FPSO 在我国海上油气田开发中有着广泛的应用，我国也是世界上应用最多的国家之一，我国对 FPSO 具有丰富的设计、制造和管理经验，完全能国产化，因此应该根据我国南海油田的特点，研究开发深海 FPSO 技术，设计和建造适合于南海油田开发的 FPSO 装置是推动我国 FPSO 技术和装备走向深海的重要举措。同时，我国应该加大深海浮式平台的研发投入，大力开展半潜式生产平台、深吃水立柱平台、张力腿平台和其他新型深水浮式自主研究和开发，探索出适合于南海环境特点和南海深水油气田开发需求的深水浮式平台。

图 2-3-57 LH11-1 的 FPS 半潜式平台

FLNG/FLPG 是一种集海上天然气/石油气的液化、储存和装卸为一体的新型 FPSO 装置，具有开采周期短、开采灵活、可独立开发、可回收和可运移、无需管道输送等特点。FLNG 可以直接在距离我国海域 2 000 余千米的南沙海上将天然气在船上进行液化后储存在船上，生产一定时间后再通过 LNG 运输船运到国内，因此适合于在南沙海域气田开发中应用。

FDPSO 装置的概念是由国际海洋工程界于 20 世纪末提出的，这种装置是集钻探、生产、存储及装卸为一体的新型装置。通过在 FPSO 船体的月池上添加钻探设备，增加钻探功能，使设备集钻探、生产、存储及装卸为一体，具有单独开发海上油田的能力，大大缩短了油田开采的周期，降低了成本。因此 FDPSO 这种新型装置可以用于南海深水油田的开发，可以用于南海深水油田的早期试采系统，一方面可以降低投资风险；另一方面还可以缩短油田开采的周期。

在"十二五"期间，在国家科技重大专项的支持下，中国海洋石油总公司作为牵头单位带领"十一五"期间建立的科研团队在"十一五"研究成果的基础上，针对南海深远海油气田开发，基于南海特殊海洋环境条件，深化 FLNG、FDPSO 核心技术并完成两种船型的开发，具备 FLNG 装置概念设计和基本设计的能力，具备 FDPSO 船体概念设计和基本设计的能力，建立 FLNG 液化工艺系统中试试验基地，初步形成 FLNG、FDPSO 两种新型装置的工程应用技术体系。

在加大这两种装置核心关键技术研发的同时，还应该加快这两种装置在南海海域油气田开发中的工程应用，使这两种装置在南海维权和油气资源开发中发挥举足轻重的作用。

中国海洋石油总公司拥有 18 艘 FPSO 和 1 座半潜式生产平台（图 2-3-58）。

图 2-3-58　中海油已有的 FPSO 装置

6. 海上应急救援装备的发展现状

用于海洋石油开发和科学考察的水下作业手段和方法主要有：载人潜水器（HOV），单人常压潜水服作业系统（ADS），无人潜水器（UUV），包括带缆的无人遥控潜水器（ROV）和无缆的智能作业机器人（AUV）等。

　　1）载人潜器

　　大多数载人潜器属于自航式潜器，最大下潜深度可达到 11 000 米，机动性好，运载和操作也较方便。但其缺点是，水下有效作业时间和作业能力也有限，且运行和维护成本高、风险大。

　　我国载人潜器研制主要目的是三级援潜救生，同时兼顾海洋油气开发的需要。经过 20 多年的努力，在各类潜器技术的探索、研究和试验，开发都做出了卓有成效的工作，主要技术水平已赶上国际先进水平，形成了二所三校一厂（中国科学院沈阳自动化研究所、中国船舶重工集团公司第七〇二研究所、哈尔滨工程大学、上海交通大学、华中理工大学及武昌造船厂）为主要的科研格局，已基本具备了研制各种不同类型潜水装具和潜器的能力。

　　我国首艘载人潜器 7103 救生艇是由哈尔滨工程大学、上海交通大学、中国船舶重工集团公司第七〇一研究所和武昌船厂联合研制的，于 1986 年投入使用；20 世纪 90 年代哈尔滨工程大学作为技术抓总单位完成了"蓝鲸"号沉雷探测与打捞潜器（双功型：人操或缆控，如图 2-3-59 所示）的设计工作，该艇已经成功地进行了多次水下作业任务。由中国船舶重工集团公司第七〇二研究所研制的"蛟龙"号载人潜器（图 2-3-60）潜深 7 000 米，是我国第一艘大深度载人潜器，号称是世界下潜最深的载人潜器，目前该载人潜器已赶赴太平洋进行 7 000 米潜深试验。哈尔滨工程大学在"十一五"期间完成了深海空间站的关键装备"某某载人潜水器"的方案设计工作。

图 2-3-59　载人与缆控双工型沉雷探测和打捞潜器

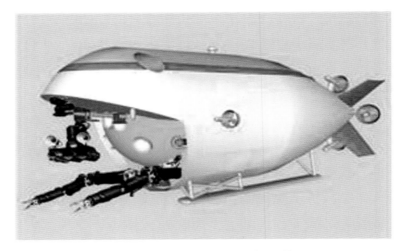

图 2-3-60　　"蛟龙"号载人潜器

2）遥控水下机器人（ROV）

无人遥控潜水器通过脐带缆与水面母船连接，并通过脐带缆遥控操纵 ROV、机械手和配套的作业工具进行水下作业。按功能和规模，ROV 可分为小、中、大型。小型 ROV 主要用于水下观察；中型 ROV 除具有小型 ROV 的观察功能外，还配有简单的机械手和声呐系统，有简单的作业和定位能力，可进行钻井支持作业和管道检测等；大型 ROV 具有较强的推进动力，配有多种水下作业工具和传感定位系统，如水下电视、声呐、工具包及多功能机械手，具有水下观察、定位和复杂的重负荷的水下作业能力，是目前海上油气田开发中应用最多的一类。以水下生产系统为例，最具代表性的有：英国的 Argyll 油田水下站和美国的 Exxon 油田水下生产系统，它们已应用无人遥控潜水器（ROV）进行水下调节、更换部件和维修设备。

我国已具有一定的遥控潜水器技术研发能力，先后研制成功了工作深度从几十米到 6 000 米的多种水下装备，如工作水深为 1 000 米、6 000 米的自治潜水器和智水军用水下机器人，以及 ML-01 海缆埋设机、自走式海缆埋设机、"海潜一号"、灭雷潜器等一系列遥控潜水器和作业装备，7103 深潜救生艇、常压潜水装具和移动式救生钟等载人潜水装备，以及正在潜深试验的 7 000 米载人潜水器、4 500 米级深海作业系统、1 500 米重载作业型 ROV 系统等。表 2-3-5 列出了中海油工程 ROV 系统。

表 2-3-5　中海油工程 ROV 系统

类型	级别	数量	功率	深度等级	TMS 情况	机械手
Panther Plus939/940	观察级	2 台	75 HP	1 000 米级	Panther939 带	2×6F
QUARK	工作级	1 台	75 HP	1 000 米级	不带	5F
VENOM 5	工作级	1 台	100 HP	1 000 米级	不带	5F、7F
QUANTUM13/14	工作级	2 台	150 HP	1 000 米级	不带	5F、7F
QUANTUM18/19	工作级	2 台	150 HP	3 000 米级	带	5F、7F

注：①HP 为非法定计量单位，1 HP＝745.7 瓦.

ROV 在深水油气资源开发是非常重要的支撑工具。

3）智能作业机器人（AUV）

智能作业机器人为无人无缆潜水器，机动性好。但水下负载作业能力非常弱。因此，AUV 一般多用于海洋科学考察、海底资源调查、海底底质调查、海底工程探测等，用于海上油气田水下作业的作业型 AUV 目前尚未见报道。

我国 AUV 的研究工作始于 20 世纪 80 年代，90 年代中期是我国 AUV 技术发展的重要时期，"探索者"号 AUV 研制成功，首次在南海成功地下潜到 1 000 米。"探索者"号 AUV 的研制成功，标志着我国在 AUV 的研究领域迈出了重要的一步。在积累了大量 AUV 研究与试验的基础上，CR-01 6 000米的 AUV 研制成功（图 2-3-61 和图 2-3-62），其主要技术指标列于表 2-3-6 中。CR-01 于 1995 年和 1997 年两次在东太平洋下潜到 5 270 米的洋底，调查了赋存于大洋底部的锰结核分布与丰度情况，拍摄了大量的照片，获得了洋底地形、地貌和浅地层剖面数据，为我国在东太平洋国际海底管理区成功圈定 7.5 万平方千米的海底专属采矿区提供了重要的科学依据。

表 2-3-6　CR-01 6 000 米 AUV 主要技术指标与配置

主尺度	0.8（D）米×4.4（L）米	空气中重量	1 400 千克
最大工作水深	6 000 米	搭载设备	侧扫声呐、微光摄像机、长基线水声定位系统、计程仪、浅地层剖面仪、照相机
航速	2 节		
能源	银锌电池		

图 2-3-61　CR-01 6 000 米 AUV

图 2-3-62　CR-02 6 000 米 AUV

　　中国科学院沈阳自动化研究所联合国内优势单位研制成功 CR-02 6 000 米 AUV（图 2-3-63）。该 AUV 的垂直和水平面的调控能力、实时避障能力比 CR-01 AUV 有较大提高，并可绘制出海底微地形地貌图。

　　在"十五"国家"863"计划支持下，开展了深海作业型自治水下机器人总体方案研究工作（图 2-3-63）。深海作业型自治水下机器人是一种可以连续、大深度、大范围以点、线、剖面、断面的潜航方式执行各种水下或冰层下的科学考察和轻型作业的水下机器人，它集中了遥控水下机器人和自治水下机器人的优点，具有多种功能并可在多种场合下使用。

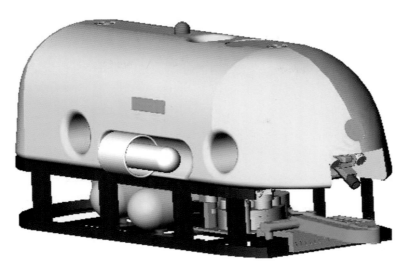

图 2-3-63　深海作业型自治水下机器人效果

中国科学院沈阳自动化研究所于 2003 年在国内率先提出了自主-遥控混合型水下机器人（Autonomous & Remotely operated underwater Vehicle, ARV）概念。2005 年和 2006 年分别研制成功 ARV-A 型水下机器人（图 2-3-64）和 ARV-R 型水下机器人（图 2-3-65 和图 2-3-66），其中 ARV-A 型水下机器人为观测型机器人，而 ARV-R 型水下机器人是一种作业型机器人，通过搭载小型作业工具可以完成轻作业任务。

图 2-3-64　ARV-A 型水下机器人

近年来国内多家单位在大深度 AUV 技术的基础上，还开展了长航程 AUV（图 2-3-67）的研究工作，最大航行距离可达数百千米，目前已作为定型产品投入生产和应用。哈尔滨工程大学从 1994 年先后研制了"智水"

图 2-3-65　ARV-R 型水下机器人

图 2-3-66　北极 ARV 水下机器人

系列的 AUV（图 2-3-68），已成功研制四型，为我国军用 AUV 的发展奠定了基础。中国船舶重工集团公司第七一〇研究所，应用军工技术开发研制了一种缆控水下自由航行体（图 2-3-69）。该水下机器人配备有前视电子扫描图像声呐和旁扫声呐等探测装置、高清晰度水下电视、高精度跟踪定位装置及机械作业手等装备。

图 2-3-67 中国科学院沈阳自动化研究所长航程 AUV

智水Ⅰ   智水Ⅱ   智水Ⅲ

图 2-3-68 "智水"系列 AUV

HD-1型水下机器人   HD-2型水下机器人

图 2-3-69 中国船舶重工集团公司第七一〇研究所研制的水下机器人

通过近十几年的研究工作，国内 AUV 技术取得了一系列的进展和突破，特别在作业水深和长航程技术方面已达到了国际先进水平。但是，我国现有深海机器人的调查功能比较单一，深海海底调查与测量技术手段尚不够完整，还缺少对深海海底进行大范围、长时间、高精度、多参数测量的综合调查能力，高新技术缺少验证和应用的平台，在水下机器人技术与应用结合方面有待加强。

4）常压潜水系统（ADS）

常压潜水系统，英文名"Atmospheric-Diving-System（简称 ADS）"。常压潜水系统（ADS）体积小，重量轻，其特点是"小巧灵活，机动性强"。常压潜水系统（ADS）可以携带人员到达水下进行现场观察作业，可以发挥"快速评估和决策"的功能；利用其携带的机械手及作业工具可以进行水下设施的应急维护作业，为海上油气田安全生产提供保障。

常压潜水系统（ADS）按照其形式可以分为"全人形"、"半人形"等多种形式。"全人形"ADS 代表性的产品，有中国船舶重工集团公司第七○二研究所的"QSZ-Ⅰ型""QSZ-Ⅱ型"单人常压潜水装具系统。"半人形" ADS 则保留了"全人形"ADS 的小巧灵活的特点，其下肢关节的移动，不是通过人体脚步自身力量，而是通过装载在躯体上的推力器来实现。其作业则可以通过装在躯体本体上的多个机械手及专用作业工具来完成。这种潜水器外部可承受作业水深的压力，内部保持一个大气压，潜水员不必经受下潜加压和上升减压的过程。常压潜水系统作业系统配有摄影、录像设备和各种简单的专用机械工具，作业工作深度一般为 200~400 米，最大深度为 700 米。加拿大 OCEANWORKS 公司生产的 ADS，工作深度为 609.6 米。国内在 ADS 研制方面进行了多年的攻关，由于难度较大，进展较为缓慢，目前对于研制工作目标水深为 300 米的工程实用化 ADS 尚有一段距离。中国船舶重工集团公司第七○二研究所在分别在 1987 年和 1992 年研制成功了"QSZ-Ⅰ型"（图 2-3-70）和"QSZ-Ⅱ型"单人常压潜水装具系统（图 2-3-71）。

中国船舶重工集团公司第七○二研究所目前正在开展设计水深为 600 米的 QSZ-Ⅲ型单人常压潜水系统以及设计水深达 1 500 米的"半人形"常压潜水系统的研制。

5）应急救援装备以及生命维持系统

我国在援潜救生能力有显著促进作用的关键技术和共性技术，取得了一系列重大成果。特别在潜艇脱险、常规潜水、饱和潜水等关键技术方面

图 2-3-70 QSZ-Ⅰ型单人常压潜水装具

的突破，使得军内在潜水医学保障技术、潜水装备保障上积累了国内领先、国际先进的技术水平，如模拟 480 米氦氧饱和潜水载人实验创造了亚洲模拟潜水深度纪录。这些成果不仅在军事潜水方面做出了重要贡献，而且通过参加诸如南京长江大桥建设、"跃进号"的打捞、大庆油田的钻井钻头的打捞等大量的民用工程建设也对国民经济建设起到了显著的促进作用。虽然中国潜水打捞行业协会的成立，体现了国家有关部门对潜水打捞行业发展的关注和扶持，也在行业规范中起到重要作用。但是，多年来潜水高气压作业技术主要面向军用，民用深水潜水作业技术供求矛盾突出，特别是投入少，我国民用潜水技术水平的发展受到一定的限制，导致其对海洋开发等关系国家发展的重大产业的支持力度不够。

（五）深水工程实践

我国早在 20 世纪 80 年代开始跟进国外深水工程进展，经过对外合作到

图 2-3-71 QSZ-Ⅱ型单人常压潜水装具

自主开发的转变，目前已经实现了 330 米深水油气自主开发，合作开发达深度 1 500 米。实现了深水技术由 300~1 500 米跨越发展。

1996 年与 AMOCO 合作开发了流花 11-1，采用当时 7 项世界第一的技术，被誉为世界海洋石油皇冠上的一颗明珠；

1997 年，与 STATOIL 合作开发了陆丰 22-1（图 2-3-72）；

1998 年，采用水下生产系统开发了惠州 32-5；

2000 年，采用水下生产系统开发了惠州 26-1N；

2005 年，与越南、菲律宾签署了联合海洋地震工作的协议；

2007 年，实现流花 11-1 自主维修，仅用 10 个月时间恢复生产；

2009 年，我国海外深水区块 AKOP 进入生产阶段；

2011 年，我国第一个深水气田荔湾 3-1 进入建造阶段（图 2-3-73）；

2012 年，我国南海第一个采用水下技术开发的气田崖城 13-4 气田建成投产，同年流花4-1油田投产；

　　2012年，"海洋石油981"开钻、深水物探、勘察船等开始海上作业；

　　2014年，荔湾3-1气田建成投产；

　　2015年，陵水第一个深水自营气田取得重大突破。

图2-3-72　我国陆丰22-1深水油田开发模式

图2-3-73　我国荔湾3-1深水气田开发模式

（六）我国海洋能发展现状

我国是海洋资源大国，大陆岸线长 1.8 万余千米，我国主张管辖海域面积约 300 万平方千米，面积 500 平方米以上的海岛超过 6 900 个。根据国家海洋局 "908" 专项研究成果[1]，我国近岸海洋能资源量约 6.97 亿千瓦，技术可开发量为 7 621 万千瓦。

1. 潮汐能

我国潮汐能丰富，是世界上建造潮汐电站最多的国家，根据国家海洋局 "908" 专项最新统计结果，我国近海潮汐能资源技术可开发装机容量大于 500 千瓦的坝址共 171 个，以浙江和福建沿海数量最多，浙江省可开发的潮汐能资源装机容量为 5 699 万千瓦，福建省的潮汐能年平均功率密度最大，平均值为 3 276 千瓦/千米^2，浙闽两省潮汐能技术可开发装机容量为 2 067 万千瓦，占全国技术可开发量的 90.5%。

20 世纪 50 年代以来我国先后建造了近 50 座小型潮汐电站。但由于没有科学研究和正规的勘测设计，以及不少站址选择不当、设备简陋、海水腐蚀的原因，多数电站运行一段时间后被迫停运或放弃，目前仍在运行的仅有江厦潮汐电站和海山潮汐电站。

近年来，随着对可再生能源需求的日益强烈，以及已建成潮汐电站的经济效益较好，我国依托海洋可再生能源专项资金支持，启动了温州瓯飞潮汐电站预可行性研究，探讨在浙江省温州市瓯飞滩涂建设 45 万千瓦潮汐电站的可行性。

1）温岭江厦潮汐电站

江厦潮汐试验电站是我国最大的潮汐能电站，1972 年经国家计委批准建设，电站工程列为 "水利电力潮汐电站项目"，研究重点包括潮汐能特点研究、潮汐机组研制、海工建筑物技术问题、综合利用。电站安装了 5 台双向灯泡贯流式机组，1 号机组 1980 年 5 月 4 日投产发电，到 1985 年 12 月完成全部建设，总装机容量 3 200 千瓦。规模至今仍保持亚洲第一、世界第三，年发电量稳定在 600 万余千瓦·时，到 2006 年 12 月 31 日，电站累计发电 2.35 亿千瓦时。

江厦潮汐试验电站枢纽建筑物由大坝、泄水闸、厂房等组成。大坝坝型为黏土心墙堆石坝，坝长 670 米，最大坝高 15.5 米，坝面高程 5.62 米、顶宽 5.5 米，最大底宽 182 米。泄水闸设于大坝和厂房间，为 5 孔平底闸，每孔净宽 3 米，利用原"七一"塘围垦工程挡潮排涝闸改建。渠道平面上呈圆弧形弯曲，圆弧中线半径 122.5 米。厂房全长 56.9 米、宽 25.5 米、高 25.2 米，安排 6 台机组位置，机组间距为 7.5 米。厂房高 4 层，自底向上为机坑层、发电机层、电缆层和电气操作层。

目前正在进行 1 号机组的增效扩容改建，改建后单机容量将由 500 千瓦提升至 700 千瓦。

图 2-3-74　温岭江厦潮汐电站外景

图 2-3-75　温岭江厦潮汐电站发电机房

2）白沙口潮汐电站

白沙口潮汐电站当时是我国最大的潮汐发电站，现居国内第二位，位于乳山市区南部海阳所镇及白沙滩镇交界处的白沙口海湾。海湾面积为 3.2 平方千米，库容大潮为 204 万立方米，中潮 155.5 万立方米，小潮 103 万立方米。最大潮差可达 2.42 米，最小潮差 0.89 米，平均潮差 1.2 米，每月两汛大潮，每汛 5~6 天，两汛低潮，每汛 4~5 天，每昼夜两涨两落，一次潮历时 12 小时 24 分（图 2-3-76）。

图 2-3-76　白沙口潮汐电站

电站枢纽工程：大坝，全长 704 米，顶宽 9 米，底宽 36.5 米，高 5.5 米。厂房采用半封闭式，总长 43.95 米，水下部分宽 28.86 米，水上部分宽 12.5 米，总面积为 461.47 平方米。进水闸 26 孔，其中 25 孔是钢木结构推门，自动启闭，单孔净宽 2.5 米，一孔进船闸，净宽 4 米。共设计 6 台机组，单机容量 160 千瓦，总装机容量 960 千瓦。机组是单向发电，涨潮蓄水，落潮运行。机组为竖井贯流式，水轮机型号为 GD005-WS-200，转轮直径 2 米，转速为 73 转/分。发电机型号 TS-12，转速为每分钟 500 转，流量为 13.2 米³/秒，设计水头为 1.2 米。

3）金港潮汐电站

金港潮汐发电站，坐落在乳山口内海湾上。该电站系单库单向发电，海潮水库坝长 890 米，平均坝高 3 米，水库面积 0.6 平方千米，总库容 49.8 万立方米，有效发电库容 36.6 万立方米。水库进水闸 8 孔，设有框架木面板自动启闭闸门。电站厂房为开敞式蜗室，弯肘形尾水管，装有轴流定浆立式水轮机 3 台，转轮直径 1.2 米，设计发电水头 1.52 米，总流量 10.78 米^3/秒，单机容量 40 千瓦，总装机 120 千瓦。共投工 1.7 万个，投资 27.76 万元。于 1970 年 12 月 5 日开始运行发电。由于缺乏修建技术经验，原安装的 3 台木制水轮机效率低，机组和传动设计不够合理，水下部件遭受海水腐蚀损坏，海生物附着使流道阻塞，加之发电机质量差，工程管理不善，多次出现故障，不能正常运行，1973 年金港潮汐发电站报废。

2. 潮流能

我国潮流能研究始于 20 世纪 80 年代，前期主要参与的都是高等学府，主要从事原理和原理样机研发，发展较为缓慢。直到 2010 年，国家财政部设立海洋可再生能源专项，每年投入 2 亿元资金用于海洋能利用相关技术研究，从政策面和资金面双管齐下推动海洋能的开发应用，将大型国有和民营企业吸引到海洋能技术研发队伍中，掀起了我国海洋能技术研究和示范应用的高潮，潮流能技术开发也进入快速发展时期。至今，中国在潮流能转换与发电系统的设计方法研究、关键技术和试验装置研发等方面取得了长足的进步，哈尔滨工程大学、浙江大学、东北师范大学、中国海洋大学、中海油研究总院、国电联合动力技术有限公司、哈尔滨电机厂有限责任公司等单位开发了垂直轴、水平轴式装机功率 100 瓦和 600 千瓦不同形式的潮流能发电机和漂浮式、座底式和固定式的支撑技术，积累了一定的海试经验。由于工程应用经验不足，以及海水渗漏、海生物附着和结构安全性能等方面的原因，大多潮流能装置在投运一段时间后出现了故障，因缺乏维修经费而停止了运行。发电效率、装置的可靠性是影响潮流能技术推向商业化应用的关键瓶颈。

2010 年中国海洋石油总公司旗下的中海油研究总院担纲建设 "500 kW 海洋能独立电力系统示范工程"，系统基本构成如图 2-3-77 所示，总装机容量 500 千瓦，潮流能装机容量 300 千瓦，是我国迄今最大的多能互补潮流能示范电站，电站于 2013 年 8 月投入试运行，截至 2015 年 9 月底，累计发电量近 10 万千瓦·时。

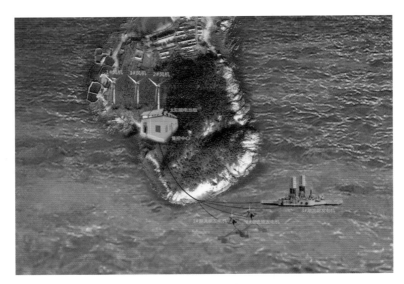

图 2-3-77 500 千瓦海洋能示范工程示意图

3. 波浪能

我国波浪能资源丰富，但普遍能量密度较低，平均功率密度为 1~7 千瓦/米，与欧洲平均功率密度为 20~100 千瓦/米的国家相比明显"先天不足"。由于能量密度和特性不同，我国波浪能开发不能直接引用国外技术，自主创新为必由之路。

我国波浪能开发技术研究始于 20 世纪 70 年代，80 年代后获得较快发展，建成了多座岸式波浪能发电站，用于航标灯供电的波浪能发电装置已形成系列产品。近年来，在国家相关政策和资金的支持下，波浪能技术得到快速发展。

我国在 20 世纪 80—90 年代建成了多座岸式波浪能发电站，1989 年在广东省大万山建成 3 千瓦的振荡水柱式波浪能电站，1996 年在该结构上完成 20 千瓦电站的建设，该电站建成后经历了几十次不同级别的台风，迄今一直未被破坏。

根据上述电站研建的经验，2001 年中国科学院广州能源研究所在广东省汕尾市遮浪镇成功研建了我国第一座 100 千瓦级的振荡水柱式波浪能电站（图 2-3-78），累计工作时间约 2 年。

1990 年在琼州海峡"中水道 1 号"灯船研制成功带后弯管的波浪发电

装置，随后又在湛江水道、珠江口水道的两个灯船上安装了相同的波浪发电装置为航标灯（平均功率30瓦）和雷达应答器（平均功率20瓦）提供电源，是世界上首次将波浪发电电源用于灯船。

图 2-3-78　广能所研制的汕尾100千瓦波能电站外景

2010年以来，在海洋可再生能源专项资金的支持下，漂浮鸭式、漂浮鹰式、振荡水柱波浪发电技术研究取得了可喜的进展，100千瓦鸭式波浪能装置、10千瓦"鹰式一号"漂浮式波浪能发电装置和20千瓦点吸收式波浪能发电装置于2012年12月至2013年4月先后投放成功，目前正常发电，运行效果良好，标志着我国海洋能发电技术取得了新突破（图2-3-79至图2-3-81）。基本实现了自主创新的研发过程，正在解决制约波浪能有效利用的可靠性、安全性和获能效率等方面的技术问题。

根据鸭式波浪能装置测试情况，研制出适合我国波浪特点的10千瓦"鹰式一号"漂浮式波浪能发电装置和20千瓦点吸收式波浪能发电装置，在位于珠江口的珠海市万山群岛海域正式投放。

4. 温差能

我国温差能研究始于20世纪80年代，中国科学院广州能源研究所、天津大学、台湾电力公司、国家海洋局第一海洋研究所等机构开展了原理认证研究，并取得了一定的进展，后多数机构停止了研究。我国温差能研究

图 2-3-79　装置运输及投放

图 2-3-80　10 千瓦"鹰式一号"波浪能装置

尚处于实验室验证阶段,尚未进行实海试验。

　　1980 年,台湾电力公司计划将第 3 号和第 4 号核电厂的余热与海洋温差发电并用,经过 3 年的调查研究,认为台湾东岸及南部沿海有开发海洋温差能的自然条件,初步选择花莲县的和平溪口、石梯坪及台东县的樟原等三地作厂址,并与美国进行联合研究。1985 年.中国科学院广州能源研究所开始对温差利用中的一种"雾滴提升循环"方法进行研究。这种方法于1977 年由美国的 Ridgway 等提出,其原理是利用表层和深层海水之间的温

图 2-3-81　20 千瓦点吸收式波浪能装置

差所产生的焓降来提高海水的位能。据计算，温度从 20℃降到 7℃时，海水所释放的热能可将海水提升到 125 米的高度，然后再利用水轮机发电。该方法可以大大减小系统的尺寸，并提高温差能量密度。1989 年，广州能源研究所在实验室实现了将雾滴提升到 21 米高度的记录。同时，该所还对开式循环过程进行了实验室研究，建造了两座容量分别为 10 瓦和 60 瓦的试验台。2004—2005 年，天津大学对混合式海洋温差能利用系统进行了研究，并就小型化试验用 200 瓦氨饱和蒸汽透平进行理论研究和计算。

2006 年以来，国家海洋局第一海洋研究所在海洋温差能发电方面做了比较多的工作，重点开展了闭式海洋温差能发电循环系统的研究。

2008 年，国家海洋局第一海洋研究所承担了"十一五""国家科技支撑计划"重点项目"15 kW 海洋温差能关键技术与设备的研制"，进行了热力循环系统研究和 15 千瓦闭式海洋温差能发电装置实验系统研建，验证了循环系统的可行性。

5. 盐差能

据统计，我国沿海江河每年的入海径流量为 1.7 万亿~1.8 万亿立方米，其中主要江河的年入海径流量为 1.5 万亿~1.6 万亿立方米，沿海盐差能资

源蕴藏量约为 3.9×10^{18} 焦尔，理论功率约为 1.25×10^{11} 瓦。其中长江口及以南的大江河口沿海的资源量占全国总量的 92.5%，理论功率估计为 0.86×10^{11} 千瓦。特别是长江入海口的流量 2.2 万米³/秒，可以发电 5.2×10^{10} 瓦，相当于每 1 秒燃烧 1.78 tce（1 吨标准煤当量）。另外，我国青海省等地也有不少内陆盐湖可以利用。

国内方面，1985 年西安建筑科技大学首先利用半渗透膜研制成了一套盐差能发电装置，这种装置适用于干涸盐湖的工作环境下。实验中，半渗透膜的有效面积为 14 平方米，淡水向浓盐水进行渗透后，浓盐水液面升高了 10 米，最终发电功率为 0.9~1.2 瓦。在此之后的 20 多年里，国内对盐差能发电技术的研究较少，基本处于停滞不前的状态。究其原因，主要是由于当时国内正渗透膜组件技术的研究还不能够满足盐差能技术和对盐差能发电技术的认识还不够全面所导致的。

2013 年中国海洋大学申请国家海洋可再生能源专项资金资助，开展"盐差能发电技术研究与试验"，启动 100 瓦的盐差能发电试验装置研究，目前已完成渗透膜的优化与测试工作确定了膜组件的形式与制造方法。

三、存在的主要问题与差距   ▶

（一）海上稠油和边际油气田开发面临许多新问题

我国近海稠油油田水驱开发采收率偏低，海上平台寿命期有限。平台寿命期满后，地层剩余油将难以经济有效利用，即花费高昂代价发现的石油资源将无法有效开采。随着我国石油接替资源量和后备可采储量的日趋紧张，在勘探上寻找新资源的难度越来越大，而且从勘探到油田开发，需要一个较长的周期。海上稠油油田原油高黏度与高密度、注入水高矿化度、油层厚和井距大，特别是受工程条件的影响，很多陆地油田使用的化学驱技术无法应用于海上油田，关键技术必须要有突破和创新。

以 1991 年为例，当时稠油三级地质储量为 10 亿立方米，但年产量仅 97 万立方米；油田规模小且分散，累计发现的 47 个油气田和油气构造分散于 5.3 万平方千米的海域内；油田储量规模小，32 个油田储量小于 1 000 万立方米，而国际海上单独开发油田的储量均大于 3 000 万立方米。

目前，我国海上稠油主要分布于渤海海域（图 2-3-82）。渤海稠油黏度高，可达 11°API；陆地油田经验不适用；稠油的采收率低，仅 10%~25%。

图 2-3-82　海上稠油分布

根据海上油气开发的现状，要实现海上稠油高效开发，必须通过技术攻关研究解决以下三大难题：①准确地刻画油藏渗流砂体单元，弄清剩余油分布；②进一步提高采收率的手段，增加可采储量；③提高稠油采油速度，实现高效开发。

具体包括以下几方面。

（1）剩余油的深度挖潜调整及热采开发，海上密集丛式井网的再加密调整井网防碰和井眼安全控制，这些技术仍然是目前关注的问题和未来发展方向。

（2）多枝导流适度出砂技术存在以下技术难点：多枝导流适度出砂井产能评价和井型优化；海上疏松砂岩稠油油藏出砂及控制理论和工艺；多枝导流适度出砂条件下的钻完井工艺和配套工具；适度出砂生产条件下地面出砂量的在线监测。

（3）海上稠油化学驱油技术，如适用于地层黏度 $100 \sim 300$ 毫帕·秒的稠油化学驱技术研究、抗剪切、长期稳定性、耐二价离子和多功能的驱油体系研制与优选、聚合物速溶技术研究、化学驱采出液高效处理技术研究、早期注聚效果评价方法及验证、适用于新型驱油体系的化学驱软件编制、聚合物驱后 EOR 优化技术研究、海上稠油高效开发理论体系建立及小型高效的平台模块配注装置和工艺等问题亟待解决。

（4）海上稠油油田开展热采开发还存在着诸多技术瓶颈。陆地稠油油田开展热采早，技术相对成熟；由于受井网、井型、层系、海上平台及成本的制约，海上稠油热采技术亟须深入的探索和实践。

（二）深水油气勘探开发面临的主要问题

我国深水工程技术起步较晚，远远落后于世界发达水平，同时我国海上复杂的油气藏特性以及恶劣的海洋环境条件决定了我国深水油气田开发将面临诸多挑战。制约我国深水油气田开发的主要问题表现在以下几个方面。

（1）深水工程试验模拟装备和试验分析技术：我国初步建立了深水工程室内装置，但离系统的试验设施和性能评价设施还有很大差距，试验分析技术也有待提高。

（2）我国深水工程设计、建造和安装技术：国外已经形成规范性的深水工程技术规范、标准体系，我国深水工程关键技术研究才刚刚起步，大都停留在理论研究、数值模拟和实验模拟分析研究，而且针对性不强，研究成果离工程化应用还远远落后于世界发达水平。

（3）深水油气开发技术能力和手段方面：从深水油藏、深水钻完井和深水工程等方面存在大量的空白技术有待研究开发。在深水工程方面，我国急需研究深水油气田开发的总体工程方案，急需开发深水工程的浮式平台技术、深水海底管道和立管技术、深水管道流动安全保障技术和水下生产系统技术等。

（4）海洋深水工程装备和工程设施方面：我国急需能够在深水区作业

的各型海洋油气勘探开发和工程建设的船舶和装备，主要包括：深水钻井船、深水勘察船、深水起重船、深水铺管船、深水工程地质调查船和多功能深水工作船；急需研究开发各型深水浮式平台、水下生产系统、海底管道和立管、海底控制设备以及配套的作业技术体系，同时现有深水作业装备数量有限，无法满足未来对深水油气开发的战略需求。

（5）深水油气工程设施的设计和建设能力方面：我国尚不具备水深500米以深深海设施的设计能力，不具备深海工程设施的建造总包和海上安装经验，难以在激烈的国际竞争中抢得先机，急需尽快形成深水平台的建造总包和海上安装能力。

（三）深水油气开发存在的问题：中远程补给

南海深水油气田勘探开发范围广；距离依托设施远，最远距三亚市1 670千米；补给难，直升机、供给船能力受限，如距陆地距离318千米的荔湾3-1深水气田（图2-3-83）。因此，开发深水油气需解决中远程补给问题，建立补给基地（表2-3-6）。

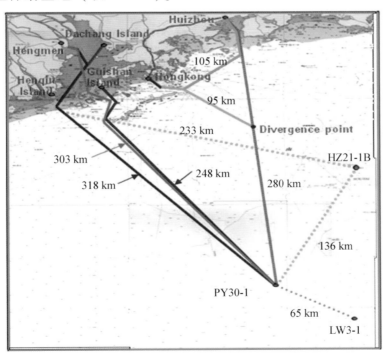

图2-3-83　南海荔湾3-1气田位置

表 2-3-6　南海中远程补给基地建设的可行性

盆地名称	补给基地	距离/千米	补给可行性
万安盆地	永兴岛	830~1 200	不可行
	美济礁	600~780	可行
曾母盆地	永兴岛	1 300~1 450	不可行
	美济礁	750~1 100	部分可行
	太平岛	650~1 000	可行
文莱-沙巴盆地	永兴岛	1 100~1 400	不可行
	美济礁	300~750	可行
中建南盆地	广东深圳市	650~930	可行
	海南三亚市	310~530	可行
	永兴岛	0~320	可行
	美济礁	500~800	可行
北康盆地	永兴岛	950~1 200	不可行
	美济礁	200~500	可行
南薇西盆地	永兴岛	900~1 050	部分可行
	美济礁	360~550	可行
礼乐盆地	永兴岛	750~880	可行
	美济礁	0~350	可行

　　国外很早就开始关注深远海补给基地问题，既有军事国防目的，也有服务于资源开发需要。冷战结束后，在面临海外基地不断减少的情况下，美国国防部开始设想使用海上移动基地（MOB）执行全球机动作战，国防先期研究项目局于 1992 年 10 月提出"海上平台技术计划"，1995 年 9 月美国国防部提出非正式的 MOB 使命任务书，1996 海军研究署（ONR）接着开展了一项 MOB 科技计划，美国研究 MOB 的初衷是提供一种前方后勤保障平台。

　　目前，我国刚刚启动相关研究。

（四）海洋能开发面临的问题

　　国内外海洋能技术现状如图 2-3-84 所示。我国潮汐能技术已经实现商业化运行，达到国际先进水平。潮流能技术较为成熟，国际上已进入示范应用和准商业化开发阶段，我国已开始早期示范研究，与国际先进水平相比，技术成熟度低约 2 个等级，落后 4~8 年。波浪能技术成熟度略次于潮流能，国际上已进入全尺寸样机示范应用阶段，我国已完成少数小规模比例样机示范研究，技术成熟度比国际先进水平低 1~2 个等级，落后 5 年左右。温差能的应用原理与核心技术已获得突破，国际先进水平已完成比例样机研究，建成试验装置进行实海示范研究，并在开展相关的设备制造技术和海洋能工程技术研究，我国仅完成了概念研究和首台原理样机实验，技术成熟度低 2~3 个等级，落后 10 年左右。国际上仅挪威与荷兰在开展盐差能的早期示范研究，我国在 20 世纪 80 年代开展了有关试验，后中断，人员设备撤离。2013 年再次启动，迄今未见成果报道，与国际先进水平相比，技术成熟度低约 2 个等级，落后 10 年左右。

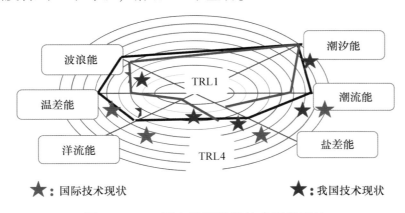

图 2-3-84　国内外海洋能技术现状对比

（五）我国深水油气资源勘探开发装备与国外的差距

全球海工装备市场已形成三层级梯队式竞争格局，欧美垄断了海工装备研发设计和关键设备制造，韩国和新加坡在高端海工装备模块建造与总装领域占据领先地位，而中国和阿联酋等主要从事浅水装备建造、开始向深海装备进军。全球海工装备市场 3 个梯队的情况如下。

第一梯队：美国及欧洲，是全球最早发展海洋工程的国家，具备超强的研发和设计能力，随着当地海洋工程产业的升级，逐渐退出了海工装备制造领域，但仍垄断海工装备的研发、前期设计、工程总包以及关键设备供货，同时建造少量深水高技术装备。主要公司包括美国 McDermott 公司、法国 Technip 公司、意大利 Saipem 公司和英国 Subsea 7 公司等。

第二梯队：韩国和新加坡，具备超强的建造和改装能力，较强的研发设计能力和工程总包能力，主要从事高端海洋油气钻采装备的模块建造与总装，设备安装调试，部分产品的设计与工程总包。其中，韩国垄断了钻井船市场，市场占有率达 94%；另外，在 FPSO 新建市场的占有率高达 82%。而新加坡在 FPSO 改装市场的份额也高达 67%。

第三梯队：中国、巴西、阿联酋等，具备一定的建造能力和研发设计能力，主要从事浅水装备的建造，开始进军深水装备建造领域，并从事装备的改装和修理。中国和阿联酋与第二梯队的新加坡在自升式钻井平台和半潜式钻井平台建造领域占据主导地位，自升式钻井平台市场占有率 77%，半潜式钻井平台市场占有率 85%。

总体而言，在全球海工装备制造市场，韩国占据了一半以上份额，新加坡次之，而巴西和中国作为后起之秀，追赶势头强劲。2010 年全球海工装备新接订单方面，韩国市场份额为 51%，稳居首位；新加坡次之，市场份额为 19%；巴西和中国的市场份额分别为 16% 和 10%；日本和阿联酋的市场份额分别为 3% 和 1%。

目前，国外投产油气田的水深记录为 2 714 米，而我国自主开发的海上油气田水深记录是 200 米，合作开发水深记录为 333 米，我国对外招标的南海深水勘探区块的水深达 1 500~3 000 米。"十一五"期间，中国海洋石油总公司通过国家重大专项"海洋深水工程重大装备及配套工程技术"和国家"863"计划"3 000 米水深半潜式钻井平台关键技术"等项目的研究，建成了包括世界最先进深水半潜式钻井平台"海洋石油 981"和世界第一艘 3 000 米级深水铺管起重船"海洋石油 201"在内的一批海洋深水油气田开发重大装备；这些技术成果极大地提高了我国海洋深水油气田开发技术和设备水平。但是，我国在深水工程装备领域仍然与国外水平存在较大差距，主要表现在：①缺乏具有自主知识产权的船型设计，尚不具备完全自主设计能力，在专用设备和配套设备的设计制造上处于早期发展阶段，高端成熟产品少、国际市场竞争能力弱；②浮式生产系统仅在作业水深 150 米以浅的 FPSO 具有自主设计建造经验，但 150 米以深水深的浮式生产系统，如深水半潜式生产平台、SPAR、TLP 和 FPSO 等，其设计和建造技术基本上处于空白；③海洋工程作业和支持船已经具有较好的基础和优势（物探、工程勘察、三用工作船、半潜、起重、铺管等），但海洋工程装备关键系统的核心技术仍掌握在欧美公司手中，如钻井系统、动力定位系统、FPSO 单点系泊系统、水下生产系统等，国内主要承担详细设计和生产设计，船型及基本设计大多依赖国外引进；④我国在海洋工程装备基础共性技术方面仍然十分薄弱，特别是深水工程水动力性能分析软件、结构性能分析及模型实验技术、海洋工程风险评估、工程建造技术和管理技术等基础共性技术方面，与国外相比还存在一定差距，影响了我国海洋工程装备技术水平的进一步提升。国内外深水油气田开发装备现状见表 2-3-7。

表 2-3-7　深水油气田开发装备发展现状分析

装备类型	国外发展现状	国内发展现状
深水勘探装备	物探装备：以 3D 物探船为主流，已达 24 缆	物探装备：国内最大为 12 缆
	工程勘察装备：最大工作水深达 4 000 米	工程勘察装备：最大工作水深达 1 480 米
钻井装备	半潜式钻井平台（213 艘），钻井船（170 艘），最大作业水深达 3 600 米，最大钻深超过 12 000 米	深水半潜式钻井平台（7 艘），无钻井船，最大作业水深达 3 000 米，最大钻深超过 10 000 米
生产装备	226 座深水生产平台（SPAR－18 座，TLP－25 座，SEMI－27 座，FPSO－156 艘；最大水深 2 438 米）	1 座 SEMI（国外设计），18 艘 FPSO，最大水深 330 米
作业施工设备	铺管船作业水深达 3 000 米，起重能力超过 14 000 吨	国内最大铺管水深为 1 480 米（6 英寸）
应急救援装备	国外拥有大型 ROV 500 多套，最大潜深达 10 909 米；载人潜水器的最大工作深度 7 000 米；智能作业机器人 AUV 最大潜深达 11 000 米	不同水深的 ROV 设备 8 台，ROV 最大作业水深 3 278 米；"蛟龙"号载入潜水器最大下潜深度 7 000 米

因此，积极推进深水油气田开发工程技术及深水勘探、重大装备等配套技术研究，是我国能源工业可持续发展、提升国际竞争力、保证国家能源安全的重要战略举措。

1. 海上施工作业和勘探装备的国内外水平比较

1）物探船与国际上水平的差距

（1）我国拖缆物探船最大作业能力为 12 缆，国际领先水平已达到 24 缆以上的作业能力。

（2）中海油田服务股份有限公司服拥有高端物探船（6 缆以上）3 艘，全球高端物探船共计 73 艘，其中西方奇科 16 艘，CGG 公司 15 艘，PGS 公司 13 艘（含在建的 2 艘）。

（3）目前勘探装备几乎全部依赖进口。中海油田服务股份有限公司在深水勘探领域的采集装备研发处于起步阶段，正在加快研发自主知识产权的海上勘探装备，如成功研制了"海亮"高密度地震采集系统，已初步具备了二维和三维勘探能力。

2）工程勘察船与国际水平的差距

与国外相比（表 2-3-8 至表 2-3-12），差距主要表现在以下几方面。

（1）国内具有一定规模和能力的海洋工程物探调查单位所采用的设备基本均为国外引进。

（2）大多数只具备渗水地质调查，无钻机；当前国内最先进的海洋调查船"大洋一号"，可以适应深水工程物探作业和 4 000 米水深保真沉积物取样作业，没有配备深水钻探取样设备（钻机）。

（3）国外具有深水钻探工程船有 10 艘，我国仅"海洋石油 708"，但却是全球首艘集起重、勘探、钻井等功能的综合性工程勘察船，作业水深 3 000 米，钻孔深度可达海底以下 600 米。"海洋石油 708"船成功投入使用标志着我国成功进入海洋工程深海勘探装备的顶尖领域，填补国内空白，极大提高了我国深海海洋资源勘探开发能力和提升了海洋工程核心竞争能力。

表 2-3-8　国内勘察船能力对比

船名	主要用途	所属单位
滨海 218 1979 年建造	工程地质钻探船，船长 55 米，作业水深小于 100 米，钻孔深度小于 150 米	中海油田服务股份有限公司
滨海 521	1975 年建造，长 50 米，海底灾害性地质调查，近海浅水作业	中海油田服务股份有限公司

船名	主要用途	所属单位
南海 503 1979 年 12 月建造	综合勘察船，船长 78 米，钻孔 300 米水深、150 米钻探能力，物探最大作业水深 600 米，无 CPT	中海油田服务 股份有限公司
海洋石油 709 2005 年 2 月建造	综合监测船，船长 79.9 米，DP-2，设计钻孔作业能力：水深小于 500 米，未配置钻机，缺少必要的取样工作舱室、泥浆储藏舱，无直升机平台；该船不能满足深水勘察的要求	中海油田服务 股份有限公司
勘 407	综合勘察船，船长 55 米，作业水深小于 150 米，钻孔深度小于 120 米	中石化总公司
奋斗 5 号	综合勘察船，船长 67 米，作业水深小于 150 米，钻孔深度小于 120 米	国土资源部
大洋一号	综合性海洋科学考察船，船长 104 米，可进行深水物探和海底取样，无钻孔设备，主用于科学考察和研究	中国大洋协会
海监 72/74	海底灾害性地质调查，船长 76 米，作业水深 300 米	国家海洋局
海洋六号	2009 年 10 月建造，以天然气水合物资源调查为主，兼顾其他海洋调查，船长 106 米，宽 18 米，电力推进，动力定位 DP-1，最大航速 17 节，配置深水多波束、深海水下遥控探测（ROV）系统、深海表层取样和单缆二维高分辨率地震调查系统等，没有设计配置工程地质钻孔设备	国土资源部 广州地质调查局
海洋石油 708	2011 年 12 月建造，船长 105 米，宽 23.4 米，电力推进，动力定位 DP-2，最大航速 14.5 节，适应作业水深 3 000 米，配置深水多波束、ADCP、名义钻深 3 600 米作业能力的深水工程钻机、深水海底 23.5 米水合物保温保压取样装置、150 吨工程可令吊等，可在 7 级风 3 米浪的海况下作业	中海油服

目前，世界上具有动力定位性能、能够从事深水工程地质勘察的地质钻探专业船舶约有 10 艘，主要装备有深水工程钻机、井下液压取心系统和静力触探（CPT）系统，并能进行随钻录井（LWD），目前的工程地质钻探作业水深超过 3 000 米，最大钻探深度达 610 米。

表 2-3-9　国外深水勘察船能力对比

船名	Bucentaur	Bavenit	Fugro Explorer	Newbuilding102	Bibby Sappire	SAGAR NIDHI
作业类型	2 000 米水深钻孔 40 米、3 000 米水深 6 米长取样	13~3 000 米水深钻孔、CPT 原位测试	3 000 米水深地质钻孔、CPT 原位测试、25 米取心	多功能调查，ROV 作业	ROV 作业/工程支持	海洋调查和工程支持（多/单波束测深，地貌，地层剖面等）
建造时间	1983 年	1986 年	1999 年建造 2002 年改造	2000 年	2005 年	2006 年在意大利建造，2008 年交船
船长、宽、型深（米×米×米）	78.1 × 16 ×8.4	85.8 × 16.8 ×8.4	79.6 × 16.0 ×6.3	83.9 × 19.7 ×7.45	94.2×18	103.6×19.2× 5.5，作业甲板面积 700 平方米
最大航速/节	12	10	12	15	16	14.5
主功率/千瓦	4×1 200	4×1 420	2×1 860	4×2 500	3 200+640	4×1 620 万；港口发电机 500
推进	2 个 CP 艏侧推	2 个 850 千瓦艏侧推	2 个 800 马力艏侧推，1 个 800 马力艉侧推	2 个 1 000 千瓦艏侧推，1 个 1 000 千瓦伸缩推，2 个 1 000 千瓦艉侧推，	电推，5 个推进器（2 个艏推 1 个伸缩，2 舵桨主推）。	全电力推进，2×1 000 千瓦侧推；舵桨主推 2× 2 000 千瓦
DP 系统	DP-2	DP-2	DP-2	DP-2	DP-2	DP-2
月池/米		？	3.05×3.05	5.5×5.4	8.0×8.0	无
飞机平台/米			19.5×19.5	不详	19.5×19.5	无

船名	Bucentaur	Bavenit	Fugro Explorer	Newbuilding102	Bibby Sappire	SAGAR NIDHI
吊装设备	45 吨 A 架；3 吨×1 和 1 吨×2 甲板克令吊	5 吨 A 架和 2 台 5 吨甲板吊	20 吨 A 架	不详	150 吨/18 米工程吊一台；10 吨／15 米甲板吊一台	200 太米/19 米×1 台；24 太米/8 米×2 台；10 太米/10 米×2 台；舻 A 架 60 吨；左舷 A 架 10 吨
其他			装四点锚泊			75 个床位

表 2-3-10　国外工程地质钻孔船能力对比

船　名	Fugro Explorer	Bavenit	Bucentaur	日本无敌	Miss Marie	Miss Clementine	Bodo Supplier
所属公司	Fugro	Fugro	Fugro	日本	马来西亚 Miss Marie	马来西亚 Miss Marie	马来西亚
作业类型	地质钻孔	地质钻孔	地质钻孔	工程支持地质钻孔	工程支持地质钻孔	工程支持地质钻孔	工程支持地质钻孔
作业水深	3 000 米	3 000 米	2 000 米	>3 000 米	约 1 500 米	约 1 500 米	2 000 米
建造时间	1999 年建 2002 年改造	1986 年	1983 年	2004 年	1995 年	1998 年	1972 年
船长和宽（米×米）	79.6×16	85.8×16.8	78.1×16	126×20	75×18.3	75×18.3	—
DP 系统	DP-2	DP-2	DP-2	DP-2	DP-2	DP-2	DP-1
备　注	20 吨 A 架四点锚泊	5 吨 A 架	45 吨 A 架	科考为主	原为工程支持船	原为工程支持船	原为工程支持船

注：辉固公司（Fugro）除上述 3 艘深水钻孔船外，另外还有 2 艘分别为 600 米和 1 000 米作业水深的专用地质钻孔船．

表 2-3-11　我国"海洋石油 708"船与国外深水钻探船主要参数对比

	参数	中国"海洋石油 708"	美国"决心"号	日本"地球"号
1	船长/米	105	143	220
2	船宽/米	23.4	21	38
3	吃水深度/米	7.4	7.45	9.2
4	最大航速/节	15	—	—
5	自持力/天	75	—	180
6	额定载员/人	90	114	256
7	甲板载货面积/米²	1 100	1 400	2 300
8	主机动率/千瓦	14 000	13 500	35 000
9	工作水深/米	50~3 000	8 230	①500~2 700 ②500~4 000 ③500~7 000
10	海底以下钻孔深度/米	600	2 111	7 000
11	钻机钩载能力/吨	225	240	1 250
12	升沉补偿距离	4.5 米（主动）	4.5 米（主动）	4 米（主动）
13	钻探方法	非隔水管	非隔水管	隔水管
14	随钻取心方式	绳索取心	绳索取心	绳索取心
15	海况条件	浪高 3 米 蒲福 7 级	浪高 4.6 米 蒲福 10 级	浪高 4.5 米 蒲福 9 级
16	动力定位	DP-2	Dual redundamt	DPS

表 2-3-12　我国深海钻机和美国、日本深海钻机性能对比

参数	中国"海洋石油 708"	美国"决心"号	日本"地球"号
钻探名义深度/米	4 000	9 144	10 000~12 000
最大静钩载/千牛	2 250	5 360	12 500
最大作业水深/米	3 000	8 230	初期 2 500 后期 4 000
钻探海底以下/米	600	2 111	7 000
额定功率/马力	400	1 000	—
输出扭矩/（千牛·米）	30.5	83	—
存放钻杆数量/米	3 200	9 000	12 000
升沉补偿能力/米	±2.25	±3	—
井架高度/米	34.5	62	107

2. 海上施工作业装备的国内外水平比较

1）钻井装备

国内半潜式钻井平台设计建造技术现状可以概括为以下 5 个方面。

（1）初步形成了设计能力，但设计核心技术依旧掌握在美国、挪威等国家。

（2）初步掌握了半潜式钻井平台系统集成技术，但关键设备全部依赖进口。

（3）亚洲国家已成为半潜式平台建造的主要承担者，但开发设计仍是美国和欧洲的天下。

（4）关键设备研发能力与国际水平差距较大，例如深水钻机市场几乎由 MH 和 NOV 两家公司垄断，国内仅能提供技术含量不高的零部件。

（5）数量和绝对性能上还有差距。世界上现存的深水半潜式钻井平台作业水深能力可分为 12 000 英尺（3 658 米）、10 000 英尺（3 048 米）、7 500 英尺（2 286 米）、5 000 英尺（1 524 米）4 个级别，而我国仅有 1 座平台在此行列，尚未形成系列和梯队，在装备的配套互补、差异化配置上有明显不足。此外，国外深水钻井船的作业水深达到 3 600 米，圆筒形钻井平台（作业水深达 3 000 米）、FDPSO 也得到工程应用。而以上类型的钻井装备国内均没有。

2）修井装备

目前，国内已有的浅水海洋导管架平台修井机在数量和水平上与国外先进水平相差不大，但是国内移动式修井装备无论是数量和种类水平与国外先进水平均还有一定差距，例如在美国墨西哥湾服役的 Liftboat 有上百座，而国内仅有 2 座 Liftboat。故我国在深水专用的修井作业装备方面还是空白。

3）铺管起重船

我国起重铺管船经过近 30 多年的发展已经初具规模化，但同时也可以看出我国起重、铺管船发展过程中出现的一些问题，这也是未来起重、铺管船产业发展所必须克服和解决的困难和问题。

（1）起重船船型单一，起重机和起重类型单一。我国起重船的船型主要为驳型单体船，主要包含固定臂架式起重机和旋转式起重机，起重机和船舶形式单一。

（2）起重铺管船作业范围在浅水，深水作业船舶少。我国的第一个深水气田项目——荔湾3-1项目，其最大作业水深已达到了1 480米。而现实情况是我国的起重铺管船能适应100~200米水深仅有"蓝疆号"和"海洋石油202"船，能适应荔湾项目铺管的仅有"海洋石油201"船。相比国外海洋工程公司的船队配置，我国的深水起重、铺管作业船舶不论在数量上还是质量上（除新建船外）已远远落后。

（3）起重铺管同时兼备，缺乏单独的专业铺管/缆船舶。

（4）铺管船只具有S型铺设系统，尚无J型、Reel型铺管船。S型铺管法虽具有能铺设浅水和深水的特点，但受其铺设方式的限制，对于超深水大管径或者长距离高效铺管都不及另两种铺管方式。同时，随着深水开发模式的不断升级完善，水下系统加长输管道的模式应用将越来越多，而S型铺设对于水下结构物的安装具有先天的限制。

（5）与国际水平比较，我国首座深水铺管起重船"海洋石油201"已经达到了国际领先的水平，但是与国际发达国家相比，在数量和种类上仍存在一定的差距。

世界上主要海洋工程公司代表性的铺管起重船舶参数见表2-3-13。通过和我国起重、铺管船主要参数列表比较，可以看出国内外的具体差距。

4）油田支持船

目前，国内拥有的油田支持船舶是国外设计建造的二手船，尤其体现在大马力船舶上更为明显，超过8 000马力三用工作船及6 000马力平台供应船虽有部分设计研究，但几乎没有实船建造。

我国深水三用工作船及供应船基本处在设计状态，鲜有实用性的应用例子。

5）多功能水下作业支持船

深水水下工程船主要掌握在3个主要的水下工程公司：Saipem/Sonsub、Acergy、Subsea 7以及Technip的水下板块业务板块。

"海洋石油286"将是我国首艘3 000米水深多功能水下作业支持船，由挪威的Skipsteknisk公司进行基本设计，上海船舶研究设计院进行详细设计，黄埔造船负责生产设计及建造。

表 2-3-13 世界主要海洋工程公司代表性船舶参数

序号	公司	船舶	类型	主尺度 总长×型宽×型深 （米×米×米）	主要装备
1	Technip	Deep Blue	Reel-lay 及 J-lay	206.5×32.0×17.8	动力定位系统：DP2；最大吊重：400 吨；铺设管径：4~28 英寸；最大张力 770 吨；月池：7.5 米×15 米；搭载 2 台工作级 ROV
2		Apache II	Reel-lay 及 J-lay	136.6×27×9.7	动力定位系统：DP2；最大吊重：2 000 吨；最大铺设管径：16 英寸；最大张力 300 吨；搭载 2 台工作级 ROV
3		Deep Energy	Reel-lay 及 J-lay	194.5×31×15	动力定位系统：DP3；最大吊重：150 吨升沉补偿吊机；最大铺设管径：24 英寸；最大张力 500 吨；搭载 2 台工作级 ROV
4		Deep Orient	Flexible-lay & Construction	135.65×27×9.7	动力定位系统：DP2；月池：7.2 米×7.2 米；搭载 2 台工作级 ROV
5		Global 1201	S-lay	162.3×37.8×16.1	动力定位系统：DP2/DP3；最大吊重：1 200 吨；铺设管径：4~60 英寸；最大张力 640 吨

序号	公司	船舶	类型	主尺度 总长×型宽×型深 （米×米×米）	主要装备
6	Acergy	Sapura 3000	S-lay	157×27×12	动力定位系统：DP2；最大吊重：3 000 吨；铺设管径：6～60 英寸；最大张力 240 吨
7		Polar Queen	Flexible-lay & Construction	147.9×27×13.2	动力定位系统：DP2；最大吊重：300 吨；最大张力 340 吨；搭载 2 台工作级 ROV
8		Seaway Polaris	S-lay 及 J-lay	137.2×39×9.5	动力定位系统 DP3；最大吊重：1 500 吨；最大铺设管径：60 英寸；最大张力 200 吨；搭载 2 台工作级 ROV
9	Saipem	Saipem 7000	J-lay	197.95×87×43.5	动力定位系统 DP3；最大吊重：14 000 吨；最大铺设管径：60 英寸；最大张力 550 吨
10		Castorone	S-lay 及 J-lay	290×39	动力定位系统 DP3；最大吊重：600 吨；最大铺设管径：60 英寸；最大张力 750 吨
11		Saipem FDS2	J-lay	183×32.2×14.5	动力定位系统 DP3；最大吊重：1 000 吨；最大张力 2 000 吨；搭载 2 台工作级 ROV
12		Castoro Otto	S-lay	191.4×35×15	最大吊重：2 177 吨；铺设管径：4～60 英寸；最大张力 180 吨

序号	公司	船舶	类型	主尺度 总长×型宽×型深（米×米×米）	主要装备
13	Allseas	Solitaire	S-lay	300	动力定位系统 DP3；最大吊重：300 吨；最大张力 1 050 吨
14		Pieter Schelte	S-lay	382×117	动力定位系统 DP3；最大起重：48 000 吨；铺设管径：6~68 英寸；最大张力 2 000 吨
15		Audacia	S-lay	225	动力定位系统 DP3；最大起重：550 吨；铺设管径：2~60 英寸；最大张力 525 吨
16		Lorelay	S-lay	183	动力定位系统 DP3；最大起重：300 吨；铺设管径：2~36 英寸；最大张力 175 吨
17	Subsea 7	Seven Seas	Reel-lay	153.24×28.4×12.5	动力定位系统 DP2；最大起重：350 吨；铺设管径：2~24 英寸；最大张力 260 吨；搭载 2 台工作级 ROV
18		Normand Seven	Reel-lay	130×28×12	动力定位系统 DP3；最大起重：250 吨升沉补偿吊机；最大铺设管径：500 毫米；最大张力 200 吨；搭载 2 台工作级 ROV
19		Skandil Neptune		104.2×24×10.5	动力定位系统 DP2；最大起重：140 吨升沉补偿吊机；最大张力 100 吨；月池：7.2 米×7.2 米；搭载 2 台工作级 ROV

续表

序号	公司	船舶	类型	主尺度 总长×型宽×型深 （米×米×米）	主要装备
20	McDermot	DB50	起重船	497 英尺×151 英尺×41 英尺	最大起重：4 400 sT
21		DB101		479 英尺×171 英尺×122 英尺	最大起重：3 500 sT
22	Heerema	Thialf	起重船	165.3×88.4×49.5	动力定位系统 DP3；最大起重：14 200 吨
23		Balder	J-lay	137×86×42	动力定位系统 DP3；最大起重：7 000 sT；铺设管径：4.5~32 英寸；最大张力 175 吨
24		Hermod	起重船	137×86×42	动力定位系统 DP3；最大起重：8 100 吨

总体来讲，我国仍然处在造船产业链的末端，船型开发、专用船舶设备、动力定位系统研发等仍依赖国外进口，自主研发仍处于空白状态。

3. 海上油气田生产装备的国内外水平比较

1）生产平台

“十一五”期间，在国家“863”计划、重大科技专项的支持下，中国海洋石油总公司在 TLP、SPAR、SEMI-FPS 为典型代表的深水浮式平台方面开展了大量探索性的工作，但距离实际应用还有很大差距，概括为以下 3 个方面。

（1）初步形成了概念设计能力：与国外公司联合开展了概念设计，同时依靠国内技术力量完成平行的设计任务。

（2）模型试验能力正在逐步成熟：建立了深水海洋工程试验水池，开展了水池模型试验、形成了试验能力。

（3）设计理念、船型开发等方面存在较大差距，在基本设计技术、详细设计、系统集成、建造技术方面存在空白。

2）水下生产设备

（1）全部掌握在欧美少数几家公司手中，产品已较为成熟。主要承包商有 AkerSolution、Oceaneering、Cameron 等。且外方在相关技术方面对我国进行封锁，如水下采油树、管汇及控制系统等相关设施在国外已较为成熟，设计能力也已达水深 3 000 米以上，我国实际应用水深只有 1 480 米。

（2）我国在管段件方面有一定突破，管道连接器、小型管汇已经用于生产实践，水下采油树、控制系统等还是空白。

3）FLNG/FDPSO

（1）FLNG：世界上尚未有 LNG FPSO 正式投入运营，按目前建造计划，2013 年将有 FLNG 正式投入生产，目前国外 FLNG 设计、建造、应用方面已经达到工业应用的水平。

我国仅沪东中华造船（集团）有限公司承建过 LNG 运输船，目前仅完成了 FLNG 的总体方案和部分关键技术研究。在 FLNG 液化工艺技术、液货维护系统、外输系统及关键外输设备方面，国内几乎处于空白状态，与国外差距巨大。

（2）FDPSO：世界上第一座 FDPSO 在非洲 Azurite 油田已投入使用，并且一座新的 FDPSO（MPF-1000）目前在建。目前，我国船厂仅建造过船型 FDPSO，但并不掌握设计和应用核心技术，与国外存在较大差距。

4. 海上应急救援装备的国内外水平比较

我国潜水高气压作业技术主要面向军用，民用深水潜水作业技术供求矛盾突出，主要表现在以下几方面。

1）技术体系不够完善

我国现已制定和颁布各类与潜水及水下作业安全和技术相关的标准有 60 多项，但系统性、完整性和可操作性与国际潜水组织和西方潜水技术先进国家的安全规程还存在较大差别。

2）潜水装备和生命支持保障技术自主研发能力欠缺

我国虽已成为潜水装备的需求大国，但关键装备仍主要依靠进口，现有的少量产品科技含量较低，工艺落后，国际竞争力弱。

3）海上大深度生命支持保障能力欠缺

目前，模拟潜水深度的世界纪录为 701 米（氢氦氧）和 686 米（氦氧），海上实潜深度纪录为 563 米（美国）。我国于 2010 年完成了实验室模拟 480 米饱和-493 米巡回潜水载人实验研究，使我国的模拟潜水深度达到了 493 米。但海上实潜能力的发展一直滞后，目前我国海上大深度实潜纪录依然是海军南海舰队防救船大队 2001 年进行的 150 米饱和-182 米巡回潜水训练，海上实际作业深度仅为 120 米左右。

载人潜器

我国在载人潜器领域的研究水平已处于国际先进行列，目前与国际上的差距主要体现在以下两方面。

（1）载人潜水器应用方面：国外载人潜水器的应用已非常成熟，例如"阿尔文"号（图 2-3-85）载人潜水器已经进行了 5 000 次下潜，"深海 6500"（图 2-3-86）也进行了大量的下潜与水下作业工作，我国载人潜水器的应用方面主要集中在军事领域，应用方面与国外尚存在一定差距。

（2）载人潜器门类方面：相比国外而言，我国载人潜器在海洋开发专用载人潜器设计方面尚属空白，门类有待于完善。

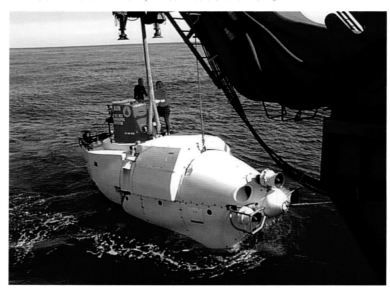

图 2-3-85　Alvin 载人潜水器

重装潜水服

我国中国船舶重工集团公司第 702 研究所是重装潜水服唯一研制单位，成功研制 QSZ-I 型重装潜水服，其工作深度 300 米，以观察为主，作业能

图 2-3-86　SHINKAI 6500 载人潜水器

力有限（图 2-3-87）。QSZ-Ⅱ型重装潜水服，潜水员在水下的活动半径可达 50 米，工作深度也是 300 米（图 2-3-88）；它既可用作观察型载人潜器，也可用作观察型 ROV，同时通过夹持器，水下作业工具进行相关作业。受国内投入的限制，我国还没开发第三型重装潜水服。

图 2-3-87　QSZ-I 重装潜水服

图 2-3-88　QSZ-II 重装潜水服

遥控水下机器人（ROV）

我国深海装备包括重载作业级深海潜水器作业系统的技术水平与国际发达国家尚有一定差距，存在的主要技术差距和问题有以下几方面。

（1）尚未建立完整的深海作业装备和技术体系，装备技术发展不能够完全满足深水油气资源开发及作业的需求。

（2）先进装备不能在应用中得到不断改进，同时由于应用机制不健全，且缺少国家级的公共试验平台，工程化和实用化的进程缓慢，产业化举步维艰。

（3）部分单元技术和基础元件薄弱，大量关键核心装备与技术依然依赖进口，且引进中存在着技术封锁和贸易壁垒。

智能作业机器人（AUV）

我国深海装备包括自主水下机器人（AUV）的技术水平与国际发达国家接近（表 2-3-14），存在的主要技术差距和问题为：① 装备技术发展与实际应用需求脱节；② 先进装备不能在应用中得到不断改进；③ 部分单元技术和基础元件薄弱。

目前，这些问题和差距正通过国家深海高技术发展规划的实施和建立国家深海基地的方式逐步解决。

表 2-3-14　国内外主要自主调查系统汇总

潜水器	国家	作业深度/米	作业能力	工作模式	机动性	状态
ABE	美国	4 500	观测调查	自主模式	优	运行
Sentry	美国	6 000	观测调查	自主模式	优	试验
Nereus	美国	11 000	观测调查、取样、机械手作业	自主模式、遥控模式	良	试验
SAUVIM	美国	6 000	观测调查、机械手作业	遥控监控模式	中	试验
UROV7K	日本	7 000	观测调查、机械手作业	遥控监控模式	中	运行
MR-X1	日本	4 200	观测调查、机械手作业（待扩展）	自主模式	优	运行
R2D4	日本	4 000	观测调查	自主模式	良	运行
ALISTAR	法国	3 000	观测调查	自主模式	良	运行
HUGIN	挪威	4 500	观测调查	自主模式	中	运行
DeepC	德国	4 000	观测调查	自主模式	良	运行
ALIVE	法国	未知	观测调查、机械手作业	自主模式、水声通信遥控	中	试验
Swimmer	法国	未知	观测调查、机械手作业	自主模式、水声通信遥控	中	试验
CR-01	中国	6 000	观测调查	自主模式	中	运行
CR-02	中国	6 000	观测调查	自主模式	良	运行

5. 我国与世界总体差距

我国与世界总体差距见图 2-3-89。

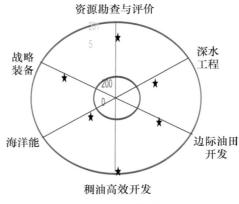

图 2-3-89　技术现状

四、我国海洋能源开发面临的挑战 ▶

(一) 近海油气资源开发面临的挑战

近海油气资源的开发在取得巨大进步的同时，也面临着许多新的挑战，其中既有来自油气开发方面的技术挑战，也有来自下游市场销售方面的经济挑战，还有来自政治、军事等其他方面的挑战。

1. 近海低品位油气储量大，亟待技术攻关

按照"先易后难"的思路，经过引进、学习、消化、吸收、创新的步骤，我国已基本握了近海常规油气资源的开发技术，形成了完善的工艺体系和配套技术，建立起近海油气资源开发利用的工业体系，但对低品位油气资源的开发利用则尚处于探索研究阶段，而稠油、近致密气等低品位油气储量在我国近海油气总储量中占比很大，因此，有必要加强稠油、近致密气等低品位油气资源的开发技术攻关，以期提高该类油气资源开发效果，使其成为我国油气产量的重要增长点。

1) 稠油有效开发难度大

稠油是指地下黏度在 50 毫帕·秒（mPa·s）以上的原油，我国近海纳

入规划稠油地质储量25.8亿吨,占总地质储量的57%。稠油因为地下黏度大,流动性差,用常规开采方法,难以经济有效生产。根据黏度不同,稠油又可分为常规稠油和非常规稠油(表2-3-15),地下原油黏度在350/亿吨以下的稠油称为常规稠油,其余稠油则是非常规稠油。

表 2-3-15 我国稠油储量分类

油藏类型	黏度/(毫帕·秒)	三级地质储量/亿吨
普Ⅰ类	50 * ~150 *	9.2
普Ⅱ类	150 * ~350 *	6.59
	350 * ~10 000	5.08
特稠油	10 000~50 000	2.32
超稠油	>50 000	

常规稠油水驱采收率低

纳入规划的常规稠油(表2-3-15中的普Ⅰ类和普Ⅱ类)三级地质储量15.8亿吨,按照现在开发技术,该类油藏的水驱采收率仅为22.2%,若按照一般普通油藏水驱采收率40%以上的标准计算,该类油藏采收率还可以提高17.8%,即还可增产2.8亿吨,相当于2013年全国的石油产量,潜力是十分巨大的。

非常规稠油难以有效动用

黏度350毫帕·秒以上的非常规稠油三级地质储量7.4亿吨,目前动用程度仅13%,仅形成了年产能50万吨的规模。非常规稠油资源中,黏度在1 000毫帕·秒以下的占39%,黏度在1 000毫帕·秒与10 000毫帕·秒之间的占30%,黏度在10 000毫帕·秒之上的占31%(图2-3-90)。不同于陆地稠油油田开发,海上油田开发由于平台面积受限,面临许多陆上油田不存在的问题,许多陆上稠油油田现有开发技术难以在海上油田得到应用。

稠油特别是非常规稠油开发最常用的技术是热力采油,海上稠油热采遇到的难题主要有以下几个方面。

(1)热采蒸汽发生系统庞大,设备布置空间有限;图2-3-91a所示的多元热流体注汽装置及辅助系统非常庞大,狭窄的海上平台,难以放置大量大型设备,热采蒸汽设备的优化有待研究。

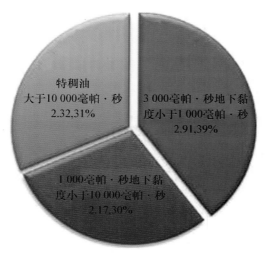

图 2-3-90　非常规稠油黏度分类储量（亿吨）

（2）锅炉用水水质要求高，制取成本高；海上平台淡水资源有限，若采用海水淡化，需增加大型海水淡化装置（图 2-3-91），受制于平台空间，实现难度大。

（3）热采产出液乳化加剧，油水处理技术亟待攻关；热采产出液中乳化现象严重，海上平台油水处理技术还需研究。

a.多元热流体注汽装置及辅助系统　　　　　　b.海水淡化装置

图 2-3-91　稠油热采装备

2）缺少近致密气开发技术和经验

东海天然气资源丰富，总地质资源量为 7.4 万亿立方米，以常规低渗和近致密气为主，特别是西湖凹陷常规气和近致密气分别占 1/3 和 2/3（图

2-3-92）。近致密气藏由于储层渗透性差，采用常规的气田开发方法，单井产能低，难以经济有效开采。当前近海常规低渗和近致密气的开发存在 3 个难题：①中海油目前开发的近海气田主要是中高孔渗，缺乏海上低孔渗油气田高效开发的经验；②海上低孔渗油气田钻完井成本居高不下；③海上低渗油气储层改造相关配套的研究和技术欠缺。

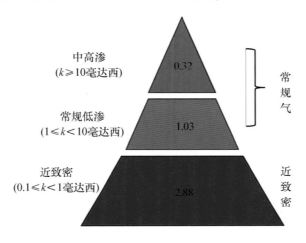

图 2-3-92　西湖凹陷资源构成（单位：万亿吨）

（1 达西＝1 平方微米）

2. 我国已建成多气源供气格局，市场竞争激烈

天然气将是未来我国近海油气产量的主要增长点。根据目前的勘探发现，未来近海原油产量将维持在 5 000 万吨左右，较 2013 年的原油产量略高，而天然气的产量将呈现快速增长的趋势。不同于原油便于储存的特点，采出的天然气需要尽快销售，形成产销一体的管网布局，这就要求天然气田在开发前必须落实好下游市场，否则气田难以投产。环顾国内天然气市场，气源主要来自国内陆地天然气、陆路管道天然气、国内近海天然气以及进口 LNG，国内陆地天然气和陆路管道进口气已在沿海地区完成整体布局，近海天然气及进口 LNG 的市场竞争相当激烈，这直接导致已发现大型气田因下游市场问题无法及时开发。这一问题若不能得到解决，将严重阻碍我国近海油气产量的增长（图 2-3-93）。

3. 受航道、军事区、地缘政治影响，开发条件苛刻

海上油气田开发不仅受储层物性、原油物性等地下油藏条件的影响，

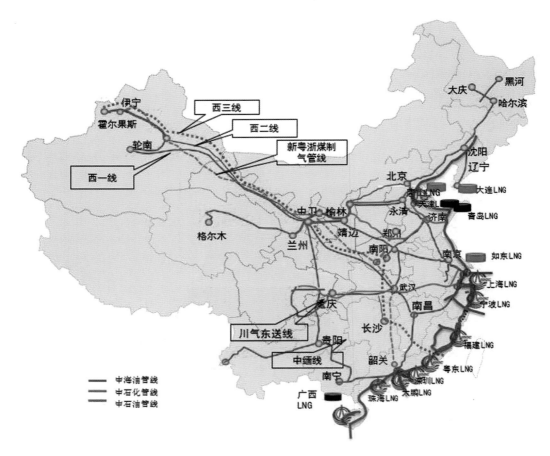

图 2-3-93　我国天然气基础设施建设分布

　　还受到海上航道、军事区以及地缘政治等用海条件的限制。

　　很多油气田受海上航道、军事区等用海区域的影响，平台位置难以确定，导致油气田难以经济有效地开发，特别是渤海油气区域。图 2-3-94 所示渤海海域油气勘探形势图清楚地标示了渤海的用海情况，航道、锚地、自然保护区以及军事受限区广泛分布，图 2-3-95 渤海南部海域的航路投影图密集分布，难以找到合适的平台安放位置。

　　在东海，富含油气盆地分布在中日边界争议区域内，海上油气的开发不仅是一个公司、一个行业的事情，而是牵涉到国家外交、国家安全等方面，每一个海上平台的建设都可能引起一场外交风波，因此，在这个"敏感区"的油气开发实行"一事一报"的原则，东海油气开发必须紧密地结合国家的政治外交进行。

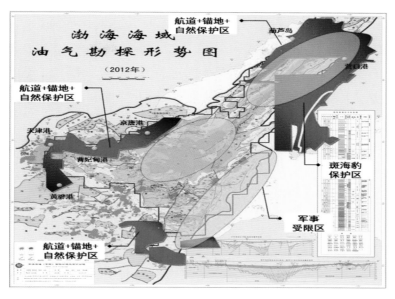

图 2-3-94　渤海海域油气勘探形势

图 2-3-95　渤海南部海域航路投影

　　中国海洋石油勘探正面临着新形势和新任务，即由简单构造油气藏向复杂构造油气藏的转移，从构造油气藏向地层-岩性等隐蔽油气藏的转移，从浅、中层目标向深层目标的转移，从浅水领域向深水领域的转移、从国内海上勘探区域向以国内为主并向全世界含油气盆地扩展等。

1）中国近海油气勘探亟待大突破、大发现

当前，石油勘探三大成熟探区目标选择难度越来越大，表现为规模变小、类型变差、隐蔽性变强。石油勘探处于转型期，急需开拓新区、新层系和新类型。

天然气勘探仍立足于浅水区，但近年来尚未获得重大发现，新的勘探局面尚未打开，新的主攻方向尚不甚明确。深水天然气勘探虽获重大突破，但短期内受技术和成本制约勘探进展仍然缓慢。新区、新领域勘探和技术瓶颈的不断突破是勘探发展的必由之路，今后很长时期仍应坚持以寻找大中型油气田为目标。

2）中国近海储量商业探明率和动用率有待提高

这也是勘探开发工作必须共同面对的现实。截至 2009 年年底，在渤海、珠江口、北部湾、琼东南、莺歌海、东海 6 个含油气盆地，已获油气发现 259 个，累计发现地质储量分别为石油 58.17 亿立方米、凝析油 0.60 亿立方米、天然气 12 460 亿立方米、溶解气 2 500 亿立方米，油当量 73.73 亿立方米。已开发、在建设、认定商业性油气田 129 个，仅占油气发现个数的 49.8%，其探明地质储量分别为原油 34.76 亿立方米、凝析油 0.40 亿立方米、天然气 5 130 亿立方米、溶解气 1 320 亿立方米，油当量 41.61 亿立方米。现有油气三级地质储量商业探明率分别为原油 60%、凝析油 67%、天然气 41%、溶解气 53%、油当量 56%。此外，部分油田储量动用率偏低，如 JX1-1、BZ26-3 等。分析表明中小型、复杂油气藏越来越多，部分边际含油气构造暂时无法开发。可见，依靠科技进步，开展含油气构造潜力评价，提高储量商业探明率和动用率是勘探开发共同解决的现实而必要的任务。

（二）深水油气勘探面临的挑战

深水油气勘探具有高投入、高技术、高风险的特点，其成本明显高于浅水区，也远远高于陆上。我国深水油气勘探起步较晚，南海深水油气地质条件较为复杂，加之南海敏感区范围广，因此我国南海深水油气勘探面临诸多挑战。

1. 深水油气勘探一体化技术体系尚未形成

（1）深水地震勘探技术体系尚不成熟。针对南海深水地质构造复杂，研究形成了深水采集、处理和储层及油气预测等关键技术，虽取得较好的应用效果，但尚未形成一体化技术体系，需要进一步发展、完善和推广应用。此外，对于琼东南盆地西南部的深水海底火山带、南海中南部中深层海相地层以及中南部碳酸盐岩–生物礁发育区，目前国内研究非常少，尚待深入研究，因此针对深水油气勘探的技术仍有很长的路要走。

（2）深水储层识别与预测技术尚待丰富。虽然深水区中央峡谷优质储集体已得到证实，需要进一步深入开展研究寻找更多沉积类型的大型储集体。同时在南海北部深水区还具备碳酸盐岩台地和生物礁滩发育的有利环境，南海北部尚未钻遇，但是在南海中南部发现了大型的生物礁油气田。因此，针对南海深水区的碎屑岩和碳酸盐岩两类储层，需要开展南海北部与南部的对比研究，准确识别并预测深水区沉积体系的优质储集体分布以及碳酸盐岩台地–生物礁储层。

（3）深水油气勘探新领域尚需进一步开拓。在以往的深水勘探中，一直都是以寻找构造圈闭或构造–岩性为主，随着深水勘探程度的提高，中浅层的构造圈闭越来越少，圈闭面积也越来越小，随着深水勘探成本不断上升，要寻找大中型油气田，必须开辟勘探新领域和新层系，岩性地层圈闭的研究就为深水勘探提供了一个勘探的新领域。

2. 深水油气勘探五项关键技术尚未成熟

（1）宽频宽方位地震勘探技术。长期以来，海上地震勘探存在窄方位限制和鬼波影响问题，成为制约深海地震勘探地震成像与信息保真的瓶颈问题，实施宽/全方位海上地震采集是解决问题的关键。另外常规单炮激发方式的不足之处是野外采集效率较低，多源同步激发在采集方面可以提高采集效率、降低采集成本，还可以有利于采集宽方位地震资料，有效提高深水地震勘探资料的品质。

（2）优质陆源海相烃源岩发育机制及评价技术。陆源海相烃源岩的分布和生烃机制仍不明确，需采用钻井样品，通过生烃实验模拟，分析陆源海相烃源岩的生烃机制，综合评价浅海—半深海相泥岩优质—中等丰度源岩的生烃潜力，提出有效评价标准，扩张有效烃源岩的层系。

（3）优质储层形成条件与识别技术。进一步研究优质大型储集体的发育条件与分布，精细描述和评价储层。分析碳酸盐岩—生物礁发育控制条件，预测有利分布，落实大型储集体；前期研究预测的北礁凸起区生物礁发育有利区，需要结合新钻井资料进一步落实和明确。选取有利的生物礁圈闭和目标，评价勘探潜力，优选钻探，扩大油气发现新领域。

（4）大型海底扇、三角洲等岩性圈闭成藏研究。在以往的深水勘探中，一直都是以寻找构造圈闭为主，对岩性地层圈闭研究较少，制约岩性地层圈闭发现大油气田技术瓶颈，主要是对岩性圈闭成藏条件认识不清，成藏主控因素不明确，因此亟待在深水区开展岩性地层圈闭成藏研究，为寻找大型油气田开拓新领域。

（5）油气资源评价。"十一五"和"十二五"期间，深水区发现了荔湾 3-2、流花 29-1、流花 34-2、陵水 22-1 和陵水 17-2 等气田（群），但发现数量和油气储量规模远远低于预期，深水区油气发现以中小型为主，最大气田探明储量规模也没超过 500 亿立方米，与深水区万亿立方米大气区的资源前景严重不符。并且在北部深水区已证实的富烃凹陷（盆地）的数量少，在南海中南部还有很多盆地和凹陷评价还没有开展，油气田形成条件还不清楚，严重制约了深水区油气资源潜力和勘探前景。

3. 高温高压领域天然气勘探开发

高温高压领域天然气勘探仍未取得重大突破。莺歌海、琼东南盆地天然气地质资源量期望值达 31 207 亿立方米，其中 52%~65% 赋存于高温高压地层。但目前勘探主要集中于浅层/常压带，已发现的天然气地质储量与其地质资源量极不相称。此外，东海、渤海等盆地也存在高温高压天然气资源潜力。因此，发展并掌握高温高压天然气勘探理论和勘探技术（地质、地震、钻井、储层保护及测试等方面），必将加速我国海上天然气勘探。

（三）深水油气开发工程面临的挑战

深水具有超水深、大陆坡、崎岖海底、地下结构复杂等特点，这对深水工程提出了迫切要求。

1. 环境条件恶劣、深水陆坡区域潜在工程地质风险

1）我国海洋环境条件复杂，南"风"北"冰"

海洋特别是深水恶劣的自然环境依旧严重威胁着深水海上设施和生产的安全进行。2005 年墨西哥湾的飓风 Katrina 和 Rita 使美国石油工业遭受惨

重损失；据不完全统计，在该海域有 52 座海上平台遭受到毁灭性破坏，另有 112 座海上平台、8 根立管，275 根输油管道受到不同程度的损坏，导致该海域 25.5% 的油井关闭，18% 的气田生产关闭，造成油气产量剧减，这使人们不能不对热带气旋灾害引起高度重视（表 2-3-16）。

表 2-3-16　南海及世界主要深水区环境条件对比

项目	墨西哥湾		西非（安哥拉海）		巴西		南海	
	10 年	100 年	10 年	100 年	10 年	100 年	10 年	100 年
有义波高/米	5.9	12.2	3.6	4.4	6.9		9.9	12.9
谱峰周期/秒	10.5	14.2	14-18	14-18	14.6		13.5	13.7
风速/（米·秒$^{-1}$）	25.0	39.0	5.7	5.7	22.1		41.5	53.6
表面波速/（米·秒$^{-1}$）	0.4	1.0	0.9	0.9	1.7	1.38	2.09	

2006 年 5 月南海的台风造成南海我国最大的海上油田"流花 11-1"油田多根锚链、生产立管断裂，内波不时影响着作业的安全。停产的 10 个月期间，每天损失原油 2 万桶（图 2-3-96）。

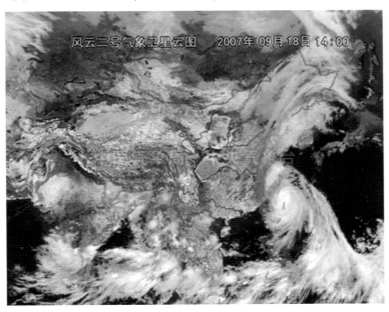

图 2-3-96　"珍珠"号台风路径

2）南海特有内波、海底沙脊沙坡

南海特有的内波和海底沙脊沙坡见图 2-3-97 和图 2-3-98。

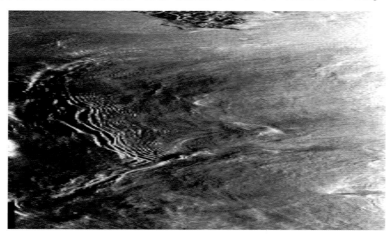

图 2-3-97　南海内波

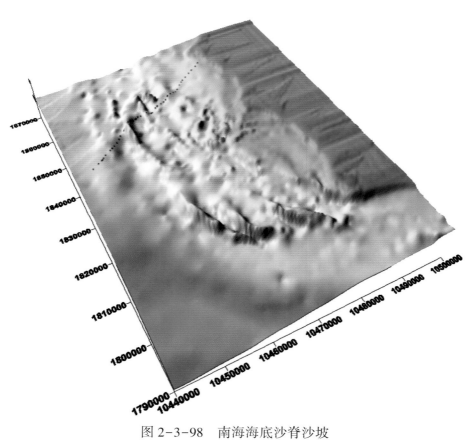

图 2-3-98　南海海底沙脊沙坡

3）陆坡区域复杂工程地质条件

2. 深水工程技术和装备面临更为严峻的挑战

（1）深水陆坡长输送管道流动安全保障与管理。深水低温高压环境以及我国南海深水复杂油气藏特性和复杂的地形所带来的流动安全问题是制约我国南海深水油气田开发工程和远距离输送的核心关键技术之一，制约着深水油气开发工程模式的选择以及深水油气田投产后的安全运行。

（2）深水复杂地质条件下海底管道稳定性。深水陆坡工程地质条件复杂，存在滑塌、水合物、浅水流等地质风险，海底管道、水下结构物稳定性受影响（图2-3-99）。

（3）远距离的水下控制和输配电技术。

（4）深海工程设施的建造总包和海上安装经验。

在深水油气工程设施的设计和建设能力方面，我国尚不具备500米以上深海设施的设计能力，不具备深海工程设施的建造总包和海上安装经验，难以在激烈的国际竞争中抢得先机，急需尽快形成深水平台的建造总包和海上安装能力。

3. 深水油气勘探重大装备和技术仍需进一步突破

1）深水装备作业船队和作业技术体系

尽管我国深水油气勘探作业装备和技术已取得一定进展，但装备研发工作基础仍相对薄弱，自主核心技术和核心装备数量有限，今后需突破3 000米深水装备的关键技术，大力发展半潜式深水钻井平台、深水钻井船、深水物探船等重大装备及深水勘探专业技术，为我国深水油气勘探的大力推进提供装备和技术支撑。

2）海洋能源开发应急救援

海洋油气资源开发中的重大原油泄漏事故不仅造成了巨大的经济损失，而且带来了巨大的环境和生态灾难，特别是2010年墨西哥湾BP公司重大原油泄漏事故导致的灾难性影响，使得人们对海洋石油开发的安全问题提出了一些质疑。因此，针对深海石油设施溢油事故研究其解决方案和措施，研制海上油气田水下设施应急维修作业保障装备就显得非常迫切。

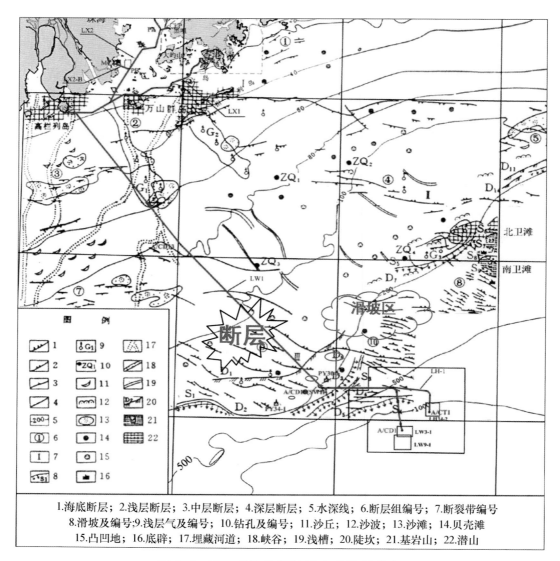

图例
1.海底断层；2.浅层断层；3.中层断层；4.深层断层；5.水深线；6.断层组编号；7.断裂带编号
8.滑坡及编号；9.浅层气及编号；10.钻孔及编号；11.沙丘；12.沙波；13.沙滩；14.贝壳滩
15.凸凹地；16.底辟；17.埋藏河道；18.峡谷；19.浅槽；20.陡坎；21.基岩山；22.潜山

图 2-3-99　南海北部陆坡灾害地质分布

（四）南海和东海争议区：屯海戍疆

我国拥有近 300 万平方千米海域管辖面积，但由于政治历史等原因，中国的海洋权益正在遭受践踏，海洋资源正在遭受掠夺。在东海，日本提出所谓的"中间线"并非法侵占钓鱼岛，妄图占有东海中我国的大片海域，而这下面蕴藏着大量油气资源；在南海，越南、菲律宾等部分东南亚国家长期占据我国南海岛礁，并非法在我国南海水域大肆攫取石油资源。

1. 东海问题

如何在外交许可情况下，在日方声称的所谓"中间线"以西地区，先外后内勘探，部署海上开发平台，宣示主权，在日方声称的所谓"中间线"以东地区，做好充分准备，抢抓机遇，快速实施海上作业，开拓新局面，在开发油气资源的同时，捍卫我国的海上主权。

2. 南海问题

以近海油气开发为支撑，加快提升我国深水油气开发技术，将近海油气开发的技术、经济、外交政治等经验，充分应用到南海深水资源开发中去，在获取资源的同时，实现维护南海主权的重任。

(五) 海洋能开发利用面临的挑战

由于海洋环境恶劣，海洋能应用装置成本高、技术难度大，制约了海洋能的经济开发和大规模应用。

1. 潮汐能发电技术

相对成熟，其中江夏潮汐试验电站总装机容量为 3 900 千瓦，是世界上第四大潮汐电站，并已实现并网发电和商业化运行。近年来，我国针对浙江、福建两省潮汐能资源丰富地区开展了多个潮汐电站建设可行性研究，但都未进入实质性建设阶段。

大功率潮汐电站水库所需海域面积大，与现有经济用海冲突、环境影响较大等，场址难求。

小规模潮汐电站单位电价高，经济效益差，技术上有待突破。

2. 潮流能发电技术

经过 30 年的积累和尝试，已经取得了巨大进步，积累了丰富的经验。目前，由中海油和国家海洋局共同建设的 500 千瓦海洋能多能互补电力示范工程项目在青岛斋堂岛投运，进行了潮流能发电装置海试，已进入世界先进行列，为我国潮流能开发利用规模化、商业化打下了坚实的基础。现有资料表明：①我国潮流能开发装备能量转换效率较低、设备可靠性差，导致单位能量价格高，严重制约了潮流能的商业化进程，亟须探索新的高效转换原理、提升水轮机设计技术；②需要研发高性能材料、提升装备制造能力，降低开发成本，提升竞争能力。

3. 波浪能发电技术

波浪能发电处于示范试验阶段，并已经取得了一系列发明专利和科研成果。如 40 瓦漂浮式后弯管波浪能发电装置已经向国外出口，处于国际领先水平，10 瓦航标灯用波浪能发电装置已经商品化，小型岸基波力发电装置技术已经进入世界先进行列。

我国波浪能资源平均能量密度与全球资源丰富区域相比较小，且随季节波动很大，现有技术难以实现有效开发，需要探索新的转换原理和生存技术。

4. 温差能和盐差能发电技术

温差能和盐差能发电尚在实验室原理研究阶段，相关应用工程技术研究尚待启动。据公开报道，中国科学院广州能源研究所 1986 年完成了开式温差能转换模拟实验装置，1989 年完成了雾滴提升循环试验系统。天津大学正在开展温差能作为推动水下自持式观测平台的动力研究。2012 年，国家海洋局第一海洋研究所刘伟民研究员牵头建立了我国第一个实用温差能发电装置，验证了国海温差热力循环原理的正确性。

总体来看，我国潮汐能发电站受到建坝对环境的影响，新建项目不多，潮流能和波浪能尚处于示范阶段，装置的可靠性、稳定性和安全性还不够，发电成本高，技术和成本制约造成我国海洋能资源开发利用率很低，产品化和商业化的程度不高，与国外相比，还存在一定的差距。技术上，海洋能发电涉及机械、电气、仪表控制、结构等领域，但目前我国海洋能技术还仅仅停留在部分学科，技术集成手段薄弱，技术研发手段不系统、不全面。产业化方面，我国海洋能项目停留在科研和小试项目，示范工程较少，缺乏孵化和培育机制，产业化基础薄弱。与国外海洋能项目由企业主导相比，我国海洋能开发以高校为主，存在一定的局限。目前国内高校各自为战，缺乏与制造领域和施工领域的合作，海洋能设备的能量转换效率低、装置可靠性和稳定性较差，缺乏可持续运行的保障。着眼未来，应不断了解国外潮流能、波浪能、温差能利用的技术路线，掌握海洋能开发前沿技术发展方向；对比和分析国外有代表性的海洋能商业化项目，了解和掌握选址标准、结构型式、设备选型、电力控制、海上安装和维护工程等成套关键技术；不断缩短与国外海洋能研发手段、实验室以及产业基地建设的技术差距。

第三章　世界海洋能源工程与科技发展趋势

一、世界海洋工程与科技发展的主要特点　▶

（一）深水是 21 世纪世界石油工业油气储量和产量的重要接替区

近 20 年来，全球深水油气田勘探开发成果层出不穷，深水区已发现 29 个超过 5 亿桶的大型油气田；全球储量超过 1 亿吨的油气田中有 60% 位于海上，其中 50% 位于深水区。

1. 深水油气勘探起步晚但发展快

深水油气勘探始于 20 世纪 70 年代。1975 年英荷皇家壳牌公司在密西西比峡谷水深约 313 米处发现了 Cognac 油田，拉开了墨西哥湾深水油气勘探序幕。随着深水勘探开发技术与装备制造不断取得重要进展，近年来深水钻探纪录不断地被刷新，深水油气勘探开发已从深水区（300 米 ≤ 水深 < 1 500米）拓展到超深水区（水深 ≥ 1 500 米）。2009 年，在美国墨西哥湾深水区钻探了 Green Canyon 945 井，水深 1 631 米，井深 10 690 米，为目前海域钻井最深的探井；同年，在墨西哥太平洋海岸盆地深水区钻探了 Tiakin-1 井，水深 4 398 米，为目前海域水深最深的探井（图 2-3-100）。目前，深水已开发油气田中，井深最深的是位于美国墨西哥湾的 Pony 油田，其井深达 9 890 米，水深 1 631 米；水深最深的是位于美国墨西哥湾的 Tobago 油田，其水深 3 973 米（图 2-3-101）。

2. 深水区是油气储量增长的重要领域

据 IHS 数据库统计，截至 2012 年深水区共发现油气田 1 178 个，其中深水油田 682 个，深水石油储量主要分布于墨西哥湾、西非海域、巴西海域；深水气田 496 个，分布更为广泛，但天然气储量主要集中于东非海域、地中海、北海、澳大利亚西北大陆架和东南亚等地区。

图 2-3-100　Green Canyon 945 和 Tiakin-1 井位置

图 2-3-101　Pony 和 Tobago 油田位置

从国外历年可采储量统计看，近年来深水可采储量占比呈快速增长态势，其中 2011 年和 2012 年分别占总量的 56% 和 88%（图 2-3-102）。2011年，国外十大油气发现中，有 6 个位于深水区，储量占 74%（表 2-3-17）；2012 年，国外十大油气发现全部来自深水区（表 2-3-18）。可见，深水区已成为储量增长的重要接替区。

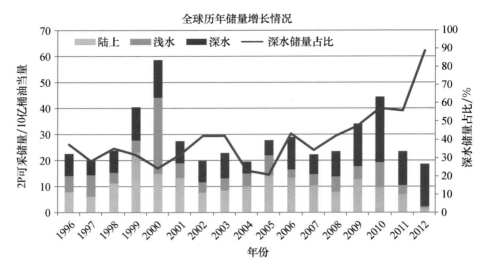

图 2-3-102　1996—2012 年国外历年可采储量

表 2-3-17　2011 年国外十大油气发现

排序	国家	所在盆地	发现井	海陆	油气类型	作业者	油气储量
1	伊朗	扎格罗斯	Madar 1	陆上	气/凝析气	伊朗国油	4.1
2	莫桑比克	鲁伍马	Mamba South 1	深海	气	埃尼	3.6
3	阿塞拜疆	南里海	Absheron	深海	气/凝析气	道达尔	2.1
4	塞浦路斯	利凡特	Aphrodite 1	深海	气	诺贝尔	1.6
5	法属圭亚那	亚马孙	GM-ES-1X	深海	油	壳牌	1.3
6	莫桑比克	鲁伍马	Camarao 1	深海	气	阿纳达科	1.1
7	安哥拉	宽扎	Cameia 1	深海	油气	Cobalt	1.1
8	马来西亚	中洛克尼亚	Kasawari 1	海上	气	Petronas	0.7
9	伊拉克	扎格罗斯	Atrush 1	陆上	油	勘探伙伴	0.7
10	印度尼西亚	宾图尼	Asap IXST1	陆上	气/凝析气	GOKPL	0.5

资料来源：CNPC，2013.

表 2-3-18 2012 年国外海域十大油气发现

国家	盆地	油气田	油气田类型	海陆	原油/万米³	天然气/万米³	油气合计/吨
莫桑比克	鲁伍马	Mamba Northeast 1	气田	海域	10	424.5	3 450
莫桑比克	鲁伍马	Golfinho 1	气田	海域	30	339.6	2 760
莫桑比克	鲁伍马	Coral 1	气田	海域	20	212.25	1 720
莫桑比克	鲁伍马	Arum 1	气田	海域	20	169.8	1 380
莫桑比克	鲁伍马	Mamba North 1	气田	海域	20	155.65	1 270
巴西	坎普斯	1-PAODEACUCAR-RJS	油田	海域	75	62.967 5	1 260
巴西	桑托斯	4-SPS-086B-SPS	油田	海域	1 020	21.225	1 190
坦桑尼亚	鲁伍马	Mzia 1	气田	海域	10	127.35	1 040
伊朗	南里海	Sardar E Jangal 1	油田	海域	670	14.15	780
坦桑尼亚	鲁伍马	Jodari 1	油田	海域	10	96.22	780

资料来源：据赵喆，2014.

(二) 海洋工程技术和重大装备成为海洋能源开发的必备手段

深水油气田的开发规模和水深不断增加，深水海洋工程技术和装备飞速发展，人类开发海洋资源的进程不断加快，深水已经成为世界石油工业的主要增长点，高风险、高投入、高科技是深水油气田开发的主要特点，20世纪80年代以来世界各大石油公司和科研院所投入大量的人力、物力、财力制定了深水技术中长期发展规划，开展了持续的深水工程技术及装备的系统研究，如巴西的 PROCAP1000、PROCAP2000、PROCAP3000 系列研究计划，欧洲的海神计划，美国的海王星计划。经过多年研究，深水勘探开发和施工装备作业水深不断增加。根据 2011 年 4 月最新统计资料，全球共有钻井平台 801 座，平均利用率为 76.4%；其中，深水半潜式钻井平台和深水钻井船约 290 座，占钻井平台总数的 36%（表 2-3-19）；半潜式钻井平台约占 1/3。现有深水钻井装置主要集中于国外大型钻井公司，其中 Transocean 公司有深水钻井平台 58 座，Diamond Offshore 公司 22 座，ENSCO 公司 20 座，Noble Drilling 公司 18 座，深水钻井平台主要活跃于美国墨西哥湾、巴西、北海、西非和澳大利亚海域。

表 2-3-19　全球海洋钻井平台近况

地域	钻井平台总数/个	利用率/%
美国墨西哥湾	123	55.3
南美	130	80.0
欧洲/地中海	115	84.3
西非	66	75.8
中东	119	76.5
亚太	143	76.9
世界范围内	801	76.4

资料来源：世界海洋工程资讯，2011.

深水油气田的开发模式日渐丰富，深水油气田开发水深和输送距离不断增加，新型的多功能的深水浮式设施不断涌现，浮式生产储油装置（FPSO）、张力腿平台（TLP）、深水多功能半潜式平台（Semi-FPS）、深吃水立柱式平台（SPAR）等各种类型的深水浮式平台和水下生产设施已经成为深水油气田开发的主要装备。从 2001 年起，墨西哥湾深水区油气产量已超过浅水区，墨西哥湾、巴西、西非已成为世界深水油气勘探开发的主要区域。据《OFFSHORE》报道，目前已建成 240 多座深水浮式平台、6 000 多套水下井口装置，各国石油公司已把目光投向 3 000 米以深的海域，深水正在成为世界石油工业可持续发展的重要领域、21 世纪重要的能源基地和科技创新的前沿。制约深水油气开发工程技术主要包括深水钻完井、深水平台、水下生产系统、深水海底管线和立管以及深水流动安全等关键技术。

世界深水工程技术的主要发展趋势如下。

1. 世界各国制订适合本国的深水油气田开发工程开发计划

以巴西石油公司为例，自 20 世纪 80 年代末以来，其制订了为期 15 年分 3 个阶段的技术发展规划。1986—1991 年为第一阶段，实施了 PROCAP 1000 计划，目标是形成 1 000 米水深海洋油气田开发技术能力；1992—1999 年为第二阶段，实施了 PROCAP 2000 计划，目标是形成 2 000 米水深海洋油气田开发技术能力；目前正在进行第三阶段的技术开发计划——PROCAP 3000，目标是形成 3 000 米水深海洋油气田开发技术能力（图 2-3-103）。

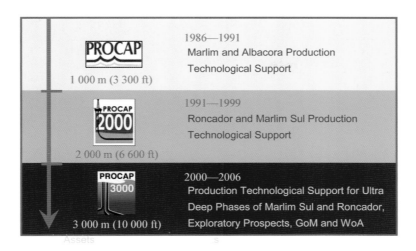

图 2-3-103　巴西深水技术开发计划

2. 深水油气田开发工程技术飞速发展

1) 深水钻完井关键技术

深水钻井作业水深已达 3 000 米水深，各大专业公司都建立了成熟的深水钻井技术体系，成功完成超过 1 500 米水深的井超过 200 口。我国从 1987 年南海东部 BY7-1-1 井开始，中海油以对外合作的方式进入深水领域，水深超过 300 米的海域已钻井 54 口；水深超过 450 米的海域已钻井超过 10 口（其中，2006 年完钻的 LW3-1-1 井，水深 1 480 米）；已开发两个 300 米水深的油田（南海东部的流花 11-1、陆丰 22-1）。值得注意的是，在南海超过 1 000 米水深的井都是由国外公司承担作业者主导完成的，我国自主深水钻完井技术与国际先进水平差距仍然较大。"十一五"期间，中海油及其合作伙伴通过国家重大专项课题对深水钻井技术进行了初步的技术探索和理论研究，奠定了良好的技术基础，中海油深圳分公司在赤几承担作业者钻成了 S-1（水深超过 1 000 米）等两口深水井，积累了一定的实践经验。

2) 深水平台工程技术

目前，深水平台可分为固定式平台和浮式平台两种类型，其中固定式平台主要包括深水导管架平台（FP）和顺应塔平台（CPT），浮式平台主要包括张力腿（TLP）平台、深吃水立柱式（Spar）平台、半潜式（SEMI-FPS）平台和浮式生产储油装置（FPSO）。全球已经投产运行 TLP 共 26 座

（最大水深 1 425 米），SPAR 共 19 座（最大水深 2 383 米），SEMI 共 50 座（最大水深 2 414 米）（图 2-3-104）。

深水导管架平台（FP）一般应用于 300 米水深以内，实际应用最大水深仅 412 米，顺应塔平台（CPT）实际应用最大水深仅 535 米。世界范围内已建成 FPSO 共 178 座，主要用于北海、巴西、东南亚/南海、地中海、澳大利亚和非洲西海岸等海域。图 2-3-105 为全球已经投产的深水浮式平台分布情况。

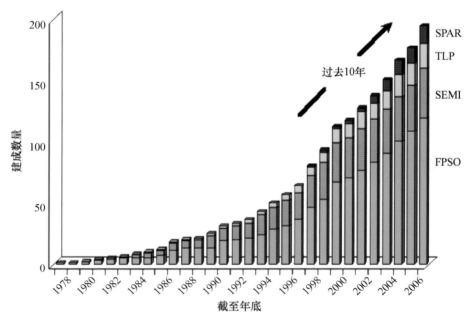

图 2-3-104　深水浮式平台历年建成的数量统计

TLP

TLP 是由保持稳定的上部平台以及固定到海底的张力腿所组成（图 2-3-106）。TLP 的类型可分为传统式张力腿平台（TLP）、外伸式张力腿平台（ETLP）、小型张力腿平台（Mini-TLP 又叫 MOSES TLP）和海星式张力腿平台（SeaStar_ TLP）。在传统 TLP 投资过大的情况下，使用小型 TLP 开发小型油气田会更经济合理。小型 TLP 还可作为生活平台、卫星平台和早期生产平台使用（图 2-3-107）。

TLP 以墨西哥湾居多，它主要与外输管线或其他的储油设施联合进行油

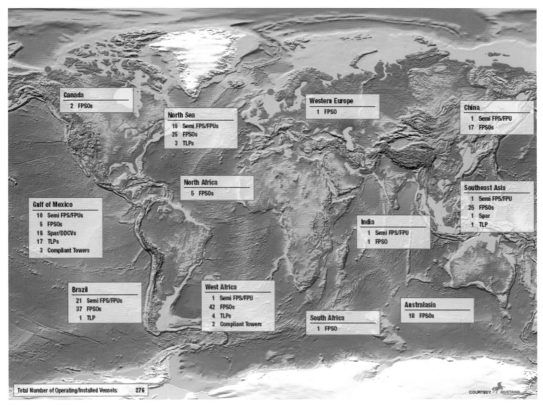

图 2-3-105 目前全球已经投产深水浮式平台的分布

气开发。TLP 可以用于 2 000 米水深以内的油气开发。目前已经得到批准建造、安装和作业的 TLP 共 27 座，其水深范围在 148~1 581 米，位置分布如图 2-3-108 所示。

SPAR

SPAR 主要由上部甲板结构、一个比较长的垂直浮筒、系泊系统和立管（生产立管、钻井立管、输油立管）4 个部分组成。SPAR 内外构造如图 2-3-109 所示。SPAR 的甲板组块固定在垂直浮筒上部并通过具有张力的系泊系统固定在海底。垂直浮筒的作用是使平台在水中保持稳定。

SPAR 按结构形式主要分为传统式（Classic SPAR）和桁架式（Truss SPAR），第三种为 Cell SPAR，但目前仅建造一座。Classic SPAR 的壳体是一个深吃水、系泊成垂直状态的圆筒，而 Truss SPAR 的壳体是把传统深吃水圆筒的下部改成桁架结构及一个压载舱。相比较而言，Truss SPAR 重量

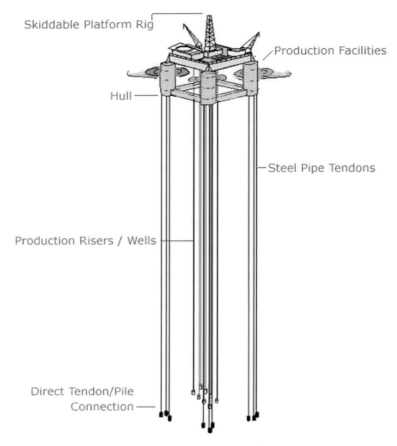

图 2-3-106 TLP 平台

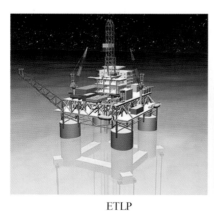

ETLP

SeaStar TLP

MOSES TLP

图 2-3-107 TLP 类型

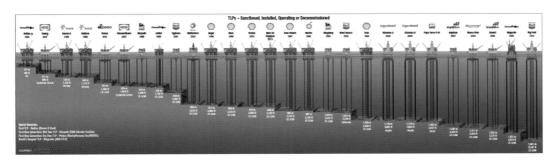

图 2-3-108　目前世界上已得到批准建造、安装和作业的 TLP

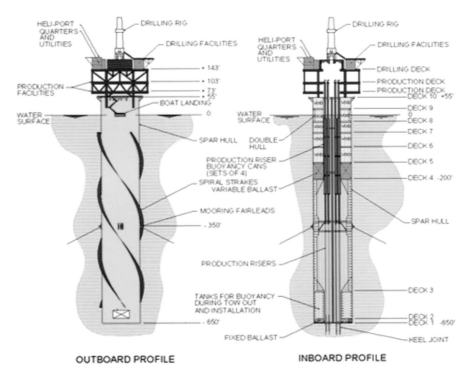

图 2-3-109　SPAR 构造

更轻、成本更低。

目前世界上已得到批准建造、安装和作业的 SPAR 如图 2-3-110 所示，水深范围在 588~2 383 米。

由于专利的保护，SPAR 的设计技术由 Technip-Coflexip 和 Floa-TEC 这两家公司垄断。Spar 的建造主要集中在芬兰的 Mantyluoto 船厂、阿联酋的 Jebel Ali 船厂和印度尼西亚的 Batam 船厂，后两个船厂为 J. Ray McDemott 公司拥有。

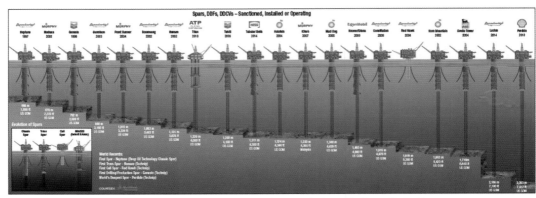

图 2-3-110　目前世界上已得到批准建造、安装和作业的 SPAR

SEMI-FPS

SEMI-FPS 是由一个装备有钻井和生产设施的半潜式船体构成，它可以通过锚固定到海底，或通过动力定位系统定位。水下井口产出的油气通过立管输送到半潜式平台上处理，然后通过海底管线或其他设施把处理的油气外运。SEMI-FPS 平台的构成如图 2-3-111 所示。

图 2-3-111　SEMI-FPS 示意图

早期的 SEMI-FPS 由钻井平台改装而成，后来由于其良好的性能而得到广泛接受，逐渐开始出现新造的平台。到目前为止，世界上正在服役的 SEMI-FPS 大约有 50 座，最大作业水深 2 415 米，分布范围和数量见图 2-3-112，其中作业水深最大的 16 座平台见图 2-3-112。

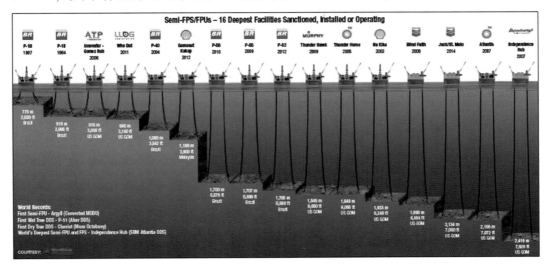

图 2-3-112　现役作业水深最大的 SEMI-FPS

巴西、挪威和英国北海是使用 SEMI-FPS 较多的海域。美国墨西哥湾是海洋石油资源开发的重要海域，但这里 SEMI-FPS 应用较少，应用实例如 2003 年投产的 Na Kika 平台、2005 年投产的 Thunder Horse 平台、2006 年到位的 Atlantis 平台。

FPSO

FPSO 用于海上油田的开发始于 20 世纪 70 年代，主要用于北海、巴西、东南亚/南海、地中海、澳大利亚和非洲西海岸等海域（图 2-3-113）。

FPSO 具有储油量大、移动灵活、安装费用低、便于维修与保养等优点，可回接水下井口实现一条船开发一个海上油田。此外，FPSO 也可以与 TLP、SPAR、SEMI-FPS 等浮式平台联合开发。

在深海油气作业中，现场实时监测是保障平台结构及其附属系统安全作业的重要手段，还为结构疲劳分析和优化设计方案提供依据。近 20 年来，随着美国墨西哥湾、欧洲北海、巴西海域和西非沿海等海域深水油气田的开发，许多新型的深水平台及其附属的系泊系统、立管系统等装置不断发

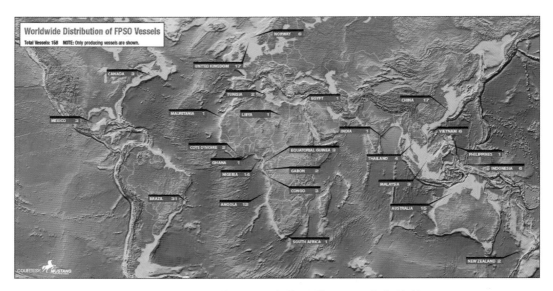

图 2-3-113　世界上正在作业的 FPSO 分布情况

展。这些新技术的应用，需要进行现场的监测以确保技术的可行性、正确性和安全性。因此，现场监测在深水油气田开发中越来越受到重视。

3）水下生产技术

自 1961 年美国首次应用水下井口以来，世界上已有近 110 个水下工程项目投产。国外在墨西哥湾、巴西、挪威和西非海域的深水开发活动最为活跃。与此同时，深水水下生产系统也得到了广泛应用。国外水下生产技术已经较为成熟，从设计、建造、安装、调试、运行等方面都积累了丰富的经验，特别是随着技术的不断进步，水下生产系统应用的水深和回接距离也在不断增加（图 2-3-114）。全球已投产水深最大的油田为 SHELL 公司的 Fouier 气田，水深为 2 118 米；水深最大的气田为墨西哥湾 MC990 气田，水深为 2 743 米（SHELL 公司作业的 Coulomb 气田，水深为 2 307 米）。全球已投产的回接距离最长的油田为 SHELL 公司的 Penguin A-E 油田，回接距离为 69.8 千米；回接距离最长的凝析气田为 STATOIL 公司作业的 Snohvit 气田，回接距离为 143 千米。

4）深水海底管道和立管技术

在深水海底管道和立管设计技术方面，由于水深增加和深层油气高温高压，使深水海底管道和立管设计比浅水更为复杂。高温屈曲和深水压溃

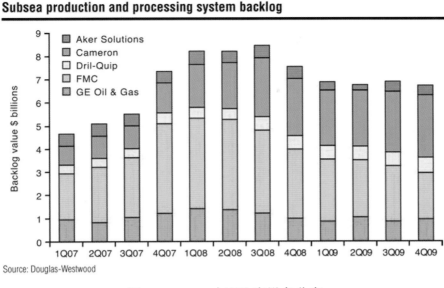

Subsea production and processing system backlog

图 2-3-114　水下生产设备分布

是深水海底管道设计中更关注的问题。深水立管由于长度和柔性增加，发生涡激振动和疲劳破坏的概率大大增加，涡激振动和疲劳分析是立管设计的主要内容。

在深水海底管道和立管试验技术方面，针对深水立管涡激振动、疲劳问题以及海底管道屈曲问题，国外许多公司和研究机构（如 2H Offshore、Marinteck、巴西石油公司等）开展了大量试验研究。疲劳试验和海底管道屈曲试验研究相对较少，巴西石油公司建有高约 30 米的立管疲劳试验装置和直径近 2 米的屈曲压力舱，可以对 SCR 立管触地区疲劳和海底管道屈曲进行研究。

在深水海底管道和立管检测技术方面，目前主要是利用清管器进行海底管道内检，利用 ROV 携带仪器进行海底管道外测。超声导波检测技术是近年来出现的一种管道检测技术，与超声波检测相比它能够实现单次更长距离的检测，该技术在海底管道检测上应用正处于起步阶段。由于水深增加使海底管道和立管检测维修非常困难且费用昂贵，国外公司非常重视深水海底管道和立管监测技术研究，巴西石油公司在 1998 年对一条 SCR 立管进行了全面监测，监测内容包括环境参数、立管悬挂位置变化、立管涡激振动、立管顶部和触地区荷载等。目前，国际上对立管监测系统研究较多的有 2H Offshore、Insensys、Kongsberg 等公司。Kongsberg Maritime 和 Force Technology Norway AS 公司开发了立管监测管理系统。

5）深水流动安全技术

深水流动保障所要解决的主要问题是油气不稳定的流动行为，包括原油的起泡、乳化和固体物质（如水合物、蜡、沥青质和结垢等）的沉积、海管和立管段塞流以及多相流腐蚀等。流动行为的变化将影响正常生产运行，甚至会导致油气井停产。所以，在工程设计阶段就必须提出有关流动保障的计划和措施，而对现有的生产设施，可进行流动保障检查以优化运行，或采用新技术来实现流动安全保障。

目前，国外海底混输系统的建设已具有一定的规模，其显著特点：一是建设区域广，包括北海、墨西哥湾、澳大利亚、巴西、加拿大等；二是输送介质以天然气凝析液、轻质原油为主；三是铺设的水深范围大，从几十米到数千米；四是海底混输管道的发展趋势为大口径（内径从 12 英寸到 40 英寸）、长距离（最长 500 余千米）、高压力；五是智能控制技术开发与应用，包括软件模拟和流态控制技术在管线设计及运行管理方面的应用；六是新型输送技术研究与应用，如采用超高压力和密相输送，使多相变单相、采用多相增压技术延长卫星井或油田回接距离及上岸距离等，采用水下增压和分离技术等。

蜡和水合物是流动保障所要解决的首要问题，约 42% 的公司在海底或陆上油气混输管道中遇到过水合物、蜡的问题，所以固相生成的预测及防堵技术，包括保温技术、注入化学剂技术、清管技术和流动恢复技术是研究的关键所在。

段塞流是混输管线特别是海底混输管线中经常遇到的一种典型的不稳定工况，表现为周期性的压力波动和间歇出现的液塞，往往给集输系统的设计和运行管理造成巨大的困难和安全隐患，因而段塞流的控制一直是研究的热点。传统控制方法有提高背压、气举、顶部阻塞等，目前随着对严重段塞流发生机理的认识不断深入，国外在尝试一些更经济更安全的控制方法：如水下分离、流动的泡沫化、插入小直径管、自气举、上升管段的底部举升等，但这些方法在海上油气田中的应用还有待于进一步深入研究和现场实践检验。

停输启动是流动安全研究的另一主要问题，当含蜡原油或胶凝原油多相混输管道在进行计划检修和事故抢修时，管线要进行停输。

同时随着水下油气田的开发，减少用于流动安全维护的化学药剂用量和管线直径，保障流动安全，水下油气水、油沙分离设备与多相增压设施不断发展，工业样机已经进入现场应用。

（三）近海油气勘探开发技术体系不断完善

海上油气开发是一项复杂的技术密集型产业，需要勘探、开发、工程、环保、经济等多学科协同合作，经过长时间摸索，我国已构建了一套完善的近海油气田高效开发技术体系与科技发展战略。首先秉承一体化的开发理念，包括勘探开发一体化、油藏工程一体化和开发生产一体化3个方面，将各学科紧密联系起来，使各专业工作更有针对性和目的性，通过协同合作，提高工作效率，压缩开发成本；其次，构建完善的开发技术体系，形成整体加密及综合调整技术、稠油热采技术、聚合物驱技术三大海上油气田开发及提高采收率技术体系，为近海不同类型油气藏高效开发提供技术支撑；最后，建立完备的保障体系，包括安全保障和环保保障，确保近海油气田在实现高效开发的同时，不存在人身安全隐患和环境污染问题，创建和谐的社会人文环境，为海上油气田高效开发保驾护航（图2-3-115）。

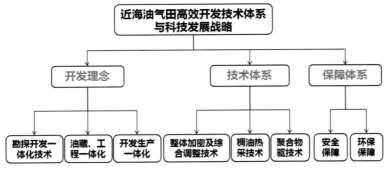

图 2-3-115 近海油气田高效开发体系框图

1. 具有丰富的油气资源

我国近海油气资源丰富，渤海油气资源量达 110 亿吨，东海天然气资源量达 7.4 万亿立方米，丰富的油气资源为近海油气高效开发提供了充足的物质基础。

1）渤海油气开发区

渤海油气开发区面积 4.5 万平方千米，共分为 5 个探区（图 2-3-116）：渤东探区、渤西探区、渤中探区、渤南探区以及辽东湾探区，油气资源量达 110 亿吨，目前探明程度为 30%，潜力巨大。

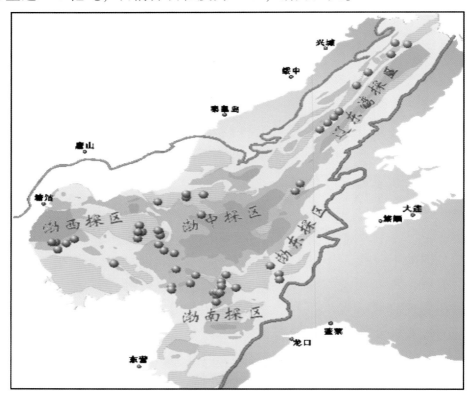

图 2-3-116　渤海油气资源分布

2）东海油气开发区

东海油气开发区面积 18.1 万平方千米，分为 7 个凹陷，天然气资源量达 7.4 万亿立方米，探明程度仅为 2%，未来潜力十分巨大，将是我国天然气产量的重要增长点。

2. 具有先进的高效开发理念

我国近海油气开发已形成"整体规划、区域开发"的高效开发理念，通过深入实践勘探与开发、油藏与工程、开发与生产一体化，逐步形成区域一体化开发模式，在此基础上形成了6大关键技术要点：①区域资源分析及开发规划研究；②合理开发思路及开发策略研究；③基于目标采收率的全寿命方案研究；④钻完井与采油工艺一体化区域研究；⑤海洋工程统筹规划及优化设计研究；⑥全生命周期经济评价测算研究。

目前区域一体化开发模式（图2-3-117）已在渤海区域开发、南海天然气区域开发、涠洲区域开发及东海区域开发等油气田开发过程中得到成功应用（图2-3-118），在此基础上，将进一步总结完善，推广应用到新发现区块。

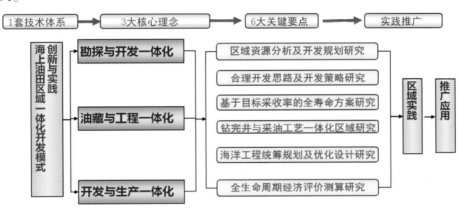

图2-3-117　区域一体化开发模式框图

3. 具有先进的高效开发技术体系

先进技术是近海油气高效开发的有效支撑，针对海洋油气开发特点及我国近海油气储层特点，开发了"海上油田整体加密及综合调整技术"、"多枝导流适度出砂技术"、"化学驱油技术"、"稠油热采技术"等技术系列，构建海上稠油高效开发模式，其中，"海上油田整体加密及综合调整技术"、"多枝导流适度出砂技术"、"化学驱油技术"3项技术已达到国际领先水平（图2-3-119）。

依托海上稠油高效开发理论，根据我国近海油气资源的特点，中海油已建立起近海油气开发方式组合模式决策树，基于该开发决策树可根据油藏原油黏度、渗透率、油藏深度等指标为近海所有油田快速筛选当前技术条件下合适的开发方式，实现了油田开发方式迅速判断（图2-3-120）。

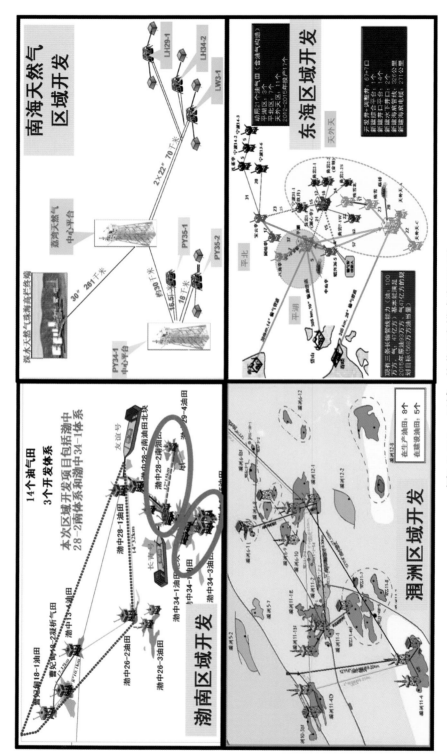

图2-3-118　区域一体化开发模式应用区块

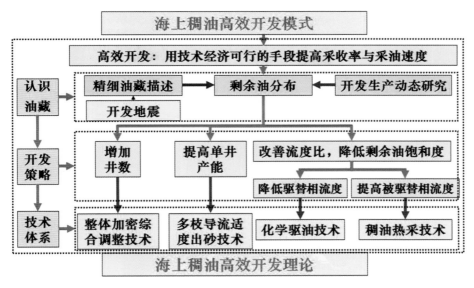

图 2-3-119　海上油田高效开发模式框图

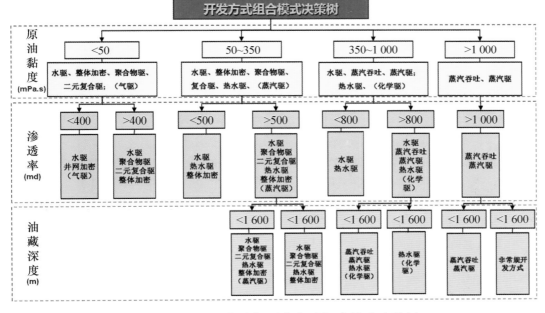

图 2-3-120　近海油气开发方式组合模式决策树

4. 具有完善的保障体系

蓬莱 19-3 油田溢油事故的发生给我国近海油田开发留下了一个深刻的

教训，中海油在全面吸取事故教训的基础上，积极开展技术攻关，形成了海上突发溢油事故处置技术和应急保障体系，为海上溢油突发事故构建完善的保障体系。

蓬莱19-3油田溢油的原因主要是由于注水开发过程中地层压力升高导致原先闭合的断层开启，地下原油沿开启的断层渗透到海底，从而出现海面漏油事故（图2-3-121）。事故发生后，中海油积极应对，联合各方建立事故处理小组，一方面，开展技术攻关，弄清原油泄漏的原因并及时采取措施关闭漏源；另一方面，协同各方积极开展原油回收、海面清污及环境修复等应急措施，将漏油危害降到最低。事故后积极开展教训总结，吸取经验，构建海上突发溢油事故处置技术和应急保障体系，防范此类事件再次发生。

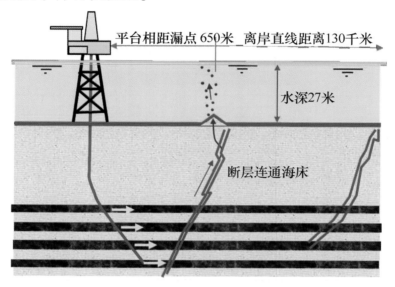

图2-3-121　蓬莱19-3B平台溢油原因分析示意图

（四）海洋能开发利用是世界可再生能源的重要方向

1. 国际潮流能开发技术

潮汐发电研究已有100多年的历史。最早从欧洲开始，德国和法国走在最前面。19世纪末，法国工程师布洛克曾提出在易北河下游兴建潮汐能发电站的设想。1912年，世界上第一座潮汐电站于德国建成。这座小型潮汐电站在德国石勒苏益格-荷尔斯泰因州的布苏姆湾,装机容量为 5 千瓦,第一次世界大战中该电站遭到破坏而渐渐被人们遗忘。1913 年法国在诺德斯特兰岛和法国大陆之间兴建一座容量为 1 865 千瓦的潮汐电站。这些电站的发电成功,标志着人类利用潮汐能发电的梦想变成了现实。目前世界上正在运行的大型潮汐能电站见表 2-3-19,这些电站代表着世界潮汐能开发的最高水平。

表 2-3-19 世界上正在运行的大型潮汐能电站

国家	站址	库区面积/千米²	平均潮差/米	装机容量/兆瓦	投运时间
韩国	始华湖	—	最大 10	254	2011 年
法国	朗斯	17	8.5	240	1967 年
加拿大	安纳波利斯	6	7.1	20	1984 年
中国	江厦	2	5.1	3.9	1980 年
俄罗斯	基斯拉雅	2	3.9	0.4	1968 年

2. 国际潮流能开发技术

潮流能开发利用研究始于 20 世纪 70 年代,经过 40 余年的潜心研究,欧美等国家在潮流能转换装置与发电系统的研发已有很好的技术基础,在对潮流能开发利用选址、经济技术和环境影响等全面评估的基础上,提出了多种类型的原型设计,并在实验室、海域进行了试验和测试。特别是近 10 年呈现出快速发展势态,新概念、新技术和新装置如雨后春笋般出现,涌现出多个具有良好前景的装置。自 2008 年 5 月英国 MCT 公司建成首台兆瓦级潮流能发电装置 1.2 兆瓦 "SeaGen" 建成后,又有多台兆瓦级潮流能发电装置建成,例如 Altantis Resources 公司的 1 兆瓦装置 AR1000、Hammerfest Strøm 公司开发的 HS1000 等。

截至 2014 年年初,世界上还没有商业化运行的潮流能发电阵列,几乎所有的潮流装置都被布放在指定的测试场进行单机原型测试。图 2-3-122 显示了 21 世纪以来世界各国单机容量在 100 千瓦以上的潮流能水轮机分布情况,从图 2-3-122 中可知,潮流能装置的开发和测试数量处于上升状态。英国位居前茅,成为潮流能技术研发和示范的中心,挪威、韩国、美国、加拿大等也有了重要进展。最先进的潮流水轮机的开发商正在典型的、具有商业价值的潮流能海域进行原型样机的测试和示范[25]。表 2-3-20 列举了世界上具有代表性的潮流能发电装置。

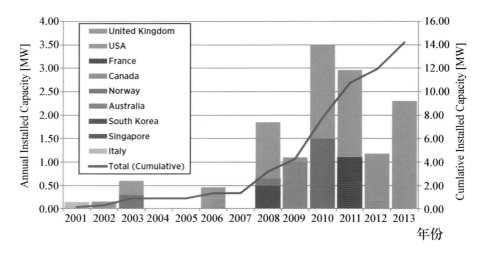

图 2-3-122   100 千瓦以上的潮流能水轮机分布

表 2-3-20   世界上具有代表性的潮流能发电装置

技术/装置名称	公司/组织	国家	基本形式
SeaGen	Marine Current Turbines Limited （MCT）	英国	水平轴式海/潮流能发电技术 1.2 兆瓦
Verdant Power-Turbine	Verdant Power LLC	美国	水平轴式海/潮流能发电技术

续表

技术/装置名称	公司/组织	国家	基本形式
 HS-1000	Hammerfest Strom AS	挪威	水平轴式
 UEK Turbine	UEK Systems	美国	水平轴式（带导流罩）
 Clean Current Tidal Turbine	Clean Current	加拿大	水平轴式（带导流罩）海/潮流能发电技术
 TidEl	SMD Hydrovision	英国	水平轴式海/潮流能发电技术

技术/装置名称	公司/组织	国家	基本形式
Open-Centre Turbine	OpenHydro Group Ltd	爱尔兰	水平轴式（带导流罩）海/潮流能发电技术
Tocardo	Teamwork Technology BV	荷兰	水平轴式海/潮流能发电技术
Evopod	Oceanflow Energy, Overberg Ltd	英国	水平轴式海/潮流能发电技术

3. 国际波浪能开发技术

波浪能是全世界被研究得最为广泛的一种海洋能源，距今已有 200 多年的研究历史。早在 1799 年，一对法国父子申请了世界上第一个关于波浪能发电装置的专利。他们的设计是一种可以附在漂浮船只上的巨大杠杆，能够随着海浪的起伏而运动，从而驱动岸边的水泵和发电机。但当时蒸汽动力显然更能吸引人们的注意，于是利用波浪发电的设想就渐渐地黯淡下来，最后只留迹在制图板上了。19 世纪中叶以来，波浪能利用得到了越来越多的关注和重视。利用波浪能发电的设想在世界各地不断涌现，仅英国 1856—1973 年就有 350 项专利。按波浪能采集系统的形式，主要有振荡水柱式（OWC）、振荡浮子式（Buoy）、摆式（Pendulum）、点头鸭式（Duck）、海蛇式（Pelamis）、收缩坡道式（Tapchan）等。技术发展的趋势为：大功率靠岸式波能电站仍以振荡水柱式为主，离岸式装置则多采用其他形式，如：筏式、鸭嘴式、越浪式等，这些形式不仅设计较为精巧，波能转换效率较高，而已经进入实海况或实用化运行阶段。

首先将波浪能利用从梦想变为现实的是日本军士官益田善雄，1964 年他研制出世界上第一个波浪发电装置——60 瓦的航标灯，于 1965 年实现了商品化，开创了人类利用海浪发电的新纪元。20 世纪 70 年代末期，日本、美国、英国等国合作研制了著名的"海明号"大型波浪能发电船，进行了海上试验。21 世纪以来，英国走向了世界领先的地位。2000 年，英国 WaveGe 公司与英国女王大学合作建成 500 千瓦的 LIMPET，采用岸基振荡水柱结构，这是目前世界上最成功的波浪能发电装置。目前，全世界利用波浪能发电的设计方案数以千计，总体说来，除个别技术外，波浪能技术尚未实现商业化。技术最成熟的是英国海洋动力传递公司开发的 Pelamis（海蛇）波浪能装置，装机功率 750 千瓦，基本实现商业化运行。表 21 列出了世界各国波浪能装置的情况。

表 2-3-21　世界各国波浪能装置概况

地点	技术	容量/千瓦	现状
挪威，托夫特斯塔琳	多共振振荡水柱	500	1985—1989 年间运行
挪威	聚波水库	350	1986—1991 年
日本，酒田港	防波堤振荡水柱	60	1988 年投入运行
日本，九十九里町（千叶县）	岸基振荡水柱	30	1988 年投入运行
日本，内浦港（北海道）	摆板式	5	1983 年投入运行
日本，海明号（船）	锚定驳船振荡水柱	125	1978—1980 年，1985—1986 年两期试验运行
日本，巨鲸号（船）	后弯管漂浮式装置	170	1998 年开始试验运行
印度	离岸固定振荡水柱	150	1991 年建成
葡萄牙，比克岛	岸基振荡水柱	500	土建完成，1999 年试验
英国	离岸固定振荡水柱	2000	1995 年投放失败
苏格兰，艾莱岛	岸基振荡水柱	75	1990—1999 年
苏格兰，艾莱岛	岸基振荡水柱	500	2000 年至今
英国海洋动力传递公司	海蛇式（Pelamis）	750	2002 年投入运行
瑞典，高廷堡	起伏浮标	30	1983—1984 年试验运行
丹麦，哥本哈根	起伏浮标	45	1990 年试验
中国，万山岛	岸基振荡水柱	20	1996 年试验运行 3 个月
中国，大管岛	摆板式	8	已建成运行
中国，南海	锚定后弯管	5	1995 年试验
中国，汕尾	岸基振荡水柱	100	2001 年建成

4. 国际温差能开发技术

　　海洋温差能是指海洋表层海水与深层海水之间水温之差的热能。温差能是海洋能中储量最大的能源品种。在 1981 年 3 月联合国新能源和再生能源会议海洋能小组第二届会议报告中，"分析了海洋能在技术、经济、环境和资源供应等条件后，认为海洋温差能转换是所有海洋能系统的主要中心"。我国温差能储量丰富，中国近海及毗邻海域的温差能资源理论储量为 $14.4 \times 10^{21} \sim 15.9 \times 10^{21}$ 焦尔，可开发总装机容量为 17.47 亿 ~ 18.33 亿千瓦，90%分布在南海。

　　人类发明温差能发电技术迄今已有 100 多年的历史。美国、日本和法国是海洋温差能研究开发的领先国家。1881 年法国科学家德尔松首次大胆提出海水温差发电的设想。

　　1926 年，克劳德和布舍罗在法兰西科学院的大厅里，当众进行了温差发电的实验。他们在一只烧瓶中装入 28℃ 的温水，在另一只烧瓶中放入冰块，内部装有汽轮发电机的导管把两个烧瓶连接起来，抽出烧瓶内的空气后，28℃ 的温水在低压下一会儿就沸腾了，喷出的蒸汽形成一股强劲的气流使汽轮发电机转动起来。

　　1930 年，世界上第一座海水温差发电站正式诞生，是克劳德在古巴海滨马坦萨斯海湾建造的。这里海水表层温度 28℃，400 米深水的温度为 10℃，所用的管道长度超过 2 千米，直径约 2 米，预期的功率是 22 千瓦，实际输出功率只有 10 千瓦，发电量甚至少于电站运行本身所消耗的电量。尽管如此，这项尝试却证明了利用海洋温差发电的可能性。

　　1964 年美国安德森提出利用闭式循环，将蒸发器和冷凝器沉入海水中，发电站采用半潜式。这样既可减少系统自用电耗，还可以避免风暴破坏。1973 年石油危机之后，温差能发电技术又复苏起来。1979 年 8 月美国在夏威夷建成世界第一座闭式循环海洋温差发电装置 Mini-OTEC，是温差能利用的一个里程碑。这座 50 千瓦级的电站不仅系统地验证了温差能利用的技术可行性，而且为大型化的发展取得了丰富的设计、建造和运行经验。1990 年，日本在鹿儿岛建成一座装机容量为 1 000 千瓦的海洋温差热能发电站，这座兆瓦级的电站一直保持为世界上装机容量最大的海洋热能发电站。

　　迄今，世界上未见进入商业化运行的温差能发电装置，表 2-3-22 所示美国和日本建设的温差能试验装置，经过一定时期的试运行后，由于种种技术问题均已拆除。目前，仅有日本冲绳海洋深水研究院（Okinawa Prefecture Deep Sea Water Research Institute）2013 年建成 50 千瓦闭式 OTEC 电站、佐贺大学海洋能研究院 2012 年建成的 30 千瓦实验装置（室内）和美国马凯公司 2014 年在夏威夷建成的 100 千瓦测试装置在进行测试运行。

表 2-3-22　主要温差能项目简表

项目	国家	地点	年份	容量/千瓦	型式	净出功率/千瓦
Mini-OTEC	美国	夏威夷	1979	50	闭	15
OTECI	美国	夏威夷	1981	1000	闭	仅换热试验
Hztn	美国	夏威夷	1993	210	开	40~50
Nauru	日本	瑞鲁	1981	100	闭	15
Tokunoshima	日本	德之岛	1982	50	闭	32
Saga	日本	九州	1985	75	闭	35
	印度	印度洋	1990	1000	不详	试验船，日本佐贺大学提供技术支持
	日本		1993	210	开	40~50

5. 国际盐差能开发技术

盐差能是海水和淡水之间或两种含盐浓度不同的海水之间的化学电位差能，主要存在于河海交会处。另外，淡水丰富地区的盐湖和地下盐矿也可以利用盐差能。盐差能是海洋能中能量密度最大的一种可再生能源，通常海水与河水之间的化学电位差相当于 240 米高的水位落差。据估计，世界各河口区的盐差能达 30 太瓦（TW），可利量达 2.6 太瓦（TW）。

能源界公认盐差能研究的历史始于 1973 年，以色列科学家首先研制了一台盐差能实验室发电装置，证明了发电的可能性，并提出了盐差能作为一种新能源的设想，并于 1975 年建造试验了一套渗透法装置，表明了盐差能利用的可行性。随后日本、美国、巴西、瑞典等国也相继开展研究工作，不过均属于基础理论研究和原理性实验研究，还没有正式开始对能量转换技术本身的研究。理论上按盐度差能产生的形式，采用渗透压法、发电渗析电池法和蒸汽压法等都可实现盐差能发电，实际中大型半透膜的制造技术和浓度差维持技术导致其应用成本极高，严重制约了盐差能利用的商业化进程，迄今国外只有挪威和荷兰在开展盐差能研究，并进行了小型的示范。

二、面向 2030 年的世界海洋工程与科技发展趋势 ▶

（一）海上稠油采收率进一步提高，有望建成海上稠油大庆

"模糊一、二、三次采油界限，把三阶段的系列技术集成、优化、创新和综合应用，实施早期注水、注水即注聚、注水注聚相结合的技术政策，油田投产就尽可能提高采油速度"的海上稠油高效开发模式及理论将得到完善并得到广泛应用（图 2-3-123）。在该理论的指导下，依托高效开发模式支撑技术，海上稠油最终采收率将显著提高，海上稠油产量将大幅度增加（图 2-3-124）。预计未来 10~20 年，海上稠油产量有望达到 5 000 万立方米，造就一个"海上稠油大庆"。

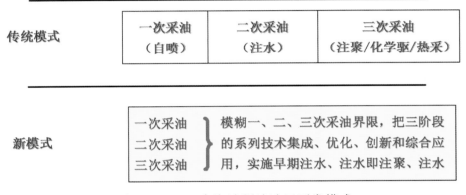

图 2-3-123 中海油稠油油田开发模式

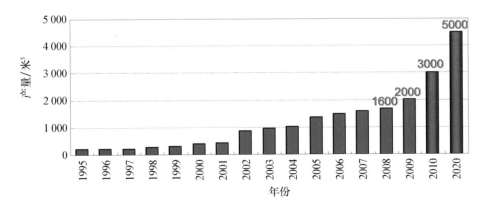

图 2-3-124 海上稠油油田产量预测

稠油在世界油气资源中占有很大的比重。稠油黏度虽高，但对温度极为敏感，每增加10℃，黏度即下降约一半。热力采油作为目前非常规稠油开发的主要手段，现已在美国、委内瑞拉、加拿大、中国的辽河油田、新疆油田、胜利油田广泛应用，我国海上也开始进行试验性应用。目前，我国在海上稠油油田开发领域处于世界先进或领先地位。基于国家对石油资源的需求及海上石油资源现状，我国应继续加大对海上稠油开发科技发展的支持力度，在通过新技术应用增加石油供给的同时，保持其技术领先地位。

（二）深水能源成为世界能源的主要增长点

深水油气田开发工程技术和装备日益成熟，海洋工程技术和装备制造业将迎来广阔的发展机遇，海洋工程装备产业的竞争也将更加激烈，深水油气田产量将成为全球石油主要增长点。

我国应该加强发展力度，加快发展步伐，进入世界海洋工程产业第一阵营，为我国海洋开发和参与海洋国际竞争提供利器。

深水油气资源勘探技术发展趋势：通过深水复杂构造与中深层地球物理勘探技术、海洋重磁电震综合反演技术、海域海相前新生界盆地油气资源勘探等关键技术的开发，形成深水油气资源勘探关键技术是目前发展趋势；同时海洋地震勘探在多源多缆三维基础上向四维勘探发展、2030年需要重点研发CSEM技术、密度地震数据采集和快速处理、超高密度地震数据采集和处理、盐下地震成像、地震波动理论研究、地震搜索引擎自动化。

深水油气田开发工程新技术的探索：新型平台结构形式和船型、新型系泊系统、立管材料、提高油气管线的回接距离、集成式的流动安全管理技术、水下生产系统的国产化技术。

（三）世界深水工程重大装备作业水深和综合性能不断完善

1. 深水物探船

进入21世纪，海上拖缆物探船的作业效率和采集技术得到了进一步提高，目前达到拖带24条6000米以上采集电缆进行高密度采集作业的能力。发展趋势：① 拖带更多、更长的电缆，预计不久的将出现30缆以上的物探船。② 安全、高效的收放存储系统，多缆施工必须有高效的辅助设备以保证施工效率。③ 高性能及高可靠的专业勘探设备。④ 提高勘探设备水下维修能力。

2. 深水勘察船

（1）调查采用船底安装深水多波束、深水浅地层剖面仪以及采用 AUV（Autonomous Underwater Vehicle）或 ROV 搭载技术（测深、地貌、磁力、浅地层剖面），采用声学定位系统为水下设备精确定位；AUV 系统向高速、小型化、大续航能力、智能化以及低使用需求和维护需求的低成本方向发展。

（2）多道（256 道以上）单电缆高分辨率二维数字地震调查作业，并配有现场资料处理和解释设备和技术。

（3）深水工程地质勘察（井场、路由和平台场址）手段不断丰富，包括：4 000 米水深工程地质钻孔和随钻取样作业（包括保温保压水合物取样和测试）技术和装备、深水海底表层采样及水合物取样；海底原位测试 CPT（Cone Penetration Testing）。

3. 钻井装备

（1）作业水深向超深水发展。目前最大水深已经达到 3 600 米（12 000 英尺），例如 Noble Jim Day 和 Scarabeo 9，近期交船和在建的深水半潜式平台，只有 3 艘工作水深不足 2 000 米。

（2）半潜式钻井平台外形结构逐步优化。深水半潜式钻井平台船型与结构形式越来越简洁，立柱和撑杆节点的数目减少、形式简化。立柱数量由早期的 8 立柱、6 立柱、5 立柱等发展为 4 立柱、6 立柱。

（3）环境适应能力更强。半潜式钻井平台仅少数立柱暴露在波浪环境中，抗风暴能力强，稳性等安全性能良好。一般深水半潜式平台都能生存于百年一遇的海况条件，适应风速达 100~120 节，波高达 16~32 米，流速达 2~4 节。随着动力配置能力的增大和动力定位技术的新发展，半潜式钻井平台进一步适应更深海域的恶劣海况，甚至可达全球全天候的工作能力。

（4）可变载荷稳步增加。平台可变载荷与总排水量的比值，如我国的南海 2 号为 0.127，Sedco 602 型为 0.15，DSS20 型为 0.175，新型半潜平台将超过 0.2。

（5）平台装备持续改进。半潜式钻井平台的设备改进主要体现在钻井设备、动力定位设备、安全监测设备、救生消防设备、通信设备等方面。超深水钻机具有更大的提升能力和钻深能力，钻深达 10 700~11 430 米。

（6）不断出现新型钻井平台和钻机。新型钻井平台包括 FDPSO 和圆筒形钻井平台。新型钻机包括挪威 MH 公司设计的 Ramrig 钻机、荷兰 Husiman 的 DMPT 钻机。这些新型平台和钻机将会逐步推广。此外，海底钻机也将逐渐从概念设计走向工程实际。

4. 修井装备

目前，世界上深水修井装备的发展趋势如下：① 修井船的作业水深增加，修井能力增加；② 轻型无隔水管修井装备的应用，使得修井费用大大降低。

5. 铺管起重船

国际上深水铺管起重船发展迅速，主要发展趋势如下：① 铺管能力和作业水深不断增大；② 一座铺管船可使用不同类型的铺管系统（J 型、R 型、S 型铺管系统），铺管船舶作业方式趋于综合化，新型起重、铺管方式和系统不断推出；③ 动力定位能力加大，施工作业的环境窗口加大；④ 铺管作业技术趋于完善，作业效率高；⑤ 深水起重、铺管船由一船兼备转为单船具备单项主作业功能；⑥ 起重量不断增大，使起重船趋向大型化。

6. 油田支持船

2030 年，随着深远海石油及矿产资源的发现，以大型浮式支持船为基地的深远海支持服务船及综合补给技术系统会成为海洋石油开采后勤支持保证的主流模式，相应的船舶会体现系列化，船用设备高度自动化，并且环保节能技术将大量采用，以新型燃料为燃料的船舶将会逐步应用。

7. 多功能水下作业支持船

到 2030 年的发展趋势为：低能耗船舶、混合材料、无压载水船、组合推进系统、绿色燃料船舶和电动船。

（四）海洋能开发及利用：绿色环保

潮汐能技术已经实现商业化运行，达到国际先进水平；潮流能技术较为成熟，国际上已进入示范应用和准商业化开发阶段；波浪能技术较成熟度略次于潮流能，国际上已进入全尺寸样机示范应用阶段；温差能的应用原理与核心技术已获得突破，国际先进水平已完成比例样机研究，建成试验装置进行实海示范研究，并在开展相关的设备制造技术和海洋能工程技术研究；国际上仅挪威与荷兰在开展盐差能的早期示范研究。

加快海洋能开发利用是世界能源发展格局中的重要一环。

（五）海上应急救援与重大事故快速处理技术

海洋中蕴含着大量的能源，海底管道和油气井与日俱增，一旦发生泄漏事故，危害巨大且很难控制，而有效的监测手段匮乏成为困扰人们的主要问题。以下是近年国内外海上油气田以及水下管道泄漏事故案例。

2011 年 6 月初，位于渤海的蓬莱 19-3 油田发生溢油事故（图 2-3-125）。此事故导致至少 840 平方千米的海水变劣四类，造成了巨大的经济损失和环境损害。

图 2-3-125　蓬莱 19-3 油田溢油事故现场

2011 年 12 月 19 日晚，中国海洋石油有限公司珠海横琴天然气处理终端附近海底天然气管线出现泄漏（图 2-3-126）。泄漏量 1.6 亿英尺^3/天，直接经济损失 80 万美元/天。由于没有泄漏监测系统，事故是在发生若干天后才被周边渔民发现。

2012 年 3 月 25 日，法国能源巨头道达尔公司一个位于英国北海的油气

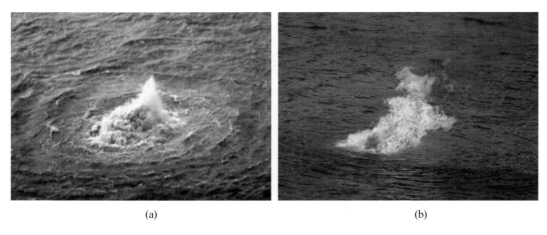

(a)   (b)

图 2-3-126　珠海天然气管道泄漏现场

田生产平台附近发生严重天然气泄漏事故（图 2-3-127）。该公司认为泄漏是来自深度在 4 000 米的主要储存区以上的岩层泄漏，封堵或需 6 个月。

图 2-3-127　英国北海油气田平台天然气泄漏现场

目前，国际上常用的压力流量法、光纤法、巡检法等检测技术，主要为针对海底管道泄漏的检测技术，而不能适用于检测海底油气井和地层等泄漏。

在海上溢油等重大事故应急处理与风险评价体系方面，正逐步建立类似 BP 墨西哥湾事故处理机制，将出现 NOC 和跨国公司更加紧密的联合体，实现技术和资源共享，风险分担。

第四章　我国海洋能源工程的战略定位、目标与重点

一、战略定位与发展思路 ▶

1. 战略定位

以国家海洋大开发战略为引领，以国家能源需求为目标，实现近海稠油、东海天然气高效开发，加大深水油气资源勘探开发核心技术和重大装备攻关，"以近养远"、"屯海戍疆"，建立覆盖深水、中深水、陆地在内的多元油气开发和供给体系，保障国家能源安全和海洋权益，为走向世界深水大洋做好技术储备。

2. 发展思路

1）服务国家战略，统筹科技体系

紧密结合国家油气资源战略，以海洋资源勘查领域为导向，以科学发展观为指导，统筹基础与目标、近期与远期、科研与生产、投入与产出的关系，针对目前海洋资源勘查生产实践中存在的挑战和需求，不断完善科技创新体系。

2）坚持创新原则，形成特色技术

坚持"自主创新"与"引进集成创新"相结合的原则，力争在海洋资源勘查与评价技术领域有所突破，努力形成适用不同勘探对象的特色技术系列。

3）加强科技攻关，注重成果转化

（1）继续加强海洋资源地质理论、认识和方法的基础研究，坚持实践，为海洋资源勘查提供理论指导和技术支撑。

（2）继续加快技术攻关，着眼于常规生产问题，推广和应用先进适用

的成熟配套技术；着眼于研究解决勘探难点和关键点，形成先进而适用的有效技术；着力解决制约勘探突破的瓶颈，继续完善初见成效的技术，及时开展现场试验；着眼于勘探长远发展，搞好超前研究和技术储备。

4）依托重点项目，有机融合生产

依托与海洋资源勘查相关的国家重大专项、"863"计划、"973"计划等重大科技研发项目，有机地融合勘查工作需求，形成一系列针对复杂勘探目标的勘探地质评价技术、地球物理勘探技术、复杂油气层勘探作业技术等配套技术系列，为油气勘查的不断发现和突破提供技术支撑和技术储备。

二、战略目标

实现由 300~3 000 米、由南海北部向南海中南部、由国内向海外的实质跨越，2020 年部分深水工程技术和装备跻身世界先进行列，2030 年部分达到世界领先水平，建设南海气田群示范工程，助力南海大庆和海外大庆（各5 000 万吨油气当量）（图 2-3-128）。

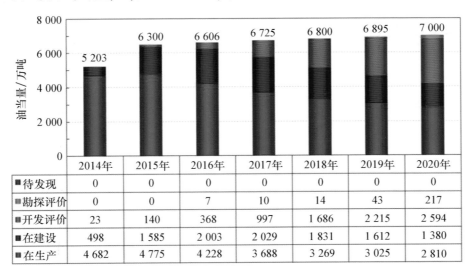

	2014年	2015年	2016年	2017年	2018年	2019年	2020年
■待发现	0	0	0	0	0	0	0
■勘探评价	0	0	7	10	14	43	217
■开发评价	23	140	368	997	1 686	2 215	2 594
■在建设	498	1 585	2 003	2 029	1 831	1 612	1 380
■在生产	4 682	4 775	4 228	3 688	3 269	3 025	2 810

图 2-3-128　我国近海历年产油量及目标产油量分布

（一）渤海：建立国家级油气能源基地

依托国家重大专项、海洋石油高效开发国家重点实验室等科研平台，我国近海已初步形成"海上稠油油田丛式井网整体加密技术"、"海上稠油聚合物驱技术"、"海上稠油热采技术"等技术体系，并在渤海进行了示范应用，取得了良好效果，下一步渤海油气区将加大这 3 项技术的推广力度，依托先进技术体系实现渤海油气区高效开发。

渤海属于我国内海，不存在主权争议，该区石油资源丰富，勘探开发相对成熟，针对渤海丰富的稠油资源储量，可将其建成国家重要能源基地和中海油"以近养远"的战略基地。规划在 2015 年实现 3 500 万吨油气当量年产规模，并且在 2020—2030 年力争稳产 4 000 万吨油气当量年产规模。

(二) 东海油气开发区：国家天然气稳定供应基地和东海"屯海戍疆"前沿阵地

东海油气开发区天然气资源丰富，勘探开发程度低，潜力较大，但该区地缘政治较为复杂，且气田开发不同于油田开发，需要构建产、销一体的供气管网以及稳定的下游销售，因此东海油气区的开发战略应着眼整体布局、上下游双向调节，同时还要紧密结合国家战略需求可将其建成国家天然气稳定供应基地和东海"屯海戍疆"前沿阵地。规划在 2020 年天然气年产量达到 100 亿立方米，2025 年达到 200 亿立方米，2030 年实现 300 亿立方米的规模。

(三) 南海北部深水油气开发示范区

以荔湾 3-1 气田群，陵水气田群/流花油田群为依托建成南海北部气田群和油田群，建立深水工程技术、装备示范基地，为南海中南部深水开发提供保障。

南海中南部：外交协同，独立开发促成自主开发，稳步推进深水油气勘探进程，以民掩军，建立"屯海戍疆"前沿阵地，维护国家海洋权益。

(四) 海洋能绿色能源示范基地

在资源和技术调研的基础上，根据实地环境特点和应用需求，建立南海波浪能和温差能等综合利用开发示范基地，让绿色能源照亮南海。

(五) 海上稠油开发技术战略目标

以海上稠油油田为主要对象，初步建立健全海上稠油聚合物驱油及多枝导流适度出砂技术体系，加快化学复合驱、热采利用的研究和应用步伐

（图 2-3-129）。以渤海稠油油田为主要对象，借鉴陆上稠油油田开发的成功经验，发展海上稠油开发技术，形成具有中国海油特色的海上稠油开发技术体系。到 2030 年，通过海上油田高效开发系列技术，为渤海油田"年产 5 000 万吨油当量、建设渤海大庆"提供技术支撑。

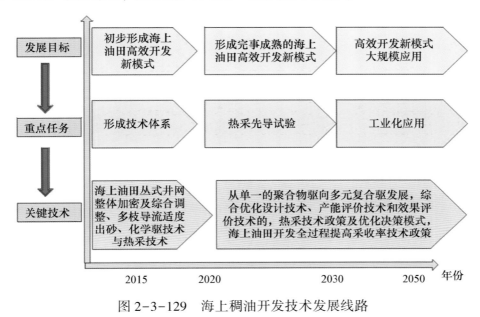

图 2-3-129　海上稠油开发技术发展线路

（六）深水工程技术战略目标

2015 年，突破深水油气田开发工程装备基本设计关键技术，建立深水工程配套的实验研究基地，基本形成深水油气田开发工程装备基本设计技术体系，实现深水工程设计由 300~1 500 米的重点跨越；到 2020 年，实现 3 000 米深水油气田开发工程研究、试验分析及设计能力，逐步建立我国深水油气田开发工程技术体系，逐步形成深水油气开发工程技术标准体系，实现深水工程设计由 1 500~3 000 米的重点跨越；到 2030 年，实现 3 000 米水深深远海油气田自主开发，实现 3 000 米水深深远海油气田装备国产化，进入独立自主开发深水油气田海洋世界强国。

（七）深水工程重大装备战略目标

开展深水钻井船、铺管起重船、油田支持船的应用技术研究，进一步系统完善深水钻井、起重、铺管作业技术，形成我国 3 000 米深水油气田开发作业能力，建造我国深水石油开发的施工作业装备队伍，并逐渐具备强有力的国际化竞争力（图2-3-130）。

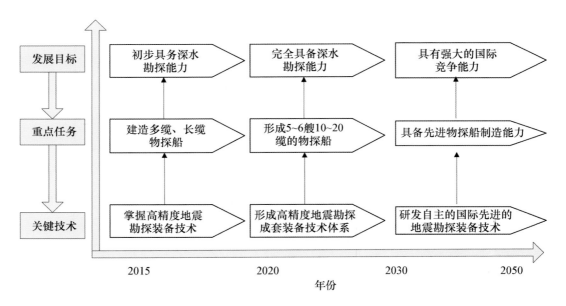

图2-3-130 深水勘探装备发展路线

（八）海洋能开发利用技术战略目标

总的发展目标见图2-3-131。

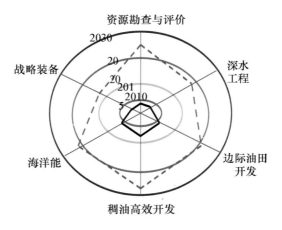

图2-3-131 海洋能源工程战略目标

三、战略重点

（一）深水勘探开发技术

南海深水区是我国海上油气勘探的一个重要战场，是"十二五"期间重要的油气勘探研究区，需重点发展深水地震采集、高信噪比与高分辨率地震处理及崎岖海底地震资料成像处理等关键技术。此外，还需发展下列勘探研究技术：①南海北部深水区大中型油气田形成条件与分布预测；②南海北部深水区盆地构造—热演化；③南海北部深水区富烃凹陷识别与评价技术；④深水区生物气、稠油降解气的形成机理和评价技术；⑤深水区碎屑岩及碳酸盐储层预测技术方法；⑥深水区烃类检测技术；⑦深水区勘探目标评价技术；⑧深水常温常压油气层测试技术；⑨西沙海域油气地质综合研究及有利勘探区带评价；⑩南沙海域油气地质综合研究和综合评价技术。

在深水开发方面，我们还要发展深水工程重大装备：①深水物探设施；②深水工程勘察船；③深水钻井船；④深水铺管船。

（二）近海油气田区域开发技术

主要包括以下 7 个方面：①中国近海"三低"油气层和深层油气勘探技术；②隐蔽油气藏识别及勘探技术；③高温高压天然气勘探技术；④中国近海中古生界残留盆地特征及油气潜力评价技术；⑤中国海域地球物理勘探关键技术；⑥中国海域油气勘探井筒作业关键技术；⑦非常规油气勘探技术。

四、发展路线图

力争到 2050 年，使我国海洋能源工程技术总体水平达到国际先进，部分领域达到达到国际领先，为建设海洋强国提供技术支撑（图 2-3-132 和图 2-3-133）。

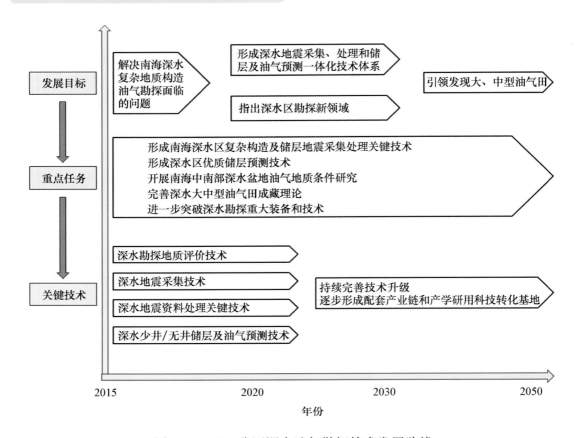

图 2-3-132　我国深水油气勘探技术发展路线

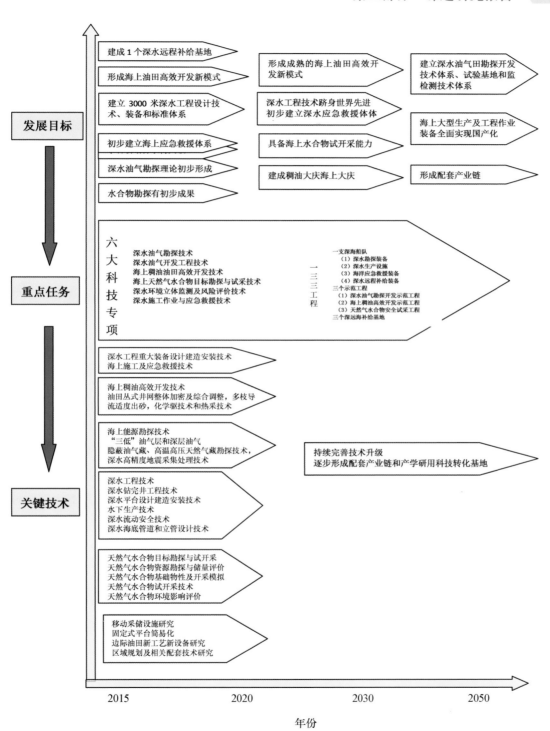

图 2-3-133　海洋能源工程技术发展路线

第五章 海洋能源工程与科技发展战略任务

一、建立经济高效近海油气田高效开发技术体系 ▶

　　海上油气开发是一项复杂的技术密集型产业，需要勘探、开发、工程、环保、经济等多学科协同合作，经过长时间摸索，构建了一套完善的近海油气田高效开发技术体系与科技发展战略（图 2-3-134）。首先秉承一体化的开发理念，包括勘探开发一体化、油藏工程一体化和开发生产一体化 3 个方面，将各学科紧密联系起来，使各专业工作更有针对性、目的性，通过协同合作，提高工作效率，压缩开发成本；其次，构建完善的开发技术体系，形成整体加密及综合调整技术、稠油热采技术、聚合物驱技术三大海上油气田开发及提高采收率技术体系，为近海不同类型油气藏高效开发提供技术支持；最后，建立完备的保障体系，包括安全保障和环保保障，确保近海油气田在实现高效开发的同时，不存在人身安全隐患和环境污染问题，创建和谐的社会人文环境，为海上油气田高效开发保驾护航。

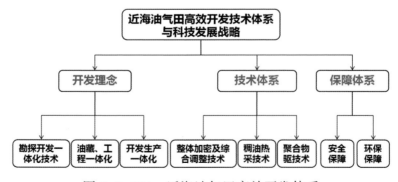

图 2-3-134　近海油气田高效开发体系

（一）渤海油气开发区

依托国家重大专项、海洋石油高效开发国家重点实验室等科研平台，我国近海已初步形成"海上稠油油田丛式井网整体加密技术"、"海上稠油聚合物驱技术"、"海上稠油热采技术"等技术体系，并在渤海进行了示范应用，取得了良好效果，下一步渤海油气区将加大这 3 项技术的推广力度，依托先进技术体系实现渤海油气区高效开发。

1. 整体推进整体加密调整应用

"海上稠油油田丛式井网整体加密及综合调整技术体系"主要包含 4 个方面：①针对剩余油空间分布复杂的问题，提出强化开采、深入挖潜的攻关方向，形成了剩余油定量描述技术，应用该项技术剩余油识别符合率达到 80% 以上；②针对如何大幅度提高采收率的问题，提出产能评价、产能保障的攻关方向，形成了产能预测方法及产能保障技术，该项技术可提高原油采收率 5%~10%；③针对加密钻井过程中如何防碰的问题，提出定向井防碰的攻关方向，形成了防碰监测预警技术，该项技术可实现加密钻井的零碰撞；④针对如何保障精确安装与设施共享的问题，提出安装防碰、降本增效的攻关方向，形成了精确对接、滑移共享、井槽外挂技术，该项技术可使安全对接工程投资降低 10%。

整体加密调整技术体系首先在绥中 36-1 油田加密调整作业中成功应用。绥中 36-1 油田Ⅰ期加密调整经过 1 年的技术攻关与方案设计及 2 年的油田建设阶段，于 2010 年 2 月投产，共建设 1 座中心平台、3 座井口平台、6 条海底管线、2 条电缆，58 口生产井（图 2-3-135）。

该项技术应用前景广阔，预计到"十三五"末将累积实施整体加密调整油田 21 个，累计动用石油地质储量 19.7 亿立方米，预计增加可采储量 1.6 亿立方米，提高采收率 8.2%，将为我国原油持续稳产作出突出贡献（图 2-3-136）。

2. 整体规划适时扩大聚合物驱工业应用

聚合物驱提高原油采收率技术在陆地油田获得了巨大成功，成为支撑高含水油田稳产增产的关键技术。中海油经过 10 年的攻关研究，初步成功地构建海上稠油聚合物驱技术体系，将陆地油田成功经验应用到海上。海

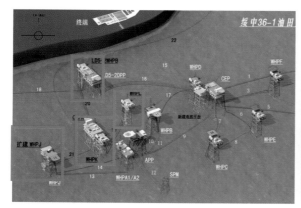

图 2-3-135　绥中 36-1 油田整体加密示意图

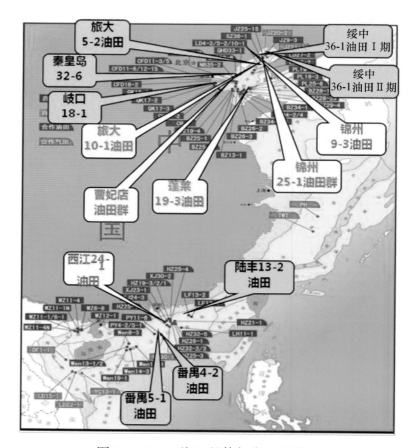

图 2-3-136　海上整体加密油田分布

上稠油聚合物驱技术体系主要包含 5 方面内容。

（1）聚合物驱油体系：该技术主要针对海上稠油聚合物驱油体系的耐盐性、抗剪切性、长期稳定性开展技术攻关。

（2）聚合物驱增效技术：该技术主要针对聚合物驱油增效技术的长效性进行研究。

（3）高效开发模式：该技术主要开展注聚时机及全过程开发方式优化组合的研究。

（4）配注装置：该技术主要开展聚合物驱相关配套装置的研究，为适合海上平台作业，以小型化、模块化、高效化的平台配注装置为研究目标。

（5）采出液处理：该技术主要针对聚合物驱产出液开展研究，包括高效破乳技术、高效清水无泥、油泥利用技术等方面。

聚合物驱油技术体系已在绥中 36-1 油田、旅大 10-1 油田、锦州 9-3 西油田等开展规模化应用，共动用地质储量 14 921 万立方米，井数 44 口，累计增油 434.9 万立方米（表 2-3-23），降水增油效果显著（图 2-3-137）。

表 2-3-23 聚合物驱增油效果

油田名称	地质储量 /万米³	井数 /口	累计增油 /万米³
绥中 36-1	10 844	28	264.9
旅大 10-1	2 588	8	99.5
锦州 9-3 西	1 489	8	70.5
合计	14 921	44	434.9

据统计，渤海油区 54 个油田共有 33 个油田适合聚合物驱，平均提高采收率可达 6%，高峰年增油可以达到 500 万立方米（图 2-3-138）。

3. 开展稠油热采先导试验

稠油热采技术是目前稠油特别是非常规稠油开发的一项主要技术。中海油经过不断科研攻关，逐渐形成了一套适于海上稠油开发的技术体系。

（1）多元热流体热采系统集成及配套工艺技术。该项技术通过多组分协调增产、单井产量高，多元热流体设备重量轻、占地面积小、装备自动

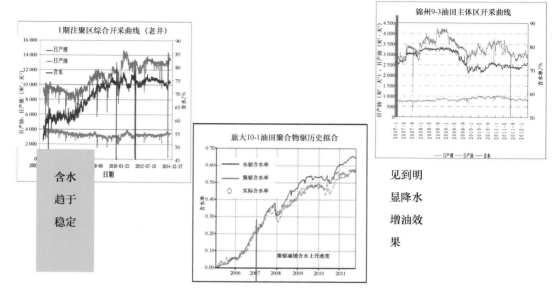

图 2-3-137　聚合物驱实施效果

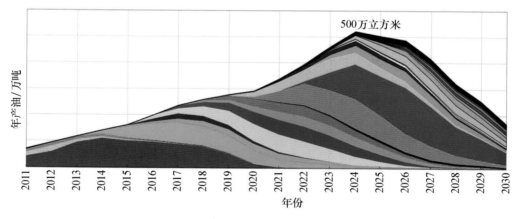

图 2-3-138　渤海油区聚合物驱产量规划方案

化程度及热效率高，同时可以实现零排放、产物全部注入地层，满足高环保的要求。南堡 35-2 油田多元热流体先导性试验自 2011 年至今共计实施 13 井次，增油效果较明显（图 2-3-139）。

（2）蒸汽吞吐热采及配套工艺技术。该项技术在陆地油田应用较为广泛。旅大 27-2 油田 A22H 井开展海上油田蒸汽吞吐先导性试验（图 2-3-140），实验结果表明，热采产能是同层位冷采井的 1.5 倍，效果明显。

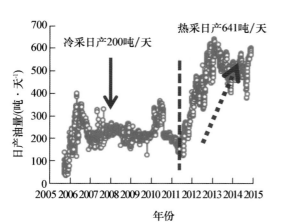 

多元热流体设备

图 2-3-139　南堡 35-2 油田多元热流体先导试验效果及设备

针对渤海丰富的稠油资源储量，有必要继续开展稠油热采先导试验，在技术完善的基础上，加速稠油热采技术的推广应用，实现稠油油田的高效开发。

（二）东海油气开发区

东海天然气资源丰富，但地缘政治复杂，且气田开发不同于油田开发，需要构建产、销一体的供气管网以及稳定的下游销售，因此东海油气区的开发战略应着眼整体布局、上下游双向调节，同时还要紧密结合国家战略需求。

1. 总体指导思想

鉴于东海油气区开发现状，面临的问题，该区开发战略应遵循以下思想。

（1）集群勘探：整体布局、集群勘探、重点突破、分片推进，奠定东海百亿方级天然气能源基地的储量基础。

（2）区域开发：优先建设区域开发中心平台，构建区域开发格局，形成多点供气的海上天然气开发管网。

（3）科技支撑：存在近致密气的有效识别、海上近致密气产能评价、精细油藏描述寻找"甜点"、钻完井储层保护、海上储层改造以及压裂监测等诸多技术难题，需要有计划有步骤地开展全方位的技术攻关。

2. 区域管网整体布局

东海供气管网布局应着眼整个区域，首先筛选出主干优质大气田，然后以此为中心进行开发体系的组合和优化，确定东海将来开发体系格局。

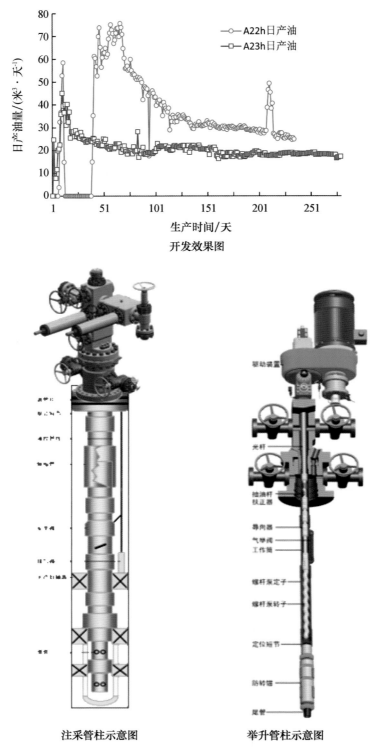

图 2-3-140 旅大 27-2 油田 A22H 井蒸汽吞吐先导试验效果及设备

同时，通过搭建"海上一纵七横"管网主干线，实现海上"联网"，促进"陆上一纵"管网的形成，既有利于海上气田间的产气量调节，也有利于与陆上 LNG 的互补和市场调节，以保障供气安全和价格调节（图2-3-141）。

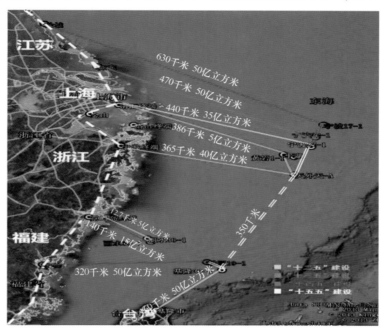

图 2-3-141　东海区域管网整体布局

3. 有序勘探整体推进

针对东海特殊的地缘政治问题，在外交许可的情况下，为最大限度维护国家利益，在勘探过程中可以遵循"先西湖、扩丽水、推钓北"的策略，在日方声称的所谓"中间线"以西地区，先外后内勘探，即优先勘探西湖凹陷，扩大勘探丽水凹陷，在日方声称的所谓"中间线"以东地区，充分准备，抢抓机遇，快速实施海上作业，开拓勘探的更大场面，为实施国家海洋战略做出贡献。在勘探策略上应遵循：大中型油气田优先、屯海戍疆优先、预探先行3个原则，东海油气区的开发应始终以服从国家整体战略为优先考虑方向。

4. 上游与下游的双向调节

切实做好上游与下游的相互沟通协调，保证上游产的气能在下游得到及时销售，下游的用气量需求能在上游及时得到满足。具体来说，上游应加强勘探开发部署、区域开发布局、管网走向、海上油气田建设产能规模和工程建设规模、勘探开发效益等方面的研究工作，下游应在天然气下游市场需求量、地点、工业用户和民用用户分布及下游管网成熟度、地方经济发展战略及天然气气价承受能力等方面开展深入调研。只有上下游工作全部到位，并相互调节，才能实现东海油气的高效开发。

二、加快建立深水油气田勘探技术体系 ▶

解决南海深水复杂地质构造油气勘探面临的问题，形成深水地震采集、处理和储层及油气预测一体化技术体系，指出深水区新的勘探领域，引领大中型油气田的发现。

（一）形成南海深水区复杂构造及储层地震采集处理关键技术

开展南海深水区宽频、宽/全方位采集技术攻关，获取高精度地震资料；开展针对海上宽/全方位地震采集数据的地震资料处理配套技术研究，高精度高速度建模及各项异性成像技术研究，有效改善地震资料处理的精度；开展富低频地震资料储层及油气预测配套技术、小波域储层流体识别技术研究，提高深水区储层及油气预测成功率。

（二）形成深水区优质储层预测技术

分析深水区优质储层的形成条件及其分布规律；在沉积体系的约束下，利用地球物理技术，识别储层展布特征；建立深水区优质储层预测技术方法和体系。

（三）深入开展南海中南部盆地油气地质条件研究

在"十一五"、"十二五"研究基础上，充分利用新的地震资料，深化盆地结构充填演化等基础地质认识，进一步明确南沙海域主要盆地油气地质条件和资源潜力，厘定油气资源潜力，优选骨干富油气盆地或凹陷，探索南沙海域独特地质条件下油气成藏的主控因素，为大南海地质规律研究提供素材和依据。

（四）完善深水大中型油气田成藏理论

以大南海的区域整体研究为基础，深化大南海区域整体构造、沉积演化研究；深化南海深水区优质烃源岩研究；加强南海深水区关键成藏条件研究，揭示深水区油气成藏动力机制，总结深水区油气成藏规律；完善深水区大中型气田成藏理论，指导深水区油气勘探。

（五）进一步突破深水勘探重大装备和技术

我国深水油气勘探作业装备和技术基础仍相对薄弱，尤其是自主核心装备和核心技术数量有限，未来要重点突破 3 000 米深水勘探装备的关键技术，在深水钻井装备、深水物探装备等重大装备及测井、录井等深水勘探专业技术方面获得新的突破，为我国深水油气勘探提供装备和技术支撑。

三、加快建立深水油气田开发工程技术体系 ▶

虽然我国深水油气资源开发工程技术起步较晚，我国采用引进消化、吸收和再创新的技术思路，联合国内外深水工程技术方面的著名科研院所进行技术攻关，初步搭建了深水油气田开发工程技术体系构架，突破了深水油田开发工程总体方案、概念设计技术和基本设计技术，突破了海洋深水油气田开发工程实验核心技术，研制了一批深水油气田开发工程所需装备、设备样机和产品，研制了用于深水油气田开发工程的监测、检测系统，部分研究成果已成功应用于我国乃至海外的深水油气田开发工程项目中，取得了显著的经济效益（图 2-3-142）。同时，通过"十一五"、"十二五"的技术攻关，已经建立了一支涵盖深水油气田开发工程各个领域的专业队伍，培养了一批在深水工程技术领域拔尖的专业人才，为我国南海深水油气田开发打下了坚实的基础，逐步缩小了与国外深水工程技术的差距。已在南海投产的荔湾 3-1 深水气田（水深 1 480 米）工程项目以及尼日利亚 OML-130 深水油田（水深 1 500 米）工程项目也已充分证明，采用和国外公司合作开发南海油气资源是完全可行的，在技术上已经基本成熟。

目前，深水技术仍然是制约我国海上油气开发的核心技术。因此，将加大研究力度，力争到 2020 年，突破海洋深水能源勘探开发核心技术，初步建立具有自主知识产权的深水能源勘探开发技术体系，实现深水油气田勘探开发技术由 300~3 000 米水深的重点跨越，初步具备自主开发深水大型油气田的工程技术能力（图 2-3-143），为我国深水油气田的开发和安全运行提供技术支撑和保障。

图 2-3-142　深水油气田勘探开发技术体系

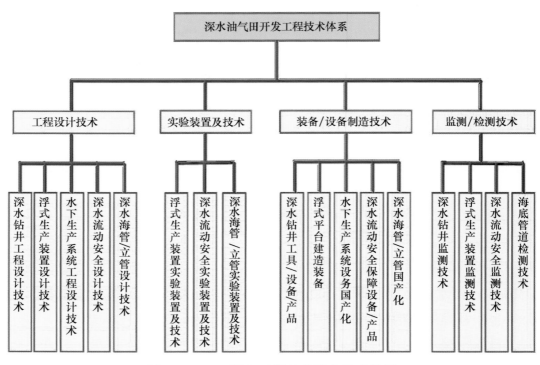

图 2-3-143　深水工程技术核心技术体系

四、加快南海北部陆坡深水区域开发工程实施，实现区域滚动开发 ▶

　　以荔湾 3-1 气田为核心，带动周边区域滚动开发；以陵水大气区的发现为契机，全面推动深水工程技术的自主研发与工程实践；以流花油田群为依托，建立深水油田群（图2-3-144和图2-3-145）。

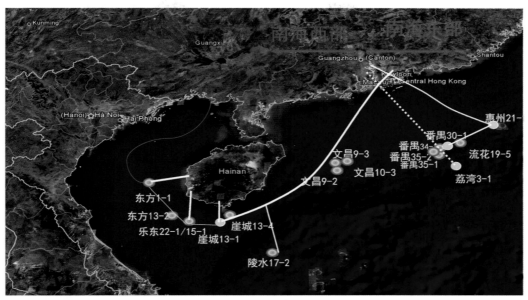

图 2-3-144　南海建立深水油田群

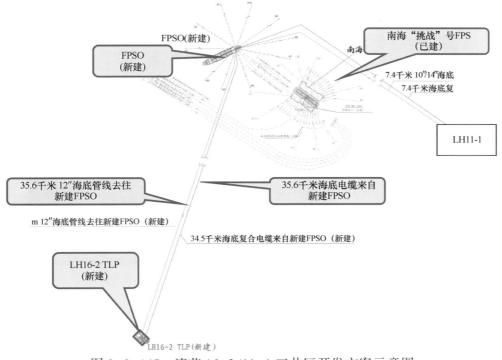

图 2-3-145　流花 16-2/11-1 三井区开发方案示意图

五、外交协同：南海中南部自主开发 ▶

军民融合、统筹规划，加快南海岛礁、岛屿建设，有力保障军民深远海补给。尽快启动南沙海域岸基支持的选址与建设。根据目前形势，应逐步建成停靠和燃油补给线路，即深圳市—永兴岛—美济礁线路（图 2-3-146 和表 2-3-24）。地理位置上，永兴岛距深圳市 655 千米，距三亚市 333 千米，距美济礁 802 千米；美济礁距三亚市 1 084 千米；永乐群岛位于永兴岛西南 82 千米；美济礁位于太平岛西部 112 千米。因此，建议依托以下岛礁。

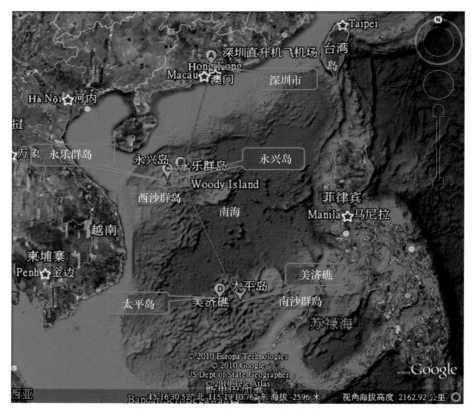

图 2-3-146　南海重要岛礁位置

表 2-3-24　我国南海重要岛礁信息

岛礁名称	纬度（N）	经度（E）	备注
永兴岛	16°50′00″	112°20′00″	中国控制
南薇滩	7°50′00″	111°40′00″	越南占据
琼台礁	4°59′00″	112°37′00″	刚发现
美济礁	9°54′00″	115°32′00″	中国控制
永暑岛	9°37′00″	112°58′00″	中国控制
渚碧礁	10°54′00″	114°06′00″	中国控制
南熏礁	10°10′00″	114°15′00″	中国控制
黄岩岛	15°12′00″	117°46′00″	中国控制
隐矶礁	16°3′00″	114°56′00″	中国控制
太平岛	10°22′38″	114°21′59″	台湾驻军控制
南岩	15°08′00″	117°48′00″	中国控制

（一）永兴岛

作为美济礁或永暑礁综合补给基地的中转站，也可直接服务于中建南盆地油气资源勘探开发（图 2-3-147）。

图 2-3-147　永兴岛鸟瞰图

（二）美济礁或永暑礁

直接或间接服务南部盆地（万安、曾母、文莱-沙巴、礼乐、北康、南薇），可分期建设。在环礁上规划建设基地，或建造一艘30万吨级浮式综合装置。具备生活、发电、储油、造淡、维修、仓储等功能。具备1 000人居住、10万吨储油、2万吨储水、备件材料仓储、维修工作区（图2-3-148）。

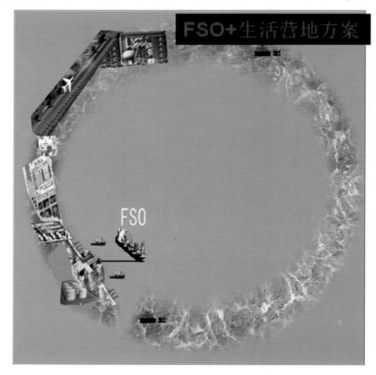

图 2-3-148　岛屿建设思路

（三）黄岩岛

黄岩岛位于我南海东大门，适合建设海洋气象综合观测站。

2012年5—6月，国家海洋局已完成对黄岩岛及附近海域（礁盘、潟湖）的环境、地貌等基础数据的精密调查测量，为实际控制和进驻做好了技术上的前期准备。可考虑选择黄岩岛作为基地，黄岩岛作为菲律宾附近重要的岛屿，具备极其重要的战略地位，今后可覆盖周边的盆地（笔架南等）。礁盘周围水深10~20米、礁盘周缘长55千米，潟湖水深20~44米、潟湖面积130平方千米（图2-3-149）。

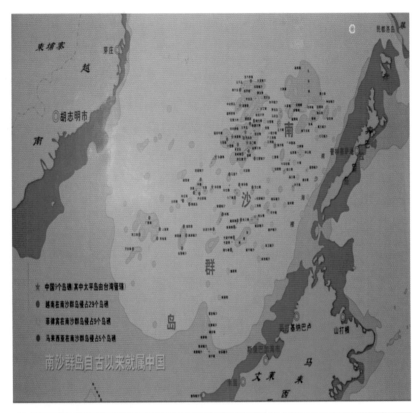

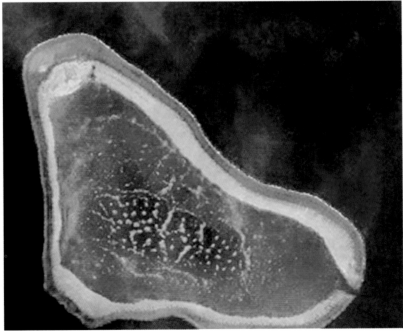

图 2-3-149　黄岩岛位置

六、探索海洋温差能开发利用

我国西沙群岛附近水深 1 500~2 000 米，海水表深层温差 22℃；中沙群岛附近水深 4 000 米，表深层海水温差 22℃；位于我国南海最南端的南沙群岛附近水深在 2 000~3 000 米，表层水温接近 30℃，表层和深层海水温差 26℃。因此，利用温差能发电有望能为南海各岛屿提供大规模的、稳定的电力。在南海选择近岸的海沟，建设岸式温差能和波浪能互补电站，探索绿色能源示范应用。

七、建立海上应急救援装备与技术体系

开展海上应急救援装备研制，重点包括以下 4 个方面：①载人潜器、重装潜水服；②遥控水下机器人（ROV）；③智能作业机器人（AUV）；④应急求援装备以及生命维持系统。

加快应急救援技术研究，建立应急救援技术和装备体系（图 2-3-150）。

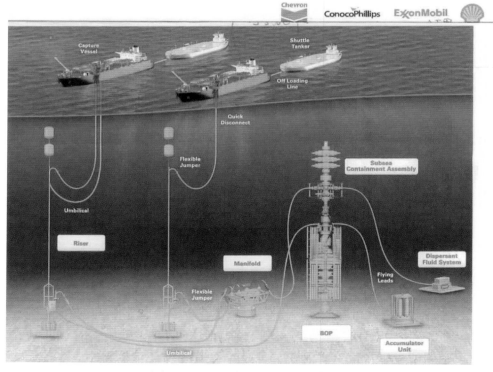

图 2-3-150　海上应急救援体系

第六章 重大海洋工程和科技专项

围绕海洋能源开发与迫切需求，从国家层面围绕海洋能源工程重点领域开展重大科技专项、重大装备与示范工程一体化科技攻关策略，实现产学研用一体化科技创新思路和科技成果转化机制，带动海洋能源工程上下游产业链发展。

一、重点领域和科技专项 ▶

（一）海洋能源科技战略将围绕三大核心技术领域

（1）近海油气高效开发技术
（2）油气勘探开发工程
（3）海洋能综合开发技术

（二）开展五大科技专项攻关

（1）海上稠油油田高效开发技术
（2）深水油气勘探技术
（3）深水油气开发工程技术
（4）海上应急救援技术
（5）海洋能开发技术

二、技术发展重点 ▶

（一）海上稠油油田高效开发技术

重点开展海上油田整体加密调整技术、多枝导适度出砂技术、海上油田化学驱油技术、海上稠油热采技术研究。

（二）深水油气勘探技术

1. 深水勘探地质评价技术

——进一步发展深水区油气资源评价技术，综合评价南海深水区油气资源，优选重点富油气盆地及凹陷；

——丰富潜在富烃凹陷评价技术，评价优选南海深水区潜在富烃凹陷，优选有利区带和目标，明确有利勘探方向；

——完善深水区烃源岩评价技术，有效识别煤系烃源岩和浅海相烃源岩，评价两类烃源岩生油气潜力，分析烃源岩分布控制因素，揭示深水区烃源岩形成条件及潜力；

——完善深水区储层评价技术，识别不同类型浊积岩、特殊岩性，分析优质大型海底扇储集体、碳酸盐岩—生物礁的发育条件与分布，评价洋陆过渡带碎屑岩储集体；

——形成深水区油气成藏分析技术，评价南海深水区大中型油气田成藏规律，明确重点盆地油气成藏主控因素；

——完善深水区地质编图技术，编制南海深水区及邻区油气地质工业图件。

2. 深水地震采集技术

——海上斜缆宽频地震采集技术；

——深水混合震源地震采集技术；

——基于深水复杂目标的环形/螺旋地震采集技术。

3. 深水地震资料处理关键技术

——基于迭代全波形反演 FWI 的多次波压制技术；

——深水复杂介质高精度层析速度反演技术；

——深水斜缆炮集域鬼波压制技术；

——基于 GPU 的逆时偏移技术。

4. 深水少井/无井储层及油气预测技术

——少井/无井叠前非线性反演技术；

——基于双相介质的流体检测技术；

——基于谱分解的相位流体检测技术。

(三) 深水油气开发工程技术

1. 深水环境荷载和风险评估

• 开展深水陆坡区域环境灾害和工程地质灾害的勘察/识别技术研究，以深水海床原位静力触探实验 CPT（Cone Penetration Test）为主形成深水工程勘察装备，开展深水陆坡区域环境灾害和工程地质灾害的勘察/识别技术研究，建立深水灾害地质勘察和环境风险评价技术系统。

2. 深水钻完井及高温高压工程技术

• 重点突出深水井壁稳定性技术、深水测试技术、深水钻井井控及水力参数设计技术、深水钻井液及水泥浆技术、深水隔水管技术、深水完井测试技术、随钻测井、智能完井、深水钻井弃井工具等深水钻井工程关键技术，形成具有自主知识产权的深水钻完井基本设计技术，形成具有自主知识产权的深水钻完井成套工程软硬件技术系列。
  • 专项技术 1：深水异常地层压力预测与井壁稳定性研究
  • 专项技术 2：深水高温高压开发井水力学与井筒压力控制技术
  • 专项技术 3：深水高温恒流变合成基钻井液研发
  • 专项技术 4：深水高温高压井特殊化学药剂研发
  • 专项技术 5：深水窄压力窗口精细控压钻井技术及装备研究
  • 专项技术 6：深水开发井建井技术体系构建及设计软件集成研究

3. 深水平台及系泊技术

• 开展适合于我国南海海洋环境条件的深水浮式新型平台和船型开发，开展浮式平台的基本设计技术研究，形成浮式平台的设计能力，形成具有自主知识产权的工程设计软件和设计方法，加快深水平台现场监测装置研制，建立深水平台海上现场监测系统，形成具有自主知识产权的深水平台成套工程软硬件技术系列。

4. 水下生产技术

• 加快水下生产系统国产化研制，尤其是在南海海域特殊的环境条件和政治形势下，加快水下生产系统的推广应用显得尤为必要，水下生产系统可以适当减少水面设施，减少恶劣的环境条件的影响，可以依托海上浮式装置开发附近周边的油气田，扩大油气田开发的范围，有助于加快南海深水油气田的开发步伐。

5. 深水流动安全保障技术

- 针对南海特殊的海洋环境条件、深水油气田独有的低温高压环境以及我国南海深水油气田具有的复杂油气藏特性以及复杂的地形所带来的流动安全问题继续开展深水流动安全核心关键技术研究，建立深水油气田开发流动安全保障中试试验基地，建立深水流动安全海上检测/监测系统，开展深水流动安全基本设计技术研究，形成基本设计能力，建立流动安全设计和运行一体的流动安全管理体系；进一步开展水下湿气压缩机、水下高效分离、水下安全可靠的多相泵等设备研制，形成具有自主知识产权的深水流动安全软硬件技术系列，服务于南海深远海油气田的开发。
  - 专项技术 1：深水流动安全试验与工程设计技术
  - 专项技术 2：深水水合物和蜡预测与控制技术
  - 专项技术 3：深水段塞预测及控制技术
  - 专项技术 4：深水多相动态腐蚀预测与控制技术
  - 专项技术 5：深水流动安全监测与管理技术
  - 专项技术 3：深水油气集输处理技术

（四）深水海底管道和立管技术

- 针对南海特殊的海洋环境条件，开展深水海底管道和立管基本设计技术研究，形成深水海底管道和立管的设计能力，形成具有自主知识产权的工程设计软件和设计方法，加快具有自主知识产权的柔性软管及湿式保温材料研制，建立深水海底管道和立管检测/监测系统，形成具有自主知识产权的深水海底管道和立管成套工程软硬件技术系列。
  - 专项技术 1：深水海底管道和立管设计技术
  - 专项技术 2：深水海底管道和立管检测/监测系统
  - 专项技术 3：柔性软管及湿式保温材料研制
  - 专项技术 4：高温高压管道和立管材料
  - 专项技术 5：直流电加热等类型管道

（五）深水施工安装及施工技术

针对南海特殊的海洋环境条件，开展深水平台、海底管道和立管、电缆、脐带缆、水下设备安装设施和配套作业技术研究，具备自主进行深水海上施工作业能力的建造和安装基地。

（六）海上应急救援技术

包括常压潜水、重型作业技术、深潜救生、溢油处理和海上突发事故处理技术等。

- 专项技术1：深远海应急救援特点及挑战
- 专项技术2：深远海应急救援总体技术方案
- 专项技术3：井喷失控水下井口封堵技术及装备系统
- 专项技术4：深远海应急救援后勤补给保障技术
- 专项技术5：深远海应急救援安全保障技术及装备

（七）南海波浪能与温差能联合开发

我国南海有丰富的波浪能和温差能资源，特别是温差能储量巨大，按照现有技术水平，可以转化为电力的海洋温差能大约为 10 000 太瓦·年，可开发的温差能资源，即水深超过 800 米、温差超过 18℃ 的海域。我国西沙群岛附近水深 1 500~2 000 米，海水表深层温差 22℃；中沙群岛附近水深 4 000 米，表深层海水温差 22℃；位于我国南海最南端的南沙群岛附近水深在 2 000~3 000 米，表层水温接近 30℃，表层和深层海水温差 26℃。因此，利用温差能发电有望南海各岛屿提供大规模的、稳定的电力。在南海选择近岸的海沟，建设岸式温差能和波浪能互补电站，同时开展综合利用研究，一方面探索波浪能发电装置兼作海岛防波结构的可行性；另一方面探索深层海水养殖、冷能利用、提供淡水等的经济性。

1. 开发场址（波浪能、温差能资源与环境）调研

调研我国南海温差能和波浪能资源分布情况和海洋环境，选择离岸距离小于 2 千米、水深大于 800 米海域作为开发场址。

2. 波浪能技术调研与推荐

开展波浪能技术调研，推荐适合我国波浪能资源条件、技术成熟度、

可能与防波结构相结合的波浪能开发技术。

3. 温差能开发与综合技术调研

开展温差能开发与综合技术调研，根据环境特点和实际需求，推荐适合应用方案。

4. 开发方案研究

在资源和技术调研的基础上，根据实地环境特点和应用需求，进行开发方案可行性研究，给出开发建议，为南海波浪能和温差能开发提供决策支持。

三、发展路线图

根据我国深水油气勘探技术发展战略，结合当前技术水平及其发展态势，制定了技术发展路线图（图 2-3-151）。根据各阶段与国际技术水平的对比分析，我国将逐步缩小技术差距，总体达到国际先进水平，其中部分达到国际领先水平。

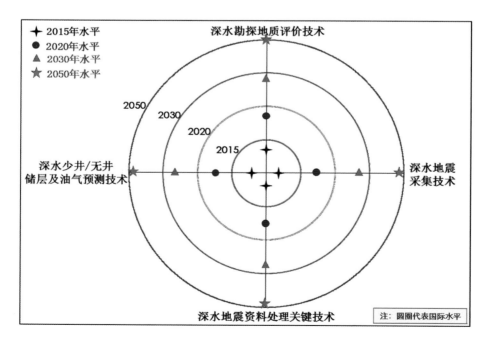

图 2-3-151　我国深水油气勘探技术 2015 年、2020 年、2030 年、2050 年所处水平

四、重大海洋工程

在核心技术攻关的基础上，提出海洋能源重大工程建议——"一一四"工程。

（一）建立一支深海船队

配置深水勘探装备、深水钻完井装备、深水生产设施、海洋应急救援装备、深水远程补给装备。

（二）建立1个基地

建立我国最大的海上原油生产基地：渤海基地。

（三）建立4个示范工程

（1）南海北部深水气田群示范工程
（2）南海北部深水油田群示范工程
（3）东海致密油气开发示范工程
（4）海洋温差能先导试验：绿色能源照亮三沙工程。

第七章　保障措施与政策建议

一、保障措施

战略规划的制定既要结合当前实际，也要放眼未来需求；同时，战略规划的执行必须有一个长期可持续发展科技、发展体系、产学研用一体化机制做保障。技术创新需要与管理创新相结合，以适应未来发展的需要。

（一）加大海洋科技投入

建立国家层面的稳定投入机制。通过政府财政资金的合理配置和引导，建立多渠道、多元化的投融资渠道，增加全社会对海洋能源领域研究的科技投入。适应财政制度改革的形势，积极争取和安排好海洋科技专项资金。充分利用和调动社会资源；加大对科技创新体系建设的投入，重大科技项目的实施要与科技创新体系建设相结合。

（二）建立科技资源共享机制

进一步推进海洋领域各个部门资源共享机制建设，根据"整合、共享、完善、提高"的原则，制定重大设备、数据共享相关管理规定，完善共享标准。建立和完善海洋科学考察和调查船舶共享机制，鼓励一船多用、多学科结合。加强科技资源共享机制建设，充分发挥科技资源在基础研究中的作用。广泛开展跨学科海洋科技合作与交流，推进综合性科技合作机制建设。

（三）扩大海洋领域的国际合作

充分利用全球科技资源，建立新型海洋科技合作机制。积极参与国际海洋领域重大科学计划，与世界高水平的大学、研究所，探索建立长效的、高水平的合作与交流机制。落实政府间海洋科技合作协定，拓展工作渠道，形成政府搭台，研发机构、大学、企业等主体作用充分发挥的国际海洋科技合作局面。支持我国科学家在重大国际合作项目中担任重要职务。

（四）营造科技成果转化和产业化环境

加速海洋领域科研成果转化，促进海洋能源产业集约式发展。大力组织推广研究成果，加强对科技成果转化的管理与支持。建立促进大学和研究机构围绕企业需求开展创新活动的机制。鼓励社会团体和中介组织参与海洋科技协同创新及成果推广应用。

（五）培育高水平高技术人才队伍

坚持人才为本，加强人才培养和引进力度，营造有利于鼓励创新的研究环境，推动深海领域优秀创新人才群体和创新团队的形成与发展。结合深海重大项目实施以及国家深海技术公共平台和重点学科建设，带动创新人才的培养，力争在深海基础研究和高技术研究领域，造就一批高水平的科技专家和具有全球思维的战略科学家。

（六）发展海洋文化和培育海洋意识

海洋工程的发展离不开广大群众对海洋的理解和认识。因此，需要通过多种形式的教育和宣传手段，普及海洋知识，发展海洋文化，让海洋意识根植于普通民众，这样后期发展海洋工程和科技才能得到更多的人们理解和支持。

（七）健全科研管理体制

建立相应评估和信用制度，从制度上避免科研创新潜在风险。完善长效考核机制，提高科研在考核中的比重。

二、政策建议

（一）和谐用海、协调发展

渤海油气区将是国家重要能源基地和中海油"以近养远"的战略基地，但该区80%矿区受到多方用海的制约，针对这个问题，建议有必要开展以下工作。

（1）进一步强化渤海油区的战略定位。2020年前后渤海油区石油产量可达到4 000万吨，相当于一个大庆油田的年产量，这对国家能源供应和对国民经济的贡献都是十分巨大的，同时，渤海油气区还肩负着"以近养远"的重任，因此，渤海油气资源的开发还将影响到南海深水油气资源的高效开发，这对我国未来石油战略安全的保障和南海主权的维护都具有重要意义。

（2）健全沟通机制，和谐用海，协调发展，实现"军事与生产两不误"、"环保与生产两不误"。渤海用海问题牵涉到军事、环境保护、航运等多方面，这就需要各方面加强用海协调，健全沟通机制，开展深入细致的分析与交流，加强合作，努力营造海上油气生产设施与军事区、环境保护区、航运线和谐相处的局面，实现"军事与生产两不误"、"环保与生产两不误"。

（二）政府协调天然气布局，高效开发天然气资源

我国近海特别是东海天然气资源丰富，将是未来我国近海油气产量的重要增长点，在当前国内陆地天然气和陆路管道进口气已在沿海地区完成整体布局的情况下，天然气下游市场竞争激烈，新发现的大型气田由于下游市场无法解决而难以投产。鉴于国内陆地天然气、陆路管道进口气、海气及进口 LNG 市场竞争激烈的局面，建议政府发挥资源合理配置的协调作用，从国民经济发展、油气战略保障等角度统筹协调国内天然气市场，形成陆气、海气携手发展，自产、进口同时供气的可持续发展局面，实现全国"管网互补、和谐供气"。

（三）建议有序地推进屯海戍疆战略

我国自古代就有屯戍边疆的战略。秦朝时就已实行屯田制，在维护边疆安全方面发挥了巨大作用。中华人民共和国成立后，党中央借用屯田制，在新疆、黑龙江、内蒙古、云南等地组建建设兵团，同样取得很大成果。那么，在维护海上边界的主权中，屯海戍疆战略同样适应，特别是具有丰富油气资源的东海和南海。通过开发油气资源实行屯海戍疆战略，一方面可以在争议区宣示国家主权；另一方面也可以为海洋开发和防务预备充足资金，使我国东部和南部海洋地区的安全态势获得极大改善，从而获得广阔的生存战略空间。我国在东海油气资源的开发已初具规模，在此基础上，建议采取"先西湖、扩丽水、推钓北"的勘探步骤和大中型油气田优先、

屯海戍疆优先、预探先行的勘探原则进一步深入开展东海油气区的勘探开发工作。

（四）建立深水油气勘探开发协调保障机制

加强中央海权办的统筹协调作用，推动建立军队、外交、财政、海洋、国土、能源等部门间沟通协调机制、项目开发保障机制和侵权应对机制。

建立中央海权办牵头，海军、海关、海监、能源、交通、环保、渔政等多方协调用海机制，从规划、政策及实施等层面加大对海洋油气勘探开发的支持力度。

（五）优化调整南海敏感区自主开发油气田项目审批机制

油气公司报发改委（能源局）的项目，由发改委（能源局）提出初步意见报中央维护海洋权益领导小组办公室（简称"中央海权办"），再由中央海权办征求外交部等相关部门意见后决策或上报中央决策。

（六）加大南海深水油气勘探开发政策扶持力度

减免深水油气区资源税和企业所得税，增列关键设备进口免税品种，对需要引进的外方作业船只海关给予手续方便。

对涉及深水勘探开发相关业务的增值税、营业税、所得税、资源税、进口关税采取先征后返或减免政策，返还税款可用于增加企业注册资本，给予深水油气勘探开发相应的口岸管理政策措施。

设立南海远程补给基地重大专项，研究建设大型浮式核动力的远程补给基地，为远洋深水油气勘探开发提供淡水、电力等补给。

（七）积极探索和扩大深水勘探对外合作新模式

首先，要坚持自营与合作两条腿走路的方针，进一步扩大与国际石油公司合作。其次要积极探索海峡两岸石油公司合作，共同维护南海海洋权益。三是坚持"主权归我，搁置争议，共同开发"的原则，探索合作新模式，推动与南海周边国家开展合作，开创南海中南部勘探新局面。

近海油气资源的高效开发不是海上石油工作者们能独立完成的任务，它还牵涉到航运、环境保护、军事、政治、国家外交等社会的方方面面，这就需要全社会共同努力，为近海油气资源的高效开发营造一个良好的外部环境。

（八）建设有利于我国海洋工程与科技发展的海洋国际环境

海洋作为世界面积的主要构成部分，其也是连接各个国家和地区的枢纽。开发海洋资源必须全面考虑周边国家的有利和不利影响。为了更好地开发我国海洋资源，尤其是东海和南海地区资源，就必须处理好与东亚、东南亚和南亚诸国的关系，营造有利于我国海洋工程与科技发展的海洋国际环境，形成"双赢"、"多赢"的国际合作局面。

（九）建立军民融合发展的海洋工程战略研究机构

根据总书记国防建设与经济建设统筹、军民融合发展的指示精神，建议中国工程院、总装备部、总参、海军、能源企业成立国家层面的海洋工程战略研究机构，就军民两用高科技项目联合攻关，有序地推进屯海戍疆战略。

致谢

本专题研究工作始终得到中国工程院项目组，国土资源部油气资源战略研究中心，中国海洋石油总公司等各级领导的大力支持，同时也得到中海石油（中国）有限公司勘探部、中海油研究总院等各级领导以及社会各界专家们的帮助。在此一并谨致谢忱！

主要参考文献

[1] 朱伟林，米立军，等．中国海域含油气盆地图集．北京：石油工业出版社，2011．

[2] 朱伟林，等．中国南海油气资源前景．中国工程科学，2010，12（5）：46-50．

[3] 张功成，等．"源热共控论"——来自南海海域油气田"外油内气"环带有序分布的新认识．沉积学报，2010，28（5）：987-1005．

[4] 张功成，等．"源热共控"中国近海盆地油气田"内油外气"有序分布．沉积学报，2012，30（1）：1-20．

[5] 李国玉，吕鸣岗．中国含油气盆地图集（第二版）．北京：石油工业出版社，2002．

[6] 刘光鼎．中国海区及邻域地质地球物理特征．北京：科学出版社，1992．

[7] 姚伯初．南海新时代的构造演化与沉积盆地．南海地质研究，1998（10）：1-17．

[8] Ru Ke, Pigott J. Episodic rifting and sub sidence in the South China Sea. AAPG Bullet in, 1986, 70(9): 1136-1155.

[9]　刘宝明,夏斌,祝有海,等. 我国南海南部油气远景评价——兼论"九五"期间南海新的勘查动态//我国专属经济区和大陆架勘测专项研究文集. 北京：海洋出版社,2002,163-171.

[10]　海南省地方志办公室. 海南史志网——西南中沙群岛志. 2010.

[11]　郝珺石. 争抢者众——南海周边国家的南沙战略·马来西亚、菲律宾[专题]. 我们的南海·现代船舰,2009：18-19.

[12]　张抗. 南沙海域的沉积盆地和油气远景. 工作研究,2009：18-19.

[13]　何家雄,施小斌,夏斌,等. 南海北部边缘盆地油气勘探现状与深水油气资源前景. 地球科学进展,2007,22(3)：261-270.

[14]　何家雄,姚永坚,马文宏,等. 南海东北部中生代残留盆地油气勘探现状与油气地质问题. 天然气地球科学,2007,18(5)：635-642.

[15]　李金有,郑丽辉. 南海沉积盆地石油地质条件研究. 特种油气藏,2007,14(2)：22-26.

[16]　姚伯初,刘振湖. 南沙海域沉积盆地及油气资源分布. 中国海上油气,2006,18(3)：150-160.

[17]　刘振湖. 南海南沙海域沉积盆地与油气分布. 大地构造与成矿学,2005,25(3)：410-417.

[18]　刘振湖. 南沙海域沉积盆地与油气地质条件. 大地构造与成矿学,2005,25(3)：35-45.

[19]　张智武,吴世敏,樊开意,等. 南沙海区沉积盆地油气资源评价及重点勘探地区. 大地构造与成矿学,2005,29(3)：418-424.

[20]　武强,崔丽静,裴芳. 南海边缘大陆架含油气盆地分布及其开发前景. 重庆石油高等专科学校学报,2004,6(4).

[21]　金庆焕,吴进民,谢秋元,等. 南沙西部海域沉积盆地分析与油气资源. 武汉：中国地质大学出版社,2001.

[22]　金庆焕,李唐根. 南沙海域区域地质构造. 海洋地质与第四纪地质,2000,20(1)：1-8.

[23]　金庆焕,刘宝明. 南沙万安盆地油气分布特征. 石油实验地质,1997,19(3)：234-260.

[24]　刘宝明,金庆焕. 南沙西南海域万安盆地油气地质条件及其油气分布特征. 世界地质,1996,15(4)：35-41.

[25]　肖国林,刘增洁. 南沙海域油气资源开发现状及我国对策建议. 国土资源情报(资源形势),2004(9)：1-5.

[26] BP Statistical Review of World Energy. 2010.

[27] 金庆焕. 南海地质与油气资源. 北京:地质出版社,1989.

[28] 姚伯初. 南海南部地区的新生代构造演化. 南海地质研究(六),1994.

[29] 朱伟林,等. 南海北部大陆边缘盆地天然气地质. 北京:石油工业出版社,2007:
      1-14.

[30] 王衍棠,陈玲,吴大明. 南海中建南盆地速度资料分析与应用. 热带海洋学报,
      2006,25(5):49-55.

[31] 谢文彦,张一伟,孙珍,等. 琼东南盆地断裂构造与成因机制. 海洋地质与第四
      纪地质,2007,27(1):71-77.

[32] 魏喜,祝永军,尹继红. 南海盆地生物礁形成条件及发育趋势. 特种油气藏,
      2006,13(1):36-39.

[33] 李德生. 中国海相油气地质勘探与研究. 海相油气地质,2005,10(2):1-8.

[34] 高红芳,王衍棠,郭丽华. 南海西部中建南盆地油气地质条件和勘探前景分析.
      中国地质,2007,34(4):592-598.

[35] 高红芳,陈玲. 南海西部中建南盆地构造格架及形成机制分析. 石油与天然气
      地质,2006,27(4):513-516.

[36] 王振峰,何家雄. 琼东南盆地中新统油气运聚成藏条件及成藏组合分析. 天然
      气地球科学,2003,14(2):107-115.

[37] 魏喜,邓晋福,谢文彦,等. 南海盆地演化对生物礁的控制及礁油气藏勘探潜力
      分析. 地学前缘,2005,12(3):245-252.

[38] 傅宁,于晓果. 崖13-1气田油气混合特征研究. 石油勘探与开发,2000,27
      (1):19-22.

[39] 马文宏,何家雄,等. 南海北部边缘盆地第三系沉积及主要烃源岩发育特征. 天
      然气地球科学,2008,19(1):41-48.

[40] 姚伯初. 南海海盆在新生代的构造演化. 南海地质研究. 1991(3):9-23.

[41] 吴世敏,周蒂,丘学林. 南海北部陆缘的构造属性问题. 高校地质学报,2001,7
      (4):419-426.

[42] 蔡峰,许红,郝先锋,等. 西沙-南海北部晚第三纪生物礁的比较沉积学研究. 沉
      积学报,1996,14(4):61-69.

[43] 陈玲. 南沙海域曾母盆地西部地质构造特征. 石油地球物理勘探,2002,37(4):
      354-362.

[44] 钟志洪. 莺琼盆地构造形成机制与油气聚集的研究. 南京:南京大学博士论
      文,2000.

［45］ 钟志洪，王良书，李绪宣，等．琼东南盆地古近纪沉积充填演化及其区域构造意义．海洋地质与第四纪地质，2004，24（1）：29-36.

［46］ 王根发，吴冲龙，周江羽，等．琼东南盆地第三系层序地层分析．石油实验地质，1998，20（2）：124-128.

［47］ 何家雄，夏斌，刘宝明，等．莺歌海盆地中深层天然气运聚成藏特征及勘探前景．石油勘探与开发，2005，32（1）：37-42.

［48］ 保军，袁立忠，申俊．南海北部陆坡古地貌特征与13.8以来珠江深水扇．沉积学报，2006，24（4）．

［49］ 马永生，梅冥相，陈小兵．碳酸盐岩储层沉积学．北京：地质出版社，1999：301-309.

［50］ 邱燕，王英民．南海第三纪生物礁分布与古构造和古环境．海洋地质与第四纪地质，2001，21（1）：65-72.

［51］ 肖军，王华，陆永潮．琼东南盆地构造坡折带特征及其对沉积的控制作用．海洋地质与第四纪地质，2003，23（3）：55-63.

［52］ 张泉兴，李里，黄保家．莺琼盆地梅山组的生烃特征．自然科学进展——国家重点实验室通信，1994，4（2）：220-228.

［53］ 陶维祥，何仕斌，赵志刚．琼东南盆地深水区储层分布规律．石油实验地质，2006，28（6）：554-558.

［54］ 陶维祥，梁建设．琼东南盆地BD19-2构造形成机理初步研究．中国海上油气（地质），2000，14（5）：315-319.

［55］ 段威武，黄永样．珠江口盆地海相上渐新统．海洋地质与第四纪地质，1988，8（2）：47-52.

［56］ 段威武，黄永样．南海北部陆缘中、晚第三纪古地理、古环境研究．地质学报，1989（4）：363-372.

［57］ 付建明．琼北新生代火山作用与构造环境．桂林工学院学报，1997，17（1）：26-33.

［58］ 黄保家．莺-琼盆地天然气的成因特征及烃源岩的生气能力∥中国工程院，环太平洋能源与矿产资源理事会，中国石油学会．21世纪中国暨国际油气勘探展望．北京：中国石化出版社，2003：442-452.

［59］ 何家雄，陈胜红，姚永坚．南海北部边缘盆地油气主要成因类型及运聚分布特征．天然气地球科学，2008，19（1）：34-41.

［60］ 张启明，张泉兴，胡忠良，等．莺-琼盆地上第三系油气的生成和运移．石油勘探与开发．1992，19（5）：9-15.

［61］　吴昌荣，彭大钧，庞雄．南海珠江深水扇系统的沉积构造背景分析．成都理工大学学报（自然科学版），2006，33（3）：221-227.

［62］　殷八斤，曾灏，杨在岩．AVO 技术的理论与实践．北京：石油工业出版社，1995.

［63］　龚再升，李思田，等．南海北部大陆边缘盆地分析与油气聚集．北京：科学出版社，1997.

［64］　吴能友，曾维军，等．南海区域构造沉降特征．海洋地质与第四纪地质，2003，23（1）：55-65.

［65］　王根发，吴冲龙，等．琼东南盆地第三系层序地层分析．石油实验地质，1998，20（2）：124-128.

编写组主要成员

周守为　中国海洋石油总公司　中国工程院院士

李清平　中海油研究总院　教授级高工

张厚和　中海油研究总院　教授级高工

朱海山　中海油研究总院　教授级高工

张　理　中海油研究总院　教授级高工

付　强　中国海洋石油总公司，高工

课题四　极地海洋生物资源开发工程发展战略研究

课题组主要成员

顾　问	杨　坚	国务院国资委国有重点大型企业监事会，主席
	刘身利	中国农业发展集团有限公司，董事长
	赵兴武	农业部渔业渔政管理局，局长
组　长	唐启升	中国水产科学研究院黄海水产研究所，中国工程院院士
副组长	高中琪	中国工程院二局，局长
	赵宪勇	中国水产科学研究院黄海水产研究所，研究员
成　员	崔利锋	农业部渔业局，副局长
	李　桥	辽宁省大连海洋渔业集团公司，总经理
	陈　勇	上海开创远洋渔业有限公司，副总裁
	张天舒	中国水产总公司大拖项目部，经理
	张元兴	华东理工大学，教授
	薛长湖	中国海洋大学，教授
	许柳雄	上海海洋大学，教授
	陈　波	中国极地研究中心，研究员
	冷凯良	中国水产科学研究院黄海水产研究所，研究员
	孙　谧	中国水产科学研究院黄海水产研究所，研究员
	常　青	中国水产科学研究院黄海水产研究所，研究员
	黄洪亮	中国水产科学研究院东海水产研究所，研究员

李励年　中国水产科学研究院东海水产研究所，研究员
徐　皓　中国水产科学研究院渔业机械与仪器研究所，研究员
谌志新　中国水产科学研究院渔业机械与仪器研究所，研究员
沈　建　中国水产科学研究院渔业机械与仪器研究所，研究员
贺　波　宁波捷胜海洋开发有限公司，董事长
苏学锋　辽宁省大连海洋渔业集团公司研发中心，主任

第一章 我国极地海洋生物资源开发工程的战略需求

南、北极与人类生存、全球环境变化、经济可持续发展等息息相关。其海洋环境价值、资源价值、科学价值和地缘价值有目共睹。随着工程技术的突飞猛进和人口与资源压力的不断加深，极地海洋资源勘探蓬勃开展，资源开发利用也提上了议事议程。南大洋的绝大部分和北冰洋中部海域是国际公共区域，并蕴藏着丰富的生物资源，是全球为数不多尚具规模化开发潜力的区域。因此，争议较少、潜力巨大的极地海洋生物资源的开发利用已成为进军南北极、拓展和争取国家海洋发展空间的重要前沿阵地。

一、极地海洋环境概况与国际治理架构 ▶

(一) 南极海洋环境概况与国际治理架构

根据《南极条约》的定义，南极地区包括南纬60°以南全部区域。其中南极大陆面积约1 400万平方千米，终年为冰雪覆盖，气候寒冷。环绕南极大陆的海洋为无陆地阻隔的独特水域，由南太平洋、南大西洋、南印度洋的一部分连同南极大陆周围的威德尔海、罗斯海、阿蒙森海、别林斯高晋海等边缘海组成。因此，形成了全球流量最大的海流——南极绕极流。

南极海洋这一独特绕极系统在机理复杂的海-冰-气耦合反馈的影响下，形成了独特的海洋生命支撑系统。这一生态系统的北界为南极辐合带（南纬48°—60°之间），其中的海洋生物资源，由南极海洋生物资源养护委员会（Commission for the Conservation of Antarctic Marine Living Resources，CCAMLR）依据南极海洋生物资源养护公约（Convention on the Conservation of Antarctic Marine Living Resources，CCAMLR）实施管理。南极海洋生物资源养护公约区的北界基本与南极辐合带一致，因此涉及南极海洋生物资源开发利用时，南极海域一般指南极海洋生物资源养护公约区，面积约 7 500 万平方千米，占全球海洋面积的 1/5；其中冬季约 2 000 万平方千米的海面被冰覆盖。

20 世纪上半叶曾有英国、阿根廷、智利、挪威、法国、新西兰和澳大利亚 7 个国家对南极大陆及其毗邻海域提出领土主权要求。1961 年生效的《南极条约》冻结了各国的领土主权主张；1998 年生效的《关于环境保护的南极条约议定书》进一步规定在其后 50 年内禁止在南极地区进行一切商业性矿产资源的开发活动。因此目前南极地区可供开发利用的资源仅有海洋生物资源。

南极海洋生物资源的开发利用活动由南极海洋生物资源养护委员会实施管理。南极海洋生物资源养护委员会成立于 1982 年，是一个集政治、经济和法律于一体的政府间国际组织，目前由 25 个成员（24 国加欧盟）组成。我国于 2007 年成为南极海洋生物资源养护委员会正式成员，从而享有南极海洋生物资源开发利用的权利。

（二）北极海洋环境概况与国际治理架构

地理上，北极地区是以地球北极点为中心的一大片区域（图 2-4-1），包括北冰洋及其岛屿、北美大陆和欧亚大路的北部边缘地带。北极地区的面积大小因研究者的不同角度和不同划分方法而存在较大的差别。目前的划分方法主要有地理学、行政区域和物候学 3 种，由此得出的北极地区的面

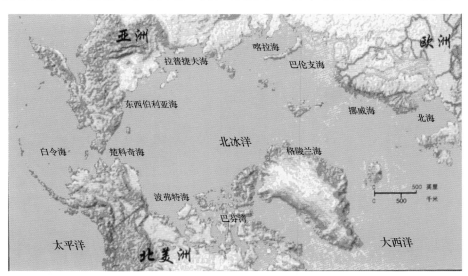

图 2-4-1　环北极地区

资料来源：中国地图出版社

积相应为：2 100 万平方千米、3 100 万平方千米和 4 100 万平方千米。

在针对北极地区的环境、生态、海洋、气候以及生物资源的研究中，人们较多采用的是物候学的划分方法。物候学划分方法兼顾了海洋和陆地，由此得出的北极地区包括北极圈附近的海域和陆地，因此格陵兰和冰岛均被划入北极地区。而从渔业的角度，北端与北冰洋相通的白令海也重被归于极地海洋的范畴。

与南极地区海洋环绕大陆的情形正好相反，北冰洋是被大陆环绕的海洋，面积约为 1475 万平方千米，冬季约 80% 的海面被冰覆盖，夏季的冰封面积也达一半以上。近年随着全球变暖的加剧，冰雪消融加快，北冰洋的战略地位越显重要。

北极地区的海洋除了北冰洋公海、中白领海公海等区域外，其他陆地、岛屿和水域的权力归属基本明确，分别隶属于北极地区及其周边的美国、加拿大、俄罗斯、挪威、丹麦、冰岛、瑞典和芬兰 8 个国家，并由这些国家行使主权权力、实施行政管辖。上述国家通常被称为环北极 8 国，也是北极理事会（Arctic Council）的成员国。

北极理事会成立于 1996 年，是政府间国际组织，主要协商讨论与北极有关的事务，拥有北极事务的决策权。我国于 2013 年成为该组织的正式（永久）观察员地位，从而享有相应的权利。

北极海洋渔业资源丰富，环北极 8 国均为全球重要的渔业国家。FAO 统计数据显示，近年来全球海域渔业捕捞产量排名前列的 25 个国家中有 6 个是北极国家。

二、发展极地海洋生物资源开发工程的战略需求 ▶

（一）提升战略性资源开发能力，保障国家生物原料供给安全

海洋生物资源是开发利用潜力巨大的可再生资源，包括生物群体资源、物种基因资源和产物资源。极地海洋以其独特的地理环境孕育着丰富的独特生物资源，是极地海洋生态系统独特而重要的组成部分，并且存在大量未知物种，是极地生命科学研究、开发利用以及未来生物技术产业的物质基础。

极地海洋生物群体资源量大质优，具有发展极地渔业的丰富潜力。如北极、亚北极海域的白令海狭鳕和巴伦兹海鳕是全球除带鱼之外仅有的两个年产过百万吨的底层鱼类资源。南极海域则有著名的南极犬齿鱼、南极冰鱼和南极磷虾等渔业资源，其中南极磷虾生物量据估计为 6.5 亿~10 亿吨，可捕资源量为 0.6 亿~1.0 亿吨，相当于目前全球海洋捕捞总产量。随着《联合国海洋法公约》的生效，世界各国都加强了对 200 海里专属经济区的管理，因此可供开发利用的远洋渔业资源越来越少。极地渔业资源、尤其是南极磷虾资源为远洋渔业的拓展提供了一个新空间。

南极磷虾不仅作为最大的可捕和蛋白质资源，它还是南极海洋生物基因资源开发产生专利和商业应用最多的生物产品和制品的来源生物，其应用行业包括清洁剂、食品加工、化学处理、分子生物学、酶、水产养殖、药品、保健食品、膳食补充剂和皮肤护理产品。其中利用南极磷虾资源提取获得的南极磷虾油富含磷脂型 DHA/EPA 功能性油脂及具有高抗氧化活性的虾青素等活性成分，具有优异的健脑、抗炎症、增强免疫力等功能，是具有超高附加值的新资源食品，其功效远优于鱼油，是鱼油保健品的升级产品。南极磷虾粉、包括提取南极磷虾油之后的虾粉还可替代鱼粉作为新的水产饲料蛋白源，缓解我国养殖饲料用鱼粉高度依赖进口的局面。此外，南极磷虾有望成为医药、食品和化工材料基础原料——甲壳素的重要来源。

除可捕渔业资源外，极地特殊的气候与生态环境、尤其是以南极辐合带这一天然屏障为北界的南极海域还孕育着种类繁多且禀赋独特的物种遗传资源与产物资源，是极地生命科学研究和未来生物技术新兴产业的物质基础。如在南极海域已查明的 200 余种鱼类中，约 88% 是南极水域特有种类，具有独特的生理生化特征。如南极冰鱼的体内不含血红蛋白，其血液的颜色为乳白色；又如莫氏犬齿南极鱼能够生成抗冻蛋白，从而可在接近冰点的水中自由地生活。这些特质，以及其他众多的微生物资源和基因资源都具有重要研究价值。

近年方兴未艾的生物勘探已成为国际上海洋生物资源深度开发利用的标志工程。基于基因工程、生物化学与分子生物学技术，以及生物信息学等系列前沿技术的发展，推升了人类对自然系统生物基因和产物资源勘探与利用的能力活动。随着研究和开发的不断深入，具有开发潜力的新功能或新用途的陆地生物及其基因资源越来越少，寻找新的生物及其基因资源来源显得尤为重要和紧迫。极地海洋生物这类在极端自然环境的生物资源提取物、基因及其产物的多样性、新颖性及其潜在的商业价值受到科学界和工业界前所未有的重视。高值化生物及衍生产品的研发，生物基因资源的占有和研究开发的深度是一个国家国力的象征。在激烈的竞争中，拥有基因资源的数量及质量，是决定未来在竞争中掌握主动权的关键。根据2008年联合国大学发布的南极生物勘探数据信息，南极海洋生物基因资源勘探56%的专利来自南极海洋。它们包括低温酶、抗冻蛋白、多糖等生物制剂、生物工程材料、活性先导化合物、基因工程药物等，如南极鱼类抗冻蛋白以及抗冻活性基因、南极嗜冷菌产生的碱性磷酸酶、北极适冷微生物可降解烃类、被囊动物提取物的抗癌性等。它们在医药、食品和化工领域的应用潜力正在快速显现。

（二）培育海洋生物新兴产业体系，打造海洋经济新的增长点

极地海洋生物资源开发是海洋新兴产业形成的重要源动力。南极磷虾产业是海洋可捕生物资源开发由从传统捕捞业向高新技术支撑的现代高附加值渔业发展最为成功的新兴产业。世界上对于南极磷虾的开发利用已有40多年的历史。但真正实现南极磷虾的综合利用、并形成高值利润产业则在近几年才得以实现。与传统的海洋渔业资源的开发利用模式不同，现代南极磷虾开发产业表现一种集传统捕捞业与精深加工于一体的、技术门槛高、产业链条长、经济效益逐级大幅提升的新型形态。

除磷虾外，极地海洋生物资源开发具有非常广阔的新兴产业培育空间。极地海洋生物资源的开发除直接开发，如渔业捕捞以外，间接开发如衍生品和基因资源等未来形成产业潜力更是高不可估。

与世隔绝的地理条件、寒冷的极端环境、冰水相间的生境使得极地生物基因资源具有极大的科学价值，涉及生命的生存极限、极端环境生物多样性、生命的环境适应性、生物进化与环境形成的关系、全球变化和生物与环境的相互作用等诸多基础前沿科学问题。相关研发技术积累可为抢占未来科技竞争制高点奠定基础。

南北极生物遗传资源的开发利用能产生巨大的经济效益和社会效益。据联合国大学（UNU）生物勘探数据库、美国专利和商标局数据库和

Google Patent 等数据库检索，目前极地生物遗传资源相关专利有 200 多条，应用领域涵盖了医药、绿色化工、食品与饮料加工、生物技术、工业、水产养殖、农业、化妆品与个人护理品、保健品、生物能源以及环境治理等众多行业。如北极和南极鱼类分离的抗冻蛋白可强化寒冷储能及细胞组织的冷冻保存，作为冰核剂应用于食品冷冻储藏的冻结和解冻过程中抑制冰的再结晶，冷冻食品中保护食品的质地和风味，减少或防止冷冻食品的微生物污染。不仅可以应用于人们的日常生活低温保存食品，还可应用于临床实践中的低温保存血液或待移植的组织、器官以及在科学研究中，经常用低温保存菌种和其他生物材料等，抗冻蛋白可有效防止因组织冻结，细胞脱水等引起的材料变质。来自海水、海冰和深海软泥的海洋细菌展现了诱人的商业应用。例如，从南极海水分离的游海假交替单胞菌产生的酶，能够在极低的温度发挥其酶学功能，可用于生物技术的新工具。从南极洲附近海域采集的嗜冷菌 HK-47 产生热敏感的碱性磷酸酶，可对放射性核酸标记。全球范围内这类酶的需求，市场价值至少每年 500 亿美元，在过去的几年保持了 3%~5% 的年增长率。西班牙 PharmaMar 制药公司正在利用以南极海绵来源的 Variolin 合成衍生物开发抗肿瘤药物，若获得成功，单此一种药物上市后年销售额即可达到 1.3 亿~2.7 亿美元。

在我国，南极磷虾渔业从捕捞到高值产品的生产链已现雏形，在高品质南极磷虾油工业化生产技术研发等方面已取得成功。除对绿色、无污染磷虾食品的需求量逐年增多外，磷虾产品加工产业也极具发展潜力，在医药、保健品、化妆品等领域的科技研发磷虾产品，在我国也会迎来日益广阔的需求空间。随着研究的深入，必将会在医药、绿色化工、生物技术和生物能源等行业催生出新的产业，带来巨大的经济效益和社会效益。

（三）突破关键装备与核心技术，促进海洋生物产业转型升级

极地海洋路途遥远、气象环境恶劣、生态系统脆弱，生物资源开发技术含量高，生产安全、资源养护与环保要求高、约束多。公海资源的竞争历来都是技术的竞争。世界各国一方面加强本国海洋生物资源的养护和管理；另一方面积极研发新技术、配备新装备，利用高新技术加大对远洋、极地海域生物资源的开发和利用。极地海洋生物资源的开发带动了一系列远洋捕捞技术、船载技术和加工技术和生物技术的发展，是推动产业技术

升级的重要动力。就南极磷虾资源开发利用方面而言，据欧洲专利局统计，1976—2008 年间仅名称和关键词含南极磷虾的专利就多达 812 项，其中 1999—2008 年的 10 年间新增 351 项，为南极磷虾资源的综合及高值化利用进行了大量的技术储备。

在世界公海渔业资源开发竞争中，极地等深远海渔业资源是核心竞争区，渔船与捕捞装备技术水平是核心竞争力的体现。目前仅少数渔业强国掌握极地专业化捕捞与加工装备以及生物技术，处于垄断地位，且关键装备技术对外保密。掌握极地等深远海远洋渔业发展的关键装备和系统技术是支撑高效利用南极磷虾等极地深远海资源的基础。然而囿于发展水平的限制，目前包括南极磷虾资源开发在内的我国远洋渔业发展模式比较粗放，极地深远海渔业装备工程技术弱，高技术、高附加值的产品极少，无法有效支撑远洋渔业由近海向极地等深远海发展，综合竞争实力不强、后续发展的动力不足。

因此，以"创新驱动发展"的思路，加强实现远洋渔业"安全、高效、节能、环保"的关键技术研究，突破制约极地等深远海渔业资源高效利用的核心支撑装备。如深水连续泵吸捕捞技术、专用磷虾和鱼粉加工设备、南极磷虾生产标准体系、极地及深远海渔业资源探测技术与装备、自动化高效捕捞装备、提升渔获附加值的船载加工设备以及集成支撑高效利用极地及深远海渔业资源的船载平台；推进极地及远洋渔业工程装备机械化、专业化、自动化以及信息化，在深远海渔业科学前沿和高技术领域产出一批拥有自主知识产权的专业化节能渔船船型和高效生产装备的核心技术，在支撑行业发展方面形成一批熟化技术，并加速成果转化与推广，可有效支撑极地等深远海渔业全产业链的发展，增强极地海洋生物资源开发综合实力，全面提升远洋渔业装备技术水平、提高我国的远洋科技竞争力，实现远洋渔业战略转型，这也是海洋渔业强海之路的战略基点。

此外，极地生物资源开发在高极地生物基因资源的开发利用，需要海洋生物技术的融合发展，它包括极地微生物培养技术、微生物多样性的非培养研究技术、微生物基因组学与宏基因组学研究技术、微生物酶学研究技术、微生物次级代谢产物研究技术、合成生物学技术、南极鱼类低温适应机制和基因组进化研究技术、我国在南极鱼类的生态适应和基因组进化研究中获得了重要进展，发现了若干重要的南极鱼类调节、适应和基因进化等机制。以上技术与新认知一旦取得突破，相关装备一旦研发成功，将有力促进海洋生物资源开发产业的转型与升级。

（四）参与国际资源配置与管理，维护国家极地海洋权益安全

随着全球变暖与冰盖消融，南北极资源宝库渐露真容，经济、战略利益凸显。北冰洋周边国家纷纷采取行动巩固和拓展其北极海洋权益；对南极有主权要求的国家也纷纷采取措施以期固化其领土主张，领土瓜分和资源争夺的经略谋划，已演变成高举科学大旗的蓝色圈地运动，涉及巨大的经济、军事利益和地缘政治利益。作为非极地国家，应重视国际法所赋予的极地海域相关权益。

北极海洋被主权国家环绕，渔业资源丰富，渔业产业和渔业基础设施较为完善；开发利用北极渔业资源是中国参与北极事务的切入点。

与北极相反，南极大陆被南极公海环绕。在领土主张暂时冻结、矿产资源延缓开发的《南极条约》体系下，南极海洋生物资源开发和利用已逐渐成为维护南极海洋权益的重要组成部分，在"存在即权益"的现实下，对南极海洋生物资源管理拥有一定的话语权和参与权已成为国家综合实力的体现。随着世界各国对南极资源的日益重视，南极海洋生物资源养护委员会已加强对南极渔业的限制。我国南极磷虾捕捞量虽于 2014 年达到 5.4 万吨、跻身磷虾渔业国第二团队，但与挪威 16 万吨的年产量仍有很大差距。积极推动南极磷虾产业规模化发展对我国充分利用南极丰富磷虾资源，增强我国对极地海洋生物资源的掌控能力，争取极地资源开发利用长远权益具有重要的战略意义。

第二章　我国极地海洋生物资源开发工程的发展现状

我国涉足极地事务是 20 世纪 80 年代、实施对外开放政策之后的事情。1984 年我国南极长城站的建设标志着我国南极科考的正式启动；1985 年我国远洋渔船进入白令海狭鳕渔业则标志着我国通过海洋生物资源开发的途径进入北极地区。30 余年来，经过国家政策的大力支持、政府部门的有效谋划与管理，以及科研人员和渔业界人士不懈的努力，我国极地海洋生物资源的开发利用已经取得了显著的成果，在工程与科技发展方面积累了一定的基础，形成了初步的技术体系，在南极磷虾产业规模化开发、极地生物基因资源利用、极地渔业开发与装备现代化等领域的重要关键技术上缩小了与国际先进水平的差距。

一、南极磷虾资源开发工程发展现状　▶

与传统的海洋渔业资源的开发利用模式不同，现代南极磷虾开发产业是一种集传统捕捞与船载精深加工于一体的、南极磷虾油等高值产品拉动的技术门槛高、产业链条长、经济效益逐级大幅提升的新兴产业形态。

我国的南极磷虾资源开发工程经过 6 年的不懈努力和经验积累，已取得长足的进步。2014 年捕捞产量达到 5.4 万吨，跻身南极磷虾渔业国第二团队；去壳南极磷虾肉和自主生产的南极磷虾油新食品原料业已投放市场；从海上渔业捕捞与船载初步加工到陆基高值产品研发与生产的新资源开发利用产业链雏形已基本形成。然而与国际先进国家相比，我国南极磷虾资源开发工程技术水平明显落后，严重制约了我国南极磷虾开发这一新兴产业和极地渔业的发展。

（一）南极磷虾捕捞业实现零的突破，但发展规模小速度慢

我国的南极磷虾捕捞业始于 2009 年年末。2009/2010 渔季，我国有两

艘渔船开展了南极磷虾探捕性开发，捕获南极磷虾 1 946 吨，标志着我国对南极海洋生物资源的开发利用进入实质性运作阶段，实现了南极渔业零的突破。

如表 2-4-1 所示，6 年来，在各方的艰苦努力下，我国南极磷虾渔业取得长足的进步。单季渔船数量由两艘增加到 4~5 艘，磷虾捕捞年产量已达 5 万~6 万吨，渔船数量已达各国首位，捕捞产量已跻身第二团队；作业渔场由两个扩大到 3 个，作业时间由两个月延长至 9 个月，实现了主要渔场和作业季节的全覆盖；参与磷虾渔业的公司由开始的两家发展到目前的 4 家，且包括一家民营企业，为南极海洋生物资源开发注入新的动力。

表 2-4-1　近 5 年主要国家南极磷虾捕捞产量　　　　　　　　　吨

年份	挪威	韩国	日本	波兰	俄罗斯	中国	智利	乌克兰	总计
2010	119 401	45 647	29 919	6 994	8 065	1 946	0	0	211 984
2011	102 460	30 643	26 390	3 044	0	16 020	2 454	0	181 011
2012	102 800	27 100	16 258	0	0	4 265	10 662	0	161 085
2013	129 647	43 861	0	0	0	31 944	7 259	4 646	217 357
2014	165 899	55 406	0	0	0	54 303	9 278	8 929	293 814
2015	147 074	23 343	0	0	0	35 426	7 279	12 523	225 645
2016	160 941	23 071	0	0	0	65 018	3 708	7 412	260 150

然而与人口仅有 500 万的发达国家挪威相比，我国的南极磷虾渔业规模小、发展速度缓慢。挪威 2006 年正式进入南极磷虾渔业，第 3 年产量即达 6 万余吨、第 5 年（2010 年）则近 12 万吨（表 2-4-1）。而我国至第 7 年（2016 年）产量才达 6.5 万吨，仅为挪威同年产量的 40%，与我国的大国地位极不相称。

(二) 船载原料加工能力已基本具备，但产品质量亟待提高

南极磷虾的海上加工主要包括原虾冷冻、虾粉生产、脱壳取肉以及蛋白提取等。其中磷虾原料储备和精深加工的优良产品载体，是南极磷虾产业链最主要的中间产品。南极磷虾粉是以南极磷虾为原料，经脱水干燥制成的具有独特营养功能和质量属性的优质动物蛋白源和脂质提取原料。磷虾粉又包括直接用于养殖饲料的饲料级磷虾粉和用于提取磷虾油的食品级

磷虾粉，高质量的磷虾粉加工主要在大型南极磷虾捕捞加工船上直接加工而成。

近年我国投入南极磷虾渔业的渔船均先后配备了虾粉生产线，但除一艘从日本引进的二手渔船外，其他渔船的虾粉生产线基本使用的是国产鱼粉生产线，或对其略加改造；所产磷虾粉品质低且不够稳定，只能作为饲料级虾粉。

目前我国磷虾渔船中，只有引进的日本渔船具有生产小量脱壳南极磷虾肉的能力；国内研发的磷虾脱壳设备样机试验已取得成功，但尚需中试和放大生产的检验。

（三）高值产品研发已具备一定积累，但市场拓展显著滞后

由于南极磷虾处于低温、严酷的生活环境和独特的生活方式而使其具有产生新型生物活性物质的潜力巨大。南极磷虾富含虾青素、多不饱和脂肪酸、磷脂、高效低温活性酶等，在医药化工及功能食品方面具有巨大的开发利用前景。2011 年，科技部启动了 "863" 计划项目 "南极磷虾快速分离与深加工关键技术" 研究，国内科研单位和企业系统或依托本项目、或自主开展南极磷虾的加工利用研究，取得不俗的成绩。

目前国内从事南极磷虾油提取的企业至少已有 6 家，磷虾油也获批为新食品原料（卫生计生委 2013 年 第 16 号公告）。添加磷虾油的保健品和以磷虾油为主要原料的高值食品已逐步上市并进入盈利通道。以南极磷虾油为添加剂的多种风味食品业也已研发成功；南极磷虾油胶囊制备技术、南极磷虾蛋白活性肽和南极磷虾甲壳素提取技术方面都有相应的研发成果。但这些产品尚未形成规模化生产。另外，南极磷虾的大宗利用途径——南极磷虾养殖饲料的开发与生产体系尚未建立，包括冷冻磷虾和磷虾粉等原料在内的磷虾产品均存在不同程度的滞销现象，影响了整个产业的经济效益，相关产业体系和市场认可度亟待培育。

二、极地生物基因资源开发利用研究现状 ▶

随着微生物学研究的逐步深入，我国科学家对南极海洋微生物的科学意义和资源价值的认识越来越清晰。以 1984 年开启首次南极科学考察 30 余

年以来，我国在南极磷虾资源、鱼类基因组和微生物资源与技术领域开展了持续的研究工作，鱼类基因组及其进化、微生物多样性与新型酶和活性次级代谢产物研究等重要方面形成了众多新的认识，为我国极地生物基因资源的研究和开发利用奠定了重要的资源和技术基础。极地生物基因资源开发早，并已有一定量的技术和资源储备。但目前还主要在实验室阶段，市场化开发利用基本尚未实现。

（一）微生物资源保藏初具规模，统筹规划与管理有待完善

微生物资源的储备，为开展微生物基因资源和产物资源的研究及其利用提供了前期材料。我国从 1984 年开启首次南极科学考察 30 多年以来，至今已实施了 32 次南极科学考察和 6 次北极科学考察，在南极磷虾资源、鱼类基因组和微生物资源与技术领域开展了持续的研究工作，在鱼类基因组及其进化、微生物多样性与新型酶和活性次级代谢产物研究等重要领域形成了众多新的认识，为我国极地生物基因资源的研究和开发利用奠定了重要的资源和技术基础。

目前我国已保藏的极地微生物菌株资源以细菌为主，另有少量放线菌、酵母菌和真菌。据 2014 年不完全统计，我国拥有的 3 个主要微生物菌株保藏管理中心已标准化保藏极地微生物菌株 5 834 株（可能存在 2% 左右重复），其中细菌 5 549 株、真菌 235 株以及 50 株未鉴定菌株。此外，其他研究机构尚有 1 000 多株完成了标准化整理但未进入 3 个保藏管理中心，还有至少 5 000 株未整理的后台储备菌株。因此，我国极地微生物的保藏储备估计在 1 万株以上，已经鉴定并在国际刊物上报道了新属 5 个、新种 28 个，已申请专利保护的菌株共 7 株。极地微生物菌株保藏初具规模，相关开发利用研究也取得显著成果。

我国储备的极地藻种资源相对较少，其中以中国极地研究中心为主要的藻种保藏单位，共保藏了来自南北极的 200 株活体株系，已鉴定 100 株，其中 50 株完成了 SSU rRNA 及 ITS rRNA 测序，并对 50 株硅藻藻种进行了电镜观测。初步筛选得到 3 种含油量高的栅藻和 1 种小球藻。这 4 种藻的含油量均可达到自身干重的 35% 以上，个别含油量能达到 45% 以上，是耐低温产油藻株的潜力藻种。

但我国极地微生物基因资源的保藏尚缺少统一的协调与规划，目前尚

无专门保藏极地来源菌株的专业菌种保藏机构，相关资源散存于各类不同的菌种保藏机构和研究机构，且各机构的管理机制和条件不一，不利于资源的统筹规划与研究开发。

(二) 微生物研究技术取得突破，商业化开发利用未见报道

1. 极地微生物培养技术

相关研究仍主要采用诸如梯度稀释法进行平板分离培养等传统培养技术，或根据极地微生物的特点对传统方法采取诸如延长培养条件、采用梯度低温、添加电子供体/受体等制备改良培养基等改进措施，取得较好的效果。目前我国储备的极地来源菌株基本上依靠传统的培养方法获得。此外，一些新颖的高通量分离培养技术也在极地菌株纯培养中得到一定范围的应用。

2. 微生物多样性的非培养技术

在实验室条件下无法分离培养的极地微生物研究方面，主要采用非培养研究技术，如基于原核生物的 16S rRNA 或者真核生物的 18S rRNA 等保守基因，从环境中提取基因组后，针对这些标志性基因进行原位杂交或者 PCR 扩增并测序，获得群体中微生物种群结构等方面的信息。非培养技术经历了以早期的变性梯度凝胶电泳法（DGGE）为主的 DNA 指纹技术、荧光原位杂交技术（FISH）、PCR 结合第一代测序技术，发展到目前主流的第二代高通量测序研究方法。非培养技术的发展速度远远超过培养技术，取得的成果也较多。

2012 年以前，我国关于极地环境中微生物多样性的研究多数采用第一代测序技术，针对 16S rRNA 基因序列开展微生物多样性的研究。例如，针对北极白令海多个沉积物样品的研究发现有 19 个主要的细菌纲/门，其中变形菌占据最大比例；另对南极普利兹湾和北极白令海北部、王湾、楚科奇海、加拿大海盆等海域以及冰川微生物群落结构及多样性组成进行了研究，对了解南北极多种生境中微生物种类及其多样性提供了丰富的信息。

最近几年随着第二代测序技术的飞速发展以及测序成本的大幅度下降，基于 16S rRNA 基因进行高通量测序的研究方法得到越来越多的应用。例如，针对南极阿德雷湾和长城湾表层海水样品，通过 454 高通量测序 16S rRNA 基因，除常见优势种类外，还发现有 5.3% 的序列归属于未知种类。

3. 微生物基因组学与宏基因组学技术

随着高通量测序技术以及生物信息学分析技术的发展，极地微生物基因组学的研究报道逐渐增加。挖掘基因组信息是发现新基因、新功能潜力的有力手段。我国在极地微生物基因组学研究方面技术成熟，进展快速。例如，对南极细菌 *Psychrobacter* sp. G 进行基因组测序，分析揭示含 81 个与胁迫应答相关的基因，其中包括与低温适应性相关的冷激/热激蛋白编码基因；对北极海洋沉积物来源放线菌 *Streptomyces* sp. 604F 基因组的研究，发现该菌株具备合成多达 28 种不同的次级代谢产物基因簇，且蕴藏着多个未知的新基因簇和潜在的新天然产物。

宏基因组学是针对整个环境样品中 DNA 的总和开展研究，是研究微生物多样性、开发新的生理活性物质（或获得新基因）的新理念和新方法。例如，对南极中山站近岸沉积物样品的研究表明样品中蕴含丰富的次级代谢产物指示基因，并具备合成独特天然产物的潜力；对北冰洋深海沉积物样品的研究鉴定得到一种新的几丁质脱乙酰酶基因等，对获取新的基因和产物资源起到极大的促进作用。

4. 微生物酶学研究技术

酶作为一种生物催化剂，是非常具备应用潜力和研究价值的一类基因产物资源。在微生物酶学研究方面，大量低温酶、新型酶和酶基因不断被认识，使酶学研究成为极地微生物学研究中非常活跃的领域。酶学研究技术主要包括酶的筛选技术、基因工程技术、蛋白质工程技术和晶体衍射技术等。

在极地微生物酶的筛选方面，我国已经开展了大量工作，以平板筛选为主要研究技术。如从南北极海洋沉积物、海水及海冰样品中筛选获得脂肪酶、蛋白酶、淀粉酶、明胶酶、琼脂分解酶、壳多糖酶、纤维素酶等多种野生酶，并选择性开展了酶学性质研究，获得低温蛋白酶等资源以及低温几丁质酶、碱性低温脂肪酶等。

多数野生酶在性能、产量等方面均无法满足研究与应用的需求，通过对酶编码基因的克隆与异源表达，构建工程菌后，才能实现酶的大量生产与纯化，满足下游工艺与研究。例如，利用基因工程技术研究了南极冰藻 *Chlamydomonas* sp. ICE-L 不饱和脂肪酸合成途径中的 Δ9CiFAD，Δ12CiFAD，Δ6CiFAD，ω3CiFAD1 和 ω3CiFAD2 去饱和酶，阐明了不同温度和盐度条件下南极冰藻脂肪酸去饱和酶基因的表达及脂肪酸的积累之间的关联。从南极适冷菌 *Psychrobacter* sp. G 的基因组 DNA 质粒文库中，克隆到包含调控区在内的低温脂肪酶（*Lip*-1452 和 *Lip*-948）全长基因从北极来源的细菌 *Ruegeria lacuscaerulensis* ITI_1157 的基因组上克隆了 DMSP 裂解酶 DddQ 的基因，并对 DddQ 进行了异源表达纯化，浓缩后进行蛋白质结晶。这些研究表明，我国在极地微生物酶学研究中已经达到了国际先进水平。

5. 微生物次级代谢产物研究技术

极地微生物次级代谢产物的研究技术有经典药物化学的研究技术、现代分子合成生物学技术。我国研究者利用此类技术已发现了一批结构新颖且具有显著抗肿瘤、抗菌、抗虫害及抗病毒活性的次级代谢产物，从更大程度上挖掘并激活沉默基因簇，实现次级代谢产物产量的大幅度提高，可在天然产物研究中发挥更大的作用。

此外，合成生物学技术已成为研究次级代谢产物的新方法，并逐渐受到重视。该研究技术从基因信息出发，利用现代分子生物学技术将产生次级代谢产物的基因簇实现异源表达，获得对应的代谢产物。随着基因组学和分子生物学技术的发展，合成生物学研究技术能从更大程度上挖掘并激活沉默基因簇，实现产量的大幅度提高，因此该方法受到国际上的广泛关注，并将在天然产物研究中发挥更大的作用。我国在非极地来源的微生物次级代谢产物研究中开展了大量的合成生物学研究，但极地微生物次级代谢产物的生物合成或代谢工程研究则刚刚起步。

综上所述，我国的极地生物基因资源的开发利用在基础研究方面已取得若干突破，部分达到国际先进水平，但在商业化开发利用方面尚未见报道。从生物基因资源调查和勘探的主体和成果转换的角度来看，美国、日本、英国和新西兰等发达国家普遍以大公司为主导，而我国则恰恰相反，生物基因资源勘探活动以公益性科研机构为主导，公司等市场主体鲜有介入。

（三）南极鱼类低温适应机制以及基因组进化研究取得突破

我国在极地鱼类低温适应机制方面的研究虽然起步较晚，但已取得重要进展。如基于基因芯片的比较基因组杂交技术的应用已经初步揭示了南极鱼类适应寒冷的转录组和基因组进化的重要机制，已经发现南极鱼转录组水平上177个特有的蛋白基因表达量发生了上调，基因组水平上118个蛋白质编码基因拷贝数发生了不同程度的扩增，揭示了基因扩增是鱼类适应低温环境的关键进化机制。这些发现为后续鱼类低温适应的分子机制研究奠定了重要基础。南极鱼类在长期的进化过程中发生了一系列细胞、分子和基因组水平上的改变，以适应南大洋冰冷的环境。这些适应性变化包括现有基因的改造和新基因的获得，如酶的改造和抗冻糖蛋白的进化，以及一些必需基因功能的衰退甚至丢失，如热休克反应的丧失、鳄冰鱼科鱼类血红蛋白及肌红蛋白基因的丢失等。这些研究大大加深了人们对生物环境适应机制的认识。

另外，我国在南极鱼类的生态适应和基因组进化研究中也获得了重要进展，发现了若干重要的低温适应的南极鱼类调节、适应和基因进化等机制。如存在着特殊Ⅱ型铁调素（Hepcidin）、*ZP* 基因特异性的大规模扩增，使南极鱼类的卵壳蛋白足够致密，可有效抵抗冰晶的穿透而正常孵化、*LINE* 基因家族大规模扩增和增强表达以及Ⅲ型抗冻蛋白基因起源于唾液酸合成酶的分子过程和进化驱动力，第一次完整地验证了"避免适应冲突"可以是基因倍增和新功能产生的进化机制，并解释了基因组中现存基因之间的一种潜在的相互制约的关系，研究结果引起国际同行的重视。

三、极地鱼类资源开发工程与装备现代化现状　▶

（一）南极鱼类资源开发浅尝辄止，探查利用工程有待突破

我国虽对南极进行了30余年的科学考察，但在鱼类资源探查评估和与开发利用方面并没有取得较大的成果和实质性突破。目前南极渔业仅有刚刚起步的南极磷虾渔业。

南极可开展的渔业活动，除南极磷虾渔业外，还有南极犬齿鱼渔业和南极冰鱼渔业，它们都是高投入、高回报的渔业对象，具有很好的经济效

益。但我国从未涉足南极冰鱼渔业。虽于 2009 年和 2010 年对南极犬齿鱼开展了试探性的捕捞活动，但捕捞产量十分有限，仅几百千克，并未形成自己的渔业产业，但对南极渔业的资源状况和捕捞工程技术要求有了初步的认识，为我国下一步开展南极鱼类资源开发积累了经验。我国基本具备开展南极底层延绳钓渔业作业的技术条件，但南极渔业入渔条件和对生产要求管理严格，我国相关企业在捕捞装备工程和管理方面尚待加强。另外南极海洋面积巨大且环境恶劣，国际上即使渔业发达国家对南极鱼类资源的探查研究也非常有限。我国更是缺乏对南极鱼类资源的调查研究投入，渔业开发活动缺少必要的资源认知支撑。

（二）北极渔业曾断续存在，国家支持与区域合作亟待加强

我国北极渔业开发曾有历史存在。北极国家是中国水产品国际贸易的重要伙伴，同时，北极国家的水产品质量上乘，较受中国消费者的欢迎，对中国的水产品出口也在不断增加。中国国内水产品市场规模巨大，对北极国家的渔业企业具有较大的吸引力。中国渔船曾通过多种方式，与北极国家合作开展渔业活动。1985 年发展远洋渔业伊始，中国渔船曾在东白令海捕捞阿拉斯加狭鳕，后转入白令海公海，形成我国第一个真正意义上的大洋公海远洋渔业。1993 年因资源衰退等原因停止捕捞。2012 年上海开创远洋渔业公司（以下简称开创公司）的两艘渔船与格陵兰和法罗群岛合作在北大西洋一侧的北极海域进行渔业捕捞，2012 年的捕捞产量为 6 300 吨；2013 年合作继续，产量为 10 000 吨。相比水产品国际贸易而言，中国与北极国家在海洋渔业资源开发和捕捞生产方面的合作较少，而且与日本等远洋渔业发达国家相比，尚存在较大差距。极地过洋渔业涉及诸多国家法律法规政策，需要足够的国家行为支撑，开拓地区间合作。

（三）极地远洋渔业装备未成体系，关键技术缺乏研发能力

极地及远洋装备决定我国海洋渔业发展水平。掌握极地等深远海远洋渔业发展的关键装备和系统技术是支撑高效利用南极磷虾等极地深远海资源的基础。然而，包括南极磷虾在内的中国远洋渔业发展模式比较粗放，极地深远海渔业装备工程技术弱，高技术、高附加值的产品极少，无法有效支撑远洋渔业由近海向极地等深远海发展，综合竞争实力不强，后续发

展的动力不足。

我国极地和远洋装备受历史原因，20 世纪 80 年代停滞不前，直至随着南极磷虾的开发利用，于"十二五"期间才立项开始极地和远洋专业渔船装备的研发，还没有形成可推广应用的技术成果，在渔业资源探测技术研究系统，深远海渔业捕捞装备、船载加工装备、远海专业化渔船系统工程研究以及深远海渔业海上物流系统工程科技、极地海洋环境下的渔业装备特殊需求等都远远落后于发达国家。

我国渔业资源声学评估和极地遥感探测技术研究相对比较系统，但支撑中国极地等深远海渔业资源探测和资源评估的高端声学探测仪器全部依赖进口鱼探仪。中国极地遥感探测随着 20 世纪 80 年代南极科考的开展而逐步展开的。"十五"期间，在中国南极长城站建设了 GOES 卫星遥感地面接收站，实现了对南极大部分海域的遥感监测，为中国南大洋的智利竹荚鱼、西南大西洋阿根廷滑柔鱼资源开发提供了部分渔场环境监测信息。随着中国北极科学考察的开展，相关科研单位也利用雷达影像开展了北极海冰的监测，为科考船的航道选择等提供了依据。总体上，中国具备了自主对极地海洋环境和海洋气象的遥感监测能力，但极地生物资源的遥感探测应用还是处于初始起步阶段。

我国渔船捕捞装备的技术仍停留在 20 年前的水平，捕捞装备专业化、自动化水平低，因捕捞装备造成的安全事故也远远高于发达国家，整体技术水平差距明显，极地等深远海渔船捕捞装备技术研究更加滞后。我国于 2007 年打造的第一艘近海海上加工船——"渔加一号"中的加工关键技术与装备多从日本引进。目前，辽渔集团和上海水产集团有多艘远洋渔船具备捕捞和加工于一体的能力，但精深加工能力弱。中国磷虾捕捞生产渔船安装的国产虾粉生产线只是国产鱼粉加工设备，效能明显低于挪威和日本等国的技术水平。

中国以南极磷虾为重点的极地渔业资源开发的工程化研究"十二五"期间才刚起步，磷虾探测、捕捞与加工以及专业化的磷虾船的研究还不具有系统性，捕捞加工工艺与装备的研究脱节，针对极地海洋环境下的渔业资源高效开发与利用的装备工程，包括船载平台系统工程的研究还处于初级阶段，还没有形成系统成果。极地渔船专有的捕捞渔具与装备、探鱼仪、船载加工、生活保障以及海上补给系统有其特殊要求，特别是恶劣环境的适应性、渔具材料和探鱼仪等电子仪器低温环境适应性要求，捕捞装备材料抗低温性能要求，南极磷虾吸鱼泵深水环境作业的高效性，磷虾泵吸连续式捕捞加工自动化机电设备低温高湿环境下特殊要求，极地渔船船冰区航行的结构加强要求，极地渔船长期极地环境下作业的船员生活保障系统、海上补给系统以及补给和扒载系统的技术要求，南极和北极海洋环境保护对作业渔船防污染设备的技术要求等特殊需求的系统研究还未开展，需要在极地渔船船型开发时深入开展。

在中国水产品质量保证体系建设上经历了 3 个阶段：冷藏库阶段（20世纪 80 年代），以冷藏保鲜为主；冷藏链阶段（20 世纪末），冷库与冷藏车和恒温设备结合保鲜为主；冷链物流阶段（21 世纪初），是在前两个阶段基础上，建立信息网络管理的水产品物流系统。目前中国水产品冷链流通率达到 23%，水产品冷藏运输率达到 40%，水产品冷链物流的规模快速增长，水产品冷链物流基础设施逐步完善，水产品冷链物流技术逐步推广，实现了全程低温控制和信息化网络管理。

对于远离陆地的远洋捕捞船，海上、船上冷链物流体系比陆上水产品冷链物流的要求更高。南极磷虾是一种极易破碎和变质的海产品，冷链物流要求也就更高。由于南极磷虾捕捞船远离基地，海上风浪较大、海洋环境恶劣、船上空间狭小，因此，船上冷链物流控制难度较大，目前，中国的远洋渔船上的质量保证体系基本上还停留在冷藏库阶段，冷藏链有部分应用，但并不完善，冷链物流尚未形成。

第三章 世界极地海洋生物资源
开发工程发展现状与趋势

一、极地海洋生物资源开发工程发展现状与特点 ▶

（一）现代南极磷虾产业链已然形成

南极磷虾生长于极区特殊水域，资源极为丰富，具有巨大的医药保健和工业利用前景。当前在发达国家，已形成以绿色高效捕捞及高值精深加工技术为支撑，集磷虾捕捞业、磷虾食品加工业、磷虾粉与养殖饲料加工业、磷虾保健品与医药制造业为一体的、完整的南极磷虾资源开发利用技术与产业体系。虽然南极磷虾资源管理制度也越来越严格。但随着南极磷虾应用价值的广泛证明和南极磷虾高效绿色捕捞加工技术的发展，世界各国更加积极投入到南极磷虾开发之中，掀起了新一轮的商业模式的尝试，未来 10 年海洋捕捞渔业将出现"南极磷虾热"。

1. 绿色高效的南极磷虾捕捞业

国际上南极磷虾资源商业化开发始于 20 世纪 70 年代，1982 年产量达到最高，为 52.8 万吨，主要由苏联捕获。1991 年苏联解体后，南极磷虾渔业规模骤减至 10 万吨左右，主要由日本捕获。此间的磷虾渔获主要用作养殖饲料、游钓和水族饵料以及供人类食用的虾肉罐头和蒸煮后冷冻的磷虾等。

截至 2012 年 12 月底，参与南极磷虾捕捞或调查的国家共有 22 个，南极磷虾累计总产量为 762.6 万吨。其中前苏联累计产量为 413.1 万吨，占 54.17%，仍位居首位，日本累计产量为 175.57 万吨，占 23.01%，居次位。挪威主要采用吸鱼泵进行连续捕捞作业的方式，累计产量为 48.181 万吨，占 6.31%，居第三位。特别是，挪威南极磷虾捕捞产量 2007 年以来始终保持高位，占当年南极磷虾总产量的 50%~60%。

目前南极磷虾捕捞主要有 3 种代表性捕捞方式，一种为较传统的网板拖网捕捞方式，也是目前南极磷虾捕捞国家使用较普遍的方式，该作业方式必须通过起网、放网完成捕捞作业，效率低，劳动强度大；另一种为改进的传统网板拖网捕捞方式，该作业方式在起网过程中，只需将网囊起到船边，然后由船载吸鱼泵将渔获吸入船舱，进行加工处理。第三种即以挪威现在使用的，通过拖网网囊与吸鱼泵连接，由软管将南极磷虾输送到加工舱。该捕捞方式实现不起网连续捕捞，不仅捕捞效率高，同时，可保证南极磷虾质量，是目前最高效的南极磷虾捕捞方式。挪威已实现了南极磷虾从捕捞到最终产品销售一体化价值链。通过高效捕捞技术，降低了传统捕捞过程中磷虾死亡的问题，并在捕捞技术层面上保证磷虾原料用于多不饱和脂肪酸、海洋磷脂和抗氧化剂虾青素等提取的质量和活性。

2. 高值化、多元化南极磷虾保健食品与医药制品研发

进入 21 世纪后，国外对南极磷虾的深加工取得长足发展，使磷虾由初级的食用及养殖饲料原料进一步向高附加值产品转变，为南极磷虾产品在生物制药和保健品方面的快速发展提供了广阔的空间。南极磷虾保健食品与医药制品有磷虾油、南极磷虾肽、特殊组成磷虾肽、南极磷虾甲壳素。

目前已知的从事南极磷虾高值利用的国际公司至少有 5 家。南极磷虾粗脂肪含量为 0.5%~3.6%，主要集中在头部，远高于普通虾类。南极磷虾油中磷脂含量较高，而且富含 EPA 及 DHA 等多不饱和脂肪酸。2010 年，挪威主要南极磷虾产品生产企业 Aker Biomarine 公司宣布与台湾康普森公司合作在台湾和亚洲地区销售高级磷虾油产品。2011 年 9 月，加拿大海王星生物技术公司（Neptune Techonologies & Bioressources Inc）与中国上海"开创远洋渔业公司"签署备忘录，在中国合资组建一家南极磷虾加工销售合资公司，投资总额为 3 000 万美元，双方各拥有合资公司 50% 的股份。Neptune 是一家在加拿大创业板和美国纳斯达克上市的公司，主要从事磷虾油的科研开发、临床应用研究以及磷虾产品的生产加工，产品主要销售北美市场。公司计划采取新技术，扩展磷虾油在功能性食品市场的应用，在 2014 年将公司的磷虾油产能从目前的每年 130 吨提升至 500 吨。

南极磷虾蛋白为原料，提取开发具有特殊组成的磷虾肽是实现磷虾蛋

白高值化综合利用新型途径之一。南极磷虾活性蛋白肽的氨基酸组成符合 FAO/WHO 的要求，磷虾肽中富含多种独特的挥发性风味物质。南极磷虾肽具有良好的医学价值，已被证明具有多种体外活性，主要包括：体外抗氧化和降血压活性、抑菌活性、酶抑制剂作用等。磷虾肽还有特殊组成的多肽片段，可在保健食品及医药制品中得到广泛应用。加拿大 Neptune Technologies & Bioressources 公司生产有南极磷虾蛋白制剂（NKA™），其蛋白质含量大于 80%，含有的 20 种常见氨基酸，包括 8 种必需氨基酸和 17% 的支链氨基酸。该产品还含有蛋白酶、磷脂酶、脂酶等消化酶，以及具有调节激素和增强免疫功能的活性肽。

南极磷虾甲壳素壳聚糖被广泛用于制药，感光材料，食品添加剂，具有抗菌，抗肿瘤和提高植物防御能力等功效；在医药工业，可制成吸收性手术缝合线、创可贴、免疫促进剂。利用其物理机械性能，可制成膜状、胶状、粉状物和润滑剂、抗凝血剂、抗胆固醇剂、抗胃炎剂、酶固定化材料、隐形眼镜、透析膜、药物传送载体、人工肾、人工心脏瓣膜、黏膜止血剂和人造皮肤等众多用途产品。

国内也已积累了一些知识产权和专利成果，但成功实现商业化应用的仍较少见。

日本曾经将南极磷虾资源转化为人类消费品，并是产业化最好的国家。日本主要使用的南极磷虾分 4 种：鲜冻品（占总捕捞量的 34%）、熟冻品（占总捕捞量的 11%）、去壳的磷虾肉（占总捕捞量的 23%）和去壳磷虾肉糜（占总捕捞量的 32%）。目前日本不再生产罐装的南极磷虾的虾尾肉和去壳的冻虾尾肉，消费趋势逐渐趋向于将南极磷虾作为食品的添加剂。例如汤品中、米饭中和调味料中经常添加南极磷虾，使之更好地发挥鲜美和色彩的特点。

3. 南极磷虾粉加工和养殖饲料开发

南极磷虾粉和液态磷虾油是目前较为普遍的捕捞后的磷虾产品存在形式。所有南极磷虾捕捞国家中，挪威公司的生产技术最先进，磷虾原料的出粉率最高，单船产能也最大；日本和韩国南极磷虾粉的加工方法虽不是最先进的，但他们的运作模式更为经济，且不需要大量的投资。

从全世界南极磷虾粉加工发展历史看，最初以前苏联为代表的从事南极磷虾开发国家，主要加工作为饲料用的南极磷虾产品。随着南极磷虾捕捞加工技术的提高，用于磷虾油提取原料的高品质南极磷虾粉的生产加工所占比重迅速加大。挪威阿克尔公司是目前全球南极磷虾粉生产加工领先的企业，其南极磷虾粉的生产全部在船上加工。在船上同时生产提油虾粉和饲料虾粉，饲料虾粉添加抗氧化剂保存，高品质提油用虾粉采用冷冻保存，运回陆地生产加工南极磷虾油。

2011 年全球工业饲料产量为 8.73 亿吨，其中亚洲为 3.05 亿吨，欧洲为 2 亿吨，北美洲为 1.85 亿吨，拉丁美洲为 1.25 亿吨。水产养殖业特别是鲑鳟鱼类的养殖，需要耗费全球 88.5% 的鱼油和 68.2% 鱼粉。FAO 统计表明，2010 年养殖鲑鳟鱼类需要消耗 620 000 吨鱼油，随着需求的增加和价格上扬，鱼油将会成为"新的蓝色黄金"。南极磷虾以其高含量的蛋白质和必需氨基酸，污染物含量低于鱼油和鱼粉，成为水产饲料中鱼油替代品的饲料源。饲料级磷虾粉的产品附加值虽然较低，但是伴随着全世界水产养殖饲料的产量逐年上升，鱼粉鱼油的紧缺，饲料级磷虾粉的市场潜力很大。

4. 南极磷虾加工利用安全与质量控制技术体系

南极磷虾精深加工产品与营养及食品安全密切相关。目前美国、欧盟等国家均制定了大量与南极磷虾粉、南极磷虾油等产品相关的质量及安全标准。随着经济全球化步伐的加快，国际标准的地位和作用越来越重要，世界南极磷虾资源加工利用安全与质量控制技术体系研究发展也必然符合国际食品安全与质量控制技术要求，建立南极磷虾及其产品可追溯技术体系。

(二) 极地生物基因资源开发利用发展迅猛

1. 极地生物基因资源勘探日益增多

生物勘探相关行业包括生物技术、废弃物处理、农业、医药和化妆品等众多技术行业。所有这些行业都正在越来越多地使用生物技术来开发新产品。生物技术领域的持续增长和生物技术在其他相关行业的增长，促进了这些行业加强产品研发，探索新的遗传资源和生化过程的需求更加强烈。这种趋势的一个后果是，自然界的特有遗传资源和生化过程将最有可能获得更多的关注。换句话说，基于全球生物技术发展趋势，可以推定生物基因资源勘探很可能会增加。

2. 极地生物基因资源利用的研发发展迅猛

极地生物基因资源的开发利用主要集中在以下 5 个主要领域：①包括食品技术在内的工业工艺过程使用的酶；②生物修复和其他污染控制技术；③用于食品技术的抗冻蛋白；④膳食补充剂，特别侧重于多不饱和脂肪酸；⑤药品和其他医疗用途。

南极磷虾是南极海洋生物基因资源开发产生专利和商业应用最多的生物品种，其应用行业包括清洁剂、食品加工、化学处理、分子生物学、酶、水产养殖、药品、保健食品、膳食补充剂和皮肤护理产品。海绵动物和其他海洋无脊椎动物通常被用作有价值的活性化合物的生物来源对象，特别是用于药品开发。来自海水、海冰和深海软泥的海洋细菌展现了诱人的商业应用。鱼类（寒冷的海洋硬骨鱼）在南大洋中一直是一个抗冻蛋白专利的来源生物。化妆品和个人护理行业已经在使用南极海洋藻类和其他生物及其衍生产品。

（三）极地鱼类资源开发与装备现代化

1. 南极鱼类资源开发现状

南极渔业资源开发目前除了南极磷虾渔业之外，仅存在两种犬牙南极鱼及鳄头冰鱼渔业。

南极海洋生物资源养护委员会管辖水域内的犬牙南极鱼类的报告渔获量为 1.3 万吨。南极冰鱼主要栖息在陆架范围内，生产主要以网板底拖网为主，部分被其他作业方式兼捕。捕捞国家主要为澳大利亚、英国、韩国、乌克兰、智利和新西兰。主要捕捞品种为鳄头冰鱼（*Champsocephalus gunnari*），年产量在 1 000~4 000 吨范围内波动，年间波动较大。根据 CCAMLR 海洋生态系统管理的要求，2010 年始已在南极水域禁止底层拖网作业，仅保留部分调查船进行冰鱼资源调查研究，近几年报道捕捞产量有所下降。但依据其他作业方式仍然维持了一定的产量，且自 2008 年以来，产量持续低于捕捞限额，具有开发潜力。随着负责任捕捞技术的不断更新，生态友好型捕捞技术的广泛应用，南极冰鱼作为早期南极渔业主要开发的捕捞品种之一，其潜在的商业价值和市场潜力必将重新被大家认识和重视，开发前景十分看好。

南极海域还蕴藏着丰富的头足类资源，已知的重要种类涉及 12 科。据估算头足类的生物量为 3 400 万吨。目前南极头足类资源还没有商业化生产。

2. 世界北极渔业资源开发现状

北极地区渔业主要开发国家为环北极 8 国。这 8 个国家中，除了瑞典和芬兰外，都是全球重要的渔业国家，其中环北极海域的格陵兰和法罗群岛虽隶属于丹麦，但由于其特殊的地理位置和渔业特色，国际和地区渔业组织在进行统计时通常将这两个地区的渔业数据单独列出。瑞典和芬兰虽然都属于环北极国家，其很大一部分领土在北极圈内，但是在北极地区都没有通往北冰洋的出海口。瑞典和芬兰在渔业方面有许多相同之处，两国的渔业基本上局限于波罗的海海域，海洋捕捞产量约占国内渔业总产量的 90% 以上，渔业品种和渔场条件也大致相同，与其他环北极国家相比渔业产量较低，2010 年瑞典的渔业总产量为 22 万吨，芬兰为 17 万吨。

北极地区国家对渔业捕捞的管理：北极及其附近海域的渔业资源大多由周边国家以及区域性渔业管理组织进行管理，欧盟成员国内部实行统一的"共同渔业政策"，北欧地区的非欧盟国家，则通过北大西洋渔业管理组织以及每年召开的欧洲渔业部长理事会与欧盟一起协调本地区的渔业管理事宜。

气候变化对北极地区渔业的影响：相关研究表明，在全球气候变暖的背景下，北冰洋海洋生态系统正在发生结构性的变化，部分渔业资源可能崩溃，海洋渔业资源分布的模式已经发生了一定程度的改变。全球气候变化对海洋生物和渔业的影响是全球科研工作者近年来一直在研究和关注的重要课题。

3. 极地与远洋装备工程发展现状

欧美、日本、韩国等渔业强国为了提高深远海渔业的竞争力，在加强南极磷虾等极地深远海渔业资源探测调查和开发利用的同时，积极推动船舶工业技术、信息技术、新材料、新工艺和渔业声学探测数字化技术在深远海作业渔船上的应用，利用电子信息技术的发展契机，其海洋渔业装备工程技术基本实现了与船舶工业的同步发展，以大型化远洋渔船为平台的鱼群探测与捕捞装备技术呈现自动化、信息化、数字化和专业化的特点，产品配套齐全，系统配套完善。面向深远海渔业资源开发，渔船装备工程技术水平不断得到提高，开发能力不断增强。苏联是南极磷虾的捕捞强国，随着苏联解体，世界磷虾产量下滑，但挪威、中国、智利等新兴渔业国家的加入，磷虾捕捞产量逐年得到恢复。目前，挪威是磷虾开发利用最成功的国家，装备先进，专业化和自动化水平最高，船载磷虾精深加工提升了磷虾附加值，竞争优势明显。

二、极地海洋生物资源开发工程发展趋势　▶

（一）南极磷虾产业规模化开发

2006 年，挪威在充分的研发准备之后，利用巨资打造的 5 000~9 000 吨级专业捕捞加工船、辅之以颠覆性的水下连续泵吸专利捕捞技术和船上虾粉、水解蛋白粉、虾油提取等精深加工技术进入南极磷虾渔业，打造出由高效捕捞技术支撑、高附加值产品拉动、集捕捞与船上精深加工于一体的新型磷虾渔业。磷虾产品已涵盖养殖饲料、人类食用和高值磷虾油胶囊等保健系列产品。完整的新型磷虾产业链已现雏形。南极磷虾渔业已进入一个全新的发展期和资源竞争期。

1. 南极磷虾捕捞技术发展趋势

为适应 CCAMLR 对南极磷虾捕捞业技术的绿色环保要求，南极磷虾捕捞技术未来的发展应①在整个渔业生态生产管理的可控性；②能胜任全天候生产作业；③质量控制捕捞产品。这就要求南极磷虾捕捞技术现代化。

2. 南极磷虾保健食品与医药制品开发发展趋势

南极磷虾保健食品和医药制品研究是南极磷虾开发利用的热点和最终目标，该领域开发主要发展方向在于开发有针对性的具有不同生理功能的磷虾油产品，以及南极磷虾活性蛋白肽等几个方面，开发高值化的南极磷虾保健食品和医药制品，提高南极磷虾产业整体效益。包括①南极磷虾油开发相关的产品多元化和相应的评价体系；②南极磷虾活性、功能性蛋白肽开发以及高效脱氟和脱盐技术的研制；③南极磷虾甲壳素的化学或生物活性性能开发。

3. 南极磷虾粉加工工程发展趋势

就目前世界南极磷虾产业开发的发展趋势来看，南极磷虾油等高端保健品及医药产品是南极磷虾开发的高端目标产品，而高品质南极磷虾粉作为各种高端产品的主要原料，其加工工程的重要性是不言而喻的。南极磷虾粉加工工程正朝着高效率、高品质、无害化、高出粉率方向发展。针对不同用途的磷虾粉加工中抗氧化剂的种类及用量选择，氟、砷等有害元素的脱除等加工工艺的完善，都是南极磷虾粉加工工程未来需要重点解决的问题。同时由于海上生产时间周期较长，在磷虾粉的包装、仓储、运输过程中如何采用更有效的技术手段，确保南极磷虾粉保持高质量品质，也需要在未来进一步改善优化。

4. 南极磷虾饲料加工工程发展趋势

主要在以下几个方面有较广阔的发展前景：①作为无鱼粉配方中的调味剂；植物浓缩蛋白的种类和数量在水产饲料中的应用明显增加，因为鱼粉减少造成适口性差，而磷虾粉、水解物以及水溶性部分含有游离氨基酸、多肽以及和矿物元素等诱食物质，使得磷虾开始成为无鱼粉饲料中的调味剂。②仔稚鱼饲料中的脂质来源。与大豆磷脂相比，在仔稚鱼饲料中添加磷虾油，可以促进仔鱼生长、骨骼发育，提高肝脏对脂质的利用率，以及减少肠细胞受损的几率，从而对改善鱼类的健康有潜在的影响。尽管磷虾油需要提纯，成本较高，但在开口饲料中使用性价比较好。③免疫增强剂，磷虾中含有高含量的海洋磷脂，$\omega-3$ 系列多不饱和脂肪酸中的 EPA 能够提高水生动物耐盐性能。研究发现将大西洋鲑鱼转入高盐度的海水中，其鳃上细胞膜中的必需脂肪酸含量明显上升，可在疾病暴发或病害威胁、药饵、温度或其他环境因素变化和其他应激时使用。④亲鱼饲料，具备含有抗炎症性能的海洋磷脂以及虾青素，南极磷虾成为亲体原料中理想的选择。虾青素在亲体成熟过程中至关重要，能够影响卵巢和胚胎的发育。

5. 南极磷虾在食品及调味品中的应用

在开发南极磷虾蛋白食品的过程中，利用生物技术脱除南极磷虾蛋白中的氟，使产品的氟含量在人类食用的安全范围之内，从而开发生产食用安全、风味独特、营养丰富的磷虾产品是未来南极磷虾食品开发的方向。此外，南极磷虾的营养及功能性的优势，可在南极磷虾在高端调味品中加以应用。

（二）极地生物基因资源开发利用

1. 生物技术的发展推升了极地生物基因资源勘探能力

生物勘探相关行业包括生物技术、废弃物处理、农业、医药和化妆品等众多技术行业。所有这些行业都正在越来越多地使用生物技术来开发新产品。生物技术领域的持续增长和生物技术在其他相关行业的增长，促进了这些行业加强产品研发，探索新的遗传资源和生化过程的需求更加强烈。自然界的特有遗传资源和生化过程将最有可能获得更多的关注。

2. 极地生物基因资源利用的研发发展迅猛

未来，极地生物基因资源的开发利用主要集中在以下 5 个主要领域：①包括食品技术在内的工业工艺过程使用的酶；②生物修复和其他污染控制技术；③用于食品技术的抗冻蛋白；④膳食补充剂，特别侧重于多不饱和脂肪酸（多不饱和脂肪酸）；⑤药品和其他医疗用途。

（三）极地渔业开发与装备现代化

1. 北极渔业发展趋势

对未来北极地区渔业产生影响的主要因素有渔业管理、地区经济状况和气候变化等多个方面。北大西洋地区是全球渔业管理最完善的地区之一。同时，由于地理、历史和气候变化等原因又是渔业纷争较为激烈的地区之一。

1）狭鳕渔业发展趋势

除前述白令海公海狭鳕渔场之外，在东白令海、西白令海、阿拉斯加湾、鄂霍次克海等海区，都有成规模的狭鳕渔业。

在东白令海早在 20 世纪 50 年代已经有狭鳕渔业存在。1988 年之后，仅有美国进行狭鳕开发，产量稳定在 148 万吨左右，2009 年后，计划缩减至 100 万吨以下，但这仍然是美国最大的渔业。

阿拉斯加湾狭鳕渔业在 1980 年以前主要为美国以外的国家开发，产量维持在低水平。1980 年后，美国国内在该水域的渔业产量急剧上升，到 1988 年，仅有美国自己对该资源进行开发。目前该渔业已经完全成为美国近岸渔业。

在西白令海和鄂霍次克海，狭鳕多由俄罗斯开发，近年来，随着气候变暖，这部分狭鳕资源有所上升。

2）北大西洋渔业发展趋势

20 世纪六七十年代，冰岛与英国为了争夺本地区的鳕鱼资源曾爆发了持续 20 年的"鳕鱼战争"。进入 21 世纪以来，由于全球气候变暖，鲭鱼渔场开始北移，大量鱼群进入冰岛和法罗群岛的专属经济区及其附近海域，北极圈附近国家的渔民将此视为"从天而降的鱼肉馅饼"，并争先参与捕捞。冰岛和法罗群岛据此要求增加捕捞配额，但这些要求遭到挪威和一些欧盟成员国的反对，从 2009 年开始，冰岛和法罗群岛开始自行确定鲭鱼捕捞配额，大幅度提高捕捞产量，从而招致一些欧盟成员国和挪威的强烈不满，持续多年的"鲭鱼配额之争"愈演愈烈，欧洲人称其为"鲭鱼战争"。

全球和区域经济状况也是影响本地区渔业的重要原因之一。仍以冰岛为例，冰岛是北欧重要的渔业国家，"二战"后的几十年里，冰岛的经济曾经极度依赖渔业。进入 21 世纪，冰岛因国内金融业的快速发展而富甲一方，国内民众逐步放弃了对渔业的重视，渔业产量由 20 世纪末的 200 多万吨降至 2010 年的 106 万吨，2008 年全球金融危机导致冰岛"国家破产"后，国民开始重新重视渔业，与周边国家的渔业纷争也开始增多。

尽管北大西洋和北极地区的海洋捕捞业存在着捕捞能力过剩、渔业补贴过高等许多问题，但是与其他地区相比，总体而言，处于健康稳步发展的状态。

2. 极地与远洋装备发展趋势

1）极地等深远海渔业资源探测技术

世界渔业强国高度重视南极磷虾等深远海渔业资源的探测与调查，依托安装于科学考察船的数字化渔业声学科学仪器，未来将整合卫星遥感技术、船载高分辨海鸟雷达、数字化电子扫描声呐、双频与高频磷虾探测仪助渔仪器探测等技术，建立三维一体的极地深远海渔业资源探测方法。通过开展卫星遥感渔业信息技术研究，建立了海洋渔业分布式管理系统、地理信息系统和决策支持系统，以及主要经济鱼类作业渔场的鱼群预报、资源评估和渔业生态动力学数学模型的信息系统。

2）极地等深远海渔业捕捞装备

在经济和环保双重压力下，日本、挪威、西班牙、荷兰和美国等发达国家均开展了海洋深远海渔船装备节能减排技术的系统研究，欧盟也启动了渔业节能项目 ESIF（Energy Saving in Fisheries），提升渔船装备与信息技术，系统开展综合研究，实现渔船与船舶工业的同步发展。

渔船捕捞装备专业化、自动化方向发展是必然趋势。捕捞装备专业化和自动化是提高渔业捕捞效率、效益和加强选择性捕捞以及科技以人为本的技术保障，针对各类捕捞对象，应研发专业化的捕捞装备，并集成现代工业自动化控制技术，使大型变水层拖网、磷虾捕捞、大型围网和金枪鱼围网、延绳钓和鱿鱼钓、秋刀鱼舷提网等主要捕捞作业方式实现专业化和自动化高效捕捞。世界渔船捕捞机械经历了机械传动、低压液压传动、中高压液压传动、直流电力传动的发展过程，随着交流变频电力传动与控制技术的发展，渔船捕捞设备开始探索应用全电力驱动技术，以解决液压传动效率低、管路复杂和油液污染的问题，交流变频电力传动与自动控制技术是远洋渔船捕捞设备实现节能环保运行的重要方向。

3）极地等深远海渔船船载加工装备

极地等深远海渔船船载加工装备向着专业化精深加工、工业化自动流水作业的方向发展。船载加工技术与装备方面，日本比较成功，早在20世纪七八十年代就开始了鳕鱼和鲭鱼加工技术，后来又研发了鳀鱼、毛虾等小型水产品的船上低温干燥和鲭鱼罐头加工，在南极磷虾船上加工方面，70年代初就研制成功了南极磷虾捕捞加工船，船上配备南极磷虾冷冻原虾、熟虾、整形虾肉、饲料级虾粉和食品级虾粉等多套加工生产设备；日本和波兰在船上用滚桶脱壳法对南极磷虾脱壳，效率较高，1小时能加工500千克虾，日本渔船生产南极磷虾虾仁的同时，废料生产饵料，并在废水中回收蛋白质；德国渔船通过嚼碎、脱壳、离心、压榨、速冻、包装冷藏得到南极磷虾虾肉糜。随着南极磷虾开发的不断深入，开发生物药品、保健品等具有高附加值的产品已经成为了南极磷虾加工的发展趋势，未来船载加工装备也将朝虾油提取和精制方向发展。随着挪威作为磷虾产业新型国家是目前捕捞加工效率、效益最好的国家，配置了专业化精深加工成套装备，完全实现了工业化自动流水线作业生产加工方式，利用高效吸鱼泵实现连续式捕捞，磷虾吸捕上船后进入冷海水保鲜舱进行快速预冷或及时处理加工磷虾，以保持磷虾品质。预冷的虾品一部分做成冻品冷藏处理，大部分进入加工线进行虾粉和虾油的深加工，甚至直接制成磷虾颗粒精饲料。其高效自动化船载捕捞加工装备提高了挪威磷虾捕捞船的处理能力和虾品附加值，挪威新型磷虾船日捕捞加工处理能力超过700吨，竞争优势明显。

4）极地等深远海渔业专业化渔船系统工程

利用数字化设计建造技术研发出适应能力强、高效、生态、节能、环保型专业化深远海作业渔船。低温及冰区环境适应要求更强，对船体稳性、适航性、结构强度、装载量及精深加工能力和保障系统都有较高的要求。基于远洋渔业向深远海的发展以及提升各自竞争力的需要，世界渔业发达国家日本、韩国、欧美（挪威、冰岛、西班牙、丹麦、德国、美国等）等国的科研机构与专业化公司合作，利用电子信息技术的发展契机，促进远洋渔船与船舶工业的同步发展，利用数字化设计建造技术研发了高效、生态、节能环保型专业化渔船。利用计算流体动力学CFD和船模比较试验EFD进行船型快速性预报和降阻节能优化、操纵性与耐波性分析；利用NAPA等船舶专业化软件进行船型三维建模，开展总体性能分析以及舱室和作业甲板的合理化布局，在提高渔船安全性的同时，提高渔船适居性和适航性，更好地适应极地恶劣环境生产作业的需要；利用Ansys建立全船结构优化设计模型，控制全船空船重量，特别是上层建筑的重量；综合南极等极地恶劣海洋环境，以系统协同方法进行专业化远洋渔船船型开发和系统装备集成。发达国家深远海渔船超大型化、专业化和降阻节能方向发展，挪威南极磷虾船最具专业化、自动化和大型化的特点。挪威建造磷虾船型是目前世界上专业化程度最高、技术最先进的大型磷虾捕捞加工船，利用变水层臂架式拖网技术，采用了边拖网作业边泵吸磷虾的连续式捕捞生产方式，配置高效捕捞和精深加工设备，全系统设备自动化运行集中监控，起放网实现电液自动化控制，在拖网过程中也实现了曳纲张力平衡网形优化控制，同时结合助渔仪器探测信号实现精准捕捞作业的自动水深调整，捕捞效率较高。

5）极地等深远海渔业海上物流系统

极地等深远海渔业海上物流系统向着冷链物流系统设施化、管理标准化、监控信息化方向发展。国外冷链技术的发展相当成熟，在冷藏品运输过程中大多采用了自动温度检测设备以及自动温控设备，利用信息化技术和网络通信技术实时的监督冷藏箱内的温度变化从而保证储藏、运输的物品不会发生质变。国外发达国家水产品冷链物流体系形成了以下特点：①日本提出水产基本计划，规划未来10年的水产业发展，在联合的高度化、阶段化、多样化中为国民提供新鲜和充足的水产品。推进产地批发市场（配送中心）的整合和电子商务营销模式，即水产品物流系统信息化。②以HACCP为抓手，完善水产品冷链物流体系，强化水产品卫生和质量管理体制。美国的水产品HACCP法规是较完整的对水产品进口要求的规范性文件，对HACCP规定8项关键的卫生条件和操作要求必须予以监控，即水产品物流系统标准化和规范化。③水产品加工、交易冷链物流系统设施化。加拿大、欧盟、美国和日本在冷链物流的标准中，突出了集厂房、加工、储存与处理、产品转运、包装及运输和废弃物回收等严格的要求，全过程设施化高效运行、基于传感器检测的全过程质量监控，运输环节卫星定位系统和水产品冷连物流信息网络监控系统。通过水产品物流系统各环节设施化运行，减少人为操作和人与水产品的直接接触，以保障水产品的安全和提高水产品附加值。

管理标准化以及监控信息化是发达国家水产品高品质要求的技术保障。

6）极地海洋环境下的渔业装备特殊需求

开展极地海洋环境下船舶安全航行系统技术研究，研发极地低温环境下渔船水气排放物高效处理技术和装备，制定有关极地航行和作业船舶的设计建造标准和规范。由于极地低温，从磷虾甲板捕捞机械、应急设备到海水吸入口的许多船舶组件船体、推进系统和附属设施都应有低温适应性；另外，为尽可能保护极地海洋脆弱生态环境，IMO正在推进国际极地航行安全规则草案（Polar Code），该草案涵盖了在两极地区恶劣海况中航行船舶相关的设计、建造、设备、操纵、培训、搜救和环保等各方面内容；2009年IMO大会通过的极地水域船舶航行导则（A.1024（26）号决议），该导则旨在提出一些SOLAS公约和MARPOL公约目前没有涉及但十分必要的规定，充分考虑极地水域的气候条件并满足海上安全和污染防治的相关标准。为保护南极地区免遭重油污染，2010 年海环会第 60 次会议通过了一项新的 MARPOL 规则。围绕极地船舶国际公约，除国际组织外，挪威、芬兰、澳大利亚、俄罗斯、美国等国家开展极地海洋环境下船舶安全航行系统技术研究，形成了极地破冰抗冰结构设计和不同作业工况冰区结构加强原则、关键系统装备低温环境适用性、耐低温材料应用以及甲板结冰稳性校核方法等成果，制定了有关极地航行和作业船舶的设计建造标准和规范。国际极地环境保护公约组织严格限制船舶上油、气、水及鱼品废弃物的排放。

挪威 Skipsteknisk AS 和 Rolls-Royce 公司、冰岛 Skipasyn 和 NAVIS 设计公司、西班牙 SENER 公司、美国 Guido Perla & Associates Inc（GPA）公司、日本三菱公司和水产工学研究所等企业与科研机构对极地渔船设计分别进行了国际公约和作业工况环境适应性研究，研究建立了南极磷虾船冰区结构加强设计原则和分析方法、推进系统和动力匹配选型原则、关键系统设备低温耐寒保护措施、续航力和自持力以及吨位与主尺度的经济与技术论证方法，已具备不同冰区等级极地航行渔船的设计能力和极地渔船节能船型开发能力。磷虾捕捞产量大，要求加工处理能力强，加工带来大量污染的水和气，相关国家研究开发了极地低温环境下渔船水气排放物高效处理技术和装备，满足 MARPOL 针对极地的最新规则。

三、国外的经验与教训：典型案例分析　▶

为了抢占南极磷虾资源以及对南极磷虾产业发展前景的看好，各国政府纷纷对南极磷虾产业进行财政补贴。除此之外，不少企业在政府补贴的基础上又出巨资开发南极磷虾产品，但大部分企业自身仍然无法实现盈利，甚至因出现巨额亏损而退出，但也有企业成功地实现了盈利。通过总结南极磷虾产业开发过程中的经典案例，可以使我们从失败案例中吸取教训，少走弯路，从成功的案例中获取有益的经验，加速我国南极磷虾战略资源开发进程。

（一）挪威 Krill Sea 公司

Krill Sea 公司虽然建造了专业的磷虾船并提取出了虾油，但由于船上系统调试时间过长，无法达到年生产 2 万吨虾粉的目标（生产 1 万吨虾粉即可收支持平），并且由于虾油产品需要 1 年至 2 年的市场准入时间而无法及时实现销售。2008 年金融危机时，主要股东由于在其他行业亏损严重，不得已变卖船只，退出市场。

（二）日本日水公司

日水公司的南极磷虾渔业曾代表了世界最先进的水平。然而随着挪威阿克公司进入南极磷虾渔业，其技术水平与挪威阿克公司相比则存在较大差距。若要继续进行磷虾产业则需巨资投入到改造船上设备及产品研发上，因此最终决定将南极磷虾捕捞船转卖，退出市场。

（三）挪威阿克公司

阿克公司是挪威主要磷虾产品生产企业，虽然参与南极磷虾捕捞起步较晚，但与其他国家相比发展迅猛，该公司投入大量资金，几乎参与了南极磷虾的捕捞、加工、新产品开发、市场开拓、科学研究、实用技术开发和设备制造等各个环节。该公司主要产品为南极磷虾油和饲料级南极磷虾粉，该公司与挪威国内以及欧洲多家大学和科研机构合作开展相关的科学研究，不断完善捕捞、加工方面的技术和工艺。2005 年，该公司开始进行南极磷虾的捕捞，开发做南极磷虾粉。因为，与冻虾相比，虾粉可以节省运费，同时又能保持磷虾的营养。由于南极磷虾粉具有强烈诱食性的特点，其作为饲料的价格约为 1.2 万元/吨，是普通饲料价格（6 000 元/吨）的 2 倍。因此，年产磷虾粉约 1 万吨，满负荷运作，就可抵消成本压力，实现盈利。2008 年以来，该公司在高品质南极磷虾粉和南极磷虾油等高附加值产品开发技术上取得成功，开启了南极磷虾商业开发的盈利时代，是迄今全世界南极磷虾产业开发的标志性企业。

（四）加拿大海王星公司

海王星生物技术公司（Neptune Technology & Bioresource Inc）是一家在加拿大创业板和美国纳斯达克上市的公司，主要从事磷虾油的科研开发、临床应用研究以及磷虾产品的生产加工，产品主要销售北美市场。

2008 年，海王星生物技术公司将品牌为 NKO 的 Omega-3 磷虾油产品在 24 个欧洲国家申请了专利。2008 年上半年磷虾油通过美国 FDA 审批，获得了安全成分认证，因此可在美国市场销售。海王星生物技术公司宣布，受磷虾油需求增长的推动，截至2012年2月29日的3个月中，公司营养制品部门的销售增长了31%达到536万美元，净利润达到138万美元，比上一年同期有大幅增加。上一年度同期，公司营养制品部门亏损98.5万美元。全年，公司营养制品部门的收益增长了15%达到1 911万美元，净收入从上一年的101万美元猛增至238万美元。对于未来的发展，海王星生物技术公司表示将采取新的技术，扩展磷虾油在功能性食品市场的应用。

通过以上案例分析不难发现，成功企业均是资金雄厚，在研发上较大投入，开发出先进的高附加值产品技术领先企业。同时企业注重市场运作，产品开发研究符合市场需求，产品适销对路，被消费者普遍接受，企业在南极磷虾商业开发中能够真正实现盈利，从而形成可以持续发展壮大的运营模式。

第四章 我国极地海洋生物资源开发工程面临的主要问题

一、南极磷虾产业关键装备技术落后，制约深度开发 ▶

然而我国的南极磷虾开发利用起步晚、底子薄，无论是船载捕捞加工技术装备还是陆基产品研发与市场开拓与挪威等先进国家相比仍有很大差距。以捕捞产量最高的 2014 年计算，我国 4 船产量之和为 5.4 万吨，仅为挪威 3 船 16.6 万吨年产量的约 1/3；产品方面，除产量规模较小的去壳虾肉外，其他产品库存积压严重。渔业规模和市场形成均发展缓慢，产业的维持困难重重。我国磷虾产业发展面临的问题涉及多个层面，以下仅就制约渔业生产的主要问题分析如下。

南极磷虾产业规模化发展在渔具渔法、深加工和市场推广、质量标准等方面存在着技术"瓶颈"。

我国南极磷虾的渔具渔法尚不成熟，船舶多种作业方式兼容性差。现有的南极磷虾拖网船多为非南极磷虾专业船，主捕品种为大型鱼类如竹荚鱼、鳕鱼和鱿鱼等，以传统作业拖网为主。其网具在南极磷虾资源捕捞时，阻力大，扩张性能差，捕捞效率低、燃油消耗大。而且，已有用于秋刀鱼舷提和灯光围网渔捞泵吸技术很难适应南极磷虾的泵吸要求，优化和改进预计超过 4 000 万欧元。

现有船载冷藏、加工能力不能满足磷虾开发和高值化利用的品质要求。我国南极磷虾正常生产日捕捞南极磷虾产量可达 200~300 吨，平均网次产量可达到 10 吨/时，但大多渔船的船载冻结能力仅为 5 吨/时，日最大加工能力仅为 120 吨，低于南极磷虾捕捞作业盈利的基本平衡点（150~170 吨/天），从而影响南极磷虾渔船的作业生产效益，制约南极磷虾捕捞能力的进一步扩大。此外，我国除辽渔公司引进日本的南极磷虾捕捞加工船可生产用于南极磷虾油提取的高品质磷虾粉，其他渔船的磷虾粉加工工艺与装备主要技术指标仍有一定差距，只能生产饲料用磷虾粉，限制了南极磷虾高值化利用和深度开发。

生产工艺及安全性指标制约我国南极磷虾大宗应用。尽管南极磷虾资源丰富，但由于生产成本和技术原因，其蛋白制品尚未实现大规模的商业化。再有基础营养学研究滞后，饲料和食品配方未精准设计。南极磷虾高比例替代鱼粉鱼油的关键科学问题和技术问题（如氟的毒副作用形式和作用机制）尚未解决。南极磷虾产品的质量标准化建设较为落后，缺乏实用性好、操作性强的产品标准及生产操作规范。中国现有保健品标准要求不适合南极磷虾产品的特性，如总砷含量的限定，美国和欧盟海产品只对无机砷含量进行限定，欧盟限定无机砷小于 0.1×10^{-6} 只需向 FDA 证明安全性即可。而中国保健品标准限定总砷含量须在 1×10^{-6} 以下，严苛的限制标准使得南极磷虾油只能向美国、欧盟、日本等海外国家出口，而无法进入中国本土市场。在海洋食品追溯体系建设和研究方面，北美和欧洲国家已建立水产品可追溯技术体系和产品召回程序法规。我国虽已开始对食品可追溯性工作进行管理，且在出口肉类、水产品中逐步实施食品可追溯体制，但与其他国家相比，应用于南极磷虾的生产记录不够详细，食品可追溯能力不强，信息采集范围和方法尚不统一。

二、极地生物基因资源研发程度不均，开发利用有待突破

我国极地生物基因资源利用领域已经在菌株资源储备、分类与新种属发现、酶学研究等方面接近国际发展水平，但极地生物基因资源开发不均匀、研发应用不够深入。我国目前储备的菌株资源多数来自常见的海洋沉积物、海水、海冰、土壤等。受采集技术所限，极地海洋中低温、深海深部、寡营养生境、高硫环境等具有极端生境意义的特殊样品很少。储备的微生物资源以细菌占最大比例，真菌和藻类较少，多样性水平较低。我国基于极地生物基因资源开展的酶制剂、药物先导物、基因工程药物、生物农药、功能蛋白和功能材料等产物资源的研发能力与国际先进水平至少存在 10 年以上的差距。国外相关专利主要涉及微生物、酶、糖类、核苷酸、肽、杂环化合物等，用于医用或化妆品、烹调或营养品、化合物或药物制

剂、动物饲料等。

管理协调机制尚未健全，极地立法与政策导向有待改进。我国极地考察活动与生物基因资源管理模式采取政府协调和研究机构主导的模式。极地微生物和基因资源整理和保藏缺乏统一协调机制，专业保藏机构比较分散，分散在多个独立的菌株保藏中心或研究机构，无统一规范的共享服务，不同保藏机构之间没有协调链接，部分菌株重复保藏，管理资源的合理配置和利用有待进一步优化。我国目前在极地生物基因资源及其勘探活动方面的立法和政策还比较单薄，尚未形成自己的法律体系和政策导向以及长期规划。而其他极地考察国家已通过立法和行政法规体现各自的政策导向，参与极地特殊区域的动植物资源的配置和管理。

三、鱼类资源探查研究不足，国际合作机制亟待建立 ▶

我国对北极渔业资源的开发利用重视不够，缺少长期应对的政策和战略规划，基础研究滞后。北极周边的发达国家渔业管理严格，且有强烈的排他性。国内虽有对其法律法规的学术研究，但缺乏国家层面的政策导向和支持。近几年仅有个别民营企业通过间接合作参与非常有限的北极海洋渔业资源探查，投入少、合作不稳定，不具有可持续性。国有企业虽资金较为雄厚，但受限于北极国家涉外渔业合作方面的政策法规，难以参与和适时应对北极渔业资源的国际合作探查研究。极地渔业资源的开发是一项综合性工程，它不仅需要现代先进的极地专业渔业捕捞加工设备和工艺，还需要掌握极地渔业资源状况，跟踪极地海洋渔业管理法律和法规，制定切实可行的应对策略。

四、渔船装备技术基础薄弱，新技术研发需重大突破 ▶

在经济和环保双重压力下，高效绿色环保型的深远海渔船已成为未来渔船发展趋势。日本、挪威、西班牙、荷兰和美国等发达国家均开展了海洋深远海渔船装备节能减排技术的系统研究，欧盟也启动了渔业节能项目ESIF（Energy Saving in Fisheries），提升渔船装备与信息技术，系统开展综合研究，实现渔船与船舶工业的同步发展。

　　中国远洋渔船工业技术较发达国家落后 20 年，渔船船型与装备研发设计能力停滞，缺乏现代船舶的科学分析方法和设计标准与规范，船型设备已无法适应未来海洋捕捞节能减排、远洋渔业高效利用资源的要求。支撑我国的南极磷虾商业捕捞的深远海渔业资源探测仪器全部依赖进口。

第五章　我国极地海洋生物资源开发工程的发展战略和任务

一、战略定位与发展思路

（一）战略定位

落实习总书记"要更好地认识南极、保护南极、利用南极"和党的"十八大"报告提出的"提高海洋资源开发能力，发展海洋经济，保护海洋生态环境，坚决维护国家海洋权益，建设海洋强国"的战略方针，紧紧围绕发展海洋生物新兴产业、维护国家南极战略权益的重大需求，在南极磷虾资源开发、极地生物基因资源的保护和可持续利用的深层次工程与科技上有所创新和发展，充分参与极地已开放渔业，突破核心和关键装备以及捕捞技术壁垒，建设集捕捞、运输、深加工、产品、市场销售为一体的完整的南极磷虾产业链条，提高我国极地远洋生物资源利用的国际竞争力。

（二）发展思路

我国南极磷虾资源开发利用的总体思路是以实现南极磷虾规模化商业开发为目标，围绕拓展海洋权益、培育战略性新兴产业的国家发展需求，采取政府引导规划、科研支撑、市场运作的模式，通过国家有力的财政支持，鼓励和扶持有条件的远洋渔业公司积极进军南极磷虾产业，加快提升获取大宗极地生物资源的能力，加快培育领军企业；采取引进、消化、吸收、再创新的技术发展路线，通过前瞻性研发布局，实现规划引导与多方协调相结合，整合国内相关产、学、研力量开展南极磷虾规模化开发生产保障技术和开发利用技术联合攻关，解决产业关键技术，大力开发拥有自主知识产权和良好市场前景的脂质、蛋白质类保健品及医药制品等高值化产品，开发南极磷虾饲料应用领域；健全相关安全法律法规，建立全过程监管、应急机制等食品安全支撑体系，强化南极磷虾生产和流通供应链的安全性与系统性，确保南极磷虾制品的质量安全；为产业发展提供技术支撑；通过政策引导和市场运作，推动研发成果的快速转化，培育新的产业增长点，加快产业链的形成；同时注意相关专业人才的培养，重点培养科研领军人才，加强科研团队建设，为产业的可持续发展提供智力支持。

极地生物基因资源利用，要贯彻掌控基因资源、形成知识产权、开发特色产品的三位一体的发展思路，建立资源独特、相对集中、形成规模、来源多样的极地生物菌种资源库及其信息技术平台，强化共享服务的资源基础和技术能力，大力开发具有极地生物基因资源特色、拥有自主知识产权和良好应用前景的功能基因、活性产物及其功能产品，实现极地生物基因资源利用技术的创新与突破，促进我国极地生物基因资源利用的可持续发展。

极地渔业开发与装备现代化：围绕南极渔业可持续开发利用的基本要求，通过政府引导、产业跟进，首先推动已经开放的南极渔业准入。同时，通过科学探索调查、积极参与国际合作研究等方式，探索新渔场和新渔业。通过推动产业升级和技术积累，提高我国南极渔业生产能力，追赶渔业先进国家水平，发展南极渔业高值化利用产业。

二、基本原则与战略目标

(一) 基本原则

坚持科学规划，合理布局，维护国家海洋权益。坚持"突出重点与全面发展结合、近期安排与长远部署结合、整体布局与分类实施结合"的原则，以自主创新技术为支撑，在重大基础理论研究、产业关键核心技术及产业工程化技术研究方面统筹部署，注重对国外南极磷虾产业高新技术的引进、消化和再创新，重点突破制约行业发展的关键技术和共性技术，提高我国南极磷虾产业的核心竞争力。统筹国际国内两个市场，加强磷虾资源开发利用，着力构建安全、优质、高效的现代南极磷虾规模化开发产业体系。

坚持"保障权益、和平利用、引领发展"原则，科学规划、合理布局、可持续利用极地生物基因资源，重点突破制约该资源领域发展的关键技术，增强科技创新能力，提高我国极地生物基因资源领域的核心竞争力，提升我国极地生物基因资源利用的显示度。

在符合南极海洋生物资源开发国际规则的前提下，积极参与已经开放渔业的开发和研究工作，争取配额；探索潜在渔业资源的开发可行性。通过合理开发利用南极资源，加强该水域各渔业的产、研结合，推进我国南极渔业发展能力与竞争力，增强我国在南极海域的存在，维护渔业大国负责人捕捞形象与国家海洋权益。

以生态、环保为前提，极地渔业资源高效利用为目标，开展三维一体资源探测技术、选择性捕捞结合捕捞装备技术、南极磷虾连续泵吸捕捞装备技术、船载加工工艺及装备技术、专业化船载平台以及信息化管理系统研究，发展极地渔业生态型负责任及高效捕捞的装备技术、极地渔船专业化及节能减排技术，保证极地渔业的持续性发展，全力支撑与推进我国极地渔业发展能力与国际竞争力建设，维护渔业大国负责任捕捞形象及国家海洋权益。

（二）战略目标

1. 南极磷虾产业规模化开发工程

1）总体目标

跻身南极磷虾渔业强国，打造南极磷虾新兴产业，获得优质的蛋白资源，保障我国食物安全，维护和争取我国南极海洋开发战略权益。

2）阶段目标

近期发展目标是以南极磷虾资源开发为突破口，完成南极海洋生物资源探捕向规模化开发的过渡；同时对其高效开发和综合利用技术进行攻关，形成磷虾大宗利用产品5个以上，进入中试阶段的磷虾高值产品5个以上，南极磷虾资源开发利用新兴产业初步形成。

至2020年，跻身南极磷虾主要渔业国家之列（第一梯队），打造一支生态高效、磷虾产能20万吨的磷虾渔业船队；突破5~8项磷虾油和磷虾蛋白加工高技术和关键技术，培育我国远洋渔业发展后劲；形成以捕捞业为基础，以养殖饲料和食品原材料为主要大宗产品形态，以功能、风味食品和医疗、保健等高值产品为驱动的南极磷虾产业链雏形。

至 2025 年，实现磷虾产能 50 万吨，打造一支生态高效、兼顾其他重要渔业种类的现代化极地渔业船队，开发出 10～15 种高附加值磷虾油衍生产品和新型磷虾蛋白产品，实现 5～8 种产品的示范生产，产业链进一步完善，产品的国际竞争力进一步增强。

至 2030 年，实现南极磷虾产能 100 万吨、国际竞争力强的现代化极地渔业船队，规模 20～30 艘；建立完善的南极磷虾从捕捞、加工到市场利用的产业链，并实现可持续稳定发展，产品的国际竞争力强，奠定我国南极磷虾资源综合开发利用强国地位。

2. 极地生物基因资源利用发展

通过大力发展极地生物基因资源利用工程与科技，提高我国极地生物基因资源储备及其利用水平，形成规模化极地生物资源利用产业，提升国际影响力。

2020 年：极地微生物资源储备与保藏量比"十二五"末期翻一番，达到标准化保藏 1 万株，未标准化的后备菌株达到 1 万株，总储备量达到 2 万株。分类与新种属发现方面保持"十二五"期间的发展水平。基因功能与基因资源方面，实现重要极地微生物菌株等主要生物基因组序列及其功能认知达到 100 株；环境基因组序列及其基因资源的直接保藏和文库保藏有计划展开，实施宏基因组文库的基于功能、序列、底物和化合物结构水平驱动的多层次筛选，形成新型功能蛋白、酶制剂、活性先导物等功能产物的发现技术。酶学与酶制剂方面 1～2 个品种初步形成产业技术，药物先导物和基因工程药物方面若干个药物候选物进入临床前研究，生物农药方面 1～2 个品种完成制剂研发进入大田试验，功能蛋白和功能材料方面启动前期研究。申请发明专利 100 项以上。我国进入极地生物基因资源利用强国初级阶段。

2030 年：极地微生物资源储备与保藏量比"十三五"末期翻一番，达到标准化保藏 2 万株，未标准化的后备菌株达到 3 万株，总储备量达到 5 万株，资源储备和保藏量达到世界前 5 位。分类与新种属发现、环境基因组序列及其基因资源、基因功能研究方面形成全面认知和发现新功能的技术能力，重要极地微生物菌株等主要生物基因组序列及其功能认知达到 500 株，基于基因、基因组和宏基因组文库的多层次筛选技术获得突破，形成新型功能蛋白、酶制剂、活性先导物等功能产物发现的核心技术，对产物资源利用形成产业技术支撑，技术水平接近国际发展水平。酶学与酶制剂方面，20个品种初步形成产品化技术，完成5~10个品种的酶制剂中试工艺研究，实现我国极低生物酶产业化，产值达到10亿元。药物先导物和基因工程药物方面，完成10个药物候选物的临床前研究，实现我国极地药物的规模化开发。生物农药方面，开发5个以上农用制剂，初步实现产业化。功能蛋白和功能材料方面，建立具有自主知识产权的生物功能蛋白和材料的开发技术体系，初步实现5~10个品种的产业化应用。我国成为世界极地生物基因资源利用领域中等强国。

2050年：全面形成极地生物基因资源的规模化开发和产业化应用，产值达到百亿元以上规模。基于极地生物基因资源研发形成的酶制剂、药物、材料等50个以上产品上市销售，全面形成相关的生物制品、生物医药、生物材料技术企业群，使我国的发展水平总体达到世界极地生物基因资源利用强国。

3. 极地渔业开发与装备现代化

1）总体目标

针对我国海洋渔业产业向深远海发展的迫切需求，围绕极地等深远海渔业装备与工程的重大科学技术问题，加速远洋渔业装备自主创新能力建设，整体提升远洋渔业装备与工程领域的研究水平。通过研发专业化远洋渔船及高效捕捞与船载加工装备，实现深远海大型专业化渔船及系统装备的国产化，为极地渔业产业实现专业化高效生产提供装备支持，以提高我国高效利用极地等深远海渔业资源的能力，促进海洋渔业向深远海拓展，并提升我国远洋渔业的国际竞争力。

2）阶段目标

至2020年，根据我国极地等深远海渔业资源调查和探捕情况，针对南极磷虾等极地深远海资源的高效开发和利用，开展三维一体资源探测技术、高效捕捞装备技术、南极磷虾连续泵吸捕捞装备技术、船载加工工艺及装备技术、节能技术、专业化船载平台以及信息化管理系统的研究，突破制约我国海洋捕捞向深远海发展的关键技术与核心装备，实现大型远洋渔船专业化系统装备国产化，促进我国极地等深远海渔业资源开发利用的装备技术与科技水平部分达到国际先进。

至 2030 年，研究突破南极磷虾等新资源数字化声学探测关键技术以及卫星遥感实用化技术，实现极地等深远海渔业资源三维一体的精准化探测和鱼群预报；研究突破选择性捕捞技术结合的自动化捕捞装备，实现南极磷虾等极地深远海渔业资源生态开发与高效利用；针对不同的新资源研究合理的船载加工工艺，研发形成系列化配套加工装备；通过大型渔船船型优化、集成数字化探测、高效生态捕捞、精深加工、降阻节能和电力推进综合节能技术以及船型标准化设计与数字化建造，形成南极磷虾等专业化系列化标准船型，建立安全、节能、高效的深远海渔船与装备工程技术体系。以示范带动推广，全面推进极地等深远海渔船装备专业化、自动化、信息化和数字化发展，形成装备制造产业群，整体技术先进，核心装备与关键技术达到国际领先水平。

至 2050 年，通过远洋渔船与装备工程技术研发能力和装备制造能力的提升，实现对极地等深远海渔业资源的探测能力、综合开发能力、高值化利用能力以及国际义务履行能力的全面提升，形成完善的可持续发展的极地等深远海渔业产业链。综合实力迈入世界渔业强国行列，整体技术领先。

三、战略任务与发展重点

（一）总体战略任务

1. 南极磷虾产业规模化开发工程

实现我国南极磷虾捕捞业现代化工程的综合升级改造，引领南极磷虾捕捞业现代化工程发展方向，保障我国极地海洋生物资源开发工程发展战略目标的实现，确立我国南极磷虾资源开发利用的国家权益。实现南极磷虾油的规模化和产业化运行，进一步开发南极磷虾功能脂质、功能蛋白等系列高值化保健食品与医药制品，提升产业整体效益。优质南极磷虾粉的规模化生产技术与装备的开发是实现南极磷虾捕捞产业商业化运行的关键环节，可为我国饲料产业提供优质的动物蛋白源，为医药保健品开发提供优质的提油用虾粉；有力提升我国饲料产业与保健品产业的竞争力。建设优质高效安全环保型南极磷虾饲料产业，开发多元化的饲料产品系列，保障我国畜牧水产养殖业的可持续发展。南极磷虾可捕捞量大、蛋白质含量高，且无污染，开发南极磷虾食品可为我国居民提供优质食品蛋白源，保障我国食品安全。南极磷虾捕捞与加工是新兴产业，缺乏标准，因此应加大我国南极磷虾产业系列标准的制定工作，保障我国南极磷虾产业的稳定可持续发展。

2. 极地生物基因资源开发利用

实施极地生物基因资源的可持续利用战略，推进极地生物基因资源利用工程与科技发展。从战略角度提升现有的保藏中心向国家极地生物基因资源中心的转变，扩大微生物资源的多样性，改进培养技术，加强保藏菌种的功能评价与资源潜力挖掘。构建极地生物基因资源物种、基因和产物3个层次的多样性和新颖性研究体系，建立极地生物基因资源研究与利用的创新研究与技术平台，提高极地生物基因资源的储备和保藏能力与信息化水平，大力发展基于极地物种、基因和产物资源的生物制品、生物医药、生物材料技术，形成规模化极地生物资源利用产业，促使极地生物基因资源研发技术在全球变暖、环境恶化、能源短缺及人类健康等全球性问题上发挥不可替代的更大作用，为国家极地战略利益和外交政策服务。同时，加强极地生态系统研究，提高极地生态系统管理能力和水平，保护极地自然环境与生物多样性。

3. 极地渔业开发与装备现代化

围绕建立安全、节能、高效的深远海渔船与装备工程技术体系，通过技术创新与系统集成，利用现代工业自动化控制、船舶数字化设计与建造、海洋高效生态捕捞技术，突破制约我国海洋捕捞向深远海发展的关键技术与核心装备，实现极地等深远海渔业资源高效开发与综合利用，推进海洋强国战略的有效实施。

（二）近期重点任务

1. 南极磷虾产业规模化开发工程

（1）开发基于南极磷虾油的系列功能食品，化解保健食品法规标准制约，拓宽南极磷虾产品市场。全面开展南极磷虾功能脂质与蛋白产品应用与生产技术研究，研究分析南极磷虾砷残留形态与毒性作用解决保健品标准制约。

（2）集成与创新现有食品加工与鱼粉生产先进技术，开发南极磷虾粉的保质干燥规模化生产技术与装备，实现船上南极磷虾粉加工的大规模生产，降低生产成本。

（3）大力扶持磷虾养殖饲料业的发展，针对磷虾营养品质高、诱食性强但价位高、氟含量高等特点，广泛开发适应于不同养殖品种的安全、高效的磷虾配合饲料，积极开展高端南极磷虾饲料添加剂的研发，扭转水产饲料高度依赖鱼粉的局面，发展南极磷虾加工副产物的综合利用，促进研发成果的转化与产业化，推动磷虾产业链的形成，加快磷虾资源开发的产业化步伐。

（4）开发产量大、得肉率高的南极磷虾肉去壳设备，规模化生产南极磷虾肉产品；开发低氟南极磷虾虾糜船上生产技术与装备，为我国食品工业提供优质的南极磷虾蛋白原料。

（5）制定南极磷虾捕捞、加工与利用系列产品标准与生产技术规范，确立我国南极磷虾产业国际地位；进行南极磷虾砷残留形态与毒性作用研究，解决保健品标准指标制约。

2. 极地生物基因资源开发利用

极地生物基因资源利用工程与科技发展的重点任务是：围绕国家极地战略利益和建设海洋强国、极地强国的重大需求，坚持"保障权益、和平利用、引领发展"与可持续利用原则，大力开发具有极地生物基因资源特色、拥有自主知识产权和良好应用前景的功能基因、活性产物及其功能产品，促进极地生物基因资源利用产业的形成。近期重点任务是：①提高极地生物基因资源探查获取能力，建立极地生物基因资源中心。发展先进的极地海洋和陆地微生物取样、保存和培养方法，收集不同生态位的生物资源，加强极地特有生物功能基因组的研究，开展适冷环境生物进化和环境适应的基础研究，在此基础上建立资源丰富、功能完备、机制稳定的国家极地生物基因资源中心。②挖掘极地生物多样和新颖的基因以及产物资源，服务于海洋经济的发展。发现一批具有重要应用潜力的极地基因资源，进行生物产品的分子设计和结构优化，发展极地微生物大规模培养和基因重组表达关键技术，开发拥有自主知识产权的源于极地生物基因资源的创新药物和酶制剂等生物制品，促进极地生物基因资源利用相关产业的形成。

3. 极地渔业开发与装备现代化

1）渔业资源探测与信息化

提高对南极磷虾等深远海渔业资源的掌控能力。围绕深远海渔业资源的科学调查、资源动态评估、鱼群探测，重点开展基于声学技术的分裂波束科学探测仪器、360度高分辨远距离电子扫描声呐和深水探测助渔仪器的研究与产品开发；开展无人机远距离鱼群探测的应用研究；开展基于卫星通信的针对深远海渔业新资源的渔业遥感鱼群预报实用化技术研究。系统构建三维一体的深远海渔业资源精准化探测系统。

提高极地等深远海渔业物流与品质保障能力。重点开展大型渔船高海况物流补给扒载系统研究和装备配置；渔获物冷链工艺与品质控制、冷链环境信息感知与携带、节能环保冷链流通关键装备、冷链信息发送与物流终端控制等系统技术研究。系统构建安全、自动化与信息化的深远海渔业物流与品质保障系统。

提高极地等深远海渔业信息化管理能力。重点开展基于物联网和3S技术，集成鱼群探测与预报、物流保障、极地等深远海捕捞船队船位、装备与作业人员、捕捞日志、渔获物可追溯等信息的管理平台研究。系统构建与互联网无缝对接的实时监控信息化管理系统。

2）生态高效捕捞装备

提高南极磷虾生态高效开发能力。重点开展南极磷虾资源的高效开发和利用技术，无损伤连续吸捕技术的研究和装备开发。突破南极磷虾捕捞装备关键技术。

提高深远海新资源捕捞效率及开发能力。重点开展深水拖网和中上层大型围网捕捞技术及配套装备的研制与国产化，利用工业自动化控制技术结合海洋捕捞，研究自动化捕捞装备。构建深远海捕捞自动化高效生产模式。

3）船载加工工艺与装备

提高南极磷虾产业综合效益。重点开展配合南极磷虾连续捕捞方式的船载加工工艺成套方案；南极磷虾快速处理、虾条冷冻冷藏、磷虾壳肉分离、虾粉、虾油制品的船载加工工艺研究。构建不同船型合理匹配的加工工艺。

提高南极磷虾船载加工能力。重点开展南极磷虾船载壳肉分离技术研究与装备开发；虾粉、虾油制品船载加工成套装备及其生产线的自动化控制技术研究。构建磷虾专业化高效加工运行模式。

提高深远海渔业高值化处理能力。重点开展深远海捕捞经济鱼类船载加工工艺研究与配套装备开发，包括：船载冷杀菌减菌与冰温保鲜技术、船载高效冻结技术及系统装备、船载分级、去头去脏加工技术装备。

4）专业化渔船系统工程

提高深远海渔船降阻节能与综合性能。重点开展南极磷虾等深远海大型渔船经济技术论证，基于CFD的南极磷虾等深远海渔船船型数值分析与优化，低阻力船型及快速性、耐波性、操纵性、极地环境和国际公约的适应性综合性能研究，电力推进等节能技术应用，南极磷虾专业化渔船全船能源综合管理。系统构建"安全、节能、经济、环保、适居"的南极磷虾等深远海大型渔船标准化船型。

提高深远海渔船设计、建造水平。重点开展深远海渔船数字化设计与建造平台研究，集成船型优化、总体性能、结构强度有限元、舱室布局、三维建模以及虚拟建造技术。构建深远海渔船数字化研发平台。

提高深远海渔船专业化与信息化。重点开展深远海渔船船载平台功能实现与功能区合理布局，集成数字化探测、高效生态捕捞、精深加工以及降阻节能和电力推进综合节能技术、信息化管理系统以及船型标准化设计与数字化建造技术。建立专业化渔船系统工程技术体系。

第六章　我国极地海洋生物资源开发工程的发展路线图

一、总体发展路线图

南极磷虾总体发展路线见图 2-4-2 至图 2-4-6。

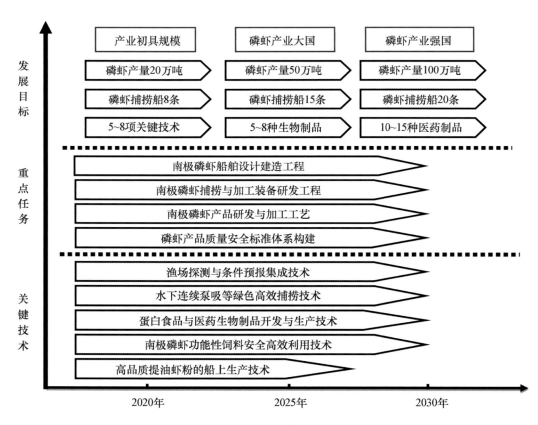

图 2-4-2　南极磷虾产业规模化开发工程发展路线

极地生物基因资源利用发展路线图

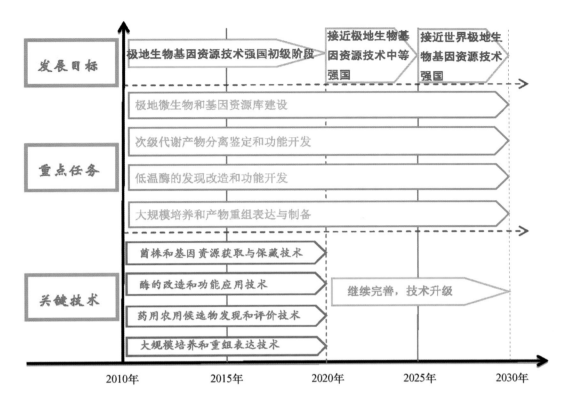

图 2-4-3　我国极地生物基因资源利用工程与科技发展路线

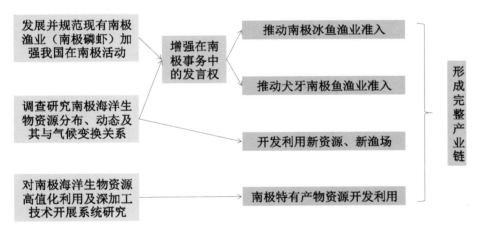

图 2-4-4　我国南极渔业资源开发潜力与策略科技发展路线

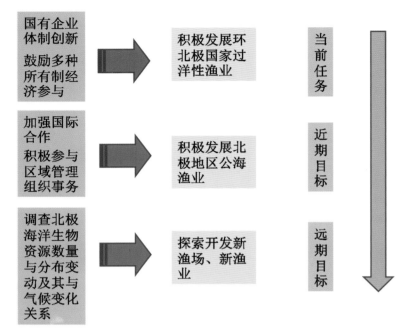

图 2-4-5　我国参与北极渔业科技发展路线

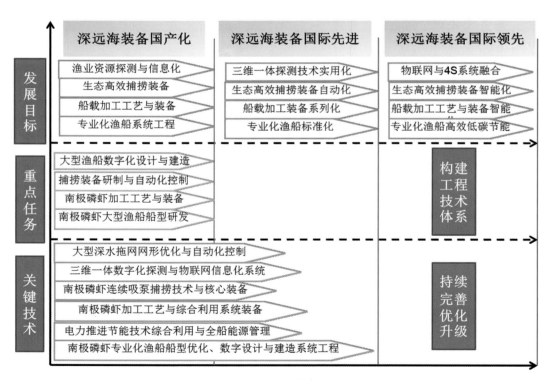

图 2-4-6　极地渔业开发与装备工程科技发展路线

第七章　重大极地海洋生物资源开发工程专项建议

一、南极磷虾资源规模化开发与产业发展重点专项 ▶

(一) 必要性分析

大力发展南极磷虾渔业是打造我国第二个远洋渔业的首要选择。南极磷虾资源极为丰富，南极磷虾富含磷脂型多不饱和脂肪酸、甲壳素、虾青素以及低温活性酶等，在医药化工及功能食品方面具有巨大的开发前景。南极磷虾功能食品、虾油保健品、浓缩蛋白以及各种虾壳水解物等原料产品，已然形成高值产业链，是世界各海洋强国发展海洋生物新兴产业竞相追逐的新目标。

积极参与开发南极磷虾资源有助于维护国家南极海洋权益。近年南极主权及其资源开发权益之争也暗潮涌动。在各国对南极海洋生物资源开发投入不断增加的情势下，南极海洋生物资源养护委员会正在逐步加强对其所辖渔业的管理与限制；相关国家还同时竭力推进南极海洋保护区建设进程，欲将广阔的海域纳入禁渔范围。加快推进南极磷虾资源规模化开发步伐，对争取南极长远权益具有重要的战略意义。

现代南极磷虾产业成本高、风险大、专业性强，但也具有高产值回报。我国南极磷虾资源开发起步晚，科技支撑能力弱。因此。产业发展急需系统、有力的技术支撑。因此，有必要针对制约我国南极磷虾产业发展的"瓶颈"问题，及时立项开展全方位系统研究，以深入落实《国务院关于促进海洋渔业持续健康发展的若干意见》以及国务院领导对中国工程院有关加快促进南极磷虾产业发展的建议和农业部相关请示的批示。

(二) 总体目标

通过全链条一体化部署，围绕制约我国南极磷虾资源开发利用的主要

"瓶颈"问题开展研究，提升我国对磷虾资源的认识水平及其资源开发的装备技术水平和核心竞争力，推动磷虾产业链的快速形成与规模化发展，为实现我国南极磷虾资源开发利用大国地位和强国地位提供有效技术支撑。

(三) 重点内容

围绕制约我国南极磷虾资源规模化开发的主要"瓶颈"问题，进行全链条一体化设计，重点安排产前磷虾资源产出过程与机理研究、渔场探测与渔业生产保障服务技术研究和专业磷虾船的设计建造关键技术研发，产中捕捞与加工技术装备研发，产后产品与质量安全体系研发等任务。

1. 南极磷虾资源产出的关键过程与渔场形成机制

研究南极海洋生态系统结构和功能，南极磷虾的种群生物学；研究影响南极磷虾种群补充的生物地球化学过程和关键物理过程，南极磷虾渔场形成的生态机理和驱动机制，气候变化对南极磷虾资源的潜在影响等，了解南极磷虾资源产出、生态分布及渔场形成的关键过程与机理，为资源的合理利用提供依据。

2. 南极磷虾资源探测评估与渔业生产保障技术

开展传统渔场磷虾资源的调查评估，开展潜在新渔场磷虾资源的探查与开发潜力评估，建立磷虾渔业监测与管理体系，研究磷虾渔业对生态系统的影响，进行渔情立体探测与预报，研究环境气象安全保障。

3. 南极磷虾专业捕捞加工船的优化设计与建造关键技术

开展极区海域船体结构、综合性能与船型优化的研究，高效配置优化捞捕、加工、仓储的经济组合与整船方案，开展绿色船舶技术研究；建立极区、现代、大型渔业船舶建造关键技术。

4. 南极磷虾新型高效捕捞技术与装备研发

开展南极磷虾水下连续泵吸捕捞技术、装备及其配套网具与属具的研究，开展南极磷虾绿色高效捕捞网具及其配套属具的研究，阐明捕捞过程中磷虾及相关种类的行为特征以及不同渔具渔法的生态效应。

5. 南极磷虾船载加工关键技术与装备研发

研究南极磷虾保质冷藏技术，研究高品质提油用磷虾粉循环高效节能加工技术与装备，研究虾肉虾糜等磷虾蛋白质原料加工技术与装备，建立船载加工工艺、技术规范与标准体系。

6. 南极磷虾高值化综合利用与质量安全标准体系

研发以南极磷虾及其提取物为重要原料的高值功能食品、风味食品、蛋白制品、保健与医药制品以及水产养殖饲料和功能性水族饲料，建立磷虾产品全程可追溯体系和质量安全标准体系。

7. 南极磷虾产业规模化发展国际合作机制与政策保障研究

研究国际南极磷虾渔业管理、海洋保护区建设以及国家管辖区外海域生物资源开发管理；建立我国磷虾渔业有序发展和规模化发展模式，构建新型极地渔业经济体；构建南极磷虾渔业管理的应对策略与国际合作机制，为南极磷虾产业市场化发展提供政策保障。

二、极地生物基因资源开发技术平台建设 ▶

（一）必要性分析

南北极存在大量的未知生物物种，各类特殊和极端环境使这些生物进化出独特的遗传特征，使南北极成为一个巨大的新生物基因资源宝库。从20世纪80年代末，欧、美、日、澳、新等发达国家和地区就开始成规模地开展南极生物遗传资源的研究与勘探。进入21世纪，随着现代生物技术的发展，南北极生物基因资源研究与勘探活动日益活跃，已成为国际科技界关注的热点，也成为世界各国际组织科学和法律争议的焦点。

极地各类生物基因资源分布广泛、多样性丰富、生物量大，在物质循环、维系整个生物圈平衡方面发挥着系统性的作用。生存环境和生命策略的多样性，使之成为人类解决环境、能源和健康等问题的重要资源材料。需要可持续地充分利用极地生物基因资源，发展物种、基因和产物水平的资源获取和利用技术和能力，研发具有极地生物资源特色、拥有自主知识产权和市场前景的生物制品、生物医药、生物材料等产品，形成规模化极地生物资源利用产业，提升我国极地生物基因资源利用的国际竞争力，为国家极地战略利益和外交政策服务。

（二）总体目标

建立极地生物基因资源中心，极地微生物资源储备与保藏量比"十二五"末期翻一番，提高规范化资源共享服务能力；完成重要极地微生物菌株的功能基因分析。有计划地展开环境基因组序列及其基因资源的直接保藏和文库保藏，利用宏基因组文库的基于功能、序列、底物和化合物结构水平驱动的多层次筛选技术，形成新型功能蛋白、酶制剂、活性先导物等功能产物的发现技术体系；建立自主知识产权的极地生物功能酶开发技术体系。

（三）重点内容

1. 极地生物基因资源中心的建设

建立极地生物基因资源的探查、获取、处理和保藏等重要环节完备的研究条件和实验体系，提高获取高质量、类别多样的极地生物和特殊环境样品的采集、分析和保藏能力；提升现有的保藏中心向国家极地生物基因资源中心的转变，建立我国技术规范、资源独特、相对集中、来源多样、共享服务的极地生物基因资源中心，收集不同生态位的生物资源，大幅度提高我国极地生物基因资源的储备量和保藏量。

2. 极地生物基因资源的基础研究

提高极地生物物种和基因资源的认知能力和水平，构建基因、代谢、表达产物功能分析技术平台，加强极地特有生物功能基因组的研究，开展适冷环境生物进化和环境适应的基础研究，提高物种、基因和产物功能的筛选、识别和功能验证技术能力，为极地生物基因资源的酶学与酶制剂、药物先导物、基因工程药物、生物农药、功能蛋白和功能材料等的后续研究与开发提供前期功能物质基础。

3. 极地生物次级代谢产物的功能开发

利用极地生物基因资源适应低温、高盐、寡营养、强辐射等极端生境产生的次级代谢产物的独特性、新颖性和多样性的特点，高效分离代谢产物，鉴定结构和功能。通过高通量、高内涵、定向活性筛选和靶向筛选技术，发现一批结构新颖、作用机制清晰、活性功能强的新型药物先导物。

克隆活性产物的生物合成基因簇，通过重组技术实现产物表达和产量提高。发现一批具有显著药用活性的药物先导物，开发一批具有极地资源特色和自主知识产权的候选新型药物，推动源于极地生物基因产物资源研发技术的药物产业的形成。

4. 低温酶的发现、改造和功能开发

应用现代生物技术、高效利用极地生物基因资源的酶学特性，发现一批具有医药、工业、农业、食品、能源等领域用途的新型酶与酶基因，特别是低温酶。通过酶分子改造，使之适合相应的应用环境，结合功能酶的重组表达和纯化技术提高酶产量，开发一批具有自主知识产权的酶和酶制剂产品与技术，推进极地生物酶与酶基因资源利用的产业形成。

5. 极地微生物大规模培养和产物重组表达关键技术

对结构新颖、活性明确且难以化学合成的次级代谢产物，开展极地微生物药源产物的规模化发酵工艺与代谢调控技术相结合的研究，通过功能基因簇的重组表达技术、规模化发酵和规模化纯化技术研发，解决极地微生物药物先导物产量不足，限制进一步发展成为药物候选物的技术"瓶颈"问题。获得一批具有自主知识产权的极地微生物规模化发酵和纯化制备技术，为相关药源产物资源的产业化提供中试研发技术支撑。

三、极地及远洋渔业装备工程建设 ▶

(一) 必要性分析

从 200 海里过洋性渔业时代的兴起到《联合国海洋法公约》的正式生效，以及过洋性渔业发展受入渔条件越来越苛刻的影响，大洋性渔业特别是极地等深远海渔业的生产已逐步成为世界远洋渔业发展的主流方向。我国在世界远洋渔业资源开发的竞争中，装备水平落后成为严重的制约因素。目前我国大洋性作业渔船的发展呈增长趋势，但包括南极磷虾渔船在内的我国远洋渔船及捕捞装备研发制造能力建设尚在起步之中，现有大洋性作业捕捞装备以国外二手渔船设备为主，船龄多在 25 年以上，大洋性渔船捕捞装备技术存在专业化水平低、能耗高、安全性差、整体性能落后、生产效益差、发展后劲不足等问题。渔船捕捞装备是大洋性渔业的重要技术保

障,大洋性渔业远离大陆、海况条件恶劣、作业周期长,需要依托大型渔船平台和专业化高效捕捞加工装备技术,围绕竹荚鱼、秋刀鱼、金枪鱼和南极磷虾等深远海公海渔业资源高效开发与利用的问题,开展深远海专业化捕捞加工一体化船型研发及配套装备国产化的关键技术研究是我国现代远洋渔业发展的重大技术需求。

发展极地磷虾产业在一定程度上不仅可以为我国远洋渔业提供一个新的发展机遇,还为提升我国远洋渔船建造工艺和技术能力创造了新的动力。围绕我国高效利用南极磷虾战略资源,满足优质蛋白质需求以及水产养殖对鱼粉和鱼油需求不断增长的问题,急需开展南极磷虾船载精深加工及高效捕捞系统装备研制和加工工艺研究,突破南极磷虾连续式高效捕捞装备及其自动化电液集成控制与渔具渔法参数合理配套技术、三维一体数字化探测技术和生物量评估技术、捕捞磷虾快速处理和虾粉虾油、虾饲料精深加工工艺及成套装备开发等关键技术,提升我国南极磷虾高效捕捞加工利用的系统装备技术,集成创新能力。因此,制定深远海及南极磷虾产业规模化发展规划,积极发展南极磷虾业,实施远洋渔船与装备升级更新和渔业科技创新已成为争取和拓展我国南极生物资源乃至其他资源开发权益的战略需求。

(二)总体目标

极地等深远海渔船与捕捞装备技术在保障现代海洋农业向节能、环保、高效开发与利用以及可持续发展方面具有重要的意义。围绕极地等深远海渔业战略资源的高效利用,以"创新驱动发展"的思路,加强实现远洋渔业"安全、高效、节能、环保"的关键技术研究,突破制约极地等深远海渔业资源高效利用的核心支撑装备。为了促进远洋渔业可持续发展,必须在深远海渔业科学前沿和高技术领域产出一批拥有自主知识产权的专业化节能渔船船型和高效生产装备的核心技术,在支撑行业发展方面形成一批熟化技术,并加速成果转化与推广,以支撑极地等深远海渔业全产业链发展模式。

（三）重点任务

1. 重点内容

大型深远海渔船数字化设计与建造技术研究。

大型深远海渔船高效捕捞装备研制与自动化控制技术研究。

南极磷虾捕捞加工渔船船型研发与节能技术研究与系统集成。

深远海渔业资源预报与鱼群探测技术研究。

南极磷虾连续式捕捞技术与自动化装备研究与应用。

南极磷虾船载加工工艺研究与配套装备研发。

南极磷虾专业化渔船船型研发、系统集成及工程化示范。

2. 关键技术

大型变水层拖网网形优化自动控制及高效捕捞系统化装备技术。

无人机探测、高分辨率声呐探测以及卫星遥感信息三维一体数字化探测技术。

南极磷虾选择连续泵吸捕捞关键技术与核心装备。

南极磷虾船载加工工艺和综合利用装备技术。

大型远洋渔船电力推进与全船能源综合管理节能关键技术。

深远海大型专业化渔船船型优化与系统工程技术。

第八章　保障措施与政策建议

一、制定极地海洋生物资源开发长期规划，谋划产业发展顶层设计 ▶

　　党的十八大报告提出建设海洋强国的伟大战略思想。极地海洋生物资源开发工程作为国家海洋战略的重要组成部分，在保障食物安全、推动经济发展、形成战略性新兴产业、维护国家主权权益等方面具有十分重要的战略地位。

　　极地海洋生物资源开发需要汇集各方之智慧，总揽南北之大局，科学制定极地海洋生物资源开发的国家规划，指导我国未来极地海洋生物资源科技和产业的发展。并且，在实施国家规划的过程中，加快开发极地海洋特有的生物资源，加快建设资源综合利用的产业聚集区，提升和改造以南极磷虾产业规模化开发、极地生物基因资源利用、极地渔业开发与装备现代化为代表的极地海洋生物资源产业，培育壮大新型极地海洋生物产业，创新和完善科技管理体制，建立以科学规划布局、健全政策法规、强化队伍建设、提升科技效率为目标的综合管理模式，加强科技要素集聚和科技资源统筹安排，强化各级各类科技项目和产业规划的衔接配合，集合国家科技与政策支持资源，从基础研究、应用与工程开发、区域示范、平台建设、新兴产业等不同层面，加强对极地海洋生物资源产业发展的支持。

二、重点研发关键技术和装备，奠定产业可持续发展的科技基础 ▶

　　科学技术是开发极地海洋生物资源的第一生产力。总体上，我国在极地海洋生物资源开发方面，技术的进步跟不上产业的拓展，基础研究跟不上技术的发展。针对我国基础和工程研究落后的局面，必须加强极地海洋生物基础研究，突破资源开发关键技术。

必须加强海洋生物资源调查工作。实施专利、标准、人才策略，集中优势力量，攻克我国极地生物基因资源获取和利用中带有普遍性和战略性的关键技术，构建该领域获取、保藏和利用的核心技术体系，扩大人才队伍，建立极地生物基因资源领域的技术平台和创新研究基地，提升研究开发和产业化能力。同时，加强极地海洋观测和探查技术以及装备能力建设，了解极地海洋环境与生物群落的依存关系，提高极地生物基因资源的识别、获取、保藏和分析能力，寻找满足国家资源技术需要和为社会创造效益的新方案。

必须重视海洋生物资源的创新发现。极地海洋是生物资源的宝库，近年来极地海洋生物新物种、新基因、新产物、新功能的发现如雨后春笋，层出不穷。可以预言，极地海洋生物资源的创新发现既是衡量国家科技创新能力的试金石，也是知识产权占有权争夺的新战场。极地海洋生物经济的成长，依赖极地海洋生物产业的壮大，依赖极地海洋生物产品的开发，最根本的，是依赖极地海洋生物资源的创新发现。重视新物种、新基因、新产物、新功能等对低级海洋生物经济起重大作用的基础研究，才能源头创新，持续创新，立于不败之地。

必须突破极地海洋生物资源开发的工程化核心技术。在某种意义上，极地海洋生物资源是一类具有海洋特征的新资源，极地海洋生物资源的开发离不开针对性的工艺创新和装备创造。全面认识极地海洋生物新资源，借鉴陆地生物资源开发的成熟经验，融入交叉学科的新思想，突破极地海洋生物资源开发的工程化核心技术，才能提高极地海洋生物产业的科技含量，走上由大变强的内涵发展道路。

提高科技对极地海洋渔业生产的支撑能力；把极地渔业提升为战略性新兴产业，增加对远洋渔业开发的扶持力度，开展远洋渔业资源分布、渔场变动规律及其环境的调查，突破南极磷虾综合开发技术，增强对极地远洋渔业资源的掌控能力。

针对需要遵循的极地渔业与国际公海管理问题，构建极地渔业管理的应对策略与国际合作机制，帮助和促进我国远洋渔船适应极地水域渔业管理要求，保障企业在极地水域生产活动的可持续性；通过增大外交投入，建立积极参与渔业管理和加强国际合作的长效机制，为我国政府构建极地渔业管理体系和制定政策提供建议和意见，增强我国极地渔业的国际竞争力，促进我国极地渔业的有序发展。

三、拓展产业发展培育渠道，加快成果转化与产业发展步伐 ▶

培育极地海洋生物战略性新兴产业，必须走国家政策引导下的市场化发展道路，建立持久、有效的投入机制，确保政府引导性资金投入的稳定增长、社会多元化资金投入的大幅度增长和企业主体性资金投入的持续增长。在南极磷虾资源利用、极地海洋药物和生物制品开发等战略性新兴产业和工程方面，组织产学研优秀骨干力量，协同努力，把在极地海洋生物相关的重大工程、重大项目实施中形成的成果转化为现实生产力。

企业是创新主体，也是投资主体。增强自主创新能力，已被提升到"国家战略"高度。增强海洋生物资源开发利用和保护的相关企业的自主创新能力，关键是强化企业在技术创新中的主体地位，要建立以企业为主体、市场为导向、产学研相结合的极地海洋生物资源工程与科技创新体系。引导和支持创新要素向企业集聚，促进科技成果向现实生产力转化，使企业真正成为研究开发投入的主体、技术创新活动的主体和创新成果应用的主体。

政府投资体现政策引导。拓展极地海洋生物相关产业发展的投资渠道，政府投资要体现政策的引导作用，引导带动社会投资，发挥对社会资本的"汲水效应"。政府的投资应该是导管之水，而社会的投资如江河之水。因此，应当提高政府投资的效率，实现政府投资对社会资本的引导作用。同时，鼓励社会投资，进一步拓宽社会投资的领域和范围。在南极磷虾资源等处于培育阶段的战略性海洋生物资源的开发利用领域，尤其应鼓励社会资本以独资、控股、参股等方式投资，建立收费补偿机制，实行政府补贴，通过业主招标、承包租赁等方式，吸引社会资本投资。

四、打造人力资源综合平台，积聚极地海洋生物资源开发实力 ▶

实施人才强海战略，加强科技人才队伍建设。在极地海洋生物资源开发中，要特别重视创新人才、工程人才、转化人才的培养和造就。依托重大极地海洋生物科研和建设项目，加快造就一批具有世界前沿水平的创新人才，大力培养学科带头人，积极推进创新团队建设。优化人才队伍结构，培育和造就一批科技工程人才和成果转化人才，建立极地海洋生物资源开发产学研创新发展联盟。组织国内优势科研、教学单位以及极地海洋生物资源开发利用主要相关企业，建立极地海洋生物资源开发产学研创新发展联盟。联盟成员通力协作，共同建立极地海洋生物资源开发利用的科技支撑与服务保障技术研发平台。

积聚整合各种资源，加强公共技术平台建设。在极地海洋生物资源开发中，要特别注重加强科技研发平台、信息共享平台和产业化平台的构建。建设极地海洋生物资源开发工程技术与装备重要理论和关键技术为目的的现代化高水平的研发平台和公共数据集成服务共享平台，强化技术发展的支撑能力。建设极地海洋药物与生物制品研发和产业化的共享平台，实现技术与产业衔接，集成重大技术成果，建设产业化示范基地。

主要参考文献

陈森，赵宪勇，左涛，等．2013．南极磷虾渔业监管体系浅析．中国渔业经济，31（3）：74-83．

李慧，车茜，李德海，等．2016．南极海洋丝状真菌多样性及其次级代谢产物的研究进展．中国海洋药物，（1）：74-81．

刘惠荣，纪晓昕．2009．国家管辖范围外深海遗传资源的归属和利用——兼以知识产权为基础的惠益分享制度．法学论坛，（4）：62-66．

唐启升，赵宪勇，冷凯良，等．2014．南极磷虾捕捞和开发产业//2014年中国战略性新兴产业发展报告．北京：科学出报社，184-194．

王荣，孙松．1995．南极磷虾渔业现状与展望[J]．海洋科学，（4）：28-32．

曾胤新，俞勇，蔡明宏，等．2004．低温微生物及其酶类的研究概况．微生物学杂志，24（5）：83-88．

赵宪勇，左涛，冷凯良，等．2016．南极磷虾渔业发展的工程科技需求．中国工程科学，（2）：85-90．

中华人民共和国国务院．2013．国务院关于促进海洋渔业持续健康发展的若干意见（国发〔2013〕11号）．

朱建纲，颜其德，凌晓良．2005．南极资源及其开发利用前景分析．中国软科学，（8）：17-22．

左涛,赵宪勇,王新良,等. 2016. 南极磷虾渔业反馈式管理探析. 极地研究.

Agnew D J. 2014. Fishing South：The history and Management of South Georgia Fisheries. St Albans：The Penna Press.

CCAMLR. 2015. CCAMLR Statistical Bulletin. 27.

Eastman J T. 2005. The nature of the diversity of Antarctic fish. Polar Biology，28：93−107.

Everson I. 2000. Krill biology，Ecology and Fisheries. Fish and aquatic resources series 6，Oxford：Blackwell Science.

Herber B P. 2006. Bioprospecting in Antarctica：the search for a policy regime. Polar Record，42：139−146.

MARR J W S. 1962. The natural history and geography of the Antarctic krill (*Euphausia superba* Dana). Discovery Report，32：33−464.

Miller D. 2011. Sustainable Management in the Southern Ocean：CCAMLR Science // Berkman P A，Lang M A，Walton D W H，et al (eds). Science Diplomacy：Antarctica，Science，and the Governance of International Spaces. Washington D. C.：Smithsonian Institution Scholarly Press，103−121.

Tvedt M W. 2011. Patent law and bioprospecting in Antarctica. Polar Record，47：46−55.

编写组主要成员

唐启升　中国水产科学研究院黄海水产研究所,中国工程院院士

赵宪勇　中国水产科学研究院黄海水产研究所,研究员

张元兴　华东理工大学,教授

陈　波　中国极地研究中心,研究员

谌志新　中国水产科学研究院渔业机械与仪器研究所,研究员

黄洪亮　中国水产科学研究院东海水产研究所,研究员

李励年　中国水产科学研究院东海水产研究所,研究员

冷凯良　中国水产科学研究院黄海水产研究所,研究员

孙　谧　中国水产科学研究院黄海水产研究所,研究员

左　涛　中国水产科学研究院黄海水产研究所,副研究员

蔡孟浩　华东理工大学,副教授

应一平　中国水产科学研究院黄海水产研究所,副研究员

朱兰兰　中国水产科学研究院黄海水产研究所,副研究员

课题五 我国重要河口与三角洲环境与生态保护工程发展战略研究

课题组主要成员

组　　长　　孟　伟　　中国环境科学研究院,中国工程院院士

副组长　　于志刚　　中国海洋大学,教授

　　　　　马德毅　　国家海洋局第一海洋研究所,研究员

　　　　　丁平兴　　华东师范大学,教授

成　　员　　刘鸿亮　　中国环境科学研究院,中国工程院院士

　　　　　段　宁　　中国环境科学研究院,中国工程院院士

　　　　　侯保荣　　中国科学院海洋研究所,中国工程院院士

　　　　　张　锶　　中国科学院南海研究所,中国工程院院士

　　　　　孙　松　　中国科学院海洋研究所,研究员

　　　　　余兴光　　国家海洋局第三海洋研究所,研究员

　　　　　高会旺　　中国海洋大学,教授

　　　　　杨作升　　中国海洋大学,教授

　　　　　李道季　　华东师范大学,教授

　　　　　夏　青　　中国环境科学研究院,研究员

　　　　　姜国强　　环保部华南环境研究所,研究员

　　　　　王　琳　　珠江水利科学研究院,研究员

　　　　　江恩慧　　黄河水利科学研究院,研究员

　　　　　王万战　　黄河水利科学研究院,研究员

　　　　　林卫青　　上海市环境科学研究院,研究员

邹志华　珠江水利科学研究院,副研究员

汪义杰　珠江水利科学研究院,副研究员

张　远　中国环境科学研究院,研究员

雷　坤　中国环境科学研究院,研究员

富　国　中国环境科学研究院,研究员

刘录三　中国环境科学研究院,研究员

闫振广　中国环境科学研究院,研究员

林岿旋　中国环境科学研究院,副研究员

孟庆佳　中国环境科学研究院,副研究员

第一章　河口三角洲生态环境保护的战略需要和重要意义

一、河口三角洲地区生态环境保护迫在眉睫 ▶

　　河口三角洲地区是河流与海洋交汇的水域区,受到河流和海洋两个系统的影响,拥有独特的生态系统,具有复杂、敏感、脆弱,而又十分珍贵的显著特点。河口三角洲蕴藏着丰富的海洋资源,往往成为沿海地区经济社会发展的中心地区。我国许多大中型河流的河口三角洲已成为重要的通海港门和中心城市,是海洋开发的重要基地,具有重要的生态和经济价值。在过去的几十年中,随着流域社会经济的迅猛发展,土地利用变化、水库/大坝修建、跨流域调水、农药化肥大量使用、城市快速扩展等高强度的人类活动,引起河流水质、水文、泥沙等变化,不断地在河口地区累积和叠加,引起了河口地区来水来沙变化,对河口三角洲环境与生态产生了深刻的影响,导致河口及毗邻区生态系统平衡被破坏、生态系统服务功能退化;同时,海水入侵、海岸侵蚀、湿地萎缩、生物资源退化、近海富营养化等各类环境问题不断凸显,已经对沿海地区的经济社会发展及海洋生态环境安全构成了极大的威胁。各种生态与环境问题相互叠加,使得河口三角洲地区的环境保护问题十分复杂,因此亟待对河口三角洲地区采取针对性的保护措施,恢复河口三角洲生态环境,支撑河口三角洲地区社会经济可持续发展。

二、河口三角洲是陆海环境大系统中的核心枢纽 ▶

　　陆海统筹是我国大力建设生态文明过程中具有的宏观性和全局性的重要战略思想。党的十八届三中全会通过的《中共中央关于全面深化改革若干重大问题的决定》明确提出:"改革生态环境保护管理体制。建立陆海统筹的生态系统保护修复和污染防治区域联动机制。"习近平总书记也提出我们要

"坚持陆海统筹,坚持走依海富国、以海强国、人海和谐、合作共赢的发展道路"。水体的流动性使得地表水、地下水、河口和海洋形成一个有机的整体,是地球水循环的组成部分,是一个完整的大生态系统,而河口是连接流域和海洋的枢纽,河口的生态环境保护是陆海统筹生态环境保护的关键所在。一方面,流域自然变化和人类活动以河流为纽带,河口是流域生产生活产生的环境压力的最终受纳体,是流域治理的晴雨表;另一方面,河口生态环境保护对近海的水环境质量改善和生态系统健康的维护起着关键性的作用。因此,河口三角洲的生态环境保护在陆海统筹环境大系统中具有承上启下的重要作用。

第二章 河口三角洲概述

一、概念与基本特征 ▶

　　河口是河流与海洋、湖泊、水库、河流等的结合地段,一般多指入海口。在海洋学中,河口是指一个半封闭的海岸水体,既与开阔的海洋自由沟通,同时沿岸有一条或数条大型河流注入。河口三角洲是指河口段的扇状冲积平原,主要是河流入海时因流速减低致使所挟带的大量泥沙在河口段淤积延伸,逐渐形成扇面状的堆积体。河流输移入海的物质带来了丰富的淡水资源、土地资源、水产资源和航运资源,为入海河口的人口聚居,农业与渔业发展,城市、港口、工业集中分布都提供了得天独厚的自然条件。据统计,全世界沿海地区 32 个特大城市中,有 22 个城市位于河口及三角洲,此外,不少大型港口亦集中在大河河口。

二、河口的分类体系 ▶

　　国际上存在多种划分河口的方法,其中比较受大众认同和对我国影响比较大的有两种:一是按照海洋-河流动力学划分河口;二是按照水体层化划分河口。

(一)基于海洋-河流动力学特征的河口分类

　　河口段的河流动力和海洋动力强弱交替、相互作用,不同河口因为径流动力和海洋动力的强弱程度而表现出不同的特性。以径流为主的河口混合程度低,容易垂向分层;而以潮汐为主的河口,一般垂向混合均匀。考虑到盐度分布影响沉积物絮凝特性,进而影响水体浑浊度和营养物的含量,对生物多样性产生影响,美国海洋学家 D. W. Pritchard 在 1967 年根据河口区海洋动力和径流动力强弱关系对河口进行分类(表 2-5-1)。

表 2-5-1　基于海洋-河流动力学的河口划分[1]

河口类型	主导作用力	宽深比	混合能力	浑浊度	底部稳定性	生物多样性	混合指数	盐度梯度
A	径流	低	低	非常高	差	低	≥常	纵向和垂向
B	径流、潮汐	中等	中等	中等	好	很高	<1/10	纵向、垂向和侧向
C	潮流、风	高	高	高	一般	高	<1/20	纵向、侧向
D	潮流、风	非常高	非常高	高	差	中等	—	纵向

(二)基于河口水体层化特征的河口分类

许多河口学家按照河口层化特征划分河口类别。这种分类的优点是有助于理解河口环流的产生机理,判别河口环流强度,一般可分为 3 种类型。

(1)弱混合型(高度层化型)。咸淡水间有明显分层现象,淡水在咸水的上层下泄,此时在交界面上产生的剪切力与咸水密度坡降之间保持平衡,使咸水呈其楔状入侵河口,这种情况成为盐水楔异重流或成层型异重流。

(2)混缓和型。咸水和淡水不存在明显的交界面,水平方向和竖直方向上都存在密度差,虽然不出现上下明显分层现象,但是盐度等值线以类似盐水楔的形状伸向上游。

(3)强混合型。咸淡水充分混合,在垂直方向上几乎不存在密度梯度,而水平方向却有明显的密度梯度,盐度等值线几乎垂直,此时不存在盐水楔。

表 2-5-2　基于河口水体层化特征的河口分类体系

名称	特性
高度分层或盐水楔型河口	上下两层,上层淡水,下层盐水
峡湾	分成两层或 3 层,上层淡水,中间过渡层,底层盐水
部分混合型河口	水平和垂向盐度都有盐度梯度,逐步变化
均匀混合型河口	垂向上基本没有盐度变化

三、我国河口概况及其分类 ▶

(一) 概况

　　我国既是陆地大国,也是海洋大国,我国大陆海岸线北起辽宁鸭绿江口,南至广西北仑河口,长度超过 1.8 万千米,享有主权和管辖的海域面积约 300 万平方千米,沿岸岛屿有 6 000 多个,岛屿岸线长约 1.4 万千米,海岸线总长度达 3.2 万千米。海岸带面积约为 35 万平方千米,其中潮上带面积约 10 万平方千米,滩涂约 2 万平方千米,0~20 米的浅海面积约 15.7 万平方千米。在漫长的海岸线上有大小入海河流千余条。其中长度超过 50 千米的河流有 122 条,分布着大小河口 1 800 多个。其中长江口、黄河口、珠江口、钱塘江河口等都是各具特殊与典型的世界著名河口。根据 1998 年出版的《中国海湾志》第十四分册的统计,我国重要的河口有 17 个(表 2-5-3),河流长度不小于 100 千米的中小河口共 55 个,分布于温带季风气候、亚热带季风气候、热带季风气候 3 个气候带中我国入海河口具有入海水量、沙量、离子量丰富的特点。据统计,我国直接入海河流的多年平均流量为 17 237 亿立方米,相当于全国河川径流量的 64%,为世界河川径流总量的 4.4%;每年入海的泥沙量平均为 18.5 亿吨,占世界河流入海泥沙量的 10.5%。在入海河流中,以长江入海径流量最大,占全部入海总径流量的 51.7%,黄河的入海径流量较小,仅占 2.4%,但每年携带入海的泥沙量最多,占全部入海总输沙量的 59.5%,而长江为 24.9%。全国平均每条入海离子量为 26 427 万吨,占全国江河离子总量的 58%,每年入海的主要离子量 Ca^{2+} 为 5 322.3 万吨,Mg^{2+} 为 1 200.8 万吨,Na^+、K^+ 为 2 242.7 万吨,Cl^- 为 1 368.0 万吨[2]。

表 2-5-3　我国主要河口基本概况

河口名称	干流总长度/千米	流域面积/千米²	气候特征
黄河口	5 464	$75.2×10^4$	温带季风气候
长江口	6 300	$180×10^4$	亚热带季风气候
珠江口	2 214	$45.1×10^4$	亚热带季风气候
图们江口	516	$3.3×10^4$	温带季风气候

河口名称	干流总长度/千米	流域面积/千米²	气候特征
鸭绿江口	790	6.2×10^4	温带季风气候
辽河口	1 396	21.9×10^4	温带季风气候
滦河口	877	4.5×10^4	温带季风气候
海河口	1 036	21.1×10^4	温带季风气候
灌河口	74.5	640	亚热带季风气候
钱塘江口	605	4.99×10^4	亚热带季风气候
椒江口	197.7	6,519	亚热带季风气候
瓯江口	388	1.79×10^4	亚热带季风气候
闽江口	577	6.1×10^4	亚热带季风气候
九龙江口	263	1.36×10^4	亚热带季风气候
韩江口	470	3.01×10^4	亚热带季风气候
南流江口	287	9 439	热带季风气候
北仑河口	58	761	热带季风气候

(二)我国河口类型

我国的河口类型划分主要是参考国际上盐淡水分层划分河口的方法。选择水动力学、泥沙指标(多年平均入海流量 Q_R 和入海输沙量 S_R、多年平均涨潮流量 Q_F 和涨潮输沙率 S_F、潮差 ΔH 等)、河口平面形态指标(河口河道弯曲系数 λ、河口分汊系数 θ、河口展宽系数 π)、径流量与涨潮流量比值(Q_F/Q_R)、径流输沙率与涨潮输沙率比值(S_F/S_R)等指标,并采用模糊聚类计算方法将我国河口分为 4 类[3](表 2-4-4):①强混合海相喇叭口形河口(钱塘江河口型);②缓混合陆相网河型河口(珠江河口型);③高度分层陆相游荡型河口(黄河河口);④海相与陆相之间过渡型河口,包括海陆双相分汊型(如长江河口)、海陆双相弯曲型(如射阳河、黄浦江、甬江等河口)。

表 2-5-4　基于盐淡水分层的我国河口划分[3]

河口类型及名称		Q_F/Q_R	S_F/S_R	平均潮差 ΔH/米	展宽系数 π	弯曲系数 λ	分汊系数 θ	具体河口举例
Ⅰ 钱塘江河口型	强混合海相喇叭口型	>35	>300	>4	>0.2			钱塘江、椒江、瓯江、云飞江等河口
Ⅱ 过渡型河口	Ⅱ1 射阳河口型 缓混合海相为主弯曲型	5~35	50~300	2~4		>1.4		射阳河、新洋港、黄浦江、榕江、甬江等河口
				2~4		1.2 左右		灌河、马颊河、徒骇河、小清河等河口
	Ⅱ2 长江口型 缓混合海相双相分汊型		5~50	2~4			1~4	长江、辽河、大辽河、海河、鸭绿江河、闽江等河口
Ⅲ 珠江河口型	缓混合陆相为主河网型	1~5	1~5	2~4			>4	珠江水系西北江、东江和韩江等河口
Ⅳ 黄河河口型	高度分层陆相游荡型	<1	<1	<2			游荡改道	黄河等河口

第三章 国外河口三角洲生态环境保护的实践与启示

在美国,50%以上的人口居住在河口三角洲的海滨城市,且人口增长速度远高于内地;75%以上的海上出口商品和80%~90%渔业产品来源于这些海滨城市。随着人口的增加和人类活动的影响,美国35%的河流入海口都在萎缩,10%正在受到威胁,部分海滨生态栖息地逐渐消亡,尤其是河流入海口及滨海湿地的消失和退化,使美国渔业已经受到严重影响,海产品加工业也处于低迷状态,生物多样性受到破坏;同时,由于过度捕杀、生境条件恶化或入海河流水质变化等因素,河口三角洲一直受到点源性污染和非点源性污染的威胁,生态环境遭到极大的破坏,生态问题已经成为影响美国经济的一个重要因素。因此,美国开展了一系列的河口治理计划,取得了明显的成效。

(一) 国家河口计划

美国政府颁布了各种法律来保护河口和海洋生态环境,如1948年的《联邦水控制法》,1972年的《联邦水污染修正法》,1972年的《海洋保护、调查和禁猎自然保护区法》,1977年的《清洁水法》和1987年的《清洁水修正法》(也被称作水质法)。这一系列法律控制了排入到美国航行水域的物质、管制了向湿地和海洋中倾倒废弃物的行为,为避免向自然水体中排放点源和非点源污染物提供了有效的法律保障。1987年美国的《清洁水修正法》的第320条建立了全国河口计划,这是一个联合发起的污染控制行动,河口计划列出了那些明显受到污染、过度开发利用所威胁的河口,并且制定了一系列管理行动来恢复、维持和改善这些河口的环境质量和生物资源。

全国河口计划由美国环境署主管,在近30个河口和海湾中,每个河口计划都由环境署下辖的管理委员会管理,包括来自州和联邦政府机构的代表以及工商业、居民团体和环境专家学者。管理委员会掌握着河口的详细情况,并制定全面保护和管理计划,提出保护和管理河口资源的策略。为了制定全面保护和管理河口计划,管理委员主要按以下几个阶段开展工作。

阶段1:建立管理委员会的结构和程序。

阶段2:详细地分析河口生态环境状况,确定河口的健康状况、退化原因、未来的发展趋势;评价现有的保护河口方案的有效性;确定要解决的最主要的生态环境问题。

阶段3:详细说明为解决主要生态环境问题而采取的行动计划,尽可能地采用现有的河口计划。

阶段4:监控和实施全面保护和管理计划,跟踪实施发展过程,并在适当情况下调整方向。

除了确定生态环境问题的主要原因和来源外,行动计划必须陈述相关目标,并且提出实现目标所采取的管理行动。全国河口计划需要对污染和其他人为影响做系统、详细地评估,因此,行动计划涉及大量问题,如水质和底泥、生物资源、陆地资源、人口增长等。针对不同的生态环境问题(如富营养化、有毒物质、致病细菌、湿地减少退化等),制定相应的行动计划,是清洁河口的关键。

1. 长岛湾河口计划

长岛湾总面积为3 284平方千米,其中70%位于康涅狄格河流域内,是美国第六大河口,平均和最大水深分别是20米和90米。淡水通过径流以及长岛、康涅狄格州沿岸排水的方式进入长岛湾,其中康涅狄格州的4条主要支流是淡水输入的主要来源。长岛湾流域每年居住人口约800余万,夏季旅游季节人口明显增多。长岛湾河口排水区土地利用类型主要是森林(55.18%)、城市与建成区(25.09%)、农业(14.44%)。长岛湾经济收入主要来自商业、旅游、货物海运等。

长岛湾的污染问题由来已久,但直到1970年年初,水质问题才得到重视,当时污染长岛湾的主要点源包括86座污水处理厂、255家工业企业、16座电站等。通过许可证计划的实施,这些污染源受到严格的规范和控制,但水质和栖息地问题仍然存在,主要与流域内的住宅、商业和娱乐开发等海岸带和河口流域的人类活动有关。这些人类活动已经引起栖息地损失,造成了许多湿地面积生产力的减少,未处理完全的污水增加了病原体的污染,低溶解氧影响了水质,很多娱乐和商业活动在沿岸和开阔水域产生了很多的漂浮物质,这些影响在夏季中末期尤为明显。

随着 1987 年《清洁水修正法》颁布后,长岛湾被列为国家的重要河口,并于 1988 年召开了管理会议,会议商定出 6 个环境优先关注区:低溶解氧区、有毒物质污染区、病原体污染区、漂浮杂物区、生物资源栖息地丧失和健康恶化区、造成栖息地丧失和水质恶化的土地利用和开发区。针对上述优先问题,制定长岛湾河口计划,依次阐述基本情况、环境影响和主要原因等,并提出相应的管理策略,明确行动内容、责任主体、时间节点和成本预算等,在确保人类和谐利用的前提下,保护和改善长岛湾河口的健康。该规划包括改善水质以及保护栖息地和生物资源采取行动的义务和建议,提议进行科普教育和公众参与、改善体系管理以及监测自身过程等行动。

长岛湾河口计划规定的目标为:持续保护和改善长岛湾及其周边水质、确保生物资源群落的健康和多样性;确保人类食用贝类和有鳍鱼类的安全;有效解决亲水娱乐活动与生态系统管理的矛盾;确保社会和经济利益与长岛湾生态环境保护和谐发展;保护和改善长岛湾的自然环境、人类和生物相互依赖的生态系统;建立一个水质达标、生物资源健康,并满足人们娱乐和商业活动的长岛湾。要实现这些目标需要政府机构、非政府组织、各种利益相关者以及公众的参与和关注。

2. 特拉华州河口计划

特拉华河口是美国第三大河口,仅次于切萨皮克湾和长岛湾。基于盐度、浊度和生物生产力,将特拉华河口分为 3 个生态区域。

(1)下生态区:由特拉华湾口沿河向上延伸 79 千米,主要由特拉华湾组成,该区的特征是高盐度、低浊度,在 3 个河口生态区中的初级生产力最高(>90%),该区周围农业发达,维持着河口大部分的生物资源,占据了 80%~95%的河口表面积和水体,受到的人类干扰最少。

(2)中部生态区或过渡区域:是从下生态区边缘沿河延伸至 127 千米处,盐度为中到低(0~15),高浊度,低生物生产力,这一生态区受到中等程度的人类影响,盐度梯度显现。

（3）上生态区：该生态区为感潮淡水，以低生物生产力、大肠菌数量不断增大和高浊度为特征，受到经济发展和工业化的影响最为严重。

特拉华河口计划的目标是恢复可捕捞鱼类和无脊椎动物的种群水平，使其可以维持可持续发展的娱乐性和商业性渔业；恢复和维持特拉华河口的鸟类、两栖动物、爬行动物和哺乳动物种群，实现自然种群的水平；恢复和维持整个特拉华河口和潮汐湿地的生物及其生境；保证河口有足够的淡水供应量，以维持河口生境、盐度分布和至 2020 年的人类生活用水；保持土地面积、巩固岸线质量和沿岸生境维持自然系统平衡；重建和维持设定目标中河口生物种群所需的环境条件；优化沉积物质量，维持河口本土生物种群和生境的平衡；增加高质量的水上和陆地上娱乐的可能性，并可供公众长期利用；通过建立工业、商业和当地政府间的合作关系，在增强和保护该区域的生物和自然资源的同时，共同追求该区域持续的经济繁荣发展，促进经济和河口环境互惠互利的行动和计划；保护和增强河口区域的文化资源，促进其为公众所用；促进污染防治技术和策略的发展，控制点源和非点源污染，预防灾难性的溢油和化学品泄漏。

（二）海岸和河口生境恢复的国家战略

健康的河口海岸生态系统能够给人类带来可观的经济利益和美好的生活，在美国，75%的商业捕捞鱼类和贝类生存在河口海岸及近岸海域；75%濒危的哺乳动物和鸟类依赖于河口海岸，独木舟和皮划艇运动、观鸟活动、游泳、竞技钓鱼以及旅游等河口海岸活动，每年可产生 80 亿～120 亿美元的经济效益；75%的美国迁徙鸟类依赖于墨西哥湾的河口海岸湿地。同时，河口海岸的湿地是天然的水处理系统，是大陆和水体之间天然的缓冲区，能够消纳吸收大量营养盐、过滤入海河流水体，并保护人类家园免受洪水冲击。美国的国家河口计划虽然是一个消除污染行动，但实际上美国的河口海岸的生境和生态系统也已陷入困境，如旧金山湾 95%的原始湿地已被破坏，加尔维斯顿湾 85%的海草床退化，康涅狄格沿海超过 30%的湿地丧失，路易斯安那沿海湿地每年消失 65 平方千米。因此，保护和修复河口海岸的重要性不言而喻。

在过去很多年里，美国也做了大量的河口和海岸生境修复工作，主要以单个项目形式进行，同时，美国也通过众多的单个项目总结积累并开发了很多技术，如在切萨皮克湾，应用海洋石灰岩作为替代基质用于修复牡蛎礁；在比斯坎湾,通过修复红树林提高了水质,鱼类和野生动物也因此获益;在路易斯安那河口海岸,通过建设灌木林和防波堤、重建沿岸沙脊和沼泽梯田、疏浚淤泥、恢复海岸沙丘等手段,保护岸线蚀退;在太平洋岛屿开展修复活动,在珊瑚礁清理渔网,控制有害物种、限制污染物排放等;在普吉特海湾,通过修复沼泽地和上游流域重建了泥沼和河流;在安大略湖,通过重建上游的洄游通道修复渔场等。

这些具体的示范修复促进了河口生境的自然恢复过程,使得河口生机盎然。美国不断总结经验,逐渐向大尺度的生态恢复项目转变,并于 2002 年,制定了"海岸和河口生境恢复的国家战略",从国家层面确立了国家的海洋生态恢复目标和发展方向。"海岸和河口生境恢复的国家战略"包括宗旨、实施框架、修复计划的区域分析报告 3 个主要部分。

"海岸和河口生境恢复的国家战略"的宗旨涵盖生境修复、恢复伙伴关系、修复计划和优先级设置、科学技术、监测和评估、服务和教育、经费等多个方面。生境修复主要是通过实施修复工程技术以恢复生态系统健康,满足野生动物、鱼类和贝类生长需要。恢复伙伴关系是指构建和保持有效的公私修复关系,最大化发挥联邦、州、当地的修复力量。修复计划和设定优先顺序是指鼓励在美国河口海岸设置优先级和修复计划。科学技术是指在修复工程的设计和实施中,应用最合适的修复科学与技术。监测和评估是指从工程和河口状况两方面评估河口海岸生境修复工作的有效性。服务和教育是指提高政府、企业、社区和公众的意识,支持并加入河口海岸的修复和保护。经费是指从多方面筹措资金,用来实施修复工程和行动,完成地面工程、执行监测计划和推广经验措施。

"海岸和河口生境恢复的国家战略"的实施框架主要包括制定流域或河口计划、发展修复项目、设置优先项目三方面。制定流域或河口计划,主要包括评估流域或河口现状,如生境、生态、社会经济、衰退原因和速度、修复生境现状等;按照损失的严重程度、生态服务功能的优劣、修复成功的可能性、公众是否支持等将河口或流域的需求排序分级;建立并书面规定每个修复计划的修复目标和优先级,并予以公示,在必要时可适当修订。发展修复项目主要通过合理的设计、构建、监测和适应性管理,确保修复工程能够为整个生态系统修复做出贡献;明确项目目标、确定合适的方法、选择监测方法和相应标准、实施项目并检验项目成果、允许中期修正、项目信息共享。设置优先项目主要需考虑区域的有限资源的分配;在区域内按照需求的重要性、生境提供的生态服务功能、社会经济服务、修复成功的可能性、公众支持等将需求排序分级;评估项目实施过程中的一致性和连贯性,直到修复成功。

"海岸和河口生境恢复的国家战略"修复计划主要从东北大西洋、东南大西洋、墨西哥湾、加利福尼亚及太平洋海岛、西北太平洋、北美五大湖6个区分析河口海岸生境修复计划。在区域层面,各生态修复区域也制定了详细的生态修复计划,以及相关技术指南。每个生态修复区域的分析报告包括丧失、保存、保护和修复的面积;需要保护和修复的关键生境和物种,如湿地、灌木丛、河岸和鱼类等;人类活动对生境和物种构成的主要威胁,如地面沉降、围填海、排水工程和有害物质等;修复需要达到的目标,如保护鱼类和野生动物生境、提高水质等;成功的修复方法和技术,如修复潮流和植被建设等;区域层面中成功修复计划的关键因素,如示范选取标准、参照站点、适应性管理和经费等;进一步研究和开发修复工作的需求,如项目评估和修复成功标准、人工再育滩方法和疏浚淤泥的利用等。

1. 墨西哥湾区

墨西哥湾区主要是德克萨斯、路易斯安那、密西西比、阿拉巴马和佛罗里达的海岸。本区在六大区域中,拥有最大最多的滨海湿地;排水面积约400余万平方千米,相当于美国大陆陆地面积的60%;沿墨西哥湾岸区,大约有25万平方千米河口排水区。这些河口养育了美国一半以上的湿地,以及众多城市和社区,如柯柏斯·克里斯蒂市、休斯敦、新奥尔良、坦帕市等。

墨西哥湾岸区是美国人口增长最快的区域之一,同时墨西哥湾岸区是世界上渔业生产最富饶的区域之一。许多模范项目和计划用于墨西哥湾岸区的修复,如墨西哥湾计划在修复实施过程中,针对有效利用伙伴关系方面提供了示范,墨西哥湾计划是18个联邦和州的机构共同努力的结果,涉及5个环湾州和各种公共部门及私人机构。"海岸2050计划",是路易斯安那针对海岸和海岸社区生态修复的战略计划,该计划是以路易斯安那海岸湿地修复计划和海岸湿地保护修复计划为基础,许多联邦、州、当地的企业和地主、环境专家和学者加入了该计划。

墨西哥湾区的修复计划详细介绍了墨西哥湾的基本状况、关键生境和物种、生境相关活动、生境现状和变化趋势、区域计划影响力以及墨西哥湾子区域的修复情况。墨西哥湾区域分为西部、中部、东部、南部子区域,每个子区域从范围、生境状况、修复计划和计划要素等进行了详细的阐述。

以墨西哥湾西部子区为例,西部子区域的生境丧失主要表现在岸线侵蚀、生境破坏、水质和沉积物质量降级,这些生境丧失主要是由于物种入侵和疏浚填海、岸线破坏等人类活动影响所导致的。点源和非点源污染以及生态径流量的减少,造成了水质和沉积物降级,对该子区域的生境构成威胁;同时,持续增长的大量土地利用对生境也产生了不良影响;对于渔业资源构成的威胁主要有捕捞压力、拖网捕捞、附带渔获等。修复计划主要有"德克萨斯州海岸管理计划"(TCMP)、"海岸弯曲海湾计划"、"德克萨斯州海草保护计划"、"清洁河流计划"、"阿兰萨斯流域保护计划"等。修复计划的目标集中在提高和保持河口生境的质量和多样性,并优先考虑提高水质;减少垃圾;减少点源和非点源污染;建立海草床和灌木丛生境;维护淡水径流量等。修复计划的方法主要是利用疏浚淤泥或人工池塘构建湿地、通过推动最优管理实践活动提高生境和水质;提高地主的积极性;开发综合的区域水环境管理计划等。修复计划的成功要素主要是突出体现多个机构的合作需求;生态系统层面实施计划和修复;在计划和实施阶段都要有高度的公众参与意识。修复计划要通过长期监测获得生境功能和整个输入转移路径及其生物效应的信息。

2. 西北太平洋区

西北太平洋区主要范围是阿拉斯加海岸、华盛顿州和俄勒冈州。该区域有超过 4 万英里长的海岸线,包含数种三文鱼、几百个河口、太平洋沿岸最大的单体大叶藻和最大的湿地综合体;包含 3 000 平方千米的潮滩湿地;美国陆地 25% 的淡水径流汇入该区域。这些河口养育着美国超过 90% 的野生三文鱼和三文鱼孵卵,以及快速增长的海岸城市社区,如俄勒冈州和华盛顿州海港城镇、普吉特海湾的西雅图地区、阿拉斯加东南沿海社区等。

西北太平洋区的普吉特海湾生境大量丧失,互花米草入侵和繁衍是该区域逐渐显现的问题。在阿拉斯加州,1989 年瓦尔迪兹石油泄露事件成为推动生态系统研究的催化剂,汇编了大量关于海洋资源的信息。在过去几年里,俄勒冈州和华盛顿州海岸以及哥伦比亚河河口受到了明显破坏,如哥伦比亚河河口超过 50%的潮滩被毁坏。虽然区域层面的河口修复计划在西北太平洋区仍在实施,如华盛顿州的三文鱼修复计划、俄勒冈州和华盛顿州的哥伦比亚河口计划等,但是,单个河口或海盆也有一些计划在实施。国家河口修复战略和联邦资金将会显著推动和实施综合的河口修复战略。

同墨西哥湾区修复计划一样,西北太平洋区的修复计划也详细介绍了西北太平洋区的基本状况、关键的生境和物种、生境相关活动、生境现状和变化趋势、区域计划影响力以及西北太平洋子区域。西北太平洋区分为阿拉斯加、普吉特海湾、俄勒冈州与华盛顿州海岸以及哥伦比亚河河口 3 个子区域,每个子区域都对其范围、生境状况、修复计划、计划要素等进行了详细阐述。

二、欧盟

欧盟是一个由 20 多个成员国组成的政治经济共同体,陆地边界 2/3 以上是海岸,海岸线总长约 7 万千米,40%的人口居住在沿海地区,海洋产业产值占欧盟 GDP 的 40%,90%的国际贸易与商业活动依赖海洋。但是,受各种人类活动的累积性影响,海洋利用活动经常发生矛盾与冲突,海洋环境不断恶化。

欧盟在保护河口海岸和海洋环境时面临复杂和多方面的问题,海洋与河口海岸环境承受着来自陆源和海洋污染的压力。欧盟保护海洋环境的法律正逐渐扩展到许多相关领域,如在拯救欧洲渔业及确保渔业长期永续发展的共同渔业政策(CFP)、控制营养盐和化学物质输入的水框架指令(WFD)等。但这些法律法规,虽然是对海水水质保护的重要工具,但却只是碎片化或仅从行业的角度出发,保护海洋免受一些具体的环境压力。因此,为了更全面地保护海洋环境,欧盟采用了两种措施:一个是 2002 年提出《与海岸带综合管理相关的欧洲议会和欧洲理事会建议》;另一个是 2008 年制定的《海洋战略框架指令》,该指令主要是为保护欧洲所有河口海岸和海洋水体提供了综合性的战略措施。

(一)海岸带综合管理

尽管欧洲河口海岸带自然、社会经济、文化等资源的不断恶化,但河口海岸带计划行动或发展决议仍然是以行业的和分散的方式执行,造成资源的低效率利用和冲突矛盾不断，从而失去了河口海岸带更加可持续发展的机会。基于此，2002年5月欧盟发布了《与海岸带综合管理相关的欧洲议会和欧洲理事会建议》，该建议要求欧盟成员国坚持可持续发展战略和欧盟议会决议以及欧盟委员会指定的第六次社区环境行动计划，并从管理河口海岸带方面提出8项战略性措施，分别是：①河口海岸的环境保护，从生态系统的角度出发，维护其完整性和功能性以及海岸带资源的可持续发展；②气候变化对河口海岸带的影响，以及海平面上升和风暴潮的频发带来的破坏；③采用合适的、生态的海岸带保护措施，包括海岸带人居环境和文化遗址的保护；④可持续的经济发展机会和就业选择；⑤在当地社区建立基本的社会文化系统；⑥为公众保留充足的土地，既能休闲娱乐又有美学价值；⑦维持或加强与偏远地区的联系；⑧促进陆地与海洋有关机构的合作，实现陆海统筹协调发展。

同时，为了落实这些战略措施，该建议又提出8项海岸带综合管理的基本原则：①开阔的整体视野，考虑海岸带自然生态系统和人类活动之间的相互依赖与影响；②长远视野，考虑预防性原则以及当代和后代的需求；③随着问题和知识的变化和积累，采取相应的管理措施，这需要相关科学研究的支撑和完善；④区域特定性和欧洲海岸带的多样性，需要具体情况具体分析；⑤遵循自然规律，尊重生态系统的承载力，从而使人类活动更加具有环境友好性和社会责任性，有利于经济的长期发展；⑥涉及所有与管理有关的群体（经济和社会合作伙伴，代表海岸带居民的组织，非政府组织和商业群体等）达成一致并共同承担责任；⑦支持和引入相关国家、区域和地区层面的行政机构，建立或维持这些机构之间的联系，便于实施现有的政策措施，并加强区域和地区机构之间的合作；⑧使用综合的方法，促进行业政策目标、规划和管理的一致性。

（二）海洋战略框架指令

《欧盟2005—2009年战略》指出，"需要制定综合性海洋政策，在保护海洋环境的同时使欧盟的海洋经济持续发展。"。2006年，欧盟颁布了题为"面向一个未来的欧盟海事政策：欧洲海洋意愿"的《欧盟海洋政策绿皮书》，并要求各成员国围绕《欧盟海洋政策绿皮书》开展为期一年的磋商与讨论；2007年，在各成员国磋商成果的基础上，欧盟委员会颁布了欧盟《海洋综合政策蓝皮书》，指出分散决策与条块分割管理已经无法适应海洋事业发展的需要，必须采用综合的决策与管理方法。2008 年 6 月,欧盟出台了《欧盟海洋综合政策实施指南》,提出用战略方法制定国家海洋政策、建立国家公立机构决策管理框架、发挥沿海地区的其他局部地方决策者的作用、利益相关者参与海洋综合政策的决策以及提高区域合作效率[4]。

在上述海洋综合政策的指导下,2008 年,欧洲议会和欧洲理事会制定了旨在海洋环境保护方面采取共同行动的框架指令——《欧盟海洋战略框架指令》(以下简称《框架指令》)。《框架指令》是世界上第一部基于生态系统方法的海洋综合管理规则,确定了欧盟海洋管理目标和欧盟行动框架,《框架指令》针对战略项目实施进行了规范,为各成员国设定了目标、行动原则、程序要求和时间安排,针对指定的海洋水体,为有关成员国设定了职责及履行时间表,同时规定了欧盟的监督和协调职责。

《框架指令》的最终目标是要求成员国采取必要措施,到 2020 年达到或维持海洋水体的良好环境状况。《框架指令》对"良好环境状况"做出了如下说明:"良好环境状况下的海洋水体以其自身条件能够提供清洁、健康、多产的生态多样化和动态化海洋,对海洋环境的利用是可持续的,能够满足当代人和后代人的使用和活动需要。"同时,《框架指令》根据地理和环境状况划定了欧盟海洋区和子区域,其中,欧盟海洋区分别是波罗的海区、东北大西洋区、地中海区和黑海区。

为了实现这一目标,《框架指令》要求各成员国制定各自的海洋战略,且随时进行更新,每 6 年检查一次。海洋战略的内容主要包括国家海洋水体和海洋环境现状,以及人类活动和社会经济对海洋水体和海洋环境的影响;国家海洋水体关于"良好环境状况"的定义;环境目标和有关的考核指标;监测计划;实施措施计划等。海洋战略的制定和实施必须保护和维护海洋环境,防止海洋环境恶化,修复受损的海洋生态系统;控制和减少海洋环境污染,确保不会对海洋生物多样性、海洋生态系统、人体健康、合理利用海洋等产生显著影响。

《框架指令》指出海洋战略的实施应该基于生态系统方法管理人类活动,确保人类活动积累的压力能够符合良好环境状况的要求,人类活动不会影响到海洋生态系统的承载力,对现在和将来的一代人而言,能够实现海洋资源和服务功能的可持续利用。《框架指令》强调了在国家层面、区域层面、欧盟层面和国际层面上采取行动保持一致性和连贯性的需要,在国际层面上还包含了与非欧盟国家的合作问题。同时,《框架指令》也指出,当不同海洋区域面临的问题发生实质性变化时,管理方案必须随之发生改变。除了认识到国家间在不同层面采取行动必须具有一致性的问题外,《框架指令》也强调了与其他保护海洋环境的欧盟政策进行横向协调的必要性,例如共同渔业政策、共同农业政策、水政策指令以及其他相关的国际协议。从这个意义上讲,《框架指令》致力于从地方层面到国际层面的海洋利用综合管理,可以看做是对先前在划分的基础上采取政策造成弊端的纠正措施。

三、澳大利亚

澳大利亚联邦政府及各州在海洋资源开发管理、海洋生态环境保护、海洋权益扩展和国际海洋事务参与等方面做了许多有益的尝试。澳大利亚十分重视海洋立法,建立了比较健全的法律制度,并出台了国家海洋政策。针对国内现有各种海洋开发利用活动,联邦政府或州政府均制定了相应的法律,如海岸保护管理法、渔业法、国家公园和野生动物保护法、海洋公园法、环境保护和生物多样性法案和沿岸水域法等。通过区域性海洋规划来实施海洋政策,如通过实施《联邦海岸带行动计划》,对海岸带进行功能区划管理,又通过出台《澳大利亚海洋产业发展战略》《澳大利亚海洋政策》《澳大利亚海洋科技计划》等,明确海洋经济发展政策与思路,为规划和管理海洋资源及其产业发展提供战略依据。

1998年12月,经联邦政府总理批准,澳大利亚政府实施《澳大利亚海洋政策》,从国家层面协调所有海洋活动。该海洋政策的核心是保护生物多样性和生态环境。对可持续利用海洋的原则、海洋综合规划与管理、海洋产业、科学与技术、主要行动5个部分作了详尽的规定,为规划和管理海洋开发利用提供了政策依据。

澳大利亚海域由联邦和地方分级管理,近岸3海里内的区域由州和地方政府管辖,近岸3海里以外至专属经济区和大陆架的外部界限的区域由联邦政府管辖。联邦政府主要涉海部门为农、渔、林业部,环境、水资源、文化遗产和艺术部,司法部,基础设施、运输和区域发展部,资源、能源和旅游部等。目前澳大利亚海洋事务协调工作由自然资源管理部长委员会承担。澳大利亚自然资源管理部长委员会成立于 2001 年,主要职责为监督、评估并报告澳大利亚海洋事务情况,以及针对自然资源管理情况。该委员会于 2006 年发布了《综合海岸带管理国家协作途径——框架与执行计划》,综合分析了澳大利亚海岸带所面临的压力与问题,重点开展流域–海岸–海洋交叉集成研究;基于陆地和海洋的海洋污染源研究;海岸带与气候变化研究;海岸带有害动植物研究;人口变化与海岸带研究;海岸带环境与经济长期监测等方面的研究。其研究特点集中体现在将流域–海岸–海洋作为一个交叉连续的统一体来研究,强调海岸带的界面(流域与海洋、自然与人文)属性。在此基础上,该计划确定了国家海岸优先发展的领域,对澳大利亚今后的海岸发展发挥着指导作用。

四、国外河口三角洲生态环境保护的启示 ▶

(一)可持续发展理念

许多国家对河口三角洲的生态环境保护已经法制化,并且强调可持续发展的理念。我们需要从国家层面实施可持续发展的河口三角洲开发利用政策,既不能只开发不保护,也不能全保护不开发,要逐步建立三角洲生态保护与开发利用平衡,以良好的生态环境保护吸引娱乐和商业开发,以健康的娱乐和商业开发活动进一步促进生态环境的保护,实现河口三角洲生态环境保护与开发利用和谐发展。

(二)建立全流域水污染防控体系

重视水污染防控体系建设是国外河口三角洲环境治理的一个共同特点。河口三角洲位于河流的最下游,是河流上游和中游污染的累积承受者,因此,河口三角洲污染防治是一个全流域的、跨行政区的系统工程,需要各流域彼此配合、密切合作。加强对各流域污染控制和防治的同时,也要加强水资源优化配置、提高水资源有效利用率、保护河口湿地的生态环境,实施滨海湿地修复工程等。

(三)污染防治先行,逐步过渡到生态保护

河口三角洲位于海洋与河流相接处,有大面积的湿地,容易受到海洋河流相互作用的影响,再加上人类活动的干扰和风暴潮等自然灾害的影响,维

持河口生态平衡困难重重。随着河口三角洲污染的加剧和湿地面积的减少，湿地中的生物受到直接影响，河口三角洲生物多样性迅速丧失，功能逐渐下降，导致生态环境恶化，资源丧失，甚至影响经济发展和人类的居住等。从各国的治理过程和经验来看，发达国家基本上都经历了从控制污染向生态保护的转变，河口三角洲的生态系统健康是环境综合治理的最终目标。

第四章　我国河口三角洲生态环境现状与趋势

一、我国河口三角洲的开发利用和社会经济概况　▶

　　我国占陆地国土面积13%的沿海经济带，承载着全国42%的人口，创造60%以上的国民经济生产总值(GDP)，其中长江三角洲、黄河三角洲和珠江三角洲是我国最重要的河口三角洲，在人口和GDP方面有重要的贡献，长江三角洲的GDP贡献份额和人口数目方面都是全国最大。根据《2013长江三角洲经济社会发展报告》[5]，2012年，"长三角"地区占全国GDP总量的比重为17.3%。另根据《中国城市群发展报告2014》[6]，目前中国六大城市群综合指数水平的排名依次为："长三角"、"珠三角"、京津冀、山东半岛、中原经济区、成渝经济区。"长三角"和"珠三角"是城市化发展水平最高的两个地区。

　　虽然河口三角洲在城市化水平、经济规模上总体上位于全国前列，但是不同的河口三角洲的发展模式却不一样。我国河口三角洲经济发展主要是以长江三角洲粗放型发展模式和珠江三角洲劳动密集型模式为典型代表。长江三角洲主要是以制造业基地的特征而崛起，珠江三角洲由于率先实施改革开放政策，崛起为外向型出口加工业密集的"世界工厂"，经过20多年的发展，珠三角创造了我国近三成的对外贸易额。"长三角"、"珠三角"的崛起，显示了一种高密度、高强度、高能耗的经济增长模式。随着两地区工业化的不断加快，经济发展与生态环境之间的矛盾越来越突出，区域环境质量恶化，直接影响了社会经济的可持续发展。

　　其他河口三角洲在发展程度上落后于长江三角洲和珠江三角洲。对于排在第二梯队的黄河三角洲，开发建设较晚，理论和实践经验不足，经济发展水平还比较落后，在产业结构、人才储备、基础设施建设、区域合作等方面依然存在很多不足,无法与长江三角洲、珠江三角洲地区相比,故其在发展模式上试图采取一种不同于前两位的发展模式,即根据黄河三角洲自身的特色,因地制宜,走一条高效生态经济的发展模式[7]。

二、我国河口三角洲面临的环境压力

(一)入海污染负荷增大

我国入海河流的水质整体较差。根据 2013 年《中国近岸海域环境质量公报》,全国 200 条入海河流监测断面中,超过《地表水环境质量标准》(GB 3838—2002)Ⅳ类及以下的监测断面比例高达 53.5%,其中 70 个为Ⅳ~Ⅴ类,占 35.0%,37 个为劣Ⅴ类,占 18.5%。200 个入海河流断面中,超过《地表水环境质量标准》(GB 3838—2002)Ⅲ类标准限值的主要因子是化学需氧量、生化需氧量、氨氮、总磷和高锰酸盐指数,部分断面石油类、溶解氧、阴离子表面活性剂、挥发酚、氟化物、汞、硫化物超标。根据 2006—2013 年《中国近岸海域环境质量公报》[8],每年入海河流断面水质均属于Ⅳ类及以下超过 50%,而比较好的Ⅰ~Ⅲ类水质不到 50%(图 2-5-1)。另外,对于劣Ⅴ类水质,2008年达到 47.5%,虽然 2008 年后劣Ⅴ类水质比例逐渐下降,但劣Ⅴ类水质依然占据较大的比重。

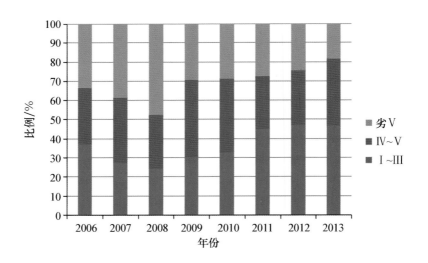

图 2-5-1 2006—2013 年入海河流断面水质类别

我国入海河流污染物通量居高不下。根据国家海洋局发布的 2004—2014 年《中国海洋环境质量公报》[9]中全国主要入海河流污染物数据,监测的主要河流(长江、珠江、黄河、岷江、钱塘江等)入海污染物总量总体呈现波动式上升趋势,特别是 2010—2014 年这 5 年的污染物通量明显要比 2004—2009 年大。2012—2014 年的营养盐通量持续偏高,比 2011 年的高 33%(图 2-5-2 和图 2-5-3)。

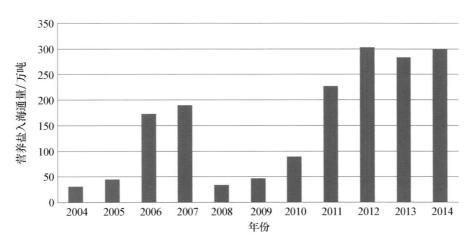

图 2-5-2　全国主要河流营养盐入海污染通量

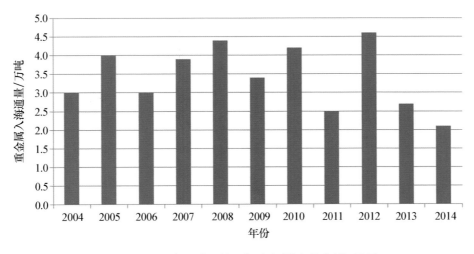

图 2-5-3　全国主要河流重金属入海污染通量

(二)河流水沙输入减少

泥沙供给的多寡是影响河口海岸侵蚀与堆积的重要因素。河流输沙是河口海岸地区泥沙供给的主要来源,我国沿海入海河流的泥沙输出量巨大,输出量的变化对河口海岸岸滩的淤进与后退有举足轻重的作用。据国家海洋局 2011 年发布的《中国海洋环境深度报告》[10]报道,我国大型水利工程数量高居世界第一,大型水利工程导致河流入海径流和泥沙锐减,其中 8 条主要大河年均入海泥沙从 20 世纪 50—70 年代的约 20 亿吨,减少至近 10 年的 3亿~4 亿吨(表 2-5-5)。另外,随着我国经济的快速发展,一大批水利工程正在或拟将兴建,这些工程的建设将不同程度进一步减少河流的入海流量和沙量,从而将改变河口海岸地区蚀积的格局,原来快速淤积地区的淤积速率减慢,低淤积速率的地区转化为侵蚀,原来遭侵蚀的地区侵蚀速率增强。

表 2-5-5　2005—2014 年我国主要河流代表水文站年输沙量

河流	代表水文站	年输沙量/万吨								
		2005 年	2006 年	2007 年	2008 年	2010 年	2011 年	2012 年	2013 年	2014 年
长江	大通	21 600	8 480	13 800	13 000	18 500	7 180	16 100	11 700	12 000
黄河	潼关	32 800	24 700	25 400	13 000	22 700	13 200	20 600	30 500	6 910
淮河	蚌埠+临沂	847	223	526	445	605	30.8	227	48.7	153
海河	石匣里+响水堡+张家坟+下会	6.16	32.5	4.11	15.4	3.01	3.11	1.03	2.17	1.5
珠江	高要+石角+博罗	3 630	4 530	1 510	4 460	2 500	1 270	2 310	2 440	1 740
松花江	佳木斯	2 430	1 590	341	263	1 670	793	913	2 070	1 140
辽河	铁岭+新民	261	62	58.3	109	458	71.1	64.7	305	115
钱塘江	兰溪+诸暨+上虞东山	171	144	169	178	507	407	523	256	617
闽江	竹岐(二)+永泰(清水壑)	737	717	138	45	1 180	49.7	207	94.5	187
塔里木河	阿拉尔+焉耆	2 230	2 210	980	1 060	3 070	2 680	1 540	1 100	364
黑河	莺落峡	3.69	48.9	18.6	131	7.9	43.2	165	134	84.7
合计		64 700	42 700	42 900	32 700	51 200	25 700	42 700	48 700	23 300

根据水利部2005—2014年发布的《中国泥沙质量公报》[11]，主要河流代表水文站年输沙量呈现显著的下降趋势。2014年长江的年输沙量为12 000万吨，与2005年相比，减少45%；黄河年输沙量的减少更为显著，近10年减少约80%；水利部监测的11条河流的总输沙量减少趋势明显，从2005年的64 700万吨减少到2014年的23 300万吨，减少比例高达64%。

流域入海物质水沙通量的变化导致河口三角洲侵蚀后退。我国在50多年前，除了个别废弃河口三角洲被侵蚀后退外，绝大多数海岸呈缓慢淤进或稳定状态，海岸侵蚀尚不突出。自20世纪50年代末期开始，我国海岸线的侵蚀态势出现了逆向变化，海岸侵蚀日益明显，多数砂质、泥质和珊瑚礁海岸由淤进或稳定转为侵蚀，导致岸线后退。20世纪90年代初约有70%的砂质海滩和大部分处于开阔海域的泥质潮滩受到侵蚀。近20多年来，岸滩侵蚀范围在继续扩大，侵蚀强度也在增强。

（三）全球变化

全球性增温和海平面上升及其影响已引起了世界沿海国家的高度重视。政府间气候变化专门委员会（IPCC）评估报告指出，20世纪全球平均气温上升了（0.6±0.2）℃，同期全球海平面上升速率为（1.7±0.5）毫米/年，未来100年，全球气温将升高1.6~6.4℃，全球海平面将升高0.22~0.44米，且区域间差异明显，到2050年全球海平面上升0.2米，到2100年上升0.49米。

我国平均气温升高幅度达0.5~0.8℃；我国沿海海平面上升速率为2.5毫米/年。近30年，我国沿海各省（自治区、直辖市）的年代际海平面变化呈现明显的区域性差异。其中，上升最为明显的岸段是天津、山东、江苏和海南沿海，辽宁、上海、浙江、福建、广东和广西沿海次之，河北沿海上升最为缓慢（表2-5-6）。

表2-5-6　中国沿海各省（自治区、直辖市）年代际海平面上升　　　毫米

省、市、自治区	2001—2010年与1991—2000年相比	2001—2010年与1981—1990年相比
辽宁	20	55
河北	9	18
天津	31	62

续表

省、市、自治区	2001—2010 年与 1991—2000 年相比	2001—2010 年与 1981—1990 年相比
山 东	30	66
江 苏	21	62
上 海	14	47
浙 江	22	46
福 建	33	50
广 东	20	57
广 西	22	48
海 南	29	69

全球海平面上升是由气候变暖导致的海水增温膨胀、陆源冰川和极地冰盖融化等因素造成的。在全球气候变化背景下,我国沿海气温与海温升高,气压降低,海平面升高。1980—2014 年,我国沿海气温与海温均呈上升趋势,速率分别为 0.35℃/10 年和 0.19℃/10 年,气压呈下降趋势,速率为 0.26 百帕/10 年;同期,海平面呈上升趋势,速率为 3 毫米/年。2014 年,我国沿海气温与海温较常年(《中国海平面公报》将 1975—1993 年的平均状况定义为常年状况,简称"常年")分别高 1.2℃与 0.7℃;气压较常年低 0.3 百帕;同期海平面较常年高 111 毫米(图 2-5-4)。

河口三角洲地区遭受海平面上升的威胁最为强烈、情况也更复杂,我国长江、黄河和珠江三大河口已成为全球遭受海平面上升影响最严重的地区。据估计,海平面每上升 0.54 米,滩涂将损失 24%~34%,若上升 1 米,则损失 44%~56%,使低潮滩转化成潮下带。海水入侵区出现了大片的盐渍地,对当地生态造成了严重的负面影响。此外,由于海平面上升,海堤需要加高加固,如按我国沿海现有海堤 9 997 千米计算,未来 50 年海平面上升 0.30 米,海堤需要加高 1.0 米,需花费 150 亿~200 亿元人民币。虽然目前影响海岸侵蚀的各种因素中海平面上升的比重比较小,但海平面上升的影响是复杂的、综合性的,且具有长期性、潜在性和累积性。华东师范大学河口海岸学国家重点实验室科研团队研究认为,上海未来 20 年海平面将上升 10~16 厘米,即海水每年都要上涨 5~8 毫米。在海平面上升的同时,上海地面也在沉降,这导致理论海平面上升速度的参考价值非常有限。海平面上升意味着中国海平面

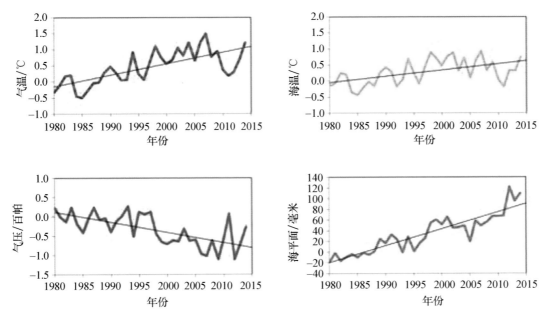

图 2-5-4　1980—2014 年我国沿海气温、海温、气压与海平面变化

基准面(中国水准零点)的上升,而这一基准面直接影响到广泛使用的"海拔高度"概念,与之紧密联系的地理测量和工程建设也会因此受到重大影响。

　　总之,河口海岸带存在海平面上升、岸滩侵蚀、近海水质污染,以及湿地丧失,生物多样性遭到破坏等环境问题。在社会发展和沿海经济建设进程,以及陆海相互作用研究中,三角洲岸滩的蚀退和河口近岸水域环境的恶化是两个最突出的问题,而河流入海水沙、营养盐和污染物的交互作用及通量变化是问题的起因,加之海洋动力作用和海平面变化的影响使问题更趋于复杂化。

三、我国河口三角洲突出的生态环境问题　　　　　▶

(一)河口富营养化问题突出

　　我国近海营养盐污染严重的海域集中在河口和海湾区域。根据 2014 年环境保护部发布的《中国近岸海域环境质量公报》和国家海洋局发布的《中国海洋环境质量公报》,我国污染严重的海域主要分布在辽东湾、渤海湾、莱州湾、长江口、杭州湾、浙江沿岸、珠江口等近岸海域(图2-5-5)。我国近海海水中溶解无机氮和活性磷酸盐的问题比较突出,其中含氮营养盐的污染问题尤为突出,且在过去的几十年中营养盐浓度和组成发生了显著变化,主要表现为无机氮浓度和氮、磷比持续增大。

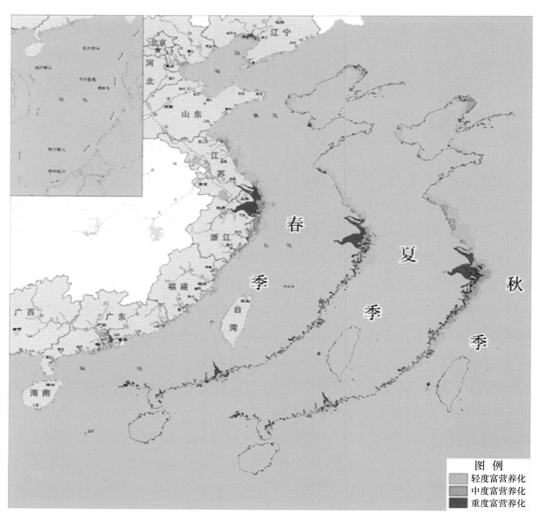

图2-5-5 2014年我国管辖海域海水富营养化状况示意图

营养盐浓度和结构的变化对河口生态产生了显著的影响。长江口海域叶绿素a浓度从20世纪80年代中期到21世纪初增大了3倍,同期长江口及其邻近海域赤潮事件发生频率则增大了几十倍。大型底栖动物种类数自20世纪80年代中期锐减,而总生物量的变化则呈现出"铃形"曲线,且以20世纪 80 年代中期为最大值[12]。在厦门海域,研究发现富营养化和营养盐结构长期变化引起浮游植物群落的长期演替,导致浮游植物群落结构单一、小型化、生物量增加、甲藻种类增加等变化趋势;在北海北部,由于 P/Si、N/Si 值的增加导致了硅藻被鞭毛藻所代替,使浮游植物种类的组成发生了变化;在胶州湾,营养盐结构的改变引起了生态环境一系列的变化,如大型硅藻的减少和浮游植物优势种组成的变化等。与此同时,近年来中国大规模赤潮屡有报道,特别在闽浙一带和长江口附近的东海海域,可见富营养化已经成为我国近海所面临的重要环境问题,改变了近海浮游生态系统的结构与功能,严重影响到近海资源与环境的可持续利用。

(二)河口海湾盐水入侵与土壤盐渍化

咸潮多发于河流的枯水期,这时河流水位较低,海水比较容易倒灌入河。我国大部分地区属季风气候,降水有明显的季节变化。旱季时,河流处于枯水期,咸潮影响明显增强。若遇到大旱年份,咸潮危害更大。

海平面上升加剧咸潮蔓延。据《2014 年中国海平面公报》[13],1980—2014 年之间我国沿海海平面上升速度为 3.0 毫米/年,高于全球平均水平。2014 年,我国沿海海平面较常年高 111 毫米,较 2013 年高 16 毫米,为 1980 年以来第二高位。随着海平面的上升以及风暴潮和近岸海浪的影响,导致我国河口地区咸潮入侵的频次越来越多,持续时间延长,上溯影响范围越来越大。盐水入侵严重的河口包括珠江口、长江口等重要河口。珠江口自 2004 年以后,每年都发生盐水入侵,特别是 2005 年和 2009 年枯水期,咸潮强度前所未有,给珠江三角洲的城市供水带来严重威胁。据《2014 年中国海洋灾害公报》[14],珠江口全年共监测到咸潮入侵过程 8 次,影响最严重、持续时间最长的咸潮入侵持续时间 15 天。长江口 2014 年全年共监测到咸潮入侵过程 4 次,其中遭遇了 1993 年以来时间最长的一次咸潮入侵过程,持续时间 23 天。咸潮的入侵加剧了三角洲的土壤盐渍化,珠江三角洲和黄河三角洲的土地盐渍化程度非常严重,严重制约了当地农作物经济。

据《中国海洋环境质量公报》,2007 年,辽东湾北部及两侧的滨海地区,海水入侵的面积已超过 4 000 平方千米,其中严重入侵区的面积为 1 500 平方千米。盘锦地区海水入侵最远距离达 68 千米。莱州湾海水入侵面积已达 2 500 平方千米,其中莱州湾东南岸入侵面积约 260 平方千米,莱州湾南侧

（小清河至胶莱河范围）海水入侵面积已超过 2 000 平方千米，其中严重入侵面积为 1 000 平方千米。莱州湾南侧海水入侵最远距离达 45 千米。

2007 年，广西北海和钦州发生轻度海水入侵，入侵范围距岸线 1 千米内，严重海水入侵区在北海市南部沿岸距岸 0.3 千米范围内，其矿化度达 15 克/升。海南三亚市田独镇轻度海水入侵距岸 0.5 千米范围内，矿化度为 1.20 克/升，严重入侵距岸 0.25 千米范围内，矿化度为 4.67 克/升。表 2-5-7 给出了海水入侵水化学观测指标与入侵程度等级划分。

表 2-5-7　海水入侵水化学观测指标与入侵程度等级划分

分级指标	I	II	III
氯离子 Cl⁻/（毫克·升⁻¹）	<250	250~1 000	>1 000
矿化度 M/（克·升⁻¹）	<1.0	1.0~3.0	>3.0
入侵程度	无入侵	轻度入侵	严重入侵
水质分类范围	淡水	微咸水	咸水

截至 2012 年年底，土壤盐渍化严重地区分布于渤海滨海平原地区，盐渍化范围一般距岸 10~30 千米，主要盐渍化类型为氯化物型、硫酸盐-氯化物型和硫酸盐型轻盐渍化土和盐土。黄海、东海和南海滨海地区土壤盐渍化范围小，其中黄海沿岸辽宁丹东东港北井子镇、山东威海地区盐渍化范围一般距岸 5~9 千米，盐渍化主要类型为硫酸盐-氯化物型和硫酸盐型中、重盐渍化土；东海和南海滨海地区盐渍化范围一般距岸 3 千米以内，土壤盐渍化类型为氯化物型中盐渍化土、盐土和硫酸盐-氯化物型、硫酸盐型轻、中盐渍化土。

（三）部分河口重金属污染累积性风险加大

2000—2010 年海洋沉积物质量监测结果表明，我国近海和远海海域的海洋沉积物质量总体上保持良好，沉积物污染的综合潜在生态风险较低，但部分近岸海域沉积物污染比较严重，尤其是一些河口、海湾的沉积物污染较重，主要污染物为汞、铜、镉、铅、砷等[9]。

在河口水、沉积物介质中严重的重金属污染均有报道。Wang 等 2011 年在九龙江口发现了受重金属严重污染的牡蛎，当地沉积物的铜浓度为 45~223 毫克/千克，属于中等污染水平[15]。随后 Xu 等 2013 年报道了一个渤海湾重金属污染灾区:受附近金矿开采和冶炼活动影响,山东界河河口的溶解态铜、锌浓度分别高达 2 755 微克/升和 2 076 微克/升,沉积物的铜浓度达到 1 462 毫克/千克,这是目前我国近海环境铜污染的最高记录[16]。2010 年,Yu 等调查发现珠江口沉积物的铜平均浓度比背景浓度(15 毫克/千克)高出 2 倍以上,个别区域的铜浓度更达到背景浓度的 6 倍[17]。还有调查发现了珠江口过去 100 年沉积物的重金属浓度变化,结果表明珠江口沉积物的铜、铅、锌浓度自 1970 年后均呈上升趋势,其中珠江口上游虎门附近沉积物的铜含量在 1960—1990 年间增加了约 40%[18]。

重金属污染通过生物累积也产生了海洋生物污染问题。多地发现"蓝牡蛎"、"绿牡蛎"的现象印证了铜污染问题在近海河口环境普遍存在的观点。调查发现福建九龙江口香港巨牡蛎(*Crassostrea hongkongensis*)的铜和锌浓度分别达到 14 380 微克/克和 21 050 微克/克(干重浓度,下同),肉组织整体呈蓝色。当地葡萄牙牡蛎(*Crassostrea angulata*)铜和锌浓度的最大值也达到 8 846 微克/克和 24 200 微克/克,肉组织整体呈现绿色。污染牡蛎体内的重金属已达到其干重比例的 2.4%,这可能是目前在野外海洋生物中记录到的最高重金属浓度[19]。

(四)农药、药物及个人护理品(PPCPs)、环境激素类污染风险加大

据统计,2009 年我国农药生产量超过 200 万吨,使用量达到 32.6 万吨,均超越美国而处于世界第一,而农药的单位面积用量为世界平均用量水平的 3 倍,且当前我国农药的生产量和使用量还呈继续上升趋势。研究表明,使用的农药中约有 70%～80% 直接进入了环境。农药不仅通过农产品残留影响人体健康,更直接对土壤、水和大气造成污染,由此导致的生态风险和健康风险已经成当前社会关注的热点问题,其中有机氯和有机磷农药由于使用量大、残留量多、毒性大等特点成为目前热点关注的两大类农药。这两类农药在我国典型河口地区多有检出。譬如典型的有机氯类农药 DDT(滴滴涕农药,化学名为双对氯苯基三氯乙烷)和农药六六六(化学名为六氯环乙烷)的近海生物体污染较严重地区位于天津海河入海口附近区域。有机磷类农药在部分河口和近海海域水体中也有高浓度检出。如在厦门附近的九龙江口水体中检出了甲胺磷、敌敌畏、马拉硫磷、氧乐果和乐果等共计 17 种有机磷农药,总浓度范围处于 134.8～354.6 纳克/升(平均 227.2 纳克/升),并且甲胺磷、氧

乐果、敌敌畏等农药对河口的生态环境安全已经构成一定的威胁;同期调查珠江口总有机磷农药的浓度为 4.44~635 纳克/升。莱州湾海域水体中有机磷农药浓度在 0.2~79.1 纳克/升。

药物及个人护理品(Pharmaceutical and Personal Careproducts,PPCPs)作为一种新型污染物日益受到人们的关注,主要包括抗生素、消炎止痛药、精神类药物、β 受体拮抗剂、合成麝香、调血脂药等各种药物以及化妆护肤品中添加的各种化学物质。其中,抗生素是在水环境中广泛存在的一类污染物,近年来,由于其"假"持久性并能引起环境菌群产生耐药性而备受关注。我国是抗生素的最大生产国和消费国:年产抗生素原料大约 21 万吨,出口 3 万吨,其余自用(包括医疗与农业使用),人均年消费量 138 克左右(美国仅 13 克)。抗生素的大量使用必然会导致过多的残留物进入到环境中,对环境和人类健康构成严重威胁。因此,抗生素的生态环境效应日益受到广大环境领域学者的关注,特别是在人口密度高、发展速度快的长江三角洲地区。长江口主要的抗生素是氯霉素类和磺胺类抗生素,其中,氯霉素类中检测浓度最高的是甲砜霉素,能达到 110 纳克/升,磺胺类中为磺胺吡啶浓度最高,浓度为 219 纳克/升。

内分泌干扰物也称为环境激素(Environmental hormone),是一种外源性干扰内分泌系统的化学物质,具有生殖和发育毒性,对神经免疫系统也有影响。生物体通过呼吸、摄入、皮肤等各种途径接触暴露,干扰生物体的内分泌活动,甚至引起雄鱼雌化。其中壬基酚(NP)、双酚 A(BPA)、辛基酚(OP)危害尤其严重。

这些环境激素在我国河口中普遍检出。譬如,对长江口及其临近海域壬基酚(NP)的研究表明,NP 在表层水、悬浮物和表层沉积物中的浓度分别为 14.09~173.09 纳克/升、7.35~72.02 纳克/升及 0.73~11.45 纳克/升[20]。珠江口表层水 BPA 为 1.17~3.92 微克/升,平均值为 2.06 微克/升,目前珠江口地区表层水中 BPA 生态风险较高[21]。

(五)河口生态系统和生物资源衰退

河口作为河流与海洋相互作用的区域,是许多重要海洋经济生物的产卵场、索饵场和栖息地。我国在生态监控区的河口有 5 个,其中双台子河口和滦河口—北戴河常年处于亚健康状态;长江口和黄河口在 2004 年和 2005 年处于不健康状态,从 2006 年至今,一直处于亚健康状态,健康状况略有好转;珠江口从 2004—2009 年,常年处于不健康状态,近几年才略有好转,达到亚健康状态。

滦河口—北戴河大型底栖生物密度偏低,浮游植物丰度偏高;黄河口大型底栖生物密度、生物量低于正常范围,浮游植物丰度偏高;长江口浮游植物丰度异常偏高且大型底栖生物量偏低;各河口区鱼卵仔鱼密度总体较低。我国主要河口的环境污染、生境丧失或改变、生物群落结构异常状况没有得到根本改变。

我国海洋共记录鱼类 2 880 种,渤海记录有 173 种,黄河三角洲附近海域记录 112 种,占我国海洋鱼类总种数的 3.89%,占渤海鱼类总种数的 64.7%。渤海渔业资源在 20 世纪 50—60 年代处于鼎盛时期,主要经济品种有 260 种,较重要的经济鱼类和无脊椎动物近 80 种。据专家估计,渤海渔业资源的年可捕量约在 30 万吨,而早在 70 年代年捕捞量就已经超过 30 万吨,1996 年达到 120 万吨。黄河口洄游性鱼类主要有发氏鲟、刀鲚、银鱼和鳗鲡等,其中,刀鲚为黄河溯河鱼类的典型代表,平时生活在近海处,春季进行溯河洄游产卵。20 世纪 60 年代河口刀鲚极为常见,现在已极为少见[22]。

长江口的主要经济水产动物资源目前处于全面衰退的现状[23-24]。长江口水域 2004 年的鱼类种类数和资源密度指数与 1960 年相比均出现了较大幅度的下降;虽然仍以底层鱼类的生物量占绝对的优势,但鱼类群落中优势种的种类组成却发生了较大的更替,由 1960 年以底层优质鱼类为主变为 2004 年以中上层种类和小型低值杂鱼为主,群落的多样性趋于简单化,稳定性更加脆弱。调查结果表明,长江口区渔业物种减少,资源量下降,一些物种相继消失,如鲥鱼、白鲟、白鳍豚、江豚、松江鲈鱼等均已基本绝迹。凤鲚虽仍有一定数量,但也已出现资源衰退迹象,鳗苗处于高强度捕捞状态。中华绒螯蟹产量锐减,蟹苗产量也大幅度下降。总之,长江口区主要渔业对象的资源呈全面下降趋势,不容乐观。据调查,广东原有的 70 多种珊瑚、30 多种名贵鱼类,以及江豚、海豚、海龟、鼋、儒艮、鲨等众多的品种,由于没有得到有效保护,资源量急剧下降,一些品种已多年绝迹。在短短 25 年内,广东省列入国家、省和国际保护名录的珍稀濒危水生动植物从之前的文昌鱼、鹦鹉螺等若干种扩大到近 400 种,而且接近濒危边缘的物种数目还在逐年增加。目前,广东生态功能较好的海湾、河口、海岸带不足 20%,如珠江口附近已无原生性生态海域,而丧失生态功能的局部海域"荒漠化"有从珠江口扩展到全省近海的趋势,海岸带所特有的"水生物摇篮"、抵御风暴潮、净化环境的功能严重退化。

四、我国河口三角洲生态环境保护面临的挑战 ▶

(一)沿海开发的压力将持续存在

沿海地区经济始终保持高速发展,海岸带开发利用强度的不断加大,沿海工业园区进一步聚集,重化工比例越来越大,导致污染物排放种类和数量剧增,加上环境监管不到位,部分企业偷排漏排情况时有发生等因素,对河口三角洲环境造成直接影响,环境压力持续增大。

(二)河口生态环境问题呈多型叠加

我国河口区以氮、磷、重金属等为代表的传统污染物尚未得到有效控制,以持久性有机污染物(POPs)、内分泌干扰素(EDCs)等为代表的新型污染物又持续进入河口水环境中,化学品生态环境风险、海产品的健康风险问题凸显。生态环境问题呈现陆域环境海洋环境叠加、生态退化环境污染叠加、国际环境国内环境叠加的特征。

(三)沿海大型工程安全事故进入频发期

近年来,沿海重大工程规模扩大、数量迅速增加,我国每年建设的数以千计的海洋工程和其他涉海工程中,沿海大型工程约占 40% 以上,涉及沿海核电站工程,海洋石油勘探开发工程,沿海石油化工(炼化)基地工程等多种工程[25]。

大型工程安全事故进入频发期,给生态环境带来严重危害。譬如,2010年 7 月 16 日大连新港至中石油大连保税油库输油管线在油轮卸油作业时发生闪爆,引发管线和储油罐原油起火,致上万吨原油入海,创下中国海上溢油事故之最,造成大面积海上污染,直接经济损失超 2.2 亿元。这起事件导致大量原油泄露入海,对溢油事件附近的海域生态环境造成严重的污染损害,对附近的海水浴场、滨海旅游景区、自然保护区等敏感海洋功能区产生了影响。受溢油事故影响,污染海域的浮游生物种类和多样性降低,海洋生物幼虫幼体及鱼卵仔稚鱼受到损害,底栖生物体内石油烃含量明显升高,海洋生物栖息环境遭到破坏。

(四)公众环境诉求急剧高涨

目前我国总体上已经进入环境风险高发频发期和环境保护还账期,环境污染造成的健康影响力从 20 年前的显现期,到现在的上升期,环境健康成为一个大的社会问题,存在爆发大规模的公共健康危机的风险。由于环境对健康的影响,公众环境权益观空前高涨,产生对环境质量的高诉求,环境问题将成为公众发泄情绪的重要出口。环境保护做得好坏与否将直接影响美丽中国建设的进程。

第五章　我国河口三角洲生态环境保护战略目标

一、指导思想

　　坚持以生态文明建设为指导,深入贯彻党的十八大和十八届二中、三中全会精神,坚持"生态优先"、"问题导向"、"陆海统筹"、"协同治理"的战略思想,以河口环境承载能力为基础,以"环境质量不降级、生态反退化"为基本要求,建立以环境质量为核心的治理体系,开展陆海统筹的环境保护,重点进行流域污染减排、生态风险防控、河口生态修复工作,推动流域环境和河口环境保护协同、河口污染防治与生态保护协同、多污染物控制协同、体制机制创新,构建以入海河流干支流为经脉、以山水林田湖为有机整体,近海水质优良、生态流量充足、生物种类多样的生态安全格局,促进河口生态环境保护与沿海及流域经济社会发展的协调统一,打造从山顶到海洋的绿色生态廊道,为全面建成小康社会提供环境保障基础。

二、战略原则

(一)陆海统筹,系统治理

　　加强陆域和海域污染防治工作的统筹,强化近岸海域环境保护综合协调机制,做好流域与近岸海域污染防治控制指标和目标的衔接。科学把握山水林田湖的共生性特征,系统谋划资源节约、污染防治和生态保护的各项治理任务,促进跨区域合作和流域协作,以维护生态系统完整性为目标,强化水系统与其他生态系统的协同保护。

(二)保护优先,遏制退化

　　坚持尊重自然、顺应自然、保护自然的基本理念,坚持保护优先,以生态环境承载力为基础,转变发展方式,推动沿海地区绿色发展、循环发展,以"环境质量不降级、生态反退化"为基本要求,落实地方政府环境责任。

(三)分类管理,质量控制

坚持环境质量改善为主线和目标,实施河口环境分类治理,推进多污染源综合治理,以大工程、大投入带动大治理、大修复,不断提高环境质量,努力实现全面改善,有效维护人类健康。

(四)问题导向,科学决策

充分利用多部门信息,客观评估环境问题与成因,科学确定近岸海域污染防治目标和指标;针对近岸海域水质与生态问题及其主要成因,因地制宜地提出解决方案和措施,破解近岸海域污染防治的体制性和机制性难题。

三、重点任务

(一)实施陆海衔接的污染控制

1. 实施重点海域污染物排放总量控制,严守环境质量底线

影响海洋环境的污染物80%以上都是通过河流输送的陆源污染物,要减轻海洋环境压力,需要科学有效地从源头上控制陆源污染。因此,遵循"从山顶到海洋"的管理理念,将地表水体、地下水、河口和近岸海域视为一个完整的系统,建立"海域-流域-区域(控制单元)"的规划体系。充分考虑陆海相互作用机制,对陆海污染物输送、生态系统相互影响等关系进行深入研究,以污染物总量控制、陆海生态系统作用机制为重点,实施陆海一体的污染物防治和生态保护,提出实现陆海生态环境质量根本改善的对策,建立"海域-河口-流域-区域"的污染物总量控制体系。

2. 从侧重传统污染物控制向新型污染物风险防范拓展

传统污染物如氮磷、重金属等,导致水质超标和赤潮灾害频频发生,因此,长期以来,我国近岸海域保护重点关注它们。但是,近些年,随着分析检测技术的不断进步以及科学研究的逐步深入,持久性有机污染物等许多新型污染物引起了科研人员、管理部门和社会公众的关注。这些污染物由于其稳定性高、生物富集性强和高毒性以及部分具有较高水溶性的特点,对生态环

境和人类健康构成严重威胁。我国海岸带环境中的新型污染物检出率和浓度居高,已经成为近岸海域生态环境保护面临的新问题。因此,在防控传统污染物的基础上,亟须构建近岸海域新型污染物的监测网络,分析其分布、来源以及其对海岸带生物的生态毒理效应,开发方便、快捷、灵敏的监测技术,发展高效去除废水中新型污染物的新材料、新方法和新工艺,达到有效控制其在海岸带的输入,降低生态健康风险。

3. 入海河流环境综合整治工程

我国入海河流多达 1 500 余条,自然地理跨度大,气候景观条件多样,入海河流径流量占到全国河川径流总量的 70%,流域面积占全国总国土面积的 45%。入海河流为我国社会经济发展提供水资源、水产品、景观娱乐等服务,与人类生存和发展密切相关。随着我国社会经济的快速发展,许多入海河流受到了严重污染,不仅对流域内水资源、水环境、水生态安全带来严重威胁,其入海污染物通量对河口三角洲生态环境同样产生了极大破坏。开展重污染入海河流的环境综合整治工作,及时科学诊断其生态环境问题,提出保护思路,对于进一步保护和开发利用河口三角洲极为重要。通过客观分析入海河流水环境现状形势,统筹考虑河口三角洲生态环境保护与入海河流污染防治,注重污染治理与生态修复相结合,整体把握入海河流水环境的问题及成因,明确治理重点和难点,从实际出发,因地制宜,分类采取针对性的治理对策,建立健全目标责任制和评估考核制,实施入海河流环境综合整治工程。

(二)加强河口海岸带生态环境空间管控

构建近岸海域生态安全空间格局。根据河口区环境系统结构、过程与功能的敏感性、脆弱性和重要性差异,建立生态红线体系,对全域实施分级管控。生态保护红线体系包括生态功能保障基线(生态功能红线)、环境质量安全底线(环境质量红线)和自然资源利用上线(资源利用红线)。红线区对环境保护、资源开发、设施建设提出强制性管控要求,严格保护生态服务功能。

正确引导海岸带开发利用活动。基于近岸海域生态调查与生态红线管控要求,加强陆海生态过渡带建设,增加自然海湾和岸线保护比例,合理利用岸线资源;控制项目开发规模和强度,规范海岸带采矿采砂活动,严格围填海管理,避免盲目扩张占用滨海湿地和岸线资源,制止各类破坏芦苇湿地、红树林、珊瑚礁、生态公益林、沿海防护林、挤占海岸线的行为;加强生态示范区建设,探索创立海洋生态经济的发展模式,实现资源开发与养护、生态建设与经济发展相协调的最终目标。

(三)陆海统筹的风险控制

1. 加强沿江沿海工业企业环境风险防范

列出沿海高风险工业、企业和危险品清单,持续开展环境安全检查,重点排查沿海工业开发区和沿海石化化工、冶炼、石油开采及储运等企业,消除环境隐患。绘制沿江沿海环境风险分级图,对沿江化工园区、企业等进行最大可信事故模拟和风险评估,判定风险等级并完成重点化工企业污染物排放与分布表,对重点风险源定期进行专项检查,建立定期风险处置核查制度。建立高风险、重污染企业退出制度以及行业准入的风险评估制度,对存在环境安全隐患的高风险企业限期整改或搬迁,不具备整改条件的,坚决予以关停。

2. 严格做好危险化学品的风险防控

针对大江大河高密度航运危险化学品的情况,强化船舶危险化学品运输监管,减少和严防危险化学品转运污染事故的发生。同时,积极开展事故风险的预测和评估,排查输送过程中危险化学品泄漏对水体、土壤及大气环境的污染风险,分类分级设定监管和应急处置措施。

3. 重视海上溢油及危险化学品泄漏环境风险防范

针对海上溢油及危险化学品泄漏等环境风险源,发展并完善溢油鉴定技术,开展溢油事故风险评估,建立环境风险评估制度。针对海上溢油及危险化学品泄漏,进行环境风险源排查,加强对风险责任主体的监管,防范溢油污染事故的发生。增强应对突发环境污染事件的应急能力,推动各项应急措施的落实,最大限度降低事故的危害程度。健全海上溢油及危险化学品泄漏污染海洋环境应急反应机制,完善重大船舶污染事故和海上油气勘探开发应急反应体系。

(四)建立陆海协同的生态环境监测网络

1. 建立国家生态环境监测网络,加强跨区域监测系统建设

编制实施《国家生态环境监测网络方案》,整合环保、水利、国土、林业、气

象、农业等部门涉及生态环境监测的站点(点位、断面),建设涵盖大气、水(含地下水)、生态、土壤、生物、近岸海域等环境要素,覆盖区域、城市、农村、流域、湖泊等主要生态系统环境监测网络,实现网内数据共享。从大区域角度加强和完善区域空气质量监测网络、生态系统的地面监测站网络,建立京津冀、长三角和珠三角等地区海域统一的水环境监测网络,研究建立生物多样性综合观测、预警和评估体系,实现跨区域的生态环境综合监测预警。加强地下水监测网络、土壤环境监测网络、农村环境监测网络、国家背景站和直管站,推进天地一体化监测技术应用。

2. 完善监测网络运行管理机制,实现信息网络互联互通

规范环境监测网络运行监管,改革各部门之间多头管理的环境监测网络机制,建成统一规划、统一管理、统一运行的新机制。强化环境保护部门的统一监管职责。整合各环境要素的相关环境监测技术、规范和标准方法,建立统一科学的标准规范体系,对已有标准规范进行及时修改完善。强化监测质量控制和监督管理,强化经费和人员保障。整合现有环境信息网络系统,搭建全国环境信息"地市-省份(自治区、直辖市)-区域(流域)-全国"的四级数据体系结构。整合各部门和地方机构环境相关数据,建立全国生态环境信息综合分析平台。健全环境信息公开机制,建立统一的环境监测信息发布机制。

(五)建立陆海统筹的环境保护机制

1. 制定从海洋到山顶的空间规划目标

以河口和近岸海域的水质达标为目标,对陆域污染物和入海污染物排放量提出约束性控制要求;以下游的水质达标为目标,提出对上游污染物排放的约束性要求;以地下水水质达标为目标,提出对地表水污染防治的要求。

2. 建立资源环境承载能力监测预警机制

将资源环境承载力监测预警工作纳入地方环境保护规划体系之中,加强统筹规划和监测预警能力建设,逐步构建部门协同、上下联动的资源环境承载能力监测预警体系。在重点区域建立资源环境承载能力立体监测监控系统,发挥资源环境超载风险预警效能。设立经常性财政专项资金,用于区域内资源环境承载能力监测预警体系的整合建设和业务运行。

3. 建立适合于我国海洋环境特点的基准标准体系

我国目前近岸海域环境质量评价体系主要依据海水、海洋沉积物和海洋生物质量标准,主要借鉴当时国外先进经验编制。直至目前,我国始终没有大范围针对我国保护目标开展相应的基准研究。现有的环境质量管理体系中标准制定明显出现"过保护"或"欠保护"问题,亟待综合考虑海洋生物保护与人体健康,建立反映我国生态环境特征的环境基准体系,并基于此环境基准制定适用于我国的海洋环境标准体系。

4. 建立陆-海关联的生态补偿机制

定量评估河口三角洲生态系统服务价值,探讨基于生态系统水平的河口三角洲生态系统修复机理和生态补偿机制。在开发项目的环评环节中,建立资源开发的环境代价核算与补偿平台,把资源消耗、环境损害、生态效益等指标作为河口三角洲开发立项可行性论证时的重要判断依据,提高河口三角洲开发项目的准入门槛,撤销环境代价大于经济效益的项目。

5. 建立陆-海统筹数据共享综合诊断决策支持知识库

系统诊断环境压力的问题与成因,陆-海统筹的综合规划更需要系统的分析社会经济与环境系统之间的关系,需要作大量的监测、分析、预测工作,这需要形成多部分的数据信息共享和综合分析技术手段。陆海统筹贯穿山、水、城、田和海,从山顶到海洋系统诊断,顶层设计目标指标,必须突破信息共享壁垒,建立以国家水文数据库、陆域与海域、流域与区域、降水与蒸发、地表与地下、水质与水量、保护与治理的水循环全过程模拟等技术为支撑,统一的数据共享综合诊断决策支持知识库。

(六)建设河口生态环境保护工程

1. 河口三角洲生态系统修复

开展滨海湿地、红树林、珊瑚礁、海草床等海洋生态系统修复,开展岸线整治与生态景观恢复、近岸海域污染治理与修复。建设滨海湿地固碳示范区和海洋生态文明示范区。

2. 河口三角洲生态灾害防治与应急

加强生态监测站建设,建立完善生态立体监控网络体系,加强对海水入侵、海洋赤潮、绿潮、水母、外来物种入侵、病毒病害、敌害生物等的监控和研究,建立完善的防治体系,实施治理示范工程。

3. 河口三角洲生物资源养护

开展重点河口三角洲珍稀海洋物种保护,建设水产种质资源保护区,开展增殖放流,恢复海洋生物资源,建设海洋牧场示范区。

第六章 我国重要河口三角洲生态环境保护专题研究

一、长江口专题 ▶

（一）长江口概况

1. 地理位置

长江三角洲是我国最大的河口三角洲，泛指镇江、扬州以东长江泥沙积成的冲积平原，位于江苏省东南部、上海市及浙江省杭嘉湖地区。长江三角洲顶点在仪征市真州镇附近，以扬州、江都、泰州、姜堰、海安、栟茶一线为其北界，镇江、宁镇山脉、茅山东麓、天目山北麓至杭州湾北岸一线为西界和南界，东止黄海和东海。

广义上的长江三角洲是以上海为龙头的江苏、浙江经济带，按照国务院2008年关于进一步发展长三角的指导意见，正式确定将长三角扩大到两省一市，即江苏、浙江全省和上海市，区域面积21.07万平方千米，人口约1.5亿，经济总量占全国的1/4，是中国目前经济发展速度最快、经济总量规模最大的地区。

2. 长江口地形地貌

长江河口南北两岸地貌主要由滨海平原组成，海岸带陆地部分地势低平，海拔高度一般在4米左右，它是由长江带来的泥沙在江、海相互作用下冲淤而成，其组分为黏土、亚黏土、粉沙质黏土和粉沙夹沙砾层构成的第四纪疏松沉积层，厚度一般在300~400米。

长江口及毗邻海域海底地貌可分为全新世长江水下三角洲、晚更新世后期长江口及毗邻地区、河口湾堆积平原、潮流沙脊和东海构造单元5种类型。全新世长江水下三角洲是现代长江泥沙堆积形成的水下三角洲，自长江口向东南呈舌状分布,外界水深可达 30~50 米。晚更新世后期长江口及毗邻地区分布在全新世长江水下三角洲的外侧,地貌形态较复杂,它的上面分布着一系列的北西—南东走向的古河道,最显著的一条以"长江古河道"著称。河口湾堆积平原位于杭州湾内,水深 10~14 米,地形平坦,底质主要为粉沙质泥和泥质粉沙,由于杭州湾特定的地形和强潮流作用,使得长江入海泥沙直接扩散或经潮流再搬运而在湾内淤积形成的堆积地貌。潮流沙脊分布在长江水下三角洲的西北和东南部,呈辐射状或条状分布。调查区南部海域在地质构造上属于东海构造单元,是大陆边缘凹陷和环西太平洋新生代沟、弧、盆构造体系的组成部分。

3. 气候特征

长江三角洲位于北亚热带南缘,受东亚季风影响,四季分明,最高月平均气温为 27.8℃(7 月),最低月平均气温为 3.5℃(1 月)。该地区平均年降水量约 1 100 毫米,其中雨季(5—9 月)降水量占全年降水量的 60% 左右,6 月为长江下游梅雨期。夏季盛行东南风,冬季多西北风,年平均风速为 3.1 米/秒。全年日照时数平均为 1 710~2 400 小时,日照时数以夏季最多,冬季最少。台风集中在 8—9 月,平均每年有 1~2 次影响长江三角洲地区。

4. 长江口水文特征

长江口海域海水水温冬低夏高,北低南高。全年平均水温为 17.0~17.4 ℃,8 月最高,其平均水温为 27.5~28.8℃;2 月最低,其平均水温为 5.6~6.7 ℃。整个海域是一个变化梯度很小、基本均一的温度场。

长江口海域处于咸、淡水混合区域,盐度平面分布变化极大,海水盐度呈现内低外高的分布特征。夏季长江口南支水道盐度一般在 1 以下,北支水道盐度稍高。在长江口外佘山岛、鸡骨礁和大戢山附近,形成 3 个低盐舌,长江冲淡水由长江口先向东南延伸,然后在东经 122.5° 左右转向东或东北,扩散到海区东部广大海域,形成本海区夏季近表层低盐的特征,其影响可达到济州岛附近。但在 10~12 米的水层,由于台湾暖流水和外海水将长江内陆水压制在口门处,盐度则很快达到 30 以上。受长江径流影响,盐度的季节变化很大,冬季盐度比夏季高。

长江口海区的潮波主要是东海前进波系统,此外还受黄海旋转潮波的影响。东海潮波传入长江口及杭州湾,受地形作用,使长江口成为一个中等强度的潮汐河口(平均潮差约为 2.5 米),杭州湾成为一个强潮河口(平均潮差超过 4 米)。据长江口门处的中竣潮位站的多年观测,最大潮差为 4.62 米,最小潮差为 0.17 米,多年平均潮差为 2.66 米。

长江口海域潮流属于非正规浅海半日潮流,长江口以拦门沙为界,东侧为旋转流,西侧和杭州湾北岸为往复流。海流主要有江浙沿岸流、台湾黑潮暖流、东海暖流等。台湾黑潮暖流沿大陆架逆坡北上,进入江浙沿岸海域流,流向终年偏北,沿途海水高温、高盐,直观水色偏蓝,透明度大。

长江口海域海浪要素的变化除地理形态制约外,风的影响是它的决定因素。该海区位于副热带季风气候区,一年中盛行的风向存在明显的季节变化,冬季偏北风居多,夏季偏南风盛行,春秋两季风向变换频繁。本海区出现大风天的主要原因是:冬季南下的寒潮与冷空气和夏秋季节的台风。前者影响的天数远多于后者,而后者产生的风速则往往大于前者,但是本海区最大风速的极值及相应海浪要素的极值均出现在台风影响时期。

5. 长江流域主要大型水利工程

到目前为止,我国在长江流域建设有近 48 000 座水库等水利工程设施,其中,主要的大型水利工程有三峡大坝、丹江口水库、嘉陵江水库群、金沙江下游梯级水库和南水北调工程等。

三峡大坝位于湖北省宜昌市境内的三斗坪(图 2-5-6),2009 年工程全部完工,2013 年蓄水完成。坝高 185 米,正常蓄水位初期 156 米,正常蓄水位 175 米,总库容 393 亿立方米,其中防洪库容 221.5 亿立方米,能够抵御百年一遇的特大洪水。水库总面积 1 084 平方千米,长 650 千米,是世界第一大坝。

长江上游有溪洛渡等 4 个梯级大坝、支流上有两个大坝在建,2020 年建成后的长江上游大坝库容调控能力将达 700 亿立方米左右。长江上游多个水库建成后将实现多个大型水库联合水沙调控运行,人工调控入河口物质通量的能力将大大加强。因此,大型水利工程对河口及近海环境的影响在未来将显著增加。此外,南水北调工程东线一期工程建设 2013 年通水;中线一期工程 2014 年底通水,西线工程正在进行中。到 2050 年调水总规模为 448 亿立方米,其中东线 148 亿立方米,中线 130 亿立方米,西线

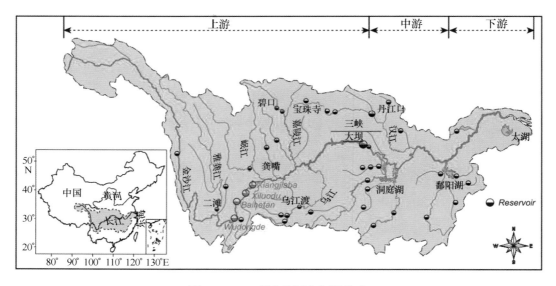

图 2-5-6 长江流域大坝分布

170 亿立方米。由于全部调水来自长江流域,入长江河口的水沙量逐渐减少,南水北调东线和中线工程的分阶段完成,势必加大对长江河口及近海的影响。

(二)长江口生态环境现状、主要问题与成因

长江三角洲作为中国人口最为密集、经济最为活跃的地区,区域环境问题尤为突出,其主要生态环境问题及成因如下。

1. 入海泥沙量剧减

泥沙输入对于长江三角洲土地、湿地资源维持具有极其重要的意义。①泥沙输入可使河口三角洲不断淤长,增加土地、湿地面积,上海近 2/3 的土地面积就是通过围垦长江河口的沙洲和边滩得到的。②泥沙是维持河口水环境健康的过滤器,泥沙颗粒吸附流域污染物,并在河口沉降,使河口的水体得到净化。③泥沙进入河口后形成的沙洲、边滩、暗滩等地形,是抵御风浪、风暴潮的天然屏障,维持河口三角洲的不断生长发育。然而近 30 年来长江口入海泥沙量已明显减少,长江口的潮滩湿地也在逐渐衰退萎缩。

三峡水库蓄水运行前后进入河口的年径流量并没有发生大的变化(图 2-5-7),1953—1987 年和 1988—2002 年均径流量分别为 8 924 亿立方米和

9 440 亿立方米,三峡水库蓄水运行后,这 7 年平均径流量为 8 120 亿立方米/年,分别是三峡蓄水前 1953—1987 年和 1988—2002 年这两个时期多年平均的 91% 和 86%。但是年输沙量和含沙量在三峡水库蓄水运行后却比蓄水前明显减少。

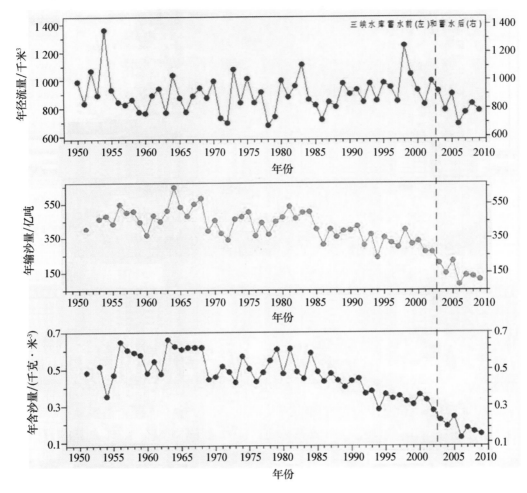

图 2-5-7　大通水文站 1950—2009 年的年径流量、输沙量和含沙量[26]

长江口泥沙减少的影响因素,一是上游的水土保持措施;二是流域的水利工程拦沙。关于长江上游水土保持,主要是作为长江上游泥沙的主要来源地的金沙江和嘉陵江流域,在 1989 年国家实施长江上游水土保持重点防治工程("长治"工程)以来,累计治理水土流失面积 7.23 万平方千米,使嘉陵江流域植被覆盖得到一定程度上的恢复,减少了被冲刷入河的泥沙数量。若不考虑沿程冲刷恢复,1990 年后长江上游总的来沙减少量使大通站输沙量减少约 11.5%。关于流域水利工程,近半个世纪以来,长江流域建成水库 43 948 座,占全国一半左右,大量的泥沙淤积在水库中,大大减少了下游的来沙量。特别是三峡水库 2003 年开始蓄水发电后,大通站来沙量进一步减少,输沙量远小于蓄水前多年平均值,减小幅度远远大于径流量减小幅度。2006 年长江枯水年时输沙量减少幅度高达 95%。大通站输沙量较蓄水前多年平均值的 4.29 亿吨,减小幅度在 50%~80%,2006 年输沙量为 0.848 亿吨,是 20 世纪以来入河口泥沙总量最低的年份,其原因就与三峡水库蓄水从 135 米上升到 156 米有关。

另外,南水北调工程及沿江抽引水工程也造成输沙量减少。南水北调先行实施的中、东线工程调出的水量近期分别为 130 亿立方米和 148 亿立方米,若按调水过程中水体含沙量 0.3 千克/米^3 估算,则南水北调东、中线工程引水的泥沙总量为 8 340 吨,占大通站近 20 年年平均输沙量的 2.4%。如按东、中、西 3 条线全部工程完工后总调水量 450 亿~460 亿立方米估算,南水北调调水的同时,调走的泥沙总量可达 0.135 亿~0.138 亿吨,相当于大通站 20 年年平均输沙量的 3.8%~3.9%。

2. 滩涂与湿地资源丧失

长江口湿地主要为自然湿地,包括海岸、浅海及河口湿地。滩涂湿地过度围垦、湿地生物资源过度利用对长江口湿地构成严重威胁。从 20 世纪 50 年代到 1997 年已围垦的滩涂面积达 785 平方千米,相当于上海市陆域面积的 12.4%。湿地的丧失,不仅使区域生物多样性指数降低,生态系统质量衰退,而且也会导致河口污染物消化分解效率降低,不利于维持良好的水质环境。

表 2-5-8 展示了长江口海岸线 1987—2010 年发生的变化,岸线的总长度由 526.7 千米增长到 579.7 千米,其中人工岸线所占的比重越来越大,由 521.5 千米增长到 569.17 千米,辅助岸线由 15.15 千米增长到 113.9 千米。说明人类活动对岸线的影响越来越大,已经占据主体地位。

表 2-5-8　1987—2010 年长江口岸线变化[27]

项目		1987 年		1993 年		1999 年		2006 年		2010 年	
		长度/千米	百分比	长度/千米	百分比	长度/千米	百分比	长度/千米	百分比	长度/千米	百分比
人工岸线	围海	521.5	96.24	255	43.70	299.3	46.84	267.8	40.95	263	38.21
	填海			22.19	3.80	52	8.14	75.95	11.61	97.52	14.17
	港口			25.69	4.40	37.65	5.89	65.31	9.99	67.95	9.87
	其他			249.7	42.79	188.8	29.55	140.9	21.54	140.7	20.44
自然岸线	河口	5.235	0.97	3.474	0.60	2.918	0.46	4.588	0.7	5.297	0.77
	潮滩			0	0	0	0	0	0	0	0
辅助岸线	线状坝	15.15	2.80	27.52	4.72	58.29	9.12	99.49	15.21	113.9	16.55
	河口内部岸线			0	0	0	0	0	0	0	0

长江口滩涂湿地丧失的原因首先是由于长江泥沙大幅度减少,这个原因在上节中已有详细阐述。其次,围垦造地是导致长江口滩涂湿地生态服务功能丧失或区域生态系统完全崩溃的直接原因。以上海为例,1973—2013 年间,围填海面积共计 257.09 平方千米,其中填海面积有 191.58 平方千米,起主导作用。围填海主要发生于 1990 年后,主要分布在南汇东滩,类型主要是农业填海和城镇建设填海(图 2-5-8 和表 2-5-9)。

表 2-5-9　上海 1973—2013 年不同围填海类型统计[28]　　　　　　　千米²

围填海类型		1973—1981 年	1981—1990 年	1990—2002 年	2002—2013 年
围海	养殖池塘	21.01	5.77	5.26	4.25
	盐田	0	0	0	0
	其他	0	4.46	20.63	4.13
填海	城镇建设	0	2.63	1.27	0.54
	农业	9.64	0	0	34.62
	港口码头	0.17	0	5.63	5.48
	其他	17.91	3.09	59.14	51.46
总计		48.73	15.95	91.93	100.48

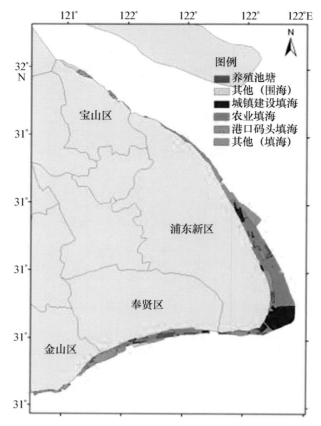

图 2-5-8　上海市 1973—2013 年围填海空间分布[28]

3. 布局性环境风险突出

长江沿线分布着大量重化工企业,2010 年环保部开展的针对石油加工和炼焦业、化学原料及化学制品制造业、医药制造业三大行业环境风险及化学品检查工作,发现长江流域涉危企业最多,达到 12 143 家企业,是我国涉危企业最集中、布局性环境风险最突出的流域。全国 40% 的造纸、43% 的合成氨、81% 的磷铵、72% 的印染布、40% 的烧碱产能聚集该区域。2013 年环境保护部调度处置的重大及敏感突发环境事件中,涉及长江经济带的共 12 起,占总数的 41.4%。目前,长江流域正在建设或规划的化工园区就有 20 多个,叠加性、累积性和潜在性的环境污染隐患多。

4. 河口三角洲地区地面沉降

长江三角洲是我国发生地面沉降最为严重的地区。其中,上海是我国发生地面沉降现象最早、影响最大、危害最深的城市。1921—1965 年,长江三角洲地区地面沉降主要发生在上海的中心城市,市区平均地面沉降达 1.69 米(图 2-5-9)。从 20 世纪 60 年代开始,长江三角洲地区地面沉降的格局发生了新的变化,上海的地面沉降进入了沉降控制时期。20 世纪 60 年代中期,通过实施压缩地下水开采量、调整开采层次及进行地下水人工补给等综合措施,地面沉降得到了有效控制,1966—1971 年这 6 年间,上海中心城区地面普遍回弹,平均累计回弹 18.1 毫米,年均回弹约 3.0 毫米,最大累计回弹量达到 53 毫米,但在局部地区还是存在微量沉降现象。然而,从 1989 年开始至 20 世纪 90 年代末,随着农村改水工程的实施,使全市地下水开采量显著增加,同时,自"七五"末期开始的大规模城市改造与建设时期,上海地面沉降发展为不断累积和空间上的扩展趋势,已从中心城区为主演变成区域性的地面沉降,地面沉降速率明显增长,1989—1995 年间平均沉降速率为 9.97 毫米/年。2000 年后,上海地区长期持续的开展地面沉降防治工作,使地面沉降自 20 世纪八九十年加剧的趋势得以遏制,并持续减缓,地面沉降控制效果显著,但不均匀沉降现象明显。

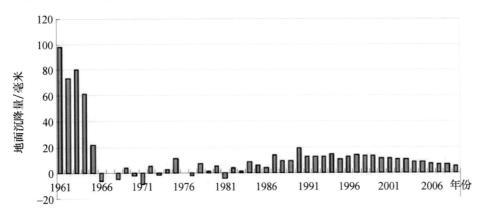

图 2-5-9　上海市中心城地面沉降历时变化(1961—2010 年)[29]

长江三角洲其他地区也存在严重的地面沉降现象。20 世纪 80 年代以来,江苏的苏州、无锡、常州和扬州、泰州、南通地区与浙江的杭州、嘉兴、湖州及宁波、绍兴等地区相继发生了地面沉降。90 年代末,长江三角洲地面沉降区累计沉降量超过 1 000 毫米的地区约 300 平方千米,超过 200 毫米的地区近 1 万平方千米,其中江苏无锡、浙江嘉兴等沉降中心的最大累积沉降量分别达到 2 800 毫米和 870 毫米。苏州、无锡、常州地区发生了地裂缝灾害,至 2004 年共发现了 25 处地裂缝,规模较大地区已形成长数千米、宽数十米不等的地裂缝带。

地面沉降产生的危害主要体现在以下几个方面。①地面沉降使地面标高不断降低,城市、农村排涝能力下降,内陆洪灾、沿海潮灾无论是受灾频率还是成灾规模及范围均趋于加剧,严重时城市交通瘫痪,生产停顿,农作物减产甚至绝收,人民财产受损;②地面不均匀沉降,常导致深井管抬升受损、脱裂,甚至倾斜,部分建筑墙体开裂、建筑被毁;③地面沉降使河网水位抬升,桥梁净空减少,通航能力降低,尤其是汛期高潮位,船只已难以通行,同时,由于沿岸码头随地面下沉,影响货物卸载,更严重的致使驳岸积水,仓库受淹;④地面沉降造成了局部农田低洼,常年积水,土壤的墒情改变,原有渍害治理难度加大,农作物产量下降,对农业的潜在威胁十分严重。

地面沉降产生的原因主要是地质因素和人为影响。从地质因素看,自然界发生的地面沉降大致有以下 3 种原因:一是地表松散地层或半松散地层等在重力作用下,使松散层变成致密的、坚硬或半坚硬岩层,地面会因地层厚度的变小而发生沉降;二是因地质构造作用导致地面凹陷而发生沉降;三是地震导致地面沉降。

人为因素是大多数城市地面沉降的主要原因,主要表现在过量开采地下水,以上海最为典型。上海在早年集中开采地面以下 150 米深度的含水层,由此形成了以市区为中心的这一含水层范围内,出现了严重的地下水位降落漏斗和地面沉降。苏锡常地区地下水开采层普遍发育有软土层,它们含水量较高、孔隙比较大、渗透性较差。因此在长期超量开采地下水时很容易引起地面沉降。另外,长江三角洲城市中心区域内集中而密集的高楼,也给地面沉降带来沉重的压力,目前林立的高楼和大规模的工程建设影响地面沉降量在 30% 左右。

5. 水体富营养化

长江河口区水体富营养化是长江口生态环境存在的最大问题。近些年来,长江口水域水质一直处于劣四类水平,氮、磷超标严重,富营养化问题突出。从《2014 年中国近岸海域环境质量公报》和《2014 年海洋环境质量公报》可以看出(图 2-5-10),长江口及其邻近海域是我国近岸海域最大的劣四类水体。

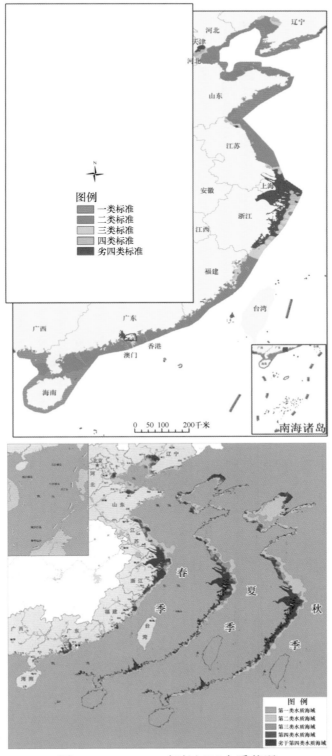

图 2-5-10　2014 年长江口水质状况

长江口富营养化问题是在近 30 年形成的,在 20 世纪 60 年代初期及 80 年代初期,富营养化指数 EI 年均值基本保持在 0.2 左右,此时长江口及邻近海域海水整体尚未表现出明显的富营养化现象。之后 EI 年均值开始增加,到 80 年代中期已达到 1 左右,该海域海水已呈现出富营养化的迹象。进入 90 年代后,EI 年均值大幅度增加,于 21 世纪初期已达到 7 左右,是 60 年代初期 EI 年均值的 30 余倍,处于重度富营养化状态(图 2-5-11)。

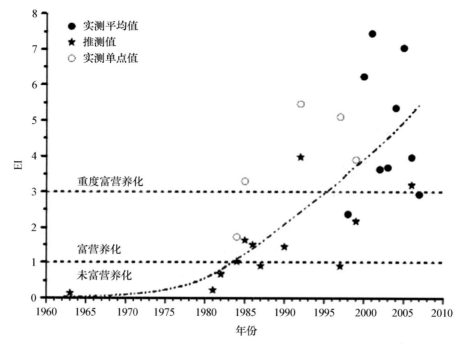

图 2-5-11　20 世纪 60 年代以来长江口及邻近海域水体富营养化指数变化趋势[30]

由于水体长期处于富营养化状态,长江口及邻近海域近几十年来赤潮发生的频率和面积都大大增加。长江口在 20 世纪 70 年代,有记载的赤潮仅有两次,分别为 1972 年发生在长江口外海礁以东的铁氏束毛藻赤潮和 1977 年发生在嵊泗县枸杞海域的颤藻赤潮。80 年代共记录有 8 次赤潮事件,90 年代共发生赤潮 33 次,以 1993 年赤潮发生最为频繁,共发生 13 次。然而,自 2000 年,该海域赤潮发生频率大大增加,共记录有 126 次赤潮,其中,除 2000 年、2001 年、2007 年、2009 年外,其他 5 年每年发生赤潮均超过 10 次(图 2-5-12)。

长江口水体富营养化主要原因是长期以来流域氮、磷营养盐输入过甚。

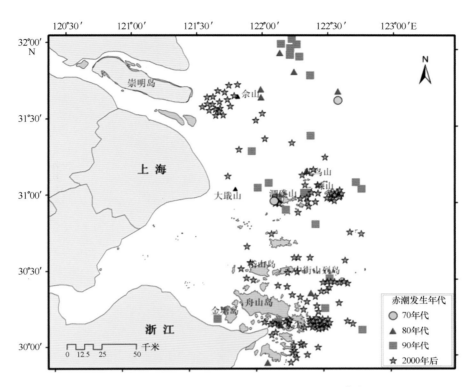

图 2-5-12　长江口赤潮发生年代分布[31]

从长江口营养盐历史资料来看(表 2-5-10),相对于 20 世纪 50 年代末和 60 年代初,长江口全海域磷酸盐含量在 70 年代有明显的上升。此后,70—80 年代,80—90 年代,90 年代至 2000 年以后,总体呈显著上升趋势,年代间的增长速度基本稳定。全海域无机氮含量在 70—80 年代有跨越式的增长,80—90 年代,90 年代至 2000 年以后趋于稳定,甚至有所下降。从历史的角度看,营养盐变化的趋势和富营养化、赤潮发生的变化趋势是基本一致的。

表 2-5-10　长江口海域营养盐浓度的历史数据记录[32]　　　　毫克/升

年份	磷酸盐	无机氮	参考文献
1958	0.011 4	—	国家海洋局,海洋调查资料第二册
1959	0.012 4	—	Chai et al. ,2006
1961	0.025 9	—	国家海洋局,海洋调查资料第九册
1963	—	0.224	Edmond et al. ,1985

年份	磷酸盐	无机氮	参考文献
1975	0.020 0	—	国家海洋局,海洋调查资料
1976	0.019 8	—	国家海洋局,海洋调查资料
1980	0.020 0	0.913	顾宏堪,1991
1981	—	0.711	顾宏堪,1991
1983	0.030 0	0.922	Edmond et al.,1985
1985	0.024 8	—	Chai et al.,2006
1990	0.027 0	1.002	陈吉余,1996
1991	0.017 0	0.971	周俊丽等,2006
1996	0.028 6	0.612	国家环保总局,近岸海域监测资料
1997	0.031 3	0.709	国家环保总局,近岸海域监测资料
1998	0.038 1	0.675	国家环保总局,近岸海域监测资料
1999	0.031 9	0.752	国家环保总局,近岸海域监测资料
2000	0.038 8	0.809	国家环保总局,近岸海域监测资料
2001	0.032 2	0.698	国家环保总局,近岸海域监测资料
2002	0.039 8	0.803	国家环保总局,近岸海域监测资料
2003	0.040 8	0.809	国家环保总局,近岸海域监测资料
2004	0.031 1	0.65	国家环保总局,近岸海域监测资料
2005	0.028 5	0.678	本课题现场调查数据

注:"—"表示暂无数据记录.

6. 渔业资源衰竭

长江口具有得天独厚的地理位置和自然条件,给各种生物和鱼类的生存提供了有利条件,孕育了丰富的生物资源,形成了著名的舟山渔场、吕泗渔场和长江口渔场,也是众多渔业生物的产卵场、育幼场及一些洄游种类的必经之路。然而长江口的生物资源正在经历严重退化的过程。从资源种类演替的角度看,相对于 20 世纪 60 年代和 80 年代,长江口水域渔业生物优势种由大型的营养级较高的种类向小型营养级较低的种类演替,并且小型甲壳类的生物量增加。从资源量看,1960 年春季鱼类相对资源量为 636.26 千克/时,到 2004 年鱼类相对资源量急剧下降,仅为 16.26 千克/时,然而,到 2011 年鱼类相对资源量只有 4.44 千克/时,是 2004 年鱼类相对资源量的 27.3%,是 1960 年鱼类相对资源量的 0.6%。鱼类的种类数从 1960—2000 年后迅速下降,但是 2004 年以后,鱼类的种类数又有小幅度的回升。丰富度指数 D 和多样性指数 H' 一直呈下降趋势,但是均匀度指数 J 从 1960 年到 2000 年有小幅度下降趋势,2004 年以后保持相对稳定状态。春季长江口及其邻近水域生物健康度从 1960 年到 1999 年急剧下降,1999 年到 2004 年有所恢复,达到 7.68,从 2004 年到 2011 年又急剧下降,仅为 2.83[33]。由此可见,长江口生态系统结构与功能正由复杂转向简单,从高级跌向低级,渔业生物健康度急剧降低。

影响长江口生物资源的因素主要体现在以下 3 个方面。①过度捕捞,过度捕捞导致长江中的生物种类和数量显著下降。此外捕捞网目的逐年降低,表明长江渔业资源品质下降。如凤鲚流刺网的网目由原先的 3.2 厘米降到 2.5 厘米,表明渔业资源利用可能已超负荷。因此虽然水产品产量有所增加,但并不表明资源状况良好,而是资源渐趋恶化的结果。②滥用渔具和违法捕鱼作业。不当的渔具渔法会导致幼鱼死亡,进而影响长江水体生物种类和分布。如密网渔具类、定置张网、帆式张网等渔具,以及电捕、毒鱼等渔法对亲鱼及仔、幼鱼的严重危害。再如鳗鱼网是一种超密眼网,网目只有 1 毫米,在鳗鱼鱼汛中,大量刀鲚、白虾等幼体同鳗苗一起在长江口进行索饵洄游,在捕捞鳗苗的过程中,这些水生动物幼体随潮水进入鳗苗网而被捕获,严重影响该区域的生态平衡。③水域生态环境的变化。由于自然和人为因素对长江河口和沿岸区域的生态系统持续干扰,导致该区域生态功能退化,生态环境失衡。自然环境演变主要包括厄尔尼诺现象、长江流域地质灾害、水源补给量变化等,这些环境因素影响了整个长江流域的生态环境。人为因素主要来源于沿江以及长江口排放入江的污染物,严重污染了河口水质。如宝山区沿海水域中银鱼的消失;奉贤区的明虾由于杭州湾的水质污染数量锐减等。此外水利工程建设,如三峡工程对长江水文情势、化学组成和含沙量的直接影响。

7. 外来物种入侵

长江口三角洲的生物入侵问题值得引起注意。在陆地上,主要的入侵物种为加拿大一枝黄花（*Solidago decurrens*）。1935年加拿大一枝黄花作为园林花卉引入我国上海,20世纪80年代归化为恶性杂草,并迅速入侵到浙、苏、皖、赣等地。它主要入侵抛荒地,同时也入侵公园、农用地、建筑工地、铁路、公路和乡村路边、住宅地等生境。由于加拿大一枝黄花的繁殖能力特别强,能够快速占领新的空间,而且它的冠体大能够形成郁闭的环境,使别的植物生长受到抑制,很容易形成单一的优势种群,导致入侵地的物种遗传多样性水平降低。同时加拿大一枝黄花的根部能够分泌出一种化合物,抑制其他植物的生长,阻碍植被的自然恢复且排挤本地植物。加拿大一枝黄花入侵上海以来,严重影响了原有植被,使一些本地物种难以生存。据调查,近几十年来,上海地区有30多本地种因其入侵而消亡,消亡种约占上海本地种的1/10。

互花米草（*Spartina alterniflora*）,原产于美洲大西洋沿岸和墨西哥湾,中国1979年出于海岸生态工程的目的引进,而后迅速扩散,从天津到广西沿海各地滩涂均有分布,面积从1980—1985年的约260公顷到2002年的112 000公顷。目前长江口滩涂湿地多有发现互花米草入侵,且在很多湿地已形成优势群落。1995年在崇明东滩,北部一带的海三棱藨草群落和光滩中首次发现互花米草呈零星小斑块状分布。目前,互花米草已在东滩大面积扩散,形成了大片密集单一的互花米草群落,其面积达到465.75公顷。2001—2003年间,崇明东滩大规模移栽互花米草,而后进入互花米草的快速增长期。在这一阶段,互花米草种群迅速扩张,分布面积呈指数增长,部分区域形成稳定的互花米草群落（图2-5-13）。其向海扩张的速度远远高于本地种海三棱藨草群落,海三棱藨草带的宽度已由2002年的1.5~1.9千米降至200~400米。由于互花米草的入侵,导致东北部的海三棱藨草带极为狭窄,某些区域的海三棱藨草甚至已经消失。

九段沙的互花米草种群扩散过程也与崇明东滩相似,1997年为成活定居期,1998—2000年为种群扩散滞缓期,其年增长率不足1%,2000年以后进入快速扩散期,年增长率达到25%~116%。至2004年,九段沙上的互花米草群落已从种植的100公顷扩展到1 014公顷,增长了近10倍。互花米草种群的增长速度远高于土著种芦苇,它具有竞争优势和更广的生态幅,因此逐渐挤占了芦苇的生存空间。

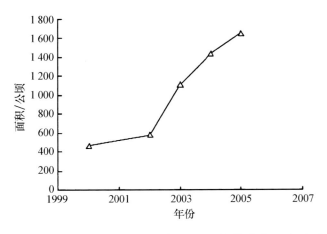

图 2-5-13 1997 年以来崇明东滩互花米草分布面积变化[34]

外来入侵生物与土著生物争夺生存空间与食物,危害我国土著生物的生存;通过与亲缘关系接近的物种进行杂交,降低我国土著生物的遗传质量,造成遗传污染;外来入侵种也可能带来病原微生物,对生态环境造成巨大的危害。

8. 全球气候变化的影响

近几十年来,由于全球气候变化和长江流域人类活动双重影响的加剧,使得长江河口和近岸水域生态系统的结构和功能发生了重要的历史性变化。研究表明长江流域的降水和长江径流量的变化主要受到气候状况的制约,而长江流域的气候作为全球气候的一部分无疑会受到全球气候的调节控制。太平洋表层温度的年代际振荡(PDO)对我国的气候也会产生影响。而且,处于不同阶段的厄尔尼诺和南方涛动(ENSO)事件对中国夏季气候异常的影响明显受到 PDO 的调制,例如随着 PDO 从冷位相转换为暖位相,ENSO 衰减阶段长江流域降水异常偏多变得更为显著,甚至发生洪涝灾害,并显著加大了长江的径流量。

(三)长江口生态环境保护工程的现状

长江口生态环境保护工程主要涉及河口地区的湿地自然保护区建设,包括崇明东滩鸟类自然保护区、九段沙湿地自然保护区和长江口(北支)湿地自然保护区(表 2-5-11)。

表 2-5-11 长江口湿地自然保护区

保护区名称	级别	行政区域	保护面积/千米²	建立年份	保护对象
崇明东滩	省级	上海崇明县	326	1998	鸟类及栖息地
九段沙湿地	省级	上海九段沙	528	2000	鸟类和河口沙洲地貌
长江口(北支)湿地	省级	江苏启东市	347	2002	典型河口生态系统、珍惜鸟类及栖息地

1998 年,由上海市政府批准建立崇明东滩鸟类自然保护区,崇明东滩鸟类自然保护区是典型的生物群落处于不断演替过程中的滨海湿地生态系统,该自然保护区位于崇明岛东端,是上海市境内发育最完善、规模最大的河口型潮汐滩涂湿地,南起奚家港,北至八滧港,西以 1968 年建成的围堤为界限,东至吴淞标高 0 米线以上的滩涂以远 3 000 米水线为界。整个东滩湿地由团结沙、东旺沙、北八滧 3 块组成,东西宽 25.16 千米、南北长 25.33 千米。

崇明东滩湿地是一块典型淤涨型动态滩涂,目前每年平均向东海延伸 150~230 米,滩涂的高程也逐步升高,崇明东滩滩涂平坦辽阔,有大片淡水到微咸水的沼泽地、潮沟和潮间带滩涂。该湿地由于气候温和,饵料丰富,加之海堤内有许多大小不等的农田、鱼塘、蟹塘和芦苇塘,是迁徙于南北半球之间候鸟的重要歇息地和补充营养的中转站、繁殖地和越冬地。湿地自然资源和生物资源十分丰富。东滩鸟类自然保护区内有高等植物 200 余种;除鸟类外的陆生脊椎动物 10 多种;陆生无脊椎动物 200 余种;水生动物 100 多种;已记录到的鸟类有 312 种,其中湿地鸟类有 108 种,占中国湿地鸟类已知物种 300 种的 36%。崇明东滩鸟类自然保护区被列入国家保护动物的珍稀鸟类有 11 种,其多为冬候鸟和旅鸟,两者约占崇明东滩鸟类的 80% 左右。迁徙鸟类主要是鸻鹬类、雁鸭类、鹤类群和鸥类群,其中属于中日、中澳《保护候鸟及其栖息环境协定》所列保护鸟类分别有 72 种和 37 种,其物种在上海地区同类型生境中的丰富度是最高的。

九段沙湿地自然保护区建立于 2000 年 6 月,是一个典型的河口区域沙洲湿地,位于长江水域中心滩,地处长江口通海水道南槽和北槽之间。九段沙是目前上海唯一的无人居住的地区,其面积处于不断增长之中(每年以 400

多米的速度向外扩展)。目前九段沙基本保持原始自然状态,它的原生态湿地自然生态系统是研究河口沙洲演变和植被演替的天然实验室,是国内外重要的生态敏感区域。

该保护区主要保护对象是鸟类和河口沙洲地貌,该湿地保护区主要由上沙、中沙和下沙 3 个沙洲组成,东西长约 50 千米,南北宽约 15 千米,总面积超过 500 平方千米。九段沙具有丰富的生物资源,据调查,现有各种鱼类 167 种,浮游动物 105 种,浮游植物 126 种,鸟类 100 余种,记录鸟类 1 476 只。其潮间带是中华绒螯蟹重要的繁育地,周围水域是日本鳗鲡苗的洄游场所,同时也是中华鲟、白鲟的幼鱼栖息区域。由于其处于太平洋西岸的候鸟迁移带上,九段沙是鸟类迁飞的重要驿站和候鸟越冬的良好场所。

江苏省人民政府于 2002 年批准建立启动长江口(北支)湿地自然保护区,位于东经 121°43′59.07″—122°07′10.40″,北纬 31°36′90″—31°44′23.47″之间,为亚热带河口湿地。保护区总面积为 477.34 平方千米,后来由于上海市与江苏省行政区界调整,原长江口(北支)湿地自然保护区内的兴隆沙和兴隆东沙划入了上海市行政管辖范围。2007 年长江口(北支)湿地自然保护区重新进行了规划,包括沙洲湿地有永隆沙、带鱼沙、兴隆沙、东阴沙、临隆沙、北岸滩涂、东黄瓜沙以及北支低潮位-6 米以内的水域等。其保护对象为典型河口湿地生态系统;栖息其中的珍稀鸟类有大天鹅、白琵鹭、白尾鹞、丹顶鹤等;濒危洄游水生动物有白鱀豚、江豚、中华鲟、白鲟等;其他经济鱼类有中华绒螯蟹、河鳗、贝类等水产资源。

该自然保护区内动植物资源丰富,据不完全统计,长江口(北支)湿地区域内,有维管束植物 240 余种(含栽培植物约 129 种),浮游植物约 23 种;鱼类 132 种,浮游生物 64 种,潮间带生物 25 种,底栖生物 27 种,游泳生物 21 种;鸟类 165 种,其中,国家Ⅰ级保护鸟类 4 种,Ⅱ级保护鸟类 18 种,属《中日保护候鸟及其栖息环境的协定》的鸟类有 106 种;其他国家Ⅰ级保护动物 1 种,Ⅱ级保护动物 4 种;国家重点保护鸟类如丹顶鹤、白鹤、白头鹤、灰鹤、白鹳、天鹅等[35]。

湿地保护工程的建设保护了长江口生物物种的多样性,具有明显的生态效益和经济效益。

（四）长江口生态环境保护战略目标和重点任务

1. 指导思想

以可持续发展为指导,坚持问题导向、底线约束和陆海统筹,以强化规划、管理、工程为主要手段进行源头管控,结合"长江经济带建设规划",正确处理环境保护与社会发展的关系,通过污染治理、生态建设、风险防控等有效措施,努力把长江经济带建设成水清地绿天蓝的生态廊道,为维护健康长江三角洲环境、促进社会经济发展提供支持与保障。

2. 战略原则

（1）陆海统筹,全流域管理。贯彻从山顶到海洋的全流域管理理念,从长江上游和支流开始抓起,对长江河口进行水沙调控和污染物治理。

（2）可持续发展,环保优先。坚持人与自然和谐发展的原则,促进自然、社会资源的可持续利用,建设环保友好型社会。

（3）合作联动,统筹管理。摒弃部门、地域壁障,推动多部门、跨行政区域的合作联动政策,统筹长江三角洲环境管理。

3. 重点任务

（1）流域水沙优化调控。长江流域实行严格的水量调控,保证长江中下游的径流量;充分利用各水库库区淤积的泥沙资源,减缓水库泥沙淤积,增加水库兴利库容,充分考虑长江支流泥沙资源的合理利用,减轻长江干流河道泥沙需求压力。

（2）陆海统筹的污染物总量控制。强化陆海统筹,进一步削减陆源污染物入海总量,突出抓好 COD、氨氮、总氮、总磷、重金属及持久性有机物等污染物总量控制。实施长江流域水污染综合整治,通过开展畜禽与水产养殖、工业与生活、农业面源等污染治理,逐步削减入海污染负荷,开展沿江生态带建设,改善河口区的生态环境质量。

（3）河口海湾环境综合整治。开展长江口、杭州湾的生态环境调查,进行河口海湾环境状况评价,识别主要环境污染因子和主要环境问题,诊断问题原因,厘清上游地区与沿海地区的污染贡献,通过对沿海地区的入境污染通量和沿海地区内污染源调查,估算上游地区入境污染负荷和沿海地区污染负荷对河口海湾的贡献和影响,结合长江口、杭州湾的基本概况,实施河口海湾环境综合整治工程,提出海域总量控制目标和总量分配方案,从流域及沿岸社会经济调控、陆域点源与面源污染治理、海域污染治理、岸线修复与生态护岸建设、滨海湿地保护与修复等方面提出相应的保护对策与治理措施。

(4)河口生态保护与修复。加大长江口湿地生态系统保护,以及产卵场、索饵场、越冬场、洄游通道等重要渔业水域的保护力度,实施增殖放流,建设人工鱼礁,实施河口生态修复,认真执行围填海管制计划,严格围填海管理和监督。

(五)针对长江口的生态环境保护需求拟实施的重点工程

1. 流域水资源优化配置工程

对长江流域上游的众多水电站,实行严格的水量调控制度,保证长江中下游的径流量,特别是枯水期,禁止擅自泄洪的行为,减少水体污染导致的水体富营养化,增加水体自净能力,提高水质状况。

2. 长江泥沙资源优化配置工程

对于我国最大的长江三角洲,由于三峡大坝和上游其他水坝的运行,入库泥沙大部分被大坝拦截淤积在库区,使长江口来水中含沙量显著下降。为了充分利用各水库库区淤积的泥沙资源,可考虑在水库库区采砂,再通过船舶运往需砂地区,这样不但能减缓长江流域泥沙资源供需矛盾,而且能减缓水库泥沙淤积,增加水库兴利库容,延长水库使用寿命。另外,鉴于长江众多支流中拥有丰富的泥沙资源,应充分考虑长江支流泥沙资源的合理利用,减轻长江干流河道泥沙需求压力。建议从长江干流水库和支流水系向长江口调沙。

3. 流域水污染治理工程

强化陆海统筹,进一步削减陆源(工业、生活和农业)污染物入海总量,突出抓好 COD、氨氮、总氮、总磷、重金属及持久性有机物等污染物总量控制。开展长江流域水污染综合整治工程,包括控源减污,特别是畜禽与水产养殖、工业与生活、农业面源等污染治理,节水及再生水利用、内源治理与河道污染治理、生态拦截及深度处理等,加强限制排污管理,维持生态流量和河流自净能力,逐步削减入海污染物负荷,开展沿江生态带建设,改善河口区的生态环境质量。

4. 河口海湾环境综合整治工程

开展长江口、杭州湾的生态环境调查,进行河口海湾环境状况评价,识别主要环境污染因子和主要环境问题,诊断问题原因,厘清上游地区与沿海地区的污染贡献,通过对沿海地区的入境污染通量和沿海地区内污染源调查,估算上游地区入境污染负荷和沿海地区污染负荷对河口海湾的贡献和影响,结合长江口、杭州湾的基本概况,实施河口海湾环境综合整治工程,提出海域总量控制目标和总量分配方案,从流域及沿岸社会经济调控、陆域点源与面源污染治理、海域污染治理、岸线修复与生态护岸建设、滨海湿地保护与修复等方面提出相应的保护对策与治理措施。

5. 河口区湿地保护与修复工程

对湿地、湿地内的珍稀野生动植物的生态环境,加强保护力度。对遭受一定破坏的湿地进行生态修复。可采用生物修复技术,即利用微生物或其他水生生物,将水体或土壤中的有毒有害污染物通过生物体分解为 CO_2 和 H_2O,或转化为无毒无害物质。生物修复技术包括水生植物修复技术、微生物修复技术、水生动物修复技术。同时,严格禁止湿地内的一切围垦活动,保障湿地的生物多样性。对已围垦的湿地,进行生态再修复,恢复其生态功能。

(六)长江口的生态环境保护政策建议

1. 建立城市沉降防治保护机制

建立健全城市沉降防治保护机制,完善地面沉降监测技术,开展专项地面沉降监测工作,切实掌握大量基础数据。注重技术理论基础的研究,对城市楼群建筑的密度、高度、容积率等影响地面沉降的因素进行分析,为科学防控地面沉降提供理论依据。严格限制地下水开采,增加向地下水的回灌量。同时做好实地调查评价,为更好地防治城市沉降提供翔实的基础资料。

2. 注重保护河口区湿地生态环境

针对长江口地区湿地生境及物种保护需求,加强执法监督力度,严格实行保护区管理规范,提高保护能力;严格控制河口区的围垦造地行为,对受到破坏的湿地进行有效的生态修复；严禁湿地保护区内盗挖、盗猎行为，保护长江口区域内的生物多样性。

3. 建立健全水污染应急预警防控机制

建立完善水体污染应急预警防控机制，及时控制污染，保障水质安全。开展建立多部门联动预警机制，实时监测水质情况，并对水质状况进行分析。根据联合预警系统提供的各项预警信息，发布相应的预警等级，制定跨界污染区域联合应急处理方案，并负责领导和组织实施。

4. 建立统一管理机构，加强滨岸带综合管理

由于管辖不清、权力分散，并且涉及大量公共资源，因此滨岸区域和滨岸资源环境系统的行政管理比较复杂。这需要加强滨岸带的综合管理力度，严格执行《中华人民共和国海洋环境保护法》中制定的滨岸带法律法规体系，并针对滨岸带的现状进行科学布局，合理规划，打造一个良好的滨岸带环境。

5. 加强水体富营养化的源头控制

重点控制农业面源污染，改进农业生产耕作布局、合理灌溉、数字化农作技术，尽量增加无机肥的有效使用率，提高有机肥的使用量，防止水土流失；加强领导责任意识，建立目标责任制；推行清洁生产，将污染消除与生产过程同步运行，对需外排的废水，采取脱氮除磷处理，切实做到达标外排。

二、珠江口专题

（一）珠江口概况

1. 珠江河口三角洲水系特性

珠江三角洲是复合三角洲，由西、北江思贤滘以下的西北江三角洲，东江石龙以下的东江三角洲和入注三角洲的河流组成，集水面积 2.68 万平方千米，占珠江流域面积的 5.91%，其中河网区面积 9 750 平方千米（图 2-5-14）。此外，入注珠江三角洲的中小河流主要有潭江、流溪河、增江、沙河、高明河、深圳河等。

珠江三角洲水系具有"三江汇流、网河密布、八口入海、整体互动"的特点，被认为是世界上水系结构、动力特性、人类活动最复杂的河口水系之一，

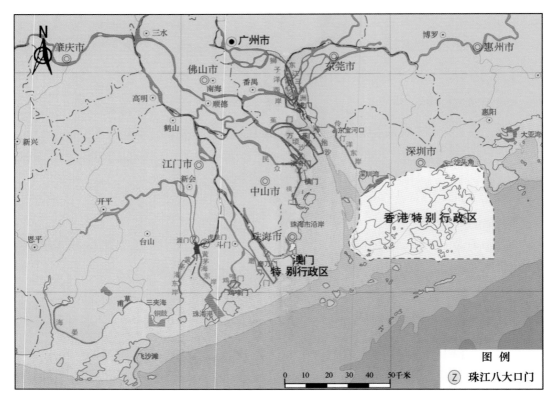

图 2-5-14　珠江河口地区地理位置示意图

具有如下特点：①水系结构复杂、口门形态独特；②水系动力过程复杂；③河涌水系发达。

2. 社会经济

珠江三角洲及其河口地区涵盖粤、港、澳三地，城镇化率高，是我国人口和产业最为集中的地区，其社会、经济和政治地位都十分重要。

广东省地处华南，面朝南海，自古以来就是我国对外贸易的重要通商口岸。近 30 多年来，作为我国改革开放的前沿阵地，经济、社会发展迅猛，在全国经济社会发展和改革开放大局中具有突出的带动作用和举足轻重的战略地位。以广州、深圳、佛山、东莞、中山、珠海、惠州、江门、肇庆 9 个城市为代表的珠江三角洲核心地区形成了我国大陆重要的城市圈，其经济总量之大、人口密度之稠堪称中国之最。据 2011 年统计资料，该地区 9 市 GDP 总和为 43 966.15 亿元，占广东省 GDP 的 83.47%，占全国 GDP 的 9.32%，人均 GDP

达 84 563 元;全国副省级、地级城市的 GDP 排名中,广州(12 303. 12 亿元)和深圳(11 502. 06 亿元)分别位列第 3 和第 4 位。2012 年年末,珠江三角洲地区常住人口约为 5 616. 39 万人,占全省的 53. 71%,而其土地面积为 24 437 平方千米,不到广东省面积的 14%,人口高度集中。

(二)珠江口的生态环境现状与成因

1. 珠江河口水环境污染严重

珠江河口水域是中国承受环境压力最大的河口之一。从 20 世纪 80 年代开始,河口承纳的废污水不断增加。随着珠三角经济的发展和人口的增多,每年废水排放量不断增加,但环保设施建设滞后,部分工业废水和大量生活污水得不到有效处理;此外,珠江三角洲水产养殖和畜禽养殖也是重要的污染来源。另外,有相当程度的污染是来自海洋船舶、港口排污、海洋石油开采和海洋倾废等,这些污染源排放的水上污染物主要是氮、磷、重金属、石油类物质和固体垃圾。根据《第二次全国海洋污染基线调查广东省污染源调查报告》[36],1996 年珠江河口水域船舶石油类污染物年排放量为 866. 4 吨,占广东省船舶石油类排污量的 28. 99%。另外,珠江河口咸潮上溯导致河口以及河道内盐度升高,抑制了珠江河口水体中铵盐的硝化作用,致使以无机氮为代表的营养物质污染成为珠江口与近岸海域的一个突出性环境问题。

1)河口水质堪忧

根据 1999—2006 年的数据统计,珠江河口八大口门监测站水质呈下降趋势,各监测站的高锰酸盐指数、氨氮、五日生化需氧量和氯化物 4 个分析项目(共 32 项次)中,表现上升趋势的有 20 项次,约占 62. 5%;近年监测结果表明,广东省近岸海域海洋生态环境质量持续恶化的趋势明显,其中,珠江河口海域生态环境问题日益突出。根据《2013 年广东省海洋环境状况公报》[37],广东省主要污染区域在珠江口海域(图 2-5-15),其污染上升明显,主要污染物为无机氮和活性磷酸盐,海水富营养化严重。珠江三角洲及河口水质恶化,削弱了生态系统的自我修复能力。

珠江口 2005—2012 年夏季,水体盐度小于 25 的区域范围呈先升后降并趋于稳定的年际变化趋势,2010 年河口盐度小于 25 的区域范围最大,超过

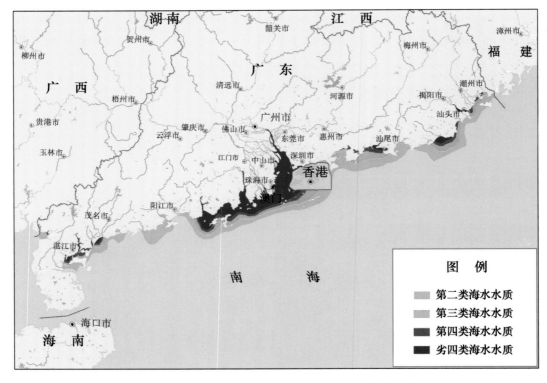

图 2-5-15　2013 年广东省近岸海域水质状况示意图

10 000 平方千米;2012 年与 2011 年相当,约为 6 000 平方千米。2005—2012 年,珠江口水体中化学需氧量、无机氮、活性磷酸盐含量分布状况的年际波动较大;2010 年以来,水体中化学需氧量、活性磷酸盐的平均含量趋于稳定(图 2-5-16)。

2)河道水质较差

除了河口地区,目前受污染的河道仍呈增长趋势,大部分城市江段、河涌水质污染严重,局部河段水体劣于《地表水环境质量标准》Ⅴ 类,沿岸居民生产生活受到严重的影响。上下游区域供水排水交错,部分城市饮用水水源地水质受到影响,跨区水污染日益突出,区域水资源丰沛优势正向水质型缺水劣势转变。

3)咸潮上溯严重

近年来,珠江流域的水文情势发生了明显变化,珠江河口咸潮正朝着不利的方向发展,其上溯强度、影响范围、发生频率和持续时间有不断加剧的趋

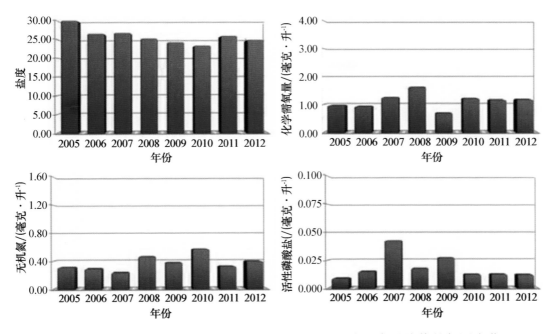

图 2-5-16 2005—2012 年珠江口水体中主要环境要素平均值的年际变化

势,主要表现为:自然条件下,上游枯季来水总量偏少,关键节点径流量分配比降低,下游河道的径流量减少导致咸害的提早到来和咸界的整体上移;珠江三角洲网河区内河床下切,河口区航道疏浚频繁,相关研究显示,河床下切、河槽容积增大将增强咸潮的上溯动力,导致咸潮上溯时间延长、程度加剧。

2009 年,珠海平岗泵站于 9 月 15 日含氯度开始超标,提早将近两个月,咸界较往年上移约 10 千米。2011 年,首次咸害发生于 7 月 28 日,是有记录以来最早的一次;8 月 27 日,珠澳供水系统的广昌泵站含氯度出现 24 小时连续超标;12 月连续 22 天含氯度 24 小时超标,与往年相同径流条件下相比,取淡几率由 25% 减少为 0%。另外,加上区域内用水量的增加、气候变化、海平面上升等不利因素的综合影响,咸潮上溯成为粤、港、澳地区供水安全的主要威胁之一。

4)人体健康风险增加

有研究显示,部分受咸潮影响的自来水水厂的出水三卤甲烷浓度比非咸潮时高 5 倍以上,其中三溴甲烷增加可达到 10 000 倍,致使饮用水水质降低,极大增加了人体健康风险,但是造成这一问题的具体原因和机理还在进一步研究当中。

2. 珠江河口生态环境现状

珠江河口水生生物资源严重衰退。由于近年来珠江口地区经济的迅猛发展以及人类活动的增强,珠江口的地理、水文条件等都发生了重大变化,生物栖息地锐减;另外,工业污水和生活污水的大量排放导致水体富营养化,不少鱼虾等水生动物死亡。赤潮的连年发生导致水体恶化,生物多样性遭受严重破坏,一些地区的浮游植物种类逐渐单一化,浮游动物也只以耐污种为优势种。另外,盐水上溯致使河道周边植物群落正在发生明显演变。

1)植物群落

与历史资料比较,结果显示:珠江口浮游植物种类数明显下降,由 20 世纪 80 年代调查的 244 种降至 2006 年的 153 种,减少了 37.3%;种类组成发生明显变化,硅藻种类数在总种类数中所占的比例由 1980 年的 70.1% 上升到 2006 年的 81.0%;甲藻所占比例由 1980 年的 21.4% 下降到 2006 年的 8.5%;细胞数量年际波动较大,没有明显的变化规律,多样性和均匀度略有下降。导致珠江口浮游植物种类组成的变化以及多样性降低的原因有:珠江口海域盐度大幅下降,无机磷和无机氮含量升高,富营养化严重,入海污染物大幅增加等。

另外,由于盐水上溯,河道水体盐度发生变化,造成河道内植物优势群落的物种组成方向由喜水植物群落向咸水和半咸水植物群落发展。河口地区(出海口处)堤外湿地出现大量生长喜盐或耐盐型的红树或半红树植物。

2)浮游动物和底栖生物

珠江口浮游动物的种类及数量分布呈现出很强的平面特征。物种多样性也呈现出一定的下降趋势,耐污种类及数量增大,这表明珠江河口污染日趋严重,需引起政府部门的高度重视。大型底栖生物种类数、生物量和丰度均呈现由河口内向外海增加的趋势。

3)渔业资源现状

近年来,海洋捕捞强度不断增加,渔业环境日趋恶化,近海渔业资源保护和利用的矛盾非常突出。20 世纪 90 年代珠江口渔场每年正常的渔获量在 40 万吨以上,但目前每年的渔获量只有 4 万吨,短短的 10 余年间就下跌了九成。渔业资源密度不到 80 年代的 1/8。2001 年 3 月间在珠江口内伶仃洋海域两艘 300 马力底拖网船近 2 小时试捕作业中,渔获量仅为 100 千克,且绝大部分为小渔和低值杂鱼。

4)滨海湿地

近 20 年来,河口地区围垦和水产养殖业迅猛发展,不少沿岸滩涂和河口水域被挖成鱼塘或围成虾场,使大量天然湿地、红树林和地表植被被彻底破坏而无法恢复。根据收集的珠江河口 20 世纪 70 年代和 2000 年的遥感图片和水下地形资料分析统计,70 年代珠江河口 −2 米以上滩涂资源为 100.3 万亩[*],后期由于大规模的滩涂围垦,至 2000 年 −2 米以上的浅滩面积仅为 45.2 万亩,减少了 54.9%,可见人类对滩涂的开发利用已远远超出了滩涂天然的淤涨速度,造成滩涂湿地面积大大减小。

滩涂湿地面积的减小伴随着红树林数量的急剧衰减。珠江河口滩涂原分布有较大数量的红树林。红树林不仅具有防浪护岸、缓流、促淤、净化水体等功能,而且是河口生物物种的聚集地,它为鸟类、鱼类提供栖息、觅食、繁衍的场所。但是,珠江河口滩涂的开发利用使红树林面积锐减了 75%。珠江口红树林湿地资源的遥感分析结果显示:珠江口红树林总面积由 1988 年的 457.2 公顷降低到 2002 年的 416.97 公顷,整体呈现面积减小的趋势,由原来较为广泛的沿出海口带状分布转变成现在的自然保护区内集中分布,且原生红树林越来越少。如深圳福田红树林已从原来建立国家级保护区时的 304 公顷减少为不足 160 公顷;珠海市境内的天然红树林已从 1 454 公顷锐减到不足 110 公顷;淇澳岛大围湾 32.2 公顷的天然红树林是幸存面积较大的红树林。

虽然长期以来植树造林一直是广东省生态修复的重点工作之一,但是采用的人工造林方式是不科学的,因为单一树种的人工林无法像天然林那样具有自然演化、自我更新的能力和对自然灾害的适应和恢复能力,它是不稳定的人工生态系统,所以,虽然林地面积、森林覆盖率、木材蓄积量的大幅度增加,但是并没有从根本上遏制广东省森林资源整体质量低下、生态效益偏低及局部地区水土流失严重的趋势。

----

[*]　亩为非法定计量单位,1 亩 = 1/15 公顷。

(三)珠江口生态环境保护工程的现状与不足

1. 滩涂开发工程

　　改革开放以前,滩涂资源开发利用的规模较小,而且大都是农业围垦;20世纪70年代以后,逐步使用绞吸式吸泥船,用喷填方法筑堤造田,部分有条件的地方还采用劈山造地的方法。机械的逐步投入使用,加快了围垦的速度。20世纪80—90年代滩涂开发仍主要以农业围垦为主,如蕉门、横门、磨刀门和崖门崖南的围垦工程。随着社会经济的发展,近10多年来的滩涂开发已脱离原有农业围垦的模式,转为以工业和城镇建设、港口建设为主,如伶仃洋东滩宝安机场、赤湾港、伶仃洋西滩的南沙港和黄茅海东滩的高栏港等。珠江河口岸线向海快速推进,口门向海延伸,口门和岸线形态发生了较大的变化。据统计,1978—2014年,珠江河口滩涂开发面积为91.84万亩,其中伶仃洋滩涂开发面积41.98万亩、磨刀门滩涂开发面积22.70万亩、黄茅海滩涂开发面积20.84万亩、鸡啼门近岸开发面积6.33万亩。滩涂的开发等导致岸线发生变化,1978—2009年的珠江河口岸线变化情况见图2-5-17,改革开放以来各口门区开发围垦情况见图2-5-18。

　　随着社会经济的不断发展,河口优越的地理位置和城市经济发展对土地资源的需求成为滩涂围垦的主要目的,如近年的深圳机场及深圳西部港区、广州南沙港、中山横门港区、珠海高栏港区、澳门填海等。

　　滩涂开发项目实施主要有3种形式:①由地方政府组织专门围垦机构实施滩涂开发,实行统一规划、分年实施,如番禺、中山、斗门和新会等;②乡镇及群众自发组织进行开发利用,主要用于浅海养殖,此类工程大多规模较小;③水利部门结合水利工程进行滩涂围垦,主要有早期的白藤堵海工程以及磨刀门、口门开发治理等。从滩涂开发历史过程来看,珠江、韩江的河口经历了由过去的群众自发行为到以政府为主体的滩涂开发,现正在逐步向以政府为主导、企业为主体的方向转变,并经过了无序到有序、从过度到合理的发展历程。

　　近年来,随着有关部门对珠江河口监管的逐步到位,河口岸线资源开发利用有序进行,但岸线利用仍存在不合理的地方,具体表现在以下几方面。

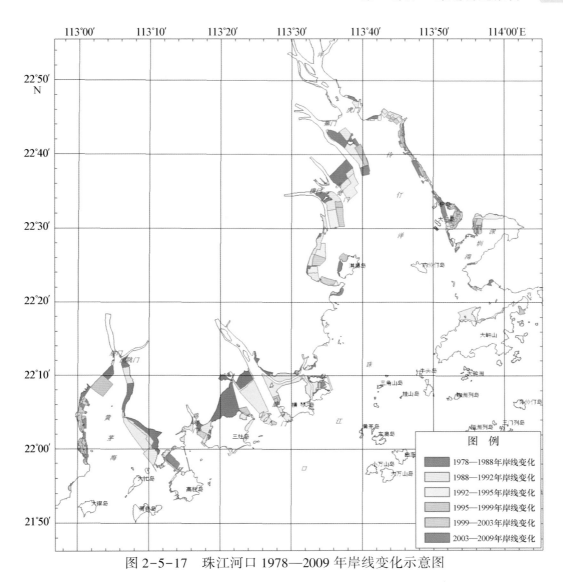

图 2-5-17　珠江河口 1978—2009 年岸线变化示意图

1) 珠江河口岸线资源开发利用空间分布不均衡。

珠江河口岸线资源开发利用存在明显的空间差异性,在河道区与口门区之间,不同规模城市之间,岸线利用率各不相同。在岸线资源比较紧缺的城市区,岸线利用率接近饱和,如澳门、深圳、东莞等城市岸线;而在岸线资源比较富余的地区,岸线开发利用率相对较低。珠江河口区对岸线资源的开发利用过于集中。

2) 珠江河口岸线开发利用形式单一,缺乏生态岸线

目前,珠江河口岸线开发利用类型以港口码头、临海工业和城市住宅等

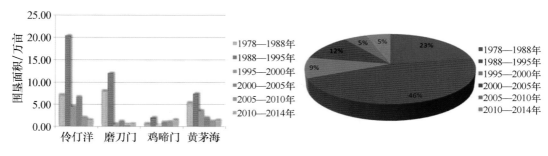

图 2-5-18　改革开放以来各口门区围垦情况

保护要求低的生产岸线为主,据统计,仅港口、工业和住宅类岸线就占河口区已开发岸线的 94%,景观岸线只有 2%。对河口岸线的开发利用中严重缺乏对生态岸线的设定。由于生态岸线对于生态及河口安全具有重要维护作用,从维护岸线资源可持续发展的角度出发,在珠江河口岸线开发利用中应重视生态岸线的建设,充分发挥岸线的生态调节功能。

3)过分注重开发,轻视对河道、堤防安全的保护

在珠江河口区,有 50% 岸线为堤防岸线,在网河区有 70% 以上岸线为堤防岸线,而在堤防岸线中已开发岸线占 30% 以上。许多岸线开发利用项目均在堤防岸线管理范围内进行,但由于过分重视岸线开发利用所带来的经济效益,许多项目匆忙实施,并未就"项目实施对堤防安全是否产生不良影响"开展科学论证,也未获取水利部门的专业意见,从而给河道堤防防护埋下安全隐患,给河道防洪安全带来严重威胁。

2. 河道疏浚工程

为泄洪和航道安全,珠江流域进行了大规模的河道疏浚。河道整治不仅加深了水流和潮汐通道,同时还改变了珠江三角洲地区河道分流比,造成八大入海口门中,东四口分流比增加,而西四口门分流比下降,而且随着上游径流的减少,西四口门分流比下降趋势更加明显,这也是近年来枯水期珠海、澳门受咸潮影响特别严重的原因之一。

3. 联围筑闸工程

20 世纪 50—60 年代,为了提高防洪排涝能力,三角洲地区大范围、大规模的联围筑闸,改变了三角洲网河水系结构,将干支一体的三角洲水系人为

分割为围内的内江体系和围外的外江体系。期间,较大的工程达 30 宗以上,如西北江滨海地区的联围、北江大堤建、佛山大围、南顺第二联围、中顺大围、番顺联围、古井大围、白蕉联围以及民众三角围等。大规模联围筑闸,理顺了珠江三角洲水沙分配,有利于网河区泥沙输移下泄,同时叠加了上游来沙的高峰期,大大促进了珠江河口滩涂的形成和发育,为改革开放时期的大规模开发利用储备了大量滩涂资源。

4. 航运交通工程

改革开放 30 多年来,已经形成了以广州港、深圳港、珠海港为主要港口,惠州港、虎门港、中山港、江门港为重要港口的分层次港口群发展格局;形成了广州中船龙穴造船基地、中船大岗船用柴油机制造与船舶配套产业基地、中船中山船舶制造基地、深圳孖洲岛友联修船基地等修造船基地。珠江河口沿岸现已建码头泊位数 1 477 个,岸线利用达 371 千米(含工业和城镇岸线利用),占河口现有岸线总长的 38%,优质岸线几乎全部变成人工岸线。据统计,目前珠江河口地区已建桥梁达 7 900 余座,其中大桥和特大桥近千座,珠江三角洲地区公路通车里程约达 5.3 万千米,其中高速公路 2 100 千米,公路密度 98.34 千米/100 千米^2,境内高铁里程达 1 400 余千米,铁路密度 3.0 千米/100 千米^2;通过岸线利用和滩涂围垦的形式,形成了珠海机场、澳门机场、深圳机场、香港机场等大型空港枢纽。

(四)珠江口生态环境保护战略目标和重点任务

1. 指导思想

深入贯彻落实科学发展观,深刻领会党的十八大加强生态文明建设的重要部署,树立尊重自然、顺应自然、保护自然的生态文明理念,立足珠江流域基本社情水情,树立新的治江理念;围绕珠江三角洲率先基本实现社会主义现代化的奋斗目标,以提高人民群众生活水平和改善环境质量为目的,坚持污染防治与生态保护并重,发展循环经济,推行清洁生产,倡导生态文明,走生产发展、生活富裕、生态良好的发展道路,促进经济、社会和环境协调发展。

2. 战略原则

(1)陆海统筹,整体协调。加强陆域和海域污染防治工作的统筹,坚持陆海统筹与河海并重,从珠江流域全局出发,强调上下游的综合协调管理,做好流域与河口污染防治目标的衔接。

（2）因地制宜，系统治理。以解决珠江口生态环境实际问题为导向，查找分析原因、科学确定目标、研究提出对策，淡化常规性和一般性任务要求，突出针对性、差异性和可操作性任务要求，实施综合治理，制定因地制宜的治理方案。

（3）上下联动，多方合力。加强组织协调，明确国务院各部门和地方政府责任，强化目标要求，鼓励地方及有关部门根据各自实际情况创新实践，充分发挥地方自主能动性。针对重点区域和重点问题，注重地方与国家联动，群策群力。

3. 重点任务

（1）加强珠江河口生态环境保护规划的制定与实施。主要针对珠江河口沿岸、滩涂、水域的重要生态功能进行识别、保护和修复重建；从流域整体的角度出发，针对珠江河口地区生态环境问题提出相应的规划方案及对策措施；结合珠江河口地区社会经济实际发展需求，提出生态保护建设性方案，建设既具有生态效益同时又具有经济效益与社会效益的多效工程，达到生态功能良性循环、人与自然和谐相处的目的。

（2）加强珠江河口水生生物监测和水生态基础研究工作。加强珠江河口水生生物监测工作，利用国际水质生物监测技术，探索河流水质生态指标体系，建立河流健康水质和生态的框架，进一步推动"维护河流健康，建设绿色珠江"。重视并开展水生态基础研究工作，在生物监测和生态调查的基础上，组织并开展水生态基础研究工作，为水生态评价提供科学依据。

（3）实施珠江口环境综合整治。针对珠江口主要环境问题和原因，实施河口海湾环境综合整治工程，提出海域总量控制目标和总量分配方案，从流域及沿岸社会经济调控、陆域点源与面源污染治理、海域污染治理、岸线修复与生态护岸建设、滨海湿地保护与修复等方面提出相应的保护对策与治理措施。

（4）建立珠江口海洋立体监测系统。参照国际先进的河口、海洋立体监测系统的技术框架，利用河口、海水营养盐自动监测技术、卫星遥感信息提取技术和四维同化模型技术，建立珠江口海洋立体监测系统，实现污染物入海通量的准确定量和河口、海域生态环境动态变化的准确把握。

(五)针对珠江口的生态环境保护需求拟实施的重点工程

1. "绿色珠江"长期系统工程

　　河口是河流的尾闾,是流域的重要组成部分,珠江河口生态环境问题,需从珠江流域整体的角度出发,统筹兼顾。按照 2011 年中央一号文件、中央水利工作会议以及中共十八大会议的精神,着重从绿色的理念、从可持续发展的战略高度和生态文明建设要求,提出"绿色珠江"建设,出台"绿色珠江建设战略规划"。规划围绕保护绿色生态源区(绿源)、构建健康河流廊道(绿廊)、打造活力三角洲水网(绿网)、营造和谐优美水景观(绿景)四大任务,提出构筑"山清水秀,人水和谐,生机盎然"清绿色珠江的美好愿景,形成完整的绿色珠江建设框架体系。绿色珠江战略布局如图 2-5-19 所示。

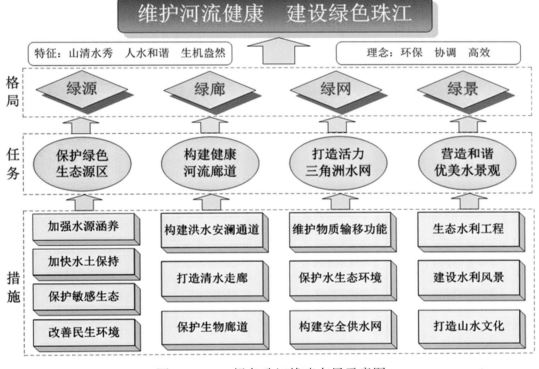

图 2-5-19　绿色珠江战略布局示意图

　　(1)绿源:即形成流域干流与主要支流源头绿色生态源区。该区域定位是流域水生态环境重点保护区域,其战略格局是:坚持保护优先,在保护中适度开发,以国家重点生态功能区为屏障,以生态敏感区域为保护重点推进水源涵养、水土保持、生态建设与环境保护,推进以西南骨干水源工程为重点的民生水利工程建设,保障区域基本用水需求,形成以西江、北江、东江三大流域干流与主要支流为源头的绿色生态区域。

绿色生态源区应在保护生态环境的基础上改善人类生存环境,重点任务是加强源头水源涵养建设,提高林草植被覆盖率,提高水源涵养能力;加快水土保持生态建设,加强敏感区生态保护,保护源区生态环境;推进源区民生水利建设,引导水资源的合理开发利用,改善生态脆弱区域生产、生活和生态条件。

(2)绿廊:即建成流域主要干支流一江两岸的洪水安澜通道、清水走廊和生物廊道三大河流健康廊道。该区域定位是流域水生态安全重点防护区域,其战略格局是:坚持以预防为主,防治结合,加强防洪体系建设,加强水环境保护与治理,水资源优化配置体系建设和滨水生态建设,保障洪水不漫岸、污水不入江,形成流域洪水通道、清水走廊、生物廊道三大河流廊道。

"绿廊"是重维护、保功能,构建健康河流廊道。河流健康廊道应在维护河流健康的基础上发挥河流综合服务功能,重点任务是合理安排洪水出路,完善流域防洪工程体系,构建洪水安澜通道;强化节水防污和水污染治理,完善流域水资源配置格局,打造珠江清水走廊;维护河流河岸形态,实施水生态修复措施,保护河流生物廊道。

(3)绿网:即形成河海畅通、生态良好、供水安全的活力三角洲水网。该区域定位是流域水生态环境重点修复区域,其战略格局是:坚持治理为主、优化开发,以珠江三角洲网河区生态修复为重点,通过水网生态修复、河口综合治理、供水布局优化等措施,形成河海畅通、生态良好、供水安全的水网。

"绿网"是重连通、促发展,打造活力三角洲水网。三角洲水网应充分发挥河海连接纽带作用,在改善网河区河流动力,提高泄洪纳潮、供水安全保障能力的基础上,促进三角洲大经济圈经济社会可持续发展,重点任务是加强三角洲网河区及八大口门综合整治,保持河海畅通,提升泄洪纳潮等功能;加强水生态环境治理与修复,加大城镇污水处理力度,推进网河区水系连通,改善三角洲网河区水环境;实施流域水资源合理配置和优化调度,优化珠江三角洲地区城乡供水水源布局,提高区域水源的连通性,形成一体化供水网络,保障港澳与三角洲城市群供水安全。

（4）绿景：即营造与水生态水文化相结合的和谐优美水利风景。绿景定位是传承水文化、保护水生态的水景观建设，其战略格局是：坚持水利工程与水生态、水文化相协调，在水利工程建设中，注重保护水生态、传承水文化，建设生态友好型水利工程，打造流域特色水利风景及具有特色山水文化的城乡水景观，营造和谐优美水景观。

"绿景"重自然、承文化，营造和谐优美水景观。在水利工程建设中，倡导绿色生态规划设计理念，保护水生态环境、维护自然水景观，尽量拓展生态功能、发挥生态效益，采取综合措施，减免对水生态环境的不利影响，建设生态友好型的绿色水利工程；因地制宜建设风格各异、各具特色的水利风景；打造一江两岸生态廊道及具有少数民族文化和岭南水文化特色的水景观。

2. "绿色珠江"近期重点工程

针对绿色珠江建设的迫切任务，近期将重点实施九大绿色重点工程，建立完善有利于绿色珠江建设的六大机制，打造三类流域水生态文明建设典范，加快推进"维护河流健康，建设绿色珠江"建设进程。

九大绿色重点工程包括绿色水源涵养工程、生态流域治理工程、环保民生水利工程、人—水和谐防洪工程、清水走廊保障工程、水系连通配置工程、河湖生态治理工程、基础支撑重点工程以及绿色水利景观工程。通过实施九大工程，保护水源涵养区面积达 1 万公顷以上，新增水土流失治理面积 1.5 万平方千米；完成 1 800 千米以上堤防建设和 279 千米海堤达标加固，全面完成 600 条中小河流治理；新建大型水源工程 8 座，实施滇中引水、黔中调水、西水东调等引调水工程，建成 132 座中型水库和 399 座小型水库；完成 200 千米重点河段水污染整治，实施南宁水城补水、桂林漓江补水、肇庆河湖连通、惠州河湖连通等河湖连通工程；新建水文站 200 处、水位站 66 处、雨量站 526 处、水质站 633 处、水生态监测站 84 处，新建 30 个水文巡测基地，加快流域科技推广中心和科技示范基地建设，推进"智慧珠江"数字流域水利信息化建设。

（六）针对珠江口的生态环境保护需求拟提出的政策建议

1. 加强污染防治规划和整治

应加大对流域污染治理规划的落实，应从人与自然、地圈与生物圈等宏观规律出发，以新观点、新思路、新方法，更深入细致地进行各项科研、规划和整治,并认真、逐步地推广和实施,达到人与自然和谐共存的理想生存环境和同步发展空间。

2. 协调开发利用和环境保护的关系

珠江口河口湿地资源丰富,开发利用应以保护为重要原则,充分论证。要在突出保护湿地生态系统、维护湿地资源利用可持续发展的科学认识基础上,对湿地实行严格保护,充分论证,合理利用。

3. 完善湿地资源管理的法律条例以及开发使用审批制度

应加强湿地资源的综合管理,目前湿地的治理开发系统管理条例或法律法规、湿地保护和综合管理的法律法规还不健全。应加大法律、法规宣传力度,提高全社会的法制观念,建立健全各项法律法规。

在湿地管理政策和条例中,对湿地资源利用,如水土资源、动植物资源、水产资源、矿产资源等,应建立健全湿地开发利用论证和审批制度等。

4. 研究和探讨湿地管理体制,避免多部门分块管理模式

研究和探讨湿地管理体制和监督体制,解决或避免多部门分块和管理模式产生的弊端,使湿地生态环境向着良性化发展。

三、黄河三角洲专题　

(一)黄河三角洲概况

1. 地理位置

黄河是多沙河流,黄河下游河床淤积较高,是世界著名的"悬河",河道稳定性差。自禹河第一次改道(公元前 602 年)至 1938 年,2 540 年间,黄河下游河道经历 6 次大变迁,1 590 多次小改道,形成以郑州为顶点的三角洲面积约 25 万平方千米,称黄河古河口三角洲。

1855 年 8 月,黄河在河南省兰考县铜瓦厢决口,夺大清河经山东利津注入渤海,是黄河第 6 次大改道,称为近代河口(图 2-5-20)。1855 年以来,尾闾河道经过 9 次较大的变迁,形成了 10 条入海流路(图 2-5-21),河道摆动的顶点都在渔洼附近,摆动范围缩小到北起车子沟,南至宋春荣沟,扇形面积2 400 余平方千米。根据《黄河河口管理办法》,黄河河口的区域范围"以山东

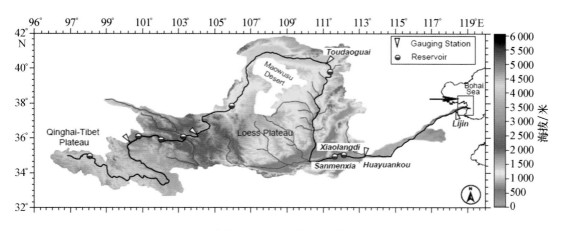

图 2-5-20　黄河流域

省东营市垦利县宁海乡为顶点,北起徒骇河口,南至支脉沟河口之间的扇形地域以及划定的容沙区范围"(图 2-5-22)。其陆地面积约 6 000 余平方千米的扇形地区,是 1855 年铜瓦厢决口改道夺大清河后入海流路不断变迁而发展形成的。

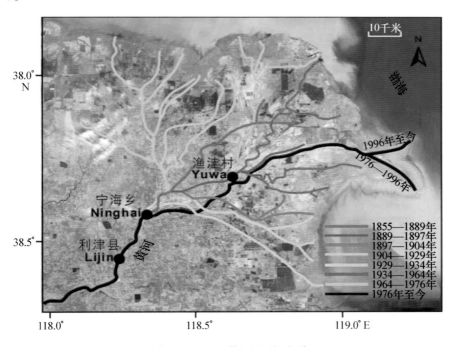

图 2-5-21　黄河入海流路

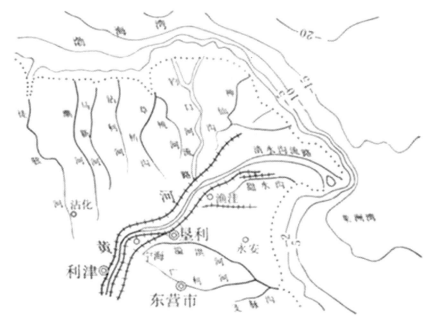

图 2-5-22　黄河三角洲河流分布

2. 气候特征

东营市地处东经 118°5′,北纬 38°15′(图 2-5-23),背陆面海,受亚欧大陆和西太平洋气候共同影响,形成气候温和,四季分明的暖温带大陆性季风气候。春季回暖快,降水少,风速大,气候干燥,有"十春九旱"的特点;夏季气温高,湿度大,降水集中,有时受台风侵袭;秋季气温急降,雨量骤减,秋高气爽;冬季雨雪稀少,寒冷干燥。主要气象灾害有霜冻、干热风、大风、冰雹、干旱、涝灾、风暴潮灾等。境内南北气候差异不明显。多年平均气温 12.8℃,无霜期长达 206 天,不小于 10℃ 的积温约 4 300℃,可满足农作物的两年三熟。

东营市多年平均年降水量为 561.6 毫米(1956—2000 年系列)。东营市由于受北温带季风气候影响,降水量在时空分布上极不均匀,年际降水量变化大,最大降水量为最小值的 3.93 倍;年内分布也不均匀,降水量主要集中在汛期,约占全年降水量的 70%。根据垦利县气象站 1971—2005 年蒸发观测资料分析,多年平均水面蒸发量为 1 167.2 毫米,最大年份蒸发量为 1 340.1 毫米(1972 年),最小年份为 995.0 毫米(2003 年),最大最小年蒸发量比值为 1.35。采用垦利县气象站同期降水资料计算,东营市干旱指数为 2.1。

图 2-5-23　东营市区划

3. 水沙特征

黄河口泥沙主要特点是含沙量大,且年内、年际变化大,多年平均利津水文站实测含沙量约为 25 千克/米³;小浪底运用以后,含沙量明显偏小,约为 10 千克/米³。但是相对于密西西比含沙量(约 0.5 千克/米³),黄河口含沙量仍非常高。

黄河入海水量随季节变化较大。截至 2010 年黄河入海总水量约 190 亿立方米,其中汛期约 140 亿立方米,非汛期约 50 亿立方米,因此保证了黄河河口最小生态流量。根据入海水量过程及自然生态需水过程对比分析,黄河正常来水可满足其理论最小生态径流量,11 月至翌年 4 月河口最小生态流量为 75 米³/秒,5—6 月最小生态流量 150 米³/秒,因此基本满足了河口区域鱼类洄游及越冬时段的水量需求,但 5—6 月正常来水上不能满足河口适宜生态流量。

黄河三角洲水资源严重短缺。因此通常在缺水年份,供水的优先顺序为:一是生活、菜田和副食品生产用水;二是关系国计民生的重要工矿企业用水;三是农业、一般工业和生态环境用水,其中农业、生态用水缺水最为严重。黄河河口地区水资源利用保护规划范围为东营市全部区域,土地面积为 7 923 平方千米。2020 年东营市规划需水量为 14.4626 亿立方米,而 2020 年可供水量为 13.33 亿立方米(表 2-5-12),缺水量为 1.13 亿立方米,其中全市河道外缺水率 7.8%,徒骇马颊河区缺水率为 9.1%,小清河区缺水率为 7.7%。农业缺水率为 15.9%,农业用水灌溉保证率为 55%,生活、第二、第三产业和城镇生态环境等需水基本能得到满足。

表 2-5-12　规划水平年东营市可供水量　　　　　　　　　　亿立方米

供水水源		2020 年
当地水	地表水	0.82
	地下水	1.12
客水	小清河、支脉河	1.2
	黄河水	6.88
	南水北调东线水	2
其他水源	中水回用	0.9
	海水利用量	0.4
	雨水	0.01
合计		13.33

4. 自然资源

黄河口三角洲自然资源丰富,其中石油等资源产业是黄河三角洲经济的支柱产业。截至 2002 年年底,共发现油田 69 个,气田 2 个,探明石油地质储量 42.9 亿吨;探明天然气地质储量 382.4 亿立方米;投入开发油田 67 个,动用地质储量 35.3 亿吨,动用程度 82.3%。共有油井 2 万多口,累计生产原油 7.7 亿吨,生产天然气 349.88 亿立方米。煤资源面积约 630 平方千米,主要分布于广饶县东北部、河口区西部,目前尚未开发利用。

地热资源主要分布在渤海湾南新户、太平、义和、孤岛、五号桩及广饶、利津部分地区,地热异常区 1 150 平方千米。此外沿海浅层卤水储量超过 2 亿立方米,深层盐矿、卤水资源主要分布在东营凹陷地带,推算储量超过 1 000 亿吨。土地资源丰富,人均土地 6.85 亩,是山东省人均土地的 2.6 倍;并且黄河以其独特的"填海造陆"功能,不断为东营市增添新的陆地。

生物资源中,木本植物 44 科,79 属,179 种(含变种);浮游植物 116 种,蕨类植物 4 种;畜禽类约 11 科 20 余种 40 多个品种;鸟类 48 科 270 种,其中国家一类保护鸟类 7 种,二级保护鸟类 33 种;水生动物有 641 种,其中有淡水鱼类 108 种、海洋鱼类 85 种,有"百鱼之乡"之称。

5. 经济特征

黄河三角洲的产业经济相对单一,农业产值较低。中华人民共和国成立前,近代三角洲荒无人烟,流路自由摆动改道。中华人民共和国成立后,政府重视三角洲经济开发,进行了移民,建立了渤海农场、林场和军马场,三角洲的农、林、牧业得到初步发展。自从 1961 年 4 月,在三角洲上打成第一口原油探井,1962 年 9 月 23 日,打成日产原油 555 吨的第二口高产探井,1964 年 1 月 25 日,黄河三角洲地区石油开展大会战,拉开了黄河三角洲经济大发展的序幕。到 20 世纪 80 年代,达到年产原油 3 000 多万吨,建成中国第二大油田—胜利油田。石油工业带动了道路、电力、电信和相关产业的兴起,打下了建设现代化工业的基础。2012 年东营市生产总值 3 000.66 亿元,第一、二、三产业产值比例为 3.5：70.8：25.7。

由于三角洲土壤盐分较高,垦利县粮食平均单产(亩产)197.5 千克,低于山东省单产(亩产)292 千克平均水平。土地利用率低,林地中,有林地占

39.66%;草地中人工草地、改良草地仅占 15.99%;滩涂资源已利用面积占可利用面积的 3.8%[38]。

中国国务院于 2009 年 11 月 23 日正式批复的《黄河三角洲高效生态经济区发展规划》[39]中强调黄河三角洲地区的发展上升为国家战略,成为国家区域协调发展战略的重要组成部分。其中高效生态经济指在具有典型生态系统的特征节约集约经济发展模式产业类型上形成的,由清洁生产企业组成的循环经济产业体系;产业布局上形成由若干生态工业园区组成生态产业群;生产工艺上做无废或少废,实现生产过程再循环、再利用,最终表现整体经济体系高效运转经济、社会、生态协调发展。

2011 年 9 月山东省与国务院国资委签署合作备忘录,共同推动黄蓝"两区"发展。"黄"是指黄河三角洲高效生态经济区(图 2-5-24),"蓝"是指"山东半岛蓝色经济区"(图 2-5-25),规划主体区范围包括山东全部海域和青岛、东营、烟台、潍坊、威海、日照 6 市及滨州市的无棣、沾化两个沿海县所属陆域,海域面积 15.95 万平方千米,陆域面积 6.4 万平方千米;山东省其他地区作为规划联动区。其以海洋经济为特征、以海陆统筹一体化发展为基础。

图 2-5-24　黄河三角洲高效生态经济区

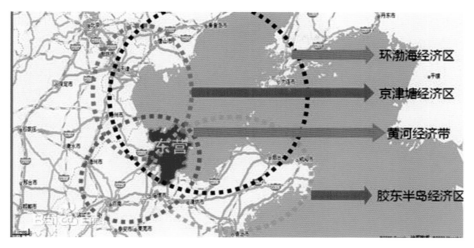

图 2-5-25　山东胶东半岛蓝色经济区

(二)黄河口生态环境现状、主要问题与成因

1. 滨海地区土壤盐碱化

几十年来黄河三角洲土壤盐度空间特点变化较少,大部分是中度、重度盐碱化土地,而土壤盐碱化是造成黄河三角洲农业产量低的主要因素。盐碱化区域表现为离海边越近,土壤盐度越大。近海边 5~21 千米范围为重度盐碱化区(盐度大于 6 克/千克);在此区内陆边界上游宽度 0~26 千米的范围为中度盐碱化区(盐度为 4~6 克/千克);在此区内陆边界上游至滨州盐度在 2~4 克/千克范围内为轻盐碱化区;盐度小于 2 克/千克的为无盐碱化区。滨州以上至济南地下水埋深较大(2~4 米),土地基本无盐碱化。黄河三角洲地下水大部分地区小于 2 米。据相关研究表明,小于地下水临界埋深值 3 米左右的干旱区易盐碱化。

2. 河口淤积和海岸蚀退严重

20 世纪 90 年代以来,受人类活动和自然因素的影响黄河口水量沙量一直在减少。小浪底水库运行后,整个黄河下游受主槽冲刷和河口潮汐影响,河道淤积严重。1976 年 5 月清水沟行河以来,三角洲北部海岸一直遭受蚀退,导致清水沟以南海域出现淤积现象;小浪底水库运用以后,清水沟口门附近海岸淤积延伸仍在持续,三角洲其他海域海岸冲刷蚀退明显。过去几十年的研究表明,黄河口淤积延伸是造成其上游一定范围内河道河床抬升的主要因素。

3. 近岸海域水质污染问题凸显

《2014年中国海洋环境状况公报》显示,黄河三角洲附近海域污染物主要是无机氮(图2-5-26)。图2-5-26显示仅在春季,黄河三角洲附近海域污染较轻,刁口河附近水域至清水沟附近水域浅水区均为二类水质,但是清水沟以南水域为劣四类水质。夏、秋季刁口河附近水域—清水沟水域为三、四类水质、甚至符合劣四类水质,清水沟以南水域为劣四类水质。黄河三角洲春季污染较轻,以二类水质为主,夏秋季污染较重,以二类、三类、四类水质为主。根据《中华人民共和国海水水质标准》(GB 3097 — 1997),夏秋季节黄河三角洲较浅海域水质不符合水产养殖业的要求。

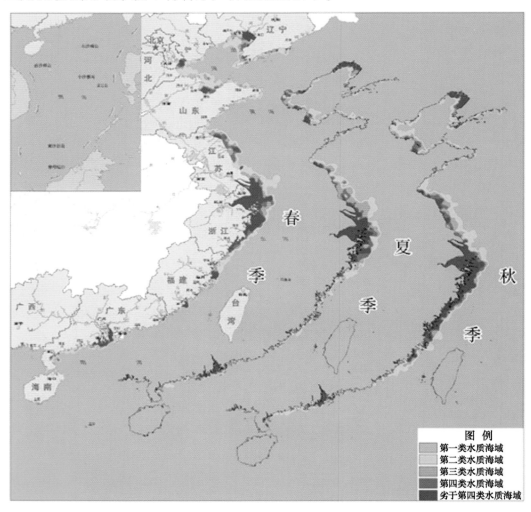

图 2-5-26 2014 年近岸海域无机氮浓度分布

4. 生态系统亚健康渔业资源衰退

　　据 2006—2014 年《国家海洋环境质量公报》，黄河口 2 600 平方千米被监测海域生态系统处于"亚健康"状况（图 2-5-27）；2014 年渤海湾和莱州湾生态监控区也处于"亚健康"状况，这说明生态系统基本维持其自然属性；生物多样性及生态系统结构发生一定程度的变化，但生态系统主要服务功能尚能发挥；环境污染、人为破坏、资源的不合理开发等生态压力超出生态系统的承载能力。

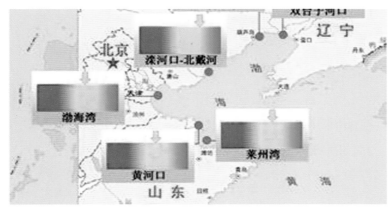

图 2-5-27　黄河口附近海域生态系统健康状况

　　黄河口附近海域渔业产量自 20 世纪 80 年代中后期明显下降，从 1982 年的 103 千克/（网·时），下降到 2007 年 12 千克/（网·时）。入海河水显著下降可能是导致渔业产量下降的潜在原因（图 2-5-28）。

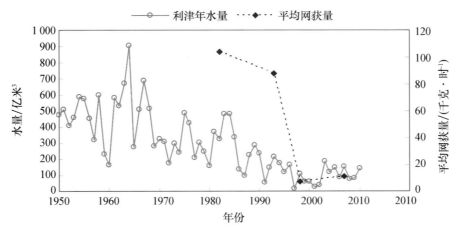

图 2-5-28　2007 年以前的水量和捕鱼平均网获量

2007 年以后,莱州湾鱼卵仔鱼数量持续下降,渔业资源严重衰退,传统产卵场、索饵场、渔场的功能受到破坏[9]。2009 年以来的观测资料表明:渤海湾浮游动物生物量密度低于正常范围,黄河口浮游动植物多样性指数基本稳定,黄河口大型底栖生物密度低于正常范围,底栖动物多样性指数呈下降趋势[9]。

5. 滨海湿地面积呈现缩减趋势

黄河三角洲典型的滨海河口湿地,是重要的鸟类栖息地、繁殖地、中转站,其湿地具有典型的原生性、脆弱性、稀有性以及国际重要性等特征。黄河三角洲有多样的水生、湿生、中生、耐盐植物群落,尤其是天然柳林,在国际上同类湿地中非常少见。植物物种达 220 余种,动物物种达到 800 余种。此外,黄河三角洲是鸟类东亚—澳大利亚迁徙路线上的重要中转站。景观生态学研究表明,黄河南侧以大面积人类建设性活动为主,斑块密度小;北侧以小面积盲目开垦的破坏性活动为主,景观破碎化严重[40]。

黄河三角洲自 1996 年以来面积出现了负增长,水下岸坡不断刷深。据山东省地矿局测算,1996 年以来黄河三角洲正以每年平均 7.6 平方千米的速度在蚀退。至 2004 年,累计减少陆地面积 68.2 平方千米。在人们不断开发利用的过程中,生态环境受到了严重的破坏,生态环境衰退、环境质量下降、生物多样性降低。此外,风暴潮的侵袭破坏、滩涂的开发利用、油田开采占地、农业生产垦殖、水工建筑与道路的阻隔,都使三角洲地区的自然湿地不断减少,湿地生态系统受到严重损害。虽然黄河三角洲自然保护区的建立和发展对湿地的保护发挥了巨大作用,但并不能遏制整个三角洲滨海湿地损失退化的趋势[40]。

6. 滩涂开发与围填海

黄河三角洲的滩涂开发主要是人工养殖与盐业生产。1978 年,东营市利津县建虾池 10 亩,放养天然虾苗,开始了黄河三角洲的人工滩涂养殖。之后,东营市河口区、垦利县、广饶县等位于黄河三角洲上的县区,利用各自的滩涂,放养对虾、文蛤、罗非鱼等,养殖面积由最初的几十亩逐渐增加到几百亩。20 世纪 80 年代中后期,滩涂养殖快速发展,至 1993 年对虾养殖面积达到 5 708.13 公顷,对虾产量 2 310 吨,对虾产值达 6 777 万元,利润 1 999

万元。1994年和1995年,对虾病害严重,东营市对虾养殖业处于低谷,养殖面积有了明显的缩小。1995年后,滩涂的开发又呈现出加速增长的势头,东营市各区县养殖面积迅速扩大,尤其是河口区,2002年滩涂养殖面积比1995年增长了10倍还多,东营区增长了近7倍,只有胜利油田略有增加(表2-5-13)。滩涂资源的开发与围海是导致滨海湿地损失退化的主要原因之一。滩涂经人工改造后,表面形态结构、基底物质组成、生物群落结构、湿地水体交换等性质和特征都将发生改变,滨海湿地生态功能因此会受到严重损害。

表2-5-13 1984—2002年东营市滩涂养殖面积统计 公顷

区域	1984年	1990年	1995年	2002年
东营区	0	667	670	5 187
河口区	0	707	1 670	18 667
垦利县	3	1 787	1 330	6 667
利津县	0	1 453	1 180	3 800
广饶县	1	633	100	1 867
胜利油田	0	2 067	1 840	1 867
合计	4	7 314	6 790	38 055

(三)黄河口生态环境保护工程的现状

1. 引黄灌溉工程

东营市现状供水工程主要包括引黄供水工程和当地水供水工程。引黄供水系统以麻湾、曹店、胜利、双河、垦东、西河口、宫家、王庄等大中型引黄涵闸为主,并配套渠系和平原水库,设计总引(提)水能力516米³/秒,设计供水能力13.08亿立方米。供水工程主要分布在小清河区,共10处,现状供水能力为9.70亿立方米。由此可见,引黄工程现状供水能力已经超过黄河分东营水量。东营市引黄供水系统现状详见表2-5-14。

表 2-5-14　东营市引黄供水系统现状

分区	供水水源系统	引水闸	设计流量/(米³·秒⁻¹)	输水(沙)渠 名称	长度/千米	沉沙池 面积/千米²	沉沙池 容积/万米³	蓄水工程 大中型水库/万米³
小清河区	麻湾	麻湾闸	60	四干	32.28	13.63	443	4 440
		麻湾电站	3.5					
		小计	63.5					
	曹店	曹店闸	30	五干	49.52	28.73	9 390	13 400
	胜利	胜利闸	40	六干	38.39	2.38	238	2 000
	双河	双河闸	100	七干	31.25	9.33	1 100	10 972
		十八户闸	20	三排沟				
		一号坝闸	10					
		路庄闸	30	路东、路南干渠	10.53			
		小计	160		41.78			
	垦东	五七闸	15	五七干渠	21.2			1 500
		垦东闸	10	垦东干渠	27			
		小计	25		48.2			
	合计		318.5		210.17	54.07	11 171	32 312
徒骇马颊河区	宫家	宫家闸	30	宫家干渠	28.62	11.2	1 011	2 000
		刘家夹河	1.5					
		东关电站	1					
		小计	32.5					
	王庄	王庄闸	80	王庄干渠	42.02	5.84	1 613	14 363
		崔家屋子	40	黄河故道	18			
				东崔干渠	10			
		西河口泵船	25	黄河故道				
		丁字路	20	孤东干渠	16			
				孤北干渠	12			
		小计	165		98.02			
	合计		197.5		126.64	22.88	4 237	16 363
总计			516		336.81	76.95	15 408	48 675

当地水供水系统包括以拦河闸为主的地表水供水工程和以机电井为主的地下水供水工程。2005 年东营市有拦河闸 16 处,设计库容为 0.61 亿立方米。地下水供水系统主要分布在小清河以南冲积扇地区,有地下水生产井 9 251 眼,配套机电井 9 251 眼,年供水能力 1.26 亿立方米。2002 年实施调水调沙试验以来,黄河主河槽逐年下切,造成引水流量小于设计流量,甚至引不出水的情况。但是通过增加泵站和引水口引流工程,引水能力基本得到保障。

2. 生态补水工程

自 2008 年开始借助调水调沙进行生态补水以来,黄河三角洲湿地生态环境得到明显改善。位于黄河现行流路的自然保护区 5 座生态引水闸全部过流,分别向自然保护区南、北片湿地进行生态补水。自 2010 年以来,利用黄河调水调沙工程,国家黄委已连续 5 年对刁口河进行生态补水,累计补水 1.05 亿余立方米,有效遏制了黄河刁口河道生态退化的趋势,黄河三角洲生态承载力得到大幅提高。

3. 生态治理工程

2008 年东营市已建成投产污水处理厂 6 座,设计处理能力总计约 21 万吨/日。2012 年生态环境建设成效显著。东营市坚持把生态环境建设放在突出位置,全面构筑生态系统,成为生态文明典范城市建设的新亮点。同时,东营市大力推进绿化造林。11 处林场造林 15.6 万亩,探索出了造林绿化新模式;生态绿化工程深入实施,植树 800 余万株;环城生态绿化、东青高速公路绿化、广利河绿化等工程开工建设,绿化面积大大增加。此外,东营市积极构筑循环水系,全面启动金湖银河生态工程,开挖生态河道 31.4 千米,引黄河水自流入城;实施东城水系内循环工程,贯通 27 平方千米城市水系,水城景观进一步显现。另外,东营市还全面实施公共环境改善工程,水气污染和城市扬尘治理取得显著成效。实施企业污染治理工程 610 个,小清河等流域生态治理工程顺利推进,重点河流水质稳定好转。新建改造西城南等污水处理场 20 座、垃圾处理场 1 座,生活垃圾焚烧发电厂一期工程竣工。

（四）黄河口生态环境保护战略目标和重点任务

1. 指导思想

与京津冀协同发展相结合,以生态文明理念为引领,以资源环境承载能力为基础,陆海统筹,把河口海岸治理与黄河三角洲盐碱地改良有机结合起来。合理分配水沙;放淤加高黄河三角洲地面,增加地下水埋深,把黄河泥沙转化为资源加以利用。大力推进区域绿色循环低碳发展,加强生态环境保护和治理,实现区域经济社会发展和生态环境保护建设协同发展。

2. 战略原则

陆海统筹,整体协调。坚持陆海统筹,从黄河流域全局出发,强调上下游的综合协调管理,做好流域与河口污染防治目标的衔接。

质量为本,系统治理。以黄河口水环境质量改善为主线,查找分析原因,突出针对性、差异性、可操作性任务要求,实施综合治理,制定因地制宜的治理方案。

以人为本,环境优先。坚持以人为本,促进自然、社会资源的可持续利用,建设资源节约型和环境友好型社会,实现沿海经济和生态环境的协调发展。

3. 重点任务

（1）划定红线,加强污染治理。以资源环境承载能力为基础,划定生态保护红线、环境质量底线和资源消耗上限,将逐步增加生态空间和改善环境质量作为经济建设和社会发展的硬性约束条件。率先实施更为严格的生态环保标准,倒逼产业结构优化调整,提升生态建设和污染治理水平。2016年年底前,工业集聚区应按规定建成污水集中处理设施,并安装自动在线监控装置,逾期未完成的,一律暂停审批或核准其增加水污染物排放的建设项目,并依照有关规定撤销其园区资格。

（2）切实保障生态流量。合理控制河湖等水体总取水量,加强生态流量保障工程建设和运行管理,采取闸坝联合调度、调水引流等措施,科学安排闸坝下泄水量和泄流时段,维持河湖基本生态用水需求,重点保障枯水期生态基流。建立生态流量保障机制,确定各河流生态流量及过程要求,并向社会公布。优化流域梯级开发布局,合理规划、建设水利水电等拦河工程,严格落实规划和项目环境影响评价要求。开展闸坝生态风险评估,提出闸坝调度优化措施。同时,利用引水工程及再生水,增加河道生态水量。

（3）优化入海水沙输运格局。从行河的黄河口淤积延伸看,小浪底拦沙运用期间,含沙量大幅度减低,即便如此,黄河口仍然存在淤积延伸的问题。然而,远离行河河口的海岸蚀退,如果不予以治理,必然会造成黄河三角洲防潮堤的坍塌。因此,从治理黄河和黄河口的角度出发,需要把泥沙分到黄河三角洲沿岸,而不能集中入海。

（4）充分利用、改造、完善黄河三角洲河渠网,把其建成相对窄深的、具有较大输沙能力的输沙通道,把水沙相对均匀地输送到整个三角洲沿岸水域,同时结合放淤改土。这样就把黄河口的特点(沙多)转变为资源,不仅解决了"水少"的矛盾,而且也有利于减缓黄河口附近海岸淤积延伸速率以及防止或减缓防潮堤前海滩的冲刷速率。

（5）改良盐碱地和土壤质地。当地改良盐碱地的主要方法为引黄淡水洗盐,但此方法需要用大量的黄河水,与有限的引黄水量指标相驳。所以改良土壤的方法需考虑节水与改良盐碱地协调发展,目前研究者通过放淤的方式抬高黄河三角洲洲面高程,达到节水与改良盐碱地双赢的局面。

（6）强化三角洲河渠科学管理。增加目前黄河三角洲河渠网输送黄河水沙入海的功能,提高排水效率,把黄河泥沙相对均匀地输送到黄河三角洲海岸,利用海洋动力输沙,既能避免集中输沙到单一口门造成口门延伸,又能减缓防潮堤前海滩蚀退速率,还能利用黄河三角洲各处的海洋动力输沙入深海,服务于沿岸海域生态的恢复。

主要参考文献

[1]　Pritchard D W. What is an Estuary, Physical viewpoint [M]. Washington D. C. : American Association for the Advancement of Science,1967.

[2]　陈吉余,沈焕庭. 我国河口基本水文特征分析[J]. 水文,1987(3):2-8.

[3]　刘宁. 我国河口治理现状与展望[J]. 中国水利,2007(1):34-38.

[4]　张义钧.《欧盟海洋战略框架指令》评析[J]. 海洋开发与管理,2011(4):27-30.

[5]　周易,王惠初. 2013 长江三角洲经济社会发展报告[M]. 上海:上海社会科学院出版社,2014.

[6]　刘士林,刘新静. 中国城市群发展报告 2014[M]. 上海:东方出版中心,2014.

[7]　张辉,周德田,于美玲.基于"长三角"、"珠三角"经验开发黄河三角洲的思考[J].中国石油大学学报(社会科学版),2011,27(5):35-38.

[8]　中国近岸海域环境质量公报 2006—2013 年.中华人民共和国环境保护部.

[9]　中国海洋环境质量公报 2004—2014 年.国家海洋局.

[10]　中国海洋环境深度报告 2011.国家海洋局.

[11]　中国河流泥沙公报 2005—2014 年.中华人民共和国水利部.

[12]　王保栋.长江口及邻近海域富营养化状况及其生态效应[D].青岛:中国海洋大学,2006.

[13]　中国海平面公报 2014 年.中国海洋信息网.

[14]　中国海洋灾害公报 2014 年.国家海洋局.

[15]　Wang Wen-Xiong, Yang Yubo, Guo Xiaoyu, et al. Copper and zinc contamination in oysters:subcellular distribution and detoxification[J]. Environmental Toxicology and Chemistry, 2011, 30(8):1767-1774.

[16]　Xu Li, Wang Tieyu, Ni Kun, et al. Metals contamination along the watershed and estuarine areas of southern Bohai Sea, China [J]. Marine Pollution Bulletin, 2013, 74(1): 453-463.

[17]　Yu Xiujuan, Yan Yan, Wang Wen-Xiong. The distribution and speciation of trace metals in surface sediments from the Pearl River Estuary and the Daya Bay, Southern China[J]. Marine Pollution Bulletin, 2010, 60:1364-1371.

[18]　刘胜玉,张荧,梁永津,等.珠江八大入海口门可溶态铜的时空变化及其影响因素[J].生态毒理学报,2014,9(4):657-662.

[19]　潘科,朱艾嘉,徐志斌,等.中国近海和河口环境铜污染的状况[J].生态毒理学报,2014,9(4):618-631.

[20]　傅明珠,李正炎,王波.夏季长江口及其临近海域不同环境介质中壬基酚的分布特征[J].海洋环境科学,2008,27:561-565.

[21]　董军,李向丽,梁锐杰.珠江口地区水体中双酚 A 污染及其与环境因子的关系[J].生态与农村环境学报,2009,25(2):94-97.

[22]　恽才兴.中国河口三角洲的危机[M].北京:海洋出版社,2010.

[23]　倪勇,陈亚瞿.长江口区渔业资源、生态环境和生产现状及渔业的定位和调整[J].水产科技情报,2006,33(3):121-123.

[24]　李建生,李圣法,丁峰元,等.长江口近海鱼类多样性的年际变化[J].中国水产科学,2007,14(4):637-643.

[25]　于良巨,王斌,侯西勇,等.我国沿海综合灾害风险管理的新领域——海陆关联

工程防灾减灾[J]. 海洋开发与管理, 2014(9)：104-109.

[26] 杨旭辉. 近40年来长江水沙变化背景下的长江口海岸线演变[D]. 青岛：中国海洋大学, 2011.

[27] 刘雪, 马妍妍, 李广雪, 等. 基于卫星遥感的长江口岸线演化分析[J]. 海洋地质与第四纪地质, 2013, 33(2):17-23.

[28] 闫秋双. 1973年以来苏沪大陆海岸线变迁时空分析[D]. 青岛：国家海洋局第一海洋研究所, 2014.

[29] 王寒梅. 上海市地面沉降风险评价体系及风险管理研究[D]. 上海：上海大学, 2013.

[30] 唐洪杰. 长江口及邻近海域富营养化近30年变化趋势及其与赤潮发生的关系和控制策略研究[D]. 青岛：中国海洋大学, 2009.

[31] 刘录三, 李子成, 周娟, 等. 长江口及其邻近海域赤潮时空分布研究[J]. 环境科学, 2011, 32(9):2 497-2 504.

[32] 郑丙辉. 入海河口区营养盐基准确定方法研究——以长江口为例[M]. 北京：科学出版社, 2013.

[33] 单秀娟, 金显仕, 孙鹏飞, 等. 典型河口水域渔业资源结构演变过程及其主要原因[C]. 中国海洋湖沼学会鱼类学分会、中国动物学会鱼类学分会2012年学术研讨会论文摘要汇编, 2012:185-186.

[34] 王卿. 互花米草在上海崇明东滩的入侵历史分布现状和扩张趋势的预测[J]. 长江流域资源与环境, 2011, 20(6)：690-696.

[35] 操文颖, 李红清, 李迎喜. 长江口湿地生态环境保护研究[J]. 人民长江, 2008, 39(23):43-59.

[36] 第二次全国海洋污染基线调查广东省污染源调查报告. 2012年.

[37] 广东省海洋环境状况公报. 2013年. 广东省海洋与渔业局.

[38] 垦利县土地利用总体规划. 2007. http://www.dylr.gov.cn/gtweb20104170.html.

[39] 国务院. 黄河三角洲高效生态经济区发展规划. 2009年12月.

编写组主要成员

孟　伟　中国环境科学研究院　中国工程院院士

雷　坤　中国环境科学研究院　研究员

刘录三　中国环境科学研究院　研究员

课题六 21世纪海上丝绸之路发展战略研究

课题组主要成员

组　长	管华诗	中国海洋大学，中国工程院院士
副组长	卢耀如	中国地质科学院，中国工程院院士
	谢世楞	中交第一航务工程勘察设计院，中国工程院院士
	王振海	中国工程院政策研究室，副主任
成　员	沈国舫	中国工程院，院士
	石玉林	国家海洋局第一海洋研究所，中国工程院院士
	袁业立	国家海洋局第一海洋研究所，中国工程院院士
	李廷栋	中国地质科学院，中国科学院院士
	顾心怿	胜利石油管理局，中国工程院院士
	侯保荣	中国科学院海洋研究所，中国工程院院士
	高从堦	中国海洋大学，中国工程院院士
	王　颖	南京大学，中国科学院院士
	王曙光	中国海洋发展研究中心，主任
	李华军	中国海洋大学，教授
	韩立民	中国海洋大学，教授
	刘惠荣	中国海洋大学，教授
	刘　岩	国家海洋局海洋战略研究所，研究员
	潘克厚	中国海洋大学，教授
	高艳波	国家海洋技术中心，研究员

李大海　青岛海洋科学与技术国家实验室，副部长

陈明宝　中山大学，副研究员

马炎秋　中国海洋大学，副教授

董　跃　中国海洋大学，副教授

刘　康　山东社科院，副研究员

朱心科　国家海洋局第二海洋研究所，高级工程师

卢　昆　中国海洋大学，副教授

倪国江　中国海洋大学，副教授

王　娜　广州市地方志办公室，副主任科员

孙　杨　中国海洋大学，讲师

王　祎　国家海洋技术中心，助理研究员

孙龙启　中国水产科学研究院黄海水产研究所，助理研究员

第一章　总　论

2013 年 9 月和 10 月，国家主席习近平在出访中亚和东南亚期间，先后提出共建"丝绸之路经济带"和"21 世纪海上丝绸之路"的重大倡议，得到国际社会高度关注。国务院总理李克强参加 2013 年中国-东盟博览会时强调，铺就面向东盟的海上丝绸之路，打造带动腹地发展的战略支点。21世纪海上丝绸之路作为新时期国家的长期重大战略之一，正在经济、政治、外交、国防等各个方面扮演着越来越重要的角色。

21 世纪海上丝绸之路的主要目标是建立亚欧非全方位、多层次、复合型的海洋互联互通网络。加强沿海各国经济、贸易、文化方面的联系，建立命运共同体、责任共同体，是以海洋为载体，以畅通和完善跨国综合交通通道为基础，以沿线国家中心城市为发展节点，以区域内商品、服务、资本、人员自由流动为发展动力，以区域内各国政府协调制度安排为发展手段，以一系列双边、多边合作机制为载体的综合性政策平台。21 世纪海上丝绸之路主要包括两个方向：重点方向是从我国沿海港口经南海到印度洋，延伸至欧洲；从我国沿海港口经南海到南太平洋。

一、21 世纪海上丝绸之路建设的国家需求 ▶

近半个世纪以来，经济全球化浪潮席卷全球，世界各国的经贸联系日趋紧密，国际经济贸易秩序面临深刻调整。我国经济长期保持快速增长，在世界经济所占比例不断加大，已成为世界最大的货物贸易国。我国与周边国家（地区）贸易额不断扩大，成为很多国家（地区）的最大贸易伙伴和重要投资来源地。推进 21 世纪海上丝绸之路建设，符合新阶段我国经济转型发展的客观要求，也符合沿线各国抢抓机遇、谋求发展的共同需求。

共建 21 世纪海上丝绸之路是优化对外投资结构的需要。长期以来，我国形成了对外投资以储备投资为主、对外负债以直接投资为主的不对称结构，对海外资产的经营效益总体较低。存在优化对外投资结构的客观需求。21世纪海上丝绸之路沿线国家多数属于发展中国家。推进21世纪海上丝绸之路建设，有利于形成广阔市场，优化我国对外投资结构，也必将带动相关国家走上合作共赢的共同发展之路。

共建21世纪海上丝绸之路是经济转型发展的需要。在国内经济结构调整优化的过程中，客观上需要与周边国家开展更深层次、更加紧密的经贸合作。21世纪海上丝绸之路建设将带动大量的海外投资，为引导国内过剩产能转移提供新的载体，将带动电力设备、工程机械、铁路设备、通信设备、物流等相关需求，为我国和沿线国家经济发展开拓新空间。

共建21世纪海上丝绸之路是深化体制改革的需要。通过推进我国参与区域经济一体化的进程，为我国国内深化体制改革提供新的动力。有利于推动货物和服务贸易自由化、外资业务管制放开和服务技术引进，促进汇率形成机制市场化和人民币资本项目可兑换，逐步实现国家的财政税收与国际通行标准接轨，加快劳动力培训、要素跨国流动、对外技术合作、知识产权保护等领域的改革。

共建21世纪海上丝绸之路是参与国际经济治理的需要。时代发展需要我国更好地利用普适性规则保护和主张自身权益，在新的国际经济规则制定中扮演好发展中国家的代言人角色。通过主动倡议、联合沿线国家共同打造具有巨大发展潜力的海上经济走廊，把我国与横跨亚、欧、非广大地区的众多国家更加紧密地联系在一起，对于加强我国参与国际经济治理能力，扩大国际影响力，具有积极的作用。

共建21世纪海上丝绸之路是强化经济安全保障的需要。海上通道承担着我国对外贸易90%的运量，海上物流相对集中，海上运输线对我国经济安全的重要性不断提升。加强重要海上运输线的安全维护，正在成为保障我国经济安全的迫切需求。21世纪海上丝绸之路建设通过加强海洋运输基础设施建设，能够有效促进沿线各国互联互通，提高海上运输便利性和安全性，为我国和沿线国家创造更加安全、更有保障的经济发展环境。

二、21世纪海上丝绸之路建设的基础条件　▶

21世纪海上丝绸之路建设覆盖亚洲、非洲、欧洲、大洋洲等广阔区域。

其中，近期合作重点放在东南亚、南亚、西亚、东非等地区，涉及越南、菲律宾、马来西亚、文莱、印度尼西亚、泰国、新加坡、柬埔寨、缅甸、老挝、孟加拉国、斯里兰卡、印度、巴基斯坦、马尔代夫、伊朗、伊拉克、科威特、沙特阿拉伯、卡塔尔、阿联酋、阿曼、巴林、也门、以色列、塞浦路斯、土耳其、埃及、苏丹、厄立特里亚、吉布提、索马里 32 个国家。

21 世纪海上丝绸之路建设有着深厚的历史文化基础。"海上丝绸之路"泛指古代中国沿海地区与世界各地以丝绸为代表性商品的海上贸易通道，是古代丝绸之路的重要组成部分。"海上丝绸之路"发端于汉，兴于唐，盛于宋元，衰于明清。其交通网络分布于从中国沿海跨海向东至朝鲜半岛、日本，向南、向西绵延至东南亚、印度、中东地区、非洲沿海、地中海沿岸的广大区域，在东西方经济、贸易、文化交流中发挥了重要作用。依托主要海上交通线，历史上我国与沿线各国海上贸易趋于日常化，形成了丰富的海上贸易网络，以经济为基础的政治、文化交流更加频繁。我国对海上丝绸之路的经略，虽然在个别时期发生了战争，但总体来看和平友好是主流。

21 世纪海上丝绸之路覆盖的地理空间跨度大，沿线各国在资源禀赋、经济发展水平、贸易规模和结构等方面均存在较大差异。这种差异性为我国与沿线各国开展多领域、多层次的经济贸易合作提供了可能性。21 世纪海上丝绸之路跨越温带、亚热带和热带，动植物资源、矿产资源、海洋资源丰富。沿线各国经济发展不平衡，既有人均 GDP 超过 1 万美元的发达国家，也有众多新兴经济体和不发达国家，基础设施建设和承接产业转移的潜力巨大。沿线各国贸易结构存在较大差异，大多与我国存在一定的互补性。

三、构建 21 世纪海上丝绸之路经济带 ▶

21 世纪海上丝绸之路自提出以来，无论在国内还是国外都产生了积极的反响。国内方面，21 世纪海上丝绸之路已经由构想演变成国家战略，我国于 2015 年正式发布《推动共建丝绸之路经济带和 21 世纪海上丝绸之路的愿景与行动》，创设亚洲基础设施投资银行，设立丝绸之路基金，共同促进沿线国家的繁荣发展。我国正在重点推动包括港口、铁路、航空服务、机电设备、建筑、装备制造、基建材料、能源、商贸、旅游、金融服务等产业在沿线国家发展。我国不断深化与东盟的经济合作，积极推动在印度洋沿岸国家的经济存在，共同打造区域经济合作的新版图。

21世纪海上丝绸之路经贸合作中还存在不少问题。一是产业出路问题。国内对于如何更好地利用外汇储备、消化过剩产能并没有清晰的认识，对产能转移的具体路径和模式尚未达成共识。二是区域整合问题。各级、各地区之间竞争性开发现象突出，协调发展能力差，跨地域、跨部门的全国性协调机构尚未形成。三是内外对接问题。国际发展环境复杂，海外投资保障机制、境外争端解决能力、海外护商力量不足，成为经贸合作的重要制约因素。

21世纪海上丝绸之路经贸合作的主要目标是：以商品贸易、要素投资与资源能源合作为主题，通过与沿线国家开展长期合作，力争在产业投资、经贸合作、能源金融等领域取得突破性进展，构建一批全面开放的国际经济合作走廊和海上战略支点，建立面向亚非欧大陆和链接三大洋（太平洋、大西洋、印度洋）的均衡战略布局，打造陆海统筹、东西互济的全方位对外开放新格局。提升沿线国家在全球经济治理结构中的地位，推动形成国际经济新秩序，逐步实现沿线区域经济一体化。

21世纪海上丝绸之路经贸合作的重点任务包括：①全面寻求贸易增长点。以巩固传统贸易结构和贸易伙伴为基础，与沿线国家共同寻求新的贸易增长点，重点加强在机械设备、机电产品、高科技产品、能源资源产品、农产品等方面的贸易合作。进一步创新贸易方式，提高贸易便利化水平，深化与沿线国家在海关、标准、检验检疫等方面的多（双）边合作和政策交流，改善边境口岸通关设施条件。②加快推进要素领域的改革。在贸易投资领域，以国内自贸区建设为契机，参考TPP、TIPP等贸易投资规则，以货物和服务贸易自由化、外资业务管制放开为重点深化改革；在国有经济领域，以国有企业平等使用生产要素、平等参与市场竞争、平等受法律保护为主要方向深化改革；在金融领域，加快利率市场化进程，推动汇率形成机制市场化和人民币项目可兑换，倒逼外汇市场、跨境投资、债券市场、金融机构本币综合经营等领域改革；在财税领域，推动形成与国际并行税率；在要素市场方面，加快劳动力跨境流动、技术创新与合作、知识产权保护与转让等领域改革。③深入推动合作机制建设。继续推进我国与沿线各国的降税进程，重点加快降低和取消非关税壁垒，实现技术标准的对接；深入对接 TPP、RCEP 等新生代经贸规则，积极与沿线更多国家（地区）建立双边或多边贸易关系，逐步形成高标准贸易合作网络。

为深化 21 世纪海上丝绸之路经贸合作，有必要在以下方面加强政策支持。①推动构建新型国际合作机制。借鉴 TPP、TISA 等国际经贸新规则，在商品贸易、投资便利化、金融风险防范、经济发展互助、货币与汇率协调等方面加大公共产品供给，构建符合各方利益的合作机制，提升我国在全球经济治理和亚太地区经济合作框架重构中的话语权。②推动形成陆海联动协调机制。21 世纪海上丝绸之路不仅包括海上通道连通和港口经济区建设，还应结合相关国家陆上通道的打通，进一步加强泛北部湾经济合作、大湄公河次区域合作、中越"两廊一圈"合作、南宁-新加坡经济走廊合作、孟中印缅经济走廊、中巴经济走廊等重要双边和多边合作，逐步形成区域化、立体化的合作格局。③强化战略通道安全建设。针对当前和今后一段时间内我国对印度洋、马六甲海峡、南海运输航线依赖度较高的实际，强化与周边国家的通道安全合作，共同建立海上驿站，加强公共基础设施建设，构建以打击海盗、防灾减灾、事故应急为重点的合作平台，维护海上航行安全与自由。④为企业国际化发展提供更多优惠政策。加强国内企业跨国发展的税收、投融资、信息咨询支持，鼓励国内企业参与沿线国家基础设施和产业园区建设，为企业海外投资提供便利化服务。⑤营造和谐共赢的合作环境。针对东南亚、南亚、西亚、非洲等区域的经济差异、文化差异，采取差别化的经济合作策略，努力寻找我国与不同国家（地区）的利益交汇点，共同打造战略契合点，增进共识，妥善处理矛盾和纠纷，营造和谐共赢的合作环境。

四、加强 21 世纪海上丝绸之路战略支点建设 ▶

我国海上运输线主要取决于贸易伙伴的地理分布，同时深受海洋自然地理因素影响。经研究，21 世纪海上丝绸之路范围内的海上通道，其起始端南海承载的物流价值高达我国外贸总值的 1/2 以上；如果将苏伊士运河作为其终止端，其尾段承载的物流价值仍占我国外贸总值的近 1/5，马六甲海峡到斯里兰卡的中端承载的物流价值约占我国外贸总值的 1/4。按照承载物流价值计，重要性最高的 8 个海域（占贸易总额大于 10%）中，有 6 个位于 21 世纪海上丝绸之路范围内；重要性最高的 7 个水道（占贸易总额大于 5%）中，有 6 个位于 21 世纪海上丝绸之路范围内。因此，不论是从整体还是从关键通道来看，21 世纪海上丝绸之路在我国海上物流通道中的重要性都是最高的。

近 10 多年来，我国深化了与沿线各国的经贸合作，在交通基础设施建设、产业园区建设、资源开发等方面的合作全面展开，取得了丰硕的成果。我国在全球 50 个国家建设了 118 个经贸合作区，其中处在 21 世纪海上丝绸之路的沿线国家有 42 个，占经贸合作区总数的 36%。针对交通基础设施的关键通道、关键节点和重点工程，我国加大了与沿线国家的合作力度，以参股、承建等多种形式，参与了港口、铁路、管道、电力设施等一系列重要工程建设，推进了双边交流合作的深化。我国与沿线国家的科技文化合作不断深化。我国发起了"中国-东盟科技伙伴计划"、"中国-南亚科技合作伙伴计划"、"中非科技伙伴计划"，建设了中国-阿拉伯国家技术转移中心（CASTTC）。我国连续 10 年举办中国-东盟文化论坛，连续 5 年举办中国-南亚文化论坛，开展了中非文化人士互访计划。从空间布局上来看，已有项目主要分布在东南亚、南亚区域，并实现了向西亚、欧洲和非洲的适当延伸。通过项目实施，我国实现了在若干重要海洋区域周边的事实存在，如马六甲海峡周边、孟加拉湾、波斯湾、红海等。从合作方式上来看，我国企业因地制宜地采取了多样化的合作方式，包括租赁、援建、承建、参股、土地开发等多种形式。通过合作开发，总体上优化了双边关系，扩大了我国的地区影响，也为下一步深化双边合作、扩大地区影响奠定了基础。

21 世纪海上丝绸之路战略支点建设启动时间较短，面临诸多制约因素，存在的主要问题有：①缺乏清晰地顶层设计，空间布局不合理。所涉及的支点很多位于区域性航线周边，距离国际海运主航线较远，不利于发挥综合保障功能和扩大影响力。现有支点大部分位于大陆毗邻边缘海的区域，相互支持能力不足，难以发挥战略支撑作用。在印度洋深水区缺少战略支撑。②经济合作用力较多，其他方面措施薄弱。在战略支点建设的各种手段中，经济手段是最为有效，但也存在着种种不足。经济合作难以惠及全体民众，往往出现损益不均的现象。容易引起一部分人的反感和抵制。经济合作发挥作用的空间范围、持续时间都受到局限。一些极具战略价值的区域，由于经济基础较差等原因，难以启动合适的合作项目。③合作层次比较单一，对沿线国家地方和不同阶层利益考虑不足。在战略支点建设过程中，仅仅依靠中央政府之间的合作是不够的，还需要针对各地的政体、宗教、民族、利益团体等特点，有针对性地开展多层次的合作。

加强 21 世纪海上丝绸之路战略支点建设，就是要以强化 21 世纪海上丝绸之路战略支撑、增强战略实施保障为目标，以加强 21 世纪海上丝绸之路沿线重点区域、关键水道和战略空间的存在能力、影响能力和服务能力为重点，以促进政策沟通、设施联通、贸易畅通、资金融通、民心相通的各项措施为主要推进手段，放眼长远，逐步拓展，在 21 世纪海上丝绸之路沿线重要区域培育和建设若干稳固落脚点，并以之为支撑发展形成拓展区和辐射带，为推进 21 世纪海上丝绸之路建设、优化与沿线各国双边关系、服务我国海洋战略实施提供重要支撑与保障。

2020 年，在关键区域形成一定规模的经济聚集、人员聚集和有效经营的港口。2030 年，在关键水道基本建成稳固的战略支点，海上航向安全保障和服务能力基本具备。2050 年，战略支点体系全面建成，海上航行服务保障能力全面提升。重点建设区域包括印度尼西亚亚齐地区、印度尼西亚巴邻旁地区、泰国普吉地区、印度卡利卡特地区、斯里兰卡科伦坡地区、吉布提、马尔代夫、塞舌尔等。

推进 21 世纪海上丝绸之路战略支点建设的主要措施有：①在战略支点区域推动经贸合作区建设。战略支点所在地区往往具有优良的港口建设条件，也靠近主要国际航线，发展临港经济的条件优越。可以港口合作建设和特许经营为基础，合作推进临港经贸合作区建设，结合各地经济要素特点和资源禀赋条件，因地制宜发展临港产业。②实施"海上丝绸之路文明复兴计划"。沿线各战略支点地区在历史上也多与我国建立了多种多样的经济、贸易和文化联系。可倡议联合发起"海上丝绸之路文明复兴计划"，以我国为主建立专项基金，重点对上述战略支点的教育、科技和文化发展与保护提供资金支持。③加强对印度洋地震海啸和孟加拉湾飓风监测预报科技的支持与合作。有针对性地开展科技合作，以有限的投入发挥最大化的作用。可与印度尼西亚、泰国、马来西亚等国合作以印度洋地震海啸为主题开展研究，与孟加拉国、缅甸、印度等国合作，对孟加拉湾飓风开展科学研究，与马尔代夫、塞舌尔等国合作，以应对全球气候变化为主题，对热带珊瑚岛礁环境保护、人工岛建设、可再生能源利用、海水淡化等方面的科技问题进行研究。④推动地方层次和行业层次建立友好合作关系。根据战略支点所在地的历史文化特点，选择国内历史悠久的沿海城市，建立"海上丝绸之路友好城市"，定点加强经贸往来和教科文合作。发起"海上丝绸之路博览会"，以艺术、文化交流为主题，在沿线重要城市发展会展合作。发挥行业、企业的经贸合作主体作用，开展行业间、企业间的合作与交流。以文化交流为重点，鼓励群众团体之间的合作，建立全方位的友好合作关系。

五、加快开发利用北极航道 ▶

　　近年来北极海冰正在经历重大的变化。海冰消融使得北冰洋地区的航行期变得更长，阻碍航行的多年冰也大面积减少，北极航道的通行量近年来增长迅速。随着船舶技术的进步和基础设施建设的完善，北极海域的可航范围不断扩展。适宜的气候和冰情状况是利用北极航道的前提条件，航道及相关水域的法律地位是否清晰是制约航道利用的社会因素，北极航道相比已有的国际航线在经济成本、风险承担及战略价值上是否具有优势则是直接驱动北极航道开发利用的现实要素。

　　开发北极航道具有重大战略价值。①可以搭建沟通亚欧的新通道。相对于南部马六甲–苏伊士航线来说，北极航道中的东北航道、中央航道能够为联络我国与东亚、俄罗斯、北欧、西欧国家提供一条新的便捷通道。从经济安全角度看，北极航线是21世纪海上丝绸之路非常重要的备选航线，形成了传统海上丝绸航线的良好补充。②可以降低海上航运成本。从航程距离和航行时间看，北极航道的通航可大幅度缩短我国沿海诸港到欧洲各港的里程。从航运安全角度看，北极航道商业通航不受海盗滋扰，不需投保海盗险。③可以优化能源资源利用格局。刚刚起步的北极大陆架资源开发为我国开辟新的海外能源基地提供了机遇。北极地区还拥有大量的铁、锰、金、镍、铜等矿产资源以及丰富的森林、渔业资源等。④可以促进北极合作有效开展经济合作。经济合作是我国等非北极国家加强与北极国家合作、参与北极事务的有效方式。我国作为能源资源消费大国和北极航线潜在需求方，与北极国家有广泛的利益汇合点。参与航线开发建设和北极资源开发，能带动沿岸地区的经济社会发展，为我国参与北极治理提供良好的途径。

我国利用北极航道面临诸多挑战。①冰封区域条款的特殊制约。根据《联合国海洋法公约》第二三四条（又称为"冰封区域条款"）的规定，北冰洋沿岸国有权制定和执行非歧视性的法律和规章，以防止、减少和控制船只在专属经济区范围内排污对海洋的污染。加拿大和俄罗斯依据这一条款设立了不同冰级船舶进入不同海域的时间表，即海域准入规则。②《极地航行规则》的约束。国际海事组织第94届海上安全委员会于2014年11月21日通过了《极地水域操作船舶国际规则》，将于2017年生效。该规则对于船舶的质量与配备以及对船员的培训都提出了极高的要求。③北极商航民事责任的风险。当船舶在北极发生航海事故导致人身伤亡和财产损害，特别是油污损害时，船舶所有人可能承担的赔偿责任的额度是我国船公司尤为关注的问题。在散装油类货物污染的损害赔偿、燃油污染责任等方面，有很多国际公约我国尚未加入，一旦出现事故，船东要独自承担民事赔偿责任，这大大增加了船运企业北极航行的风险。④北极沿岸国有关北极航行的国内立法。我国商船在北极航行，除了要遵守相关的国际公约外，还要遵守有水域管辖权国家和地区制定的特殊法规和政策。

加强对北极航线的开发利用，有必要加大以下方面的工作力度。①创造良好的政治与政策环境。通过北极理事会等区域性合作组织加强与北极国家在北极问题上的政策交流，增强互信；需要做好北极陆地和海洋法律秩序、航道法律地位、航行权等国际法问题的研究，为未来可能的磋商谈判做好准备；加强航道和基础设施建设合作，以实现互利共赢，争取有利于我国商船通行北极的政策环境。②积极参与北极开发合作。围绕北极航道开发利用，与俄罗斯、挪威等沿岸国能够在港口等基础设施建设、海洋科学研究、船舶建造、能源开发、气候变化等方面开展合作。③提升极地船舶的制造技术。从材料制造加工、基础试验、船型设计和相关船用设备制造等关键技术方面展开研究，开展与芬兰等极地国家的技术交流与合作，充分借鉴国外先进的船舶设计理念、建造工艺和经验，提升极地船舶建造能力，为北极开发提供坚强的装备保障。④开展极地航行船员的专门培训。借鉴俄罗斯、加拿大、美国等国经验，制定符合我国海运发展的极地航海员培养模式，建立严格系统的考核认证制度。⑤加强航道信息、航行资料的获取。加大北极航道科学考察和研究的力度、广泛收集北极航道相关基础性数据外，还应注意与沿岸国开展北极海洋科学合作，建立比较完善的观测网，扩大信息共享，借助合作获取因地域政治所限而难以获取的数据。⑥建立保险和基金等资金保障制度。对于北极航行可能遭遇的海上风险应建立专门的保险制度，使得船东通过保险来分摊风险，降低北极航运的成本和风险。可以借鉴美国、加拿大等国的基金模式，设立基金保障机制。

第二章　21 世纪海上丝绸之路战略的国内外环境研究

　　当前，经济全球化浪潮正在深刻改变着世界。商品与资本跨国流动的规模不断扩大，使国与国之间的经济贸易联系日趋紧密。统一的世界市场正在形成。面对机遇与挑战，发达国家和发展中国家都在积极推动经济转型发展，进一步激发发展潜力，寻求新的经济增长点。与之相对应，国际经济贸易规则越来越强调对市场准入的开放、优化和便利，监管一致性、知识产权、竞争政策等边境后措施正在成为各国贸易政策的重点。其中，最具代表性的当属美国主导的 TPP 和 TTIP 经贸规则体系①。以美国为代表的发达国家，正在谋求通过制定国际贸易新标准和新规则，保持和扩大自身优势，在新的国际竞争格局中掌握主动。

　　随着经济的快速发展，我国对全球经济贸易增长的贡献不断加大。2013年货物进出口总额 4.16 万亿美元，超过美国成为世界第一货物贸易大国。2000—2012 年，中国对世界出口额增量的贡献率为 15%（美国为 6.63%），对世界进口额增量的贡献率为 11.86%（美国为 8.53%）。2000—2013 年，中国累计进口总额近 13 万亿美元，为世界各国直接创造了上亿个就业岗位。此外，中国已成为继美国和德国之后的全球第三对外投资大国。截至 2013年年底，中国对外直接投资累计净额达 6 604.8 亿美元，位居全球第 11 位；中国 1.53 万家境内投资者在国（境）外设立 2.54 万家对外直接投资企业，分布在全球 184 个国家（地区）②。2014 年对外直接投资突破千亿美元，达到 1 029 亿美元，同比增长 14.1%。首次成为净投资国。

　　我国与周边国家联系趋于紧密。从 2000 年以来，我国同周边国家的贸

---

① 冼国义，如何看国际经贸规则的新动向，学习时报，2013.12.24。
② 耿雁冰 张梦洁，中国对外投资新趋势：集中五大行业，http：//finance.qq.com/a/20150113/011029.htm。

易额从 1 000 多亿美元增至 1.3 万亿美元，已成为众多周边国家的最大贸易伙伴、最大出口市场和重要投资来源地。与周边国家贸易额已超过我国与欧洲、美国贸易额之和[①]。有必要更加积极主动地参与区域经济合作，与贸易合作伙伴携手共建更加公正合理、更具包容性的国际贸易规则，在国际经济治理中更好地反映发展中国家的利益诉求，优化我国发展的外部环境。21 世纪海上丝绸之路沿线各国以发展中国家为主，资源丰富，发展潜力巨大，但区域经济一体化程度较低，各国之间发展不平衡，尤其在交通基础设施互联互通方面与欧洲、北美洲相比具有很大的差距。推进 21 世纪海上丝绸之路建设，既是新阶段我国经济转型发展的客观要求，也是沿线各国抢抓发展机遇、谋求共同发展的现实需要。

一、国家需求　▶

（一）优化对外投资结构的需要

改革开放以来，我国经济快速发展，资本积累不断扩大，对外投资逐年攀升。截至 2013 年，我国对外投资所形成的海外资产总额达 4.73 万亿美元。其中，储备资产占比高达 65.4%，远高于美国、德国、日本等发达国家，股权、企业债券投资所占比例较小。与之相对，外国对中国以直接投资为主，接近 60%，其他投资仅占到 31%。这种对外投资以储备投资为主、对外负债以直接投资为主的不对称结构表明，我国对海外资产的经营效益总体较低。在外汇储备规模庞大、经济发展面临转型的新阶段，优化对外投资结构，扩大直接投资比例，应当成为我国对外经贸合作的一项重要目标。

21 世纪海上丝绸之路沿线国家多数属于发展中国家，人口和经济总量分别约占全球的 18% 和 7%。这些国家基础设施相对落后、产业发展比较滞后、对外开放程度不高，加快经济社会发展的愿望十分迫切。推进 21 世纪海上丝绸之路建设，通过与沿线国家在基础设施建设、经贸合作、产业投资、金融合作、人文交流以及海上合作等方面互动发展，将有利于形成广阔市场，推动中国资本和中国企业走出国门，在推动我国经济转型、优化

---

① 张茉楠，"一带一路"利于构建全球价值链，中国证券报/2015 年/1 月/7 日/第 A04 版。

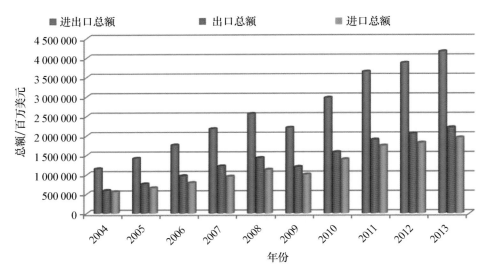

图 2-6-1　我国对外贸易情况（2004—2013 年）

数据来源：国家统计局

对外投资结构的同时，也必将带动相关国家走上良性互动、合作共赢的新型发展之路。

表 2-6-1　中国对外资产负债表构成（与相关国家比较）　　　　　%

项目	对外资产				对外负债			
	中国	日本	美国	德国	中国	日本	美国	德国
直接投资	10.3	15	27.5	20.5	59.2	3.9	14.5	18
股权证券	2.6	10	29.1	9.7	7.5	32.1	21.5	11.1
债务证券	1.8	35.1	11.9	22.8	2.2	21.6	35.4	34.9
金融衍生品	—	—	12.6	7.9	—	—	10	9.5
其他投资	20	22.9	18.6	36.8	31	42.4	18.6	26.3
储备资产	65.4	17	2	2.1	—	—	—	—

数据来源：国际货币基金组织数据库。

（二）经济转型发展的需要

　　经过 30 多年的快速发展，我国已经成为世界第二大经济体。但是，长期以来依靠投资和出口拉动的经济发展方式越来越难以为继。一方面，国内产能过剩问题突出，投资效率不高的问题更加严重；另一方面，资源环境承载力不断下降，经济发展与生态文明建设的矛盾日趋凸显。伴随着我国经济增长方式从出口导向型向创新驱动型转变，产业升级与产业转移成为必然选择。在国内经济结构调整优化的过程中，客观上需要与周边国家开展更深层次、更加紧密的经贸合作[①]，构建全方位的对外开放格局。

21世纪海上丝绸之路建设将带动大量的海外投资，为引导国内过剩产能转移提供新的载体。"海上修路"是21世纪海上丝绸之路建设的重要内容。港口和码头、公路和铁路、信息网络、产业园区、公共服务设施等基础设施建设，将带动产生电力设备、工程机械、铁路设备、通信设备、物流等相关需求，为我国和沿线国家相关产业发展开拓新的市场空间。

（三）深化体制改革的需要

目前，亚太地区经济合作机制错综复杂，其中以美国主导的TPP与东盟主导的RCEP最为重要。以美国为主导的TPP与TISA虽将我国排除在外，但其内容反映了发达国家推动国际贸易规则改变的发展趋势，值得我国研究与借鉴。"取消补贴、取消国有企业特惠融资措施、撤销政府采购的优惠偏好、国有企业的投资及贸易地位"等内容，既对我国现阶段海外投资提出了挑战，从长期来看也必将倒逼我国在国内相关领域的改革。

21世纪海上丝绸之路建设通过推进我国参与区域经济一体化进程，为深化体制改革提供了新的动力。在贸易投资领域，有望以自贸试验区建设为契机，在货物和服务贸易自由化、外资业务管制放开和服务技术引进等方面推进改革；在国有经济领域，有望在国有企业平等使用生产要素、平等参与市场竞争、平等受法律保护等方面推进改革；在金融领域，有望推动利率市场化进程，完善汇率形成机制市场化和人民币资本项目可兑换，倒逼外汇市场、跨境投资、债券市场、金融机构本币综合经营等领域改革；在财税体制领域，有望推动财政税收与国际通行标准接轨，减少现行体制中不合理因素；在要素市场领域，有望在劳动力培训、要素跨国流动、对外技术合作、知识产权保护等领域推进改革。

---

① 刘艳霞 朱蓉文 黄吉乔，海上丝绸之路沿线地区概况及深圳参与建设的潜力分析，城市观察，2014（6）。

（四）参与国际经济治理的需求

经过 30 多年的改革开放，我国已经基本融入了现行国际经济体系。随着综合国力的提升，我国正在逐渐脱离依赖条件性规则实现自我利益保护的发展阶段，接受、适应和影响国际经济规则的意愿不断增强。时代发展需要我国更好地利用普适性规则保护和主张自身权益，并在新的国际经济规则制定中扮演好发展中国家的代言人。但由于历史原因，我国参与国际经济社会管理的经验不足，仅仅是国际规则的观察者、执行者、接受者。区域性经济一体化是我国积极参与国际经济治理的重点环节。我国参与的双边或区域性安排主要是基于贸易投资自由化的制度安排，以及在此基础上扩展而面向共同体建设的综合性合作协议，最具代表性的是中国−东盟自由贸易区建设。未来，随着我国经济开放程度的提高，对积极参与国际经济治理的需求不断加大。从国际规则的被动接受者向规则制定者转变、从区域经济一体化的参与者向倡导者转变，将成为我国参与国际经济治理的重要目标。

21 世纪海上丝绸之路建设倡议的提出恰逢其时。通过主动倡议、联合沿线国家共同打造一条具有巨大发展潜力的海上经济走廊，把我国与横跨亚、欧、非广大地区的众多国家更加紧密地联系在一起，对于增强我国参与国际经济治理能力，扩大国际影响力，具有积极的作用。

（五）强化经济安全保障的需要

海运是国际货物运输的最主要方式，国际货物运输中超过 80% 通过海运完成。我国正处于工业化中后期阶段，第二产业占我国经济比重较大，形成了原材料大量进口和产品大量出口的"大进大出"贸易格局。海上通道承担着我国对外贸易 90% 的运量，海上运输线对我国经济安全的重要性不断提升。以能源资源运输为例，2013 年我国原油进口的 90.4%、铁矿石进口的 97.5%、铜矿石进口的 92.2%、煤炭进口的 92.2%，均通过海运实现。海上物流相对集中是我国货物运输的又一个特点，大量货物集中通过马六甲海峡、霍尔木兹海峡、曼德海峡等关键水道，仅 21 世纪海上丝绸之路沿线运输的石油就占我国进口原油总量的 66%。加强重要海上运输线的安全维护，正在成为我国经济安全的重要需求。

海上通道安全是 21 世纪海上丝绸之路沿线各国的共同需求。维护海上航行安全，促进海洋贸易繁荣，是沿线各国人民的共同心声。21 世纪海上丝绸之路建设通过加强海洋运输基础设施建设，能够有效促进沿线各国互联互通，提高海上运输便利性和安全性，降低运输成本，大大推动沿线各国经济一体化进程，为我国以及沿线所有国家创造一个更加安全、更有保障的经济发展环境。

二、合作基础

21 世纪海上丝绸之路覆盖亚洲、非洲、欧洲、大洋洲等广阔区域。其中，近期合作重点放在东南亚、南亚、西亚、东非等地区，涉及越南、菲律宾、马来西亚、文莱、印度尼西亚、泰国、新加坡、柬埔寨、缅甸、老挝、孟加拉国、斯里兰卡、印度、巴基斯坦、马尔代夫、伊朗、伊拉克、科威特、沙特阿拉伯、卡塔尔、阿联酋、阿曼、巴林、也门、以色列、塞浦路斯、土耳其，埃及、苏丹、厄立特里亚、吉布提、索马里共 32 个国家[①]。

（一）自然地理基础

1. 东南亚地区

东南亚地区位于亚洲东南部热带地区，主要陆地单元包括中南半岛、巽他群岛、菲律宾群岛等。主要海洋单元均系太平洋西部的边缘海，包括南海，以及被马来群岛分割形成的苏禄海、苏拉威西海、爪哇海、班达海等。比较重要的水道包括台湾海峡、巴士海峡、马六甲海峡、巽他海峡、望加锡海峡、龙目海峡等。

东南亚地区纳入 21 世纪海上丝绸之路倡议的国家主要有东盟 10 国。东盟全称东南亚国家联盟，前身是马来亚（现马来西亚）、菲律宾和泰国于 1961 年 7 月在曼谷成立的东南亚联盟。1967 年 8 月，印度尼西亚、泰国、新加坡、菲律宾 4 国外长和马来西亚副总理在曼谷举行会议，发表了《曼谷宣言》，正式宣告东南亚国家联盟成立。截至目前东盟有 10 个成员国：

---

① "一带一路"是一个整体，21 世纪海上丝绸之路涉及的国家与"丝绸之路经济带"有部分重叠。

文莱（1984 年）、柬埔寨（1999 年）、印度尼西亚、老挝（1997 年）、马来西亚、缅甸（1997 年）、菲律宾、新加坡、泰国、越南（1995 年）。2013 年东盟 10 国面积约 448 万平方千米，人口约 6.18 亿人，GDP 为 2.33 万亿美元，农业矿产资源丰富，经济发展水平与我国相当，市场潜力大。

2. 南亚地区

南亚地区指位于亚洲南部的喜马拉雅山脉中、西段以及印度洋之间的广大地区。主要陆地板块包括喜马拉雅山地、恒河平原、印度半岛及周边岛屿等。主要海洋板块包括印度洋东北部的阿拉伯海、安达曼海、孟加拉湾。比较重要的水道有格雷特海峡、十度海峡、科科海峡、保克海峡等。

南亚地区分布有 7 个国家，分别是印度、巴基斯坦、孟加拉国、斯里兰卡、马尔代夫、尼泊尔、不丹。南亚国家在 1985 年创建了南亚区域合作联盟（South Asian Association for regional cooperation，SAARC），1997 年建立南亚自由贸易区（SAFTA），涵盖了本地区 8 个国家（包括阿富汗）。但经历了近 30 年的实践，无论是区域内贸易投资自由化还是成员之间的互信，南盟远没有达到预期的目标。南亚国家中，巴基斯坦、孟加拉国、印度、斯里兰卡、马尔代夫等 5 国是 21 世纪海上丝绸之路沿线的重点国家。2013 年总人口约 16 亿人，其中印度占了 78.6%，GDP 为 2.3 万亿美元。该地区农业资源和矿产资源丰富，经济发展水平较低，合作潜力巨大。

3. 西亚地区

西亚地区位于亚洲西南部。主要陆地板块包括伊朗高原、阿拉伯半岛、美索不达米亚平原、小亚细亚半岛。主要海洋板块包括印度洋西北部的阿拉伯海、波斯湾、阿曼湾、亚丁湾、红海等。比较重要的水道有霍尔木兹海峡、曼德海峡、苏伊士湾等。西亚大部分地区属热带和亚热带沙漠气候，气候干燥，水资源缺乏，地形以高原为主。

海湾合作委员会（Gulf Cooperation Council，GCC）全称为"海湾阿拉伯国家合作委员会"，简称"海合会"，于 1981 年 5 月在阿联酋阿布扎比成立，是中东地区重要的区域性组织。其成员国包括阿拉伯联合酋长国、阿曼、巴林、卡塔尔、科威特、沙特阿拉伯 6 国，成员国总面积 267 万平方千米，人口约 3 500 万人，2013 年经济总量近 1.6 万亿美元，进出口贸易规模为 1.2 万亿美元。海合会成员国拥有丰富的石油和天然气资源，已探明的石油储量约占全球石油总储量的 42%，天然气储量占全球总储量的 24%。[①] 人均消费水平高、市场潜力巨大。此外，21 世纪海上丝绸之路还涉及西亚地区的伊朗、伊拉克、也门、土耳其、塞浦路斯、以色列 6 个国家。6 国国土总面积 343 万平方千米，2013 年人口 2.2 亿人，GDP 为 1.9 万亿美元，是亚欧重要的连接区，具有重要的地缘政治和经济价值。西亚地区矿产资源，特别是油气资源和金属资源丰富，经济发展水平相对较高，是我国的重要能源进口市场。

4. 东(北)非地区

东非和北非地区濒临印度洋和大西洋两大洋，是 21 世纪海上丝绸之路的重要区域。该区域的陆地板块主要包括尼罗河三角洲、撒哈拉沙漠、埃塞俄比亚高原、索马里半岛等，海洋板块主要包括东北印度洋的阿拉伯海、红海，关键水道有曼德海峡、苏伊士运河等。该区域纳入 21 世纪海上丝绸之路倡议的沿海国家有埃及、苏丹、厄立特里亚、吉布提、索马里 5 个国家。国土面积约 367 万平方千米，人口约 1.5 亿人，2013 年 GDP 约 0.3 万亿美元。此外，该区域的肯尼亚、坦桑尼亚和塞舌尔等国在历史上与海上丝绸之路存在关联。

(二) 历史文化基础

21 世纪海上丝绸之路建设有着深厚的历史文化基础。"海上丝绸之路"是相对于陆上丝绸之路而提出的，泛指古代中国沿海地区与世界各地以丝绸为代表性商品的海上贸易通道，是古代丝绸之路的重要组成部分。"海上丝绸之路"发端于汉，兴于唐，盛于宋元，衰于明清。其交通网络分布于从中国沿海跨海向东至朝鲜半岛、日本，向南向西绵延至东南亚、印度、中东地区、非洲沿海、地中海沿岸各国的广大区域。经"海上丝绸之路"输出的商品主要包括丝绸、瓷器、茶叶等，输入商品主要有香料、宝石、象牙等。海上丝绸之路由"东海航线"和"南海航线"两大干线组成。21世纪海上丝绸之路的地理空间范围主要限于南海航线。该海上通道主要经南海，横穿马六甲海峡，到达东南亚、印度、波斯湾沿岸的阿拉伯国家、

[①]　BP.《世界能源统计》，2008 年 6 月。

北非等地，古称"通海夷道"。

1. 海上丝绸之路历史概述

我国经海洋与西方交通的历史十分悠久。从古代传说和出土文物来推测，最晚在商代，我国与东南亚地区的海洋贸易和文化交流就已经存在。由于受航行技术限制，当时的海洋交通应主要通过沿海岸线的短程航行来进行。通过多条短程航线的连接，形成了沿海岸线的交通和贸易通道。

西汉时期，开辟了"徐闻、合浦道"。从我国南部的徐闻、合浦港出发，沿中南半岛、马来半岛海岸航行到达马六甲海峡附近，再经过孟加拉湾到达印度南部和斯里兰卡。东晋时期，僧人法显从长安（今西安市）出发，经陆路到达天竺（古印度），再经海陆返回长广郡不其城（位于今青岛市城阳区），以亲身经历证明了东西方陆上和海上丝绸之路的存在和繁荣。考古工作者 1975 年在西沙群岛北礁发现古代沉船和南朝的青釉半陶瓷六耳罐、杯，证明当时许多船舶航行在南海的这条航线上。中外文化交流也日益频繁，印度哲学、宗教、医学等经该海上通道传入我国。

隋唐时期，中国船队不仅已经越过印度半岛，到达阿拉伯海和波斯湾沿岸，并且首次到达红海和非洲东海岸。贾耽（公元 730—805 年）所著《海内华夷图》中详细描述了"广州通夷道"，指出了当时海上丝绸之路的两条主要路线：①由广州经今越南中部、南部沿海地区和附近岛屿，经新加坡、爪哇岛、苏门答腊岛、尼科巴群岛而至今斯里兰卡，再沿印度半岛西岸经波斯湾至幼发拉底河口的乌剌国；②由上述路线至印度半岛西岸后经印度洋至非洲东部的三兰国（今坦桑尼亚的达累斯萨拉姆附近），向北经数十个小国可通乌剌国。由这两条航线构成的海上丝绸之路，沿途经过 90 多个国家，是当时东西方最重要的海上交通线。

宋代远洋贸易空前发展，远洋航线遍布西太平洋和北印度洋，建立直接贸易关系的国家多达数十个，比较重要的有大食（位于今中东地区）、阇婆（位于今印度尼西亚爪哇）、三佛齐（位于今印度尼西亚苏门答腊岛东部）、兰里（今苏门答腊亚齐）、故临（位于印度西南海岸）、麻离拔（阿拉伯半岛卡马尔湾沿岸）等。出现了多部相关专著，比较重要的有南宋周去非的《岭外代答》、赵汝适的《诸蕃志》等，为了解海上丝绸之路提供了宝贵资料。

元代陆上丝绸之路和海上丝绸之路都较前代更加繁荣。汪大渊编著的

《岛夷志》（清代改称《岛夷志略》），记录其所到之处达 220 个，反映了当时中国海洋贸易的繁荣景象。明代的郑和下西洋是我国历史上规模最大的官方航海活动之一，是以强大武装力量为后盾的外交出使行为。从明朝永乐三年(公元 1405 年)到宣德八年(公元 1433 年)，先后远航 7 次，最远达到阿拉伯半岛和非洲东海岸。此后，一直到清代鸦片战争以前，海上丝绸之路作为我国通向世界的重要通道，在中外经贸往来和和平友好方面发挥了重要作用。

2. 中央政府对海上丝绸之路的经略和管理

在唐代以前，主要以不定期朝贡、宣慰方式进行交换。对民间贸易的管理，以沿海地方管理为主。宋代建立了具有海关性质的管理机构——市舶司，将对外贸易纳入中央管理。宋元时期，中央政府采取了鼓励对外贸易的政策，推动了对外贸易的发展，扩大了中国对海上丝绸之路的影响。明初，郑和下西洋作为重大的外交活动，标志着中国对海上丝绸之路的经略达到了前所未有的水平。

明清以后，中央政府改变了采取与前代不同的海上贸易政策，对海外贸易多加限制和控制，试图强化以朝贡体系为主体的中外贸易活动。明清两代先后实行了多次"海禁"，政策多有反复。明代的洪武、宣德、正德、嘉靖等时期多次实行海禁政策，清代从康熙到乾隆年间，中央政府海上贸易政策多次变动，最终在 1757 年，下令关闭江海关、浙海关、闽海关，指定外国商船只能在粤海关——广州一地通商，并对丝绸、茶叶等传统商品的出口量严加限制，对中国商船的出洋贸易，也规定了许多禁令，直到鸦片战争的爆发。保守的海外贸易政策削弱了我国对海上通道的影响，最终坐视欧洲列强逐步控制了沿线各重要支点，从而逐步丧失了对外贸易的主导权。

3. 小结

作为连接东西方的重要通道，海上丝绸之路在漫长的历史岁月中逐渐形成、发展，在东西方经济、贸易、文化交流中发挥了重要作用，为现代海洋国际航运贸易网络的发展奠定了基础。依托主要海上交通线，我国与沿线各国海上贸易趋于日常化，形成了丰富的海上贸易网络，以经济为基础的政治、文化交流更加频繁。

海上丝绸之路形成初期，受航行技术限制，货物贸易主要通过短程运输，经多次中转完成。宋元时期，中国商人逐渐成为海上丝绸之路的主导力量，足迹遍布东南亚、印度、阿拉伯地区和东部非洲。明代以后，随着欧洲势力的不断东侵，中国对沿线地区的影响力日减，至 19 世纪末完全丧失。

海上丝绸之路贸易具有鲜明特点。中国主要出口瓷器、丝绸、布匹、铜铁器等手工业制品，以及茶叶、药材等特产；主要进口药材、海产等初级产品，以及香料、珠宝等奢侈品。明代以后，海上丝绸之路成为我国白银的重要来源之一。

中国对海上丝绸之路的经略，虽然在个别时期发生了战争，但总体来看和平友好是主流。中国与沿线国家建立了以朝贡为主要形式的外交关系，保持了长期关系的稳定。同时，中国政府派遣使团的武装巡航活动，也成为维护海上丝绸之路安全和稳定的重要手段。

（三）经济贸易基础

21 世纪海上丝绸之路覆盖的地理空间跨度大，沿线各国在资源禀赋、经济发展水平、贸易规模和结构等方面均存在较大差异。这种差异性为我国与沿线各国开展多领域、多层次的经济贸易合作提供了可能性。

1. 资源禀赋

21 世纪海上丝绸之路沿线各国资源禀赋各异。东南亚地区地处亚热带和热带，气候温暖潮湿，动植物资源、矿产资源和海洋资源丰富，其中以煤、天然气、铁、锰、石油、锡、天然橡胶、油棕、椰子、蕉麻、水稻等物产最为富饶。南亚地区的印度、巴基斯坦和孟加拉国盛产铁、锰、煤、黄麻、茶叶、稻米、花生、芝麻、油菜籽、甘蔗、棉花、橡胶、小麦等初级产品，马尔代夫、斯里兰卡则拥有丰富的海洋、岸线和岛屿资源。西亚地区气候干旱，水资源缺乏，地形以高原为主，主要资源有石油、天然气、铁、铜、铬、铅、锌等，是世界最大的油气产区。东非地区地形以高原为主，大部分海拔在 1 000 米以上，自然资源相对贫乏，但森林资源丰富，此外还蕴藏有多重金属矿产资源，但开发程度较低。

2. 经济基础

21 世纪海上丝绸之路沿线各国经济发展水平差异很大。课题研究范围内的 32 国中，东南亚新加坡、马来西亚等国，西亚的沙特阿拉伯、阿联酋等海合会成员国，以色列、塞浦路斯、土耳其等国经济发展水平较高，人均 GDP 超过 1 万美元，而东非、南亚各国经济发展相对落后。从经济发展特点来看，除新加坡、以色列等少数国家外，绝大部分国家属于资源导向型经济，即以出口本国禀赋资源获取外汇收入，进而发展相关的国民经济基础工业。印度、马来西亚、泰国等国凭借地理区位、资源禀赋优势，工业化不断推进，已发展成为重要的新兴经济体。而从工业化进程来看，东南亚、南亚、西亚各国总体上仍处于工业化初期或中期阶段。按照经济发展规律，这些国家在工业化中期以后，将存在对生产性投资和基础设施投资的巨大需求。因此，依托 21 世纪海上丝绸之路建设，以基础设施建设和产能转移为主要内容加强与各国的经济贸易合作，具有较大的发展潜力。

3. 贸易基础

21 世纪海上丝绸之路沿线各国贸易规模与结构差异较大。东盟各国中，新加坡、马来西亚、印度尼西亚、泰国等经济发展水平相对较高，对外经贸中，以出口加工产品为主；以进口能源、农产品、轻工业品为主；菲律宾、越南、柬埔寨、老挝等国经济发展水平相对较低，对外经济贸易中以进口加工产品为主，出口自然资源和初级加工品为主。南亚各国中，印度对外经济贸易主要出口工业制成品和初级产品，进口石油产品、电子产品、机械、化工产品。孟加拉国和巴基斯坦对外经济贸易以出口初级产品为主，进口加工品为主。斯里兰卡和马尔代夫以出口与海洋相关的产品为主，进口轻工业品和农产品为主。西亚波斯湾周边国家以石油天然气作为对外贸易出口的主要商品，进口与油气勘探开发相关的机械、运输设备、工业制品、粮食和食品等。以色列、土耳其、塞浦路斯因其处于亚非洲交界处，特别是靠近欧盟，经济发展水平相对较高，对外贸易结构中以出口高科技、工业制成品为主，进口原材料、初级加工品为主。东非各国对外贸易以出口原材料、初级加工品、农产品为主，进口机械设备和加工产品等（表 2-6-2 和表 2-6-3）。

表 2-6-2　21 世纪海上丝绸之路沿线国家基本情况（2012 年数据）

区域	国家	GDP /亿美元	GDP 增长（近 5 年平均值）/%	人口 /百万	人均 GDP /现价美元	外贸/GDP	工业增加值 /GDP	资本形成总额 /GDP	铁路 /千米	铁路 土地面积 /（千米·千米⁻²）
东盟	印度尼西亚	8 780	5.9	246.9	2 475	26.07	45.69	34.74	4 684	0.3%
	马来西亚	3 050	4.3	29.24	10 514	30.34	40.61	25.77	2 250	0.7
	新加坡	2 765	5.4	5.312	55 182		25.11	3 037		
	泰国	2 502	3.0	66.79	5 779	29.12	42.55	29.74	5 327	1.0
	菲律宾	3 660	5.3	96.71	2 765	19.24	31.09	18.46		
	文莱	169.5	0.7	0.412	35 563		68.24	13.60		
	越南	1 558	5.7	88.77	1 911	27.14	38.31	27.24	2 347	0.8
	柬埔寨	140.4	5.6	14.86	1 008	26.13	24.25	17.10		
	缅甸	594.4		52.8				0.00		9.27
	老挝	94.19	8.1	6.646	1 646	41.24	36.21	31.86		
南亚	斯里兰卡	594.2	6.7	20.33	3 280	28.71	32.46	30.30		
	马尔代夫	21.13	3.0	0.338 4	6 666	35.07	22.52	40.41		
	孟加拉国	1 164	6.2	154.7	829	12.25	28.87	26.54	2 835	2.2
	印度	11 036		1 237						
	巴基斯坦	2 251		179.2						

续表

区域	国家	GDP /亿美元	GDP 增长（近 5 年平均值）/%	人口 /百万	人均 GDP /现价美元	外债/GDP	工业增加值 /GDP	资本形成总额 /GDP	铁路 /千米	铁路/土地面积 /千米·千米$^{-2}$
西亚	沙特阿拉伯	7 110	5.5	28.29	25 852		60.62	24.85	1 412	0.1%
	阿拉伯联合酋长国	3 838	1.3	9.21	41 065		60.49	22.66		
	阿曼	781.1	4.2	3.31	22 821			29.50		
	科威特	1 832	0.8	3.25	54 391			15.10		
	巴林	303.6	3.6	1.32	24 613			20.31		
	卡塔尔	1 924	10.3	2.05	93 352			28.75		
	伊朗	5 524		76.42						
	伊拉克	2 158		32.58						
	也门	319.93		23.85		12.36	49.25	16.38		
	以色列									
	土耳其	8 221.49		76.34	10 972					
	塞浦路斯									
红海－非洲沿海	埃及	2 628	3.2	80.72	3 314	11.94	39.17	16.38	5 195	0.5
	苏丹	630.3	(2.5)	37.19	1 753	38.44	31.24	22.47	4 313	0.2
	厄立特里亚									
	吉布提	13.536	4.6	0.859 7	1 688	37.05	16.89	37.49		
	索马里	9 170		10.2	87	415.89				

表2-6-3 21世纪海上丝绸之路沿线国家对外贸易情况（2013年）

国家	进口商品额/亿美元	出口商品额/亿美元	进口重点商品	出口重点商品	重点贸易对象
印度尼西亚	1 825.7	1 866.3	机械运输设备、化工产品、汽车及零配件、发电设备、塑料及塑料制品、棉花等	石油、天然气、纺织品和成衣、木材、藤制品、手工艺品、鞋、铜、煤、纸浆和纸制品、电器、棕榈油、橡胶	中国、日本、新加坡、美国
马来西亚	2 283	2 058.1	机械运输设备、食品、烟草和燃料	电气电子产品、棕油及棕油制品、石油制品、液化天然气、石油、木材及木材制品等	新加坡、中国、日本
新加坡	4 668	5 134	成品油、电子元器件、原油、化工品（塑料除外）和发电设备、电子真空管、原油、加工石油产品、办公及数据处理机零件等	成品油、电子元器件、化工品和工业机械	中国、马来西亚、欧盟、美国、印度尼西亚
泰国	2 190	2 254	机电产品及零配件、工业机械、电子产品零配件、汽车零配件、建筑材料、原油、造纸机械、钢铁、集成电路板、化工产品、电脑设备及零配件、家用电器、珠宝首饰、金属制品、饲料、水果及蔬菜等	汽车及零配件、电脑及零配件、集成电路板、电器、初级塑料、化学制品、石化产品、珠宝首饰、成衣、鞋、橡胶、家具、加工海产品及罐头、大米、木薯等	中国、日本、东盟、美国、欧盟等

续表

国家	进口商品额/亿美元	出口商品额/亿美元	进口重点商品	出口重点商品	重点贸易对象
菲律宾	656.98	624.11	电子产品、矿产、交通及工业设备	电子产品、服装及相关产品、电解铜	美国、中国、日本
文莱	114.47	36.12	机器和运输设备、工业品、食品、化学品等	原油、液化天然气、甲醇等	日本、东盟国家、韩国、中国、澳大利亚
越南	1 320.3	1 320.3	汽车、机械设备及零件、成品油、钢材、纺织原料、电子产品和零件	原油、服装纺织品、水产品、鞋类、大米、木材、电子产品、咖啡	中国、美国、欧盟、东盟、日本、韩国
柬埔寨	92.48	92.27	成衣原辅料、燃油、食品、化工、建材、汽车	服装、橡胶、大米和木薯等、服装和鞋类	美国、欧盟、中国、泰国、越南、日本和加拿大
缅甸	137.6	111.1	燃油、工业原料、化工产品、机械设备、零配件、五金产品和消费品	天然气、大米、玉米、各种豆类、水产品、橡胶、皮革、矿产品、木材、珍珠、宝石等	中国、泰国、新加坡和印度
老挝	28.14	18.98	汽车、工业用商品及粮食		泰国、越南、中国、日本、欧盟、美国、加拿大和其他东盟国家
斯里兰卡	180.03	103.94	多数商品	纺织品、服装、茶叶、橡胶及其制品、珠宝产品	美国、英国、比利时、卢森堡、意大利、德国、印度、中国、新加坡
马尔代夫	17.33	3.29	食品、石油产品、纺织品和生活用品	海产品、成衣	新加坡、阿联酋、印度、马来西亚和泰国

续表

国家	进口商品额/亿美元	出口商品额/亿美元	进口重点商品	出口重点商品	重点贸易对象
孟加拉国			生产资料、纺织品、石油及石油相关产品、钢铁等基础金属、棉花等	黄麻及其制品、皮革、茶叶、水产、服装	美国、德国、英国、法国、荷兰、意大利、比利时、西班牙、加拿大和中国香港
印度	4 500.68	3 126.10	石油产品、电子产品、金银、机械、化工产品	制成品主要包括纺织品、珠宝、机械产品、化工产品、皮革、手工艺品等；初级产品主要包括农产品和矿产品；石油类产品主要包括成品油、原油和石油产品等	美国、中国、德国、阿联酋、沙特、新加坡、英国、瑞士、法国、伊朗、日本、中国香港等
巴基斯坦	251.2	437.7	石油及石油制品、机械和交通设备、钢铁产品、化肥和电器产品	大米、棉花、纺织品、皮革制品和地毯	
沙特阿拉伯	1 531	3 670	机械设备、食品、纺织等消费品和化工产品	石油和石油产品	美国、日本、中国、英国、德国、意大利、法国、韩国等
阿联酋			粮食、机械和消费品	石油、天然气、石油化工产品、铝锭和少量土特产品	
阿曼	307	563	机械、运输工具、食品及工业制成品	石油、大理石、铜、化工产品、鱼类、椰枣	美国、阿联酋、中国、日本、韩国、印度、泰国、新加坡、坦桑尼亚

续表

国家	进口商品额/亿美元	出口商品额/亿美元	进口重点商品	出口重点商品	重点贸易对象
科威特	1 144	296.4	机械、运输设备、工业制品、粮食和食品等	石油和化工产品	美国、日本、英国、韩国、意大利、德国、荷兰、新加坡等
巴林		270.3	机电产品、钢材、高新技术产品、纺织、农产品等	石油产品、天然气和铝锭	美国、日本、德国、英国、沙特、韩国、印度等
卡塔尔	1 368.5		机械和运输设备、食品、工业原材料及轻工产品、药品等	石油、液化气、凝析油合成氨、尿素、乙烯	美国、日本及西欧国家
伊朗			粮油食品、药品、运输工具、机械设备、牲畜、化工原料、饮料及烟草	油气、金属矿石、皮革、地毯、水果、干果及鱼子酱等	阿联酋、德国、中国、伊拉克
伊拉克	571	901	各种生产资料、粮食等	原油、天然气、椰枣、化肥等	土耳其、美国、约旦、叙利亚
也门	110	81	运输工具、机械设备、轻工业品	石油、棉花、咖啡、烟叶、香料和海产品等	中国、美国、阿联酋、意大利、沙特
以色列			材料和投资性商品	工业制成品为主，特别是高科技产品	美国、加拿大、土耳其、墨西哥及欧盟、欧洲自由贸易联盟、南方共同市场签有自由贸易协定
土耳其	2 422（2014）	1 576	原油、天然气、化工产品、机械设备、钢铁等	农产品、食品、纺织品、服装、金属产品、车辆及零配件等	德国、意大利和美国

续表

国家	进口商品额/亿美元	出口商品额/亿美元	进口重点商品	出口重点商品	重点贸易对象
塞浦路斯	14.2	57.4	矿产品、机械、运输设备、贱金属及其制品、化学工业及相关工业产品等	医药用品、柑橘、服装、奶酪、酒类及部分轻工产品和农产品	希腊、意大利、英国
埃及	667.8	666.6	机械设备、谷物、电器设备、矿物燃料、塑料及其制品、钢铁及其制品、木及木制品、车辆、动物饲料	矿物燃料（原油及其制品）、棉花、陶瓷、纺织服装、铝及其制品、钢铁、谷物和蔬菜	美国、法国、德国、意大利、英国、日本、沙特、阿联酋等
苏丹	59.41	41.45	机械设备、运输设备、工业制成品、粮食及食品	原油	中国、日本、阿联酋、沙特、印度、埃及、英国、加拿大、美国、澳大利亚、欧盟
厄立特里亚			建工、农业、矿产、交通灯行业的机械设备、医药用品、电器和电子产品、建材、文具、家具等	纺织品、皮革制品、油菜籽、树胶、烟草、盐、大理石、鱼、酒品、黄金等	阿联酋、意大利、肯尼亚、沙特、巴基斯坦等，主要进口国依次为中国、阿联酋、德国、意大利、印度
吉布提			食品饮料、机械设备、电器产品、恰特草、运输设备、石油产品、金属制品、纺织品和鞋类	食盐、牲畜、皮张等	索马里、沙特阿拉伯、埃塞俄比亚、印度、中国、法国、也门、英国等
索马里			糖、阿拉伯茶、小麦、面粉、大米、食用油、燃油和建材	活畜（主要有绵羊、山羊、牛和骆驼）、香蕉、皮革、木炭、鱼和乳香	阿拉伯联合酋长国、吉布提、肯尼亚、阿曼、印度、沙特阿拉伯、中国等

三、沿线各国的态度

21 世纪海上丝绸之路途经地区形势复杂，国家众多、民族林立、文化各异，一些地区存在严重的国家间矛盾，一些国家正经历转型阵痛，对 21 世纪海上丝绸之路的经济合作提出客观挑战。

(一) 东盟各国的认知

东盟是 21 世纪海上丝绸之路建设的核心，也是多年我国致力于构建良好周边环境的重心。泰国、印度尼西亚等一些国家在 21 世纪海上丝绸之路建设上表现出了积极的态度。然而，也有一些国家对 21 世纪海上丝绸之路建设忧心忡忡。主要源于两方面：①担忧东盟在东亚一体化进程中的主导地位，担心中国因推动 21 世纪海上丝绸之路建设，增长了经济影响力，使中国可能取代东盟成为东亚合作的主导国。②担心中国影响力的扩张可能排挤其他大国的力量，破坏东南亚的地区势力均衡，使东盟失去在大国之间纵横捭阖的战略空间。

(二) 南亚各国的认知

南亚地区对中国建设 21 世纪海上丝绸之路的态度复杂。印度国内对中国提出的 21 世纪海上丝绸之路倡议有多种观点，有表示赞成的，主张与中国进行海洋领域的合作；也有呼吁要限制中国在印度洋上的影响的；而占多数的观点则是持较为谨慎的态度[①]。印度政府还提出"季节"计划（Mausam）[②]，即规划一个印度主导的海洋世界，包括东非、阿拉伯半岛，经过南部伊朗到整个南亚，向东则通过马六甲海峡和泰国延伸到整个东南亚地区。此外，印度还与伊朗和阿富汗共同推进南亚"南方丝绸之路"建设行动。巴基斯坦认为"共同建设 21 世纪海上丝绸之路，为巴基斯坦带来了前所未有的发展机遇"。巴基斯坦总理谢里夫表示，巴基斯坦愿与包括中国在内的各国一道，为丝绸之路的复兴而努力。斯里兰卡位于印度洋航道

---

① 许娟，卫灵，印度对 21 世纪"海上丝绸之路"倡议的认知，南亚研究季刊，2014 年第 3 期：1—6。

② Akhilesh Pillalamarri，Project Mausam：India's Answer to China's 'Maritime Silk Road'，the diplomat. september 18，2014。

的重要位置，其态度随政府更迭而不甚稳定（表 2-6-4）。

（三）西亚、非洲和其他国家的认知

经过多年来的积累，我国与西亚已经建立起了一定的合作基础，特别是在与对方国家经贸交往过程中积累了大量宝贵的经验。西亚地区国家多对中国的经贸投资表示欢迎，并希望积极开展合作。有研究指出，中国对促进阿拉伯世界和非洲大陆的经济发展做出了巨大的贡献，同时也保障了中国获得工业发展所需要的能源供应表 2-6-4。所有这些联系建立在互利共赢的原则之上，是一个双赢的举措[1]。

表 2-6-4　21 世纪海上丝绸之路沿线国家反应

国家	官员	表态
埃及	总理赛西	愿积极参与实施
伊朗	总统哈桑·鲁哈尼	非常赞同
斯里兰卡	总统拉贾帕克萨	希望积极参与
缅甸	副总统年吞	积极评价
马尔代夫	总统亚明	积极响应
印度尼西亚	总统佐科	能获益
新加坡	总理李显龙	打算合作
孟加拉国	总统哈米德	抓住机遇
意大利	总理马泰奥·伦齐	丝绸之路经济带文明古国再复兴
巴基斯坦	总理纳瓦兹·谢里夫	积极评价
泰国	副总理素拉杰	积极评价
澳大利亚	前总理陆克文	积极评价
土耳其	总理达武特奥卢	丝绸之路经济带亚欧南通道
希腊	总统帕普利亚斯	丝绸之路经济带陆海丝路交会处

---

[1]　中东地区人士：21 世纪海上丝绸之路打造中国与西亚北非命运共同体，http://www.fj.xinhuanet.com/2015-02/12/c_ 1114348922.htm。

四、制约因素

(一) 沿线国家的内部矛盾

21世纪海上丝绸之路涉及国家多、人口多、范围广，各国资源禀赋和发展水平参差不齐，政治体制千差万别，利益诉求和宗教信仰不同。目前，东亚、南亚及西亚各国围绕海陆通道建设已呈现出复杂的竞合格局，21世纪海上丝绸之路建设将面临更加复杂的外部环境与国际竞争。

1. 内部差异性与成员国之间的矛盾

21世纪海上丝绸之路，涉及东北亚、东南亚、南亚、西亚、东非、北非的30多个国家，这些国家存在巨大差异。东南亚的恐怖主义与领土争端；印度和巴基斯坦之间存在的深刻矛盾；索马里、也门、埃及、伊拉克、缅甸、泰国等国的政治稳定性存在诸多不确定因素；越南、菲律宾与中国在南海问题上存在着短期内难以获得根本性解决的争议；西亚、北非地区的持续动荡；中亚地区的极端主义与恐怖主义势力尚比较活跃。

2. 由于成员众多而造成的集体行动的低效率问题

21世纪海上丝绸之路建设，并没有正式的国际化机制，大部分政策举措依赖相关国家的政治抉择，不同国家的不同项目建设之间很难做到相互协调、互相配合。海上基础设施建设中，一些国家存在资金、技术、人员等方面条件的限制，也有一些国家会采取"搭便车"的做法，希望由其他国家更多地承担相关成本。当前，21世纪海上丝绸之路总体上还处于投入期，在这一阶段，这个问题将更为严重。

3. 基于利益存在的抵制和防范心理

一些大国在海上丝绸之路沿线有巨大的利益存在，也有一定的军事存在。"一带一路"共建倡议有可能被误读，导致出现抵制和防范行为。这无疑增加了"21世纪海洋丝绸之路"建设的成本和不确定性。

(二) 地缘政治风险

沿线一些国家处在复杂的政治经济社会转型之中，未来形势潜存很大的不确定性。而对政治风险不敏感、过于依赖同当政者的关系，使得许多

"走出去"的中国企业在政经局势突变后遭受巨大损失。

1. 东南亚地区

南海问题对中国与部分东南亚国家的互信合作关系形成一定冲击。此外，东南亚地区是多民族、种族、宗教和文化的汇集地，不利于双边或多边战略互信的构建。部分东南亚国家国内政局动荡反复，制约了经济社会发展及吸引投资能力，给我国金融机构和企业拓展业务带来较大风险和不确定性。

2. 南亚地区

多年以来，中印之间因陆上边界问题多有摩擦。而南亚地区，印度与巴基斯坦、斯里兰卡、孟加拉国之间的民族矛盾、边界、海洋权益等问题都是该地区的不稳定因素。

3. 西亚地区

西亚是世界上政治经济形势最为复杂的地区。地区国家间历史的、现实的恩怨，加上某些大国干预，"三股势力"煽动、破坏，不少国家相互关系持续紧张。协调与这些国家间的关系，是对我国外交智慧的重大考验。

（三）非传统安全影响

一般来说，非传统安全威胁主要包括恐怖主义、贩毒走私、严重传染病疾病、海盗活动、非法移民、经济金融安全和信息安全等方面。

1. 恐怖主义活动

在过去 30 年里，海上恐怖袭击约占世界范围内整个恐怖事件的 2% 左右，其中印度洋地区占大多数。迄今为止，重大海上恐怖活动类型主要有：劫持航运船只；袭击海上运输辅助设施；以自杀性船只进行海上攻击；攻击大型油轮，等等。恐怖组织及其制造的恐怖活动，对 21 世纪海上丝绸之路建设带来的威胁不可忽视。

2. 海盗问题

21 世纪海上丝绸之路沿线是海盗活动猖獗的地区，世界 5 大恐怖海域中有 4 个在 21 世纪海上丝绸之路范围内。20 世纪 90 年代，马六甲海峡海盗曾占全球海盗活动的 60%。21 世纪以来，亚丁湾海域成为海盗活动最为集中的海域。频繁的海盗活动不仅对世界航运造成严重影响，也对 21 世纪海上丝绸之路通道安全构成最现实的威胁。

3. 其他问题

商品走私已成为许多国家经济发展的毒瘤。走私不仅给经济带来危害，也往往催生腐败，侵害国家机体。此外，非法移民、毒品问题、民族分裂主义、环境问题等也是影响 21 世纪海上丝绸之路经济合作的重要因素，需要沿线国家通力合作、共同应对，共同营造良好的发展环境。

第三章　21世纪海上丝绸之路经济合作研究

　　21世纪海上丝绸之路是我国新形势下推动开放经济发展、构建对外开放格局和建设海洋强国的重大战略，是以海洋为载体，以跨国综合交通通道为基础，以沿线国家中心城市为发展节点，以区域内商品、服务、资本、人员自由流动为发展动力，以区域内各国政府协调制度安排为发展手段，整合现存的各种国际公共产品，特别是TPP、TISA，APEC和RCEP等经济合作机制，推动FTAAP的进程，打通亚太经济合作的海上通道，构建新时期经济外交的重要平台。21世纪海上丝绸之路建设中经济合作是重点，通过我国与沿线国家在产品市场、要素市场和资源市场上的深度合作，促进经济的共同发展，同时宏观上推动现行国际经济治理机制改革，创新国际贸易规则、区域经贸机制和双边、多边合作机制等，形成以点带面、从线到片的经济区域，实现区域经济一体化发展。

一、经贸合作现状

（一）产品市场

　　近年来，我国与21世纪海上丝绸之路沿线国家的经贸合作取得快速发展。根据统计数据，2014年我国与沿线各国贸易总额高达21 645亿美元。近年来，我国进出口贸易的重点伙伴多集中于东南亚、南亚、西亚和非洲各国，中国在这些地区的国家贸易中所占份额越来越大，彼此间的贸易依赖度越来越大，已经成为这些地区的最重要贸易伙伴。

　　从与沿线国家的产品贸易种类构成来看，我国进出口的产品处于产品市场的中间位置。表2-6-5显示了我国与沿线区域重点商品进出口的情况，从中可以发现，我国出口到沿线国家的机电产品、自动数据处理设备极其部件、传统劳动密集型产品、钢材、纺织服装等产品占据出口的主要份额，而自沿线国家进口的原油、金属产品、原材料等则占据进口市场的主要份额。

表 2-6-5 中国与各区域进、出口贸易重点商品

地区	进口	出口
东盟	机电产品、集成电路、自动数据处理设备的零件、农产品、初级形状的塑料、煤及褐煤、成品油、天然橡胶	机电产品、集成电路、电话机、传统劳动密集型产品、纺织服装、钢材、农产品、成品油、铝材
西亚	原油、液化石油气及其他烃类气、初级形状的塑料、铁砂矿及其精矿、成品油	机电产品、自动数据处理设备极其部件、家电、传统劳动密集型产品、塑料制品、钢材、陶瓷产品、灯具、照明装置及零件
欧洲	原油、铁矿砂及其精矿、农产品、煤及褐煤、成品油、原木	机电产品、手机、自动数据处理设备极其部件、传统劳动密集型产品、农产品、钢材
南亚	农产品、棉纱线、棉花、未锻轧铜及铜材、钻石、铁矿砂及其精矿	机电产品、手机、自动数据处理设备极其部件、传统劳动密集型产品、纺织服装、钢材
东北非	原油、铜矿砂及其精矿、农产品、液化石油气及其他烃类气	机电产品、传统劳动密集型产品、纺织服装、钢材

资料来源：中国海关．

从地理分布来看，中国与东盟在相互贸易以及对第三方贸易的趋同性越来越明显，反映了双方在产业传递和国际分工调整中的相似过程，这将导致中国在较长的时间内与东盟的贸易竞争比较激烈。中国与南亚各国近年来的贸易往来不断深化，从贸易的互补性和竞争性来看，中国与南亚5国属于垂直贸易的类型，未来贸易空间巨大。中国与西亚各国的贸易以进口油气为主，出口机电产品、自动数据处理设备、家电以及其他传统劳动密集型产品，双方之间存在很大的互补性。中国与东非间的贸易属于垂直贸易的类型，双方之间的互补性很强，具备较大的合作空间。

在合作机制方面，中国与沿线国家和国家组织间签署了一系列投资贸易协定，比如中国与印度、斯里兰卡、孟加拉国、缅甸及韩国签署了亚太

贸易协定；与海湾国家搭建了中国-海合会合作论坛；与非洲国家搭建了中国-非洲合作论坛；与东盟国家搭建了中国-东盟自贸区。此外，自 2000 年以来，中国还与沿线国家建立了多个双边自由贸易区（表 2-6-6）[①]，共同促进双边或多边贸易发展。

表 2-6-6 中国自贸区建设情况

国家（地区）/协定名称		时间
已生效	香港 CEPA	2004 年 1 月 1 日生效
	澳门 CEPA	2004 年 1 月 1 日生效
	东盟 FTA	2004 年 1 月《早期收获计划》（EHP） 2005 年 7 月《货物贸易协议》 2007 年 7 月《服务贸易协议》 2009 年 8 月《投资协议》
	巴基斯坦 FTA	2007 年 7 月 1 日生效 2009 年 10 月 10 日双边服务贸易协定生效
	新加坡 FTA	2009 年 1 月 1 日生效
	台湾《海峡两岸经济合作框架协议》（ECFA）	2010 年 6 月 29 日签署 2011 年 1 月早期收获计划（EHP）；2012 年 1 月 EHP 第二阶段；2013 年 1 月 EHP 第三阶段 2013 年 2 月签署《两岸投资保障协议》 2013 年 6 月签署《两岸服务贸易协议》
正在谈判	韩国 FTA	2012 年 5 月开始谈判，2015 年底生效
	中日韩 FTA	2013 年 3 月开始谈判，2016 年 1 月举行第 9 轮谈判
	RCEP	2013 年 5 月开始谈判
	海合会 FTA	2004 年 7 月开始谈判，2016 年谈判重启
	"10+1" 升级版	2014 年 9 月开始谈判
	斯里兰卡 FTA	2014 年 9 月开始谈判

资料来源：中国自由贸易区服务网，http://fta.mofcom.gov.cn/

---

① 目前，中国在建自贸区 19 个，涉及 32 个国家和地区。中国已签署自贸协定 14 个，涉及 22 个国家和地区，分别是中国与东盟、新加坡、巴基斯坦、新西兰、智利、秘鲁、哥斯达黎加、冰岛、瑞士、韩国和澳大利亚的自贸协定，内地与香港、澳门的更紧密经贸关系安排（CEPA），以及大陆与台湾的海峡两岸经济合作框架协议（ECFA）。除韩国、澳大利亚以外，自贸协定均已实施。

（二）要素市场

要素的自由流动是我国对外经济合作的重要目标，包括货物、技术、劳动力、资金、信息、文化等。沿线国家经济结构互补性很强，经贸互利合作潜力巨大，贸易与投资齐头并进的大好局面正在形成。过去10年，我国企业对沿线国家的直接投资额从2.4亿美元扩大到92.7亿美元，年均增长44%。

沿线国家的国际直接投资中，我国与东盟的直接投资占主导。2014年中国对东盟投资达79.08亿美元，利用东盟外资62.97亿美元。比较而言，中国对东盟的投资滞后于东盟外资利用，这主要源于东盟国家中，新加坡经济较发达，在资本、技术、劳动力等要素上具备优势，导致中国从东盟吸引的外资多数源于新加坡。表2-6-7为2014年中国与沿线国家的双边投资额，其中新加坡对中国投资额度最大，为63.05亿美元，占整个东盟对中国投资的80.6%。

表2-6-7　中国与21世纪海上丝绸之路沿线国家经济关系（2014年）　万美元

中国与对象国		双边贸易		双边投资	
		出口	进口	对外直接投资	利用外商直接投资
东盟	印度尼西亚	3 905 961	2 448 525	127 198	7 082
	马来西亚	4 635 339	55 652 424	52 134	15 749
	新加坡	4 891 117	3 082 873	281 363	582 688
	泰国	3 428 923	3 833 193	83 946	6 052
	菲律宾	2 347 358	2 098 413	22 495	9 707
	文莱	174 681	18 972	−328	7 094
	越南	6373001	1990640	33289	7
	柬埔寨	327474	48291	43827	312
	缅甸	936765	1560128	34313	585
	老挝	183948	177788	102690	0

中国与对象国		双边贸易		双边投资	
		出口	进口	对外直接投资	利用外商直接投资
南亚区域合作联盟	印度	5 421 742	1 635 869	31 718	5 075
	巴基斯坦	1 324 448	275 387	2	3 232
	斯里兰卡	379 280	24 827	8 511	0
	孟加拉国	1 178 277	76 111	2 502	15
	马尔代夫	10 339	38	72	0
海湾合作委员会	沙特阿拉伯	2 057 524	4 850 803	18 430	3 061
	阿联酋	3 903 451	1 576 336	70 543	2 855
	阿曼	206 538	2 379 586	1 516	0
	科威特	342 872	1 000 496	16 199	694
	巴林	132 178	18 396	0	15
	卡塔尔	225 401	83 673	3 579	0
伊朗		2 433 849	2 750 385	59 286	380
伊拉克		774 384	2 076 124	8 286	16
也门		220 131	293 285	596	94
以色列		773 911	314 064	5 258	1 342
土耳其		1 930 546	370 540	10 497	1 272
塞浦路斯		103 758	6 258	0	673
埃及		1 046 051	115 952	16 287	126
苏丹		192 869	152 131	17 407	0
厄立特里亚		8 814	32 169	129	0
吉布提		111 218	168	953	0
索马里		20 608	9 565	0	0
欧盟（27国）		43 882 482	33 613 073	1 083 791	699 165

数据来源：中华人民共和国国家统计局，2014年度中国对外直接投资统计公报.

我国在南亚的直接投资也呈不断增多趋势。中国在南亚一些国家（如斯里兰卡、缅甸、巴基斯坦）承建了一批港口等基础设施项目，但总体上合作处于较低水平。究其原因，一方面由于南亚基础设施发展严重滞后，经济尚处于工业化的起步阶段。按照世界经济论坛对全球 133 个国家基础设施发展水平所做的一项排名，南亚国家总体上处在中低端水平，斯里兰卡、印度、巴基斯坦、孟加拉国的排名分别是：64、76、89、126。另一方面南亚地区国家缺乏开展区域合作的动力，在一定程度上限制了与区域外开展合作的空间。

我国对其他地区投资呈现不断加快的趋势，特别是对海湾国家和非洲一些国家的投资，中国逐渐成为主要的投资国，投资的主要领域涉及基础设施、采矿业、零售与批发、商业服务业、金融业等多个行业。

（三）资源市场

经济全球化中的资源市场是指一国从外部获取本国经济发展所需求资源能源以及资源能源的运输通道安全等。我国与沿线国家的能源资源合作包括：能源贸易、能源投资、保护海上能源通道、争议海域能源的共同开发 4 个方面，能源资源合作以油气为主。从严格意义上讲，资源市场所获取的矿产、石油等产品可以通过产品市场体现，而投资、劳务和承包等可通过要素市场体现，真正意义上的资源市场是指获取的能源资源权利以及资源能源运输通道的保障能力。①

基本金属资源。我国历年从东南亚、南亚、西亚等地区的相关国家进口多种金属矿产，特别是经济发展所需的铁矿石、铜、铝、锌、铅、镍等，其中伊朗为我国铁矿石第五大进口国。

油气资源。从 1993 年成为原油净进口国以来，我国在不断努力谋求进口来源多元化，以降低能源安全风险。当前，中国油气进口主要来自中东、非洲和东南亚地区，其中中东仍然是我国原油进口最多的一个地区，约占中国原油进口量的一半，中国与沙特、阿曼、也门、卡塔尔、阿联酋等国签订了长期进口原油合同，进口量占进口原油总量的 40%。2013 年，沙特阿拉伯对华原油出口量稳定在 5 390 万吨的水平，在我国进口原油市场排名第一，其次是安哥拉、阿曼、俄罗斯和伊拉克，卡塔尔则是我国进口 LNG 的最大供应国，2013 年卡塔尔对华出口 LNG 92 亿立方米。在未来的几十年

---

① 出于研究需要，本课题将资源能源的进出口和投资从商品市场、要素市场剥离出来，单独讨论。

内，中东还将是我国主要的能源来源，以沙特为首的海湾 6 国是主要供应地。

航道资源。当前我国主要的进口能源航道有 4 条：一是中东航道，即波斯湾—霍尔木兹海峡—马六甲海峡—台湾海峡—中国；二是非洲航道，即北非—地中海—直布罗陀海峡—好望角—马六甲海峡—台湾海峡—中国；三是东南亚航道，即马六甲海峡—台湾海峡—中国[①]；四是太平洋航道，即美洲—巴拿马运河—西太平洋—南海。从波斯湾经北印度洋穿越马六甲海峡的航线，进口石油占我国进口石油总量的 50%；从西非、东南非经南印度洋穿越马六甲海峡的航线，进口石油约占我国进口石油总量的 30%。

二、存在的主要问题 ▶

21 世纪海上丝绸之路建设尚处于起步阶段，无论国内还是国外都面临着复杂的发展环境，直接或者间接影响 21 世纪海上丝绸之路建设进程。就整个层面而言，目前存在的问题很多，需要正确认知和厘清问题根源，为今后发展提供逻辑基础。

（一）产业出路问题

就我国目前的经济发展形势而言，巨额的外汇储备和过剩的产能已经成为整个经济发展的最大限制性因素，如何有效利用外汇储备，消化过剩产能成为新常态下不可回避、也是必须解决的问题。"一带一路"实施时间尚短，国内对于如何消化外汇储备以及过剩产能并未有清晰的认识，特别是对中国在国际要素市场上竞争力并未有清晰的评估，以及对于产能过剩如何对外消化的具体路径尚未达成共识。

（二）区域整合问题

国内看，21 世纪海上丝绸之路倡议提出至今，无论是国家层面还是地区层面都高度重视。但各地存在争政策、争项目和争投资的思想，同质化、趋同化竞争现象比较严重，违背了 21 世纪海上丝绸之路建设初衷。此外，地区之间的协调发展能力差，跨地域、跨部门的全国 21 世纪海上

---

① 杨国丰，能源蓝色动脉：全球发展生命线，中国石化报/2014 年/12 月/26 日/第 008 版。

丝绸之路协调机制尚未建立，都在很大程度上影响 21 世纪海上丝绸之路的有效推进。

（三）内外对接问题

实施 21 世纪海上丝绸之路战略，要求国内各层面认清自己优劣势的同时，将国内层面问题与国际环节相结合。目前，全球性公共产品和区域公共产品交叉并存导致的国际发展环境复杂；新经贸规则与国内经济领域的改革脱节严重；国际化人才缺失；海外投资保障保险机制、境外争端解决能力、海外护商力量等显然不能为 21 世纪海上丝绸之路漫长而脆弱的线路保驾护航。此外，印度洋航道、马六甲海峡、南海等存在制约我国海上运输能力的隐患和矛盾，成为推进 21 世纪海上丝绸之路经济合作的重要制约因素。

三、经贸合作目标

（一）总体目标

21 世纪海上丝绸之路经济合作以商品贸易、要素投资与资源能源合作为内容，通过与沿线国家开展长时期的合作，力争在产业投资、经贸合作、能源金融等领域取得突破性进展和重大收获，构建一批全面开放的国际经济合作走廊和海上战略支点，建立面向亚、非、欧大陆和链接三大洋（太平洋、大西洋、印度洋）的均衡战略布局，打造陆海统筹、东西互济的全方位对外开放新格局，推动世界经济进入新的分工格局；同时强化沿线国家在全球经济治理结构中的地位和能力，促进重构国际经济新秩序，最终通过经济合作实现 21 世纪海上丝绸之路与"丝绸之路经济带"沿线国家的区域经济一体化。

（二）具体目标

1. 加强经贸合作

重点通过推动经济贸易和对外投资，与沿线国家一道，加强海关、检验检疫、认证认可、标准计量等方面的合作和政策交流，改善口岸通关设施条件，深化区域通关一体化合作，增强技术性贸易措施透明度，降低关税和非关税壁垒，提高贸易便利化水平，实现各国间更高水平的经贸合作。

2. 促进产业转型

随着我国经济的持续增长、消费结构和产业结构的升级、生产模式的转变，对全球特别是发达市场的资本设备和商业服务的需求将会持续大幅增长，中国在全球价值链中的定位会逐步向产品链中上游转移。这将释放出更大的全球价值链中下游环节的转移容量[①]，有利于推动沿线各国之间产业分工，促进沿路各国共同形成新的产业分工体系，为沿路各国之间的区域内贸易与产业内贸易的提升提供条件，带动以要素流动为基础的对外投资的快速发展。

3. 提升经济治理能力

在市场经济的驱动下，秉持自由贸易原则，推动全球市场开放和生产要素的合作性流动。提升新兴市场国家在国际金融组织中的治理能力，维护广大发展中国家的权益，大力支持新兴国家在国际经济治理中的作用，提高广大发展中国家在多边经济治理中的影响力。为基础设施投资提供新的融资渠道，通过成立金砖开发银行和亚洲基础设施投资银行，为沿线国家基础设施投资提供重要的资金来源，也将为提高资金输出国的投资回报率提供机会。

（三）阶段目标

21世纪海上丝绸之路区域经济一体化目标的实现不能一蹴而就，需要我国与沿线国家共同努力，经过较长时期的深度合作才能实现。结合21世纪海上丝绸之路的远景规划以及实际发展特点，其可以分为3个阶段：至2020年基本建成中国-东盟命运共同体，至2030年实现海上丝绸之路沿线国家的经济一体化，至2050年全面实现陆海区域经济一体化，具体阶段目标见表2-6-8。

---

① 张杰，亚洲正在形成"中国秩序"？http://opinion.huanqiu.com/opinion_world/2014-12/5227896.html? referer=huanqiu，2013年12月28日登陆。

表 2-6-8　21 世纪海上丝绸之路建设阶段目标

领域	至 2020 年目标	至 2030 年目标	至 2050 年目标
基础设施	实施一批交通基础设施重点项目	建设完成两条大通道	与"丝绸之路经济带"共同完成海陆大通道建设
对外贸易	推动自贸区谈判、跨境经济合作区建设以及毗邻区建设，扩大贸易额	进一步推动市场开放度和贸易便利化建设	实现贸易全面自由化
产业投资	转移国内优势产业	实现产业链中间阶段投资	实现价值链中高阶段投资
能源资源	海上能源资源运输通道基础设施建设	能源资源供应海陆通畅	能源资源供给全面均衡
金融合作	推动人民币在周边国家的国际化	人民币成为沿线主要国家储备货币	全面实现人民币国际化
区域发展	中国-东盟命运共同体	实现海上丝绸之路沿线国家的经济一体化	全面实现陆海区域经济一体化

四、空间布局 ▶

　　21 世纪海上丝绸之路经济合作是以海上丝绸之路为基础、以推进区域经济一体化为主要目标，以深化我国与沿线国家双边、多边合作为主要推手，以 21 世纪海上丝绸之路倡议和共同愿景为框架，在我国与沿线国家的共同努力下，"由点及线，以线代面"逐步发展形成的新型经济贸易合作区。21 世纪海上丝绸之路提倡不同发展水平、不同文化传统、不同资源禀赋、不同社会制度国家间开展平等合作，共享发展成果，通过合作与交流，把地缘优势转化为务实合作的成果。21 世纪海上丝绸之路所涉及的区域合作不是一种"紧密型一体化合作组织"，不会打破现有的区域制度安排，更多的是一种务实灵活的经济合作安排。从经济贸易联系与空间格局来看，东南亚是核心区，环北印度洋区域是重要区，欧洲、非洲、大洋洲和亚太其他地区是拓展区。

（一）核心区——东南亚地区

　　"中国-东盟自由贸易区（CAFTA）升级版"是中国与东盟共建 21 世纪

海上丝绸之路的重点合作方向，其目标是进一步深化双边经济一体化水平。在经贸合作方面，近期重点是在扩大从东盟进口、解决贸易逆差的同时，推进"2+7"合作进程，全面提升 CAFTA 质量和标准，充分发挥地缘优势，在农业、渔业、能源、金融等基础产业领域加强对话与合作，建立和健全供应链、产业链与价值链，提升东盟与中国产业的全球竞争能力①。在资源合作方面，重点推动南海海洋资源共同开发进程，促进合作之海、友谊之海的建设。提升东南亚航线贸易网络功能活力，推动我国与东南亚相关国家在保障马六甲海峡、南海航道等国际运输通道的安全方面充分协作，推进与泰国等国家共同开辟克拉运河新航道的建设。在基础设施建设方面，推进"亚洲基础设施投资银行"建设；进一步加快陆路通道建设，加快澜沧江—湄公河的国际航道建设。

针对东盟内部经济发展水平不同开展多样化合作。对于新加坡，借助国际金融中心地位推动人民币国际化，引进先进技术和管理理念，在海洋经济、环保、科研、海上搜救等领域开展深层合作。对于马来西亚、泰国、印度尼西亚，扩大对其机械设备等优势产品出口，增加特色农产品等进口；加强滨海旅游、海洋交通运输等海洋经济合作。对于老挝、越南、缅甸、柬埔寨等发展水平相对较低的国家，加大对其基础设施建设的支持力度，加快推进陆上互联互通；加快转移过剩产能；加大澜沧江—湄公河航道整治与安全合作。

在机制建设方面，按照互利共赢、共同发展的原则进一步更新和完善《中国与东盟全面经济合作框架协议》的相关内容和标准，推进《中华人民共和国与东南亚国家联盟关于修订<中国—东盟全面经济合作框架协议>及项下部分协议的议定书》的积极落实，进一步降低东盟货物贸易关税，对东盟投资与服务业实行更大开放，进一步提升产业对接和金融合作，促进双方物流和人员往来便利化。扩大开放领域，加强产业合作。充利用大湄公河次区域合作（GMS）、东盟"增长三角"以及泛北部湾区域经济合作为代表的次区域合作机制。用好"10+3"等多边合作机制，围绕贸易、投资、金融、环保、能源、科技等领域展开协调和合作。以 CMI 为基础推动金融

---

① 全毅，汪洁，刘婉婷，21 世纪海上丝绸之路的战略构想与建设方略，国际贸易，2014（8）：4-15。

新秩序建设，防范金融风险、推动区域货币合作。

（二）重要区——环北印度洋地区

1. 与南亚的合作

南亚是"一带一路"的重要结合区。建设重点是增进我国与南亚各国经贸合作关系，重点提升与巴基斯坦、印度经贸合作水平，争取向"中国与印度自由贸易区"、"中国与巴基斯坦自由贸易区"方向发展；通过"通道"共同建设，加强与孟加拉国、巴基斯坦重点港口及其腹地交通基础设施建设，促进与斯里兰卡、马尔代夫海上经贸往来与海洋经济合作；积极推进中巴经济走廊和孟中印缅经济走廊建设（表2-6-9），构建"跨孟加拉国、中国、印度、缅甸经济走廊"（BCIM），推动多边经贸发展，使其成为建设21世纪海上丝绸之路的重要节点。注重加强与印度的经贸合作，结合两国优势，在区域经济一体化、地区互联互通、全球贸易自由、能源粮食安全、气候变化等方面加强合作，实现互利共赢。

表2-6-9　21世纪海上丝绸之路涉及主要国际合作走廊

国际经济带	设计国家	主要路线	作用
中巴经济走廊	中国、巴基斯坦	中国新疆乌鲁木齐—喀什—红其拉甫—巴基斯坦苏斯特—洪扎—吉尔吉特—白沙瓦—伊斯兰堡—卡拉奇—瓜达尔港全长4 625千米的交通大动脉	保障边疆区域安全，有效增加中国能源进口路径，发展经济、改善民生
孟中印缅经济走廊	孟加拉国、中国、印度、缅甸	中国西南、印度东部、缅甸、孟加拉国	发展中国西南区域，促进中国"西进南下"策略进行

资料来源：根据网络公开资料整理.

2. 与西亚的合作

重点方向是推动我国与西亚地区的自由贸易协定谈判进程，尽快签署自由贸易协定。推动中国与西亚地区国家合作由能源和矿产资源领域合作转向产业链延伸合作，加强双方在新能源、纳米技术等新兴产业的合作，与阿联酋合作建设迪拜人民币境外交易中心，推动人民币国际化。在阿拉伯国家工业化进程中，我国可以发挥重要作用，同其在能源领域构建战略合作关系，深化油气全产业链合作。同时，扩大对阿拉伯基础设施和贸易投资，加大在核能、航天卫星、新能源三大高新领域合作，提升中阿务实合作层次。积极推动机制建设，采取各种措施积极落实协议，把合作落到实处，在国际问题领域进一步加强协商，同时，进一步发挥经济合作机制对政治、安全等其他领域机制的协调作用。加快推进中国与海湾合作委员会建设自由贸易区的谈判进程，推动自由贸易园(港)区建设。

3. 与东(北)非的合作

加强与埃及、厄立特里亚、苏丹、肯尼亚、坦桑尼亚、莫桑比克等国港口建设，提升这些港口桥头堡功能。重点加强与东非国家的经贸关系和产业输出。在原有"中非合作论坛"的基础上，构建相对松散的"海上丝绸之路经济合作论坛"，进行政策和学术探讨，逐步提升共识。举办"海上丝绸之路博览会"，通过宣传、展示促进贸易和投资。在"中非发展基金"的基础上，成立"中非海上丝绸之路合作发展基金"或"中非互联互通合作银行"，打造21世纪海上丝绸之路基础设施融资平台，以推进互联互通建设。

(三) 拓展区——欧洲、大洋洲和东北亚

1. 与欧洲的合作

推动与欧盟投资协定谈判进程，争取尽快启动中国欧盟自贸区谈判，实施以市场为导向的自贸区战略；实现中欧合作由贸易向投资和技术研发等重要领域转移，全面深化中、欧战略经济伙伴关系。

2. 与大洋洲的合作

拓展与斐济、汤加等岛国的远洋渔业合作；推动"10+6"和亚太自贸区的进程；拓展与新西兰除农业领域之外的金融服务、信息技术、新能源、生物医药和基础设施建设等领域的深度合作。

3. 与东北亚的合作

充分发挥双边经济合作的外溢效应，以双边合作为先导，从能源、资

源、技术、资金、旅游等多方面多角度扩展合作面，以吸引区域内国家更多地参与多边经济合作；以次区域合作推动全面区域合作。进一步推进中、日、韩自贸区谈判进程，把中、日、韩自贸区的建立作为实现全面区域合作的重要步骤，以最终实现区域经济一体化的目标①。

五、产业合作

商品贸易是传统国际经济活动中最常见的合作方式。随着全球经济一体化的不断推进，资本跨国流动规模日趋扩大，投资合作正在成为区域经济合作的重要载体。21世纪海上丝绸之路建设中，商品贸易是我国与沿线国家保持良好经济关系的基础，而投资是我国与沿线国家建立更加紧密利益共同体的关键所在。因此，根据中国与沿线国家的比较优势（表2-6-10），通过合作机制创新打破产品和要素流动壁垒，互利共赢选好产业合作载体，拓展和加深双边经济合作，推进区域经济一体化进程，是21世纪海上丝绸之路建设的重要内容。

表 2-6-10　21世纪海上丝绸之路沿线国家产业转移需求

国家	产业基础	资源禀赋	外资现状	产业需求
越南	以农业为主，工业以煤炭、原油、天然气、液化气、水产品等为主	农业资源、油气资源	日本、新加坡、韩国、中国台湾地区占投资前四位	
菲律宾	工业相对完善，旅游是主要收入来源	旅游资源	日本、美国、英国、德国、韩国、马来西亚和中国香港	制造业、服务业、房地产、金融中介、矿业、建筑业
马来西亚	电子业、制造业、建筑业和服务业	农业，锡、石油、天然气等自然资源，旅游资源	日本、荷兰、澳大利亚、美国和新加坡	电子，汽车，钢铁，石油化工和纺织品，旅游业，批发，零售，金融，住宿等现代服务业

---

① 王瑜贺，东北亚地区经济合作初探，国际研究参考，2014（7）：8-18。

续表

国家	产业基础	资源禀赋	外资现状	产业需求
文莱	以石油、天然气开采和提炼为主，建筑业，食品加工、家具制造、陶瓷、水泥、纺织等	石油、天然气	荷兰、日本、英国	与石油天然气相关的机器和运输设备、工业品、食品、化学品等
印度尼西亚	采矿业、制造业、电气水供应、建筑业	石油天然气、旅游资源	日本、韩国和新加坡	采矿业、制造业、建筑业
泰国	采矿、纺织、电子、塑料、食品加工、玩具、汽车装配、建材、石油化工等	旅游资源，燃料、金属和非金属等矿产资源	美国、东盟、中国大陆及台湾投资	采矿、纺织、电子、塑料、食品加工、玩具、汽车装配、建材、石油化工等
新加坡	电子、石油化工、金融、航运、服务业		美国、日本和欧洲等	制造业、修造船、炼油、金融服务
柬埔寨	制衣业	矿产资源、木材	中国、越南、泰国、韩国和日本	工业和手工业、旅游业、基础设施建设
缅甸	农业	石油天然气、金属等矿产资源，木材、玉石矿藏	中国、新加坡、泰国	能源、矿藏
老挝	以农业为主，工业基础薄弱	矿产资源、木材资源	越南、泰国、中国、韩国、法国	公路、桥梁、码头、水电站、通信、水利设施等基础建设
孟加拉国	农业	矿产资源	美国、英国、马来西亚、日本、中国、沙特、新加坡、挪威、德国、韩国	与矿产资源开发相关的制造业、基础设施等
斯里兰卡	工业基础薄弱，以农产品和服装加工业为主	玉石，渔业、林业和水力资源	印度、新加坡、中国香港、伊朗	基础设施建设项目、服务业和制造业

国家	产业基础	资源禀赋	外资现状	产业需求
印度	耕种、现代农业、手工业、现代工业以及其支撑产业为主	矿产资源	德国、阿联酋、沙特、新加坡、英国、瑞士、法国、伊朗、日本、中国香港等	石油产品，电子产品，金银，机械，化工产品等领域
巴基斯坦	批发和零售等服务业	矿产资源	中国、印度等	电信、房地产和能源
伊朗	石油开采业，炼油、钢铁、电力、纺织、汽车制造、机械制造、食品加工、建材、地毯、家用电器、化工、冶金、造纸、水泥和制糖	油气资源、矿产资源		
伊拉克	石油开采、提炼和天然气开采	油气资源、矿产资源		
科威特	石油开采、冶炼和石油化工	油气资源、矿产资源	美国、日本、英国、韩国、意大利、德国、荷兰、新加坡	与油气有关的机械、运输设备、工业制品、粮食和食品行业
沙特	石油工业	油气资源、矿产资源	美国、日本、英国、德国、意大利、法国、韩国	钢铁、炼铝、水泥、海水淡化、电力工业、农业和服务业
卡塔尔	石油和天然气部门、相关工业及能源密集型工业	油气资源、矿产资源	美国、日本、西欧	机械和运输设备、食品、工业原材料以及轻工产品、药品等
巴林	炼油、石化及铝制品工业，金融业	油气资源、矿产资源		农产品
阿联酋	石油生产和石油化工	油气资源		农产品、机电行业等

续表

国家	产业基础	资源禀赋	外资现状	产业需求
阿曼	石油、天然气产业	油气、渔业、矿产资源	海湾国家、英国	石油开采和金融业
也门	纺织、石油、化工、制铝、制革、水泥、建材、卷烟、食品及加工工业	石油和天然气	美国、阿联酋、意大利、沙特	纺织、化工、制铝、制革、水泥、建材、卷烟、食品及加工
以色列	农业、炼油、钻石开采、半导体制造、新技术产业		美国	现代服务业
塞浦路斯	农业、食品、纺织、皮革、木材、金属、机械、运输、电力、光学、化工、旅游业	矿产资源、森林资源	欧盟、希腊、美国	现代服务业
土耳其	农业、食品加工、纺织、汽车、采矿、钢铁、石油、建筑、木材和造纸、旅游业	多金属矿产资源、油气资源	欧洲联盟国家、美国、俄罗斯、日本	电力、机械、运输设备等制造业，物流、金融、保险、旅游等现代服务业
埃及	农业，纺织、食品加工、石油化工业、机械制造业汽车工业、旅游业	农业资源、石油、天然气、磷酸盐、铁等	美国、法国、德国、意大利、英国、日本、沙特、阿联酋	制造业、农业、木材加工、汽车工业、农业加工等
苏丹	农牧业、纺织、制糖、制革、食品加工、制麻、烟草和水泥	农业资源、多种金属矿产资源	中国、日本、阿联酋、沙特、印度、埃及、英国、加拿大、美国、澳大利亚	纺织、制糖、制革、食品加工、制麻、烟草和水泥
厄立特里亚	农牧业	农业资源、矿产资源	德国、美国、意大利等	纺织与服装加工、制革、制鞋、食品加工、农畜产品加工、金属加工、化工及塑料制品加工、建材

国家	产业基础	资源禀赋	外资现状	产业需求
吉布提			法国、日本、美国、沙特、中国、意大利	电力、水利、房屋及公共工程、盐矿开发
索马里	畜牧业	渔业资源	美国	纺织、皮革、制糖、制药、烟草、食品加工、炼油、电力和建筑材料工业

促进我国与沿线国家产品和要素自由流动,要深入推进双边、多边自贸区建设,在协商降低关税的基础上,重点加快非关税壁垒的取消、技术标准的对接,逐步形成立足周边、面向全球的高标准自贸区网络;要优化贸易结构,在提升货物贸易档次的同时,大力发展服务贸易;要建设大宗商品电子交易平台、跨境电商平台;支持电子口岸建设,推动海关查验结果互认,开展检验检疫电子证书的标准和结果互认,全面提升通关便利化水平;要进一步搞好贸易投资促进活动,发挥中国-东盟博览会、中国-南亚博览会、中国-亚欧博览会、广交会、厦门投洽会等综合性展会作用,鼓励企业积极参加沿线国家举办的各类国际或区域性展会。在大力发展商品贸易的基础上,根据中国与沿线国家经济发展实际,重点在以下几个方面推进产业合作。

(一) 基础设施领域

抓住关键通道、关键节点,打通缺失路段,畅通"瓶颈"路段,提升道路通达水平,加快构建紧密衔接、通畅便捷、安全高效的互联互通网络,促进"人便于行、货畅其流"。加强与沿线相关国家和地区交通建设规划、技术标准体系的对接,共同推进跨区域骨干通道建设。推进建立统一的全程运输协调机制,改善口岸基础设施条件,促进国际通关、换装、多式联运有机衔接。畅通水陆联运通道,推进港口合作建设,加强海上物流信息化合作,提高海上航运信息化水平。在投资模式上,应考虑与所在国企业合资、合作进行工程项目运作,采取灵活的股权匹配方式,调动合资各方的积极性，并按照国际标准履行社会责任。

1. 交通基础设施

加快推进重点港口项目建设，特别是涉及海上运输通道建设和海陆联运的重点港口。深入实施与相关国家签订的航空协定，抓紧建立常设性对话机制，把海上航空合作打造成中国与沿线国家合作的新亮点。以重大骨干网络项目为依托，优先推进中国与东南亚间的泛亚铁路中线（昆明—万象—曼谷）和西线（昆明至缅甸）建设，加快公路网络互联互通建设[①]，打通陆上交通大动脉。

2. 电信基础设施

支持我国电子信息企业在沿线投资建设、拓展和运营各种传输网络，并提供相应的网络服务，带动中国科技电子信息产品出口。实施中国与沿线国家国际互联光缆工程，建设中国与沿线国家信息交流中心，推进中国与沿线国家商务信息港、CA 认证体系、公共数据资源交换平台等建设，规划建设国际标准数据处理中心（IDC）、国际呼叫中心、国家级灾备中心、区域性计算中心，培育壮大信息服务产业集群。

3. 能源基础设施

以配套石油与天然气产业的勘探、开发、运输等关键环节的基础设施为主，鼓励通过产品分成协议合作开发沿线国家的油气资源、参与现有油气加工企业和基础设施的改造、建设新企业以及基础设施等，促进我国钻探与开采设备、油气井增产与天然气处理技术、环境技术等出口，并逐步实现当地生产，配套资源采掘与加工，促进我国矿产勘探、采矿、加工设备和技术出口。

（二）比较优势产业领域

进一步突出比较优势的合作，推动比较优势互补的产品贸易、产品差异化的产业内贸易以及产业投资。加强与东南亚各国在化工、轻工、机械、建筑、家用电器等产业领域的投资合作。在产业体系内部进行合理分工，

---

① 吴润生，张建平，杨长湧，我国与东盟共建 21 世纪海上丝绸之路的内涵、潜力和对策，中国经贸导刊，2014（12）下：21-25。

形成规模经济，完善区域产业链条。

1. 轻工化工业

引导我国轻工、纺织等传统优势产业和装备制造业走出去投资设厂，带动沿线国家产业升级和工业化水平提升。加强与沿线国家开采、冶炼、加工一体化发展。在沿线主要交通节点和港口共建一批经贸合作园区，吸引各国企业入园投资，形成产业示范区和特色产业园。鼓励有条件的企业到科技实力较强的地区设立研发中心，充分依托当地的科技资源和人才优势，提升产业层次，增加当地就业。加大橡胶产业合作，考虑在东盟地区适宜种植天然橡胶的区域，投资合作共同建立新的天然橡胶种植基地，发挥我国在制胶技术和橡胶产品上的优势，加强与东盟各国的技术交流与合作，推动与东盟国家开展差异化合作（表2-6-11）。

表 2-6-11 中国-东盟天然橡胶产业"差异化"合作模式

国家	互补类型	产业发展趋势	技术优势	合作模式建议
泰国	天然橡胶很强 天然橡胶制品强	由"种植为主"向"深加工为主"转变，未来产量可能出现调整	天然橡胶病害防治及初加工工艺	（1）海外投资天然橡胶加工厂，参与天然橡胶下游产业生产； （2）入股当地橡胶园，以保证天然橡胶稳定的供给； （3）同相关科研院所合作，获取技术
印度尼西亚	天然橡胶合成很强 橡胶强 天然橡胶制品强	由"种植为主"向"深加工为主"转变，未来产量可能出现调整	橡胶园综合管理	
马来西亚	天然橡胶很强 合成橡胶强 天然橡胶制品强	由"种植为主"向"深加工为主"转变，未来产量可能出现调整	高产品种、抗"风、寒、旱"品种培育、研发	
越南	天然橡胶很强 合成橡胶强 天然橡胶制品强	工业水平较低，仍以大面积种植为主，鼓励外资投入	高产品种培育、研发	（1）大力开展"租地植胶"，保证我国天然橡胶供给安全； （2）入股科研院所，掌握相关技术

国家	互补类型	产业发展趋势	技术优势	合作模式建议
柬埔寨	天然橡胶很强，工业水平较低	以大面积种植为主		大力开展"租地植胶"，保证我国天然橡胶供给安全
菲律宾	天然橡胶强，工业水平较低	以大面积种植为主		
新加坡	不以生产为主，为亚太地区天然橡胶贸易信息中心	贸易电子信息技术化，产业金融化程度高		运用其先进的金融信息服务体系，为我国橡胶企业提供优质金融信息服务和跨国并购指导

资料来源：姚昊炜，中国-东盟天然橡胶产业合作潜力研究，首都经济贸易大学硕士论文，2014。

2. 制造业

推动铁路、核电、钢铁、有色、建材等行业产能向沿线国家转移，在境外建设上下游配套生产线，实现全产业链"走出去"。引导企业通过承包工程积极参与沿线国家基础设施建设，投资建立物流基地、售后服务和维修中心。在机械设备、机电产品、高科技产品、能源资源产品、农产品等方面与沿线国家开展贸易和投资领域的广泛合作，充分发挥各国合作潜力，实现优势互补。

（三）现代服务领域

21世纪海上丝绸之路旨在构建海上物流通道，将推动国际物流发展，积极构建服务于全球贸易网络。因此，现代服务业领域的重点任务是：加速建设交通物流网，以此连接沿线主要国家和地区，结合物流网加快建设金融服务网、信息服务网，构建区域电子商务网络，夯实互联互通基础。

1. 物流服务业

推动沿线国家的港口合作（表2-6-12），构建物联网基础。充分整合中国沿海港口—南海—东南亚—印度洋航线和中国沿海港口—南海—南太平洋航线港口，突出比较优势，强化运力建设和港口腹地能力建设，以服务于国际贸易发展为准，实现港口之间的战略合作，构建起全区域或次区域的港口合作联盟或港口合作网络，推动贸易便利化发展。加快港口基础设施改造与现代化建设，推进港口资源的优化配置，促进区域内沿海港口向大型化、深水化、专业化方向发展，建立以港口为龙头的现代海上交通运输体系，扩大港口城市对所在区域的辐射力和影响力。构建区域港口物流体系，提高通关效率，通过收购、兼并、联盟等手段，在现有的港口物流网络、运输和仓储能力上进一步扩充实力，扩大相互的市场占有率，并建设、完善集装箱运输系统，开辟国家间港口的集装箱新航线，发展集装箱联运业务。建立区域港口合作的制度保障体系，以区域内港口标准化和便利化建设为突破口，加强沿线国家港口规划和管理，支持设立海关监管区域，建立区域港口合作的信息平台，共建船舶供求信息系统和调度指挥中心，共建贸易代理代运调度指挥中心，维护良好的进出口秩序。将航运业列为战略性行业，加大对远洋运输企业的引导和扶持力度，创新经营模式，优化船队运力结构，提高船舶的经营效益。

表 2-6-12　沿线国家主要港口

地区	港口	所属国家	地区	港口	所属国家
黑海线	ODESSA（敖德萨）	俄罗斯	欧洲航线	FELIXSTOWE（弗利克斯托）	英国
	BURGAS（布尔加斯）	保加利亚		HAMBURG（汉堡）	德国
	CONSTANTZA（康斯坦萨）	罗马尼亚		ANTWERP（安特卫普）	比利时
	ISTANBUL（伊斯坦布尔）	土耳其		LE HAVRE（勒阿佛尔）	法国
红海航线	PORT SUDAN（苏丹港）	苏丹		ROTTERDAM（鹿特丹）	荷兰
	AQABA（亚喀巴）	约旦		BREMEN（不来梅）	德国
	JEDDAH（吉达）	沙特		SOUTHAMPTON（南安普顿）	英国
	SOKHNA（苏科纳）	埃及		ZEEBRUGGE（泽布吕赫）	比利时
	ADEN（亚丁）	也门		THAMESPORT（泰晤士港）	英国
	HODEIDAH（荷台达）	也门		BREMERHAVEN（不来梅哈芬）	德国
	BERBERA（柏培拉）	索马里		GIOIA TAURO（焦亚陶罗）	意大利

续表

地区	港口	所属国家	地区	港口	所属国家
亚得里亚海	RIJEKA（里耶卡）	克罗地亚	地中海西部	VALENCIA（瓦伦西亚）	西班牙
	TRIESTE（的里雅斯特）	意大利		GENOVA（热那亚）	意大利
	SPLIT（斯普利特）	克罗地亚		BARCELONA（巴塞罗那）	西班牙
	VENICE（威尼斯）	意大利		FOS（福斯）	法国
	KOPER（科佩尔）	斯洛文尼亚		NAPLES（那不勒斯）	意大利
中东地区	MANAMA，AL（麦纳麦）	巴林		LIVORNO（利沃诺）	意大利
	BAHRAIN（巴林）	巴林	地中海东部	PIRAEUS（比雷埃夫斯）	希腊
	ABADAN（阿巴丹）	伊朗		ALEXANDRIA（亚历山大）	埃及
	BANDAR ABBAS（阿巴斯港）	伊朗		DAMIETTA（达米埃塔）	埃及
	BUSHIRE（布什尔）	伊朗		PORT SAID（塞得港）	埃及
	KHORRAMSHAHR（霍拉姆沙赫尔）	伊朗		ISTANBUL（伊斯坦布尔）	土耳其
	BSARA（巴士拉）	伊拉克		HAYDARPASA（海达尔帕夏）	土耳其
	KUWAIT（科威特）	科威特		IZMIR（伊兹密尔）	土耳其
	MUSCAT（马斯喀特）	阿曼		MERSIN（梅尔辛）	土耳其
	UMM SAID（乌姆赛义德）	卡塔尔		GEMLIK（盖姆利克 土耳其）	土耳其
	DOHA（多哈）	卡塔尔		THESSALONIKI（塞萨洛尼基）	希腊
	SHARJAH（沙迦）	阿联酋		LIMASSOL（利马索尔）	塞浦路斯
	DUBAI（迪拜）	阿联酋		BEIRUT（贝鲁特）	黎巴嫩
	ABU DHABI（阿布扎比）	阿联酋		LATTAKIA（拉塔基亚）	叙利亚
	DAMMAN（达曼）	沙特		ASHDOD（阿什杜德）	以色列
	RIYADH（利雅得）	沙特		HAIFA（海法）	以色列

续表

地区	港口	所属国家	地区	港口	所属国家
	HONGKONG（香港）	**中国**		DURBAN（德班）	南非
	MACAO（澳门）	**中国**	南非	CAPE TOWN（开普敦）	南非
	SINGAPORE（新加坡）	**新加坡**		PORT ELIZABETH（伊丽莎白港）	南非
	PORT KELANG（巴生港）	**马来西亚**		MOMBASA（蒙巴萨）	肯尼亚
	PENANG（槟城）	**马来西亚**	东非	DAR ES SALAAM（达累斯萨拉姆）	坦桑尼亚
	MALAKA（马六甲）	**马来西亚**		MAPUTO（马普托）	莫桑比克
	HAIPHONG（海防）	**越南**		PORT LOUIS（路易港）	毛里求斯
	KOMPONGSOM（磅逊）	**柬埔寨**		ABIDJAN（阿比让）	科特迪瓦
	PHNOM PENH（金边）	**柬埔寨**		LAGOS（拉各斯）	尼日利亚
东南亚	LAEM CHABANG（林查班）	**泰国**	西非	TEMA（特马）	加纳
	YANGON（仰光）	**缅甸**		LOME（洛美）	多哥
	BANGKOK（曼谷）	**泰国**		COTONOU（科托努）	贝宁
	CHITTAGONG（吉大港）	**孟加拉国**		ALGIERS（阿尔及尔）	阿尔及利亚
	CALCUTTA（加尔各答）	**印度**		ORAN（奥兰）	阿尔及利亚
	MANILA（马尼拉）	**菲律宾**	北非	BENGHAZI（班加西）	利比亚
	JAKARTA（雅加达）	**印度尼西亚**		TRIPOLI（的黎波里）	利比亚
	SEMARANG（三宝垄）	**印度尼西亚**		CASABLANCA（卡萨布兰卡）	摩洛哥
				BENGHAZI（班加西）	利比亚
	Bomvay（孟买）	印度		Karachi（卡拉奇）	巴基斯坦
	Calcutta（加尔各答）	印度		Chittagong（吉大港）	孟加拉国
南亚	Kakinada（卡基纳达）	印度	南亚	Daca（达卡）	孟加拉国
	COLOMBO（科伦坡）	斯里兰卡		Male（马累）	马尔代夫
	Trincomalee（亭马克里）	斯里兰卡			

说明：加黑处为本课题研究的范围，本表还包括欧盟 27 国和非洲沿海国家。

2. 电子商务业

打造由跨境电子商务平台、专业化云物流系统、互联网金融等构件组成的电子商务新常态模式。构建以"数字丝绸之路"为目标，积极推进电子化商务的发展。鼓励有条件的企业面向沿线国家研发多语种、高效的电子商务平台网络系统，为经贸合作搭建信息平台。鼓励企业抱团"走出去"，在沿线国家建立运营网点，采取反向营销、培育人才、实体投资等措施，搞好属地化经营。加强与其他各国政府部门间的国际合作，探索全球跨境电子商务跨境监管合作的新对策，建立各国间有关税收优惠、关税优惠、数据安全和计算机犯罪等方面的谈判和协调机制。

3. 金融服务业

按照"先易后难、近远结合、统筹兼顾、循序渐进"的原则，以已有的货币合作为基础（表2-6-13），加强与沿线各国的货币合作，扩大人民币跨境使用。优先推动基础设施等重点合作领域的人民币国际化，构建"金融丝绸之路"，为沿线国家基础设施和重大项目提供融资方便。推动中国与沿线国家的贸易往来使用人民币结算、计价，推动与沿线国家跨境人民币投融资，拓宽人民币跨境资本流动通道。支持沿线国家人民币离岸中心建设，加快推进人民币跨境支付系统建设，与更多沿线国家建立跨境人民币清算安排，降低人民币跨境交易的成本。推动中国与沿线国家金融综合试验区建设，试点人民币与沿线国家货币的资本项目可兑换。推进中国与沿线国家互设金融机构，与更多的国家建立货币互换机制。

表 2-6-13　中国与沿线相关国家与地区货币互换情况

序号	国家/地区	签署日期	互换规模
1	韩国	2008-12-12	1 800 亿元人民币/38 万亿韩元
2	中国香港	2009-01-20	2 000 亿元人民币/2 270 亿港元
3	马来西亚	2009-02-08	800 亿元人民币/400 亿林吉特
4	印度尼西亚	2009-03-23	1 800 亿元人民币/175 亿印度尼西亚卢比
5	阿根廷	2009-04-02	700 亿元人民币/380 亿阿根廷比索
6	冰岛	2010-06-09	35 亿元人民币
7	新加坡	2010-07-23	1 500 亿元人民币/300 亿新加坡元
8	新西兰	2011-04-18	250 亿元人民币
9	泰国	2011-12-22	700 亿元人民币/3 200 亿泰铢
10	巴基斯坦	2011-12-23	100 亿元人民币/1 400 亿卢比
11	阿联酋	2012-01-17	350 亿元人民币/200 亿迪拉姆
12	马来西亚（续）	2012-02-08	1 800 亿元人民币/900 亿林吉特

序号	国家/地区	签署日期	互换规模
13	澳大利亚	2012-03-22	2 000 亿元人民币/300 亿澳元
14	英国	2013-06-22	2 000 亿元人民币/200 亿英镑
15	阿尔巴尼亚	2013-09-12	20 亿元人民币/358 亿列克
16	欧盟（欧元区）	2013-10-09	3 500 亿元人民币/450 亿欧元
17	瑞士	2014-07-21	1 500 亿元人民币/210 亿法郎
18	斯里兰卡	2014-09-17	100 亿元人民币/2250 卢比
19	卡塔尔	2014-11-03	350 亿元人民币/280 亿里亚尔

（四）海洋合作领域

深化海洋经济与产业合作，既契合沿线国家实现现代化的诉求，又可带动我国产业结构优化升级，是促进中国与沿线国家经济深度融合的重要途径，是 21 世纪海上丝绸之路建设大有可为的重点领域。

1. 海洋旅游

突出与沿线国家的旅游基础设施合作。将海洋旅游定位为世界最具有吸引力和最前沿性的旅游市场，充分发挥各自的特色优势，深入挖掘各地的旅游特色。合作建设的重点包括岛屿上的道路、供水、供气、排水、排污、垃圾处理、公共文化娱乐以及相关的航线开发等。

2. 海洋渔业

充分发挥政府、企业、行业组织的作用，鼓励有条件的企业加大投资力度，在主要作业海域的沿岸国建设码头、冷库及渔船修造厂等基础设施，设立加工、销售中心或者综合性经营基地，进一步深化与东道国当地的合作。要突出在西非海域的合作，提升我国在西非国家海洋渔业合作的份额。而对于合作较少或未合作的海域，国家应积极建立与该海域相关国家的合作关系，共同推动海洋渔业资源的开发和海洋渔业的发展。

（五）资源能源领域

加快推进沿线国家能源一体化进程。按照油气资源开发的产业链，促进相互之间的合作。在上游领域，上游的油气田开发领域的合作是中游运输、下游炼化与贸易合作的基础，应予以重点加强。在合作模式方面，要选择互利共赢的合作模式，深化中国与沿线国家在油气资源领域的开发合作。积极采取贷款换石油、产量分成、联合经营、技术服务等合作模式，利用资金优势向沿线国家提供贷款，换取一定比例的油气资源；与当地油气公司联合成立财团，参与油气项目开发，签订产量分成协议；与当地企业合资经营或联合作业，进行油气资源开发。在合作内容方面，可在其指定的区块，进行油气勘探、游离气的开采、油气加工、伴生气有效利用、炼化、石油化工工业、基础设施建设等领域广泛深入地进行；在资源勘探、开发、加工、运输等环节向当地企业提供技术服务。在中游运输领域，重构海陆能源通道。对于维护油气管道运行安全问题需要予以高度关注，尽快推出更加有力的安全保障措施。在下游领域，重点借助西亚国家现代化炼化设施建设，推动南亚与中亚输油管道和相关配套设施建设合作。

六、合作机制

（一）充分运用国际经贸规则

1. 积极推动 RCEP 进程

区域全面合作伙伴关系（RCEP）首轮谈判已于 2013 年 5 月在文莱开启。RCEP 意在构建以东盟为主导的区域经济合作关系，但受美国主导的 TPP 高标准准则的影响，RCEP 在短期内可能无法实现其预期目标。对此，我国应在货物贸易谈判方面发挥协调发达国家和发展中国家相关立场的角色，通过推动投资管理改革和扩大服务业市场准入来推动 RCEP 谈判，加强 RCEP 成员国间的政治互信，优化相互间的经济合作和政治关系；研究制定合适的 RCEP 规则，特别是在最大潜在利益的服务贸易领域推进自由化，形成面向全球的高标准自由贸易区。

2. 适时加入 TPP 谈判

清晰认知、合理评估、正确对待 TPP 的影响是 21 世纪海上丝绸之路建设中的重要议题。我国应积极研究 TPP 的经贸规则，采取有效的措施改革国内的相关标准，制定负面清单，加快国内自贸区建设，争取早日与 TPP

的高标准接轨，并选择合适的时机加入 TPP。

（二）积极推进贸易便利化机制创新

创新双边或多边更优惠商品贸易合作机制。充分考虑到沿线国家的发展现实与贸易诉求，根据沿线国家中已建立的双边、多边合作机制，支持和鼓励沿线国家间选择定期或不定期对话协商、磋商与谈判等形式，消除关税壁垒以及海关程序、标准一致化、商务流动和监管环境的非关税壁垒，签署贸易或投资协定、建立双边或次区域自由贸易区等多种方式推动沿线国家商品贸易的发展。加强自贸区建设。目前，我国已签署的自贸协定达14 个，涉及 20 个国家和地区①。我国正与斯里兰卡、海湾阿拉伯国家合作委员会、南部非洲关税同盟等进行区域贸易协定谈判（表 2-6-14），而代表亚太经济一体化的亚太自贸区（FTAPP）谈判也已经提上议事日程。因此，未来一段时间，我国要大力推进与沿线国家自由贸易区的建设，用好沿线国家自由贸易园（港）区的合作平台，创新合作模式，着力消除现有开放领域中的体制机制障碍和壁垒，扩大市场准入，推动重点领域对外开放，深化沿线国家的经济合作。

表 2-6-14　海上丝绸之路相关自贸区协定

自贸协定	签订时间	签约国
中国-东盟自贸区	2010 年	中国、东盟 10 国
中国-东盟自贸区协定（10+1）升级版	待定	中国、东盟 10 国
区域全面经济伙伴关系协定（RCEP）	待定	10+6 各国
中国-海合会自贸区	待定	中国、海合会成员国
中国-巴基斯坦自贸区	待定	中国、巴基斯坦
中国-斯里兰卡自贸区	待定	中国、斯里兰卡

---

① 与此相比，截至 2013 年年底，美国已签署并生效的自贸协定共 14 个，涉及 20 个国家，与自贸伙伴的贸易占其外贸总额的 40%；欧盟除加快自身一体化进程外，已签署并生效的自贸协定共 34 个，涉及 66 个国家，与自贸伙伴的贸易占其外贸总额的 28%；加拿大已签署并生效的自贸协定共 7 个，涉及 12 个国家，与自贸伙伴的贸易占到其外贸总额的 68%；韩国已签署并生效的自贸协定共 10 个，涉及 47 个国家，与自贸伙伴的贸易额占其外贸总额的 38%。

（三）大力推动投资便利化

短期而言，应对来自新投资规则的影响、拓宽对外投资渠道、化解国内过剩产能是主要任务；长远来看，实现资本、人才、技术等生产要素的国际自由流动是 21 世纪海上丝绸之路建设的最终目标，也是重构区域相互投资秩序和统一框架的根本所在。对准入前国民待遇和负面清单，国有企业，投资者——国家争端解决机制、跨境数据自由流动、金融、税收及补偿标准、知识产权、劳工规则、环境保护等敏感议题做出通盘考虑[1]，整体设计既符合自身发展，又能促进沿线国家经济发展的投资便利化机制。可考虑设立联合指导委员会和工作组，通过互访、磋商与信息沟通等机制，在贸易投资促进，通关便利化，商品检验检疫、食品安全、质量标准、电子商务，法律法规透明度，中小企业合作，海洋产业合作等领域开展贸易投资便利化合作。在合作机制下探讨消减非关税壁垒、改善投资环境；简化投资办理申请，审核和批准手续；减少投资者权力限制；提供指导性的咨询服务与便利化的金融服务以及国际政策协调等。

（四）建立完善共同金融风险防范机制

联合沿线国家共同建立区域性的金融防范机制，应对可能突发的金融风险。一方面充分利用全球经济治理机制（IMF，G20 等）及区域金融风险防范机制（如清迈倡议）为载体进行合作，增强区域力量的联合，以集体的方式应对金融风险；另一方面清晰认识与充分评估亚太区域金融风险防范中存在的问题与不足，利用我国与东盟、东亚地区以及更广阔亚太地区已有的金融风险协作机制，适时建立并推动多边化的金融防范机制，或者区域金融组织，共同应对金融风险。

（五）创新发展互助机制

考虑沿线国家的发展状况与利益诉求，在坚持"平等合作、互利共赢、开放包容、和谐和睦"的发展原则基础上，尽可能地将"丝绸之路"所产生的经济效应将惠及沿线各国。21 世纪海上丝绸之路所涉及的国家多为太平洋和印度洋沿岸国家，属地震、海啸、风暴潮高发区域，可以借

---

① 王金波，国际贸易投资规则发展趋势与中国的应对，国际问题研究，2014（2）：118-128。

鉴世界银行等经济互助机制，整合沿线国家低效率的机制，适时探讨建立区域性联合互助发展机制，如我国已经建立的中国—东盟海上合作基金、丝路基金等，将推动沿线国家的经济发展。同时还可以结合金砖国家开发银行、亚洲开发银行等区域互助机制解决沿线欠发达国家所需要的长期融资问题。

（六）构建货币与汇率协调机制

建立货币与汇率协调机制，形成较为稳定的货币区域，防止投机资本的冲击。同时也有利于扩大沿线国家人民币的跨境使用，推广人民币支付系统，加速人民币国际化进程。货币政策和汇率政策协调机制应以特定的区域，如CAFTA、10+6等为基础，通过双边或多边的磋商、协调与谈判，推进协调机制的建立与健康运行。可以两岸四地的金融合作为突破口，小范围先行推动货币与汇率协调机制建设。技术上可以以"稳增长、稳币值"为政策协调目标，以"管理浮动汇率制度"和"资本市场不完全开放"为"制度约束"，以"货币政策独立性和有效性"为核心内容，以"国际收支抵补机制"为重点，以金融创新、金融发展和稳定为政策机制保障[①]。可在国内自贸区建设中金融改革的基础上，借鉴国际金融治理体系中现存的货币与汇率协调机制的经验，进一步构建涉及更多沿线国家的协调机制。

（七）完善经济治理机制

金融危机后，为有效利用庞大的外汇储备、提升我国在国际经济治理中的能力，我国提出成立金砖国家开发银行（包括应急储备安排）、上合组织开发银行、丝路基金、亚洲基础设施投资银行等国际经济治理机制（表2-6-15）。目前，金砖国家开发银行、上合组织开发银行、丝路基金、亚洲基础设施投资银行、已经处于良好的运行状态，将为"一带一路"建设的推进发挥重要作用。

---

① 贺光宇，建立货币政策与汇率政策的有效协调机制［J］，经济纵横，2013（9）：99-102。

表 2-6-15　多边治理机制

项目	成立时间	资本金/美元	成员及出资国	使用方向	2013 年贷款量
亚洲基础设施投资银行	2015 年 12 月	1 000 亿	中国等 57 国，中国出资 297.804 亿美元	亚洲基建	—
丝路基金	2014 年 12 月	100 亿	外汇储备 65%，中投 15%，进出口银行 15%，国开行 5%	基建	—
金砖国家开发银行	2015 年 7 月	1 000 亿	中国、巴西、俄罗斯、印度和南非	基建、工业	—
上合组织开发银行	2010 年 11 月	待定	上合组织成员	上合组织融资平台	—
世界银行	1945 年	2 230 亿	成员国缴纳股金、美国为第一大股东	发展中国家	526 亿美元
亚洲开发银行	1966 年	1 650 亿	日本 15.7%，美国 15.6%，1966 年以来的行长一直为日本人	亚洲	210.2 亿美元

　　今后，应进一步推进亚洲基础设施投资银行的建设，扩大双边本币互换的规模和范围以及跨境贸易本币结算试点，降低区域内贸易和投资的汇率风险、结算成本，探讨制定区域金融合作的未来发展路线图。同时正确处理亚投行与世界银行、亚洲开发银行等现有多边开发银行的互补与合作的关系，促进区域合作与伙伴关系。

第四章　21 世纪海上丝绸之路战略支点建设研究

21 世纪海上丝绸之路战略支点，是指在 21 世纪海上丝绸之路沿线区域内，经济基础好、资源禀赋高、战略价值大，在平时和特殊时期能够发挥较强的射力、带动力、支撑力的空间节点。战略支点区域应当成为我国落实共建 21 世纪海上丝绸之路倡议过程中全局规划、长期经略、重点支持、优先推动的合作示范区，通过"五通"先行示范，在我国实施国家海洋战略、推动 21 世纪海上丝绸之路建设中发挥战略支撑作用。

在研究海上丝绸之路覆盖区域范围地理特点的基础上，根据对外贸易统计数据，对重要海上通道的物流价值进行了量化分析。利用层次分析法和德尔菲调查法建立二维度评价模型，评估沿线各区域对 21 世纪海上丝绸之路的重要性和可行性。并利用近年来媒体公开发布的项目信息，对已有合作项目进行述评。通过模型分析和实证研究，为 21 世纪海上丝绸之路建设路径优化和战略支点选择提供决策依据。

研究中所指的"海上丝绸之路"的范围，包括中国到东南亚、南亚的海上通道及周边区域，并延伸到西亚、东非、南欧部分区域。历史上中国与日本列岛、朝鲜半岛之间的海上通道，不在本研究范围内。

一、海上丝绸之路的地理概况　▶

海上丝绸之路经过的主要海洋地理板块包括西太平洋、东北印度洋和西印度洋，途径主要陆地板块包括马来群岛、中南半岛、印度半岛、阿拉伯半岛和东部非洲。

（一）西太平洋及周边区域

西太平洋是海上丝绸之路中国方向的起点，主要包括中国周边的黄海、东海、南海，以及被马来群岛分割形成的苏禄海、苏拉威西海、爪哇海、班达海等。比较重要的水道包括台湾海峡、巴士海峡、马六甲海峡、巽他海峡、望加锡海峡、龙目海峡等。周边的陆地板块主要有中国大陆、中南半岛和马来群岛。该区域是重要的国际水上通道，系东亚主要经济体之间、东亚与欧洲海上贸易的必经之地。

（二）东北印度洋及周边区域

东北印度洋是海上丝绸之路连接东西方的重要区域，主要包括印度洋东北部区域，缅甸和印度之间的安达曼海、孟加拉湾。比较重要的水道有格雷特海峡、十度海峡、科科海峡、保克海峡等。周边主要陆地板块有中南半岛、恒河三角洲、印度半岛、斯里兰卡岛。该区域系东亚、东南亚、北美与西亚、欧洲、非洲海上贸易的重要通道。

（三）西北印度洋及周边区域

西北印度洋是海上丝绸之路重要的地理单元，主要包括印度洋西北部区域、阿拉伯海、波斯湾、阿曼湾、亚丁湾、红海等水域。比较重要的水道有霍尔木兹海峡、曼德海峡、苏伊士湾等。周边主要陆地板块有：印度半岛、伊朗高原、阿拉伯半岛、非洲东部沿海地区。该区域系西亚沟通东亚与欧洲、东亚与非洲海上交通的重要通道。

二、基于贸易物流统计的我国海上物流空间格局实证研究 ▶

利用我国对外贸易统计数据，对我国海上贸易的地理分布进行分析，以此为基础判断海上丝绸之路对我国对外贸易的重要性，以及在经济方面的综合性影响。同时，通过计算各海区和水道的贸易通过量，对海上丝绸之路不同区域、不同路线的相对重要性进行综合评估，为研究评估海上丝绸之路的重点区域和关键支点提供实证支撑。

（一）主要研究方法

我国尚未对海上贸易进行专门统计。因此，只能利用对外贸易数据，按照贸易对象国、贸易货物种类逐一进行甄别和推算，筛选出通过海洋运输方式进行的贸易数量和贸易额。再根据贸易对象国地理位置特点，推算出通过各海域、各水道的货物数量。以此为基础，对我国对外贸易海上运输地理分布状况进行量化研究，筛选识别重要区域与关键通道。

本研究遵循以下原则和假设：①由于运输成本的原因，海上运输是当前国际贸易货物运输的最主要方式，除少数种类商品外，绝大多数商品主要以海上运输方式到达交易目标国；②无陆地边界的非内陆国之间的绝大部分商品运输通过海运方式完成，有陆地边界的非内陆国之间的大宗商品运输多以海运方式完成；③除特殊情况外，货物海上运输遵循成本最小化原则，即交易双方选择成本最低的海上交通线进行运输，影响因素主要是航程，也有其他费用和方面的考虑。

本研究数据来源于《中国贸易外经统计年鉴》（2015），引用数据为2014年年度数据。纳入研究范围的国家包括与中国发生双边贸易往来的全部国家，货物按照海关(HS)分类标准分为22大类98小类。研究中仅考虑我国与世界各国海上贸易往来，未考虑其他国家之间的海上贸易。由于我国对外贸易货物种类众多，为便于统一计算和分析，研究中以贸易额作为主要指标，即将通过各海域与水道货物的总价值作为衡量与识别海上通道重要性标准。对于具有特殊用途的、不可替代的战略性物资，将在面上研究基础上予以特别说明与强调。

（二）我国对外贸易的地理分布

2014年，中国对外贸易总额为4.30万亿美元，其中出口2.34万亿美元，进口1.96万亿美元。我国的主要贸易伙伴有：欧盟、美国、日本、东盟等。我国对外贸易的地理分布如表2-6-16所示。

表 2-6-16　中国对外贸易的地理分布

贸易对象区域	出口总额/万亿美元	进口总额/万亿美元	贸易总额/万亿美元	所占比例/%
亚洲	1.19	1.09	2.28	53
其中：东盟	0.27	0.21	0.48	5
非洲	0.11	0.11	0.22	18
欧洲	0.44	0.34	0.78	6
其中：欧盟	0.37	0.24	0.61	14
拉丁美洲	0.13	0.13	0.26	3

续表

贸易对象区域	出口总额 /万亿美元	进口总额 /万亿美元	贸易总额 /万亿美元	所占比例 /%
北美洲	0.43	0.18	0.61	53
大洋洲	0.04	0.11	0.15	5
合计	2.05	1.81	3.86	100

数据来源：国家统计局贸易外经统计司. 中国贸易外经统计年鉴（2015），北京：中国统计出版社，2015。

从表 2-6-16 可以看出，我国贸易对象主要分布在周边地区。其中，与亚洲其他经济体的贸易额占贸易总额的一半以上。重要贸易区域还包括欧洲和北美洲，其他区域贸易所占比重较小。我国与欧洲、北美洲、拉丁美洲、非洲、大洋洲贸易交通运输距离长，陆地运输、空中运输在货物运输中所占比例极小。可以近似地将贸易额等同于海上运输货物价值。由于运输成本的原因，我国与亚洲各经济体之间贸易的绝大部分也通过海运方式完成。

根据研究目标的要求，研究中需针对不同地理单元的特点做更加细致的分析：①由于亚洲的重要性以及贸易和运输方式的特殊性，需要对贸易数据做进一步分析；②由于中国到欧洲、非洲的主要海上运输线有两条，故需要对通过非洲北部苏伊士运河的运输线和绕过非洲南部的运输线的货物量做进一步甄别；③由于中国与北美洲、南美洲、大洋洲的海上运输线分布相对集中，且该方向不是本研究的重点，因此不对亚洲地理单元逐一分析。

1. 我国与亚洲海上贸易的地理分布

我国与亚洲各经济体海上贸易的情况较为复杂：①与我国接壤的经济体较多，双边贸易中海上运输所占比重不容易确定；②由于海上丝绸之路总体上处于亚洲范围内，为识别重要区域与关键节点，有必要对中国与亚洲其他经济体海上运输地理分布做更加细致的划分；③中国大陆与香港的贸易较为特殊，大陆对香港出口数量大，但其中大部分系由香港转口到其他经济体，不能简单将香港作为贸易目的地。因此，研究中针对上述特殊性，将亚洲划分为东亚、东南亚、南亚、西亚等几个亚洲地理单元，对中国与亚洲其他经济体贸易状况作了进一步的细化。

经分析认为，对于非接壤经济体，中国与东亚（日、韩、台等）、东南亚（东盟各国）、南亚（印度、孟加拉、巴基斯坦、斯里兰卡等）、西亚（印度半岛以西各国）的货物运输，绝大部分仍以海运方式完成；对于接壤经济体，除西北、西南方向内陆国外，由于相对于其他运输的成本优势，海运仍然是主要货物运输方式。由于中国大陆对外出口商品中很大部分通过香港转口，所以对香港外贸数据进行了专门分析，将其中来源于大陆经香港中转到其他目标经济体的贸易额计入中国与其他贸易对象经济体贸易额范围内，以期更真实地反映我国与其他经济体海上运输货物价值。经计算，我国与周边经济体的贸易占海上货物运输的比重较高，与东亚、东南亚各经济体的海上贸易额即占中国对外贸易总额的1/3以上。这部分海上运输线大部分处于我国管辖海域和传统海疆范围，以及贸易对象经济体管辖海域范围内。西亚是我国最重要的石油进口地，贸易额虽仅占贸易总额比重的6%，但重要性较高。

2. 我国与非洲、欧洲海上贸易的地理分布

我国与非洲、欧洲贸易绝大部分通过海运方式完成。主要交通线有两条：一条经南海—马六甲海峡—印度洋—红海—苏伊士运河—地中海到达欧洲和非洲北部，这是最为便捷的东西方海上通道；另一条经南海—巽他海峡—南印度洋—大西洋到达非洲和欧洲，该路线主要通航大型油轮、集装箱轮，是大宗商品运输通道。

在分析中国与非洲贸易地理分布过程中，按照成本最小化原则推理，可以认为各区域主要海上运输线分布如下：对于东部非洲各国，运输线经南海直接穿越印度洋，其中通往北部各国航线经马六甲海峡—北印度洋抵达（东北线），通往南部各国航线经巽他海峡—南印度洋抵达（南线）；对于非洲西部、北部各国，以佛得角为界，通往佛得角以北至地中海沿岸各国航线经马六甲海峡—北印度洋—红海—苏伊士运河抵达（西北线），通往佛得角以南各国航线经巽他海峡—南印度洋—大西洋抵达（南线）。欧洲除少量大型货轮外，均从地中海—印度洋线路通航（北线），大型货轮绕行非洲南端（南线）。经计算，我国与欧洲海上贸易占海上丝绸之路西段海上货

物运输的绝大部分，我国与非洲海上贸易量较小，以石油、矿石、木材等大宗原料货物为主。我国与欧洲海上货物运输大部分经由苏伊士运河，而与非洲海上货物运输大部分经南印度洋。

3. 我国与北美洲、拉丁美洲、大洋洲海上贸易的地理分布

我国与北美洲、拉丁美洲海上贸易均需通过海运完成。对于以北美洲、南美洲西海岸为目的地的船舶，主要通过横跨太平洋的航线抵达目的港。对于以北美洲、南美洲东海岸为目的地的船舶，大部分通过巴拿马运河进入大西洋，再驶往目的港；少量不能通过运河的大型船舶（如大型矿石船），大多通过印度洋航线经非洲南端，再跨越大西洋抵达目的港。我国与大洋洲的海上贸易主要经南海—西太平洋航线完成，少量以澳大利亚西海岸港口为目的地的船舶沿南海—东印度洋航线通行。计算显示，太平洋航线在我国海上贸易运输中占据非常重要的地位。运输货物价值接近我国对外贸易总额的1/4。按照研究主题要求，该区域不作为本研究的重点，故不再进行更加精细的分析。

中国与世界各区域海上贸易地理分布如表 2-6-17 所示。

表 2-6-17　中国与世界各区域海上贸易地理分布

贸易对象区域	在贸易总额中所占比例/%	贸易对象区域	在贸易总额中所占比例/%	贸易对象区域	在贸易总额中所占比例/%
东亚	22	欧洲（北线）	17	北美洲（太平洋线）	14
东南亚	12	欧洲（南线）	2	北美洲（大西洋线）	2
南亚	2	非洲（东北线）	0	拉丁美洲（太平洋线）	6
西亚	6	非洲（西北线）	1	拉丁美洲（大西洋线）	1
东北亚	0	非洲（南线）	4	大洋洲	4

数据来源：国家统计局贸易外经统计司. 中国贸易外经统计年鉴（2015），北京：中国统计出版社，2015。

（三）海上贸易通道的重要性评估

1. 概述

经过上一节对贸易数据的筛选、统计和分析，基本可以对我国对外贸易海上运输线的地理分布做一概括性描述。我国海上运输线主要取决于贸易伙伴的地理分布，同时深受海洋自然地理因素的影响。以我国东南沿海为起点，海上运输线主要可分为向东、向南两个方向。东向通道从我国向东跨越太平洋，抵达北美洲和南美洲；南向通道在穿越南海后分为两支，一支向西穿越印度洋抵达非洲、欧洲；另一支继续向南抵达大洋洲。这种地理分布与航路走向基本上与古代海上丝绸之路的东海航线和南海航线一致，并在各自方向上进一步向外延伸，形成了四通八达的全球海上交通网络。图 2-6-2 显示了我国海上交通运输线的地理分布状况。

以货物价值计，2014 年我国对外贸易海上运输货物总价值约 3.3 万亿美元，占对外贸易货物运输总量的约 81%。主要海上物流通道可分为东向通道和南向通道。

东向通道：从我国东南沿海港口出发，向东抵东亚各经济体，并进一步横跨太平洋到北美洲、南美洲。东向通道运输货物价值约占对外贸易海上运输货物总价值的 41%。其中，我国与日本、韩国、我国台湾省之间海上物流价值占外贸海运货物总价值的 20%；我国与美国、加拿大和拉丁美洲各国沿海港口之间的跨太平洋航线物流价值占外贸海运货物总价值的 21%，其中往来于我国与北美、南美之间的货物价值分别约占外贸海运货物总值的 15% 和 6%。

南向通道：从我国东南沿海港口出发，向南、向西抵东南亚、南亚、西亚，并进一步延伸到欧洲、非洲、大洋洲的南向通道运输货物价值约占我国外贸海运货物总价值的 59%。该物流通道在通过南海后，往来于我国与东盟各国港口之间货物价值占外贸海运货物总值的 20%；往来于我国与澳大利亚和新西兰的货物价值占外贸海运货物总值的 4%。向西经印度洋，往来于我国与南亚、西亚、东非各国港口之间的货物价值分别占外贸海运货物总值的 3%、7% 和 1%。其余货物分为两支，一支向北经红海—苏伊士运河通道进入地中海，往返于中国与欧洲、北（西）非之间，货物价值占外

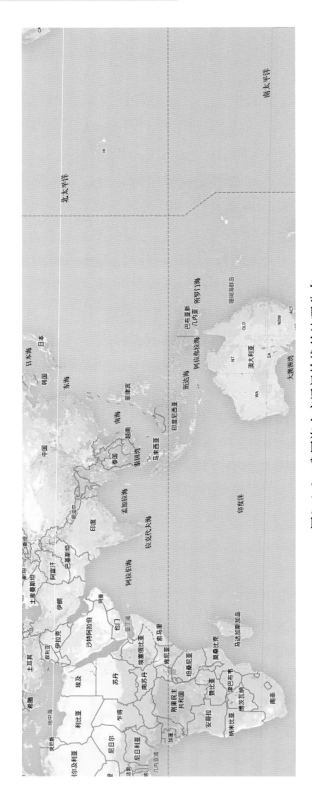

图2-6-2 我国海上交通运输线的地理分布

资料来源：根据中国贸易外经统计年鉴（2015）数据计算

贸海运总值的 16%；另一支向南绕过非洲南端进入大西洋，往返于中国与西南部非洲、欧洲、拉丁美洲和北美洲，货物价值占外贸海运货物总值的 8%。

2. 各海洋区域的重要性评估

按照我国海上物流通道的分布特点，划分经过海域，并对各海域对于我国海上物流的重要性进行评估。海域划分的原则有：①自然地理原则，即遵循海洋地理和地形的特点；②详略得当原则，即按照研究主题要求，对重点区域详细划分，非重点区域简略划分，以突出研究重点。按照以上原则，划分为以下海域：东海-黄海、南海、苏禄海-苏拉威西海、马鲁谷海-班达海-阿拉弗拉海、爪哇海-巴厘海、孟加拉湾、阿拉伯海、红海-亚丁湾、波斯湾-阿曼湾、南印度洋、北太平洋、南太平洋、大西洋，共计 14 个海洋地理单元。为便于研究，孟加拉湾和阿拉伯海均向南延伸包括赤道以北的印度洋本体部分，北太平洋不包括已经列出的边缘海。各海域的货物价值流分布如表 2-6-18 所示。

表 2-6-18　各海洋区域的物流价值

贸易对象区域	物流价值在外贸海运货物总价值中所占比例/%	贸易对象区域	物流价值在外贸海运货物总价值中所占比例/%
黄海-东海	41	波斯湾-阿曼湾	7
南海	59	红海-亚丁湾	16
苏禄海-苏拉威西海	5	地中海	16
马鲁谷海-班达海-阿拉弗拉海	4	南印度洋	9
爪哇海-巴厘海	10	北太平洋	21
孟加拉湾	27	南太平洋	6
阿拉伯海	24		

数据来源：国家统计局贸易外经统计司．中国贸易外经统计年鉴（2015），北京：中国统计出版社，2015。

表 2-6-18 显示，在我国海上贸易物流通道周边的各海域中，承载物流价值存在较大差别。从总体上来看，距离我国越近的海域，承载物流价值

越高；越是靠近国际航运干线的海域，承载物流价值越高。南向通道承载物流价值高于东向通道。

具体来看，在东向通道上，我国周边的黄海-东海区域承载的物流价值占我国外贸海运总值的41%，这部分物流中的一半左右(占外贸海运总值的21%)延伸到北太平洋区域，其中又有约1/4(占外贸海运总值的6%)延伸到南太平洋，形成连通中国与北美洲、南美洲的物流链。

在南向通道上，我国周边的南海区域承载的物流价值占我国外贸海运总值的59%，其中一半(占外贸海运总值的27%)通过马六甲海峡进入孟加拉湾，再进入阿拉伯海(占外贸海运总值的24%)；其中又有1/4(占外贸海运总值的7%)延伸到波斯湾周边，其余的3/4经红海-苏伊士运河进入地中海(占外贸海运总值的16%)。南海承载物流中，有约1/5(占外贸海运总值的10%)进入爪哇海-巴厘海，再进入南印度洋(占外贸海运总值的8%)。南海承载物流中，还有约1/10(占外贸海运总值的5%)经苏禄海-苏拉威西海、马鲁谷海-班达海-阿拉弗拉海等一系列太平洋边缘海最终延伸到大洋洲(占外贸海运总值的4%)。

以承载物流价值为标准，评估各海域重要性结果如下：承载物流价值超过外贸海运总值40%的有南海、黄海-东海海域；超过20%的有孟加拉湾、阿拉伯海、北太平洋；超过10%的有红海-亚丁湾、地中海、爪哇海-巴厘海。

3. 各关键水道的重要性评估

一些海湾、海峡在我国海上物流通道中发挥着关键性作用。这些水道往往具有空间狭小、物流集中、出口易被控制等特点，因此较开阔水域具有更加重要的战略价值。本研究对我国海上物流通道经过的海峡、海湾进行筛选、比较，确定了以下关键水道，并对其承载物流价值进行了量化研究。具体包括：巴士海峡、马六甲海峡、望加锡海峡、巽他海峡、龙目海峡、巴拉望海峡、民都洛海峡、托雷斯海峡、格雷特海峡、十度海峡、科科海峡、保克海峡、一度半海峡、八度海峡、九度海峡、霍尔木兹海峡、曼德海峡。其中，托雷斯海峡位于澳大利亚与巴布亚新几内亚之间，其他海峡在第一节中已有介绍。为聚焦研究主题，研究中未涉及大西洋中的重要海峡。各关键水道的货物价值流分布如表2-6-19所示。

表 2-6-19　各关键水道的物流价值

水道名称	物流价值在外贸海运总额中所占比例/%	水道名称	物流价值在外贸海运总额中所占比例/%
巴士海峡	5	十度海峡	1
马六甲海峡	27	科科海峡	1
望加锡海峡	2	保克海峡	0
巽他海峡	8	一度半海峡	0
龙目海峡	2	八度海峡	5
巴拉望海峡	2	九度海峡	1
民都洛海峡	4	霍尔木兹海峡	6
托雷斯海峡	4	曼德海峡	18
格雷特海峡	24		

数据来源：国家统计局贸易外经统计司．中国贸易外经统计年鉴（2015），北京：中国统计出版社，2015.

表 2-6-19 显示，对我国海上物流通道具有较大战略价值的关键水道多数位于西太平洋和北印度洋边缘海区域。除巴士海峡位于东向通道外，其他水道均位于南向通道上。这是由于北太平洋航线大多位于开阔大洋区域，而北印度洋航线多处于大陆与大洋边缘区域，半岛、岛屿较多有关。在众多水道中，承载物流价值超过我国外贸海运货物总值 15% 的水道有 3 条，分别是马六甲海峡(27%)、格雷特海峡(24%Ⅴ) 和曼德海峡(18%)，均位于我国与西亚、非洲和欧洲物流干线上；承载物流价值超过 5% 的有巽他海峡(8%)、霍尔木兹海峡(6%)、八度海峡(5%)和巴士海峡(5%)，分别位于我国绕行非洲南部至大西洋、我国通往西亚和我国南部沿海通往美洲的主航线上(图 2-6-3)。

（四）对海上丝绸之路重要性的总体评估

通过对我国海上物流地理分布进行量化研究，可以对海上丝绸之路在我国海上物流中的作用做出客观评价。研究显示，21 世纪海上丝绸之路范围内的海上通道，其起始端南海承载的物流价值高达我国外贸海运货物总值的 1/2 以上；如果将苏伊士运河作为其终止端，其尾段承载的物流价值仍占我国外贸海运货物总值的近 1/5，马六甲海峡到斯里兰卡的中端承载的物

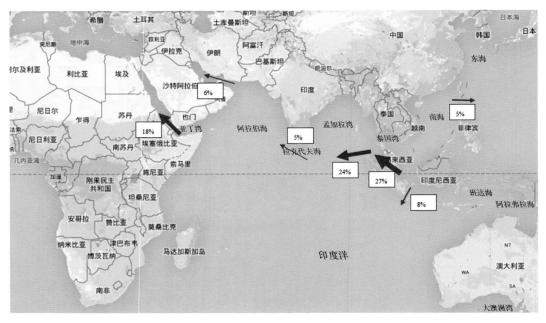

图 2-6-3　我国海上物流的重要水道示意图

资料来源：根据中国贸易外经统计年鉴（2015）数据计算

流价值约占我国外贸海运货物总值的 1/4。按照承载物流价值计，重要性最高的 8 个海域（占贸易海运货物总值大于 10%）中，有 6 个位于 21 世纪海上丝绸之路范围内；重要性最高的 7 条水道（占海运货物总值大于 5%）中，有 6 个位于 21 世纪海上丝绸之路范围内。因此，不论是从整体还是从关键通道来看，21 世纪海上丝绸之路在我国海上物流通道中的重要性都是最高的。

三、基于层次分析法的区域战略价值比较研究　▶

　　加强以经济合作为基础的全方位区域合作是 21 世纪海上丝绸之路建设的一个重要方面。21 世纪海上丝绸之路战略覆盖区域广，各国在政治制度、经济发展水平、宗教文化等方面存在显著差异。在战略推行过程中，按照总体目标要求，选择战略价值大、建设基础好的区域先期启动项目建设，沿 21 世纪海上丝绸之路逐步形成若干战略支点，以此作为双边合作的试点与示范，可以优化 21 世纪海上丝绸之路战略的实施路径，提高综合效益和区域影响力。

　　本研究在实证研究的基础上，采用层次分析法和德尔菲法，对 21 世纪海上丝绸之路覆盖范围内的各个地理区域的战略价值进行分析，提出具有潜在价值的重要战略区域，为评价前期效果、选择战略支点、优化项目布局提供参考借鉴。选择层次分析法的主要原因在于，区域战略价值评估涉及因素多、可量化指标少，更加适用于主观评估方法。利用德尔菲法采集标准化的评估数据，应用层次分析法构建评估指标体系，基本能够满足研究的要求。本研究将区域战略价值分解为重要性与可行性两个维度，建立二维度层次分析模型，形成对区域战略价值更为立体和明确的判断。

（一）区域选择

　　本节所指的区域均为 21 世纪海上丝绸之路战略覆盖范围内的陆地区域。按照以地理特征为主，兼顾国家边界与政治、经济、文化特征的原则，经征求有关专家意见，将战略覆盖区域划分为 27 个单元。分别包括：菲律宾群岛、越南沿海、泰国湾周边（泰国与柬埔寨沿海）、马来半岛（马来西亚管辖区）、苏门答腊岛、北加里曼丹岛（东马来西亚和文莱）、南加里曼丹岛和苏拉威西岛、爪哇岛、小巽他群岛、缅甸沿海、孟加拉国沿海、斯里兰卡岛、印度半岛东部沿海、安达曼–尼科巴群岛、印度半岛西部沿海、马尔代夫群岛、巴基斯坦沿海、伊朗沿海、阿拉伯半岛沿波斯湾区域（伊拉克、科威特、沙特阿拉伯、巴林、卡塔尔、阿联酋沿海）、阿曼沿海、也门沿海、阿拉伯半岛沿红海区域（沙特阿拉伯和约旦沿海）、以色列、非洲沿红海区域（埃及、苏丹、厄立特里亚沿海）、非洲之角（吉布提、索马里沿海）、中部非洲东部沿海（肯尼亚、坦桑尼亚沿海）和塞舌尔群岛。

（二）区域重要性评估

1. 指标体系构建

　　课题组采用德尔菲调查，从通道价值、辐射价值、支点价值、安全价值 4 个方面，对纳入研究范围的 27 个地理区域进行综合评价。评价指标选择主要考虑 21 世纪海上丝绸之路建设的战略需求。为了降低指标体系的复杂性，尽量减小主观因素影响，一级指标以下不再设立二级指标，从而使评价模型更加简洁明了。指标结构如表 2-6-20 所示。指标含义如下。

　　（1）通道价值。该指标主要反映被评估区域对于确保我国海上物流通道通畅的价值，以及对于增强海上通道服务保障能力的价值。主要考虑因素包括，区域周边海上通道的重要性、距离的远近、提供支撑与保障的不可替代性等。该指标数值越大，表明区域在通道安全方面的重要性越高。

（2）辐射价值。该指标主要反映被评估区域在经济合作、项目示范、安全合作等方面发挥辐射作用的价值，扩大 21 世纪海上丝绸之路的地区影响力的能力。主要考虑因素包括：区域的地缘特点、经济带动能力、在地区安全中的作用等。该指标数值越大，表明区域的辐射带动能力越强。

（3）支点价值。该指标主要反映被评估区域本身的地缘、经济能力与潜力对于 21 世纪海上丝绸之路建设的价值。主要考虑因素包括：区域是否蕴藏或出产重要战略资源（如石油、矿石等）、区域经济发展程度、潜在市场规模、区域可建设空间等。该指标数值越大，表明区域在 21 世纪海上丝绸之路建设方面的重要性越高。

（4）链条价值。该指标主要反映在被评估区域与已有战略支点相互联系、互为支撑的能力与潜力。主要考虑因素包括：区域与其他战略支点的距离、位置关系、互补性、交通状况等。该指标数值越大，表明区域对促进 21 世纪海上丝绸之路建设的价值越高。

表 2-6-20　区域重要性评估指标结构

目标	一级指标
区域重要性 U	通道价值 u_1
	辐射价值 u_2
	支点价值 u_3
	链条价值 u_4

2. 评估过程

（1）建立评价因素指标与递阶层次结构。根据表 2-6-20 所构建的评估体系，确定评价指标集 $U = \{u_1, u_2, u_3, u_4\}$。

（2）构造判断矩阵及一致性检验。根据表 2-6-20 指标结构，采用 1~9 标度法（表 2-6-21）对同一层次的各元素进行两两比较，确定下层元素对上层某一元素的相对重要性。

表 2-6-21　判断矩阵标度及含义

序号	重要性等级	赋值
1	i, j 两元素同等重要	1
2	i 元素比 j 元素稍重要	3
3	i 元素比 j 元素明显重要	5
4	i 元素比 j 元素强烈重要	7
5	i 元素比 j 元素极端重要	9
6	i 元素比 j 元素稍不重要	1/3
7	i 元素比 j 元素明显不重要	1/5
8	i 元素比 j 元素强烈不重要	1/7
9	i 元素比 j 元素极端不重要	1/9

注：赋值 $= \{2, 4, 6, 8, 1/2, 1/4, 1/6, 1/8\}$，指重要性等级介于 $\{1, 3, 5, 7, 9, 1/3, 1/5, 1/7, 1/9\}$。

　　为使评分科学有效，课题组邀请了来自国家海洋局海洋战略研究所、中国海洋大学、中山大学等科研单位的 5 位专家进行打分。5 位专家系海洋经济、海洋管理、海洋法、海洋政策等领域的资深专家，评价结果具有权威性和代表性。根据专家打分构建判断矩阵如表 2-6-22 所示。

表 2-6-22　区域重要性评估判断矩阵 U-u_i

U	u_1	u_2	u_3	u_4	权重 W
u_1	1	3	2	3	0.44
u_2	1/3	1	1/3	3	0.16
u_3	1/2	3	1	3	0.31
u_4	1/3	1/3	1/3	1	0.09

　　根据方根法可以求出 $\lambda_{\max} = 4.2148$，$CR = 0.0850 < 0.1$，该判断矩阵具有满意的一致性。

　　（3）确定指标评价尺度。利用语义学标度将指标分为优、较优、中、较差、差 5 个测量等级。在专家给出各个指标的模糊评语之前，为便于将被评估对象的各项指标情况与标准比照，采取期望行为式标准方法，即以最理想的期望要求与行为要求为最高等级，逐级而下到以最不理想的行为要求为最低等级，从而制定出各定性指标的统一评价等级尺度。

（4）德尔菲调查。邀请相关学科专家10名，对27个地理区域的4方面指标进行语义学评价。

（5）数据统计。课题组拟定评测等级为 $V =$ （优，较优，中，较差，差），赋评测集各等级的量化值为100分、80分、60分、40分、20分，利用上述综合评价隶属度向量加权平均，最终评价值在100~20分。

3. 评估结果

表2-6-23显示了各区域的重要性评估结果。综合得分在80分以上的有，马来半岛、苏门答腊岛、安达曼-尼科巴群岛、斯里兰卡岛、马尔代夫群岛，全部位于海上主要交通线中部岛屿或陆地突出部分，对21世纪海上丝绸之路建设具有不可替代的地缘支撑作用；综合得分70~80分的有：爪哇岛、缅甸沿海、巴基斯坦沿海、南加里曼丹岛和苏拉威西岛、印度半岛东部沿海，是21世纪海上丝绸之路建设需要重点考虑的区域；总体来看，重要性较高区域主要位于东南亚、南亚重要水道周边，西亚、东非沿海地区的重要性相对较低。

表2-6-23　区域重要性评价结果

区域	综合得分	区域	综合得分
菲律宾群岛	59	印度半岛西部沿海	67
越南沿海	65	马尔代夫群岛	80
泰国湾周边	60	巴基斯坦沿海	74
马来半岛	87	伊朗沿海	65
苏门答腊岛	84	阿拉伯半岛沿波斯湾区域	54
北加里曼丹岛	68	阿曼沿海	59
南加里曼丹岛和苏拉威西岛	73	也门沿海	65
爪哇岛	79	阿拉伯半岛沿红海区域	54
小巽他群岛	68	以色列	66
缅甸沿海	74	非洲沿红海区域	54
孟加拉国沿海	65	非洲之角	65
斯里兰卡岛	82	中部非洲东部沿海	53
印度半岛东部沿海	70	塞舌尔群岛	57
安达曼-尼科巴群岛	83		

（三）区域可行性评估

21世纪海上丝绸之路战略覆盖范围内，各国经济、政治、文化差异很大，与我国在外交、贸易、经济合作、其他领域合作方面发展很不平衡。因此，在选择21世纪海上丝绸之路优先发展区域时，除要对其在地缘价值和经济潜力的重要性方面进行评估外，也要对实施双边合作与项目建设的可行性进行研究。特别是在战略实施初期，项目布局必须兼顾重要性和可行性，实行短线与长线相结合的发展策略。针对不同区域重要性与可行性的分布状况，采取相应的政策措施与合作方式。研究中采用层次分析法，对不同区域的战略可行性进行综合评估，建立可比较的评价体系。

1. 指标体系构建

课题组采用德尔菲法，综合需求、净收益、稳定性等因素，对27个区域参与21世纪海上丝绸之路共建的可行性进行评估，通过对语义学评价进行数量化处理，形成统一的评价体系。由于本研究采用二维评价法，因此在可行性评估中也不再设立二级指标。指标结构如表2-6-24所示。指标含义如下。

（1）合作需求。该指标主要反映被评估区域所在国与我国合作建设21世纪海上丝绸之路先行区与示范区的需求。主要考虑因素包括所在国与我国经济发展水平的阶段性差异、资源要素的互补性、市场的互补性、交易成本等。该指标数值越大，表明该区域所在国与我国在经济和其他方面的互补性越大，实施合作与项目示范成功的可能性越高。

（2）净收益。该指标主要反映我国与被评估区域所在国合作进行区域示范与项目建设的净收益水平，即我国在该区域进行合作的成本收益状况。主要考虑因素包括区域的潜在地缘价值、建设成本、经营期限、潜在收益等。当成本高于收益时，净收益为负值。该指标数值越大，表明该区域进行项目示范的经济可行性越高、综合成本越低。

（3）稳定性。该指标主要反映在被评估区域进行项目建设的安全性。主要考虑因素包括所在国经济和政治上的稳定性、所在国与我国有无国家利益冲突、价值观的差异、睦邻友好的历史等。该指标数值越大，表明在该区域所在国与我国长期合作的可能性越大，进行项目建设的安全性越高。

表 2-6-24　区域可行性评估指标结构

目标	一级指标
区域重要性 U	合作需求 u_1
	净收益 u_2
	稳定性 u_3

2. 评估过程

（1）建立评价因素指标与递阶层次结构。根据表 2-6-24 所构建的评估体系，确定评价指标集 $U = \{u_1, u_2, u_3\}$。

（2）构造判断矩阵及一致性检验。根据表 2-6-24 指标结构，采用 1~9 标度法对同一层次的各元素进行两两比较，确定下层元素对上层某一元素的相对重要性，与上一节区域重要性评估相一致。

课题组邀请了与区域重要性评估相同的 5 位专家打分。根据专家打分构建判断矩阵如表 2-6-25 所示。

表 2-6-25　区域可行性评估判断矩阵 $U\text{-}u_i$

U	u_1	u_2	u_3	权重 W
u_1	1/3	2	1	0.41
u_2	1/4	1	1/2	0.33
u_3	1	4	3	0.26

根据方根法可以求出 $\lambda_{\max} = 3.053\,6$，$CR = 0.051\,6 < 0.1$，该判断矩阵具有满意的一致性。

（3）确定指标评价尺度。利用语义学标度将指标分为优、较优、中、较差、差 5 个测量等级。评价标准与方法同海洋资源开发与区域重要性评估。

（4）德尔菲调查。邀请海洋资源开发与区域重要性评估相同的 10 名专家，对 27 个地理区域的 3 方面指标进行语义学评价。

（5）数据统计。课题组拟定评测等级为 $V = $（优，较优，中，较差，差），赋评测集各等级的量化值为 100 分、80 分、60 分、40 分、20 分，利用上述综合评价隶属度向量加权平均，最终评价值在 100~20 分。

3. 评估结果

表 2-6-26 显示了在各区域进行合作示范与项目建设的可行性评估结果。综合得分在 75 分以上的有：斯里兰卡岛、缅甸沿海、巴基斯坦沿海、泰国湾周边、马来半岛、中部非洲东部沿海，表明这些区域在 21 世纪海上丝绸之路合作区建设中应予以重点考虑；综合得分在 70 分以上的有：苏门答腊岛、爪哇岛、孟加拉湾沿海、北加里曼丹岛、小巽他群岛、塞舌尔群岛、马尔代夫群岛。总体来看，建设可行性较高的区域主要位于东南亚、南亚和非洲。

表 2-6-26　区域可行性评价结果

区域	综合得分	区域	综合得分
菲律宾群岛	62	印度半岛西部沿海	61
越南沿海	63	马尔代夫群岛	70
泰国湾周边	77	巴基斯坦沿海	79
马来半岛	75	伊朗沿海	64
苏门答腊岛	73	阿拉伯半岛沿波斯湾区域	59
北加里曼丹岛	71	阿曼沿海	59
南加里曼丹岛和苏拉威西岛	68	也门沿海	58
爪哇岛	73	阿拉伯半岛沿红海区域	59
小巽他群岛	71	以色列	63
缅甸沿海	79	非洲沿红海区域	66
孟加拉国沿海	72	非洲之角	68
斯里兰卡岛	81	中部非洲东部沿海	75
印度半岛东部沿海	62	塞舌尔群岛	71
安达曼-尼科巴群岛	54		

（四）区域战略价值的二维度评估模型

21 世纪海上丝绸之路覆盖范围广，各国在经济、政治、文化等方面差异大，发展不平衡。因此，作为长期实施的国家战略，有必要在对各区域参与 21 世纪海上丝绸之路建设的重要性与可行性进行评估比较的基础上，合理确定阶段性发展目标，明确发展重点区域和重点项目，通过科学规划、合理布局，优化21世纪海上丝绸之路建设的发展路径。

课题组通过德尔菲调查，利用层次分析法和模糊评价法对各区域参与建设21世纪海上丝绸之路的重要性和可行性进行综合评价，形成了两个维度的综合指标。本节以此为基础，建立了二维度群体决策模型（图2-6-4）。图2-6-4中各简称所代表的区域如表2-6-27所示。利用模型对各区域进行综合分析，为确定阶段性发展目标、选择战略支点来提供决策支持。

表2-6-27　各区域的名称与简称对照

区域名称	简称	区域名称	简称
菲律宾群岛	菲律	印度半岛西部沿海	印西
越南沿海	越南	马尔代夫群岛	马尔
泰国湾周边	泰湾	巴基斯坦沿海	巴基
马来半岛	马来	伊朗沿海	伊朗
苏门答腊岛	苏门	阿拉伯半岛沿波斯湾区域	阿波
北加里曼丹岛	北加	阿曼沿海	阿曼
南加里曼丹岛和苏拉威西岛	南加	也门沿海	也门
爪哇岛	爪哇	阿拉伯半岛沿红海区域	阿红
小巽他群岛	小巽	以色列	以色
缅甸沿海	缅甸	非洲沿红海区域	非红
孟加拉国沿海	孟加	非洲之角	非角
斯里兰卡岛	斯里	中部非洲东部沿海	非东
印度半岛东部沿海	印东	塞舌尔群岛	塞舌
安达曼-尼科巴群岛	安尼		

从图2-6-4中可以看出，与21世纪海上丝绸之路建设相关的27个区域以可行性为纵坐标、重要性为横坐标，形成了散点分布图。总体上来看，我国周边区域的重要性和可行性高于距离较远区域；重要性与航线分布相关性较强，而可行性与经济发展水平呈负相关关系。重要性和可行性都超过80的仅有斯里兰卡岛一个区域；重要性和可行性高于70的有马来半岛、苏门答腊岛、马尔代夫群岛、爪哇岛、巴基斯坦沿海、缅甸沿海、泰国湾周边。此外，还有9个区域的重要性和可行性超过60。安达曼-尼科巴群岛

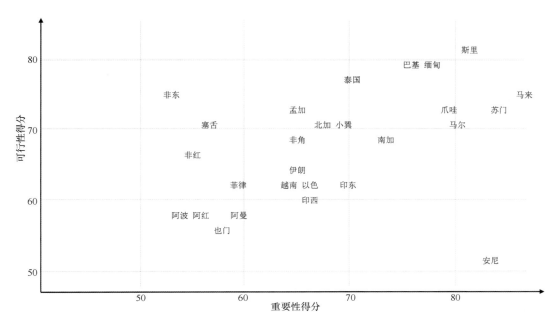

图 2-6-4　各区域对 21 世纪海上丝绸之路建设的战略价值

重要性高，但可行性低；中部非洲东部沿海和塞舌尔的可行性较高，但重要性相对不高。有 6 个区域的重要性和可行性均比较低。

四、21 世纪海上丝绸之路战略支点建设现状　▶

　　近 10 多年来，我国深化了与海上丝绸之路沿线各国的经贸合作，在交通基础设施建设、产业园区建设、资源开发等方面的合作全面展开，取得了丰硕的成果。特别是 2013 年"一带一路"战略提出以来，我国与沿线国家贸易、投资合作呈加速发展态势，合作项目数量、规模不断扩大，空间布局大大拓展。这为 21 世纪海上丝绸之路下一阶段建设的顺利开展奠定了良好的基础。

（一）经贸合作区建设

　　境外经贸合作区是我国对外投资和产业布局的重要载体。近年来，我国在全球 50 个国家建设了 118 个经贸合作区，涉及"一带一路"国家的有 77 个。其中，处在 21 世纪海上丝绸之路沿线国家的有 42 个，占经贸合作区总数的 36%。这些境外经贸合作区成为 21 世纪海上丝绸之路建设的重要承接点。

从境外经贸合作区的空间布局来看，在东南亚，主要分布在老挝、缅甸、柬埔寨、越南、泰国、马来西亚、印度尼西亚；在南亚，主要分布在巴基斯坦、印度和斯里兰卡；在非洲，主要分布在埃及、埃塞俄比亚、赞比亚、尼日利亚、坦桑尼亚、莫桑比克。主要分为加工制造型、资源利用型、农业加工型以及商贸物流型四类园区，园区多为企业自主建设。依托这些园区，一大批中国企业走出国门，进行海外投资，扩大了中国在当地的影响。

（二）港口交通基础设施建设

基础设施互联互通是"一带一路"建设的优先领域。在 21 世纪海上丝绸之路建设中，针对交通基础设施的关键通道、关键节点和重点工程，我国加大了与沿线国家的合作力度，以参股、承建等多种形式，参与了港口、铁路、管道、电力设施等一系列重要工程建设，发挥了我国企业在工程建筑方面的技术和成本优势，也推进了双边交流合作的深化。

港口建设是 21 世纪海上丝绸之路基础设施建设的重点。近 10 多年来，我国企业参与了沿线一系列重要港口的建设和经营。巴基斯坦的瓜达尔港是我国推动沿线港口建设的一个典型案例。在承接港口建设的同时，我国企业还积极参与对临港区域的开发。斯里兰卡科伦坡港建设是一个比较成功的案例。我国企业还积极争取参与国外港口的经营。2008 年中国远洋运输(集团)总公司获得了比雷埃夫斯港 2 号、3 号码头 35 年的特许经营权。2015 年上海国际港务集团获得了色列海法新港码头 25 年的特许经营权。

21 世纪海上丝绸之路沿线国家中很多拥有丰富的自然资源，包括油气、天然橡胶、木材、金属矿产资源等。由于资金、技术等原因，这些自然资源尚未得到较好的开发利用。铁路、公路等交通基础设施落实是制约当地资源开发和经济发展的重要因素之一。积极参与铁路、公路、管线等基础设施建设，是我国加深与沿线各国经贸合作的重要手段。同时，作为世界重要的经济体之一，我国对各类自然资源需求较大，与沿线部分国家具有很好的产业互补关系。我国企业通过境外投资，促进有关国家的资源开发，既有利于企业通过纵向一体化提高经营效益，也有利于所在国的经济发展。

（三）科技文化合作

科技文化合作是"21世纪海上丝绸之路"建设的重要内容。我国与沿线国家的科技文化合作主要集中在东盟，对南亚、非洲和阿拉伯国家的合作也在不断推进。

科技合作方面，东盟是合作项目最多的地区。2012年我国发起推出"中国-东盟科技伙伴计划"。在农业、食品、生命科学与健康、减灾防灾、水资源、环境与能源、装备制造、材料、信息技术、空间技术与应用等方面开展合作。截至2015年，中国已与东盟的8个国家签订了政府间科技合作协定，实施了1000多个合作项目，在共建双边国家联合实验室（已建成中柬食品工业联合实验室、中缅雷达与卫星通信国家联合实验室等）、中国-东盟技术转移中心建设（已建成中柬、中缅、中老、中泰4个技术转移中心）、中国-东盟遥感卫星数据共享与服务平台建设、东盟国家杰出青年科学家来华工作计划等重点项目上已取得诸多进展。我国还启动了中国-南亚科技合作伙伴计划，在共建国家联合实验室/联合研究中心、南亚国家青年科学家来华工作、共建中国-南亚技术转移中心、农业科技合作等方面加强合作。我国从2009年起实施"中非科技伙伴计划"，启动了中非联合研究与技术示范项目。2015年在宁夏建设了中国-阿拉伯国家技术转移中心（CASTTC）。

在文化合作方面，我国与东盟的文化交流合作趋于密切，相继签署了《南宁宣言》、《中国-东盟文化合作谅解备忘录》、《中国-东盟文化产业互动计划》等协议，连续10年举办中国-东盟文化论坛，打造了文化对话平台。我国连续5年举办中国-南亚文化论坛，开展了"中国文化使者南亚行"活动。以中非经贸合作为基础，我国实施了中非文化人士互访计划，在非洲举办了"中国文化聚焦"等活动，增进了双方的了解和友谊。

在教育合作方面，我国与东盟不断加强教育交流与合作，已涵盖各级各类教育领域。我国在东盟国家留学生已近12万人，东盟国家在华留学生达到7万人。我国高校已开齐东盟国家所有语种教学，在东盟10国建设了30所孔子学院、30个中小学孔子课堂。为加强与东盟的科技人才交流，我国还邀请东盟国家杰出青年科学家来华进行短期访问交流（半年至1年）。中国政府提供2000美元每月的生活补助。学习情况较好的科学家回国时可带走价值 15 万~30 万元的实验仪器设备。在中国–南亚科技合作伙伴计划中，我国计划向南亚提供 1 万个奖学金名额、5 000 个培训名额、5 000 个青年交流和培训名额、培训 5 000 名汉语教师。此外，我国还以援建形式为非洲国家建设 50 所中非友好学校，培训 1 500 名校长和教师，培训 2 万名人才。设立"中国杂交水稻技术援外培训基地"，为近 50 个国家培训了近千名农业管理官员和杂交水稻科研技术人员。

（四）小结

综上所述，经过近 10 多年来的努力，我国与沿线国家的双边合作取得了可喜的进展，合作领域不断拓展、项目规模不断扩大。从空间布局上来看，我国已经在主要海上通道周边实现了合作项目布点，已有项目大多分布在东南亚和南亚区域，并实现了向西亚、欧洲和非洲的适当延伸，为 21 世纪海上丝绸之路战略支点建设奠定了良好的基础。从合作方式上来看，我国企业因地制宜地采取了多样化的合作方式，包括租赁、援建、承建、参股、土地开发等多种形式，取得了良好的效果。通过合作开发，总体上优化了双边关系，扩大了中国的地区影响，也为下一步深化双边合作、扩大地区影响奠定了基础。

五、存在的主要问题

21 世纪海上丝绸之路建设已经得到沿线多数国家的积极响应，取得了重大进展。但近来在缅甸、斯里兰卡、希腊等国家接连发生的事件表明，海上丝绸之路建设既涉及我国自身的对外开放格局，也与印度洋和亚太地区的复杂地缘政治关系密切相关，存在很大不确定性。如何成功地打造海上战略支点，对海上丝绸之路建设提供长期有效支撑，是我们必须面对的和亟须解决的重大问题。

（一）空间布局不合理

（1）所涉及的支点很多位于区域性航线周边，距离国际海运主航线较远，不利于发挥综合保障功能和扩大影响力。受地理因素影响，21 世纪海上丝绸之路所涉及的国际海上运输线需要通过多条狭窄水道，如马六甲海峡、格雷特海峡、曼德海峡等，进一步加强这些水道附近区域的战略支点建设，具有更大的战略价值。

（2）现有支点大部分位于大陆毗邻边缘海的区域。主要分布在南海周边地区，其次位于孟加拉湾和波斯湾附近，辐射海域面积有限，受地形影响相互支持能力不足，难以发挥战略支撑作用。从长远来看，有必要加强在巽他岛弧印度洋一侧的战略支点建设。

（3）现有支点对印度洋的影响薄弱。除斯里兰卡的汉班托塔、科伦坡等少数港口能发挥部分作用外，在印度洋深水区缺少战略支撑，这就使现有支点呈现线性排列特征，缺少一个核心。

（二）政策措施不平衡

经济合作为主的手段存在着种种不足。①经济合作难以惠及所在地的全体民众。由于经济合作往往由特定利益集团作为经济活动主体，所获利益不能在全体民众中平均分配，往往出现损益不均的现象。容易引起一部分人的反感和抵制。②经济合作发挥作用的空间范围、持续时间都受到局限。经济合作往往限定在具有一定经济基础、资源基础的特定区域，而这些区域的地缘价值往往不高；而一些极具战略价值的区域，却由于经济基础较差等原因，难以启动合适的合作项目。

（三）合作层次不丰富

沿线国家由于政治制度、民族宗教矛盾等因素，中央政府与地方政府、政府与民众的利益并不完全一致。在战略支点建设过程中，仅仅依靠中央政府之间的合作是不够的，还需要针对各地的政体、宗教、民族、利益团体等特点，有针对性地开展多层次的合作。具体来说，就是需要在中央政府合作框架的引导下，加强地方政府、行业、社会团体等各个层面的合作，建立全方位的紧密合作关系。

六、加强 21 世纪海上丝绸之路战略支点建设的总体要求 ▶

加强战略支点建设，有利于推动我国与沿线国家的友好合作，为经济要素有序自由流动、资源高效配置和市场深度融合提供有效的载体和支撑。

（一）指导思想

以《推动共建丝绸之路经济带和 21 世纪海上丝绸之路的愿景与行动》

为指导，以强化 21 世纪海上丝绸之路战略支撑、增强战略实施保障为目标，以加强在沿线重点区域、关键水道和战略空间的存在能力、影响能力和服务能力为重点，以促进政策沟通、设施联通、贸易畅通、资金融通、民心相通的各项措施为主要推进手段，放眼长远，逐步拓展，在沿线重要区域培育和建设合作区，并以之为支撑发展形成拓展区和辐射带，为推进 21 世纪海上丝绸之路建设、优化与沿线各国双边关系、服务我国海洋战略提供重要支撑与保障。

（二）主要原则

（1）优化布局，突出重点。根据我国海上贸易通道的地理和经济特点，在全面加强与沿线国家双边合作的基础上，对海上贸易通道进行重点经略。

（2）立足当前，放眼长远。既要设定 5 年、10 年的阶段性目标，更要做长远规划，与 2030 年和 2050 年的国家战略目标做好衔接。

（3）因地制宜，逐步拓展。对于具备良好条件的地区，应当积极推动合作；对于暂时不具备条件的地区，应当以争取民心为基础，因地制宜开展文化交流、基础设施援建、志愿服务等活动。

（4）经济优先，综合开发。在积极推动政策沟通的基础上，大力促进设施联通、贸易畅通、资金融通，还要大力发展政治、文化、科技、教育、环境等多方面的合作，最终实现民心相通。

（5）群策群力，多层对接。调动中央与地方、政府与企业、经济与社会各方面的力量。中央主要负责规划、外交和政策层面的指导，地方政府、企业、科研教育机构、社会组织主要负责在各自层面上积极推动战略实施。

（三）发展目标

2020 年，21 世纪海上丝绸之路战略支点建设全面启动，在东南亚地区初步形成一定规模的产业合作聚集，启动相关基础设施建设。

2030 年，21 世纪海上丝绸之路战略支点建设向纵深推进，在东南亚、南亚、西亚、东非等地区建成若干个繁荣稳定的经贸合作示范区，服务海上丝绸之路建设的能力基本具备。

2050 年，在 21 世纪海上丝绸之路沿线地区建成一系列战略支点，基本实现网络化和体系化，为 21 世纪海上丝绸之路区域经济、科技和文化合作提供良好支撑与保障。

七、重点区域与合作方式　▶

（1）印度尼西亚亚齐地区。亚齐地处苏门答腊岛的最西端，毗邻马六甲海峡和格雷特海峡，地理位置十分重要。亚齐资源丰富，地理条件优越，经济发展潜力较大。目前，亚齐地区政治、社会环境趋于稳定，发展双边经贸合作往来的条件逐步具备。可通过建设经贸合作区，推进金属矿产、橡胶、木材、油气等自然资源开发，并可通过港口扩建、合作经营等方式发展临港经济。此外，2004 年印度洋地震海啸灾害中，亚齐地区是受灾最严重的地区之一，造成了大量的人员伤亡和财产损失。因此，在地震海啸灾害监测方面的双边科技合作方面，亦有较大的发展空间。

（2）印度尼西亚巴邻旁地区。巴邻旁地处马六甲海峡东侧，位于马六甲海峡与巽他海峡之间，毗邻国际航线，地理位置十分重要。巴邻旁周边地区自然资源丰富、人口众多、经济比较发达。该地区具备合作完善港口和其他交通基础设施，依托港口合作建设临港产业园区的条件，可以石化、橡胶、食品加工、机械制造等行业为重点，引导和鼓励国内企业前往设厂投资，逐步形成产业聚集与人员聚集。该地区在历史上与我国文化联系较多，具备开展教育、科技、文化合作的良好基础，可以职业教育、应用性技术开发、民族文化交流为重点，开展多种渠道的交流与合作。

（3）泰国普吉地区。普吉岛靠近马来半岛中部狭长部位，毗邻孟加拉湾。在克拉地峡运河开通后，该区域的战略位置将大大增加。结合"21 世纪海上丝绸之路"建设，在加深与泰国的双边经贸往来过程中，有必要将该地区作为双边经贸合作的重点区与示范区。可利用当地丰富热带景观资源，联合开发旅游度假产业，将之培育成我国游客出境旅游度假的重要目的地。结合旅游开发，加强相关基础设施建设，并加强文化合作。

（4）印度卡利卡特地区。卡利卡特，及其南方的科钦、阿勒皮等港口城市所处的印度半岛西南部地区，临近九度海峡，处于我国到波斯湾石油运输"生命线"的关键节点上，具有重要的地缘价值。目前，该地区经济不甚发达，但具有一定的产业基础、农业支撑和基础设施条件。可以港口建设和经营合作为突破口，以基础设施改造和建设为重点，建设临港产业区，鼓励我国企业积极在当地投资，发展加工制造业。同时，可结合当地悠久历史，以古代中印两国友好往来和沟通交流为重点，加强文化交流与合作。

（5）斯里兰卡科伦坡地区。长期以来，我国一直与斯里兰卡保持良好的双边关系，在经贸合作方面日趋紧密。特别是近年来，我国企业积极参与斯里兰卡基础设施建设，相继援助扩建了科伦坡港、汉班托塔港等重要港口，并合作建设了临港产业园区和新城区。下一步，在继续完善产业园区和港城配套、引导企业加大投资力度外，可进一步加强文化、教育方面的合作与交流，加深双方合作友好关系。

（6）吉布提。以海洋航运为核心的临港服务业是吉布提经济的命脉。美、法等多个国家出于军用或民用目的，将吉布提港作为航运补给基地。我国参与打击海盗的军舰也将吉布提港作为重要补给港。下一步，可以港口补给服务为基础，双边合作开发建设临港园区，发展临港工业和服务业，建设形成比较完善的海洋航运补给基地。

（7）马尔代夫。近10多年来，我国与马尔代夫在各方面交流合作不断加深。我国游客正在成为马尔代夫最重要的旅游消费群体。在马尔代夫基础设施建设、淡水应急供给等方面，我国给予了大力支持。下一步，可在环境保护、淡水供应、旅游基础设施建设等方面加强合作，建立长期友好关系。最终，争取在马尔代夫建立综合性的、军民融合的海洋补给保障基地。

（8）塞舌尔。塞舌尔政府曾表达过支持我国在其境内建设海洋航运补给基地的意愿。从长远来看，塞舌尔与马尔代夫在空间上具有良好的互补关系，未来可考虑将之作为马尔代夫综合补给基地的补充。因此，有必要从现在起着力发展长期友好关系，为远期合作开发奠定良好的基础。

八、保障措施

（一）在战略支点区域推动经贸合作区建设

以港口合作建设和特许经营为基础，推进临港经贸合作区建设，结合各地经济要素特点和资源禀赋条件，因地制宜发展临港产业。如在巴邻庞、科伦坡、亚齐、卡利卡特等地区可以发展临港制造业、石油化工、食品（食糖、水产品、咖啡、茶叶）加工、橡胶等行业，一方面将之作为我国产业溢出的承接地；一方面将我国作为其产品主要销售市场。在普吉、马尔代夫、塞舌尔等地区可依托特色旅游资源，加强旅游相关基础设施建设，发展海洋旅游业，将之建设成我国游客出境海洋旅游的首选地。在吉布提主要发展以海运综合服务为主体的临港经济，将之建设成我国远洋航运的重要补给保障基地。通过贸易合作加深双方经济依存度，为战略支点建设创造良好的经济基础。

（二）实施"海上丝绸之路文明复兴计划"

古往今来，虽然海上丝绸之路沿线地区政治、经济、文化条件不断变化，但国际海洋运输的主要通道一直没有大的改变。沿线各战略支点地区在历史上也多与我国建立了多种多样的经济、贸易、文化联系。可倡议联合发起"海上丝绸之路文明复兴计划"，以我国为主建立专项基金，重点对上述战略支点的教育、科技和文化发展提供资金支持。重点支持的范围可包括：针对沿线部分发展中国家基础教育落后的现状，加大对基础教育设施的投入，包括校舍、教学器材、文体活动设施等，设立小额助学贷款和奖学金，资助贫困儿童入学；依托所在地经贸合作区建设，有针对性地发展职业教育，培养高素质的产业工人，解决当地就业和企业用工问题；以农业、水产、林业、水利、疾病防治等领域为重点，加强对相关基础研究和技术研发的支持；以保护当地文化（包括文物古迹和非物质文化）为重点，建立多层次的文化合作；加强重点地区与我国人员的交流，在留学生培养、科技交流、历史文化合作研究等方面予以重点倾斜。

（三）加大对印度洋地震海啸和孟加拉湾飓风监测预报科技的支持

针对 21 世纪海上丝绸之路建设需求，结合对全球和地区具有重大影响的科学问题，在周边地区有针对性地开展科技合作。可与印度尼西亚、泰国、马来西亚等国合作以印度洋地震海啸为主题开展研究，建设地震海啸监测预警系统。与孟加拉国、缅甸、印度等国合作，对孟加拉湾飓风开展科学研究，以提高飓风预警预报准确性为主要目标，建设海上-空中观测预报系统。与马尔代夫、塞舌尔等国合作，以应对全球气候变化为主题，对热带珊瑚岛礁环境保护、人工岛建设、可再生能源利用、海水淡化等方面的科技问题进行研究。通过定向科技合作提高沿线国家抵御自然灾害、改善生态环境的能力，密切与沿线国家的联系。

（四）推动在地方层次和行业层次建立友好合作关系

在加强与沿线国家政府间合作交流的基础上，推动建立多层次、系统化的合作网络。推进地方政府间的交流合作，根据所在地的历史文化特点，选择国内历史悠久的沿海城市，建立"海上丝绸之路友好城市"，定点加强经贸往来和教科文合作。可借鉴国内对口援建经验，推动国内沿海城市加强对沿线友好城市的对口支持。发起"海上丝绸之路博览会"，以艺术、文化交流为主题，在沿线重要城市推进会展合作。发挥行业、企业的经贸合作主体作用，依托临港产业、资源开发、基础设施建设等经济活动，开展行业间、企业间的合作与交流。鼓励企业在投资地开展教育、文化和慈善活动。鼓励行业协会发挥纽带作用，为企业间合作创造良好的条件。以文化交流为重点，鼓励群众团体之间的合作，建立全方位的友好合作关系。

主要参考文献

[1] 国家发展改革委,外交部,商务部. 推动共建丝绸之路经济带和 21 世纪海上丝绸之路的愿景与行动[EB/OL]. [2016-3-28]. http://news.xinhuanet.com/english/bilingual/2015-03/28/c_134105922.htm.

[2] 冯承均. 中国南洋交通史[M]. 北京:商务印书馆,2011.

[3] 孙光圻. 中国古代航海史[M].北京:海洋出版社,2005.

[4] 王义桅."一带一路"机遇与挑战[M].北京:人民出版社,2016.

[5] (元)汪大渊著,苏继廎校释. 岛夷志略校释[M]. 北京:中华书局,1981.

[6] [美]兹比格纽.布热津斯基.大棋局:美国的首要地位及其地缘战略[M].上海:上海人民出版社,1998.

[7] 何帆. 21 世纪海上丝绸之路建设的金融支持[J]. 广东社会科学, 2015, 14(5): 27-33.

[8] 黄茂兴,贾学凯."21 世纪海上丝绸之路"的空间范围、战略特征与发展愿景[J]. 东南学术, 2015(4):71-79.

[9] 唐翀, 李志斐. 马六甲海峡安全问题与中国的政策选择[J]. 东南亚南亚研究,

2012(3):6-12.

[10]　王勇辉."21世纪海上丝绸之路"东南亚战略支点国家的构建[J].世界经济与政治论坛,2016(3):61-73.

[11]　邢广程.理解中国现代丝绸之路战略——中国与世界深度互动的新型链接范式[J].世界经济与政治,2014(12):4-26.

[12]　许培源,陈乘风.印尼与"海上丝绸之路"建设[J].亚太经济,2015(5):20-24.

[13]　周方冶.21世纪海上丝绸之路战略支点建设的几点看法[J].新视野,2015(2):105-110.

第五章　21 世纪海上丝绸之路
与北极航线研究

欧洲探险活动带来了北极航线的开辟,随着船舶技术的进步和基础设施建设的完善,新的航线不断被发现,北极海域的可航范围不断扩展。国际上主流观点认为北极航道包含 3 条,西北航道(Northwest Passage)、东北航道(Northeast Passage)和中央航道(Trans-polar Route)。

一、北极航道概述　　　　　　　　　　　　　　　　　　　　⊙

北极航道的适航性受 3 个重要因素的影响,其一是自然条件;其二是法律环境;其三是现实需求。适宜的气候和冰情状况是利用北极航道的前提条件,航道及相关水域的法律地位是否清晰是制约航道利用的社会因素,北极航道相比已有的国际航线在经济成本、风险承担及战略价值上是否具有优势则是直接驱动北极航道开发利用的现实要素。

(一)地理环境

1. 地理位置

西北航道、东北航道和中央航道不是法律概念,没有确切的地理坐标和界限,只是泛泛地指称穿越北冰洋海域的三大海上通道(也有人形象地称为海上走廊),每个航道都跨越一定宽度的海域,包含数条航线。从大致走向上看,西北航道穿越北美海岸途经加拿大北极群岛,连接大西洋和太平洋;东北航道西起挪威北角附近的西北欧,经亚欧大陆北方沿海和西伯利亚,穿过白令海峡东到太平洋;而中央航道穿越北冰洋中央,连接太平洋和大西洋。俄罗斯所称北方海区航道西起卡拉海峡东到白令海峡,是东北航道的重要组成部分(图 2-6-5)。

气候学上常用 7 月 10℃等温线作为界定北极环境的标准,这个范畴并不

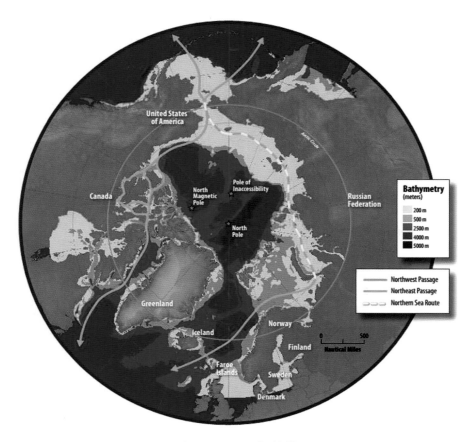

图 2-6-5　北极航线

完全与北极圈吻合,欧亚地区的界限在北极圈以北,而在加拿大的中部和南部、格陵兰南部及阿留申群岛等区域,界限在北极圈以南。1 月,北极圈内所有区域的平均气温都低于 0℃,从挪威北部海岸的−5℃到格陵兰中部、加拿大群岛北部以及北西伯利亚地区低于−35℃不等。据估计,北极点的 1 月平均气温在−30~−35℃,但是由于北极点没有设立固定的观测站目前还得不到准确的数据。

　　北冰洋位于北极圈以内,相比其他大洋最大的特点是气温低,大片海面被冰覆盖,人类对北冰洋的认识很匮乏,受自然条件和技术水平的限制,人类对北极航道的开发利用在航线发现以来几个世纪并没有实质性增加。

2. 冰情变化

　　影响北极航道通航的关键因素是北冰洋的海冰覆盖情况,近年来北极海冰正在经历重大的变化,这对整个北冰洋的通航具有重要的意义。

北极理事会 2004 年发布的北极气候影响评估报告(ACIA)指出,北极海冰范围在过去 50 年间在缩减,海冰厚度在下降,北冰洋中央的多年冰也在减少(图 2-6-6)。

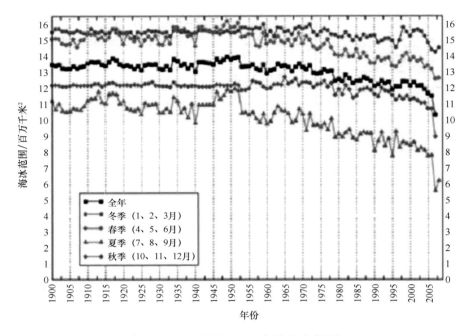

图 2-6-6　北极地区冰情变化情况

卫星观测数据显示,1979—2006 年间,海冰范围年均下降 45 000 平方千米,每年下降 3.7%,其中夏季海冰减少幅度(每 10 年下降 6.2%)要大于冬季(每 10 年下降 2.6%)。图 2-6-7 的卫星照片显示,除西拉普捷夫海域小块地区外俄罗斯北极沿海出现大面积无冰海域,加拿大群岛间出现多条无冰通道,北冰洋中央也出现从未观测到过的大片开放水域。[①]

对于未来一段时间的冰情,北极理事会的气候影响评估报告和联合国政府间气候变化专门委员会第 4 次评估报告中使用全球气候模型(GCMs)模拟了 21 世纪北极海冰范围的持续下降,甚至有预测指出,到本世纪中叶,整个北冰洋可能会在夏季出现短暂的无冰期(图 2-6-8)。

海冰消融使得北冰洋地区的航行期变得更长,阻碍航行的多年冰也大面

---

① Arctic Marine Shipping Assessment,Arctic Council,2009。

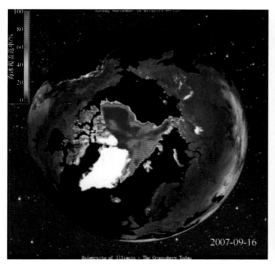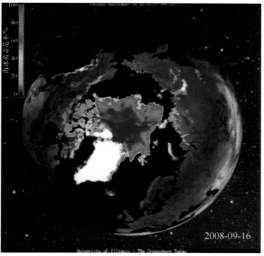

图 2-6-7　北极地区夏季海冰分布情况

积减少,北极航道的通行量近年来增长迅速。其中东北航道方向,过境船舶逐年增加,货物量增长迅速,2010 年只有 6 艘船舶通行,货物总量为 11.1 万吨,而 2011 年过境船舶增加到 34 艘,运输货物达 82 万吨。[1] 在北美,西北航道和波弗特海沿线的目的地运输也不断增长,2009—2010 年间约有 430 艘船只通行白令海峡,较之前的船舶通行量几乎翻了一番。[2]

在对北极航道通航前景持乐观态度的同时应当看到,现有的观测和预测还是相对粗糙的,不同海域的冰情变化情况各有不同(例如弗拉姆海峡海冰增多),特别是对于海冰范围年际变化差异较大的西北航道,全球气候模型尚且不能适用于这一地区,获取可靠的冰情数据需要长期、细致、实时的观测和研究(图 2-6-8)。尽管北冰洋海冰覆盖出现整体缩减的趋势,北冰洋冬季海冰仍会长期存在,融冰期间出现的碎冰也会对船舶航行造成非常大的危险和阻碍,通航的水文条件仍然比较恶劣,相比其他大洋航行船舶需要具有一定的破冰能力,加之当前北极海域的气候、水文等观测还很薄弱、有效信息掌握

---

[1]　具体统计数字和情况参见 Willy Ostreng et al. .Shipping in Arctic waters, a comparison of the Northeast, Northwest and Trans-Polar Passages,2013.185。

[2]　Holthus P, Clarkin C, Lorentzen J.Emerging Arctic Opportunities:Dramatic increases expected in Arctic shipping, oil and gas exploration, fisheries and tourism.Coast Guard Journal of Safety & Security at Sea, Proceedings of the Marine Safety & Security Council,2013,70(2):10-13。

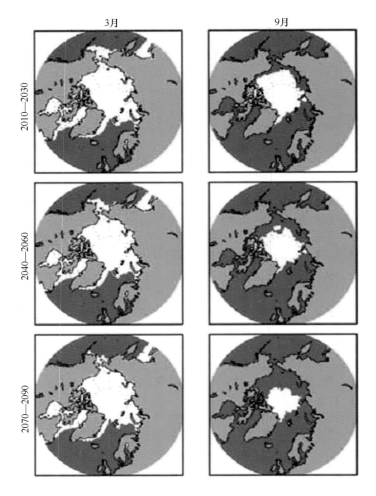

图 2-6-8　对北极冰情变化情况的预测

不足,北极航道大规模通航依然面临诸多不利因素,需要在规划、开发和利用北极航道时谨慎做好应对和准备。

（二）法律地位

　　考察北极航道航行环境时,北极航道的法律地位是一个重要因素,但关于北极航道的法律性质一直众说纷纭。加拿大和俄罗斯为了应对日益增长的北极航运,逐步明确管辖海域范围,并制定严密的交通管理措施。从目前的国家实践看,其他国家似乎默认了沿海国对船舶通行其海域的管辖。

1. 东北航道

　　穿越东北航道会经过挪威大陆和斯瓦尔巴北部海岸、进而经过俄罗斯沿岸边缘海及海峡,但争议主要体现在俄罗斯沿海的北方海航段上。

挪威没有针对北极航行制定专门规则,与北极航行关系密切的是《航行安全法》(2007年),对技术和操作安全、人员安全及环境安全等方面做出了细致的规定,对挪威领海、专属经济区和大陆架海域的航行船舶适用,如强制要求船东持有安全证书并建立足够的内部安全管理条例。挪威在斯瓦尔巴周围建立了200海里的渔业保护区,对于非渔业活动的船舶航行活动,适用公海规定。因此,挪威在对北极航行活动的管理上并没有明显超越国际法的规制。

俄罗斯对北方海航道的管辖饱受争议,体现在航道范围不清、强制引航及高昂引航服务费等方面。1990年制定了《北方海航道海路航行规则》(Regulations for Navigation on the Seaways of the Northern Sea Route,以下简称航行规则)以及关于破冰船领航、船舶设计装备的一系列技术规则,奠定了航道管理的法律基础。1990年《航行规则》第1.2条规定:北方海航道,是位于苏联北方沿岸内水、领海(领水)或专属经济区内的苏联国家交通干线,包括适宜冰区领航的航道。西起新地岛诸海峡的西部入口和北部热拉尼亚角向北的经线,东至白令海峡北纬66°与西经168°58′37″交会处。可见北方海航道被界定为国家交通干线,且航道海域范围并不清晰,北部界限、西部范围不确定,甚至可能超过海洋法上规定的沿海国200海里的管辖海域范围,《航行规则》要求通行船舶应当向管理局按照具体要求提交事前航行通知和引航服务申请,并为破冰船服务费提供担保,在4个内水海峡航行必须接受强制性破冰英航服务并收取高昂费用,对于其他海域,管理局也要根据情况指定某种引航方式。[①]

在东北航道通航量逐步提升、俄罗斯推进开发其北极地区的背景下,2013年俄罗斯修订了1990年《航行规则》及其配套规则,强化对北方海航道的航行管控。其中,《商业航运法》(The Merchant Marine Code of the Russian Federation)增加了5.1条款,明确界定了北方海航道的范围和水域性质[②],进一步

① 《北方海航道海路航行规则》英文版来源:Northern Sea Route Information Office http://www.arctic-lio.com/。同时参见 Erik Franckx.The legal regime of navigation in the Russian Arctic.Journal of Transnational Law & Policy,2008,18:331-333.

② 《商业航行法》The Merchant Marine Code of the Russian Federation,Clause 5.1 Navigation in the water area of the Northern Sea Route.北方海航道的水域是指毗邻俄罗斯联邦北部海岸的水域,由其内水、领海、毗连区和专属经济区组成,东起与美国的海上划界线及其杰日尼奥夫角的纬线,西至热拉尼亚角的经线,新地岛东海岸线和马托什金海峡、喀拉海峡和尤戈尔海峡西部边线。翻译自英文版,本文利用的法规英文版均来自 Northern Sea Route Information Office http://www.arctic-lio.com/。

肯定了俄罗斯在海域管辖上主张有争议的扇形理论。俄罗斯通过法令建立北方海航道管理局①，作为管理北方海航道水域航行活动的联邦国家机构，负责执行和监督具体的航行规则。其主要目标为保障航行安全和防止船源污染，基本职责包含接收航行申请、审查及发放航行许可，向冰区引航员发放证书，检测水文气象、冰情与航行条件等。除军舰和其他公务船舶外，进入上述海域航行或开展其他海事活动的船舶均要受到俄罗斯法规的管辖。

北方海航道航行的具体规则集中体现在 2013 年的《航行规则》（Rules of Navigation on the Water Area of the Northern Sea Route, 2013）中，包括航行申请—许可规则、航程中的报告规则、准入期间和区域规则、破冰船领航与引航员冰区引航规则。俄罗斯要求计划进入北方海航道水域的船舶须提前至少 15 天向北方海航道管理局提交申请，管理局审核后决定是否许可。获得航行许可的船舶，在航行前后及整个航行途中均要履行报告义务。② 管理局做出许可决定的一个重要指标是申请船舶的航行计划须符合北方海航道水域的准入期间和区域规则，③根据船舶冰级的不同，该规则分别列出各级船舶的可航水域、可航期限及不同冰情下的航行方式。与加拿大认可的船舶建造标准体系不同，这个准入规则适用的是俄罗斯海船入级建造规则的标准，包括 9 级冰区加强船舶和 3 级破冰船。例如，冰级 1~3 级船舶在北方海航道航行的期限为 7 月至 11 月 15 日，冰情较轻时，3 个级别的船舶均可在上述海域独立航行或在破冰船协助下航行，2 级船舶在破冰船协助情况下可以在冰情中等时航行，3 级船舶甚至在冰情较重时仍可航行。在控制船源污染方面，俄罗斯禁止在北方海航道水域航行的船舶排放残油，要求船上配有与其动力和航程相匹配的收集残油的存储舱和废物存储舱④，且油污的排放须满足《防止船舶污

---

① Object of activity and functions of NSRA http://www.nsra.ru/en/celi_funktsii/访问时间 2014-4-18.

② 具体报告要求详见 2013 年《北方海航道海域航行规则》（Rules of navigation on the water area of the Northern Sea Route）第 15-20 条。

③ 时间表查考航行规则附件，也可从北方海管理局下的信息办公室网站中获取 http://www.arctic-lio.com/nsr_iceclasscriteria。

④ 2013 年《北方海航道海域航行规则》第 65、61 条。

染国际公约》(MARPPOL73/78)针对特殊区域的标准①。

俄罗斯改革了旧规则要求在四大海峡提供强制性破冰服务并收取高昂费用的规定,根据准入期间表,存在较大的独立航行的机会,②且服务费用建立在实际提供服务的基础上,考虑船舶吨位、级别、引航距离和航行时间等因素予以确定。破冰船提供协助的起止地点和时间点由船主和提供服务一方协商确定,也淡化了官方强制性色彩。总体上看,俄罗斯管理北方海航道的新规破除了旧规则中的多处诟病,规则和程序更加清晰和符合国际预期,有利于推动北方海航道乃至东北航道更大程度的开发利用。

2. 西北航道

西北航道争议由来已久,美国和加拿大先后发生过 1969 年"曼哈顿号"和 1985 年"极地海号"两次重要的事件,为了和平处理两国在西北航道问题上的巨大分歧,1988 年双方签订了《北极合作协议》,以暂时缓和激烈的通行矛盾。但协议明确声明相关国家实践不影响美加两国的相关立场,从各自国家利益出发双方很难妥协自己的立场,而且这一双边协议并未体现其他国家的立场,因此目前看西北航道的法律性质争议依然悬而未决,随着穿越西北航道船舶数量的增加,这个问题可能将难以回避。在搁置航道争议的情况下,加拿大依据《联合国海洋法公约》第二三四条冰封区域条款的特殊授权继续强化对其管辖海域的管辖,强制性要求过境船舶向交通管理部门提供全面的航行报告。

尽管北极水域的内水地位在法理上尚存争议,但加拿大持续推进对北极水域的管控,环境保护成为加拿大扩张管辖权和确认主权权利的切入点。20 世纪六七十年代领海主张仅为 3 海里时,加拿大即以北极水域环境脆弱亟须特殊保护为由,通过《防止北极水域污染法》(Arctic Waters Pollution Prevention Act,以下简称 AWPPA)单方面将环境管辖权扩展至领海基线起

---

① 刘惠荣,杨凡. 北极生态保护法律问题研究. 北京:知识产权出版社,2010 年版,第 68-69 页。另见北部海航道研究报告 H. KITAGAWA, "THE NORTHERN SEA ROUTE: THE SHORTEST SEA ROUTE LINKING EAST ASIA AND EUROPE", 2001, p.128.来源 http://www. sof. or. jp/en/activities/pdf/06_02. pdf.

② 张侠,等. 从破冰船强制领航到许可证制度——俄罗斯北方海航道法律新变化分析. 极地研究,第 26 卷第 2 期(2014 年 6 月),第 272 页。

100 海里的范围,规定了船舶排污标准以及设计、建造标准等,以保证北极水域的航行能够保全和保护脆弱的生态系统。不久后加拿大通过在海洋法会议上的外交努力,成功推动了"北极例外"条款纳入公约,该条款为冰封区域沿海国的特殊环境管辖权提供了法律依据。

AWPPA 经历了几次修订,至今仍是加拿大防控北极水域污染最重要的法律,在此法案之下有两个主要的法规,《防止北极航行污染规定》(Arctic Shipping Pollution Prevention Regulations,以下简称 ASPPR)和《防止北极水域污染规定》(Arctic Waters Pollution Prevention Regulations,以下简称 AWPPR)①从而在北极海域建立了废物排放、航行安全控制区及交通服务区 3个核心管控制度。

1)废物排放制度

加拿大管控北极海域的范围与其主张的管辖海域范围吻合。《防止北极水域污染法》的适用范围"北极水域"在 1970 年被界定为加拿大陆地向海 100海里的水域,2009 年将海域外界修订至 200 海里专属经济区外部界限,并明确了水域性质包含加拿大内水、领海和专属经济区。但对法案管辖的船舶种类,法案并未在适用范围部分区分公务船舶和一般船舶,仅在航行安全控制区制度中对国外公务船做了局部的特别规定。

加拿大严格控制北极水域内船源和毗邻北极水域陆源废物的排放,原则上禁止船舶排放任何废物,违法要承担绝对的民事赔偿责任。法案对"船舶"和"废物"②的界定非常广泛,超越了相关国际公约的范围,2012 年出台的《船舶污染和危险化学品规定》禁止船舶排放油类和油混合物、垃圾以及用于生物杀毒剂的有机锡化合物这些特定污染物,并明确列举了诸如救助生命、不可避免、最低限度等例外情况。③ 为保证排污标准得到有效执行,加拿大授权的执法官员享有广泛的执法权,包括登临、检查、指示船舶停于指定地点等。

2)航行安全控制区制度

加拿大将其北极水域划定为 16 个航行安全控制区,进入各控制区的船舶

---

① 加拿大国内法规除特别说明外,取自加拿大司法部网站上提供的法规汇编,如 AWPPA 的文本见 http://laws-lois. justice. gc. ca/eng/acts/A-12/。

② 参见《防止北极水域污染法》(Arctic Waters Pollution Prevention Act)第 4 条。

③ Vessel Pollution and Dangerous Chemicals Regulations(SOR/2012-69)第 4-5 条。

须遵守加拿大规定的船舶建造标准、人员配备及航行时间等要求。安全控制区是依据海域冰情水文条件划分的,不同分区对通航船舶抗冰能力的要求不同,在此基础上,加拿大制定了不同级别船舶在北极海域通行的区域/时间系统(Zone/Date System)。根据时间表,破冰能力最强的加拿大极地级 10 级船舶可全年在所有区域航行,而适用于无冰水域航行的 E 类船舶则无论一年中的何时都不能进入冰情严重的 1-6 区航行。加拿大 1996 年起又引入了北极冰区航行系统(AIRSS)[①],在个案判断基础上允许特定船舶在真实冰情合适的情况下航行于上述固定时间表以外的期间。

加拿大对进入航行安全控制区的船舶提出了较一般海域更高的建造标准,目前认可加拿大北极船舶分级体系和芬兰-瑞典冰级体系(又称波罗的海体系),其他冰级船舶只能在个案基础上进行等效性评估。为支持极地船舶统一标准的执行,加拿大对国际船级社协会 2007 年制定的极地级船舶统一标准做了临时性政策安排。[②] 但相对当前并行的多个船舶等级体系,加拿大接受的船舶建造标准还十分有限。加拿大要求某些情况下船舶应当在冰区导航员(qualified ice navigator)的协助下才能进入航行安全区,且冰区导航员需有至少 30 天北极水域作业并担任船上负责人的经验。根据该条件,在西北航道主要深水航道 1 号航道[③]通航应当配备冰区导航员。

3)交通服务区制度

《加拿大航行法》建立了船舶交通服务区制度,要求进出或途经一个服务区的船舶必须事先取得通关,加方可以"推动安全有效的航行或环境保护"为目的决定是否准许,对不符合其国内法规定的船舶可拒绝其通行。该通关程序是交通服务管理制度的一部分,由海上通信和交通服务官员实施。2010 年《加拿大北方船舶交通服务区规定》出台后,自 1977 年起适用于加拿大北极海域的 NORDREG 交通系统从建议性指南变为强制性规则,在交通服务区

---

① 关于该航行系统的一般介绍见加拿大交通部网站 http://www.tc.gc.ca/eng/marinesafety/debs-arctic-acts-regulations-airss-291.htm,2014-5-27。具体要求见手册 Arctic Ice Regime Shipping System (AIRSS) Standards-TP 12259。

② 参见加拿大交通部发布的 IACS UNIFIED REQUIREMENTS FOR POLAR CLASS SHIPS Application in Canadian Arctic Waters(Bulletin No:04/2009,2009-08-18),http://www.tc.gc.ca/media/documents/marinesafety/ssb-04-2009e.pdf.

③ 这里的航线划分采用加拿大学者法兰德的观点,Donat Pharand & Leonard H. Legault, The Northwest Passage: Arctic Straits, Martinus Nijhoff Publishers, 1984, 6-21。

内,通行船舶必须遵守提供航行报告、提交信息、保持无线电通信等要求。船舶在进入交通服务区之前、之后及航行计划改变时均要提交相应的航行报告,内容涵盖船舶基本信息、所在位置、航速、线路、货物、机械设备情况等全方位信息。加拿大在北极海域建立的船舶交通服务区制度实际上融合了船舶报告系统和交通服务系统①两类航行安全规则,而国际海事组织对两类航行安全规则的制定出台了一般原则和指南,加拿大单边建立的北极海域交通管理系统受到了其他国家的质疑。

3. 中央航道

中央航道不经过沿海国的内水或领海,只有 188 海里的航段位于沿海国专属经济区,其余穿越北冰洋海盆的广阔海域均是公海②,国家管辖范围之外的国际水域内,各国船舶均享有公海航行自由,不受沿海国国内法管控,主要依赖船旗国执行有关船舶航行安全、环境保护等的国际公约,最重要的有《海上人命安全公约》(SOLAS 1974),《国际防止船舶污染公约》(MARPOL 73/78)以及《海员培训、发证和值班标准国际公约》(STCW 78/95)。除此之外,由国际海事组织制定的具有强制约束力、专门适用于北极海域航行活动的《极地规则》(Polar Code)将于 2017 年生效。《极地规则》全面规范船舶设计、建造、装备、操作、培训、搜救及环境保护等相关的事项。

二、开发利用北极航线的战略意义 ▶

受全球气候变化的影响,东北航道和西北航道通行量都有显著增长,夏季穿行中央航道也被成功实践,北极航线通航前景明朗。其中东北航道商业运营已经开始,航行时间跨度已从两三个月延长到 5 个月(7 月中旬到 12 月上旬)。2010 年 8 月 25 日,俄罗斯油船在破冰船引导下穿越东北航道抵达宁波港,"揭开了北极航道商业化航行的序幕"。中远集团"永盛轮"两次穿越北极航道。可以说,北极航道作为连接亚欧交通新干线的雏形已经显现。我国应立足长远考虑,重视北极航线的开发利用对于 21 世纪海上丝绸之路和海洋

---

① 参见《国际海上人命安全公约》(SOLAS)第五章规则 11 船舶报告系统(Ship Reporting Systems)和规则 12 船舶交通服务(Vessel Traffic Services)。

② Willy Ostreng et al. .Shipping in Arctic waters, a comparison of the Northeast, Northwest and Trans-Polar Passages,2013, 30-31。

强国建设的重要价值和意义。

(一)搭建沟通亚欧的新通道

相对于南部马六甲—苏伊士航线来说,北极航道中的东北航道、中央航道能够为联络我国与东亚、俄罗斯、北欧、西欧国家提供一条新的便捷通道。随着通航条件的改善,东北航线相对传统航线的经济成本优势会逐渐凸显。北极航线西北航道虽然目前通航条件逊于东北航道,但伴随着北极冰融的加快,商业通航的可能性在不断增加。

从经济安全角度看,北极航线是 21 世纪海上丝绸之路非常重要的备选航线,形成了传统海上丝绸航线的良好补充。北极航线沿线国家政局相对稳定、矛盾冲突较少,更加安全稳定。北极航线的开发会改变国际海运的传统格局,打破一些国家(地区)对关键水道的垄断,竞争压力可有效促进海峡、运河管理国加强基础设施建设,改善通航条件,提高服务质量。把北极航线开发纳入 21 世纪海上丝绸之路建设范围,有利于我国优化海上通道地理空间格局,提高航运效率,增强安全保障。

(二)降低海上航运成本

远洋航线的海运成本主要包括燃料费、港口费用、保险费、日常维护和保养费、船员成本、船舶折旧费用等。对于北极航道的海运成本,除上述因素外,在北冰洋海冰尚未完全融化的情况下,普通货船还可能发生租用破冰船领航和海冰冰情监测预报等北冰洋海区特有的服务费用。

从航程距离和航行时间看,北极航道的通航可大幅度缩短我国沿海诸港到欧洲各港的里程。上海以北港口到欧洲西部、北海等港口具有的航程优势可达 11%~30%。从燃油使用看,传统中欧航线燃油成本就占海运成本的 50% 以上,东北航道单航程的燃油成本比传统航道要节约 22.7%。[1] 由于不需要在苏伊士运河排队等候,燃料费用可进一步降低。从航运安全角度看,传统航线因海盗出没或政局动荡等不安全因素而导致保险费增加,占船总价值的 0.125%~0.2%。而北极航道商业通航不受海盗滋扰,不需投保海盗险。[2]

---

① 冯远,寿建敏. 北极东北航道集装箱船型论证.《特区经济》,2014 年 3 月,第 80 页。

② 王杰. 基于中欧航线的北极航道经济性分析,《太平洋学报》,2011 年 4 月,第 19 卷第 4 期,第 76 页。

北极航行使用特殊标准建造的船舶,造船租船费用比通航其他海域昂贵,此外还有破冰服务费等花费。北极航线得益于航程短的优势,在未来服务费降低、冰级船舶租赁费减少、通航期间扩展的情况下,比传统航线更能节省航运成本。如果北极航线完全开通,我国每年可以节省533亿~1 274亿美元的海运成本。①

表2-6-28给出了上海港到世界许多重要港口通过北极航线和通过当前航线距离的比较。

表 2-6-28　北极航线与当前航线的比较

国家	代表性港口	当前航线 (1 000 千米)	北极航线 (1 000 千米)
加拿大	西岸–温哥华 东岸–哈利法克斯	14 654(上海港到 东西岸的平均距离)	11 413
美国	西岸–洛杉矶 东岸–纽约	15 012(同上)	12 393
希腊	比雷埃夫斯港	14 417	18 840
挪威	卑尔根	20 217	12 730
丹麦	哥本哈根	20 157	13 870
英国	伦敦港	19 302	13 750
法国	勒阿弗尔	19 032	13 990
德国	汉堡港	19 849	13 580
意大利	热那亚港	15 362	18 025
芬兰	赫尔辛基港	21 011	15 540
西班牙	巴塞罗那港	16 255	17 169
荷兰	鹿特丹港	19 416	14 503
葡萄牙	里斯本	17 429	15 530
瑞典	哥德堡	20 201	14 231
比利时	安特卫普	19 378	14 533
冰岛	雷克雅未克	20 431	13 313
爱尔兰	都柏林	19 092	14 537

① 张侠,屠景芳,等.北极航线的海运经济潜力评估及其对我国经济发展的战略意义.中国软科学,2009年S2期,第91页。

（三）优化能源资源利用格局

刚刚起步的北极大陆架资源开发为我国开辟新的海外能源基地提供了机遇。美国地质勘探局估算,世界未开发天然气的 30% 以及未开发石油的13% 可能蕴藏在北极圈以北区域,且大部分在不足 500 米水深的近岸。其中天然气的储量是原油的 3 倍多,并主要集中在俄罗斯。[①] 此外,北极地区还拥有大量的铁、锰、金、镍、铜等矿产资源以及丰富的森林、渔业资源等,这一地区潜在的资源储量和资源的开发利用前景,进一步提升了北极地区在各国能源政治中的战略地位。北极油气资源除通过管道输送方式之外,北极航线可以为北极海上油气资源的运输提供一条安全的海上通道,为北极资源开发提供基本条件。

我国对能源资源需求巨大,石油、铁矿石等重要资源运输大部分依靠海运,对马六甲海峡、霍尔木兹海峡等关键水道依赖度较高。北极资源蕴藏量丰富,以北极航线开发为基础,大力推进北极能源资源开发利用,有利于扩大我国能源资源供给,分散能源资源安全风险。

（四）促进北极合作有效开展

经济合作是我国参与北极事务的有效方式。俄罗斯、加拿大、挪威、冰岛等国均有引进外来资本和技术开发北极的意愿。我国作为能源资源消费大国和北极航线潜在需求方,与北极国家有广泛的利益汇合点。参与航线开发建设和北极资源开发,既能促进我国与欧洲、北美的经贸合作;又能带动沿岸地区的经济社会发展。通过资金支持、技术合作和劳务输出等方式,积极参与北极航运和资源开发基础设施建设,带动临港产业园区和资源开发关联产业园区开发,建立灵活务实的合作经营模式,将有利于我国更好参与北极治理,更好地维护和保障我国相关权益。

三、我国利用北极航道面临的挑战 ▶

我国作为北极事务的"重要利益攸关方",已经多渠道参与北极航运治理。中国是联合国安理会常任理事国,是《联合国海洋法公约》的缔约国,是

---

① Gautier D L et al. Assessment of undiscovered oil and gas in the Arctic. Science, 2009, 324 (5931):1175-1179。

国际海事组织的 A 级理事国,是北极理事会的观察员国,上述国际制度为我国参与北极航运治理提供了重要的平台。目前在北极航运治理方面最为突出的是国际海事组织制定的北极航行规则,以及北极航道沿岸国家就北极地区海域航行的相关法律和政策。

(一)冰封区域条款的特殊制约

根据《联合国海洋法公约》第二三四条(又称为"冰封区域条款")的规定,北冰洋沿岸国有权制定和执行非歧视性的法律和规章,以防止、减少和控制船只在专属经济区范围内排污对海洋的污染。但法律和规章应适当顾及航行,并以现有最可靠的科学证据为基础,以保护和保全海洋环境、避免因海洋环境污染造成生态平衡的重大损害和无可挽救的扰乱为目的。加拿大和俄罗斯采取单边主义立场,制定一系列管控船舶污染和航行的国内法规其依据就来源于此条款。这些航道管制的单边主义立场给我国参与北极航运治理和利用带来了挑战。

但是,该条款的法律解释存在争议,适用的地理范围、冰封区域的界定以及适当顾及航行的要求等都有不确定性,加之其作为一般原则例外的特殊地位,容易造成实践中的扩张适用。例如,加拿大在建立北方交通服务区之初,曾经引发了国际海事组织内的讨论,美国及有关组织认为需要评估这一制度是否妨害了航行自由。[①] 随着北极海冰在面积和厚度上的消融,冰封区域条款应当有所限制,援引国家应当依据最新的科学成果,重新评估管辖海域是否满足冰封区域的条件,即哪些规则和标准是必要的,是否适当顾及航行,是否合理平衡了沿海国管辖权与其他国家的航行权。

俄罗斯 2013 年重新制订的《北方海航道水域航行规则》对于北方海航道属于国家历史性交通干线的立场没有改变,但管辖范围则做了清晰化界定,与内水、领海及毗连区和 200 海里专属经济区水域相一致,消除了北方海航道可能延伸到公海的长期争议。将破冰船强制领航制度改为许可证制度,尤其是给出了具体的、可操作和可预期的独立航行许可条件,使得外国船只独立

---

①   United States and INTERTANKO, Northern Canada Vessel Traffic Services Zone Regulations, MSC 88/11/2, 22 September 2010. Report to the Maritime Safety Committee, IMO Doc. NAV 56/2, 31 August 2010. Report to the Maritime Safety Committee on its Eighty-Eight Session, IMO Doc. MSC 88/26/Add. 1, Annex 28, 19 January 2011。

航行成为可能。仅要求冰区航行船舶在无法独立移动时,应通知北方海航道
管理局以获得破冰服务。俄罗斯对北方海航道的法律规制朝着有利于北方
海航道国际化的方向发展,与《联合国海洋法公约》赋予那些穿越国际航行海
峡的船舶过境通行权的制度相趋同。由此可见,俄罗斯北方海航道政策出现
了较大的松动,有进一步向国际海运界开放北方海航道的政策倾向,这也符
合普京提出的北方海航道要与苏伊士运河形成竞争的目标。

(二)海商法以及《极地航行规则》的规范

1. 商航总成本分析

远洋航线的海运成本主要包括燃料费、港口费用、保险费、日常维护和保
养费、船员成本、船舶折旧费用等。对于北极航道的海运成本,除上述因素
外,在北冰洋海冰尚未完全融化的情况下,普通货船还可能发生租用破冰船
领航和海冰冰情监测预报等北冰洋海区特有的服务费用。

从航程距离和航行时间看,北极航道的通航可大幅缩短我国沿海诸港到
欧洲各港的里程[①]。考虑船舶在中欧航线上需挂靠港,在北极航道则不需要,
可进一步减少航行时间。超大型集装箱船因可直接通行北极航道,海运成本
下降 10%～18%[②]。4 050 TEU、5 029 TEU、6 200 TEU、8 650 TEU 集装箱船舶
通过东北航道的单位运输成本依次为 871.48 美元、891.971 美元、866.42 美
元、768.27 美元,第六代集装箱船舶最适合在北极航道航行。[③]

从燃油使用看,传统中欧航线仅燃油成本就占海运成本的 50% 以上,东
北航道单航程的燃油成本比传统航道要节约 22.7%,可节省燃油费为
673 810 美元。[②] 一条配置 8 艘 10 000 TEU 型单引擎集装箱船的亚欧航线,如
在 9 月使用东北航道,且不配备破冰船,将节约年燃料成本 3%～5%,为 261
万～814 万美元。[④] 由于水深和狭窄的原因,巴拿马和苏伊士海峡已经日益成
为这两条传统航线的交通瓶颈,排队的时间成本将逐年增加。仍然以一条配

---

① 参见"表 2-6-28 北极航线与当前航线的比较"。
② 王杰. 基于中欧航线的北极航道经济性分析. 太平洋学报,2011 年 4 月,第 19 卷第 4 期,第
74-75 页。
③ 冯远,寿建敏. 北极东北航道集装箱船型论证. 特区经济,2014 年 3 月,第 80 页。
④ 徐骅,尹志芳. 北冰洋东北航道夏季集装箱航运经济性研究. 世界地理研究,2013 年 9 月,第
22 卷第 3 期,第 16 页。

置8艘10 000 TEU型单引擎集装箱船为例,据估算,停港期间燃油费大概为平时的一半,差不多是125吨/天,燃料成本分为350美元/吨,则燃油成本为43 750美元/天和62 500美元/天。滞期费为50 000美元/天左右。船员工资大约为2 200美元/天。所以滞期一天大概需要花费95 950美元/天和114 700美元/天。

从航运安全角度看,传统航线因海盗出没或政局动荡等不安全因素而导致保险费增加,占船总价值的0.125%~0.2%。而北极航道商业通航不受海盗滋扰,不需投保海盗险。[①]

但北极航道商运也存在一定的限制。据英国伦敦"劳埃士航运经济"报道,到2040年,北冰洋航道每逢夏季大约有半个月时间可以通航船舶,如果是普通货轮,还需要破冰船开道;每到冬季,北冰洋航道仍然被厚达3~4米的冰层封闭。[②] 因此,相较传统航线,北极航道需要支付额外的一些费用,如抗冰能力强的新船造价与维护费用较高,而且需要支付破冰领航、海冰冰情监测和预报服务费。北极东北航道护航费用与苏伊士运河基本相当,为10 USD/吨货物,而引航费用为每天1 000 USD/人。在冰级船舶造价维持不变的情况下,北极航道如果降低服务收费,将显示对传统航线的竞争优势。如果传统航线的货运量持续增加,苏伊士运河和巴拿马运河的等待成本会进一步增加,这时北极航道的对比对象改变为更远的好望角航线,优势将更加明显。

就集装箱班轮运营而言,虽然北极航道通航时间已从3个月延长到5个月,但作为季节性航道反映到成本上有数月的运力闲置,此外,海冰分布和运动的不确定性,影响了对准时要求较高的班轮运营计划的制订,这可能是目前少有集装箱试航北极航道的主要原因。如果冰级船舶建造技术突破或者运营链路设计优化,配合"海运碳税"征收政策出台,北极航道集装箱班轮运输的劣势将得到弥补,此时对于传统航线的优势将迅速显现出来。

2. 商航适航性分析

各国海商法都规定,从事海上运输的承运人应当谨慎处理使船舶适航。

---

① 王杰. 基于中欧航线的北极航道经济性分析. 太平洋学报,2011年4月,第19卷第4期,第76页。

② Donat Pharand. The Arctic Waters and the Northwest Passage, A Final Revisit. Ocean Development and International Law, 2007, Vol. 38.

在货物运输的情况下,适航时间要求是开航之前和开航当时,而在旅客运输的情况下则为整个航程。适航是指船舶的一种状态,意味着船舶抵御风险的能力,具体表现为船舶的船体、船机在设计、结构、性能和状态等方面能够抵御合同约定的航次中通常出现的或者能合理预见的风险,而且应妥善配备船员和装备船舶等。

国际海事组织第 94 届海上安全委员会于 2014 年 11 月 21 日通过的《极地水域操作船舶国际规则》(以下简称为《极地规则》)适用于所有极地水域操作的客船和 500 总吨及以上的极地船,现有极地船实施《极地规则》留有一年宽限期。所有停靠美国、加拿大和俄罗斯的北极地区港口的船舶,以及穿越北极航行的船舶将受《极地规则》约束。该规则就两极水域船舶营运相关的船舶设计、建造、设备配备、操作、培训、搜索搜救以及环境保护相关事宜予以规定,对于船舶的质量与配备以及对船员的培训都提出了极高的要求。以下从适航的角度结合《极地规则》对于北极商船航行可行性问题予以分析。

1)船舶的适航

根据《极地规则》的规定,所有极地船都应持有极地船证书(Polar Ship Certificate)和极地水域操作手册(Polar Water Operation Manual)。详细的船舶操作条件,如冰况、气候和季节条件以及船舶操作限制等应在 PSC 或 PWOM 中予以明确。意图在南北极水域从事船舶营运必须申领一份《极地船舶证书》。该证书将船舶分为 3 类:A 类为可在一年期中厚程度冰层的极地水域航行的船舶;B 类为除 A 类船舶外,可在一年期薄冰层的极地水域航行的船舶;C 类为旨在开放水域或在冰层条件不及 A、B 类程度的极地水域航行的船舶。只有持有《极地规则》要求的极地船舶证书才能进入极地水域操作。极地航行的船舶应具有结构的完整性,足以应对以下风险:一是船体与海冰碰撞引起的可预期的载荷,如船舶破冰载荷;二是船体可能遇到的意外的冰载荷,如大块坚硬浮冰的冲击、冰块在压载舱内坠落等;三是船体材料的低温脆裂。

目前北冰洋航道全年多数时间只能通航有加厚船壳的抗冰货轮,而全球此类货轮为数不多。当北极航道在某些时间段海面出现封冻而致普通船舶无法通航时,为保证安全,商船需要破冰船的引导,并且保持低速航行。而我国只有"雪龙"号科考破冰船可以进出北极冰区,该船只是于 1993 年从乌克兰进口改造而成,是我国进行极地考察的唯一一艘功能齐全的破冰船。2013

年和 2015 年两次穿越东北航道的中国商船"永盛轮"并非专为极地航行建造,而是在航行前采取了加固措施。因此,我国商船开发利用北极航道需要根据《极地规则》的要求,在船舶设计、建造和装备上予以加强,达到海商法上海上运输所要求的"能够抵御合同约定的航次中通常出现的或者能合理预见的风险"的适航水平。否则承运人将对因船舶不适航而造成的货损或人身伤亡承担法律责任,这对于船公司是极为不利的。

就船舶设计而言,2014 年 6 月,工业和信息化部在其官方网站发布 2014 年版《高技术船舶科研项目指南》,将极地船舶与设备研发专门单列一项,并针对极地油气资源开采以及北极航道开通对不同航线上货物运输的市场需求,提出了开展高等级极地甲板运输船、极地原油运输船、极地多用途集装箱船船型开发及极地甲板机械的设计、制造技术研究等重点研究方向,以提升我国极地船舶和设备的自主研发能力。①

在船舶建造方面,2007 年青岛即墨马斯特造船有限公司获得了俄罗斯摩尔曼斯克海洋航运股份公司的 6 艘破冰干货船的订单。2011 年 11 月 15 日,国家海洋局宣布我国拟自主建造第一艘极地考察破冰船。2013 年 7 月,我国第一艘中外联合设计、国内建造的极地科考破冰船设计建造工作进入实质性实施阶段,2015 年投入使用。这些为我国自主制造破冰船提供了重要启示和成功案例。未来可以将破冰功能同油轮、货轮、客轮、LNG 船进行嫁接,以充分满足我国今后在北极地区的资源运输、货物运输、极地旅游等多方位需求。

2)船舶的装备

为保障船舶航行安全,航海需要海上气象信息、水文资料、海图等。在船舶航行时,可以获得沿岸必要的协助与支持,当遇到突发危险时可以寻找到安全的避难场所并进行及时的营救。就船舶装备而言,由于北极地区的海上交通设施数量少、绘制海图所需的巨额资金、天气海况的复杂多变等原因,目前北极地区的水道测量远没达到其他海域的覆盖范围和精度。有很大一部分水域没有合理探测。因此,北极地区绝大多数地区的海图现状无法满足目前和将来海上航行的需求。就导航定位设施而言,北极地区存在着地磁暴现象,严重影响北冰洋冰区航行。除了 GPS 导航仪,包括计程仪、磁罗经、雷达

---

① 钟合 . 北极航道"苏醒",造船业前景如何?《观察》,2014 年第 9 期,第 21 页。

等其他助导航仪器在北极使用时存在很大限制;陆标定位、天文定位、无线电定位也有很大的困难;在北纬 75°以北,除铱星电话外,其余通信设备不能接受同步卫星的信号;航行区域也没有任何其他船舶供参考和识别。[①] 2009 年发生的英国货轮"埃德蒙顿"号和 2010 年一艘加拿大油轮在北极航道搁浅的事故原因几乎都可以归结为"搁浅风险"在地图上没有标识。[②] "雪龙"号破冰船北极科学考察使用的是外国购买的海图。目前我国还没有编制出版北极地区的海图,这势必会影响到我国北极利益拓展的进程和成效。[③]

　　3)船员的配备

　　极区水域地理位置偏远,水文、海洋、气象、冰河现象独特,在搜救、援助、疏散人员和处理环境污染问题时会遇到严重的操作和后勤保障困难,所以在极区操作的船舶,船长和高级船员需要特殊的培训、经验和相关资格。

　　为此,《极地规则》要求在冰区航行时要配备冰区驾驶员,冰区驾驶员应具有能表明其合格地完成了冰区航行的培训课程的书面证明。该培训课程需要提供在极地冰覆盖水域航行所需的知识和技能,包括对冰的形成和特点的认知、冰的运动等,冰区分布图和电报码、冰况预报等的使用,冰区护航作业,浮冰造成的船体应力,浮冰堆积对船舶稳性的影响以及破冰作业等。STCW 公约对于冰区航行和航线设计提出强制培训要求。同时批准使用认可的训练模拟器来达到训练的要求和标准。同时还应对相关船员进行规章制度的培训,特别是环北极地区国家的一些特殊规定。对于冰区驾驶员要求具有在航行船舶或破冰船舶甲板上 30 天的值班经历以及另外的 20 天极地航行经历。而俄罗斯 2013 年修订的《北方海航道水域航行规则》对船长在北极冰区航行经历由原来的 15 天增加到 3 个月。

　　《极地规则》对北极航行的船员提出了极高的要求,他们需要具备在极地海冰覆盖水域航行所需的基础知识和熟练技能。我国不仅极度缺乏具有极地航行技能和经验的船员,同时,对于航海人员进行专门的极地航行专业培训也是一项不小的挑战。虽然为满足 STCW 公约马尼拉修正案的新要求,并

　　① 李振福.北极航线通航环境分析.港口经济,2012 年 10 月,第 13 页。
　　② 刘萧,傅恒星.北极航区:"蜀道"之险.中国船检,2013 年第 4 期,第 72 页。
　　③ 李树军.编制北极地区航海图有关问题的探讨.海洋测绘,2012 年 1 月,第 32 卷第 1 期,第 60 页。

与国内履约法规相协调,我国交通运输部 2013 年修订《船员培训管理规则》时并未针对极地航行设立特殊培训项目。因此,我国目前还没有冰区航行船员的培训标准,也未对冰区航行船舶的配员进行系统的研究。

3. 北极商航民事责任分析

从 2009 年欧盟 27 国对中国进出口主要商品构成来看,中、欧间贸易货物多为适箱货,运营船舶也以集装箱船为主。另外,北极拥有非常丰富的自然资源,北极航道能够有潜力形成较大规模海运的货物主要是液化天然气和集装箱。随着邮轮旅游业的迅猛发展,北极将成为国人旅游的热衷地。当船舶在北极发生航海事故导致人身伤亡和财产损害,特别是油污损害时,船舶所有人可能承担的赔偿责任的额度是我国船公司尤为关注的问题。

目前,国际海事组织有关船舶油污损害赔偿的国际公约有《1992 年国际油污损害民事责任公约》及其 2000 年议定书、《1992 年设立国际油污损害赔偿基金国际公约》及其 2000 年议定书和 2003 年补偿基金议定书、《2001 年船舶燃油污染损害民事责任公约》以及尚未生效的《1996 年国际海上运输有毒有害物质损害责任和赔偿公约》以及 2010 年议定书。

在散装油类货物污染的损害赔偿方面,我国仅加入《1992 年国际油污损害民事责任公约》和《1992 年设立国际油污损害赔偿基金国际公约》,但后者仅在香港地区适用。而环北极国家(美国除外)除了都加入《1992 年国际油污损害民事责任公约》和《1992 年设立国际油污损害赔偿基金国际公约》外,俄罗斯还加入了 2000 年议定书,加拿大和北欧五国还加入了 2003 年议定书。这些公约构成了船舶所有人民事赔偿责任的有效机制,对受害方提供双重甚至三重的保护机制。相比之下,因我国未加入基金公约,受损方不能得到更为充分的补偿,而船东要独自承担民事赔偿责任,这无论是对我国受害方还是船方都极为不利。

在燃油污染责任方面,北极八国中除美国适用其国内法《责任限制法》之外,其他国家都适用《1976 年海事赔偿责任限制公约》1996 年议定书所规定的责任限额,该限额远远高于《中华人民共和国海商法》规定的额度。而且,根据《1976 年海事赔偿责任限制公约》1996 年议定书的要求,船东应投保强制责任保险或者提供相应的财务担保,否则,船舶不被允许进入环北极国港口。这会加重我国船舶所有人的经济负担。

在与海上旅客运输有关的人身伤亡和行李损害赔偿方面,俄罗斯与我国都加入了《1974年海上旅客及其行李运输雅典公约》。加拿大虽然未加入相关国际公约或其议定书,但通过其国内法《海事责任法》使《1974年雅典公约》及其1990年议定书在国内生效。美国有关海上邮轮旅游人身伤亡的准据法是《美国联邦海事法》。北欧五国中,除挪威加入《1974年海上旅客及其行李运输雅典公约》2002年议定书外,瑞典、芬兰、丹麦和冰岛都统一适用欧盟有关海上旅客人身伤亡和财产损害的法律,即《欧洲议会和欧盟理事会关于海上事故发生时承运人责任2009年第392号条例》,但实际效果是一样的。我国加入的公约在责任限额上比其他国家要低,且无强制责任保险的要求。这同样会使我国船舶所有人面临因未提供保险证书或财务担保而被禁止进入环北极国家港口的境地,影响我国船舶的顺利航行。

在海商法方面,美国属于环北极国家中比较特殊的国家。美国没有加入上述任何有关民事责任的国际公约,美国国内有关海上邮轮旅游人身伤亡的准据法是《美国联邦海事法》,有关油污的立法主要有《1990年油污染法》,建立了国内船舶油污损害赔偿机制,成为世界上船东责任限制最高、基金补充最多的国家。而在海事赔偿责任限制方面则适用《船东责任限制法》。该法明确规定:所有船主均可依据本法提起责任限制之诉,不考虑船主的国籍、航程出发地、目的地以及损害的发生地。此外,该法还规定:从事往返美国和其他国家间运输的船主,不得以任何行使的协议和任何人约定有关海事损害赔偿责任的免除、责任限制的金额、损害的衡量等事项,所有有关责任限制的约定和协定都被视为无效的并且违反美国的公共政策。

4. 北极沿岸国有关北极航行的国内立法

如前所述,北冰洋沿岸国有权根据"冰封区域条款"的规定制定和执行非歧视性的法律和规章。因此,我国商船在北极航行,除了要遵守相关国际公约外,还要遵守有水域管辖权国家和地区制定的特殊法规和政策。

俄罗斯(包括前苏联)规范极地航行的国内法前面已有介绍,在此不再赘述。

2012年,加拿大交通运输部出台了全新的NORDREG制度,代替了30年前国内外船舶通过加拿大北极群岛时的自愿报告系统,如果未经许可的船舶在加拿大被发现处在NORDREG区域内,船舶将在加拿大挂靠港被滞留。违反 NORDREG 的船舶,将面临大约 10 万美元的罚款或者监禁一年或二者兼有。

美国也有许多涉及极地水域的法律规定,包括《1980 年综合环境反应、赔偿和责任法》《联邦水污染控制法》《泛阿拉斯加管道援权法》《港口和油轮安全法》《垃圾法》《海洋保护、研究和避难法》《防止船舶污染法》等。另外,位于北极的阿拉斯加州还有《阿拉斯加油类和危险物质污染控制法》以及《阿拉斯加自然环境保护法》。

四、加强北极航线开发利用的主要任务 ▶

加强对北极航线的开发利用,一方面要设定明确的战略目标和基本立场,并以此为基础积极参与北极航线沿线国家的双边合作,发挥各类国际组织平台的作用;另一方面,要科学谋划与北极航线开发利用相关的航运、港口、能源相关产业发展布局,做好相关科学技术、产业开发、人才准备和机制建设,练好参与北极航线开发利用的"内功"。

(一)创造良好的政治与政策环境

北极地区除航道、资源、科考价值外还具有重要的军事战略价值。近年来,美国、俄罗斯、丹麦不断在北极地区部署军事力量。加拿大、挪威在其北极政策和战略中都特别强调北极对其国家的主权、领土和安全意义,对当前气候变化引发的北极环境变化、人类活动增多、域外国家关注北极事务持有排斥态度。2008 年 5 个北极沿岸国家签署《伊卢利萨特宣言》,强调五国拥有在北冰洋大部分地区的主权、主权权利和管辖权,在解决北极面临的问题和挑战时具有特别地位。中国作为当今世界上最具发展活力的国家之一,对北极问题的关注和参与在国际舆论上被认为对北极国家是一种威胁,北极国家内部对中国对北极资源、航道的兴趣也产生担心。鉴于此,我国通过北极理事会等区域性合作组织加强与北极国家在北极问题上的政策交流,增强互信;需要做好北极陆地和海洋法律秩序、航道法律地位、航行权等国际法问题的研究,为未来可能的磋商谈判做好准备;加强航道和基础设施建设合作,以实现互利共赢,争取有利于我国商船通行北极的政策环境。

（二）积极参与北极开发合作

围绕北极航道开发利用，我国与俄罗斯、挪威等沿岸国能够在港口等基础设施建设、海洋科学研究、船舶建造、能源开发、气候变化等方面开展合作。根据"一带一路"的布局，东北地区加强与俄远东地区陆海联运合作，推进构建北京—莫斯科欧亚高速运输走廊，建设向北开放的重要窗口。沿线港口及相关基础设施建设方面，我国有在寒冷高原冻土地区建造铁路公路的经验，在合作建设北极航道补给港口及相应基础设施方面有特殊优势。能源开发方面，俄罗斯正大力推进北极大陆架油气资源的勘探开发，需要大量资金和先进技术的支撑，积极寻求国际合作，应当抓住机会，积极参与有关经济和技术合作。气候变化和科学研究方面，我国与沿线国家和地区可以共同设立海冰和气候观测站。

（三）提升极地船舶的制造技术

近年来国内部分企业对北极航道通航及其所带来的机遇和挑战关注度有所提高，其中包括参与北极地区的能源资源的开发、拓展北极商业活动、发展北极旅游业以及北极航道商业性试航等。但是总体而言，较之其他北极国家而言，当前我国适合于北极冰区航行的船只并不多，所进行的商业性活动以及试航等也处于探索阶段。我国已承接部分冰区船舶订单，同时还做了大型冰级船舶技术的预研开发。但是，我国冰区船舶的建造技术相当薄弱，高等级冰区船舶制造从未涉及，自破冰型运输船舶还处于技术空白。为此，我国有必要从材料制造加工、基础试验、船型设计和相关船用设备制造等关键技术方面展开研究，开展与芬兰等极地国家的技术交流与合作，充分借鉴国外先进的船舶设计理念、建造工艺和经验，确保我国极地船舶的质量和科技含量，为北极开发提供坚强的装备保障。

（四）开展极地航行船员的专门培训

我国目前极度缺乏具有极地航行技能和经验的船员，对资质要求和培训的相关研究也非常落后，无法满足《极地规则》的要求。我国可以借鉴俄罗斯、加拿大、美国等国的极地船员培训经验，制定符合我国海运发展的极地航海员培养模式，并由专门机构编写极地航海教程和培训大纲，建立严格系统的考核认证制度。此外，可组织相关专家通过理论研究或模拟实验、甚至实船航行等途径深入研究海冰对船舶操纵、运动性能的影响,据此建立逼真的船舶模型,通过模拟器来增加船员的技能水平。

(五)加强航道信息和航行资料的获取

我国有关北极航道的航行资料和信息匮乏,沿岸基础设施、交通服务不完善。为了弥补航行信息上的缺陷,2014 年 9 月,交通运输部海事局组织专家编撰《北极东北航道航行指南》,为计划航行北极东北航道的中国籍船舶提供海图、航线、海冰、气象等全方位航海保障服务。尽管如此,目前我国获取的航行信息仍很有限,例如缺乏第一手资料,西北航道海域的相关信息不足,北极航道的海图大都掌握在沿岸国手中,并以高价出售给使用方。此外,海冰消融使得北极航道无冰期前后分布有大量浮冰和冰山,需要实时动态观测并提供信息,因此我国在加大北极航道科学考察和研究的力度、广泛收集北极航道相关基础性数据外,还应注意与沿岸国开展北极海洋科学合作,建立比较完善的观测网,扩大信息共享,借助合作获取因地域政治所限而难以获取的数据。

(六)建立保险和基金等资金保障制度

从海商法角度看,我国利用北极航道从事商业运输,特别是油类货物和危险品运输以及海上邮轮旅游等,如果发生航海事故,航运公司要承担较高的赔偿责任,而且,如果没有投保强制责任保险或由相关机构出具财务担保,环北极沿岸国家会拒绝我国商船出入其港口。即使海事责任限制方面,如船舶所有人意图限制自己的赔偿责任,也须先行设立责任限制基金,而该基金数额多数情况下是根据船舶吨位计算,而且北欧国家的赔偿限额都远远高于我国。这对于航行于北极的我国船舶必然是一个很大的经济负担。因此,我国对于北极航行可能遭遇的海上风险应建立专门的保险制度,使得船东通过保险来分摊风险,降低北极航运的成本和风险。另外,可以借鉴美国、加拿大等国的基金模式,设立基金保障机制。

五、将北极航线开发利用纳入 21 世纪海上丝绸之路总体布局 ▶

受气候变化的影响,北极海冰季节性消融,北极航道通航前景明朗,而"一带一路"倡议的实施恰好为我国协同沿线国家开发利用北极航道提供了良好的机遇,我国可以将北极航线开发利用纳入"一带一路"建设规划中,丝路基金和亚投行等金融服务也完全可以覆盖到北极航道的相关建设。

建设北极航线符合中国和沿岸国家的利益和需求,特别是开发贯穿亚欧大陆的东北航道,顺应了"一带一路"建设的宗旨。以当前通航条件相对优越的东北航线为例,对航道沿岸国来说,航道通航能够带动沿岸国沿线港口及配套基础设施的建设,带动北极大陆架资源的开发和运输,促进亚欧大陆北方地区的发展。正是基于此种战略考虑,俄罗斯一方面积极推动北方海航道的国际通航,修订航行规则,使其更加规范化,力争增强与苏伊士运河等航道的竞争力;另一方面,还先后出台其远东和北极地区发展战略,作为国家复兴战略的重要组成部分。对中国等潜在的航道使用国来说,北极航道的开通能够缩短与西北欧贸易运输的航程,节约时间,分散南部航线的运输压力,多样化选择海上通道。韩国、日本也十分关注北极航线的开发利用,中、俄及相关国家共建东北航道具有良好的合作基础,能够形成东北亚地区乃至西欧和北欧的经济合作走廊,丰富和充实"一带一路"建设的布局和规划。

我国开发利用北极航道具有通航和资源双重价值,特别是在美国"重返亚太"、乌克兰危机导致美俄关系紧张的背景下,我国开辟北极航道具有特别意义。俄、加两国分别扼守北极两大航道,要求通行船舶须遵守其国内法。美国对此提出过抗议,但并未对两国的航道管理产生实质性威胁,俄加两国对其北极海域的管辖是北冰洋法律秩序的重要特点。美、俄、加是北极国家中的 3 个大国,但美国作为海上强国积极推进全球海上航行自由,其利益与作为北极沿岸国的俄、加以及挪威等北极小国有较大差异,几种力量在北极地区形成一种相对平衡,尽管仍然有军事力量存在,但目前北极国家间的合作以及科学、环境等领域的国际合作是主流趋势。由于两条北极航道主要分布在沿岸国家的管辖海域范围内,我国与沿岸国家开展北极航道共建不会受到美国势力过多的影响,也能在一定程度上削弱美国对传统海上通道的控制。

围绕北极航道开发利用,我国与俄罗斯、挪威等沿岸国能够在港口等基础设施建设、海洋科学研究、船舶建造、能源开发、气候变化等方面开展合作。根据"一带一路"建设的布局,东北地区加强与俄远东地区陆海联运合作,推进构建北京—莫斯科欧亚高速运输走廊,建设向北开放的重要窗口。沿线港口及相关基础设施建设方面,2014 年 5 月,吉林省与俄罗斯最大的港口运营商苏玛集团签订了合作建设扎鲁比诺万能海港框架协议,这正是构建东北亚陆-海联运的重要措施,有利于推进东北亚区域合作的通道建设,催生密切区域贸易联系的海上丝绸之路。[①] 能源开发方面,俄罗斯正大力推进北极大陆架油气资源的勘探开发,需要大量资金和先进技术的支撑,积极寻求国际合作,2013 年中石油集团入股了俄罗斯亚马尔半岛的天然气项目,将东亚市场与俄罗斯能源基地有效对接。北极航道的开通还会带动造船和航运业的发展,韩国大宇造船厂 2014 年率先拿到用于俄罗斯亚马尔项目的破冰液化天然气运输船订单(总额达 28 亿美元),目前这种破冰运输船技术只有韩国公司掌握。[②]。

将北极航线纳入 21 世纪海上丝绸之路整体规划,使之成为"一带一路"重要的组成部分,并发挥关键性作用。当前需要做好以下方面的基础工作。

(一)加强对北极航线之于"一带一路"建设的战略意义研究

北极航线对于"一带一路"建设具有何种意义?从战略学的角度说就是北极航线对于我国的战略价值有哪些?这些价值对于作为新兴经济体的中国而言是"锦上添花"?还是"雪中送炭"?有必要尽快组织加以研究。

北极航线战略价值的评估,首先要具有国际视野,采取比较研究的方法,从参与北极航线考察、利用和治理的不同层面主体——航线沿岸国、北极域内其他国家、欧盟、近北极国家、其他北极域外国家出发,评估其战略价值,进而作为后一步战略环境分析的重要依据,也是打开我国战略思路的研究。我们要准确评估北极航线的战略价值,主要包括资源与能源、航运与贸易、政治与外交、军事与国家安全等。

(二)认真研判我国北极航线战略的法律基础及战略空间

要明晰我国拟定和实施北极航线战略的法律基础,分析我国参与北极航线开发利用和治理过程的战略环境,从而界定北极航线在"一带一路"建设战略中的空间。要着力解决以下问题:开发利用北极航线的战略价值有多大?哪些战略价值是可以获得的?哪些是无法获得的?可获得的战略价值中,哪

---

① 中俄将总投资 30 亿美元共建东北亚最大港口:http://news.sina.com.cn/c/2014-10-13/142430981332.shtml。

② 中石油参股俄罗斯北极油气田 韩造船业抢先切蛋糕:http://www.guancha.cn/economy/2014_07_14_246642.shtml。

些是近期可以获得的,哪些是可以远期获得的? 如何获得?

解决上述问题的关键,首要的在于明晰我国参与北极航线事务,开发利用北极航线的法律依据是什么? 对于法律基础而言,首先分析《联合国海洋法公约》及国际海事组织为维护海洋环境安全、船员安全及航行安全制定的条约及软法性指南,航运利益相关国家德国、挪威和美国的立场。研究围绕新的"极地冰区航行法规"展开的幕后外交谈判,探讨鹿特丹规则在北极航运的适用问题。其次,全面研判俄、加北极航道控制的国内法的合法性依据,研究欧、美国家对于俄、加北极航道内水化主张的反映和立场。研究俄、加两国的北极航运政策和法规所确立的航运管理制度之异同,分析其与国际公约之间的冲突。再次,基于上述研究,全面分析我国参与北极航线法律环境,论证我国开展北极航运、参与北极航运治理的法理根据,研究范围须涵盖商业船舶、国家公务船舶和游船等不同类型船舶的北极航行法律制度,为我国多种方式参与北极航运保驾护航。

关于北极航线开发利用的战略空间研究,一是要比较研究各行为体北极战略与北极航线子战略及其对于北极航线战略环境的影响;二是分析区域和国际层面上,北极航线治理的基本情况及其走向;三是对于我国参与北极航线利用和治理的现状和能力进行分析;四是明确提出开发利用北极航线在"一带一路"建设中的近期和远期战略空间规划,包括可以主张的战略利益和基本的实现路径。

(三)做好开发利用北极航线的战略准备

(1)国际参与战略,包括 3 个层面。①单边层面,即中国的战略目标的确立以及基本战略立场,这一战略立场是建立在海洋强国战略总体框架中决定的;②双边层面,即中国与北极航线沿岸国家、北极域内国家、原住民组织及北极航线国际事务重要参与国的合作战略;③多边层面,主要是指中国参与各类国际组织平台(包括但不限于北极理事会、国际海事组织及各类国际组织)的基本战略。

(2)科学谋划国内与北极航线开发利用相关的航运、港口和能源相关行业等产业发展布局,培育海洋战略性新兴产业,尤其是东北地区乃至我国北方沿海地区经济、贸易等产业布局,筹划配套的其他行业领域建设,包括相关科学考察及研究工作、装备和上下游产业等。

编写组主要成员

管华诗　中国海洋大学,中国工程院院士

李大海　青岛海洋科学与技术国家实验室,副部长

陈明宝　中山大学,副研究员

刘惠荣　中国海洋大学,教授

韩立民　中国海洋大学,教授

刘　岩　国家海洋局海洋战略研究所,研究员

马炎秋　中国海洋大学,副教授

王　娜　广州市地方志办公室,副主任科员

专题:南极磷虾渔业船舶与装备现代化 发展战略研究

课题组主要成员

组　　长	唐启升	中国水产科学研究院黄海水产研究所,中国工程院院士
	朱英富	中国船舶重工集团公司第七〇一研究所,中国工程院院士
执行组长	刘　松	中国船舶重工集团公司第七〇一研究所,副所长、研究员
	赵宪勇	中国水产科学研究院黄海水产研究所,副所长、研究员
成　　员	张信学	中国船舶重工集团公司第七一四研究所,副所长、研究员
	张福民	中国船舶重工集团公司第七〇八研究所,研究员
	倪其军	中国船舶重工集团公司第七〇二研究所,研究员
	赵　遴	武昌船舶重工集团有限公司,副总工程师,研究员
	赵建平	黄海造船厂,总经理、总工程师
	贺　波	宁波捷胜海洋装备公司,董事长
	祝海勇	中国船舶重工集团公司第七〇一研究所,研

究员

王云鹤　中国船舶重工集团公司第七○一研究所,高
级工程师

刘成岗　中国船舶重工集团公司第七○一研究所,高
级工程师

王　威　中国船舶重工集团公司第七○一研究所,高
级工程师

第一章 中国发展南极磷虾渔业船舶的战略需求

一、发展南极磷虾专业捕捞加工船的需求 ▶

南极磷虾蕴藏量极为丰富,现存量为6.5亿~10亿吨,具有巨大的开发利用潜力(图1)。南极磷虾富含蛋白质(超过干重的40%)和油脂(20%的 superba E.),外骨骼含相当于干重2%的角质素。磷虾粉的高蛋白和高维生素含量使其非常适合于人类使用和作为动物饲料,而磷虾油富含 Omega-3 脂肪

图 1　南极磷虾

酸,能作为对日常饮食的营养补充以及针对心脑血管疾病的保健品。随着国际上对以南极磷虾为原料的产品需求越来越大,磷虾产业也逐渐形成了一个正在不断增长、潜力巨大的国际化市场。在全球渔业资源持续衰退的背景下,南极磷虾有望成为人类未来最大的蛋白质资源库。

从20世纪90年代开始,南极生命资源保护委员会(CCAMLR)为了可持续开发而限定了最高捕捞份额,总量大约在每年500万吨。而全球的实际捕捞总量年均不到20万吨,最高年份时亦不超过50万吨,可捕捞量远未达到饱和。正是因为南极磷虾有着丰富且稳定的资源量,同时随着捕捞技术和加工技术的迅速提高,所以越来越多的国家因为其中蕴含的巨大经济效益而加入到了磷虾捕捞加工的行列之中,挪威、冰岛、日本、俄罗斯、智利、美国、韩国等多个国家和地区都在从事南极磷虾资源的调查、开发及捕捞加工。在此背景下,我国的磷虾产业和磷虾装备规划的制定有着很高的战略意义。

我国于2009年12月启动了南极磷虾渔业探捕,至今已有5年。2014年,我国4艘磷虾船共捕获南极磷虾5.4万吨,在产量规模上已跻身南极磷虾渔业国的第二集团;然而与挪威3艘船捕获南极磷虾18万吨的产业效能相比,仍存在很大的差距。究其原因,主要是我国的渔业船舶与装备落后,捕捞、加工技术水平低所致。因此,迫切需要建造具有高技术、高水平和先进装备的南极磷虾专业捕捞加工船和为我国南极磷虾专业捕捞加工船提供可靠科学依据的极地渔业综合研究船来解决这一"瓶颈"问题。

为了实现我国海洋强国发展战略的需求和大洋渔业发展的战略目标,需要迅速抢占极地资源,因此我国计划在未来10~20年内,要实现50万~150万吨的南极磷虾年捕捞量,生产包括虾粉、冻虾、虾油以及食品级和药品级的高级磷虾产品。这个目标是基于我国的海洋战略目标和市场需求来制定的,相对于南极磷虾的许可捕捞量来说也是科学合理的。要实现这个战略目标,对于我国目前的相关渔业船舶规模、装备以及技术水平来说,是远远不够的。因此,发展具有国际先进水平的专业化南极磷虾捕捞加工船势在必行。

同时,党的十八大也提出了对农业现代化的新要求和建设海洋强国的新目标,要求加快我国渔业的产业升级步伐,增强我国远洋渔业的核心竞争力。因此,在公海资源抢占和"蓝色圈地"日趋激烈的形势下,尽快发展南极磷虾渔业,是拓展我国远洋渔业发展空间、维护和争取我国南极资源开发长远战略权益的重要手段。

二、发展极地渔业综合研究船的需求

在海洋渔业中,中国的海产品总产量占世界渔业总产量的1/4,居世界第一位。但是,由于中国近海水域环境持续恶化,过度捕捞现象日益加剧,近海渔业资源衰退严重。在此背景下,远洋渔业的开发利用已经成为中国渔业产业发展的重要环节。随着《联合国海洋法公约》的生效,世界各国都加强了对200海里专属经济区的管理,因此可供中国开发利用的远洋渔业资源越来越少。开辟新渔场,开发利用新的渔业资源已成为中国远洋渔业可持续发展的必由之路。

在世界海洋渔业资源普遍衰退的背景下,南极磷虾资源日益受到世界各国的关注。南极磷虾资源丰富,据估计最高有数亿吨之巨,可捕量是世界现有渔业产量的1倍以上,具有巨大的开发和利用潜力。目前国际上的渔业强国正在加强对磷虾资源的关注,国际磷虾市场也在逐步升温,在此背景下,我们的磷虾产业和磷虾装备规划的制定有着很高的战略意义。

南极磷虾资源虽然丰富,但其开发活动受"南极海洋生物资源养护委员会(CCAMLR,我国是其25个成员国之一)"的节制,即目前针对南大西洋西侧(FAO 48渔区的西侧)的磷虾捕捞限额为560万吨。为避免渔业过度地集中于近岸水域,造成过度捕捞,CCAMLR决定将这560万吨的限额进一步分配于范围较小的管理水域,包括近岸区和深水区。由于目前缺少足够的科学调查数据支撑,环境保护国和渔业捕捞国尚未就分配方案达成一致,实际捕捞额度被临时性控制在62万吨的水平上,直至掌握了更多的用于限额分配的磷虾资源分布状况数据后再作调整。所以,渔业捕捞国需要派遣本国渔业资源调查船前往极地特定水域进行磷虾资源的科学调查,获取关键基础数据,以掌握有关限额分配的主动权,挪威早已开展了该项工作。因此,我国需要加紧极地渔业综合研究船的建造步伐,为我国南极磷虾产业发展提供关键基础条件保障。

极地海洋渔业探测与研究是海洋能力建设的重要组成部分,也是一个国家综合国力的体现,其发展水平直接影响到一个国家的海洋科技实力。世界各国的海洋规划都将加强海洋能力建设作为重要目标,认为海洋能力建设,特别是极地海洋综合探测能力是促进海洋科技发展的关键所在。

随着我国海洋战略的提出和渔业产业的快速发展,对高水平海洋渔业科学综合调查船的要求越来越迫切。极地渔业综合研究船将成为极地渔业资源调查、新鱼种新渔场开发评估、极地高效捕捞装备试验的重要平台,将为我国极地渔业发展做出重要贡献。

第二章　中国南极磷虾渔业船舶的发展现状

一、国内南极磷虾专业捕捞加工船的发展现状 ▶

　　我国在 20 世纪 80 年代已开展多个攻关项目进行南极磷虾多层次的相关考察,很多学者也对南极磷虾渔业的发展进行了不同层次的分析和研究,但受各种因素限制,未能在当时展开实际的南极磷虾渔业捕捞生产。直到 2009 年,我国才开始进行真正意义上的南极磷虾渔业探捕。

　　目前我国尚无自主研制的专业南极磷虾加工船,国内从事南极磷虾的作业船除了"福荣海"("福荣海"船龄超过 30 年)外,其余的船都是以现役的拖网船改造而成,我国的南极磷虾捕捞加工船技术与国外差距不小。"福荣海"号是一艘大型远洋拖网加工渔船,由辽渔集团从日本购得,主要在南大洋进行磷虾和鳕鱼的捕捞加工生产。辽渔集团拥有包括"福荣海"在内的南极磷虾捕捞加工船共 3 艘,上海水产集团也拥有"开裕"和"开利"号南极磷虾捕捞加工船 2 艘,再加上青岛远洋渔业公司的"明开"号以及中国水产集团的 2 艘,我国现有 8 艘南极磷虾捕捞加工船在南极海域从事磷虾的捕捞加工作业(图 2 至图 4)。

图 2　"福荣海"轮

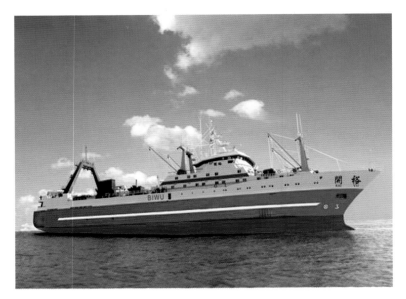

图 3 "开裕"轮

图 4 "开利"轮

　　国内现有的磷虾捕捞加工船均采用传统大型拖网船改装的方式进行磷虾捕捞工作。改装船除了磷虾探捕工作之外,还将进行常规渔业捕捞,因此改装船在总体布局和系统设置方面并未有较大改动,磷虾的捕捞方式也是采用传统的尾拖网、起网的方式作业。这种拖网、起网、卸货再放网的方式,使得磷虾从捕捞到加工的时间周期变长、生产效率降低,且磷虾在起网和甲板卸货时受挤压产生损伤,对磷虾的品质有一定的影响。同时,国内磷虾船上配置的加工设备性能不够理想,加工技术不够先进,加工能力因受设备和技术的限制而显得很不足,产能不高,产品种类也只有冻虾和虾粉,虾粉质量也达不到国际优质水平。我国磷虾探捕船的出粉率一般还在 1∶12 左右,而挪威日本的磷虾船已达到 1∶10 甚至是 1∶8,而且虾粉品质还要高于我国,其经济效益远高于我国。

总之,我国目前的南极磷虾捕捞加工船不论从船队规模,还是船舶本身的捕捞技术和加工技术,以及磷虾产品的种类和质量,在国际南极磷虾产业中的竞争力明显不足,和国际上的先进国家有着巨大差距,急需开发高技术、高水平的专业磷虾捕捞加工船舶和设备来扭转这种不利局面。

二、国内极地渔业综合研究船的发展现状

我国现役的海洋科学考察船基本情况见表 1 和表 2。

表 1　我国现有海洋科学考察船情况

序号	船名	隶属单位	总吨	建造年份	2014 年船龄	船舶性质	是否满足极区航行
1	雪龙	中国极地研究所	14 997	1993	21	极地科考(偏重补给,不具备渔业资源调查功能)	是
2	科学一号	中国科学院海洋研究所	2 579	1980	34	综合考察	否
3	科学三号	中国科学院海洋研究所	1 224	2006	8	综合考察	否
4	向阳红 09	国家海洋局北海分局	2 952	1978	36	综合考察	否
5	实践号	国家海洋局东海分局	2 576	2014	1	综合考察	否
6	大洋一号	中国大洋协会	4 385	1984	30	资源调查	否
7	东方红 2	中国海洋大学	3 235	1995	19	教学实习	否
8	向阳红 14	国家海洋局南海分局	2 894	1980	34	综合考察	否
9	延平二号	福建海洋研究所	386	1995	19	近海科考	否
10	实验 1 号	中国科学院声学研究所	2 562	2009	5	综合考察	否
11	实验 2 号	中国科学院南海海洋研究所	1 100	1979	35	综合考察	否

续表

序号	船名	隶属单位	总吨	建造年份	2014年船龄	船舶性质	是否满足极区航行
12	实验3号	中国科学院南海海洋研究所	3 000	1979	35	综合考察	否
13	北调991	中国船舶重工集团公司第七〇六研究所	1 500	2009	5	水声调查	否
14	科学号	中国科学院海洋研究所	4 864	2012	2	综合考察	否
15	海洋六号	广州海洋地质调查局	5 000	2009	5	地质调查	否
16	李四光号	南海舰队	5 000	1998	16	海洋测量	否
17	北斗号	中国水产科学研究院黄海水产研究所	980	1983	31	渔业调查	否
18	南锋号	中国水产科学研究院南海水产研究所	1 537	2010	4	渔业调查	否
19	新向阳红10号	国家海洋局第二海洋研究所	4 500	2014	1	综合考察	否

表2　我国拟建科学调查船情况

所属研究所	总吨	建造年份	主要调查海域及功能	是否满足极区航行
中国水产科学研究院黄海水产研究所	2 500	2016	黄渤海渔业资源环境调查研究,主要大洋渔区资源调查与开发	否
中国水产科学研究院东海水产研究所	2 500	2016	东海渔业资源环境调查研究,主要大洋渔区资源调查与开发	否
上海海洋大学	3 000	2015	冰区以外海域,远洋渔业教学实习	否
国家海洋局第一海洋研究所	1 500	2014	冰区以外海域,综合调查	否
国家海洋局第一海洋研究所	4 500	2014	冰区以外海域,综合调查	否
国家海洋局第三海洋研究所	4 500	2014	冰区以外海域,综合调查	否
厦门大学	3 000	2016	冰区以外海域,综合调查	否
中国海洋大学	5 000	2015	全球远海大洋水域,综合调查	否
青岛海洋地质研究所	4 000	2016	冰区以外海域,地质调查	否

目前,我国拥有"东方红2号""科学"号、"北斗"号与"南锋"号等19艘

海洋科学考察船,其中仅有"北斗"号与"南锋"号为专业渔业科学调查船,其余船只主要针对海洋物理、海洋化学、地质地貌、海洋资源、海洋环境等考察探测活动和教学实习设计。

我国尚无针对极地渔业资源调查的科考船。国内现有海洋渔业综合科学调查船中,"北斗"号主要集中开展黄海区渔业科学调查,"南锋"号主要面向南海区开展科学调查,任务均较为饱满(图5和图6);上海海洋大学拟建设的调查船主要面向远洋渔业作业区(含过洋性),同时还将承担繁重的教学任务。已有和拟建的海洋渔业科学调查船,均无法覆盖极地渔区水域。

图5　"北斗"号渔业资源调查船

图6　"南峰"号渔业资源调查船

　　"雪龙"号是中国最大的极地考察船,也是中国唯一能在极地破冰前行的船只(图7)。虽历经数次升级改造,但"雪龙"船是一艘由具有极区抗冰能力的集装箱运输船改造成的科考船,主要任务是偏重于极地补给和运输,不具备渔业资源调查的能力。

图7　"雪龙"号极地考察船

第三章 世界南极磷虾渔业船舶的发展现状与趋势

一、世界南极磷虾专业捕捞加工船的发展现状与趋势 ▶

从 20 世纪 70 年代开始,磷虾捕捞业开始兴起。历史上,磷虾捕捞大国是日本和苏联,在 1983 年,磷虾捕捞量达到一个高峰,单南大洋地区共计 528 000 吨(其中苏联的捕捞量占了 93%),当时相关的磷虾捕捞加工船大多是由拖网船货船等船型改装而成,加工产品以冻品为主。到了 90 年代,由于南极水域操作的高成本以及政治、法律等因素,俄罗斯放弃了捕捞,导致了磷虾产量的急剧减少。直到 21 世纪初期,随着捕捞技术和加工技术的迅速提高,已有越来越多的国家加入到磷虾捕捞加工的行列之中,挪威、冰岛、日本、俄罗斯、智利、美国、韩国等多个国家和地区都在从事南极磷虾资源的调查、开发及捕捞加工。进入 2000 年后,磷虾捕捞加工船的船型技术逐渐向专业化、集成化和加工系统船用化发展,船上加工产品也向着精细化高附加值产品发展。

目前世界磷虾加工船船型技术最为先进的国家为挪威。挪威的南极磷虾捕捞加工船已经形成工厂级作业船,即加工产品可直接进入流通市场。其营运的磷虾捕捞加工船包括挪威的阿科(AKER)公司"SAGA SEA","THORSHOVDI"以及目前世界上最先进的南极磷虾捕捞加工船"JUVEL"号(图 8、图9、图 10 和表 3)。

图 8　挪威"JUVEL"（2003）南极磷虾捕捞加工船

图 9　挪威"SAGA SEA"（1974）南极磷虾捕捞加工船

图 10　挪威"THORSHOVDI"（1999）南极磷虾捕捞加工船

表3　挪威南极磷虾捕捞加工船主要指标

	SAGA SEA	THORSHOVDI	JUVEL
船型尺度(长×宽)/米²	92×16.5	133.8×19.9	99.5×16
船型类别	拖网船改造	货轮改造	新造船
捕捞方式	尾拖加吸虾泵	双桁架拖网	尾拖加吸虾泵
产品类型	虾粉、虾油	冻虾、虾粉、虾油	虾粉、虾油
年捕捞量	约9万吨	约12万吨	约10万吨

目前,国际上的先进渔业船舶公司,正在研发新型的磷虾专业捕捞加工船(图11)。该船运用合理的布局,将磷虾的捕捞和加工形成一条完整高效的生产线,使得磷虾产品的种类更加丰富,质量更好,产能提升,极大提高了船舶的经济效益,同时,其破冰功能也更加适应极地的严酷工作环境。这种新船型将成为未来国际专业化磷虾捕捞加工船的发展趋势。

图11　正在研发的新型磷虾专业捕捞加工船

对于捕捞系统而言,目前国际常见的技术是传统的尾部拖网技术和双桁架侧向捕捞技术。同时,先进国家采用了吸虾泵技术进行连续性高效捕捞,这样减少了起网、取虾再放网的环节,较大地提高了捕捞作业效率,并保证了磷虾的质量。采取吸虾泵技术要求拖网在水中基本处于固定深度捕捞,因为吸虾泵与主船体之间通过管系连接,管系长度基本确定,吸虾泵拖网和船体形成相互关联的作业系统。这种作业方式对于磷虾资源较为丰富且分布密集的状态非常有利。

国外的加工处理系统在加工能力和系统集成方面非常领先,原料虾和虾粉产品重量比最大可达到 5 : 1,制作虾油的离心机提纯精度可以达到 80% 以上,设备基本采用集成式设计,减小空间占用率,增大作业处理效率。产品的形式相对较多,从虾粉用途来说,主要是用于饲料养殖,针对高经济价值的养殖品种,虾粉的市场还是比较大的。对于船用虾粉加工系统设备,相对技术比较成熟,磷虾蛋白和磷虾油加工属于更高附加值的产品加工方式,目前要提炼磷虾蛋白和虾油,虾蛋白和虾油已具备食用和药用要求,需要采用高速分离、萃取或化学方法获得,相关的设备和仪器要求很高,而且虾蛋白属于虾粉加工的副产品,一般与虾粉设备关联布局,目前提取虾蛋白和虾油的船用系统设备仅挪威一条磷虾加工船上采用,其他的仅为研究型设备,主要的提炼工作要在陆上进行。

二、世界极地渔业科学考察船的发展现状 ▶

1. 美国"Sikuliaq"号科学考察船

为了推进极地研究,美国阿拉斯加费尔班克斯大学启动了一项关于建造一艘在阿拉斯加地区运行科学考察船项目,并命名船舶为"Sikuliaq"号。该船总长 79.5 米,船宽 15.84 米,船深 8.53 米,吃水 7.77 米,排水量 3 724 吨,可提供 26 名科研人员的膳宿(图 12)。船上首尾均配有起重机,采用 DPS1 动力定位系统,并安装了冰级加强多波束声呐系统和声学多普勒流速剖面仪(75 千赫和 150 千赫),具有较长的取心能力。该船噪声小,便于开展鱼类研究,且十分坚固,适合航行于充满浮冰的北极海域。"Sikuliaq"号虽然不属于破冰船,但是设计上能使其以 2 节的速度在 2.5 英寸厚的冰区航行。船上配备有 1 万米长缆线的现代化绞车,包括深海牵引绞车、温盐深测控绞车、水文绞车。研究人员可以从海底直接采集样本,远程操控一套软管式绞车,来升降科研设备,操纵研究仪器以探查水柱和海底,还可以向全球各地的教室实时传送信息。

2. 英国"詹姆士·库克"号科学考察船

5 000 吨级"詹姆士·库克"号(图 13)。该船由挪威 Skipsteknisk AS 设

图 12　美国"Sikuliaq"号科学考察船

图 13　英国"詹姆士·库克"号科学考察船

计,挪威 Flekkefjord Slipp & Maskinfabrikk A/S 建造,于 2007 年 3 月投入使用。与"发现"号、"Charles Darwin"号同样隶属于英国自然环境研究评议会(NERC),由南安普顿海洋研究所使用,从事各类海洋研究调查,可在大西洋海面 4 800 米以下进行岩心钻探和取样工作。该船设计既可在热带海域亦可在冰区海域航行,最多可载 32 名科研人员,385 吨科研器材。控制中心装有多波束声呐系统、超声波多普勒流速剖面仪(ADCPs)等,船上携带有水质采样器和海底土壤样本收集器。船内设有 8 间集装箱型模块化实验室,分别从事不同领域的研究,可根据不同研究任务在后甲板下追加搭载。水下探查器材有遥控深海潜艇"HyBIS"和"sis",机器人潜艇"Autosub6000",可用设置于船尾的起重机进行吊放。

3. 韩国"ARAON"号极地考察船

2009 年,韩国第一艘极地考察破冰船"ARAON"号正式下水(图 14),并首航南极。"ARAON"号是 6 950 吨级破冰船,总投资超过约 1 亿美元,船上装备有自动导航和自动驾驶设备以及全天候卫星通信设备。"ARAON"号上有两台船机,最大功率达 6 800 马力,是同级别船只马力的 3~4 倍,最大续航能力为一次补给可连续 70 天航行约两万海里(约合 3.7 万千米)。此外,"ARAON"号还具有非常好的机动能力,能够在原地回转 360 度。为适应极地航行的特殊需要,该船头部设计成可以破除冰层的尖锐的"冰刀"形状,钢板厚达 39.5 厘米,相当于韩国最厚船舶"独岛"号的两倍。船的表面还涂刷一层特殊材质的涂料,使整艘船如同石头一般坚硬。

图 14　韩国"ARAON"号极地考察船

"ARAON"号上安装 60 多种尖端的实验探测设备,能够满足各种极地研究所需,包括以声波探测海底地形和地质结构、进行海底资源分析等。其中,最昂贵的装备是"多频音波探测器",它能够从多个角度发射音波,显示海面下的三维影像画面。

三、世界极地科考船发展趋势及主流方向 ▶

1. 破冰能力强

从这些世界上最为先进的科学考察船中可以看出,科考船越来越趋向于两极冰区的运用,拥有破冰能力逐渐成为发展的主流。

2. 综合功能更强大

调查仪器设备的集成化和小型化,使船舶可容纳搭载更多的各类调查设备,使船舶具有综合作业功能和多用途,促进了实验室设置的通用性。

3. 对静音和绿色环保要求更高

对静音和绿色环保要求更高,要求航速经济,燃油消耗低,排放污染物少。

4. 自动化和信息化程度更高

船舶操控更自动化,观测采样和资料处理等高度信息化。

5. 调查功能和甲板作业更模块化

集装箱化的调查设备系统和专业实验室使得装备移动便利,作业效率提高;船载大型调查仪器设备如各类潜器、水面和拖曳式探测设备、大型潜标浮标以及可视化钻机等高技术设备日益成为海上科考作业的主流装备。

第四章　我国南极磷虾渔业船舶的
主要差距与问题

一、国内外南极磷虾渔业船舶的差距分析　▶

（一）国内外南极磷虾专业捕捞加工船的差距分析

1. 捕捞方式和能力的差距

国内现有的磷虾捕捞加工船均采用传统的尾拖网、起网的方式作业。这种拖网、起网、卸货再放网的方式,时间周期长、生产效率低,而且磷虾很容易在起网和甲板卸货时受挤压产生损伤,对磷虾的品质有一定的影响。而世界先进国家则是采用吸虾泵技术进行连续性高效捕捞,这样减少了起网、取虾再放网的环节,较大地提高了捕捞作业效率,并保证了磷虾的质量。

在捕捞能力方面,我国在 2014 年 4 艘磷虾船采用传统的尾拖网、起网的方式共捕获南极磷虾 5.4 万吨,而挪威 3 艘船采用吸虾泵连续性捕捞方式捕获南极磷虾 18 万吨,两者之间差距很大。由此可见,针对南极磷虾个头小、易压碎的生物特性,运用吸虾泵技术进行连续性高效捕捞作业的捕捞方式显然更加先进合理[3]。

2. 加工技术的差距

国内磷虾船基本上都属于改装船,而且除捕捞磷虾外,还兼捕捞其他鱼种,因此船上配置的加工设备只能加工冻虾和简单处理的虾粉,加工技术不够先进,加工能力不高,出粉率一般还在 1∶12 左右,虾粉质量也达不到国际优质水平。而国外的加工处理系统在加工能力和系统集成方面非常领先,其设备基本采用集成式设计,减小空间占用率,增大作业处理效率。对于船用虾粉加工系统设备,相对技术比较成熟,挪威、日本磷虾船的出粉率已达到 1∶10 甚至是 1∶8,而且虾粉品质还要高于国内,其经济效益远高于我国。

3. 产品种类的差距

因受设备和技术的限制,我国目前的磷虾船所生产的产品种类也只有冻虾和虾粉,其余产品只有放在陆上加工生产;而先进国家磷虾船能够在船上加工的产品形式相对较多,除冻虾和虾粉外,还能生产一些更高附加值的产品,如虾蛋白和虾油。所以,在国际磷虾产品市场的竞争力方面,我国与先进国家之间的差距不小。

4. 船舶性能的差距

我国的磷虾船在改装前,多数没有在极地环境工作过的经历,缺乏必要的防冻除冰及破冰功能,对极地冰区环境的适应性不高,而且船龄都偏大,结构、性能和设备都有不同程度的老化;而国外的磷虾船特别注意冰区防护,改造船和新造船都将适应极地环境和冰区防护作为重点来考虑,环保措施也在技术和设备上领先于国内。因此,国外磷虾船与国内相比,能去捕捞的区域更多,作业时间更长,渔获也就更多。

通过以上几个方面的分析,我国目前磷虾船的情况与国际先进水平相比还有一定的差距,主要体现在技术与装备上。因此,当下最需解决的问题在于吸收国外先进经验,大力发展捕捞加工的技术与装备,开发更多的优质磷虾产品,只有这样才能缩短我国与国际先进水平国家之间的差距,提高我国在国际磷虾市场的竞争力。

(二)国内外极地渔业科学考察船的差距分析

我国目前还没有极地渔业科学考察船。

二、制约我国南极磷虾渔业船舶发展的主要问题

相对于世界上在磷虾产业里处于先进地位的国家来说,我国目前的发展状况是比较落后的,制约我国南极磷虾渔业船舶发展的主要问题有以下几个方面。

(一)成本压力

南极磷虾开发首先面临的就是相对较高的成本压力,南极磷虾的捕捞需要中层拖网;南极远离补给区域,产品需要长距离运输与保藏;南极寒冷的气

候对各种设备性能要求较高;南极磷虾捕获后要立即进行虾壳分离加工等技术需求,都增加了南极磷虾产业的成本。

(二)技术制约

南极磷虾开发产业耗资巨大,动辄数亿资金,是一项复杂而又有较高风险的商业计划。对我国而言,尚有许多技术需要深入研究与引进消化。尽管南极磷虾捕捞产量增长缓慢,国际上很多国家正在努力探索其产业发展的途径。在大规模商业性开发投入之前,有必要将产品的加工工艺、产品设计、相关市场分析等基础工作进行充分的研究。

(三)产品和市场

虽然南极磷虾富含 Omega-3 等药用成分,是保健食品和美容等工业产品的珍贵原料,但是国际上对这一终端产品的技术开发程度不尽如意,产品设计、加工工艺均不成熟。高附加值产品技术和市场开发不够。因此,现有南极磷虾产品很多还停留在鱼饵、饲料等低端产品的水平。

第五章 我国南极磷虾渔业船舶的发展战略

一、我国南极磷虾专业捕捞加工船的发展战略 ▶

(一)发展方向及定位

中国目前的海洋经济和远洋渔业产业在国际上的地位,与世界第二大经济体的身份远远不符,在我国经济总量当中所占的比重也不高,但随着经济的发展,人类对海洋产品的需求会越来越高,按未来的发展趋势,海洋经济和远洋渔业产业势必将成为中国经济的发展重点,而抢占公海资源和"蓝色圈地"则是中国海洋经济战略的发展方向。我国现已制定了许多相关政策,为提高中国海洋经济在国际上的竞争力保驾护航。

南极磷虾产业以其丰富的可开发资源和高附加值产品,正在逐渐成为全球海洋经济战略中的发展重点。按照目前的统计数据,我国在产量规模上已跻身于南极磷虾渔业国的第二集团,但与世界先进国家相比,还存在很大差距。我国要摆脱目前的落后地位,必须以发展先进的捕捞和加工技术及装备,提高磷虾产品的质量和种类,建造具有高技术、高水平和先进装备的南极磷虾专业捕捞加工船为方向,以吸收学习国外先进成熟的技术及装备,自主开发关键系统,分阶段、分代次的将现有技术、先进技术和最新技术应用到改造或设计建造新型专业南极磷虾捕捞加工船上为发展思路,在未来 10~20 年内,实现 50 万~150 万吨南极磷虾年捕捞量的国家发展大目标,在国际磷虾产业中占据领导地位。

(二)战略目标的具体内容分析

1. 捕捞能力范围分析

从资源的角度来看,南极磷虾资源量丰富且稳定,48 区的可捕捞量还远未达到饱和,目前该区域的全年磷虾捕捞总量为 20 万吨左右,而 48 区许可捕捞量约为 500 万吨。我国预定的 50 万~150 万吨的年产量的产业规模科学合理。在此产量规模下,以未来 20 条专业南极磷虾船作业,单船年产量需要达到 5 万~10 万吨的水平(捕捞量),以此推算下来,按照一年 10 个月的生产时间,每月 20 天的捕捞作业,南极磷虾船的日产量需要达到 250~500 吨。捕捞能力要达到这个指标应该说有一定基础,目前国际上先进的磷虾捕捞船的捕捞能力都在 250 吨/天之上,挪威 Aker 公司的"SAGA SEA"和"JUVEL"两条船的捕捞能力均超过了 500 吨/天。

捕捞能力范围的确定还要涉及另两个方面的因素:加工能力和舱容。将捕捞能力转化为产能最关键的还是加工能力,而加工能力与产品类型密切相关,目前磷虾船海上加工产品主要包括冻虾和虾粉,挪威的磷虾船具备虾油生产能力,除了冻虾之外,磷虾加工过程并不简单,相关加工设备复杂且占地空间多,同时因为市场的不确定性,要求磷虾船的产品类型不能单一化,因此必须保留至少两套加工系统在船上,而且产品的比例要能根据市场的变化进行调整,加之目前船用化加工设备的性能还不够理想,因此,提高加工系统性能是提升磷虾船整体水平的关键。加工能力越大越先进,其所需的捕捞量就会越大,这两者的能力范围应是配套和一致的。对磷虾船而言,其货舱一旦装满就需要将货物转运出去,否则磷虾船将难以继续生产作业,而无论是回港卸货还是运输船转运,从经济性角度考虑,都应当尽可能减小作业船停工的时间,因此舱容的设置需要围绕这个因素进行,由于冻虾和虾粉所占空间不同,舱容的设置也需要综合考虑。

2. 加工产品种类分析

产品种类是与市场需求密切相关的。目前船上生产的磷虾产品主要包括冻虾、虾粉、虾蛋白和虾油。

最初捕获的南极磷虾主要是在船上生鲜冷冻或蒸煮加工制成鱼粉/钓饵。前苏联相关研究机构开发的南极磷虾产品主要有:"奥肯"蛋白块、纯磷虾肉、冻磷虾肉、鲜磷虾肉、煮熟的磷虾肉、冻磷虾蛋白和干磷虾肉等产品并制订了相应的工艺流程。日本对南极磷虾大力提倡加工为熟食品、糖酱煮(佃煮)、虾仁、虾浸膏或作为点心的原料,也将南极磷虾加工成氨基酸酱油和鱼糕出售。

　　20 世纪 80 年代和 90 年代,南极磷虾的主要终端产品是饲料级南极磷虾干粉,冷冻南极磷虾整虾和食品级的去壳虾肉(图 15 和图 16)。90 年代,其平均年产量分别为大约 6 000 吨、58 000 吨和 2 500 吨。进入 21 世纪,南极磷虾终端产品的类型已经发生了变化,饲料-饵料级完整冷冻磷虾和"健康"行业所需求的营养终端产品(如 Omega-3)等成为新的终端产品。南极磷虾油未来的目标市场主要是营养品级和药品级的南极磷虾油(图 17),提取自完整的冷冻南极磷虾和饲料级南极磷虾粉。综上所述,如果将南极磷虾用做水产饲料是 20 世纪 80—90 年代的利益动机,那么南极磷虾良好的药学特性和巨大的潜力则成为 21 世纪营养品市场的利益驱动力[1-2]。

图 15　深度冷冻的南极磷虾

3. 捕捞方式分析

　　根据南极磷虾栖息水层及游泳行为,目前国际上磷虾的捕捞方式主要为大型艉滑道拖网单船作业。而磷虾捕捞技术主要包括传统拖网和桁架拖网等两种,此外吸虾泵也作为重要的辅助系统用以实现连续捕捞作业。传统拖

KRILL MEAL

Short specification of krill meal: protein 58-65% (digestibility up to 92%), fat 18% max (Omega 3's polyunsaturated – min 28%, Phospholipids 40-50%, triglycerides – 25-33%) , moisture 10% max, ash max 13%, crude fibre max 6%.

图 16　虾粉及其成分

The Healthiest Ingredient

KRILL OIL

Short specification of krill oil:

Lipids – 99,5%, Moisture – 0,5%, aicid value (olec acid) – max 0,4%, Vitamin E – min 550 ppm, saturated fat max 45%, polyunsaturated fat min 8% , monounsaturated fat max 45%.

图 17　虾油及其成分

网作业是利用网板实现网具的扩张,在拖曳结束后必须先起网,将网囊拖曳至甲板后收取磷虾。桁架拖网是利用桁架实现网具的扩张,在两舷设置两个可收放的支架,支架下端系上桁架拖网,拖网尾端的囊网区与吸虾泵的软管连接,从而实现连续捕捞,该过程中无需起网,南极磷虾从网囊处通过磷虾泵直接吸至甲板加工车间。吸虾泵结合双桁架的捕捞方式,可以全天候连续作业,是目前效率较高的作业方式。

1)传统拖网作业

传统拖网作业是类似于大型拖网加工船的尾拖网捕捞作业方式,这种作业方式比较成熟,是针对海洋中上层集群洄游性经济鱼类的最常见的捕捞方式。采取这种作业方式的作业船舶在尾部区域设置了专用的滑道,作业时将尾拖网顺着滑道放入水中,网具在水中通过网板张开网口,形成有利于捕捞作业的形态,再根据渔探仪发现的鱼群位置,调节网口位置,当网口位置对准鱼群后,全力开船,船速超过鱼群的游速后,船身和网具便逐渐追上鱼群并最终捕获(图18)。对于南极磷虾也可以采取这种方式作业,这种方式技术成熟,系统配置相对较简单,与大型拖网船类似,也正因为这样,目前采用传统拖网作业的南极磷虾船占了大多数。

2)双桁架作业

南极磷虾是一种浅水分布且大规模集群的生物,同时资源量非常巨大,针对这种特点,以及为提高捕捞过程的磷虾品质,防止挤压,国外的专业磷虾船也采用了双桁架捕捞技术,又叫做双支架桁杆拖网渔法。

该作业方法是在船肿两舷的位置各撑出一根桁杆,桁杆的外端设置一个定滑轮,网具所连的钢缆通过定滑轮与拖网绞车相连,定滑轮通过一条钢缆连接在桁架上,同时桁杆通过水平定位钢缆和垂直定位钢缆进行支撑,网具放置在船舷侧,通过克令吊将网具和吸鱼泵吊放到水中,尾部的吸鱼泵软管绞车释放吸鱼泵软管,网具末端囊网部分连接的吸鱼泵,将网中的磷虾直接吸到鱼接收藏内,达到捕鱼的目的。桁架不用时可以拉成垂直状态贴在门架旁边(图19)。

挪威 Aker 公司的两艘南极磷虾拖网船"ATLANTIC NAVIGATOR"和"SA-GA SEA",2003/04 和 2004/05 渔季首次采用双桁杆连续捕捞技术,捕捞效率相当高,渔获量分别占南极海洋生物资源保护协定区内捕捞磷虾总渔获量的

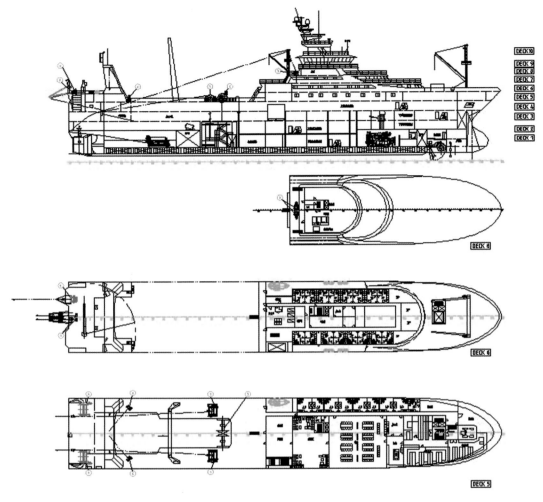

图 18　传统艉拖网捕捞作业总布置图

25%和38%。2009/10渔季中,"SAGA SEA"拖网船单船渔获量突破10万吨。根据南极海洋生物资源保护委员会(CCAMLR)许可,2012/13渔季采用连续捕捞作业方式的渔船包括"ANTARCTIC SEA"和"SAGA SEA",两船均采用桁架拖网模式[5]。

南极磷虾拖网船使用SeaQuest磷虾泵进行连续捕捞作业时,直接将软管连接在水下网囊末端,在拖网间隙无需卷起拖网,可实现连续捕捞生产作业1个月甚至更长时间。俄罗斯拖网船2008年开始使用该系统,每天生产能力超过270吨,而挪威的Aker公司的吸虾泵系统能够实现500吨以上的日产量。磷虾进入拖网后直接进入磷虾泵,通过软管输送到甲板加工车间。磷虾泵使

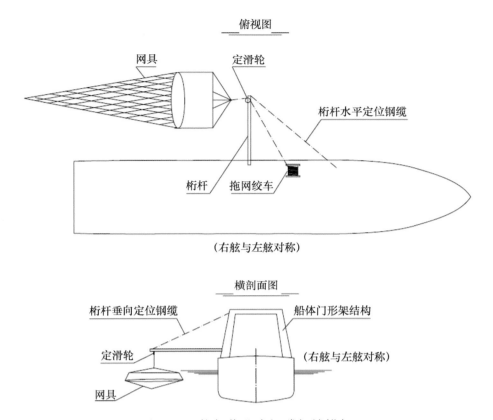

图 19 双桁架作业南极磷虾捕捞船

磷虾在捕获后几分钟内即可到达加工车间等待处理,使得磷虾制品原料的质量得到保证,进而获得纯级无污染的虾油,同时降低了其他渔获的兼捕。如果白天捕捞的磷虾过多,流动的磷虾会从主要加工生产线转移至水箱,作为储备,确保生产线整晚工作。但是吸虾泵也存在弱点,当作业深度超过 200 米水深时,吸虾泵工作起来变得非常困难,一方面软管线路过长收放很不方便;另一方面管路在深水水压下保持形状难度也很大,此外吸虾泵要将大量的磷虾持续从深水中抽出,需要很大的压头,同时也会消耗较多的功率(图 20)。因此,一旦浅水磷虾资源变少而进入深水捕捞时,双桁架作业会遇到它的困难。

3)两种渔法的比较

在艉拖网和双桁架捕捞方案对比方面,双桁架拖网与尾拖网系统相比,网具不同,网具连接方式不同,下网方式不同,捕捞的效率也不同。双桁架捕

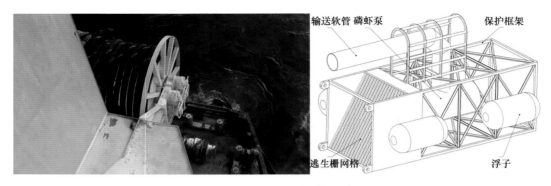

图 20　吸虾泵和软管绞车

捞系统网具不同于尾拖网(图21),该网的网口形状靠双桁架的连接系统和网口框架构造决定,网衣较尾拖网网衣短,网底与吸虾泵连接,并通过尾部门架上的绞机拖吊连接,因此整个网具长度由桁架部位到尾部绞车部位范围之

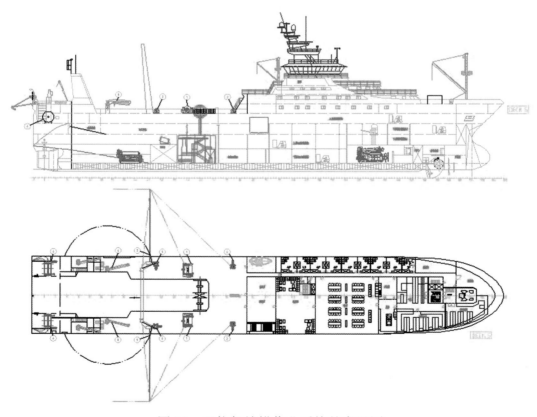

图 21　双桁架捕捞作业系统的布置图

间,而传统尾拖网的绞车系统基本遵循常规设置,主拖网绞车位于主甲板中后部,拖曳起吊系统位于主甲板尾部作业区,分布比较密集;双桁架系统下网方式采取舷侧下网,占用空间不大,机械自动化程度高,而尾拖网下网则是传统的尾部拖网绞车拖带,然后要切换绞车进行钩挂,过程相对复杂,下网作业时基本占用尾部大部分拖网甲板,网具拖带切换时需要人员进行,自动化程度相对较低;相对于磷虾资源较丰富,且浅表水域磷虾密集的情况,舷侧放网的双桁架方式具有良好的效率:①放网时间较短;②下网深度较浅;③无需起网卸货;④吸虾泵与船舶平台距离较近,方便连续作业。而尾拖网相对效率较低,但尾拖网的网口和网衣较大,单网理论捕获量高,且尾拖网网口高度可以在一定范围内调节,对磷虾资源分布相对较疏的情况比较灵活,可以获得相对较高的产量。对于船舶总体而言,传统的尾拖网系统布置与大型拖网加工船相近,船舶的操纵性比较易于掌握,而双桁架作业时,桁架向两舷展开,增加了船体横向的摇摆力矩,同时桁架以悬臂梁的形式伸出船体外较长距离,对桁架本身的结构力学特性有着较高的要求,在遇到风浪情况下,操纵性和结构强度将面临着更高的要求,从这些方面分析,尾拖网技术对船舶总体的影响相对较小。总的来说,两种方式各有利弊,要结合具体的作业方式和船型来确定合适的系统(表4)。

表4 双桁架系统与尾拖网系统主要的区别

项目	尾拖网系统	双桁架系统
网具形式	类似传统拖网,网衣较大,网机较多	专门的网具,网衣较短,网机相对较少
操作复杂程度	流程较多,人工干预多	流程相对简单,自动化程度较高
布置占据空间	平面布置,作业时占用尾部较多甲板面积	主要占用舷侧空间,桁架收放需要一定空间
吸虾泵应用	可结合吸虾泵应用	与吸虾泵技术配套使用
系统可靠性	系统设备较多,可靠性适中	系统相对简单,可靠性较高
单网产量	网衣大,单网捕获量高	网衣受桁架和尾绞机限制,单网装载量适中
磷虾品质	磷虾网内停留时间长,品质会受影响	吸虾泵能快速转运磷虾,保鲜度很高

续表

项目	尾拖网系统	双桁架系统
作业效率	结合吸虾泵技术可以取得较高效率	高资源连续作业效率高
作业灵活度	网口和网具高度调整较容易,作业较灵活	主要位于浅表区域作业,深水技术有待突破
船舶性能影响情况	作业时与传统拖网船相似,对性能影响不大	大风浪下作业会有影响,桁架的强度要考虑
兼作捕捞能力	与传统拖网船相近,系统兼容性较好	与传统拖网船有一定差异,需精细设计可进行兼作捕捞

4)艉拖网和双桁架系统集成

目前国际上还没有哪个国家在实船上同时设置这两种系统,一方面目前南极磷虾船影响产量的因素主要是加工能力,增大捕捞量意义不大;另一方面,二者集成会占用大量的甲板面积,增加船宽,还会增加多个结构和多台设备,增加设计复杂度,而且会提升船舶的重心高度,对稳性有一定的负面影响。但由于尾拖网和双桁架作业所处区域不同,各有侧重,两种捕捞方式的集成还是有一定便利的。尾拖网网具大,作业水深范围广,可进行深水捕捞,当浅水资源较少时,该渔法依然能保持稳定的产量;双桁架作业尽管能取得更高的捕捞效率,但由于吸虾泵工作深度的限制,当浅水资源较少时,捕捞深水资源双桁架系统则可能鞭长莫及。因此,两种捕捞方式的集成还是有其价值的,集成后,双桁架作业适用于浅水资源丰富的情况,尾拖网则在浅水虾少时发挥作用,对于要在南极海域作业30年的专业磷虾船来说,双系统方案应对资源的变化有着更强的适应力。

5)总体性能指标范围分析

(1)主要尺度范围分析。主尺度是船舶总体设计的基础,对船舶的总体方案、功能需求和航行性能等具有重大的影响。对于专业的南极磷虾船而言,主尺度的范围将影响船舶的基本功能实现、船舶总体布局、航行作业性能以及船舶建造营运等多项关键因素。

主尺度参数通常包括船长 L、船宽 B、型深 D、吃水 T、排水量 Δ、方形系数 CB 和水线面系数 CWP 等。其中,船长 L、船宽 B、型深 D、吃水 T 与船舶的使用关联最为密切,其选取所考虑的因素也各有侧重。

表 5　各国南极磷虾船情况

船名	船长/米	船宽/米	主机/千瓦	总吨位	人员	国别	建造年份
SAGA SEA	92	16.5	4 500	4 900	60	挪威	1974
JUVEL	99.5	16	6 000	6 000	50	挪威	2003
ANTARCTICA SEA	133.8	20	3 960	9 400	50	挪威	1999(改)
INSUNG	93.5	15.6	3 600	3 314	99	韩国	1986
MAESTRO	110	19	5 300	7 700	103	韩国	1990
DONGSANHO	112	16	3 700	6 000	110	韩国	1975
ALINA	105	20	5 900	7 800	88	波兰	1995
SIRIUS	105	20	5 900	7 800	88	波兰	1993
BETANZOS	72	12	1 500	1 440	36	智利	1974
MAXIM STAROSTIN	108	19	5 300	8 000	110	俄罗斯	1989
FUKUEI MARU	104	18	4 200	6 000	90	日本	1972

南极磷虾船从设计、建造到作业营运,历经多个不同的阶段,主尺度的选定要能够保证磷虾船在各个阶段都能够适应该阶段的特点。空间因素对于船舶而言是关键的刚性制约因素,如建造船台的大小,使用维修的码头,以及航道的深度等;安全因素也是重要的决定因素之一,如船舶必须保证基本的稳性等安全性;经济性则是南极磷虾船合理性的关键因素,如装载空间的比例和有效空间利用率,以及快速性和适渔性之间的关系,都需要合理设置长、宽、深等要素。我们以建造使用、安全性和经济性作为遴选南极磷虾船主尺度的关键因素,其中最为重要的因素是长、宽、吃水和型深。

目前世界上从事磷虾作业的国家不少,磷虾船的技术特点也各不相同,但从主尺度的角度上来看,长、宽等参数基本上有个范围空间。船长取值一般在 90~120 米,船宽一般在 16~20 米。此外,吃水和型深要根据船台、航道、港口等情况进行选择。

(2)续航力和航速范围分析。续航力和航速是船舶的重要指标之一。通常续航力代表船舶能连续在海上航行和作业的时间,主要与燃油装载量有关。南极磷虾船属于大型远洋渔船,要从国内出发,到达海外基地港口,然后再由海外基地到作业海域,少部分情况下会出现由极地作业海域直接回国的情况。对于续航力的要求,一般的远程航线应实现一次性到达,至少可以抵达另一大洲的港口,如果航行距离过长,可以考虑在途中停靠码头进行中途加油;但油舱设置过大也并非有利,一方面会增加航行重量;另一方面会减少货舱空间,而且单纯的燃料增加,如没有食品淡水携带量增加,对船舶远航能力提高不大。因此,南极磷虾船的续航力一般在 10 000 海里之上,不超过13 000 海里,这样的设置也要满足磷虾船在极地海域的作业任务要求。

航速反映了船舶的航行性能,与船舶经济性能关联密切。南极磷虾船的航速主要有两个状态,航行运输状态和作业加工状态。在航行运输状态下,船舶一般会达到服务航速,即主机全力开动,将主要功率提供给螺旋桨推动船舶前进,这种工况下,较快的航速能够节省航行时间,但同时也会增加油耗,按目前远洋拖网类船舶的使用和试验情况来看,最大航速不宜超过 15 节,服务航速一般在 13 节左右。作业加工状态下,船舶的航行速度与作业要求有着直接的关系,如拖网类船舶在捕捞洄游性鱼类时,航速应大于鱼类的游泳速度,目前大型拖网渔船的拖网航速已达到 6 节,对于磷虾来说,由于磷虾游速较慢,磷虾船无需较高航速,一般 3 节的航速可满足捕捞工况,速度若再低,则对于尾拖网作业时,网具的水中姿态会因航速较低难以舒展,从而影响作业效率。

航速也是船舶设计的设计点之一,设计时应尽可能保证经济性较好的航速设计点是船舶最长出现的使用工况。对于南极磷虾船而言,拖网作业为主要工况,同时应兼顾长距离航行,这样的船型和航速设计比较容易取得较好的节能效果。如果南极磷虾船还要考虑兼捕其他鱼种,则需要多考虑一种航速的设计了,这将会影响综合节能效果。

(3)极地特殊要求。极区是个特殊的地域,尤其在南极区域,对于船舶的使用有着特殊的要求。主要包括:环境保护要求,冰区安全性防护要求,极区捕捞作业要求等。

环境保护包括海洋环境和大气环境,海洋环境包括油污处理,废弃物排放等,应严格按照有关公约法规进行控制,对于新造船应当遵循《MAPPOL 公约》等环保规定进行设计建造。另外,极区航行的船舶不应燃烧重油,以免泄露后造成严重污染,更不能在极区环境中给其他船舶装卸重油。

冰区安全性防护主要包括结构安全性和作业安全性防护。结构安全性重点涉及结构冰区加强,一方面应当确定不同季节的作业海区;另一方面应当根据相关海区的要求确定冰区防护等级,此外,对于外板钢结构还应当考虑关键部位的低温韧性和抵抗低温疲劳问题。作业安全性防护重点考虑作业甲板上和上层建筑区域在上浪或积雪情况下的系统、结构和作业的安全性防护,主要包括防冻除冰技术等。

极区捕捞作业要求主要是按照有关公约要求,在极区进行拖网作业的渔船应当严格控制网具形式,要防止误捕海豹、企鹅等极区野生动物。

(4)极地冰区的选择。南极磷虾船主要在南极 48 区海域捕捞南极磷虾。南极磷虾的捕捞期是从每年 9 月至来年的 6 月,是南极地区的夏/秋季,其作业海域主要以浮冰为主,所以可不考虑破冰功能,但应根据其作业性质适当提高抗冰等级,以保障船舶安全并扩大南极磷虾的捕捞范围。

中国船级社《钢质海船入级规范》依据极地冰况,将极地船级(PC)划分为 7 级(表 6)。

表 6　中国极地船船级(PC)划分

极地船级	冰况描述(基于世界气象组织对海冰的专用术语)
PC1	全年在所有极地水域
PC2	全年在中等厚度的多年冰龄状况下
PC3	全年在第二年冰龄状况下,可包括多年夹冰
PC4	全年在当年厚冰状况下,可包括旧夹冰
PC5	全年在中等厚度的当年冰龄状况下,可包括旧夹冰
PC6	夏季/秋季在中等厚度的当年冰龄状况下,可包括旧夹冰
PC7	夏季/秋季在当年薄冰状况下,可包括旧夹冰

由表 6 可以看出,适合南极磷虾船的船级为 PC6 和 PC7。PC6 和 PC7 主要是中等厚度冰和薄冰的区别。PC6 对应的层冰厚度为 1.0 米,PC7 对应的层冰厚度为 0.8 米。

将磷虾船的船体外板需要加强区域定义总和,依据规范规定并结合磷虾船的船型和主尺度的特点,确定加强区域所占比例。通过数据换算得到整船 PC6 和 PC7 冰区加强区域抵抗冰载荷所需外板的厚度平约比值为 1.16。由此可知,对于磷虾船的冰区加强区域抵抗冰载荷所需外板,PC6 冰级比 PC7 冰级的钢板重量约多 16%。极地船的冰区加强区域的骨材尺寸确定方法,与其外板设计理念相同,在相同的冰载荷作用下,考虑因素一致。由此确定,PC6 冰级比 PC7 冰级的冰区加强骨材重量约多 16%。两者相加,PC6 冰级比 PC7 冰级的冰区加强所用的钢料应多出 16%。

通过分析冰级 PC6 和 PC7 海况,并计算比较,可以得出冰级 PC6 和 PC7 螺旋桨的重量比值为 1.24,冰级 PC6 的推进主机功率也比冰级 PC7 大 19%。

从上述分析可以看出从 PC7 到 PC6 主要是加强船体结构和动力装置以增加船舶抗击浮冰的能力来保障船舶安全。虽然抗冰等级的提高将扩大南极磷虾船的捕捞范围,但也会增加船舶造价和运行费用。如果磷虾船仅在南极 48 区进行捕捞加工作业,那么其极地抗冰等级可初步定为 PC7。

(5)动力推进系统的选择。南极磷虾捕捞加工船主要在南极 48 区海域捕捞南极磷虾。该海域环境复杂,天气和海况恶劣,工作海域远离维修基地和大陆,补给困难。因此,磷虾船的主推进系统应该具有良好的快速性、安全性和适航性,并满足拖网拖力和拖速的要求。

目前民用船舶常用的推进型式主要有:常规柴油机驱动螺旋桨推进型式和综合电力推进型式。

常规柴油机推进型式主要有柴油机驱动定距桨和调距桨两种方式。定距桨结构简朴、经济安全,但不能在变工况下发挥主机功率。

可调桨通过设置于桨毂中的操纵机构调节桨叶螺距,从而改变船舶航速或正、倒车。

南极磷虾船主要有正常航行、进出港、拖网作业、停泊及应急等工况。当渔船从港口到渔场之间往返正常航行工况下,这时要求航速要高;在拖网作业工况下,这时要求拖力大且航速低。若采用定距桨推进装置,以自由航行为设计工况,则拖网时迫使主机降低转速,发不出正常功率,欲提高功率增加拖力,就要求加大油门增加喷油量,从而使主机热负荷大大提高,性能恶化。若以拖网为设计工况,迫使主机处于严重的部分负荷,经济性变差。因此对于柴油机驱动定距桨推进系统,无论以何种工况为设计工况,都难以两全其美。在拖网渔船上使用可调螺距螺旋桨、电力推进都能较好地解决这个问题。

电力推进主要指船舶电力系统和动力系统成为一个密不可分的整体,动力机械能源全部转换为电力,同时供推进系统和全船其他设备日用用电,实现全船能源集中统一管理和综合利用,其优点不言而喻。它不是电力推进加自动电站的简单组合,而是设计理念的重大变化,对船舶的设计理念、组成和设备配置等均带来了较大影响。

目前综合电力推进系统主要有 3 种推进型式,即电力驱动可调桨推进系统、吊舱式推进系统以及全回转舵桨电力推进系统。

前面的分析表明,电力推进与柴油机驱动可调桨都能较好地解决磷虾船主机在非设计工况下发挥全功率问题,相比常规柴油机驱动,电力推进有一定的优点,但是电力推进装置复杂、造价初期投资、后期维护成本较高,而且管理维修方面也要求较高的水平,一般只在大型邮轮、科考工程船等要求噪声水平、舒适性等较高的船型上使用。同时,电推需要机械能变电能,电能变机械能两次能量转换,传动效率低。磷虾船在各种工况下,对船舶的冗余度、水下噪声、舒适性等要求不是很高。考虑初期投资及运行、维护等成本,建议采用柴油机+减速齿轮箱+可调螺旋桨的型式。

(6)甲板机械设备的防冻除冰措施。南极地区的平均温度或极端温度都比世界上任何一个地方低。南极的温度比北极低 20℃。南极点最冷月的平均气温是-60℃。在这样的条件下进行工作往往会造成甲板机械表面积冰,影响机械的正常工作。当设备出现故障时,不仅仅会造成巨大的经济损失,往往还会带来灾难性的事故,其后果是十分严重的。因此,在这种寒冷地区进行渔业捕捞作业时为能保证船上甲板机械能够在极寒条件下安全稳定生产并能在紧急情况下开停设备,就必须在设计及日常维护上要周密考虑露天设备的防冻除冰设施。

甲板机械制动器、卷筒以及缆绳都是露天设备且经常与海水接触,并且电动机、减速器的密封性能都很好,综合考虑安全性和经济性等因素,可以对这类零部件采用热风、热水联合除冰的方法进行冰冻的清除。所以,对电动锚机(绞车)我们可以采用热风热水联合除冰的方法。热风热水联合除冰的方法操作起来相对容易、安全,且除冰效率较高。并且,热风和热水容易制造,可以节约成本。

电动机和减速器这类密封部件,它们表面形状不规则,且冰冻主要影响内部油脂的性能,可选择电热带进行预热处理,让内部油脂保持较好的性能。

根据克令吊的工作特点,综合考虑经济性和安全性等因素,发现利用电阻除冰方法是最适合克令吊表面除冰的方法。根据克令吊表面大小沿克令吊臂架方向均布一定数量的电阻丝。在克令吊工作之前或积冰十分严重的时候,给电阻丝通电进行除冰。在铺设电阻丝的时候一定要保证电阻丝与克令吊表面固定牢靠且绝缘,防止发生触电事故。而克令吊的回转机构可选用电热带直接缠绕在回转部分的外围加热,便可实现预热目的。

综上所述,对于甲板机械的外露部分(包括卷筒、联轴器、制动器、机械附件和缆绳类)可以使用热水加热风的方法进行除冰;对于吊车回转机构和吊车外表面可以使用电阻加热的方法进行除冰;对于电动机和减速机则可以采用电加热的办法进行预热和防冻。

(7)电气系统指标分析。南极磷虾船的电力系统设计应考虑其具有工作安全可靠、电能利用率高、经济节能、系统设备的维护保养简捷方便等特点。

船舶电力系统电压等级的选择是一个全船性的重要参数,需要综合考虑系统容量、负荷类型、经济可靠等因素,合理的电压等级选择必须保证船舶电网在负荷各种技术约束的前提下满足负荷需求,使得输配电设备容量得到充分利用,并尽可能降低建设成本。

船舶电力系统可供选取的电压等级一般有:380伏、400伏、440伏、690伏、3 300伏、6 600伏等。该船电力系统容量不超过6 000千瓦,采用3 300伏及以上中压系统对电气设备及电缆绝缘要求较高,设备成本大幅度增加,经济性较差。因此电压等级主要从400伏与690伏这两个电压等级中选择。

400伏电压等级较690伏电压可以让磷虾船主要动力设备和日用负载直接从主配电板上取电,减少了690伏/400伏降压变压器的使用,使得系统变得简单,电气设备的绝缘和安装的要求更容易满足,因此磷虾船设计主要考虑国内情况和主要靠泊码头的低压电网的额定电压相一致。

6)发展重点

目前我国尚无自主研制的专业南极磷虾加工船,而且磷虾船技术与国外差距不小。在此条件下,要在较短时间内实现产业化的突破,需要加快专业化南极磷虾船的研发:①自主研发与国外引进相结合,实现关键系统的船用化集成,完成专业南极磷虾船的船型开发;②加快关键配套系统的自主研发,注重配套设备的国产化研制,为磷虾船的技术提升提供硬件基础;③在磷虾船的实船研制方面应当分阶段、分代次地开发,逐步将现有技术、先进技术和最新技术应用到船上,确保投入使用的磷虾船能够取得较好的经济性,新造船在新技术的基础上较大地提升整体效能,使装备技术发展与产业发展有机地结合起来,形成良性的滚动机制。

二、我国极地渔业综合研究船的发展战略 ▶

(一)功能及定位分析

海洋资源已成为国际竞争的焦点之一,极地资源更是国际竞争的重中之重。我国国家中长期科学和技术发展规划纲要提出:我国海洋科技发展以建设海洋强国为目标,以维护海洋权益和安全、促进海洋可持续利用与协调发展为主线,面向海洋开发,从浅海向深海发展,从深海向极地发展以及极地科学考察。极地渔业综合研究船的建设,将显著提升我国海洋探测与研究的整体水平,是实现我国海洋中长期规划科学目标的有效支撑。

在公海资源抢占和"蓝色圈地"日趋激烈的形势下,应尽快发展磷虾渔业,拓展我国远洋渔业发展空间、强化我国南极存在、维护和争取我国南极资源开发长远战略权益。

极地渔业综合研究船的总体任务是开展极地渔业新资源探查、生态系统研究以及极地渔业关键技术研发等,为争取和拓展我国极地渔业权益、建设极区海洋强国提供支撑。极地渔业综合研究船将成为极地渔业资源调查、新鱼种新渔场开发评估、极地高效捕捞装备试验的重要平台。

具体任务和功能定位包括:

- 南极磷虾资源探查与评估
- 极地、深海生态系统调查研究
- 南极磷虾捕捞技术与装备调试
- 南极磷虾加工工艺技术与设备调试及新产品研发
- 深海渔业新资源探查与渔场开发
- 极地渔业信息保障

(二)战略目标的具体内容分析

极地渔业综合研究船将瞄准磷虾产业技术前沿与发展方向,在渔业资源评估探查、绿色高效捕捞技术、船载加工处理技术等方面为我国渔业船队提供支撑与示范,并带动我国渔业产业的技术升级步伐。

本船约 5 000 总吨(GT)级冰区加强型、主机功率约 10 000 千瓦,续航力 15 000 海里,自持力 60 天,满足无限航区和南北两极冰块水域要求,具有全球航行能力及全天候观测能力、技术水平和考察能力达到国际海洋强国新建和在建极地渔业综合调查船同等水平的"绿色"极地渔业综合研究船。

1. 船船功能分析

极地渔业综合研究船将涵盖以往渔业资源调查船的基本功能并对极地特有环境及资源加强相关的捕捞和加工能力。本船主要瞄准磷虾产业,将围绕磷虾资源调查、捕捞渔法、加工形式等考虑全船布置及总体设计。

目前国际上磷虾的捕捞方式主要以拖网作业为主,包括传统艉滑道拖网和桁架拖网等。近年来吸虾泵也作为重要的辅助系统用以实现连续捕捞作业。主要是在拖网尾端的囊网区增设吸虾泵系统,通过软管连接至加工间,从而实现连续捕捞。该过程中无需起网,磷虾从网囊处通过吸虾泵直接吸至甲板加工车间,此过程不仅减少捕捞到加工的时间,也不存在起囊网因受到挤压而破坏虾体的情况,从而提高了产品质量。拖网结合吸虾泵连续作业的捕捞方式,是目前比较高效的作业方法,将重点研究。

产品加工也是本船研究的重要功能之一,最初捕获的南极磷虾主要是在船上生鲜冷冻或蒸煮加工制成虾粉、饵料,目前船上生产的磷虾产品主要包括冻虾、虾粉、虾蛋白和虾油。虾蛋白和虾油极大地提高了磷虾的潜在价值,可产生巨大的经济效益,国内现在还没有类似深加工生产线,所以本船将引进国外先进的加工生产线,通过实验摸索逐步掌握关键技术,研究出一套先进的深加工生产线,从而推广到专业的磷虾捕捞加工船上。

2. 船型主要设计参数分析

1)船长 L

船长是一个极重要的因素,对极地渔业船舶而言,主要需作如下考虑。

(1)快速性。由于极地渔业综合研究船是中高速船,通常付氏数 $Fr \geqslant$ 0.25~0.3,船长选取适当,可得到一适宜的 Fr,从而具有优良的阻力性能。

(2)作业要求。极地渔业综合研究船有捕捞作业(如拖网)、科学调查作业,这就需要有足够长的甲板以及大的甲板面积。

（3）各种实验室、渔业加工及存储渔获。这就需要有一定的空间,以便放置加工机械,同时工作人员还需有一定的活动空间,储藏渔获的鱼舱等。

（4）极地渔业综合研究船由于甲板机械多,为保持有足够的初稳性,则需较大的 B/T,而大的 B/T,又通常用适当大的船宽来满足,大的船宽又需要大的船长来匹配。

（5）耐波性的要求。极地渔业综合研究船在大风浪中航行是常有的事,这也需要有适宜的船长;另外,大的 L/B 对保持拖网网形也是有利的。

巴士求宁根据统计资料和船模试验结果提出的船长、航速和排水量之间有阻力性能上最佳配合的经验公式,我国杨仁杰教授于 1957 年曾发表过如下公式:

$$l = \frac{L_{pp}}{\Delta^{1/3}} = \frac{7.25V}{6+V}$$

式中:l——相对船长,米;

L_{pp}——垂线间长,米;

Δ——排水量,吨;

V——服务航速,节。

本船属于布置地位型船舶,尤其要关注本船南极磷虾捕捞设备及加工设备所要占用的空间,在满足各舱室、作业设备合理布置的前提下还应考虑到极地船的短船长、宽船体的特征,并兼顾船舶快速性,取合适的船长。

2）船(型)宽 B

经过对比近些年极地船型,船宽普遍较大,L/B 之值都比较小。船宽多达到 19~20 米,如挪威 Skipsteknisk 公司最近所设计的一型极地科考船,型宽为19.8 米,垂线间长 $L_{pp}=92.4$ 米,其 $L/B=4.67$。同时由于甲板布置较多捕捞机械以及科考操控设备,导致重心上升,也需要增大船宽以增大 B/T。本船不仅有渔业资源探测,还具备海洋环境调查等功能,因此所需甲板空间更大,同时该船配备的大型实验室若干间,较宽的型宽将便于布置,此外该船有较多的甲板机械设备,将也使船重心升高,因此,拟将型宽增加。考虑到极地航行的要求及好的初稳性高,以及极地船短船长、宽船体的特征,型宽可 18~19.6 米。

3）型深 D

由于科考船都设有双甲板,型深主要取决于吃水与干舷,即 $D=$ 吃水+干舷。干舷在某种意义上代表了双甲板船型甲板间高的大小,至于吃水,通常取决于 B/T,即根据初稳性要求而定,因此型深的选定是从属于其他参数的选定而选定的。另外型深的选取切忌太大,一是易于引起重心上升;二是在冬季,因型深大则干舷大,易于引起大量结冰,导致重心上升。

4）吃水 T

从耐波性的观点来看,L/T 大者,在风浪中纵摇与升沉运动较为缓和,但吃水又不可取得过小,以免引起前踵出水而产生拍击。通常吃水的选取往往根据 B/T 决定。

5）航速 V

航速是对经济性影响较大的技术参数之一。极地渔业综合研究船属于中高速船,即付氏数 Fr 通常不小于 $0.25 \sim 0.3$,因此,选取 $V/\sqrt{L}$ 参与回归是充分考虑了兴波阻力的。通过回归得到下式可作为初步估算航速之用。

$$V = 2.2 \left(\frac{BHP}{LBD} \right)^{0.3} \sqrt{L} \ (\text{kn})$$

式中:BHP——主机功率,千瓦;

L——垂线间长,米;

B——型宽,米;

D——型深,米。

6）冰级

南极磷虾船极地抗冰等为 PC7,作为极地渔业综合研究船,作业区域应较南极磷虾船捕捞加工船大,其作业海域主要以浮冰为主,可不考虑破冰功能,但应根据其作业性质适当提高抗冰等级,以保障船舶安全并扩大南极调查范围,从作业区域、船舶造价及运行成本考虑,其极地抗冰等级可初步定为 PC6。

第六章　中国南极磷虾渔业船舶的发展路线

一、国际南极磷虾产业发展过程

1. 前苏联或东欧的开发路线

前苏联或东欧对南极磷虾的开发是计划经济的产物，即依靠国家行政体制的优势，实施国家资金大规模的投入，包括科技投入。因此，前苏联在 20 世纪 70 年代到 80 年代中期产量迅速上升，投入了几十艘捕捞船只。然而这些投入，并非是市场化的商业运作。其生产发展也难以持久。后来这些国家产业发展命运证明确实如此，一旦国家支持中断，无力更新船队和装备，该产业就逐渐瓦解和消失。

2. 日本、韩国的开发路线

首先由国家扶持，如日本对南极磷虾的开发，在最初开展时，政府给予较大的资助，因而产量逐年上升。但是，2002 年以后产量下降，其原因是多方面的。随着政府资助力度的下降，船队和设备无力更新，加上国际柴油价格上升，导致捕虾作业的商业价值和利润下降。失去国家扶持后的日本南极磷虾渔业正在逐渐走向萎缩。相比之下，韩国运作得更好些。从韩国的发展历程看，开发南极磷虾的路途也并非一帆风顺，其最终的成功离不开技术改进的贡献。事实证明，南极磷虾产业的发展首先要靠商业化运作，而商业化的运作有赖于技术进步。否则，国家扶持政策一旦发生改变，其产业的发展必将逐步萎缩。

3. 美国、英国和澳大利亚等国开发路线

这些国家并不急于大规模介入南极磷虾的商业开发，而首先进行技术储备，一旦时机成熟，这些现成的技术将是未来这些国家产业迅速发展的基础。

4. 挪威开发路线

挪威对南极磷虾的开发是最成功的,这主要归功于他们在研究上实施以产品为主导的技术路线。这是因为南极磷虾捕捞和加工成本虽然较高,但是,南极磷虾为冷水性海洋生物,富含活性物质和药用原料,具有制造出高附加值产品的潜力。只要有合适的产品就能够带来盈利。挪威发展的路线是国际上南极磷虾产业发展的正确方向。

总之,南极磷虾资源开发将面临远离港口、远离补给、远离市场和长途航行等问题,与其他渔业相比,具有一定的成本压力。而化解这些成本压力的途径,就是提高产品的附加值,形成产品的综合开发,并由此带来利润。事实证明,没有盈利的产业是没有生命活力的。而南极磷虾资源开发产业要达到盈利目的,首先需要进行技术开发,尤其是解决能够现场加工高附加值产品的技术,以此化解成本压力,从而产生盈利。挪威成功的经验已经证明了这一点。

二、南极磷虾专业捕捞加工船的发展路线　▶

根据我国目前南极磷虾捕捞加工船的现状,要实现国家磷虾产业发展的总目标,应该分阶段来完成。

第一阶段:以技术研究为主。对国外先进捕捞系统和方法进行研究,分析其原理和关键技术,并梳理出关键设备和高效的技术要点。

第二阶段:以实船改造为主。以船龄较低的大型拖网渔船为改造基础,针对实船需求,成套引进国外的先进系统,通过实船应用来拆解系统构成、运行原理和关键设备,并解析其核心技术。

第三阶段:以自主开发为主。依照国外先进系统设备的模式,借助国内企业和研究院所的力量,消化吸收国外先进技术,理清设备系统研制思路,结合用户的需求,逐步实现由仿制到研制的转变,并形成牵引用户和需求的态势,达到捕捞技术真正的领先。

第四阶段:以新造实船为主。将掌握的最新技术成果运用在新建的专业化磷虾捕捞加工船上,完成各关键系统设备的专业化、集成化和船用化。同时形成大规模专业磷虾捕捞加工船队,最大化地抢占南极磷虾资源,从而实现国家磷虾产业 50 万~150 万吨南极磷虾年捕捞量的总目标。

三、极地渔业综合研究船发展路线 ▶

极地渔业综合研究船的发展路线是由国家投资建造,引进国际先进的渔业捕捞及磷虾加工装备,通过捕捞试验及新渔法试验掌握其关键技术,不断优化及改进渔业装备,逐步推广到南极磷虾专业捕捞船。其发展重点包括以下几方面。

(一)完善加工制造技术

必须树立产品开发优先的原则,重视高附加值产品生产技术,从而化解南极磷虾开发所面临的高成本压力。这是由南极磷虾虾肉产品较为复杂的加工技术决定的,也是由南极磷虾本身具有开发高附加值产品的潜力决定的。因此,对中国而言,目前南极磷虾产业开发中,南极磷虾最终产品的设计和相关加工设备以及加工工艺的研究是重中之重。

(二)改进捕捞技术

南极磷虾捕捞成本相对较高,这是由南极水域远离补给等地理位置特征决定的,还与南极磷虾深海栖息习性有关。另外,由于南极磷虾容易堵塞网目,从而使传统网具的捕捞效率大大降低;南极磷虾在网内易被挤碎,导致高含量氟渗入虾体,降低产品价值。近年来,挪威利用新的捕捞技术,使南极磷虾的单船捕捞产量大幅度提高,大大降低了传统捕捞过程中南极磷虾的死亡,也降低了捕捞成本。因此,改进捕捞技术,事关南极磷虾商业开发成本的降低,也是成功开发南极磷虾的关键。

(三)优化作业措施

由于南极磷虾资源比较丰富,因此渔场的寻找不是目前中国南极磷虾开发的重点。现有的探捕调查,应该紧密结合捕捞技术、产品的现场加工机械和加工工艺研究和改进进行,以渐进的方式实施探捕作业,重点解决南极磷虾资源开发中的技术问题。如果在捕捞技术研究没有跟进、产品设计没有到位、产品市场没有开发、产品加工技术没有完善的情况下,盲目投入资金进行开发,将面临较大的风险。

第七章　发展重点的初步概念设计图像

一、南极磷虾捕捞加工船实船改造工程项目介绍 ▶

(一)"龙发"号改造工程项目介绍及进展情况

目前,在中国工程院和各远洋渔业公司的积极呼吁下,国家相关部委已经出台一系列政策,用以推进我国南极磷虾产业的发展。鉴于发展形势,中国水产有限公司决定将一艘大型拖网渔船"龙发"号作为示范工程率先被改造成专业南极磷虾捕捞加工船,通过实船改造的方式学习国外先进技术理念,总结经验,为将来自主开发新型南极磷虾专业捕捞加工船做好准备(图 22)。

图 22 "龙发"号远洋大型尾拖网加工渔船

"龙发"号是中国水产有限公司从俄罗斯购进的一艘钢质、双甲板、艉机舱、双机单桨、具备冷藏功能的远洋大型尾拖网加工渔船,属于 MOONSUND 船型。其拖网方式为尾拖,船上设有鱼探、捕捞、加工(预冷槽、鱼品冷冻舱、平板冷冻机、传送带、包装机等)、制冷、动力、电力等相关设备。"龙发"号船长为 120.70 米,型宽为 19.00 米,设计吃水为 6.65 米,总吨位约为 7 765 总吨,满载排水量约为 8 750 吨,有过在南极极地进行渔捞作业的经验,具备改造成为专业南极磷虾捕捞加工船的条件。

　　"龙发"号改造工程以达到国际目前领先的捕捞加工能力为标准,并从经济、实用的角度出发,在保证改造目的的基础上,尽可能合理地利用现有设备,实现经济性与改造目标的双赢。改造工程将在船上增加一套磷虾连续泵吸捕捞系统及其相关布放回收装置,增加一条原料虾日加工能力不低于 500吨的虾粉生产线,原有的相关设备尽可能合理利用,同时拆除加工间内的原渔获处理生产线和包装间内的鱼粉加工设备(图 23)。

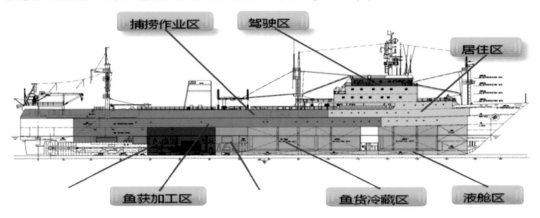

图 23　"龙发"号功能区域划分

　　2014 年 12 月,中国船舶重工集团公司第七〇一研究所所属渔业装备工程技术研究中心与中国水产有限公司达成对"龙发"号进行南极磷虾专业化改造的初步意向,开始"龙发"号改造工程的进程。从 2015 年 1—5 月,在改造工程的前期准备中,南极磷虾项目组成员收集大量南极磷虾捕捞及加工系统的相关资料进行分析讨论,并对"龙发"号的同型船进行前期部分勘验工作;同时,完成南极磷虾专业化改造项目建议书初稿的编制工作,并赴农业部汇报本项目的相关进展情况及发展思路,取得农业部对本项目的支持。2015年 6 月,南极磷虾项目组成员完成对目标船"龙发"号的实船勘验工作,形成勘验备忘录等,并对"龙发"号改造工程进行成本核算与风险分析。目前南极磷虾项目组正在进行对实船的评估以及改造设计准备工作。

(二)改造工程对南极磷虾渔业船舶总体设计的影响

　　通过对"龙发"号改造工程前期准备和设计经验的总结,可以将其对南极磷虾渔业船舶总体设计的影响归纳为以下几个方面。

1. 捕捞方式的选取以及捕捞设备的配备和布置

根据对南极磷虾栖息水层、生物特性以及捕捞方式的特点分析,尾拖网+吸虾泵型式主要针对中上水层(水深 50~150 米)处的磷虾捕捞,而双桁架+吸虾泵型式主要针对浅水层(水深 10~30 米)处的磷虾捕捞。"龙发"号本身已设置尾滑道,因此选取尾拖网+吸虾泵型式作为主要捕捞方式,可以合理利用原有设备,减少改造量,但其作为示范工程的试验作用以及满足捕捞量的要求,对双桁架+吸虾泵型式在船上的运用亦做出技术论证和布置方案,并在舷侧预留了设备的布置位置。

对于新型的南极磷虾专业捕捞加工船来说,如何将两种捕捞方式合理地结合起来运用,充分发挥每种捕捞方式的优点,获得更多的磷虾捕捞量,才是其总体设计的重点所在,"龙发"号改造工程在捕捞方式运用方面的经验可以提供很大的帮助。而极地渔业综合研究船作为综合性渔法试验的平台,更是需要"龙发"号在捕捞方式实际运用方面的经验。

2. 产品种类和加工系统的空间布置

目前船上生产的磷虾产品主要包括冻虾、虾粉、虾蛋白和虾油,而加工系统布置空间的大小与其生产的产品种类息息相关。"龙发"号改造后将以生产冻虾和虾粉为主,其中冻虾可利用原有速冻平板机进行生产,占用空间不大;对于虾粉的生产设备来说,国内目前尚未解决设备的集成和优化问题,船东决定引进整套的国外先进加工系统以适应"龙发"号现有的加工空间。"龙发"号的加工间面积约有 1 130 平方米,空间高度为 2.7 米,其平面面积可满足加工系统的布置要求,但空间高度不够,需要拆除局部上层甲板。

因此,在南极磷虾专业捕捞加工船的总体设计中应充分考虑加工系统的空间布置因素,按照不同磷虾产品种类生产所需设备的布置选择合理的层高和加工间面积。极地渔业综合研究船则需吸收国外先进加工系统在船上实际运用的设备集成和优化经验,研发加工工艺技术和装备,优化磷虾产品的船上加工生产线。

3. 主尺度的选择和优化

"龙发"号船长为 120.70 米,型宽为 19.00 米,设计吃水为 6.65 米,总吨位约为 7 765 总吨,满载排水量约为 8 750 吨。改造为南极磷虾捕捞加工船后,在船长和船宽方面满足捕捞和加工设备的布置要求,但在载货量方面略显不足,其稳性也随着加工系统布置位置的重心提高而下降。

因此,在南极磷虾专业捕捞加工船总体设计进行主尺度的选择时,可以选取相同的船长满足捕捞和加工设备的布置要求;适当增加船宽以提高船舶的稳性;加大型深和设计吃水,获取更大的排水量以满足载货量方面的要求。

4. 冰级的确定和冰区加强结构

"龙发"号在原船设计建造时已按照 FSICR(芬兰—瑞典冰级规则)中规定的 1C 冰级进行冰区结构加强,船东从俄罗斯将其购回后曾安排至南极地区进行过渔获作业,其结构适应南极磷虾渔场地区的冰级环境。

与 FSICR(芬兰—瑞典冰级规则)中 1C 冰级相对应的 CCS 极地冰级为 PC6 和 PC7,南极磷虾专业捕捞加工船和极地渔业综合研究船在进行结构设计时可参考"龙发"号选择合适的冰级,做出有针对性的冰区加强结构。

二、南极磷虾专业捕捞加工船的初步概念设计图像 ▶

对于南极磷虾专业捕捞加工船,从吨位上分析,一般可归为 5 000 吨级,7 000 吨级和 9 000 吨级。对应的船长范围从 90~95 米,100~105 米,以及 110 米以上级别。从捕捞加工作业方式来看,专业的南极磷虾船应当以尾拖网作业或双桁架作业为捕捞方式,以冻虾、虾粉为主要产品,并可以在船上分离出较高品质的虾油。现以一型 9 000 吨级的专业南极磷虾船的方案为例,勾画出相应的目标图像。

(一)总体概述

南极磷虾专业捕捞加工船是在南极海域进行拖网捕捞作业和虾品加工并冷冻的专业捕捞加工渔船,本船主要在南极 48 区海域捕捞南极磷虾。本船应该具有良好的快速性、安全性和适航性,并满足捕捞加工量、拖网拖力和拖速的要求。

本船为钢质多层甲板,双主机、并车式减速齿轮箱带动单可调螺距螺旋桨,单舵,带球鼻艏及前倾艏柱的大型拖网加工冷冻渔船。

本船的作业模式主要是进行连续捕捞拖网作业,由吸虾泵将网囊内捕获的南极磷虾引入加工生产线,专门用于生产磷虾产品。

本船按照 CCS 及 CSMA 相应规范及法规进行设计,中华人民共和国渔业船舶检验局法定检验。

本船船体结构设计按照《钢质海船入级规范》(2012)及极地冰区 PC7 加强规范设计,具有在冰区海域航行的能力,获准最严重冰况区域航行 Ice Class B1 船体附加标志。

本船航区:无限航区,极地冰区航行。

本船悬挂中华人民共和国国旗。

(二)主要技术指标

1. 主尺度

总长:~120 米;

公约船长:~105 米;

型　　宽:~20 米;

型　　深:13~16 米;

吃　　水:~7.5 米。

2. 舱容

重油舱:~1 650 立方米;

轻油舱:~300 立方米;

淡水舱:~400 立方米,其中饮用水舱:~185 立方米;

虾粉舱:1 500 立方米(-10°~-30℃)

冻虾舱:(5 000+1 000)立方米(-30℃)(1 000 立方米可机动为虾粉舱)

冷海水舱:4×110 立方米

3. 加工能力

原料虾加工能力:500 吨/天;

虾粉加工能力:每天加工~300 吨原料虾;

冻虾加工能力:每天加工~200 吨原料虾。

4. 航速及拖速

主机在 85%MCR 的工况下持续自由航速(设计吃水):~13.5 节;

最大拖网航速:~3 节。

5. 稳性

本船稳性满足《国际航行海船法定检验技术规则》(2008)及其修改通报中对Ⅰ类航区的相关要求。

6. 定员

本船定员约110人。本船设置约9个单人间,其余为双人间及四人间。

7. 自持力和续航力

自持力:不小于60天;

续航力:主机在85%MCR的工况下(设计吃水)的续航距离为13 000海里。

(三)船舶主要系统

1. 船体结构和舾装设备

本船船体结构遵照现行中国船级社2012年版《钢质海船入级与建造规范》及极地冰区PC7加强规范设计的要求进行计算及设计。本船属极地及无限航区,总纵强度满足规范的有关要求,局部结构进行强度分析及应力估算。

本船舾装设备均按照规范及法规的要求配齐,并考虑极地作业环境的影响。

2. 轮机系统

本船动力推进系统为艉机型的双机单桨柴油机推进系统,双机并车带PTO轴带发电机,配置可调距螺旋桨。

额定功率满足航行和拖网工况功率要求,燃料为重油180IFO。

本船选用1台双机并车式船用齿轮箱,双输入,单输出,齿轮箱的离合器分左右机。

本船选用1台可调螺距螺旋桨,推进系统可在驾驶台、机舱集控室及机旁操纵。主推进装置由驾驶室控制站遥控,机舱集控室有人值班,对机电设备进行监控,机器处所有值班。

本船设柴油发电机组两台,应急发电机组1台。

其他轮机系统均按规范规定及实际使用需求配齐。

3. 甲板机械系统

本船甲板机械设备均选用电动型式,以适应极地环境使用要求。设备的结构及材料均按照极地标准选取。甲板机械设备均考虑除冰防冻的需要。

4. 电气系统

380 伏 AC 50 赫兹用于发电机和大型设备;220 伏 AC 50 赫兹用于照明和部分电子设备以及小型设备;24 伏 DC 用于部分电子设备。

本船通导设备按国际航行无限航区配置。

本船按照南极磷虾捕捞的特性设置鱼探系统。

其他电气系统均按规范规定及实际使用需求配齐。

5. 捕捞系统

本船的捕捞系统为拖网加吸虾泵的连续捕捞系统。捕捞绞车均采用电动型式,其布置位置高效、合理。网具选用国际上先进的南极磷虾专用捕捞网具。捕捞量满足加工生产的需要。捕捞设备满足长期工作的使用要求。

6. 加工系统

本船加工系统的设备选型和布置满足要求的原料加工能力,留有虾油加工系统接口。加工系统设备满足长期生产的使用要求。

三、极地渔业综合研究船的初步概念设计图像

(一)总体概述

总长约 90 米、续航力 15 000 海里、自持力 90 天,满足极地航区(PC6)要求、具有全球航行能力。通过优化船型设计,采用国际先进的电力推进系统,可 0~16 节的无级变速,并具有 DP1 级标准的动力定位功能。采用先进的减振降噪措施,具有良好的"声寂静性",满足现代海洋探测和声学探测要求。

极地渔业综合研究船装备了国际先进的作业渔具、定点和走航式(船载式和拖曳式)海洋环境参数探测系统、声学探测系统(图 24)。

- 具备深海底层和中上层水域的渔业资源调查能力;
- 具备海洋物理、化学、生物、气象环境参数同步、连续测量和数据集成采集能力;

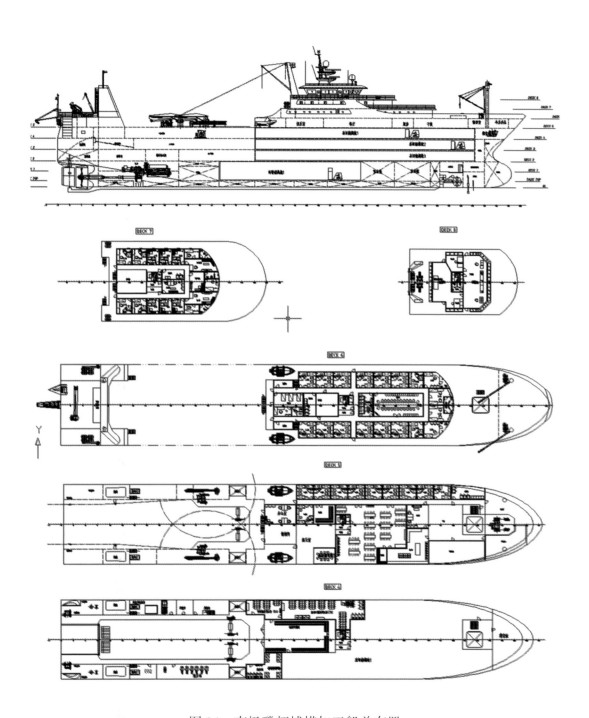

图 24 南极磷虾捕捞加工船总布置

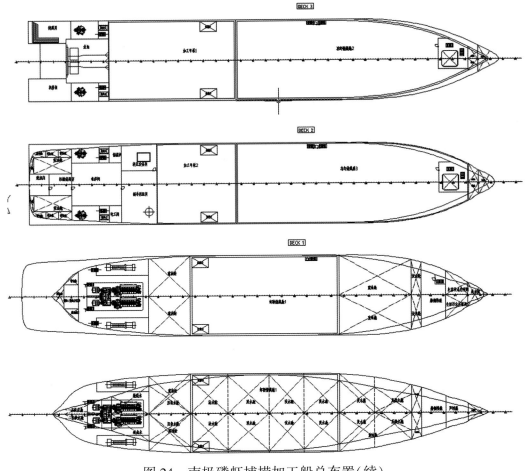

图 24　南极磷虾捕捞加工船总布置(续)

- 具备大型中层拖网、深海底拖网等重要渔具渔法试验及磷虾产品研究能力;
- 具备大洋环境观测调查和卫星遥感信息接收能力。

（二）极地渔业综合研究船船舶总体技术指标

表 7 极地渔业综合研究船船舶总体技术指标

序号	名称	技术指标
1	船舶吨位	~5 000 总吨
2	航区	极地（无限航区）
3	抗风能力	12 级
4	续航力	15 000 海里
5	自持力	90 天
6	经济航速	13 节
7	动力系统	电力推进
8	电力系统	配备 4×2 500 千瓦主发电机、1×1 000 千瓦停泊发电机和 1×250 千瓦应急发电机
9	动力定位系统	DP1 级标准动力定位系统
10	载员	80 人（船员 45 人，科学家 35 人）

（三）船载探测与实验系统总体技术指标

船载探测与实验系统总体技术主要包括水体探测、大气探测、海底探测、深海探测、遥感数据接收、多功能实验室、操控支撑系统以及网络信息系统，可进行空中、海面、水体和海底的综合探测。

表 8 船载探测与实验系统总体技术指标

科学调查系统	渔业资源取样调查子系统	具备大型渔业资源和小型海洋生物资源拖网取样调查能力，开发极地渔业新资源、新渔场： 1.0~1 000 米中上层（变水层）渔业资源拖网 2.0~1 500 米底层渔业资源拖网 3.0~1 000 米小型游泳动物分层拖网 4.0~300 米小型游泳动物斜拉网
	渔业环境生物调查	开展极地海域常规、专项生态环境监测 承担重大渔业污染事故等应急性任务 配合极地渔业资源调查，为研究资源变动规律和趋势提供基础数据，探寻渔场变动规律和资源时空变化

科学调查系统	海洋气象	开展极地海域海洋气象状况的调查研究与信息收集,提供与渔业相关的渔情预报、最佳航线推荐、专项开发作业保障服务、各类海洋灾害警报等有重大经济意义的应用预报和专业预报
	物理海洋学	开展极地海域海水温度、密度、海洋深度与海流、潮汐、波浪等基本要素的实地观测与研究,为渔业资源调查及海洋气象预报提供基础数据
	海洋化学	分析和掌握极地海域海水化学要素(氯度、盐度、溶解氧、pH 值、营养盐等)与沉积物化学因子(有机污染物、重金属、石油烃等)的含量、分布、变化特点,为渔场环境研究、海洋生物资源开发利用和管理提供科学数据
	渔具性能监控系统	具备监控水下网具扩张尺度、形状、渔获量以及网具相对海面和船舶位置等功能,用于拖网取样调控和网具性能调试实验
	卫星遥感接收处理	具备卫星数据实时接收和数据传输的能力
	捕捞设备	传统变水层拖网和水下连续泵吸系统(调试) 深海渔业资源,满足 1 500 米底拖网 满足不同渔具渔法操作方便、作业安全的基本要求 拖网绞纲机:2 台,布置在主甲板后部左右两侧 绞纲机主要参数为:400 千牛–60 米/分,容绳量 4 000 米(φ35 毫米),能满足 1 500 米底拖网和 1 000 米变水层拖网的拖曳需求 卷网机:1 台,布置在主甲板中后部尾滑道中线上,主要参数为:300 千牛–60 米/分 牵引绞车:2 台,布置在卷网机的左右两侧,单台最大拉力为 10 吨,容绳量为 500 米(φ35 毫米) 底拖网板:1 付,最大作业水深 1 500 米,网板需依据底拖网的规格设计制作 变水层网板:1 付,最大作业水深 1 000 米,网板需依据变水层拖网的规格设计制作,两种网板一用一备 磷虾专用水下连续泵吸系统 1 套。(与磷虾拖网相匹配) 5T×10 米伸缩折臂吊 2 台,布置在船尾艉楼甲板后部,左右各一台,为拖网作业提供支撑
	绞车系统	可用于海洋水文调查取样、采集海洋的浮游生物、采泥器作业、ROV 作业

续表

科学调查系统	渔业声学探测评估子系统	具备走航式的渔业资源多维探测与评估能力和生物目标声学识别研究能力： 1. 垂直宽带探测评估系统(指新一代 SIMRAD EK80)，38 千赫、70 千赫、120 千赫、200 千赫 4 个频率，生物资源最大有效探测水深可达 1 000 米 2. 三维多波束探测评估系统(指 SIMRAD ME70，频率范围 70~120 千赫)，含海底地形测绘功能 3. 声学仪器同步仪，16 通道；确保相关声学仪器同步发射、处理，避免仪器间相互干扰 4. 声学数据后处理软件系统；具备处理海量声学数据的能力软件 1 套、具备处理研究鱼群特的软件 1 套 5. 声学数据存储和处理工作站各 1 台(共 2 台) 6. 声学映像彩色激光打印机 1 台
	实验室系统	全船实验室面积共约×××平方米，设有移动式集装箱实验室
	网络信息系统	实现探测设备网络互联及系统控制、海基数据系统集成和信息传输以及与陆基实验室综合处理

图 25　极地渔业综合研究船概念(正面)

四、南极磷虾渔业船舶建造工艺的分析论证

南极磷虾渔业船舶均具有结构复杂、设备及系统众多、设备密集度高、可

图 26　极地渔业综合研究船概念(侧面)

靠性要求高的特点。从上述两型南极磷虾渔业船舶初步概念设计图像的介绍可以看出,南极磷虾捕捞加工船舱室众多,结构复杂,露天甲板上遍布各种捕捞装置和起重设备等,加工区域里各种系统及其连接管线非常密集,冷冻冷藏区域和重要结构等地方需要运用大量不锈钢、特种钢以及合金钢等新型材料;而极地渔业综合研究船上搭载了数量类型众多的实验室和科考设备,其安装工艺非常精细,而且系统设备之间需要采用不同类型的新型防护材料和工艺技术用于噪声控制、电磁兼容等,在冰区结构加强和建造工艺方面较之南极磷虾捕捞加工船要求更高。由此可见,南极磷虾渔业船舶与普通船舶相比,在三维立体建模工艺设计放样、总(分)段预舾装工艺、新型材料结构处理和焊接工艺、高腐蚀区域涂装工艺以及"绿色"建造工艺等方面均存在不少的技术难点。因此,对南极磷虾渔业船舶的建造工艺进行分析论证和研究,将会对我国南极磷虾产业的发展和渔船建造水平的提高起到重大的推进作用。

(一)三维立体建模工艺技术论证

　　传统的船舶设计主要是进行二维的图纸设计,将二维的详细设计图纸送到工厂或生产设计公司以后,由工厂或生产设计公司组织专人重新消化,然后开展具体的生产设计,但并没有一个可以提前并且很直观地把不同专业的设计放到一起的设计平台,以便检验相互之间的整体协调性。对于渔船建造来说,实际的操作往往是等设计图纸具体应用到建造过程当中之后,如果发现问题,再反馈到详细设计中去。这样的反复过程,无论是对船东、设计单位还是船厂来说都是不小的损失。

而三维立体建模实际上就是利用计算机实现模拟造船,在同一个界面上不同专业可以进行平行作业,并实现资源共享,出来的效果直观形象,可以更好地实现结构、设备、管系、风管、电缆通道等的综合布置与平衡。船体结构快速建模技术的应用,使舾装生产设计能够提前开展,缩短设计周期,提高设计质量。三维立体建模,可以立体动态地观看当前的模型,可以进行线型光顺、定义材质规格、设备布置以及管系放样等。船体的三维综合放样模型,可以在干涉检查和综合平衡的基础上,完成生产设计图表,从而深化生产设计、缩短设计周期、提高设计质量、促进转摸工作发挥积极作用、节省大量的重复劳动,并且可以在建模过程中直接发现设计中存在的问题和错误,以便提高设计精度、减少差错。

基于南极磷虾渔业船舶结构复杂、设备及系统众多、设备密集度高、可靠性要求高的特点,采用三维立体建模工艺技术不仅可以解决结构、系统、设备和各种管路线路之间的配合影响问题,提高设计生产精度,还能充分利用材料、降低损耗、降低成本,同时更能减少重复劳动,缩短建造周期。中国船舶重工集团公司第七〇一研究所所属渔业装备工程技术研究中心利用 FORAN 软件设计系统,可以从方案设计阶段开始进行三维立体全船建模,准确直观地完善设计方案,保证能在各个设计阶段都能做到最优化设计,与生产船厂实现无缝对接,保障南极磷虾渔业船舶的建造顺利开展和完成(图27)。

(二)基于总段建法的预舾装工艺技术论证

预舾装是将传统的码头、船内的舾装作业提前到分段、总段上船台前进行的一种舾装方法,使舾装的高空作业平地做,外场作业内场做,仰装作业俯装做,从而减少了码头、船内多工种的混合作业,并使劳动条件得到改善、质量提高、生产效率提升、建造周期缩短。在南极磷虾渔业船舶建造上实施预舾装工艺,有利于满足可靠性、可维修性、美观性的要求,达到提高建造质量、提升生产效率、缩短建造周期的目的。

预舾装需要一系列程序来确保其实施,首先进行预舾装方针策划,确定预舾装安装阶段及安装内容,合理划分船体分/总段,其次开展符合现代造船模式的生产设计,输出生产设计图表,然后资材供应和托盘集配,船体分段和

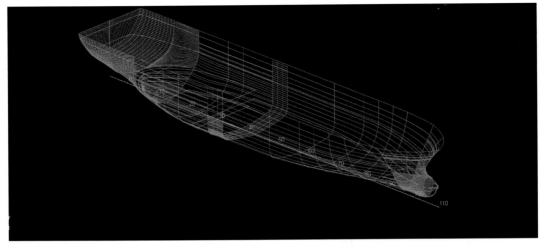

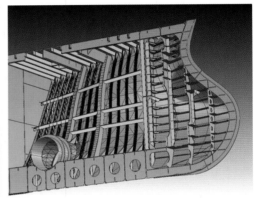

图 27　三维立体建模模型展示

舾装件、模块单元制作,舾装件集配,现场分段/总段等预舾装安装作业。在各个实施环节中还要采用专项工艺技术,为预舾装提供技术支持。

现代总装造船的舾装主要分为组立舾装(C)、分段舾装(B)、模块单元舾装(U)、总段舾装(P)、船坞(台)舾装(D)等阶段舾装。其中,预舾装主要是指船舶总段前各阶段的舾装工作。而南极磷虾渔业船舶尺度小,空间狭窄,设备密集,基于这一特点,适用的预舾装安装阶段有组立舾装(C)、模块单元舾装(U)、总段舾装(P)。

经分析论证,适合南极磷虾渔业船舶预舾装的作业流程见图 28。预舾装作业流程由管子加工、舾装件制作、舾装件托盘集配、单元模块制作、分段预舾装、总段预舾装组成。该流程重点体现以船体为基础、舾装为中心开展船舶建造,壳、舾两大作业在空间上分道、时间上有序并行展开,确保南极磷虾渔业船舶预舾装实施。

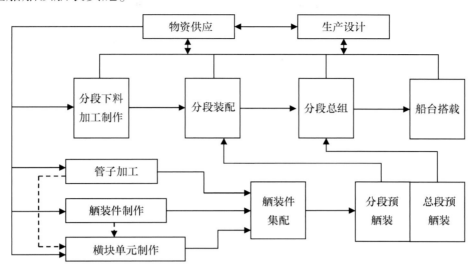

图 28　南极磷虾渔业船舶预舾装的作业流程

　　预舾装工作要很好得到贯彻实施,首先在设计上要进行详细和周密的研究,采取措施确保设计图表的正确性和合理性,同时应结合三维立体建模工艺技术,严密生产设计程序,保证生产设计质量,达到提高预舾装率的目的。

(三)特种钢结构处理及焊接工艺技术论证

　　南极磷虾渔业船舶工作于极地环境,极地区域环境特殊,气候恶劣,冰区随处可见,需要船舶外部结构具备相应冰级的防护能力,而且对于船舶外部钢结构还应当考虑关键部位的低温韧性和抵抗低温疲劳问题;同时在南极磷虾渔业船舶的露天甲板上布置有很多捕捞、试验设备,其安装位置处的船舶结构和材料也应具有相应的防腐蚀性、抗低温性和必要的应力水平;另外,南极磷虾渔业船舶上均布置了加工处理舱室、冷冻冷藏舱室等对结构和材料有特殊要求的部位,需要采用相应的特殊材料和工艺。以上种种原因均表明,在南极磷虾渔业船舶上将会运用大量的不锈钢、合金钢和特种钢等新型材料,此时如果仍采用传统的碳素钢加工工艺,显然不适合,需要采用新型的、具有针对性的相关结构处理及焊接工艺技术,以提高船舶的耐腐性,延长船舶使用寿命及修理周期,同时降低建造成本。

在南极磷虾渔业船舶上采用的特种钢大部分为不锈钢,但纯不锈钢成本太高,经论证分析,如果在南极磷虾渔业船舶上采用兼具各种碳素钢和不锈钢特点的不锈钢复合板代替纯不锈钢板,成本可下降30%以上。不锈钢复合板是以碳钢基层与不锈钢覆层结合而成的复合板钢板,它的主要特点是碳钢和不锈钢形成牢固的冶金结合,可以进行热压、冷弯、切割、焊接等各种加工。不锈钢复合板不仅具有不锈钢的耐腐蚀性、又具有碳钢良好的机械强度和加工性能,是新型的工业产品,广泛用于石油、化工、盐业、水利电力、食品加工等行业。不锈钢复合板既保留了纯不锈钢的耐腐蚀,耐磨、抗磁的性能以及外表美观的特点,又兼具有碳钢良好的可焊性、成形性、拉伸性和导热性的特点。可广泛使用于南极磷虾渔业船舶中,提高船舶与设备的耐腐性,以延长船舶及设备的使用寿命。

作为一种新型的工程材料,不锈钢复合板在工业生产应用过程中不可避免地会遇到许多需要连接的构件,因此,可靠的焊接和连接技术是确保构件能够安全服役的先决条件。由于不锈钢复合板的基层和覆层在化学成分、显微组织、物理性能和化学性能等方面存在较大差异,焊接过程中如果工艺控制不当,在接头焊缝金属中易出现成分偏析和其他焊接缺陷,使接头的耐蚀性能和力学性能下降,导致难以满足工程实际使用要求。

焊接方法应根据复合钢板材质、接头厚度、坡口尺寸及施焊条件等确定。目前焊接复合钢常用手工电弧焊,也可用氩弧焊、埋弧自动焊或气体保护焊。为了减小熔合比,可用双丝埋弧焊。实际生产中常用埋弧自动焊焊接基层,用手工电弧焊和氩弧焊焊接复层和过渡层。

为了保证复合钢板不失去原有的综合性能,基层和复层必须分别进行焊接。基层的焊接工艺与珠光体钢相同,复层的焊接工艺与相应的不锈钢(或镍基合金、钛及钛合金等)相似,只有基层与复层交界处的焊接是属于异种金属的焊接。

将特种钢表面处理及焊接工艺技术运用于南极磷虾渔业船舶的设计建造工艺中(图29),可以使得南极磷虾渔业船舶有着制造成本低,维护成本低;生产效率高,耐用耐腐能力高;作业范围广、时间长,使用寿命长的特点,可以极大地提高经济效益。同时再搭配优良的船型设计,可以在能源消耗上和环境保护方面具有很大的优势,这也是今后世界渔船设计及建造中的发展趋势。

图 29　不锈钢复合板及其焊接效果

（四）高腐蚀区域涂装工艺技术论证

南极磷虾渔业船舶在捕捞作业过程中,造成捕捞作业甲板存在大量的海水,海水和渔网在甲板的拖动,都极容易造成甲板的腐蚀。甲板存在大量的海水,经过太阳曝晒,甲板温度升高,加上海水富含大量的盐分,造成钢材与空气中的氧气加速氧化,因此捕捞作业区域是高腐蚀的区域。捕捞作业区域承担着渔网从海水到船舱中的作用,由于渔网经常性地在甲板拖动,极易造成甲板油漆磨损。另外,鱼作为食品,必须要满足食品安全要求。因此捕捞作业区域应是高腐蚀、易磨损并有食品要求的区域,对捕捞作业甲板的防护非常重要。

盐水舱作为磷虾和渔获物的临时存放区域,由于高盐环境和食品安全的需要,会对盐水舱的防腐蚀提出非常高的要求;盐水舱用来暂时储存从海上刚捕获的新鲜磷虾和渔获物,为保证新鲜磷虾和渔获物的存活,盐水舱的水必定为高盐分的海水,同时磷虾和渔获物作为食品需要保证舱的涂装满足食品的要求。因此,盐水舱区域是一个易腐蚀并且需要保证涂装必须能够满足食品要求的区域。

加工处理区域是新鲜磷虾和渔获物的加工区域。盐水舱的海水经常随着磷虾和渔获物的传输泄露到加工处理区域,造成整个加工处理区域一直有海水的侵蚀,在加工处理区域里还产生了一些磷虾和渔获物加工后的废弃物,这些废弃物都是具有腐蚀性的,需要经常清扫甲板,极易造成加工处理区域甲板保护涂层的破坏以至于甲板生锈,发生加工处理区域钢材腐蚀,缩减渔船的使用寿命。另外,磷虾和渔获物在加工过程中掉落到甲板上与甲板涂层接触,为保证掉落磷虾和渔获物的可食用性,必须保证保护涂层能够满足食品要求。

由于极地海域环保的要求,对船舶外部的涂装工艺也提出了更高的标准,要求使用不影响水质和生物的涂料及相应的涂装工艺。同时,在船舶外部水线以下部位、舭龙骨和其他附体处采用一些高性能的新型涂料,可以有效地降低油漆在航行、停泊过程中水生物的附着,提高航速,节省燃料,加大船舶的使用寿命。

(五)"绿色"建造工艺技术论证

绿色即为"节能、环保、和谐"。国际上对绿色造船并没有统一的定义。根据对船舶各个方面的环保要求,绿色造船可以认为是船舶在设计、制造、营运、报废拆解的全寿命周期中,采用环保技术、设备和材料,最大限度地降低资源消耗,提高建造材料回收利用率,最大限度地减少环境污染,对船舶设计者、生产者和使用者具有良好保护的先进造船技术。

绿色造船技术不是单一的绿色制造技术,涉及船舶设计、建造、配套、原材料、标准、管理等各个环节,是一项复杂的系统工程。实施绿色造船的源头在绿色设计,实现的手段是绿色工艺技术与装备,实现的基础在于绿色管理。通过顶层策划,可以实现绿色造船的资源、信息、工具、手段的集成和协同,可以使船舶设计、生产、管理、配套、使用、维护、报废等成为一体考虑,充分考虑到每个环节的问题。

主要参考文献

[1] NAVISehf, KrillPaper, Nov. 2010
[2] 王荣,孙松.南极磷虾渔业现状与展望.中国科学院海洋研究所调查研究报告第2626号.
[3] 南极磷虾源自南极的纯净营养.光明网,2014年10月28日
[4] 陈雪忠,徐兆礼,黄洪亮.南极磷虾资源利用现状与中国的开发策略分析.中国水产科学,2009,16(3).
[5] 刘健,黄洪亮,李灵智,等.南极磷虾连续捕捞技术发展状况.渔业现代化,2013,40(4).

编写组主要成员：

刘　松　中国船舶重工集团公司第七〇一研究所，副所长、研究员

赵宪勇　中国水产科学研究院黄海水产研究所，副所长、研究员

刘成岗　中国船舶重工集团公司第七〇一研究所，高级工程师

张志强　中国水产科学研究院黄海水产研究所，高级工程师